教育部高等学校电子信息类专业教学指导委员会规划教材

高等学校电子信息类专业系列教材 · 新形态教材

MATLAB/Simulink 实用教程

编程、仿真及电子信息学科应用

（第2版）

徐国保　赵黎明　吴凡　郭磊　麦倩　赵桂艳　编著

清华大学出版社

北京

内 容 简 介

本书系统地介绍了 MATLAB 的基础知识以及 MATLAB 在电子信息处理、控制系统和通信系统中的应用。全书以 MATLAB R2024a 和 Simulink 为平台，详细介绍 MATLAB 基本功能及其应用，分为MATLAB/Simulink 基础篇、MATLAB/Simulink 应用篇和 MATLAB/Simulink 实验篇三部分，内容包括MATLAB 语言概述、矩阵及其运算、程序结构和 M 文件、数值计算、符号运算、数据可视化、Simulink 仿真基础、MATLAB 在电子信息处理中的应用、MATLAB 在控制系统中的应用、MATLAB 在通信系统中的应用和 MATLAB/Simulink 实验，内容涉及较广，能满足一般用户的各种功能需求。

本书的特色是注重 MATLAB 基础与其在电子信息类多学科领域的应用相结合，强调基础，兼顾应用；内容编排合理科学，先基础，后应用，先理论，后实验，由浅入深，循序渐进；内容丰富，例题新颖，应用实例广泛，体现新工科和工程教育专业认证理念，便于读者学习和掌握 MATLAB 和 Simulink。

本书适合作为高等院校理工科专业，尤其是电子信息工程、电子科学与技术、自动化、电气工程及其自动化、通信工程和物联网工程等专业的本科生教学用书，也可以作为研究生、科研与工程技术人员的参考用书。

图书在版编目（CIP）数据

MATLAB/Simulink 实用教程 ：编程、仿真及电子信息学科应用 / 徐国保等编著. -- 2 版. -- 北京 ：清华大学出版社，2025. 6. --（高等学校电子信息类专业系列教材）. -- ISBN 978-7-302-69699-5

Ⅰ. TP273-39

中国国家版本馆 CIP 数据核字第 2025WT2365 号

策划编辑：盛东亮
责任编辑：范德一
封面设计：李召霞
责任校对：李建庄
责任印制：曹婉颖

出版发行：清华大学出版社
　　网　　址：https://www.tup.com.cn，https://www.wqxuetang.com
　　地　　址：北京清华大学学研大厦 A 座　　　邮　　编：100084
　　社　总　机：010-83470000　　　　　　　　邮　　购：010-62786544
　　投稿与读者服务：010-62776969，c-service@tup.tsinghua.edu.cn
　　质量反馈：010-62772015，zhiliang@tup.tsinghua.edu.cn
　　课件下载：https://www.tup.com.cn，010-83470236
印　装　者：三河市龙大印装有限公司
经　　销：全国新华书店
开　　本：185mm×260mm　　　印　　张：28.5　　　字　　数：694 千字
版　　次：2017 年 10 月第 1 版　　2025 年 8 月第 2 版　　印　　次：2025 年 8 月第 1 次印刷
印　　数：1～1500
定　　价：89.00 元

产品编号：109874-01

高等学校电子信息类专业系列教材

序

FOREWORD

2022 年,我国规模以上计算机、通信和其他电子设备制造业实现营业收入 15.4 万亿元,占工业营业收入比重达 11.2%。电子信息产业在工业经济中的支撑作用凸显,更加促进了信息化和工业化的高层次深度融合。随着移动互联网、云计算、物联网、大数据和石墨烯等新兴产业的爆发式增长,电子信息产业的发展呈现了新的特点,电子信息产业的人才培养面临着新的挑战。

(1)随着控制、通信、人机交互和网络互联等新兴电子信息技术的不断发展,传统工业设备融合了大量最新的电子信息技术,它们一起构成了庞大而复杂的系统,派生出大量新兴的电子信息技术应用需求。这些"系统级"的应用需求,迫切要求具有系统级设计能力的电子信息技术人才。

(2)电子信息系统设备的功能越来越复杂,系统的集成度越来越高。因此,要求未来的设计者应该具备更扎实的理论基础知识和更宽广的专业视野。未来电子信息系统的设计越来越要求软件和硬件的协同规划、协同设计和协同调试。

(3)新兴电子信息技术的发展依赖于半导体产业的不断推动,半导体厂商为设计者提供了越来越丰富的生态资源,系统集成厂商的全方位配合又加速了这种生态资源的进一步完善。半导体厂商和系统集成厂商所建立的这种生态系统,为未来的设计者提供了更加便捷却又必须依赖的设计资源。

教育部 2020 年颁布了新版《普通高等学校本科专业目录》,将电子信息类专业进行了扩充,为各高校建立系统化的人才培养体系,培养具有扎实理论基础和宽广专业技能的、兼顾"基础"和"系统"的高层次电子信息人才给出了指引。

传统的电子信息学科专业课程体系呈现"自底向上"的特点,这种课程体系偏重对底层元器件的分析与设计,较少涉及系统级的集成与设计。近年来,国内很多高校对电子信息类专业课程体系进行了大力度的改革,这些改革顺应时代潮流,从系统集成的角度,更加科学合理地构建了课程体系。

为了进一步提高普通高校电子信息类专业教育与教学质量,推动教育与教学高质量发展,教育部高等学校电子信息类专业教学指导委员会开展了"高等学校电子信息类专业课程体系"的立项研究工作,并启动了《高等学校电子信息类专业系列教材》(教育部高等学校电子信息类专业教学指导委员会规划教材)的建设工作。其目的是推进高等教育内涵式发展,提高教学水平,满足高等学校对电子信息类专业人才培养、教学改革与课程改革的需要。

本系列教材定位于高等学校电子信息类专业的专业课程,适用于电子信息类的电子信息工程、电子科学与技术、通信工程、微电子科学与工程、光电信息科学与工程、信息工程及其相近专业。经过编审委员会与众多高校多次沟通,初步拟定分批次建设约 100 门核心课程教材。本系列教材将力求在保证基础的前提下,突出技术的先进性和科学的前沿性,体现创新教学和工程实践教学;重视系统集成思想在教学中的体现,鼓励推陈出新,采用"自顶向下"的方法编写教材;注重反映优秀的教学改革成果,推广优秀的教学经验与理念。

为了保证本系列教材的科学性、系统性及编写质量,本系列教材设立顾问委员会及编审委员会。顾问委员会由教指委高级顾问、特约高级顾问和国家级教学名师担任,编审委员会由教育部高等学校电子信息类专业教学指导委员会委员和一线教学名师组成。同时,清华大学出版社为本系列教材配置优秀的编辑团队,力求高水准出版。本系列教材的建设,不仅有众多高校教师参与,也有大量知名的电子信息类企业支持。在此,谨向参与本系列教材策划、组织、编写与出版的广大教师、企业代表及出版人员致以诚挚的感谢,并殷切希望本系列教材在我国高等学校电子信息类专业人才培养与课程体系建设中发挥切实的作用。

吕志伟 教授

前言
PREFACE

MATLAB 是 MathWork 公司开发的,目前已经发展成为国际上最流行,应用最广泛的科学计算软件之一。MATLAB 软件具有强大的矩阵计算、数值计算、符号计算、数据可视化和系统仿真分析等功能,广泛应用于科学计算、信号处理与通信、图像处理、信号检测、控制设计、仿真分析、金融建模设计与分析等领域,也成为线性代数、高等数学、概率论与数理统计、数字信号处理、信号与系统、数字图像处理、自动控制原理、时间序列分析、动态系统仿真等课程的基本教学工具。近些年来,MATLAB 成为国内外众多高校本科生和研究生的课程,成为学生必须掌握的基本编程语言之一,也成为教师、科研人员和工程师进行教学、科学研究和生产实践的一个基本工具。

本书是以当今流行的 MATLAB R2024a 和 Simulink 为平台编写的,是作者十余年在高校从事 MATLAB 课程教学、课程改革、毕业设计指导和利用 MATLAB 进行科学研究基础上编写而成的,具有以下特点。

(1) 体现新工科和工程教育专业认证理念。以学生为中心,以案例式教学为手段,多学科交叉融合,培养学生用 MATLAB 解决复杂工程问题的能力。

(2) 内容排版合理科学。先基础后应用,先理论后实验,由浅入深,循序渐进地进行编排,便于读者学习和掌握 MATLAB。

(3) 内容丰富,例题新颖。本书结合编者多年的 MATLAB 教学和使用经验,详细介绍 MATLAB R2024a 版本的基本内容,列举丰富的例题和应用实例,便于读者更好地掌握 MATLAB 各种函数和命令。

(4) 理论与应用有机结合。本书前 7 章介绍 MATLAB 和 Simulink 基础内容,每章最后一节都给出应用实例;第 8~10 章详细介绍 MATLAB 在电子信息处理、控制系统和通信系统多学科中的应用。从而引导读者更好地应用 MATLAB 解决专业领域的实际应用问题。

(5) 理论教学与上机实验相配套。为了便于教师教学,本书提供配套的电子教案、所有例题和应用实例的源代码,以及所有图片;为了便于读者学习和上机做实验,本书提供了所有例题的微课视频,以及 MATLAB 和 Simulink 基本内容的 10 个实验内容。

本书内容分三部分: MATLAB/Simulink 基础篇、MATLAB/Simulink 应用篇和 MATLAB/Simulink 实验篇。MATLAB/Simulink 基础篇包括:第 1 章 MATLAB 语言概述,主要介绍 MATLAB 语言的发展、特点、环境、帮助系统、数据类型和运算符;第 2 章 MATLAB 矩阵及其运算,主要介绍矩阵的创建、矩阵的修改、矩阵基本运算、矩阵分析、字符串、多维数组、结构数组和元胞数组;第 3 章 MATLAB 程序结构和 M 文件,主要介绍 MATLAB 程序结构、M 脚本文件、M 函数文件和程序调试;第 4 章 MATLAB 数值计算,主要介绍多项式运算、数据插值、数据拟合、数据统计和数值计算;第 5 章 MATLAB 符号运算,主要介绍符号定义、符号运算、符号极限、符号微分和积分;第 6 章 MATLAB 数据可视化,主要介绍 MATLAB 二维曲线绘制、二维特殊图形绘制、三维曲线和曲面绘制;第 7 章 Simulink 仿真基础,主要介绍 Simulink 基本概念与操作、常用模块、模块编辑和 Simulink 仿真。MATLAB/Simulink 应用篇主要包括:第 8 章 MATLAB 在电子信息处理中的应用,主要介绍 MATLAB 在信号与系统、数字信号处理、数字图像处理和电子电路中的应用;第 9 章 MATLAB 在控制系统中的应用,主要介绍控制系统的模型、时序分析、频域分析、根轨迹分析和状态空间分析、极点配置和观测器设置,以及最优控制系统设计;第 10 章 MATLAB 在通信系统中的应用,主要介绍通信工具箱函数、信息的度量与编码、差错控制编/译码、模拟调制与解调、数字调制与解调和通信系统的性能仿真。MATLAB/Simulink 实验篇包括第 11 章 MATLAB/Simulink 实验,主要介绍 10 个基本的 MATLAB 实验内容。

电子信息工程和电子科学与技术专业学生可以选择本书的第 1~8 章和第 11 章内容学习;自动化和电气工程及其自动化专业可以选择本书的第 1~7 章、第 9 章和第 11 章内容学习;通信工程和物联网工程专业学生可以选择第 1~7 章、第 10 章和第 11 章内容学习。建议授课学时为 40 或 48 学时。对于短课时(如 32 学时)低年级开的课程,可以讲授第 1~7 章基础内容以及第 11 章实验部分,应用部分可以留给学生自学。

本书第 1~4 章、第 6 章和第 11 章由徐国保编写,第 7 章和第 9 章由赵黎明编写,第 5 章和第 10 章由吴凡编写,第 8 章由郭磊编写。为了确保本书的质量,应用部分由教学经验丰富的相关专业任课教师编写。本书的编写思路与内容选择由编者集体讨论确定,全书由徐国保负责统稿和定稿。在本书的编写过程中,参考和引用了相关教材和资料,在此一并向教材和资料的作者表示诚挚的谢意。

为了便于学生学习,全书附有习题(81 道习题)的参考答案和所有例题的源代码及微课视频(211 个微课视频)。为了方便教师教学,本书配有教学课件(10 章 PPT)和所有图片(277 幅图)素材、实验设计指导书(10 个实验)电子版、教学大纲,以及授课计划等电子资源,欢迎选用本书作为教材的教师索取,索取邮箱:xuguobao@126.com。

与本书第 1 版(2017 年)相比,本书主要修订内容有:(1)第 1 章更新了最新的 MATLAB R2024a 版安装环境;(2)用 MATLAB R2024a 软件,更新了所有例题代码、结果以及图;(3)为了便于读者学习,录制了所有例题的微课视频;(4)更正书中个别错漏。参与本书修订工作的有徐国保、麦倩和赵桂艳。全书的软件代码更新和调试运行由麦倩负责,全书例题的微课视频录制由徐国保、赵桂艳和麦倩负责,全书由徐国保负责统稿、校稿和定稿。

由于编者的水平有限,书中难免存在不妥之处,欢迎使用本书的教师、学生和科技人员批评指正,以便再版时改进和提高。

编　者
2025 年 4 月

目 录
CONTENTS

第二部分　MATLAB/Simulink 应用篇

第 8 章　MATLAB 在电子信息处理中的应用 ···················· 257

第三部分　MATLAB/Simulink 实验篇

第一部分

PART Ⅰ

MATLAB/Simulink
基础篇

MATLAB/Simulink 基础篇主要介绍 MATLAB 的基础知识、MATLAB 编程的基本方法和 MATLAB 的 Simulink 仿真基础。通过 MATLAB/Simulink 基础篇的学习，读者可以了解和掌握 MATLAB 的基本语法、基本函数、常用命令、M 文件、程序结构和 Simulink 仿真基础等知识，掌握 MATLAB 的矩阵及其运算、数值计算、符号计算和数据可视化等功能，为学习 MATLAB 在电子信息学科中的应用奠定良好的基础。

MATLAB/Simulink 基础篇包含以下 7 章：

第 1 章　MATLAB 语言概述

第 2 章　MATLAB 矩阵及其运算

第 3 章　MATLAB 程序结构和 M 文件

第 4 章　MATLAB 数值计算

第 5 章　MATLAB 符号运算

第 6 章　MATLAB 数据可视化

第 7 章　Simulink 仿真基础

第 1 章
CHAPTER 1

MATLAB 语言概述

本章要点：
- ◇ MATLAB 语言的发展；
- ◇ MATLAB 语言的特点；
- ◇ MATLAB 语言的环境；
- ◇ MATLAB 的帮助系统；
- ◇ MATLAB 的数据类型；
- ◇ MATLAB 的运算符；
- ◇ 应用实例。

1.1 MATLAB 语言的发展

MATLAB 语言最初是由美国的 Cleve Moler 教授为了解决"线性代数"课程的矩阵运算问题，于 1980 年前后编写的。MATLAB 名字是矩阵实验室（Matrix Laboratory）的前三个字母的缩写。早期的 MATLAB 版本是用 FORTRAN 语言编写的。1984 年，John Little、Cleve Moler 和 Steve Bangert 合作成立了 MathWorks 公司，正式把 MATLAB 推向市场。此后，MATLAB 版本都是用 C 语言编写的，功能越来越强大，除了原有的数值计算功能外，还增加了符号计算功能和图形图像处理功能等。MATLAB 支持 UNIX、Linux、Windows 等多种操作平台。

从 1984 年以来，MATLAB 版本更新非常快，现在几乎每年更新两次，上半年推出"a"版本，下半年推出"b"版本。MATLAB 主要版本如表 1-1 所示。

表 1-1　MATLAB 主要版本

版　　本	编　　号	发布时间	版　　本	编　　号	发布时间
MATLAB 1	—	1984 年	MATLAB 6.5	R13	2002 年
MATALB 2	—	1986 年	MATLAB 7.0	R14	2004 年
MATLAB 3	—	1987 年	MATLAB 7.1	R14SP3	2005 年
MATLAB 3.5	—	1990 年	MATLAB 7.2	R2006a	2006 年
MATLAB 4	—	1992 年	MATLAB 7.4	R2007a	2007 年
MATLAB 4.2c	R7	1994 年	MATLAB 7.6	R2008a	2008 年
MATLAB 5.0	R8	1996 年	MATLAB 7.8	R2009a	2009 年
MATLAB 5.3	R11	1999 年	MATLAB 7.10	R2010a	2010 年
MATLAB 6.0	R12	2000 年	MATLAB 7.12	R2011a	2011 年

续表

版　　本	编　号	发布时间	版　　本	编　号	发布时间
MATLAB 7.14	R2012a	2012 年	MATLAB 9.4	R2018a	2018 年
MATLAB 8.0	R2012b	2012 年	MATLAB 9.6	R2019a	2019 年
MATLAB 8.1	R2013a	2013 年	MATLAB 9.8	R2020a	2020 年
MATLAB 8.3	R2014a	2014 年	MATLAB 9.10	R2021a	2021 年
MATLAB 8.5	R2015a	2015 年	MATLAB 9.12	R2022a	2022 年
MATLAB 9.0	R2016a	2016 年	MATLAB 9.14	R2023a	2023 年
MATLAB 9.2	R2017a	2017 年	MATLAB 9.16	R2024a	2024 年

目前,MATLAB 已经成为线性代数、高等数学、概率论与数理统计、自动控制原理、数字信号处理、信号与系统、时间序列分析、动态系统仿真和数字图像处理等课程的基本教学工具,国内外高校纷纷将 MATLAB 列为本科生和研究生的课程,MATLAB 成为学生必须掌握的基本编程语言之一。在高校、研究所和公司企业中,MATLAB 也成为教师、科研人员和工程师进行教学、科学研究和生产实践的一个基本工具,主要应用于科学计算、数据科学和统计学、信号处理、图像处理和计算机视觉、控制系统、无线通信、雷达、机器人与自主系统、航空航天、计算金融学、计算生物学等领域。MATLAB R2024a 版本集成了 MATLAB 9.16 编译器,Simulink 仿真软件和很多工具箱,具有强大的数值计算、符号计算、图形图像处理和仿真分析等功能。本书以 MATLAB R2024a 版本为基础,介绍 MATLAB 的基本功能及其应用。

1.2　MATLAB 语言的特点

MATLAB 自 1984 年 MathWorks 公司推向市场以来,经历了 40 余年的发展和完善,代表了当今国际科学计算软件的先进水平。同其他高级语言相比,MATLAB 的特点包括简单的编程环境、可靠的数值计算和符号计算功能、强大的数据可视化功能、直观的 Simulink 仿真功能、丰富的工具箱和完整的帮助功能等。

1. 简单的编程环境

MATLAB 语言编程简单,书写自由,不需要编译及连接即可执行。MATLAB 语言的函数名和命令表达很接近标准的数学公式和表达方式,可以利用 MATLAB 命令行窗口直接书写公式并求解,能直接得出运算结果,能快速验证编程人员的算法结果,因此,MATLAB 被称为"草稿式"的语言。MATLAB 程序编写语法限制不严格,在命令行窗口能立即给出错误提示,便于编程者修改,减轻编程和调试工作,提高了编程效率。

2. 可靠的数值计算和符号计算功能

MATLAB 以矩阵作为数据操作的基本单位,这使得矩阵运算变得非常简单、快捷和高效。MATLAB 还提供了大量的数值计算函数,极大地降低了编程工作量,因而具有强大的数值计算功能。另外,MATLAB 和符号计算语言 Maple 相结合,可以解决数学、应用科学和工程计算领域的符号计算问题,具有高效的符号计算功能。

3. 强大的数据可视化功能

MATLAB 具有非常强大的数据可视化功能,能够方便地将矩阵和数组显示成图形,智能地根据输入数据自动确定坐标轴和不同颜色线型。利用不同作图函数可以画出多种坐标系(如笛卡儿坐标系、极坐标系和对数坐标系等)的图形,可以设置不同的颜色、线型和标注方式,可以对图形进行修饰(如标题、横纵坐标名称和图例等)。

4. 直观的 Simulink 仿真功能

Simulink 是 MATLAB 的仿真工具箱,是一个交互式动态系统建模、仿真和综合分析的集成环境。使用 Simulink 构建和模拟一个系统,简单方便,用户通过框图的绘制代替程序的输入,用鼠标操作替代编程,不需要考虑系统模块内部。Simulink 支持线性、非线性以及混合系统,也支持连续、离散和混合系统的仿真,能够用于控制系统、电路系统、信号与系统、信号处理和通信系统等进行系统建模、仿真和分析。

5. 丰富的工具箱

MATLAB 包括数百个核心内部函数和丰富的工具箱。其工具箱可以分为功能性工具箱和学科性工具箱,每个工具箱都是为了某一类学科专业和应用而编制的,为不同领域的用户提供了丰富强大的功能。MATLAB 常用工具箱有符号数学工具箱(Symbolic Math Toolbox)、图像处理工具箱(Image Processing Toolbox)、计算机视觉工具箱(Computer Vision Toolbox)、数据库工具箱(Database Toolbox)、优化工具箱(Optimization Toolbox)、统计工具箱(Statistics Toolbox)、信号处理工具箱(Signal Processing Toolbox)、小波分析工具箱(Wavelet Toolbox)、通信工具箱(Communication Toolbox)、5G 工具箱(5G Toolbox)、雷达工具箱(Radar Toolbox)、滤波器设计工具箱(Filter Design Toolbox)、控制系统工具箱(Control System Toolbox)、系统辨识工具箱(System Identification Toolbox)、神经网络工具箱(Neural Network Toolbox)、机器人系统工具箱(Robotics System Toolbox)、鲁棒控制工具箱(Robust Control Toolbox)、模糊逻辑工具箱(Fuzzy Logic Toolbox)和金融工具箱(Financial Toolbox)等。

6. 完整的帮助功能

MATLAB 帮助功能完整,用户使用方便。用户可以通过命令行窗口输入 help 函数命令获取特定函数的使用帮助信息,利用 lookfor 函数搜索和关键字相关的 MATLAB 函数信息,另外还可以通过联机帮助系统获取各种帮助信息。MATLAB 的帮助文件不仅介绍函数的功能、参数定义和使用方法,还给出了相应的实例,以及相关的函数名称。

1.3　MATLAB 语言的环境

1.3.1　MATLAB 语言的安装

安装 MATLAB 软件的主要操作步骤如下。

(1) 下载 MATLAB R2024a 安装文件,安装文件为 iso 格式,需要用解压缩软件解压,安装前要确保系统满足软硬件要求。MATLAB R2024a 需要 64 位操作系统,软件安装文件占用 23GB 以上的空间。

(2) 双击 setup.exe 文件进行安装,选择"高级选项"中的"我有文件安装密钥",单击"下一步"按钮,如图 1-1 所示。

图 1-1　选择安装方法

（3）是否接受许可协议的条款？选择"是"，单击"下一步"按钮，如图 1-2 所示。

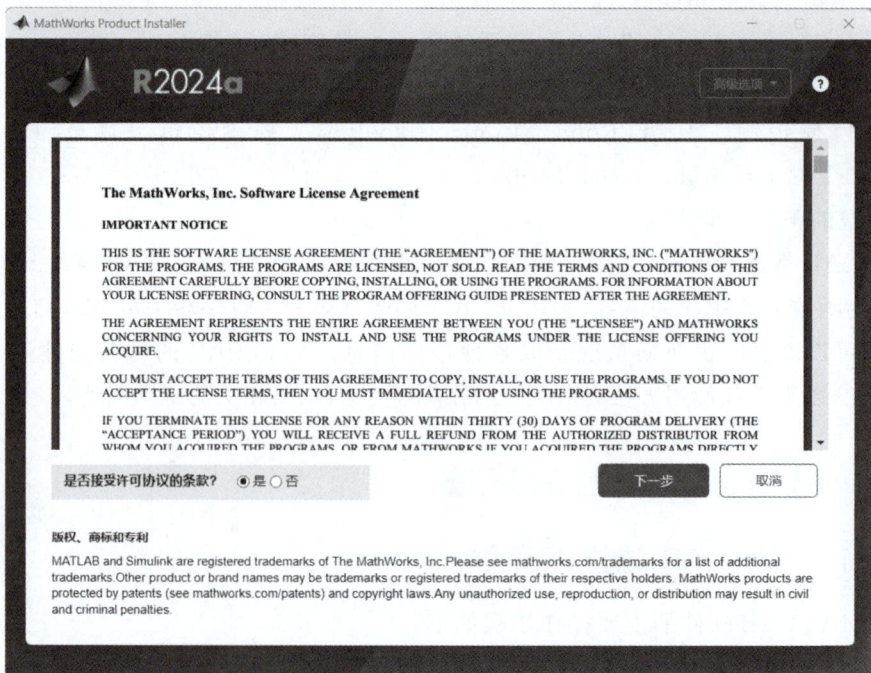

图 1-2　接受许可协议

（4）输入文件安装密钥，单击"下一步"按钮，如图 1-3 所示。

（5）输入许可证文件的所在路径，找到许可文件，单击"下一步"按钮，完成激活，如图 1-4 所示。

图 1-3　输入文件安装密钥

图 1-4　输入许可文件

（6）选择安装类型。可以根据自己的爱好和需要，选择安装类型。典型类型将安装所有默认的组件，需要空间大，功能完善，而自定义类型将有选择地安装组件，需要的空间可以相对小一些。如果选择典型安装类型，单击"下一步"按钮，开始安装默认组件，如图 1-5 所示。

图 1-5　确认安装目录和组件

（7）等待安装结束。由于软件很大，安装时间可能较长，安装界面如图 1-6 所示。

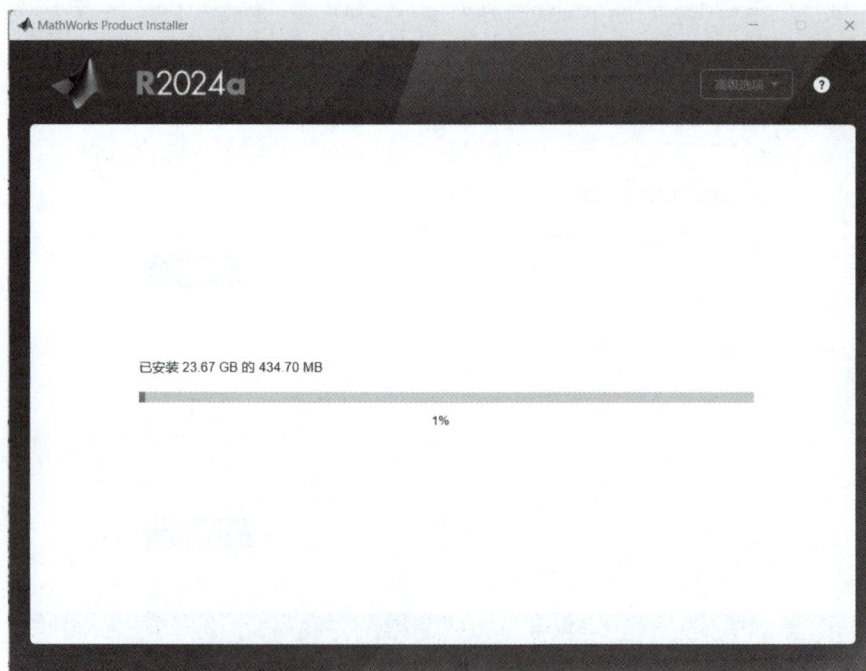

图 1-6　正在安装界面

（8）安装完成。安装完成后，弹出的安装完成对话框如图 1-7 所示。

用户如果需要卸载 MATLAB，在安装目录中找到 MathWorksProductUninstaller.exe

图 1-7 安装完成界面

文件，双击后，MATLAB 开始卸载，如图 1-8 所示。

打开 MATLAB 软件，有下面几种方法。

（1）双击桌面上的快捷方式图标 。

（2）在"开始"菜单中的"程序"中选择运行 MATLAB。

（3）在 MATLAB 的根目录下，双击 MATLAB.exe 文件运行。

打开 MATLAB 软件后，启动运行窗口如图 1-9 所示。

图 1-8 卸载 MATLAB 界面

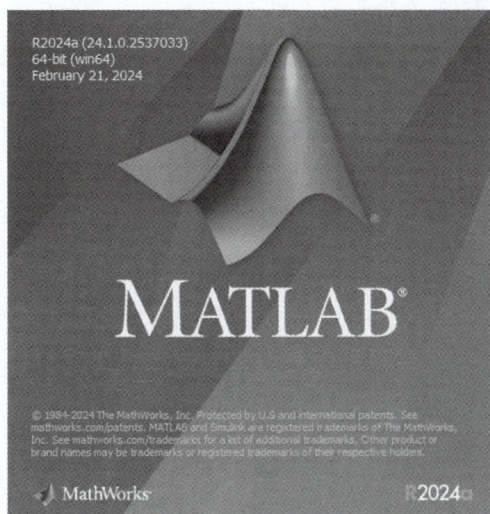

图 1-9 启动 MATLAB 界面

1.3.2　MATLAB 语言的界面简介

MATLAB R2024a 的界面是一个高度集成的 MATLAB 工作界面,其默认形式如图 1-10 所示。该界面分割成 4 个最常用的窗口:命令行窗口(Command Window)、当前目录(Current Directory)浏览器、工作区(Workspace)窗口和当前文件夹(Current Folder)窗口。

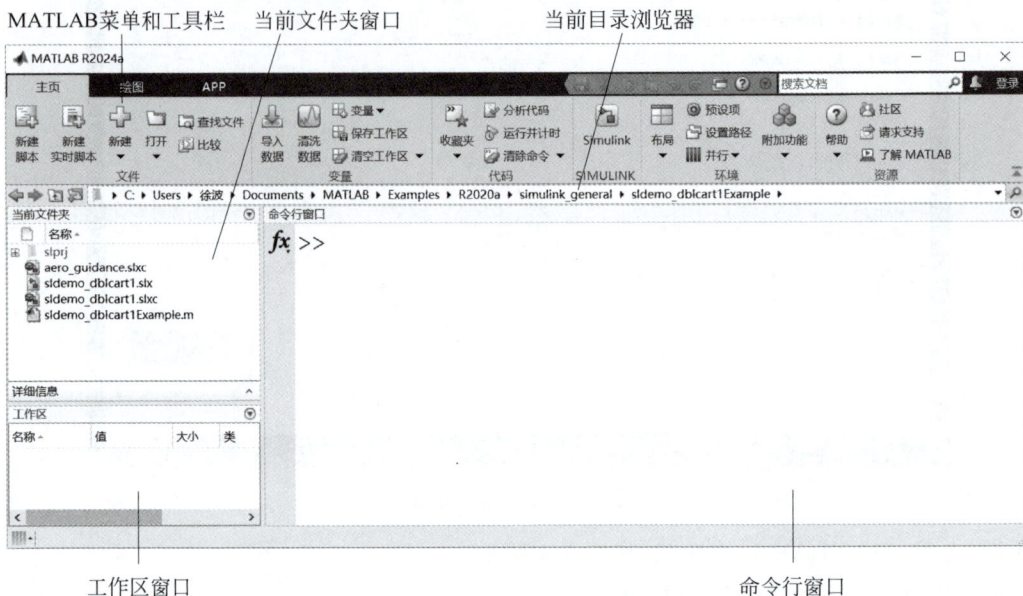

图 1-10　默认 MATLAB 工作界面

1. 命令行窗口

命令行窗口是进行各种 MATLAB 操作的最主要的窗口。在该窗口中,可以输入各种 MATLAB 运行的指令、函数和表达式,显示除图形外的所有运算结果,显示错误信息等,如图 1-11 所示。

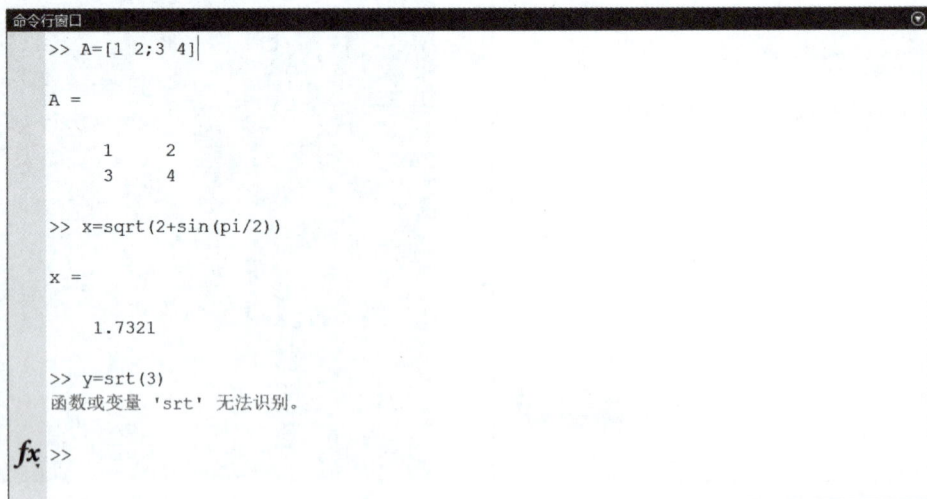

图 1-11　命令行窗口

MATLAB 命令行窗口中的>>为命令提示符,表示 MATLAB 处于准备状态。在命令提示符后面输入命令,并按 Enter 键后,MATLAB 就立即执行所输入的命令,并在工作区窗口中显示变量名、数值、大小和类别等信息。

命令行可以输入一条命令,也可以同时输入多条命令,命令之间可以用分号或者逗号分隔,最后一条命令可以不用分号或者逗号,直接按 Enter 键,MATLAB 立即执行命令。如果命令结尾使用分号就不在命令行窗口显示该条命令的结果。MATLAB 中常用的标点符号及其功能如表 1-2 所示。

表 1-2 MATLAB 中常用的标点符号及其功能

符 号	名称	功 能	例 子
	空格	数组或矩阵各行列元素的分隔符	A＝[1 0 0]
,	逗号	数组或矩阵各行列元素的分隔符; 显示计算结果的指令和后面指令分隔符	A＝[1,0,0] x＝1,y＝2;
.	点号	数值中是小数点; 用于运算符前,表示点运算	x＝3.14 C＝A.＊B
:	冒号	用于生成一维数组或矩阵; 用于矩阵行或者列,表示全部的行或者列	v＝1:1:10 A(2,:)＝[1 2 3]
;	分号	用于指令后,不显示计算结果; 用于矩阵,作为行间分隔符	A＝[1 2 3];B＝[1 0 0] A＝[1 0 0;0 1 0;0 0 1]
' '	单引号	用于生成字符串	x＝'student'
%	百分号	注释分隔符	%后面的指令不执行
( )	圆括号	用于改变运算次序; 用于引用数组元素; 用于函数输入参量列表	x＝3＊(6－2) a(2) sqrt(x)
[ ]	方括号	用于创建矩阵或者数组; 用于函数输出参数列表	A＝[1 0 0] [x,y]＝ff(x)
{ }	花括号	用于创建元胞数组	A＝{'cell',[1 2];1＋2i,0;5}
…	续行号	用于后面的行与该行连接,构成完整行	a＝1＋2＋3＋… 4＋5＋6
_	下画线	用于变量、文件和函数名中的连字符	a_student＝3
@	"at"号	用于形成函数句柄及形成用户对象目录	a＝@sqrt

逗号或者按 Enter 键前的命令,会在命令行窗口显示运行结果。运行后都会在工作区窗口存储和显示变量名称、数值、大小和类别等信息。例如:

```
>> a=1;b=1+2,c=1+2i
b =
    3
c =
   1.0000 + 2.0000i
```

结果都会在工作区窗口存储和显示,如图 1-12 所示。

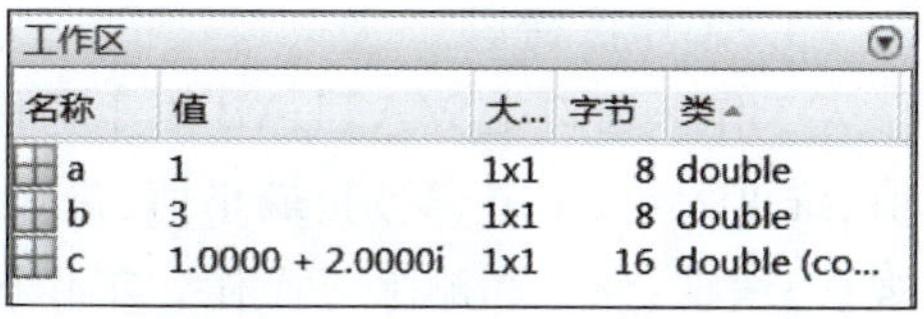

如果命令语句很长,可以在第一行之后加上3 个小黑点,按下按 Enter 键后,在第二行继续输入命令的剩余部分。3 个小黑点为续行符,表示把下

图 1-12 变量存储和显示

面的行看作该行的逻辑继续。例如：

```
>> a = 1 + 2 + 3 + ...
4 + 5 + 6
a =
    21
```

MATLAB 命令行窗口不仅可以对输入的命令进行编辑和运行，而且可以使用很多控制键对已经输入的命令进行回调、编辑和重新运行，提高编程效率。命令行窗口中行编辑的常用控制键如表 1-3 所示。

表 1-3　命令行窗口中行编辑的常用控制键

控 制 键 名	功　　能	控 制 键 名	功　　能
↑	向前调回已输入的命令	Delete	删除光标右边的字符
↓	向后调回已输入的命令	Backspace	删除光标左边的字符
←	光标左移一个字符	Esc	删除当前行全部内容
→	光标右移一个字符	PgUp	向前翻一页已输入命令
Home	光标移到当前行行首	PgDn	向后翻一页已输入命令
End	光标移到当前行末尾	Ctrl+C	中断 MATLAB 命令的运行

例如，在命令行窗口中输入命令 y＝(1＋tg(pi/3))/sqrt(2)，按下 Enter 键后，MATLAB 给出下面的错误信息：

```
>> y = (1 + tg(pi/3))/sqrt(2)
```

函数或变量 'tg' 无法识别。

重新输入命令时，用户就不需要输入整行命令，只需要按向上方向(↑)键，就可以调出刚输入的命令，把光标移到相应位置，删除 g，输入 an，并按下 Enter 键即可。反复使用↑键，可以调回以前输入的所有命令。

若要清除 MATLAB 命令行窗口的命令及信息，可以使用清除工作命令行窗口 clc 函数，相当于擦去一页命令行窗口，光标回到屏幕左上角。需要注意，clc 命令只清除命令行窗口显示的内容，不能清除命令行窗口的变量。

2. 当前目录浏览器

当前目录浏览器用来设置当前目录，显示当前目录下的各种文件信息，并提供搜索功能。通过目录下拉列表框可以选择已经访问过的目录，也可以点击搜索图标🔍，就可以在当前文件夹及子文件夹中搜索文件。

3. 当前文件夹窗口

当前文件夹窗口用来显示当前文件夹里的所有文件及文件夹，便于用户浏览、查询和打开文件，也可以在当前文件夹创建新文件夹。

4. 工作区窗口

工作区窗口是 MATLAB 用于存储各种变量和结构的内部空间，可以显示变量的名称、值、维度大小、字节、类别、最小值、最大值、均值、中位数、方差和标准差等，可以对变量进行观察、编辑、保存和删除等操作。工作区窗口如图 1-13 所示。

MATLAB 常用 4 个指令函数 who、whos、clear 和 exist 来管理工作区窗口。

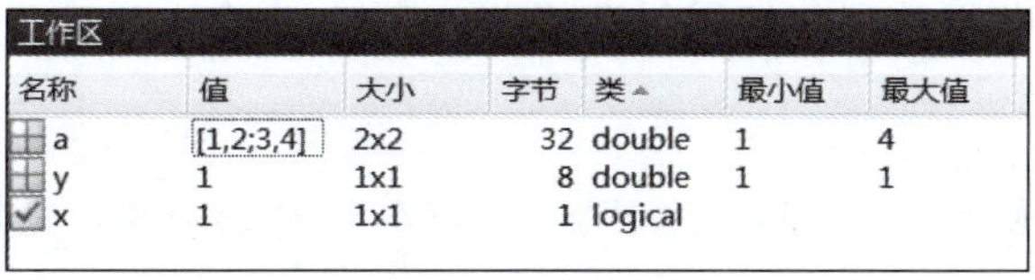

图 1-13 工作区窗口

1）who 与 whos

查询变量信息函数。who 只显示工作区窗口的变量名称；whos 显示变量名称 Name、大小 Size、字节 Bytes、类型 Class 和属性 Attributes 等信息。

```
>> who
您的变量为：
a   b   c   da
>> whos
  Name       Size          Bytes  Class       Attributes
  a          1×1               8  double
  b          2×2              32  double
  c          1×1              16  double      complex
  da         1×1               8  double
```

2）clear 删除变量和函数

在 MATLAB 中清除工作区窗口的变量可以用 clear 函数。

常见的有下面几种格式：

```
clear var1            % 清除 var1 一个变量
clear var1var2        % 清除 var1 和 var2 两个变量
clear                 % 清除工作区窗口中的所有变量
clear all             % 清除工作区窗口中的所有变量和函数
```

注意，中间没有"，"或"；"符号，clear 是无条件删除变量，且不可恢复。

3）exist 查询变量函数

在 MATLAB 中查询变量空间中是否存在某个变量，可以用 exist 函数，函数调用格式：

```
i = exist('var')
```

其中，var 为要查询的变量名；i 为返回值。i=1 表示工作区窗口存在变量名为 var 的变量；i=0 表示工作区窗口不存在变量名为 var 的变量。

1.4 MATLAB 的帮助系统

学习 MATLAB 的最佳途径是充分使用帮助系统所提供的信息。MATLAB 的帮助系统较为完善，包括 help 和 lookfor 查询帮助命令函数以及联机帮助系统。

MATLAB 用户可以通过在命令行窗口直接输入帮助函数命令来获取相关的帮助信息，这种获取帮助的方式比联机帮助更为便捷。命令行窗口查询帮助主要使用 help 和 lookfor 这两个函数命令。

1.4.1 help 查询帮助函数

当 MATLAB 用户知道函数名称，但不知道该函数具体用法时，可以在命令行窗口输入

help＋函数名,就可以获得该函数使用帮助信息。例如,在命令行窗口输入:

```
>> help fft2
fft2 - 二维快速傅里叶变换
    此 MATLAB 函数使用快速傅里叶变换算法返回矩阵 X 的二维傅里叶变换,这等同于计算
    fft(fft(X).').'.

    语法
      Y = fft2(X)
      Y = fft2(X,m,n)

    输入参数
      X - 输入数组
         矩阵 | 多维数组
      m - 变换行数
         正整数标量
      n - 变换列数
         正整数标量

    示例
       二维变换

    另请参阅 fft, fftn, fftw, ifft2

    已在 R2006a 之前的 MATLAB 中引入
    fft2 的文档
    fft2 的其他用法
```

由帮助文件可知,fft2是二维快速傅里叶变换函数,帮助文件也给出了使用方法。

1.4.2　lookfor 查询帮助函数

当 MATLAB 用户不知道一些函数的名称时,就不能用 help 函数寻求帮助,但可以用 lookfor 函数帮助我们查找到和关键字相关的所有函数名称。所以在使用 lookfor 函数时,用户只需要知道函数的部分关键字,在命令行窗口中输入 lookfor＋关键字,就可以很方便地查找函数名称。例如在命令行窗口输入:

```
>> lookfor Fourier
```

运行结果如下:

```
qftGate           - Quantum Fourier transform gate
dftmtx            - Discrete Fourier transform matrix in Galois field
fft               - Fast Fourier transform of Galois field vector
ifft              - Inverse fast Fourier transform of Galois field vector
fourierBasis      - Fourier basis functions for tunable gain surface
dlistft           - Deep learning inverse short-time Fourier transform
dlstft            - Deep learning short-time Fourier transform
fsst              - Fourier synchrosqueezed transform
goertzel          - Discrete Fourier transform with second-order Goertzel algorithm
ifsst             - Inverse Fourier synchrosqueezed transform
istft             - Inverse short-time Fourier transform
spectrogram       - Spectrogram using short-time Fourier transform
stft              - Short-time Fourier transform
xspectrogram      - Cross-spectrogram using short-time Fourier transforms
```

...

power_fftscope	— Fourier analysis of simulation data signals
cwtftinfo2	— Supported 2-D CWT wavelets and Fourier transforms
dsp.FFT	— Discrete Fourier transform
dsp.IFFT	— Inverse discrete Fourier transform (IDFT)
dsphdl.Channelizer	— Polyphase filter bank and fast Fourier transform
dsphdl.FFT	— Compute fast Fourier transform (FFT)
dsphdl.IFFT	— Compute inverse fast Fourier transform (IFFT)
istftLayer	— Inverse short-time Fourier transform layer
stftLayer	— Short-time Fourier transform layer
iddata.fft	— Fast Fourier transform (FFT) of iddata object
sym.fourier	— Fourier transform
sym.ifourier	— Inverse Fourier transform
FFT Analyzer	— Perform Fourier analysis of simulation data signals
filterAnalysisOptions.NFFT	— Number of discrete Fourier transform points
filterAnalysisOptions.NFFT	— Number of discrete Fourier transform points
FFT	— Fast Fourier transform (FFT) of input
IFFT	— Inverse fast Fourier transform (IFFT) of input
Inverse Short-Time FFT	— Recover time-domain signals by performing inverse short-time fast Fourier transform (FFT)
Short-Time FFT	— Nonparametric estimate of spectrum using short-time fast Fourier transform (STFT) method
Channelizer	— Polyphase filter bank and fast Fourier transform
FFT	— Compute fast Fourier transform (FFT)
IFFT	— Compute inverse fast Fourier transform (IFFT)
Fourier	— Perform Fourier analysis of signal
Fourier Analysis	— Discrete or continuous time Fourier analysis
2-D FFT	— Compute 2-D fast Fourier transform (FFT)
2-D IFFT	— Compute 2-D inverse fast Fourier transform (IFFT)
FFT 1536	— Computes fast-fourier-transform (FFT) for LTE standard transmission bandwidth of 15 MHz

由运行结果可知,lookfor 函数可以得到 Fourier 关键字相关的所有函数名称。如果想知道这些函数的具体使用方法,可以使用 help+函数名的方法得到其帮助信息。

1.4.3 联机帮助系统

MATLAB 联机帮助系统(帮助窗口)相当于一个帮助信息浏览器。使用帮助窗口可以查看和搜索所有 MATLAB 的帮助文档信息,还能运行有关演示例题程序。可以通过下面两种方法打开 MATLAB 帮助窗口。

(1) 单击 MATLAB 主窗口工具栏中的帮助按钮 [图标]。

(2) 在命令行窗口中运行 helpdesk 或者 doc 命令。

MATLAB 帮助窗口如图 1-14 所示,该窗口的下面显示各种模块和各种工具箱名称的链接。若单击 Wavelet Toolbox,则得到 Wavelet Toolbox 帮助窗口如图 1-15 所示。在左边的帮助向导窗口选择帮助项目名称,将在右边的帮助显示窗口中显示对应的帮助信息。

在顶部的帮助显示窗口中还有三个常用选项卡:Examples 选项卡、在 Functions 选项卡中可以和 Apps 选项卡。在 Examples 选项卡中可以查看和运行 MATLAB 的例题演示程序,这对学习 MATLAB 编程非常有帮助。在 Functions 选项卡中可以查看这个模块或者工具箱相关的所有函数名称,这样可以快速找到该工具箱里的常用函数名称。在 Apps 选项卡中可以查看典型应用 App,这对学习 MATLAB 应用非常有帮助。

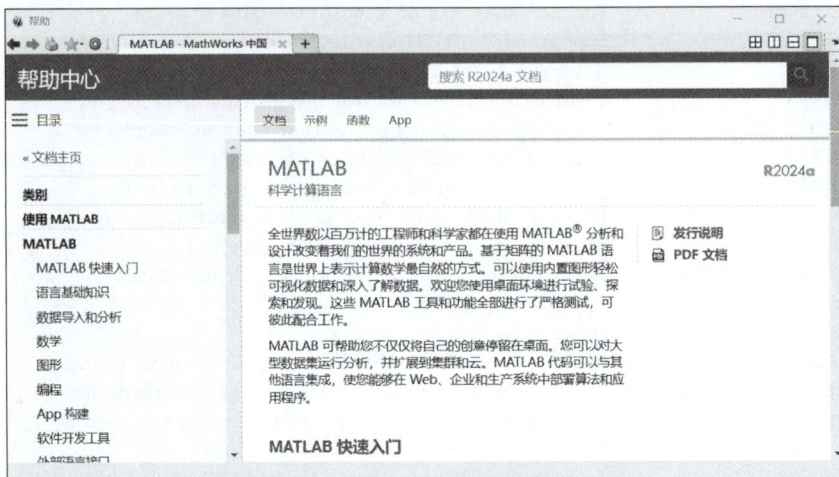

图 1-14 MATLAB 帮助窗口

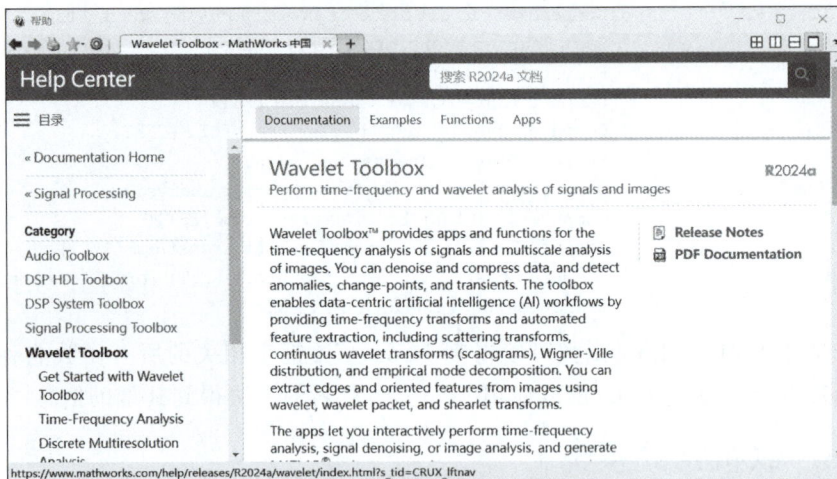

图 1-15 Wavelet Toolbox 帮助窗口

1.5 MATLAB 的数据类型

MATLAB R2024a 定义了多种基本的数据类型,常见的有整型、浮点型、字符型和逻辑型等。MATLAB 内部的任何数据类型,都是按照数组(矩阵)的形式进行存储和运算的。

整型包括有符号整型和无符号整型,浮点型包括单精度型和双精度型。MATLAB R2024a 默认将所有数值都按照双精度类型存储和操作,可以使用类型转换函数将不同数据类型相互转换。

1.5.1 常量和变量

1. 特殊常量

MATLAB 有些固定的变量,称为特殊常量。这些特殊常量具有特定的意义,用户在定义变量名时应避免使用。表 1-4 给出了 MATLAB 的常用特殊常量。

表 1-4　MATLAB 的常用特殊常量

特殊常量名	取值及说明	特殊常量名	取值及说明
ans	运算结果的默认变量名	tic	秒表计时开始
pi	圆周率 π	toc	秒表计时停止
eps	浮点数的相对误差	i 或 j	虚数单位
inf	无穷大∞,如 1/0	date	日历
NaN	不定值,如 0/0、0×∞	clock	时钟
now	按照连续的日期数值格式获取当前系统时间	etime	运行时间

例如:

```
>> date                 % 当前系统的时间
ans =
    '19 – Jul – 2024'
>> clock                % 按照日期向量格式获取当前系统时间
ans =
    1.0e + 03  *
    2.0240     0.0070     0.0190     0.0160     0.0400     0.0462
>> now                  % 按照连续的日期数值格式获取当前系统时间,即 2024 年 7 月 19 日到公
                        % 元元年 1 月 1 日的间隔天数
ans =

    7.3948e + 05
```

在 MATLAB 语言中,需要知道程序或者代码的运行时间,可以使用计时函数 tic/toc 和 etime 两种方法实现。

(1) tic/toc 方法:tic 在程序代码开始时候启动计时器;toc 放在程序代码的最后,用于终止计时器,并返回计时时间即程序运行时间。

例如:

```
tic
                        % 程序段
toc                     % 返回时间就是程序运行时间
```

(2) etime 方法:使用 etime 函数来获取程序运行时间,函数命令格式为

```
etime(t2,t1)
```

其中,t2 和 t1 可以使用 clock 函数获得,例如:

```
t1 = clock
                        % 程序段
t2 = clock
t = etime(t2,t1)        % t 为程序运行时间
```

2. 变量

变量是值可以改变的量,是数值计算的基本单元。与其他高级语言不同,MATLAB 变量使用无须事先定义和声明,也不需要指定变量的数据类型。MATLAB 语言可以自动根据变量值或对变量的操作来识别变量类型。在变量赋值过程中,MATLAB 语言自动使用新值替换旧值,用新值类型替换旧值类型。

MATLAB 语言变量的命名应遵循下面的规则。

（1）变量名由字母、数字和下画线组成，且第一个字符为字母，不能有空格和标点符号。例如，1a、a 1、_a、a%、b-1 和变量a 都是不合法的变量名。

（2）变量名区分大小写。例如，P1Q、p1q、P1q 和 p1Q 是 4 个不同的变量。

（3）变量名的长度上限为 63 个字符，第 63 个字符后面的字符被忽略。

（4）关键字或者系统的函数名不能作为变量，如 if、while、for、function 和 who 等。

需要指出的是，在 MATLAB R2024a 中，函数名和文件名都要遵循变量名的命名规则。

1.5.2　整数和浮点数

1. 整数

MATLAB R2024a 提供 8 种常见的整数类型，可以使用类型转换函数将各种整数类型强制互相转换。表 1-5 给出 MATLAB 各种整数类型的取值范围和类型转换函数。

表 1-5　各种整数类型的取值范围和类型转换函数

数 据 类 型	取 值 范 围	字节数	类型转换函数
无符号 8 位整数 uint8	$0\sim2^{8}-1$	1	uint8( )
无符号 16 位整数 uint16	$0\sim2^{16}-1$	2	uint16( )
无符号 32 位整数 uint32	$0\sim2^{32}-1$	4	uint32( )
无符号 64 位整数 uint64	$0\sim2^{64}-1$	8	uint64( )
有符号 8 位整数 int8	$-2^{7}\sim2^{7}-1$	1	int8( )
有符号 16 位整数 int16	$-2^{15}\sim2^{15}-1$	2	int16( )
有符号 32 位整数 int32	$-2^{31}\sim2^{31}-1$	4	int32( )
有符号 64 位整数 int64	$-2^{63}\sim2^{63}-1$	8	int64( )

2. 浮点数

在 MATLAB R2024a 中，浮点数包括单精度型（single）和双精度型（double）。MATLAB 默认的数据类型是双精度型。单精度型取值范围是 $-3.4028\times10^{38}\sim3.4028\times10^{38}$；双精度型取值范围是 $-1.7977\times10^{308}\sim1.7977\times10^{308}$，浮点数类型可以用类型转换函数 single( ) 和 double( ) 互相转换。

例如，按照如下方式在命令行窗口操作类型转换函数。

```
>> y1 = int8(1.6e16)      % 将浮点数强制转换为有符号 8 位整数,最大为 127
y1 =
  int8
  127
>> y2 = int16(1.6e16)     % 将浮点数强制转换为有符号 16 位整数,最大为 32767
y2 =
  int16
  32767
>> y3 = int8(2.65)        % 将浮点数强制转换为有符号 8 位整数(四舍五入)
y3 =
  int8
  3
>> y4 = uint8(-3.2)       % 8 位无符号整数最小值是 0
y4 =
  uint8
  0
```

```
>> y5 = 1/3                        % MATLAB 默认的数据类型是双精度型
y5 =     0.3333
>> y6 = single(1/3)                % 用 single()函数,将双精度型强制转换为单精度型
y6 =
  single
    0.3333
```

工作区窗口如图 1-16 所示,该窗口直观显示了各种整数类型的值、大小、字节以及数据类型。

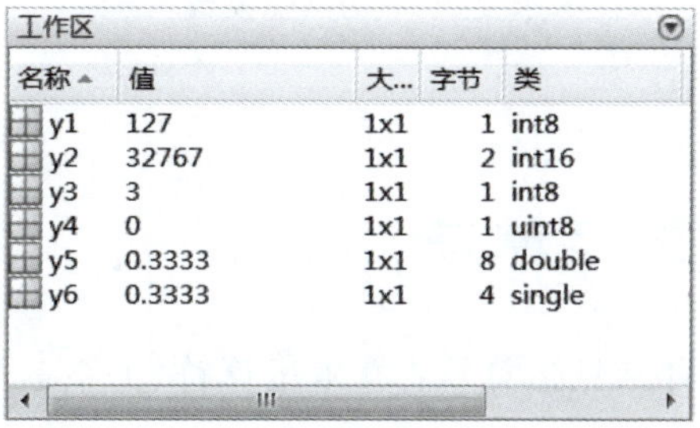

工作区				
名称 ▲	值	大...	字节	类
y1	127	1x1	1	int8
y2	32767	1x1	2	int16
y3	3	1x1	1	int8
y4	0	1x1	1	uint8
y5	0.3333	1x1	8	double
y6	0.3333	1x1	4	single

图 1-16　各种整数类型转换命令行窗口

1.5.3　复数

MATLAB 用特殊变量 i 或 j 表示虚数的单位。MATLAB 中复数运算可以直接进行。复数 z 可以通过以下几种方式产生。

(1) z＝a＋b＊i 或者 z＝a＋b＊j,其中 a 为实部,b 为虚部。

(2) z＝a＋bi 或者 z＝a＋bj。

(3) z＝r＊exp(i＊theta),其中 r 为模,theta 为相角(以弧度为单位)。

(4) z＝complex(a,b)。

(5) z＝a＋b＊sqrt(−1)。

MATLAB 复数运算常见函数如表 1-6 所示。

表 1-6　MATLAB 复数运算常见函数

函　数　名	功　　能	函　数　名	功　　能
abs(z)	求复数 z 的模	real(z)	求复数 z 的实部
angle(z)	求复数 z 的相角,以弧度为单位	imag(z)	求复数 z 的虚部
complex(a,b)	以 a 和 b 分别为实部和虚部,创建复数	conj(z)	求复数 z 的共轭复数

【例 1-1】　使用常见复数运算函数实现复数的创建和运算。

```
>> a = 1;b = 2;
>> z = complex(a,b)               % 已知实部 a,虚部 b,产生复数 z
z =
   1.0000 + 2.0000i
>> a1 = real(z)                   % 求复数 z 的实部
a1 =
    1
>> b1 = imag(z)                   % 求复数 z 的虚部
b1 =
    2
>> r = 5;theta = pi/6;
>> z1 = r * exp(i * theta)        % 已知模 r 和相角 theta,产生复数 z1
```

微课视频

```
z1 =
    4.3301 + 2.5000i
>> r1 = abs(z1)                    % 求复数 z1 的模
r1 =
    5
>> theta1 = angle(z1)              % 求复数 z1 的相角
theta1 =
    0.5236
>> z2 = conj(z1)                   % 求复数 z1 的共轭复数
z2 =
  4.3301 - 2.5000i
```

1.6 MATLAB 的运算符

MATLAB 语言包括三种常见运算符:算术运算符、关系运算符和逻辑运算符。

1.6.1 算术运算符

MATLAB 语言有许多算术运算符,如表 1-7 所示。

表 1-7 MATLAB 算术运算符

运　算　符	功　　能	运　算　符	功　　能
+	加	./	点右除
−	减	\	左除
*	乘	.\	点左除
.*	点乘	^	乘方
/	右除	.^	点乘方

说明:

(1) 加、减、乘和乘方运算规则与传统的数学定义一样,用法也相同。

(2) 点运算(点乘、点乘方、点左除和点右除)是指对应元素点对点运算,要求参与运算矩阵的维度一样。需要指出的是,点左除与点右除不一样,A./B 是指 A 的对应元素除以 B 的对应元素,A.\B 是指 B 的对应元素除以 A 的对应元素。

(3) MATLAB 除法相对复杂些,对于单个数值运算,右除和传统除法一样,即 $a/b = a \div b$;而左除与传统除法相反,即 $a \backslash b = b \div a$。对于矩阵运算,左除 A\B 相当于矩阵方程组 $AX = B$ 的解,即 X = A\B = inv(A) * B;右除 B/A 相当于矩阵方程组 $XA = B$ 的解,即 X = B/A = B * inv(A)。

【例 1-2】 矩阵 $A = [1\ 2; 3\ 4]$,$B = [1\ 1; 0\ 1]$,求:A\B, inv(A) * B, B/A, B * inv(A)。

```
>> A = [1 2;3 4];B = [1 1;0 1];
>> C1 = A\B
C1 =
  -2.0000  -1.0000
   1.5000   1.0000
>> C2 = inv(A) * B
C2 =
  -2.0000  -1.0000
   1.5000   1.0000
```

```
>> D1 = B/A
D1 =
    -0.5000    0.5000
     1.5000   -0.5000
>> D2 = B * inv(A)
D2 =
    -0.5000    0.5000
     1.5000   -0.5000
```

显然，A\B＝inv(A)＊B；B/A＝B＊inv(A)。

MATLAB 提供了许多常用数学函数，若函数自变量是一个矩阵，运算规则是将函数逐项作用于矩阵的元素上，得到的结果是一个与自变量同维数的矩阵。表 1-8 列出了MATLAB 常用的数学函数。

表 1-8　MATLAB 常用的数学函数

函数类型	函数名	功　　能	函数类型	函数名	功　　能
三角函数	sin(x)	正弦	指数对数函数	exp(x)	自然指数
	cos(x)	余弦		pow2(x)	2 的幂
	tan(x)	正切		log(x)	自然对数
	asin(x)	反正弦		log10(x)	常用对数
	acos(x)	反余弦		log2(x)	以 2 为底的对数
	atan(x)	反正切	复数函数	abs(x)	复数的模
	sinh(x)	双曲正弦		angle(x)	复数的相角
	cosh(x)	双曲余弦		real(x)	复数的实部
	tanh(x)	双曲正切		imag(x)	复数的虚部
	asinh(x)	反双曲正弦		conj(x)	复数的共轭
	acosh(x)	反双曲余弦	基本函数	abs(x)	绝对值
	atanh(x)	反双曲正切		sqrt(x)	平方根
取整函数	round(x)	四舍五入取整		sign(x)	符号函数
	fix(x)	向零方向取整		mod(x,y)	x 除以 y 的余数
	floor(x)	向 $-\infty$ 方向取整		lcm(x,y)	x 和 y 的最小公倍数
	ceil(x)	向 $+\infty$ 方向取整		gcd(x,y)	x 和 y 的最大公约数

说明：

(1) abs 函数可以求实数的绝对值，复数的模和字符串的 ASCII 值，例如，abs(-2.3)＝2.3；abs(3+4i)＝5；abs('a')＝97。

(2) MATLAB 语言有 4 个取整的函数：round、fix、floor 和 ceil，它们之间是有区别的。例如，round(1.49)＝1，fix(1.49)＝1，floor(1.49)＝1，ceil(1.49)＝2；round(-1.51)＝-2，fix(-1.51)＝-1，floor(-1.51)＝-2，ceil(-1.51)＝-1。

(3) MATLAB 语言中以 10 为底的对数函数是 log10(x)，而不是 lg(x)，自然指数函数是 exp(x)，而不是 e^(x)。

(4) 符号函数 sign(x)的值有三种：当 x＝0 时，sign(x)＝0；当 x＞0 时，sign(x)＝1；当 x＜0 时，sign(x)＝-1。

(5) MATLAB 语言三角函数都是对弧度进行操作，使用三角函数时，需要将角度变换为弧度，变换公式为弧度＝2＊pi＊(角度/360)。例如，数学上的 sin(60°)，MATLAB 语言

应该写成 $\sin(2 * pi * 60/360)$。

1.6.2　关系运算符

MATLAB 语言有大于、大于或等于、小于、小于或等于、等于和不等于 6 种常见关系运算符,如表 1-9 所示。

表 1-9　MATLAB 关系运算符

关系运算符	定　　义	关系运算符	定　　义
>	大于	<	小于
>=	大于或等于	<=	小于或等于
==	等于	~=	不等于

关系运算符主要用于数与数、数与矩阵元素、矩阵与矩阵之间元素进行比较,返回两者之间的关系的矩阵(由数 0 和 1 组成),0 和 1 分别表示关系不满足和满足。矩阵与矩阵之间进行比较时,两个矩阵的维度要一样。

【例 1-3】 已知 $a=1, b=2, C=[1,2;3\ 4], D=[4\ 3;2\ 1]$,求关系运算:$a==b, a\sim=b, a==C$ 和 $C<D$。

```
>> a = 1;b = 2;C = [1,2;3 4];D = [4 3;2 1];
>> p = a == b
p =
  logical
   0
>> q = a ~ = b
q =
  logical
   1
>> P = a == C
P =
  2×2 logical 数组
   1   0
   0   0
>> Q = C < D
Q =
  2×2 logical 数组
   1   1
   0   0
```

1.6.3　逻辑运算符

MATLAB 语言提供了 4 种常见的逻辑运算符:&(与)、|(或)、~(非)和 xor(异或),运算规则如下。

(1) 在逻辑运算中,所有非零元素均被认为真,用 1 表示;零元素为假,用 0 表示。

(2) 设参与逻辑运算的两个标量 a 和 b,那么逻辑运算规则如表 1-10 所示。

(3) 如果两个同维矩阵参与逻辑运算,矩阵对应元素按标量规则进行逻辑运算,得到同维的由 1 或者 0 构成的矩阵。

(4) 如果一个标量和一个矩阵参与逻辑运算,标量和矩阵的每个元素按标量规则进行逻辑运算,得到同维的由 1 或者 0 构成的矩阵。

微课视频

表 1-10 逻辑运算规则

输 入		非	与	或	异或
a	b	~a	a&b	a|b	xor(a,b)
0	0	1	0	0	0
0	1	1	0	1	1
1	0	0	0	1	1
1	1	0	1	1	0

例如：

```
>> A = [1 0;2, -1];
>> B = [0,2;3 1];
>> C = A|B
C =
 2×2 logical 数组
   1   1
   1   1
>> C = A&B
C =
 2×2 logical 数组
   0   0
   1   1
>> b = 2;
>> C = A&b
C =
 2×2 logical 数组
   1   0
   1   1
```

1.6.4 优先级

在 MATLAB 算术、关系和逻辑三种运算符中,算术运算符优先级最高,关系运算符次之,逻辑运算符优先级最低。即程序先执行算术运算,然后执行关系运算,最后执行逻辑运算。在逻辑"与""或""非"三种运算符中,"非"的优先级最高,"与"和"或"的优先级相同,即从左往右执行。在实际应用中,可以通过括号来调整运算的顺序。

例如：

```
>> q = (1 > 2 | 2 < 1 + 2)
q =
  logical
    1
```

其中,MATLAB 先执行算术运算 $1+2=3$,然后执行关系运算 $1>2$ 为 0,以及 $2<3$ 为 1,最后执行逻辑运算 $0|1=1$。

1.7 应用实例

1.7.1 计算一般数学公式

MATLAB 语言提供了丰富的数学函数,可以在命令行窗口很方便地实现各种数学公式的计算,下面通过几个例子说明 MATLAB 在数学计算上的优势。

【例 1-4】 计算下式的结果,其中 $x = -29°$,$y = 57°$,求 z 的值。

$$z = \frac{2\cos(|x| + |y|)}{\sqrt{\sin(|x + y|)}}$$

```
>> x = pi/180 * ( - 29);y = pi/180 * 57;          % 将角度转换为弧度
>> z = 2 * cos(abs(x) + abs(y))/sqrt(sin(abs(x + y)))
z =
    0.2036
```

【例 1-5】 求解一元二次方程 $ax^2 + bx + c = 0$ 的根,其中,$a = 1$,$b = 3$,$c = 6$。
已知一元二次方程的求根公式为

$$x_{1,2} = \frac{-b \pm \sqrt{b^2 - 4ac}}{2a}$$

```
>> a = 1;b = 3;c = 6;
>> d = sqrt(b * b - 4 * a * c);
>> x1 = ( - b + d)/(2 * a)
x1 =
  - 1.5000 + 1.9365i
>> x2 = ( - b - d)/(2 * a)
x2 =
  - 1.5000 - 1.9365i
```

【例 1-6】 我国人口按 2000 年第五次全国人口普查的结果为 12.9533 亿,如果年增长率为 1.07%,求 2016 年年末的人口数。

已知人口增长模型为 $x_1 = x_0(1 + p)^n$,其中,x_1 为待求年份的人口数,x_0 为人口的初值,p 为人口年增长率,n 为增加的年数。

```
>> p = 0.0107;
>> n = 2016 - 2000;
>> x0 = 12.9533e8;
>> x1 = x0 * (1.0 + p)^n
x1 =
  1.5358e + 09
```

需要指出的是,用 MATLAB 计算公式时,需要注意以下几点。

(1) 乘号 * 不能省略。

(2) MATLAB 语言的三角函数是用弧度操作的,所以先把角度转换为弧度。

(3) MATLAB 语言用 e(E) 表示 10 为底的科学计数,例如 1.56×10^6,MATLAB 写成 1.56e6。

(4) 写 MATLAB 表达式时,要注意括号的配对使用。

(5) 指数 e^x 要写成 exp(x)。

1.7.2 绘制整流波形图

"模拟电子技术"课程有一章内容是直流稳压电源电路,一个典型的串联型稳压电源包括整流电路。利用 MATLAB 的关系运算、逻辑运算和一些相关函数,可以方便地实现全波整流波形的绘制。

【例1-7】 利用MATLAB的关系运算、逻辑运算和一些相关函数,绘制削顶全波整流波形图,削顶发生在每个周期的[60°,120°]之间。

```
clear                                        % 清除变量
theta = 0:0.01:3 * pi;y = sin(theta);        % 生成正弦波数据
y11 = ((theta < pi)|(theta > 2 * pi)). * y;  % 获得正半轴整流波形
y12 = ((theta > pi)&(theta < 2 * pi)). * - y;% 负半轴半波变成正波形
y1 = y11 + y12;                              % 获得全波整流波形
Q = (theta > pi/3&theta < 2 * pi/3) + ...    % 确定削顶处的值为1
(theta > 4 * pi/3&theta < 5 * pi/3) + (theta > 7 * pi/3&theta < 8 * pi/3);
P = ~Q;                                      % 削顶处取反
y2 = Q * sin(pi/3) + P. * y1;                % 获得削顶全波整流波形
subplot(5,1,1)                               % 将图形窗口分隔为5行1列在第1区域画图
plot(theta,y)                                % 画正弦波图
axis([0,10, - 1.2,1.2])                      % 标注横纵坐标轴数据
ylabel('y'),grid on                          % 标注纵坐标'y'符号,在图形中开启网格线
subplot(5,1,2),plot(theta,y1),axis([0,10, - 0.2,1.2]),ylabel('y1'),grid on
subplot(5,1,3),plot(theta,Q),axis([0,10, - 0.2,1.2]),ylabel('Q'),grid on
subplot(5,1,4),plot(theta,P),axis([0,10, - 0.2,1.2]),ylabel('P'),grid on
subplot(5,1,5),plot(theta,y2),               % 画削顶全波整流图
axis([0,10, - 0.2,1.2]),xlabel('theta'),ylabel('y2'),grid on
```

削顶全波整流全过程如图1-17所示。本例题程序代码中关于画图部分所用函数在后续章节会详细讲解。

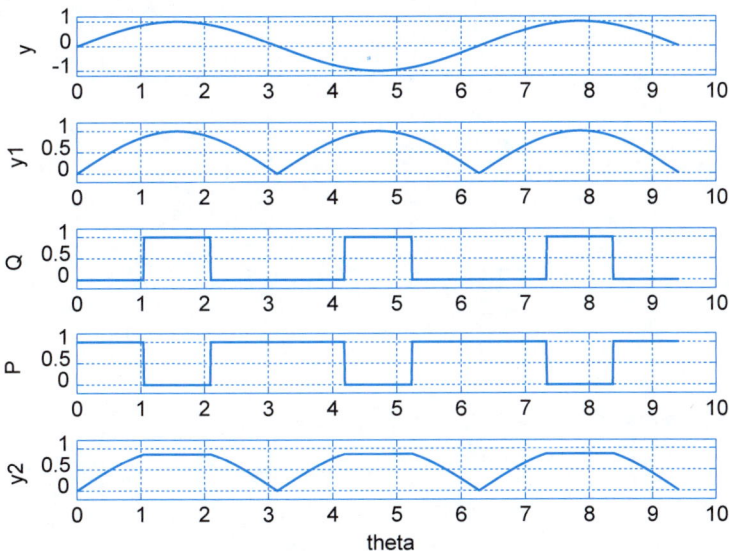

图1-17 削顶全波整流全过程

习题 1

1. 对照教材安装步骤,在自己的计算机上安装 MATLAB R2024a 软件。

2. 同其他高级语言相比,MATLAB 具有哪些特点?

3. 利用 MATLAB 帮助函数 help,查询 sqrt、dwt、plot、imshow、round 和 inv 等函数的

功能和用法。

4. 利用 MATLAB 帮助函数 lookfor，查询所有傅里叶(Fourier)函数名称。

5. 练习使用命令行窗口中常见的行编辑控制键。

6. 设 $A=1.6, B=-12, C=3.0, D=5$，计算

$$a=\arctan\left(\frac{2\pi A - |B|/(2\pi C)}{\sqrt{D}}\right)$$

7. 设 $x=1.57, y=3.93$，计算

$$z=\frac{e^{x+y}}{\lg(x+y)}$$

<table>
<tr><td>第 2 章
CHAPTER 2</td><td># MATLAB 矩阵及其运算</td></tr>
</table>

本章要点：
- ◇ 矩阵的创建；
- ◇ 矩阵的修改；
- ◇ 矩阵的基本运算；
- ◇ 矩阵的分析；
- ◇ 字符串；
- ◇ 多维数组；
- ◇ 结构数组和元胞数组；
- ◇ 应用实例。

MATLAB 各种数据类型都是以矩阵形式存在的,大部分运算都是基于矩阵的运算,所以矩阵是 MATLAB 最基本和最重要的数据对象。

在 MATLAB 语言中,矩阵主要分为三类：数值矩阵、符号矩阵和特殊矩阵。其中,数值矩阵又分为实数矩阵和复数矩阵。每种矩阵生成方法不完全相同,本章主要介绍数值矩阵和特殊矩阵的创建方法与运算。

2.1 矩阵的创建

2.1.1 直接输入矩阵

MATLAB 语言最简单的创建矩阵的方法是通过键盘在命令行窗口直接输入矩阵,直接输入法的规则如下。

(1) 将所有矩阵元素置于一对方括号 [ ] 内。

(2) 同一行不同元素之间用逗号","或者空格符来分隔。

(3) 不同行用分号";"或者回车符分隔。

例如,在命令行窗口输入：

```
>> A = [1 2;3 4]                         % 元素之间用空格符分隔,换行用分号
A =
     1     2
     3     4
>> A = [1,2                              % 用回车符代替分号
     3,4]
A =
```

```
          1     2
          3     4
```

MATLAB 语言创建复数矩阵,方法和创建一般实数矩阵一样,虚数单位用 i 或者 j 表示。例如,创建复数矩阵:

```
>> B = [1 + 2i,2 - 3 * j;2 + 2 * sqrt( - 2),3.5j]    % 创建一个复数矩阵
B =
   1.0000 + 2.0000i  2.0000 - 3.0000i
   2.0000 + 2.8284i  0.0000 + 3.5000i
```

其中:

(1) 虚部和虚数单位之间可以使用乘号 * 连接,也可以忽略乘号 *;

(2) 复数矩阵元素可以用运算表达式;

(3) 虚数单位用 i 或者 j,显示时都是 i。

2.1.2　冒号生成矩阵

在 MATLAB 语言中,冒号":"是一个很重要的运算符,可以利用它产生步长相等的一维数组或行向量。冒号表达式的格式如下:

```
x = a:step:b
```

其中:

(1) a 是数组或者行向量的第一个元素,b 是最后一个元素,step 是步长增量;

(2) 冒号表达式可以产生一个由 a 开始到 b 结束,以步长 step 自增或自减(步长为负值,b<a)的数组或者行向量;

(3) 如果步长 step=1,则冒号表达式可以省略步长,直接写为 x=a:b。

例如:

```
>> x1 = 1:1:10
x1 =
     1     2     3     4     5     6     7     8     9    10
>> x2 = 1:10
x2 =
     1     2     3     4     5     6     7     8     9    10
>> x3 = 10: - 2:0
x3 =
    10     8     6     4     2     0
```

2.1.3　利用函数生成矩阵

在 MATLAB 语言中,可以利用函数生成一维数组或者行向量。

1. linspace 函数

MATLAB 语言可以用 linspace 函数生成初值、终值和元素个数已知的一维数组或者行向量,元素之间是等差数列。其调用格式如下:

```
x = linspace(a,b,n)
```

其中:

(1) a 和 b 分别是生成一维数组或者行向量的初值和终值,n 是元素总数。当 n 省略时,自动产生 100 个元素;

（2）用 linspace 函数产生的一维数组或者行向量，n 个元素是等差数列；

（3）当 a＞b 时，元素之间是等差递减；当 a＜b 时，元素之间是等差递增；

（4）显然，linspace(a,b,n)与 a:(b−a)/(n−1):b 是等价的。

例如：

```
>> x1 = linspace(0,10,5)
x1 =
     0    2.5000    5.0000    7.5000    10.0000
>> x2 = linspace(10,0,5)
x2 =
    10.0000    7.5000    5.0000    2.5000    0
>> x3 = 10:(0 − 10)/(5 − 1):0
x3 =
    10.0000    7.5000    5.0000    2.5000    0
```

2. logspace 函数

MATLAB 语言可以用 logspace 函数生成一维数组或者行向量，元素之间是对数等差数列。其调用格式如下：

```
x = logspace(a,b,n)
```

其中：

（1）x 为第一个元素为 10^a，最后一个元素为 10^b，元素个数为 n 的对数等差数列；

（2）如果 b 的值为 pi，则该函数产生 10^a 到 pi 之间 n 个对数等差数列。

例如：

```
>> x1 = logspace(1,2,10)
x1 =
    10.0000 12.9155 16.6810 21.5443 27.8256 35.9381 46.4159 59.9484 77.4264 100.0000
>> x2 = logspace(1,pi,10)
x2 =
    10.0000  8.7928   7.7314  6.7980   5.9774   5.2558   4.6213   4.0634   3.5729
3.1416
```

2.1.4 利用文本文件生成矩阵

MATLAB 语言中的矩阵还可以由文本文件生成，即先建立 txt 数据文件，然后在命令行窗口直接调用该文件，就能产生数据矩阵。需要注意的是，txt 文件中不含变量名称，文件名为矩阵变量名，每行数值个数相等。

这种生成矩阵方法的优点是可以将数据存储在文本文件中，利用 load 函数，直接将数据读入 MATLAB 命令行窗口中，自动生成矩阵，而不需要手动输入数据。

【例 2-1】 利用文本文件建立矩阵 A，把下面的代码另存至工作目录中，文件名为 A.txt，如图 2-1 所示。

```
1 2
3 4

>> load A.txt
>> A
A =
     1     2
     3     4
```

微课视频

图 2-1　文本文件数据

2.1.5　利用 M 文件生成矩阵

对于一些比较大的常用矩阵,MATLAB 语言可以为它专门建立一个 M 文件,在命令行窗口中直接调用文件,此种方法比较适合大型矩阵创建,便于修改。需要注意的是,M 文件中的矩阵变量名不能与文件名相同,否则会出现变量名和文件名混乱的情况。

【例 2-2】　利用 M 文件生成如下大矩阵 A,文件名为 exam_2_2.m:

$$A = \begin{bmatrix} 34 & 32 & 30 & 28 & 26 & 24 \\ 32 & 30 & 28 & 26 & 24 & 22 \\ 30 & 28 & 26 & 24 & 22 & 20 \\ 28 & 26 & 24 & 22 & 20 & 18 \\ 26 & 24 & 22 & 20 & 18 & 16 \end{bmatrix}$$

```
% 定义 exam_2_2.m 文件,将下面的代码另存为工作目录下的 exam_2_2.m 文件
A = [34 32 30 28 26 24
    32 30 28 26 24 22
    30 28 26 24 22 20
    28 26 24 22 20 18
    26 24 22 20 18 16]
>> exam_2_2
A =

    34    32    30    28    26    24
    32    30    28    26    24    22
    30    28    26    24    22    20
    28    26    24    22    20    18
    26    24    22    20    18    16
```

2.1.6　特殊矩阵的生成

MATLAB 语言中内置了许多特殊矩阵的生成函数,可以通过这些函数自动生成具有不同特殊性质的矩阵。表 2-1 是 MATLAB 语言中常见的特殊矩阵函数。

微课视频

表 2-1　MATLAB 中常见的特殊矩阵函数

函数名	功　　能	函数名	功　　能
eye	单位矩阵	rand	元素服从 0～1 分布的随机矩阵
zeros	元素全为 0 的矩阵	randn	元素服从 0 均值单位方差正太分布的随机矩阵
ones	元素全为 1 的矩阵	diag	对角矩阵
magic	魔方矩阵	tril(u)	tril 下三角矩阵；triu 上三角矩阵

1. 单位矩阵

MATLAB 语言生成单位矩阵的函数是 eye，其调用格式如下：

A1 = eye(n); A2 = eye(m,n)

其中：

（1）A1＝eye(n)表示生成 n×n 的单位矩阵；

（2）A2＝eye(m,n)表示生成 m×n 的单位矩阵。

例如：

```
>> A1 = eye(3)
A1 =
    1    0    0
    0    1    0
    0    0    1
>> A2 = eye(2,3)
A2 =
    1    0    0
    0    1    0
```

2. 0 矩阵

MATLAB 语言生成所有元素为 0 的矩阵的函数是 zeros，其调用格式如下：

A1 = zeros(n); A2 = zeros(m,n)

其中：

（1）A1＝zeros(n)表示生成 n×n 的 **0** 矩阵；

（2）A2＝zeros(m,n)表示生成 m×n 的 **0** 矩阵。

例如：

```
>> A1 = zeros(3)
A1 =
    0    0    0
    0    0    0
    0    0    0
>> A2 = zeros(1,3)
A2 =
    0    0    0
```

3. 1 矩阵

MATLAB 语言生成所有元素为 1 的矩阵的函数是 ones，其调用格式如下：

A1 = ones(n); A2 = ones(m,n)

其中：

(1) A1＝ones(n)表示生成 n×n 的 **1** 矩阵；

(2) A2＝ones(m,n)表示生成 m×n 的 **1** 矩阵。

例如：

```
>> A1 = ones(3)
A1 =
     1     1     1
     1     1     1
     1     1     1
>> A2 = ones(2,3)
A2 =
     1     1     1
     1     1     1
```

4. 魔方矩阵

魔方矩阵是指行和列、正和反斜对角线元素之和都相等的矩阵，MATLAB 语言可以用 magic 函数生成魔方矩阵，其调用格式如下：

```
A = magic(n)
```

其中，A＝magic(n)表示生成 n×n 的魔方矩阵，n＞0，且 n≠2。例如：

```
>> A = magic(3)
A =
     8     1     6
     3     5     7
     4     9     2
>> B = sum(A)                              % 计算每列的和
B =
    15    15    15
>> C = sum(A')                             % 计算每行的和
C =
    15    15    15
```

显然，由 B 和 C 的结果可知，矩阵 A 是一个魔方矩阵。

5. 0～1 均匀分布随机矩阵

MATLAB 语言生成 0～1 均匀分布的随机矩阵的函数是 rand，其调用格式如下：

```
A1 = rand(n); A2 = rand(m,n); A3 = a + (b - a) * rand(m,n)
```

其中：

(1) A1＝rand(n)表示生成 n×n 个元素值为 0～1 均匀分布的随机矩阵；

(2) A2＝rand(m，n)表示生成 m×n 个元素值为 0～1 均匀分布的随机矩阵；

(3) A3＝a＋(b－a) * rand(m,n)表示生成 m×n 个元素值为 a～b 均匀分布的随机矩阵。

例如：

```
>> A1 = rand(3)
A1 =
    0.8147    0.9134    0.2785
    0.9058    0.6324    0.5469
    0.1270    0.0975    0.9575
>> A2 = rand(2,3)
A2 =
```

```
      0.9649     0.9706     0.4854
      0.1576     0.9572     0.8003
>> A3 = 10 + (15 - 10) * rand(2,3)    % 生成 2×3 个元素值为10～15均匀分布的随机矩阵
A3 =
     10.7094    14.5787    14.7975
     12.1088    13.9610    13.2787
```

6. 正态分布随机矩阵

MATLAB 语言生成均值为 0，单位方差的正态分布的随机矩阵的函数是 randn，其调用格式如下：

```
A1 = randn(n); A2 = randn(m,n); A3 = a + sqrt(b) * randn(m,n)
```

其中：

(1) A1＝randn(n)表示生成 n×n 个元素且均值为 0、方差为 1 的正态分布的随机矩阵；

(2) A2＝randn(m，n)表示生成 m×n 个元素且均值为 0、方差为 1 的正态分布的随机矩阵；

(3) A3＝a＋sqrt(b) * randn(m,n)表示生成 m×n 个元素且均值为 a、方差为 b 的正态分布的随机矩阵。

例如：

```
>> A1 = randn(3)
A1 =
    - 1.2075     0.4889    - 0.3034
      0.7172     1.0347      0.2939
      1.6302     0.7269    - 0.7873
>> A2 = randn(2,3)
A2 =
      0.8884    - 1.0689    - 2.9443
    - 1.1471    - 0.8095      1.4384
>> A3 = 1 + sqrt(0.1) * randn(2,3)    % 生成 2×3 个元素值为均值为 1,方差为 0.1 的正态
                                      % 分布的随机矩阵
A3 =
      1.1028     1.4333     0.9677
      0.7613     0.4588     0.9236
```

需要指出的是，rand 和 randn 产生的都是随机数，用户所得结果可能与本书的例题不同。

7. 对角矩阵

MATLAB 语言生成对角矩阵的函数是 diag，其调用格式如下：

```
A = diag(v,k)
```

其中：

(1) A＝diag(v,k)表示生成以向量 v 元素作为矩阵 A 的第 k 条对角线元素的对角矩阵；

(2) 当 k＝0 时，v 为 A 的主对角线；当 k＞0 时，v 为 A 的主对角线上方第 k 条对角线的元素；当 k＜0 时，v 为 A 的主对角线下方第 k 条对角线的元素。

例如：

```
>> v = [3 2 1];
>> A1 = diag(v)
```

```
A1 =
     3     0     0
     0     2     0
     0     0     1
>> A2 = diag(v,1)
A2 =
     0     3     0     0
     0     0     2     0
     0     0     0     1
     0     0     0     0
```

若 A 是一个矩阵,则 diag(A)是提取矩阵 A 的对角线矩阵。例如:

```
>> A = [1 2 3;4 5 6]
A =
     1     2     3
     4     5     6
>> B = diag(A)
B =
     1
     5
```

8. 三角矩阵

MATLAB 语言生成三角矩阵的函数是 tril 和 triu,其调用格式如下:

```
A1 = tril(A,k); A2 = triu(A,k)
```

其中:

（1）A1＝tril(A,k)表示生成矩阵 A 中第 k 条对角线的下三角部分的矩阵;

（2）A1＝triu(A,k)表示生成矩阵 A 中第 k 条对角线的上三角部分的矩阵;

（3）k＝0 为 A 的主对角线,k＞0 为 A 的主对角线以上,k＜0 为 A 的主对角线以下。

例如:

```
>> A = ones(4);
>> L = tril(A, - 2)
L =
     0     0     0     0
     0     0     0     0
     1     0     0     0
     1     1     0     0
>> U = triu(A,0)
U =
     1     1     1     1
     0     1     1     1
     0     0     1     1
     0     0     0     1
```

2.2 矩阵的修改

2.2.1 矩阵部分替换

MATLAB 语言可以部分替换矩阵的某个值、某行或者某列的值,常用下面的格式:

```
A(m,n) = a1; A(m,:) = [a1,a2,…,an]; A(:,n) = [a1,a2,…,am]
```

其中：

（1）A(m,n)＝a1 表示替换矩阵 A 中的第 m 行，第 n 列元素为 a1；

（2）A(m,:)＝[a1,a2,…,an]表示替换矩阵 A 中第 m 行的所有元素为 a1,a2,…,an；

（3）A(:,n)＝[a1,a2,…,am]表示替换矩阵 A 中第 n 列的所有元素为 a1,a2,…,am。

例如：

```
>> A = [1 2 3;4 5 6;7 8 9]
A =
     1     2     3
     4     5     6
     7     8     9
>> A(2,:) = [14 15 16]              % 整行替换
A =
     1     2     3
    14    15    16
     7     8     9
>> A = [1 2 3;4 5 6;7 8 9];
>> A(:,2) = [12 15 18]              % 整列替换
A =
     1    12     3
     4    15     6
     7    18     9
```

2.2.2　矩阵部分删除

MATLAB 语言可以部分删除矩阵行或者列，常用下面的格式：

```
A(:,n) = [ ]; A(m,:) = [ ]
```

其中：

（1）A(:,n)＝[]表示删除矩阵 A 的第 n 列；

（2）A(m,:)＝[]表示删除矩阵 A 的第 m 行。

例如：

```
>> A = [1 2 3 4;2 3 4 5;3 4 5 6]
A =
     1     2     3     4
     2     3     4     5
     3     4     5     6
>> A(2,:) = [ ]                     % 删除 A 的第 2 行
A =
     1     2     3     4
     3     4     5     6
>> A = [1 2 3 4;2 3 4 5;3 4 5 6];
>> A(:,2) = [ ]                     % 删除 A 的第 2 列
A =
     1     3     4
     2     4     5
     3     5     6
```

2.2.3　矩阵部分扩展

MATLAB 语言可以部分扩展矩阵，生成大的矩阵，常用下面的格式。

1. M＝[A；B C]

在 M＝[A；B C]中：

(1) A 为原矩阵,B 和 C 为要扩展的元素,M 为扩展后的矩阵；

(2) 需要注意的是,B 和 C 的行数都要相等；

(3) B 和 C 的列数之和要与 A 的列数相等。

例如：

```
>> A = [1 0 0 0;0 1 0 0]
A =
     1     0     0     0
     0     1     0     0
>> B = zeros(2);
>> C = eye(2);
>> M = [A;B C]
M =
     1     0     0     0
     0     1     0     0
     0     0     1     0
     0     0     0     1
```

2. 平铺矩阵函数

MATLAB 语言可以利用平铺矩阵函数 repmat 扩展矩阵,函数的调用格式如下：

```
M = repmat(A,m,n)
```

其中,M＝repmat(A,m,n)表示将矩阵 A 复制扩展为 m×n 块。例如：

```
>> A = [1 2 3;4 5 6;7 8 9];
>> M = repmat(A,2,3)
M =
     1     2     3     1     2     3     1     2     3
     4     5     6     4     5     6     4     5     6
     7     8     9     7     8     9     7     8     9
     1     2     3     1     2     3     1     2     3
     4     5     6     4     5     6     4     5     6
     7     8     9     7     8     9     7     8     9
```

3. 指定维数拼接函数

MATLAB 语言可以利用指定维数拼接函数 cat 拼接矩阵,函数的调用格式如下：

```
M1 = cat(1,A,B); M2 = cat(2,A,B); M3 = cat(3,A,B)
```

其中：

(1) M1＝cat(1,A,B)垂直拼接；

(2) M2＝cat(2,A,B)水平拼接；

(3) M3＝cat(3,A,B)三维拼接。

例如：

```
>> A = eye(2);
>> B = zeros(2);
>> M1 = cat(1,A,B)
M1 =
     1     0
     0     1
```

```
        0    0
        0    0
>> M2 = cat(2,A,B)
M2 =
        1    0    0    0
        0    1    0    0
>> M3 = cat(3,A,B)
M3(:,:,1) =
        1    0
        0    1
M3(:,:,2) =
        0    0
        0    0
```

2.2.4　矩阵结构变换

MATLAB 语言可以利用函数变换矩阵的结构,常用以下几种函数。

1. 上下行对调

MATLAB 语言可以用函数 flipud 上下变换矩阵的结构,常用下面的格式:

```
M = flipud(A)
```

其中,M＝flipud(A)表示将矩阵 A 的行元素上下对调,列数不变。例如:

```
>> A = [1 2 3;4 5 6]
A =
        1    2    3
        4    5    6
>> M = flipud(A)
M =
        4    5    6
        1    2    3
```

2. 左右列对调

MATLAB 语言可以用函数 fliplr 左右变换矩阵的结构,函数的调用格式如下:

```
M = fliplr(A)
```

其中,M＝fliplr(A)表示将矩阵 A 的列元素左右对调,行数不变,相当于将矩阵 A 镜像对调。例如:

```
>> A = [1 3 6;2 4 8]
A =
        1    3    6
        2    4    8
>> M = fliplr(A)                        % 左右对调矩阵 A 的列
M =
        6    3    1
        8    4    2
```

3. 逆(顺)时针旋转

MATLAB 语言可以用函数 rot90 旋转矩阵的结构,函数的调用格式如下:

```
M1 = rot90(A); M2 = rot90(A,k)
```

其中:

(1) M1＝rot90(A)表示将矩阵 A 逆时针旋转 $90°$;

(2) M2＝rot90(A,k)表示将矩阵 A 旋转 k 倍的 90°,当 k＞0 时,逆时针旋转,当 k＜0 时,顺时针旋转。

例如:

```
>> A = [1 2 3;4 5 6]
A =
    1    2    3
    4    5    6
>> M1 = rot90(A)
M1 =
    3    6
    2    5
    1    4
>> M2 = rot90(A, - 1)
M2 =
    4    1
    5    2
    6    3
```

4. 转置

MATLAB 语言可以用转置实现矩阵结构的改变,转置用“'”运算符,调用格式如下:

```
M1 = A'; M2 = B'
```

其中:

(1) 当 A 为实数矩阵时,转置的运算规则是矩阵的行变列,列变行;

(2) 当 B 为复数矩阵时,转置的运算规则是先将 B 取共轭,然后行变列,列变行,也就是 Hermit 转置。

例如:

```
>> A = [1 2;3 4]
A =
    1    2
    3    4
>> M1 = A'
M1 =
    1    3
    2    4
>> B = [1 + i,1 - 2i;2 + i,2i]
B =
    1.0000 + 1.0000i    1.0000 - 2.0000i
    2.0000 + 1.0000i    0.0000 + 2.0000i
>> M2 = B'
M2 =
    1.0000 - 1.0000i    2.0000 - 1.0000i
    1.0000 + 2.0000i    0.0000 - 2.0000i
```

5. 矩阵的变维

MATLAB 语言可以用函数 reshape 实现矩阵变维,函数的调用格式如下:

```
M = reshape(A,m,n)
```

其中,M＝reshape(A,m,n)表示以矩阵 A 的元素构成 m×n 维 M 矩阵。显然,M 中元素的个数与 A 相同。

例如:

```
>> A = 1:8
A =
     1    2    3    4    5    6    7    8
>> M = reshape(A,2,4)
M =
     1    3    5    7
     2    4    6    8
```

2.3 矩阵的基本运算

2.3.1 矩阵的加减运算

两个矩阵相加或相减运算的规则是两个同维(相同的行和列)的矩阵对应元素相加减。若一个标量和一个矩阵相加减,规则是标量和所有元素分别进行相加减操作。加减运算符分别是"＋"和"－"。

例如:

```
>> A = [1 2 3;4 5 6];
>> B = [2 3 4;5 6 7];
>> M1 = A - 1
M1 =
     0    1    2
     3    4    5
>> M2 = A - B
M2 =
    -1   -1   -1
    -1   -1   -1
```

2.3.2 矩阵的乘法运算

两个矩阵相乘运算的规则是第一个矩阵的各行元素分别与第二个矩阵的各列元素对应相乘并相加。假定两个矩阵 $A_{m \times n}$ 和 $B_{n \times p}$,则相乘结果为 $M_{m \times p} = A_{m \times n} \times B_{n \times p}$。若一个标量和一个矩阵相乘,规则是标量和所有元素分别进行乘操作。乘法运算符是"＊"。

例如:

```
>> A = [1 2 3;4 5 6];
>> B = [1 2;3 4;5 6];
>> M1 = A * B
M1 =
    22   28
    49   64
>> M2 = A * 2
M2 =
     2    4    6
     8   10   12
```

2.3.3 矩阵的除法运算

在 MATLAB 语言中,有两种除法运算:左除和右除。左除和右除的运算符分别是"\"和"/"。假定矩阵 A 是非奇异方阵,$A \backslash B$ 等效为 A 的逆矩阵左乘 B 矩阵,即 inv(A) * B,相当于方程 $A \times X = B$ 的解;B / A 等效为 A 的逆矩阵右乘 B 矩阵,即 B * inv(A),相当于方程

$X \times A = B$ 的解。一般来说,$A \backslash B \neq B / A$。

例如:

```
>> A = [1 2;3 4];
>> B = [1 3;2 1];
>> M1 = A\B
M1 =
         0    - 5.0000
    0.5000     4.0000
>> M2 = B/A
M2 =
    2.5000    - 0.5000
  - 2.5000      1.5000
```

2.3.4 矩阵的乘方运算

在 MATLAB 语言中,当 A 是方阵,n 为大于 0 的整数时,一个矩阵 A 的 n 次乘方运算可以表示成为 A^n,即 A 自乘 n 次;当 n 为小于 0 的整数时,A^n 表示 A 的逆矩阵(A^{-1})的 $|n|$ 次方。

```
>> A = [1 2;3 4];
>> M1 = A^2
M1 =
     7     10
    15     22
>> M2 = A^ - 2
M2 =
    5.5000    - 2.5000
  - 3.7500      1.7500
>> M = M1 * M2
M =
    1.0000     0.0000
  - 0.0000     1.0000
```

显然,由例题可以验证:M=A^2 * A^-2=I 单位矩阵。

2.3.5 矩阵的点运算

在 MATLAB 语言中,点运算是一种特殊的运算,其运算符是在有关算术运算符前加点。点运算符有".*"".⁄"".\"".^"4 种。点运算规则是对应元素进行相关运算,具体如下:

(1) 若两个矩阵 A 和 B 进行点乘运算,要求矩阵维度相同,对应元素相乘;

(2) 如果 A 和 B 两个矩阵同维,则 A./B 表示 A 矩阵除以 B 矩阵的对应元素;B.\A 表示 A 矩阵除以 B 矩阵的对应元素,等价于 A./B;

(3) 若 A 和 B 两个矩阵同维,则 A.^B 表示两个矩阵对应元素进行乘方运算;

(4) 若 b 是标量,则 A.^b 表示 A 的每个元素与 b 做乘方运算;若 a 是标量,则 a.^B 表示 a 与 B 的每个元素进行乘方运算。

例如:

```
>> A = [1 2;3 4];
>> B = [1 - 1;2 1];
>> C = A. * B                          %A 点乘 B
C =
```

```
          1   -2
          6    4
>> C = A./B                              %A点右除B
C =
       1.0000     -2.0000
       1.5000      4.0000
>> C = B.\A                              %B点左除A
C =
       1.0000     -2.0000
       1.5000      4.0000
>> C = A.^B                              %A点乘方B
C =
       1.0000      0.5000
       9.0000      4.0000
>> a = 2;b = 2;
>> C = A.^b                              %A点乘方标量b
C =
          1      4
          9     16
>> C = a.^B                              %标量a点乘方B
C =
       2.0000      0.5000
       4.0000      2.0000
```

点运算是 MATLAB 语言一个很重要的特殊运算符,有时候点运算可以代替一重循环运算,例如,当 x 从 0 到 1,增量按照 0.1 变化时,求函数 $y = e^x \sin(x)$ 的值。

正常使用其他高级语言编程时候,需要用一重循环语句,求出 y 的值。而用 MATLAB 语言的点运算,可以很方便地求出 y 的值,具体代码如下:

```
>> x = 0:0.1:1
x =
   列 1 至 7
        0    0.1000    0.2000    0.3000    0.4000    0.5000    0.6000
   列 8 至 11
        0.7000    0.8000    0.9000    1.0000
>> y = exp(x) * sin(x)
错误使用    *
用于矩阵乘法的维度不正确。请检查并确保第一个矩阵中的列数与第二个矩阵中的行数匹配。要
单独对矩阵的每个元素进行运算,请使用 TIMES (.*)执行按元素相乘。
>> y = exp(x).* sin(x)
y =
   列 1 至 7
        0    0.1103    0.2427    0.3989    0.5809    0.7904    1.0288
   列 8 至 11
        1.2973    1.5965    1.9267    2.2874
```

其中,y 表达式中必须用点乘运算,因为 exp(x)和 sin(x)是一个同维的矩阵。

2.4 矩阵的分析

矩阵是 MATLAB 语言的基本运算单元。本节主要介绍矩阵分析与处理的常用函数和功能。

2.4.1　方阵的行列式

一个行数和列数相同的方阵可以看作一个行列式,而行列式是一个数值。MATLAB语言用 D=det(A)函数求方阵的行列式的值。例如:

已知一个方阵 $A=[1\ 0\ 1;2\ 1\ 0;0\ 2\ 1]$,求行列式的值 D。

```
>> A = [1 0 1;2 1 0;0 2 1]
A =
    1    0    1
    2    1    0
    0    2    1
>> D = det(A)
D =
    5
```

2.4.2　矩阵的秩和迹

1. 矩阵的秩

与矩阵线性无关的最大行数或者列数称为矩阵的秩。MATLAB语言用 r=rank(A)函数求矩阵的秩。例如:

```
>> A = [1 0 1;2 1 0;0 2 1]
A =
    1    0    1
    2    1    0
    0    2    1
>> r = rank(A)
r =
    3
```

2. 矩阵的迹

一个矩阵的迹等于矩阵的对角线元素之和,也等于矩阵的特征值之和。MATLAB语言用 t=trace(A)函数求矩阵的迹。例如:

```
>> A = [1 0 1;2 1 0;0 2 1]
A =
    1    0    1
    2    1    0
    0    2    1
>> t = trace(A)
t =
    3
```

2.4.3　矩阵的逆和伪逆

1. 方阵的逆矩阵

对于一个方阵 A,如果存在一个同阶方阵 B,使得 $A\cdot B=B\cdot A=I$(其中 I 为单位矩阵),则称 B 为 A 的逆矩阵,A 也为 B 的逆矩阵。

在线性代数中用公式计算逆矩阵相对烦琐,然而,在 MATLAB 语言中,用求逆矩阵的函数 inv(A)求解却很容易。例如:

```
>> A = [1 0 1;2 1 0;0 2 1]
```

```
A =
    1    0    1
    2    1    0
    0    2    1
>> B = inv(A)
B =
    0.2000    0.4000   - 0.2000
  - 0.4000    0.2000    0.4000
    0.8000   - 0.4000    0.2000
>> A * B
ans =
    1    0    0
    0    1    0
    0    0    1
>> B * A
ans =
    1    0    0
    0    1    0
    0    0    1
```

显然,A * B＝B * A＝I,故 B 与 A 是互逆矩阵。

2. 矩阵的伪逆矩阵

如果矩阵 A 不是一个方阵,或者 A 为非满秩矩阵,那么就不存在逆矩阵,但可以求广义上的逆矩阵 B,称为伪逆矩阵,MATLAB 语言用 B＝pinv(A)函数求伪逆矩阵。例如:

```
>> A = [1 0 1;2 1 0]
A =
    1    0    1
    2    1    0
>> B = pinv(A)
B =
    0.1667    0.3333
  - 0.3333    0.3333
    0.8333   - 0.3333
```

在线性代数中,可以用矩阵求逆的方法求解线性方程组的解。将设有 n 个未知数,由 n 个方程构成线性方程组,表示为

$$\begin{cases} a_{11}x_1 + a_{12}x_2 + \cdots + a_{1n}x_n = b_1 \\ a_{21}x_1 + a_{22}x_2 + \cdots + a_{2n}x_n = b_2 \\ \qquad\qquad\qquad \vdots \\ a_{n1}x_1 + a_{n2}x_2 + \cdots + a_{nn}x_n = b_n \end{cases}$$

用矩阵表示为

$$Ax = b$$

其中:

$$A = \begin{bmatrix} a_{11} & a_{12} & \cdots & a_{1n} \\ a_{21} & a_{22} & \cdots & a_{2n} \\ \vdots & \vdots & & \vdots \\ a_{n1} & a_{n2} & \cdots & a_{nn} \end{bmatrix}, \quad x = \begin{bmatrix} x_1 \\ x_2 \\ \vdots \\ x_n \end{bmatrix}, \quad b = \begin{bmatrix} b_1 \\ b_2 \\ \vdots \\ b_n \end{bmatrix}$$

线性方程组的解为

$$x = A^{-1}b$$

所以,利用 MATLAB 求系数矩阵 A 的逆矩阵,可以求线性方程组的解。

【例 2-3】 利用 MATLAB 求系数矩阵的逆矩阵方法,求如下线性方程组的解:

$$\begin{cases} x - y + z = 3 \\ 3x + y - z = 6 \\ x + y + z = 4 \end{cases}$$

MATLAB 命令程序如下:

```
A = [1 -1 1;3 1 -1;1 1 1];
b = [3; 6; 4];
x = inv(A) * b
x =
    2.2500
    0.5000
    1.2500
```

2.4.4 矩阵的特征值和特征向量

矩阵的特征值与特征向量在科学计算中广泛应用。设 A 为 n 阶方阵,使得等式 $Av = Dv$ 成立,则 D 称为 A 的特征值,向量 v 称为 A 的特征向量。MATLAB 语言用函数 eig(A)求矩阵的特征值和特征向量,常用下面两种格式:

(1) E=eig(A)求矩阵 A 的特征值,构成向量 E;

(2) [v,D]=eig(A)求矩阵 A 的特征值,构成对角矩阵,并求 A 的特征向量 v。

例如:

```
>> A = [1 1 1;1 0 0.25;0.5 0.25 2];
>> [v,D] = eig(A)
v =
    0.5334   -0.6834    0.6435
   -0.8456   -0.5326    0.3174
   -0.0211    0.4992    0.6966
D =
   -0.6246        0         0
        0    1.0488         0
        0         0    2.5758
>> A * v
ans =
   -0.3332   -0.7168    1.6574
    0.5282   -0.5586    0.8176
    0.0132    0.5236    1.7942
>> v * D
ans =
   -0.3332   -0.7168    1.6574
    0.5282   -0.5586    0.8176
    0.0132    0.5236    1.7942
```

显然,A * v= v * D,故 D 和 v 分别是矩阵 A 的特征值和特征向量。

特征值还可以应用于求解一元多次方程的根,具体方法是,先将方程的多项式系数组成行向量 a,然后用 compan(a)函数构造伴随矩阵 A,最后再用 eig(A)函数求 A 的特征值,特征值就是方程的根。

【例 2-4】 用 MATLAB 求特征值的方法求解一元多次方程的根，方程如下：

$$x^5 - 5x^4 + 5x^3 + 5x^2 - 6x = 0$$

MATLAB 命令程序如下：

```
a = [1 -5 5 5 -6 0];
A = compan(a);
x1 = eig(A)
x1 =
         0
    3.0000
   -1.0000
    2.0000
    1.0000
```

当然，求一元多次方程的根还可以利用多项式函数 roots。

```
x2 = roots(a)
x2 =
         0
    3.0000
   -1.0000
    2.0000
    1.0000
```

显然，用这两种不同方法求解一元多次方程的根，结果是一样的。

2.4.5 矩阵的分解

矩阵有多种分解方法，常见的有对称正定矩阵分解（Cholesky）、高斯消去法分解（LU）、正交分解（QR）和矩阵的奇异值分解（SVD）。

1. 对称正定矩阵分解

MATLAB 语言中的对称正定矩阵 Cholesky 分解用函数 chol(A)，函数语法格式如下：

```
R = chol(A)
```

其中，分解后的 R 满足 $R' * R = A$。若 A 是 n 阶对称正定矩阵，则 R 为实数的非奇异上三角矩阵；若 A 是非正定矩阵，则产生错误信息。

```
[R,p] = chol(A)
```

其中，分解后的 R 满足 $R' * R = A$。若 A 是 n 阶对称正定矩阵，则 R 为实数的非奇异上三角矩阵，p=0；若 A 是非正定矩阵，则 p 为正整数。

例如，已知 **A** = [1 1 1;1 2 3;1 3 6]，求该矩阵的 Cholesky 分解。

MATLAB 语言程序代码及结果如下：

```
>> A = [1 1 1;1 2 3;1 3 6]          % A 为 3 阶对称正定矩阵
A =
     1    1    1
     1    2    3
     1    3    6
>> [R,p] = chol(A)                  % Cholesky 分解
R =
     1    1    1
     0    1    2
     0    0    1
```

```
p =
     0
>> R' * R
ans =
     1    1    1
     1    2    3
     1    3    6
```

由结果可知,Cholesky 分解得到的 R 矩阵是一个实数的非奇异上三角矩阵,且满足 R′ * R＝A。

当 A 为非正定矩阵时,用 Cholesky 分解,错误信息如下:

```
>> A = [1 2;3 4]                          % 非对称正定矩阵
A =
     1    2
     3    4
>> R = chol(A)
错误使用 chol                             % 错误信息提示
矩阵必须为正定矩阵
```

2. 矩阵的高斯消去法分解

高斯消去法分解是在线性代数中矩阵分解的一种重要方法,主要应用在数值分析中,用来解线性方程及计算行列式。矩阵的高斯消去法分解又称为三角分解,是将一个一般方阵 A 分解成一个下三角矩阵 L 和一个上三角矩阵 U,且满足 $A = LU$,故称为 LU 分解。MATLAB 语言用 lu(A)函数实现 LU 分解。函数语法格式如下:

```
[L,U] = lu(A)
```

其中,L 为下三角矩阵或其变换形式,U 为上三角矩阵,且满足 L * U＝A。

```
[L,U,P] = lu(A)
```

其中,L 为下三角矩阵,U 为上三角矩阵,P 为单位矩阵的行变换矩阵,且满足 L * U＝P * A。

例如,已知 A＝[1 2 3;4 5 6;7 8 9],求该矩阵的 LU 分解。

MATLAB 语言程序代码及结果如下:

```
>> A = [1 2 3;4 5 6;7 8 9]
A =
     1    2    3
     4    5    6
     7    8    9
>> [L,U] = lu(A)
L =
     0.1429    1.0000         0
     0.5714    0.5000    1.0000
     1.0000         0         0
U =
     7.0000    8.0000    9.0000
          0    0.8571    1.7143
          0         0   -0.0000
>> L * U
ans =
     1    2    3
     4    5    6
     7    8    9
```

由上述结果可知,LU 分解得到的 L 是一个下三角变换矩阵,U 是一个上三角矩阵,且满足 L＊U＝A。

同样的矩阵,若用另一种 LU 分解,结果如下:

```
>> A = [1 2 3;4 5 6;7 8 9];
>> [L,U,P] = lu(A)
L =
    1.0000        0        0
    0.1429   1.0000        0
    0.5714   0.5000   1.0000
U =
    7.0000   8.0000    9.0000
         0   0.8571    1.7143
         0        0  - 0.0000
P =
     0    0    1
     1    0    0
     0    1    0
>> P * A
ans =
     7    8    9
     1    2    3
     4    5    6
>> L * U
ans =
     7    8    9
     1    2    3
     4    5    6
```

由上述结果可知,LU 分解得到的 L 是一个下三角矩阵,U 是一个上三角矩阵,P 为单位矩阵的行变换矩阵,且满足 L＊U＝P＊A。

3. 矩阵的正交分解

矩阵的正交分解是将一个一般矩阵 A 分解成一个正交矩阵 Q 和一个上三角矩阵 R 的乘积,且满足 $A=QR$,故称为 QR 分解。MATLAB 语言用 qr(A)函数实现 QR 分解。函数语法格式如下:

```
[Q,R] = qr(A)
```

其中,Q 为正交矩阵,R 为上三角矩阵,且满足 Q＊R＝A。

```
[Q,R,E] = qr(A)
```

其中,Q 为正交矩阵,R 为对角元素按大小降序排列的上三角矩阵,E 为单位矩阵的变换形式,且满足 Q＊R＝A＊E。

例如,已知 A＝[1 2 3;4 5 6;7 8 9],求该矩阵的 QR 分解。

MATLAB 语言程序代码及结果如下:

```
>> A = [1 2 3;4 5 6;7 8 9]
A =
     1    2    3
     4    5    6
     7    8    9
>> [Q,R] = qr(A)
Q =
```

```
        − 0.1231      0.9045       0.4082
        − 0.4924      0.3015     − 0.8165
        − 0.8616    − 0.3015       0.4082
 R =
        − 8.1240    − 9.6011    − 11.0782
              0       0.9045       1.8091
              0            0     − 0.0000
 >> Q * R
 ans =
         1.0000       2.0000       3.0000
         4.0000       5.0000       6.0000
         7.0000       8.0000       9.0000
```

由上述结果可知,QR 分解得到的 Q 是一个正交矩阵,R 是一个上三角矩阵,且满足 Q * R＝A。

同样的矩阵,若用另一种 QR 分解,结果如下:

```
>> [Q,R,E] = qr(A)
Q =
        − 0.2673      0.8729       0.4082
        − 0.5345      0.2182     − 0.8165
        − 0.8018    − 0.4364       0.4082
R =
       − 11.2250    − 8.0178     − 9.6214
              0    − 1.3093     − 0.6547
              0            0     − 0.0000
E =
         0       1       0
         0       0       1
         1       0       0
>> Q * R
ans =
         3.0000       1.0000       2.0000
         6.0000       4.0000       5.0000
         9.0000       7.0000       8.0000
>> A * E
ans =
         3       1       2
         6       4       5
         9       7       8
```

由上述结果可知,QR 分解得到的 Q 为正交矩阵,R 为对角元素按大小降序排列的上三角矩阵,E 为单位矩阵的变换形式,且满足 Q * R＝A * E。

4. 矩阵的奇异值分解

奇异值分解(Singular Value Decomposition)是线性代数中一种重要的矩阵分解方法,可以应用在信号处理和统计学等领域。矩阵的奇异值分解是将一个一般矩阵 A 分解成一个与 A 同大小的对角矩阵 S,两个酉矩阵 U 和 V,且满足 $A = USV^{T}$。MATLAB 语言用 svd(A)函数实现奇异值分解。函数语法格式如下:

```
s = svd (A)           %产生矩阵 A 的奇异值向量
[U,S,V] = svd(A)      %产生一个与 A 同大小的对角矩阵 S、两个酉矩阵 U 和 V,且满足 A = U * S * V'。
                      %若 A 为 m × n 阵,则 U 为 m × m 阵,V 为 n × n 阵.奇异值在 S 的对角线上,非
                      %负且按降序排列
```

例如,已知 $A=[1\ 2\ 3;4\ 5\ 6]$,求该矩阵的奇异值分解。

MATLAB 语言程序代码及结果如下:

```
>> A = [1 2 3;4 5 6]
A =
     1     2     3
     4     5     6
>> [U,S,V] = svd(A)
U =
   -0.3863   -0.9224
   -0.9224    0.3863
S =
    9.5080         0         0
         0    0.7729         0
V =
   -0.4287    0.8060    0.4082
   -0.5663    0.1124   -0.8165
   -0.7039   -0.5812    0.4082
>> U * S * V'
ans =
    1.0000    2.0000    3.0000
    4.0000    5.0000    6.0000
```

由上述结果可知,奇异值分解得到的一个与 A 同大小的对角矩阵 S、两个酉矩阵 U 和 V,且满足 A=U*S*V'。

2.4.6 矩阵的信息获取函数

MATLAB 语言提供了很多函数以获取矩阵的各种属性信息,包括矩阵的大小、矩阵的长度和矩阵元素的个数等。

1. size

MATLAB 语言可以用 size(A) 函数来获取矩阵 A 的行数和列数。函数的调用格式如下:

```
D = size(A)          % 返回行数和列数构成的两个元素的行向量
[M,N] = size(A)      % 返回矩阵 A 的行数为 M,列数为 N
```

例如,已知 $A=[1\ 2\ 3;4\ 5\ 6]$,求该矩阵的行数和列数。

MATLAB 语言程序代码及结果如下:

```
>> A = [1 2 3;4 5 6]
A =
     1     2     3
     4     5     6
>> D = size(A)
D =
     2     3
>> [M,N] = size(A)
M =
     2
N =
     3
```

2. length

MATLAB 语言可以用 length(A) 函数来获取矩阵 A 的行数和列数的较大者,即

length(A)＝max(size(A))。函数的调用格式如下：

```
d = length(A)                              % 返回矩阵 A 的行数和列数的较大者
```

例如：

```
>> A = [1 2 3;4 5 6]
A =
     1     2     3
     4     5     6
>> d = length(A)
d =
     3
```

3. numel

MATLAB 语言可以用 numel(A)函数来获取矩阵 A 的元素的总个数。函数的调用格式如下：

```
n = numel(A)                               % 返回矩阵 A 的元素的总个数
```

例如：

```
>> A = [1 2 3;4 5 6]
A =
     1     2     3
     4     5     6
>> n = numel(A)
n =
     6
```

2.5 字符串

字符串是 MATLAB 语言的一个重要组成部分，MATLAB 语言提供强大的字符串处理功能。本节主要介绍字符串的创建、操作和转换等内容。

2.5.1 字符串的创建

在 MATLAB 语言中，字符串一般以 ASCII 码形式存储，以行向量形式存在，并且每个字符占用 2 字节的内存。在 MATLAB 语言中，创建一个字符串可以用下面几种方法。

（1）直接将字符内容用单引号(' ')括起来，例如：

```
>> str = 'Student_name'
str =
    'Student_name'
```

字符串的存储空间如下所示，所定义的字符串有 12 个字符，每个字符占用 2 字节的内存：

```
>> whos
  Name     Size      Bytes   Class    Attributes
  Str      1×12      24      char
```

若要显示单引号(')字符，需要使用两个单引号，例如：

```
>> str = 'I''m a student'
str =
    'I'm a student'
```

（2）用方括号连接多个字符串组成一个长字符串，例如：

```
>> str = ['I''m' 'a' 'student']
str =
    'I'm a student'
```

（3）用函数 strcat 把多个字符串水平连接合并成一个长字符串，strcat 函数语法格式如下：

```
str = strcat(str1, str2, …)
```

例如：

```
>> str1 = 'I''m a student';
>> str2 = 'of';
>> str3 = ' Guangdong Ocean University';
>> str = strcat(str1, str2, str3)
str =
    'I'm a student of Guangdong Ocean University'
```

（4）用函数 strvcat 把多个字符串连接成多行字符串，strvcat 函数语法格式如下：

```
str = strvcat(str1, str2, …)
```

例如：

```
>> str1 = 'good';
>> str2 = 'very good';
>> str3 = 'very very good';
>> strvcat(str1, str2, str3)
ans =
    'good          '
    'very good     '
    'very very good'
```

MATLAB 语言可以用 abs 或者 double 函数获取字符串所对应的 ASCII 码数值矩阵。相反，可以用 char 函数把 ASCII 码转换为字符串。例如：

```
>> str1 = 'I''m a student'
str1 =
    'I'm a student'
>> A = abs(str1)                          % 把字符串转换为对应的 ASCII 码数值矩阵
A =
 73  39  109  32  97  32  115  116  117  100  101  110  116
>> str = char(A)                          % 把 ASCII 码数值矩阵转换为字符串
str =
    'I'm a student'
```

【例 2-5】 已知一个字符串向量 str = 'It is a Green Bird'，完成以下任务：

（1）计算字符串向量的字符个数；
（2）显示 'a Green Bird'；
（3）将字符串倒序重排；
（4）将字符串中的大写字母转换为相应的小写字母，其余字符不变。

MATLAB 程序代码如下：

```
str = 'It is a Green Bird'                % 创建字符串向量
n = length(str)                           % 计算字符串向量字符个数
str1 = str(7:18)                          % 显示 'a Green Bird'
```

```
str2 = str(end: - 1:1)                              %将字符串倒序重排
k = find(str > = 'A'&str < = 'Z')                   %查找大写字母的位置
str(k) = str(k) + ('a' - 'A')                       %将大写字母转换为相应的小写字母
```

程序运行结果如下：

```
str =
    'It is a Green Bird'
n =
    18
str1 =
    'a Green Bird'
str2 =
    'driB neerG a si tI'
k =
    1    9    15
str =
    'it is a green bird'
```

2.5.2　字符串的操作

1. 字符串比较

MATLAB 语言比较两个字符串是否相同的常用函数有 strcmp、strncmp、strcmpi 和 strncmpi 这 4 个，字符串比较函数的调用格式及功能说明如表 2-2 所示。

表 2-2　字符串比较函数的调用格式及功能说明

函 数 名	调 用 格 式	功 能 说 明
strcmp	strcmp(str1,str2)	比较两个字符串是否相等，相等为 1，不等为 0
strncmp	strncmp(str1,str2,n)	比较两个字符串前 n 个字符是否相等，相等为 1，不等为 0
strcmpi	strcmpi(str1,str2)	忽略大小写，比较两个字符串是否相等，相等为 1，不等为 0
strncmpi	strncmpi(str1,str2,n)	忽略大小写，比较两个字符串前 n 个字符是否相等，相等为 1，不等为 0

例如：

```
>> str1 = {'one','two','three','four'};             %定义字符串元胞数组
>> str2 = 'two';
>> strcmp(str1,str2)                                %比较两个字符串 str1 和 str2 是否相等
ans =
    1 × 4 logical 数组
    0    1    0    0
>> str1 = 'I am a handsome boy';
>> str2 = 'I am a pretty girl';
>> strncmp(str1,str2,7)                             %比较两个字符串 str1,str2 前 7 个字符是否相等
ans =
    logical
    1
>> strncmp(str1,str2,8)
ans =
    logical
    0
>> str1 = 'MATLAB 2024a';
>> str2 = 'MATLAB 2024A';
>> strcmp(str1,str2)
ans =
```

```
  logical
    0
>> strcmpi(str1,str2)                    %忽略大小写,比较两个字符串是否相等
ans =
  logical
    1
>> str1 = 'I am a handsome boy';
>> str2 = 'I am A pretty girl';
>> strncmpi(str1,str2,7)                 %忽略大小写,比较两个字符串前7个字符是否相等
ans =
  logical
    1
>> strncmp(str1,str2,7)
ans =
  logical
    0
```

2. 字符串查找和替换

MATLAB语言查找与替换字符串的常用函数有 5 个:strfind、findstr、strmatch、strtok 和 strrep。字符串查找函数的调用格式及功能说明如表 2-3 所示。

表 2-3 字符串查找函数的调用格式及功能说明

函 数 名	功 能 说 明
strfind(str, 'str1')	在字符串 str 中查找另一个字符串 str1 出现的位置
findstr(str, 'str1')	在一个较长符串 str 中查找较短字符串 str1 出现的位置
strmatch('str1',str)	在 str 字符串数组中,查找匹配以字符 str1 为开头的字符串所在的行数
strtok(str)	从字符串 str 中截取第一个分隔符(包括空格、Tab 键和 Enter 键)前面的字符串
strrep(str, 'oldstr', 'newstr')	在原来字符串 str 中,用新的字符串 newstr 替换旧的字符串 oldstr

例如:

```
>> str = 'sqrt(X) is the square root of the elements of X. Complex'   %构建一个长字符串 str
str =
    'sqrt(X) is the square root of the elements of X. Complex'
>> findstr(str,'of')          %在一个较长符串 str 中查找较短字符串'of'出现的位置
ans =
    28    44
>> strfind(str,'of')          %在字符串 str 中查找字符串'of'出现的位置
ans =
    28    44
>> strrep(str,'X','Y')        %在原来的字符串 str 中,用新的字符串'Y'替换旧的字符串'X'
ans =
     'sqrt(Y) is the square root of the elements of Y. Complex'
>> strtok(str)                %从字符串 str 中截取第一个分隔符前面的字符串 sqrt(X)
ans =
    'sqrt(X)'
>> str = strvcat('good','very good','very very good')        %构建字符串数组 str
str =
  3×14 char 数组
    'good          '
    'very good     '
    'very very good'
```

```
>> strmatch('very',str)          % 在字符串数组 str 中,查找匹配以字符'very'为开头的
ans =                            % 字符串所在的行数
     2
     3
```

3. 字符串的其他操作

在 MATLAB 语言中,除了常用的字符串创建、比较、查找和替换操作外,还有许多其他字符串操作,如表 2-4 所示。

表 2-4　字符串的其他操作函数

函　数　名	函数功能及说明
upper(str)	将字符串 str 中的字符转换为大写
lower(str)	将字符串 str 中的字符转换为小写
strjust(str,'right')	将字符串 str 右对齐
strijust(str)	
strjust(str,'left')	将字符串 str 左对齐
strjust(str,'center')	将字符串 str 中间对齐
strtrim(str)	删除字符串开头和结束的空格符
eval(str)	执行字符常量 str 运算

例如:

```
>> str = 'Matlab 2024a'
str =
    'Matlab 2024a'
>> upper(str)                               % 将字符转换为大写
ans =
         'MATLAB 2024A'
>> lower(str)                               % 将字符转换为小写
ans =
         'matlab 2024a'
>> str = strvcat('good','very good','very very good')  % 创建一个字符串 str 序列
str =
    3×14 char 数组
      'good          '
      'very good     '
      'very very good'
>> strjust(str)                             % 将字符串 str 右对齐
ans =
    3×14 char 数组
      '          good'
      '     very good'
      'very very good'
>> strjust(str,'right')                     % 将字符串 str 右对齐
ans =
    3×14 char 数组
      '          good'
      '     very good'
      'very very good'
>> strjust(str,'left')                      % 将字符串 str 左对齐
ans =
    3×14 char 数组
      'good          '
      'very good     '
```

```
                'very very good'
>> strjust(str,'center')                        % 将字符串 str 中间对齐
ans =
        3 × 14 char 数组
            '    good      '
            '  very good   '
            'very very good'
>> str = '   matlab 2024a   '
str =
        '   matlab 2024a   '
>> strtrim(str)                                 % 删除字符串开头和结束的空格符
ans =
        'matlab 2024a'
>> str = '2 * 3 + 6'                            % 创建一个字符串常量
str =
        '2 * 3 + 6'
>> eval(str)                                    % 执行字符常量 str 运算
ans =
    12
```

2.5.3 字符串转换

在 MATLAB 语言中,字符串进行算术运算会自动转换为数值型。MATLAB 还提供了许多字符串与数值之间的转换函数,如表 2-5 所示。

表 2-5 字符串与数值之间的转换函数

函 数 名	格式及例子	功能与说明
abs	abs('a')＝97	将字符串转换为 ASCII 码数值
double	double('a')＝97	将字符串转换为 ASCII 码数值的双精度数据
char	char(97)＝a	将数值整数部分转换为 ASCII 码等值的字符
str2num	str2num('23')＝23	将字符串转换为数值
num2str	num2str(63)＝'63'	将数值转换为字符串
str2double	str2double('97')＝97	将字符串转换为双精度类型数据
mat2str	mat2str([32,64;97,101])＝ '[32 64;97 101]'	将矩阵转换为字符串
dec2hex	dec2hex(64)＝'40'	将十进制整数转换为十六进制整数字符串
hex2dec	hex2dec('40')＝64	将十六进制字符串转换为十进制整数
dec2bin	dec2bin(16)＝'10000'	将十进制整数转换为二进制整数字符串
bin2dec	bin2dec('10000')＝16	将二进制字符串转换为十进制整数
dec2base	dec2base(16,8)＝'20'	将十进制整数转换为指定进制的整数字符串
base2dec	base2dec('20',8)＝16	将指定进制字符串转换为十进制整数

例如,可以利用字符串与数值之间的转换,对一串字符明文进行加密处理。MATLAB 命令代码如下:

```
>> str = 'welcome to MATLAB 2024a'              % 创建待加密的字符串
str =
        'welcome to MATLAB 2024a'
>> str1 = str - 2;                              % 对每个字符的 ASCII 码值进行减去 2 处理
>> str2 = char(str1)                            % 将移位后的每个 ASCII 转换为字符,完成加密
str2 =
        'ucjamkc - rm - K?RJ?@0.02_'
```

```
>> str3 = str2 + 2;                    % 解密与加密相反的过程
>> str4 = char(str3)
str4 =
'welcome to MATLAB 2024a'
```

2.6　多维数组

多维数组(Multidimensional Arrays)是三维及以上的数组。三维数组是二维数组的扩展,二维数组行和列构成面,三维数组可以看成行、列和页构成的"长方体",实际中三维数组用得比较多。

三维数组用 3 个下标表示,数组的元素存放遵循规则:第一页第一列接该页的第二列,第三列,以此类推;第一页最后一列接第二页第一列,直到最后一页最后一列结束。

四维数组和三维数组有些类似,使用 4 个下标表示,更高维的数组是在后面添加维度来确定页。

2.6.1　多维数组的创建

多维数组的创建一般有 4 种方法:直接赋值法、二维数组扩展法、使用 cat 函数创建法和使用特殊数组函数法。

1. 直接赋值法

例如,创建三维数组 A。

```
>> A(:,:,1) = [1 2;3 4]               % 赋值第一页
A =
     1     2
     3     4
>> A(:,:,2) = [5 6;7 8]               % 赋值第二页
A(:,:,1) =
     1     2
     3     4
A(:,:,2) =
     5     6
     7     8
>> whos A                             % 查看三维数组 A 的属性
  Name      Size        Bytes  Class     Attributes
  A         2×2×2        64    double
```

2. 二维数组扩展法

MATLAB 可以利用二维数组扩展到三维数组,例如:

```
>> B = [1 2;3 4]
B =
     1     2
     3     4
>> B(:,:,2) = [5 6;7 8]
B(:,:,1) =
     1     2
     3     4
B(:,:,2) =
     5     6
     7     8
```

如果第一页不赋值,直接赋值第二页,那么也能产生三维数组,第一页值全默认为 0,例如:

```
>> C(:,:,2) = [5 6;7 8]
C(:,:,1) =
     0     0
     0     0
C(:,:,2) =
     5     6
     7     8
```

3. 使用函数 cat 创建法

MATLAB 语言可以使用 cat 函数,把几个原先赋值好的数组按照某一维连接起来,创建一个多维数组。函数调用格式如下:

```
A = cat(n,A1,A2, … )          % 将 A1 和 A2 等数组连接成 n 维数组
```

例如,使用 cat 函数创建多维数组:

```
>> A1 = [1 2;3 4];            % 创建三个二维数组
>> A2 = [5 6;7 8];
>> A3 = [9 8;7 6];
>> A = cat(3,A1,A2,A3)        % 用函数 cat 创建一个三维数组
A(:,:,1) =
     1     2
     3     4
A(:,:,2) =
     5     6
     7     8
A(:,:,3) =
     9     8
     7     6
>> A = cat(2,A1,A2,A3)        % 用函数 cat 水平连接 A1、A2 和 A3 成一个二维数组
A =
     1     2     5     6     9     8
     3     4     7     8     7     6
>> A = cat(1,A1,A2,A3)        % 用函数 cat 垂直连接 A1、A2 和 A3 成一个二维数组
A =
     1     2
     3     4
     5     6
     7     8
     9     8
     7     6
```

4. 使用特殊数组函数法

MATLAB 语言提供了许多创建特殊多维矩阵的函数,例如 rand、randn、ones 和 zeros 等,这些函数都可以创建多维特殊矩阵。函数的功能和使用方法与二维特殊矩阵类似。

例如:

```
>> A = rand(2,2,2)           % 创建 0~1 均匀分布的三维随机矩阵
A(:,:,1) =
    0.9575    0.1576
    0.9649    0.9706
A(:,:,2) =
    0.9572    0.8003
```

```
         0.4854    0.1419
>> B = randn(2,2,2)                    %创建正态分布的三维随机矩阵
B(:,:,1) =
   - 0.1241    1.4090
     1.4897    1.4172
B(:,:,2) =
     0.6715    0.7172
   - 1.2075    1.6302
>> C = ones(2,2,2)                     %创建三维全1矩阵
C(:,:,1) =
     1    1
     1    1
C(:,:,2) =
     1    1
     1    1
>> D = zeros(2,2,2)                    %创建三维全0矩阵
D(:,:,1) =
     0    0
     0    0
D(:,:,2) =
     0    0
     0    0
>> E = rand(2,2,2,2)                   %创建0~1均匀分布的四维随机矩阵
E(:,:,1,1) =
     0.6787    0.7431
     0.7577    0.3922
E(:,:,2,1) =
     0.6555    0.7060
     0.1712    0.0318
E(:,:,1,2) =
     0.2769    0.0971
     0.0462    0.8235
E(:,:,2,2) =
     0.6948    0.9502
     0.3171    0.0344
```

2.6.2 多维数组的操作

MATLAB 多维数组操作主要有数组元素的提取、多维数组形状的重排和维度重新排序。

1. 多维数组元素的提取

提取多维数组元素的方法有两种:全下标方式和单下标方式。

1) 全下标法

例如:

```
>> A = [1 2;3 4];
>> A(:,:,2) = [5 6;7 8]                %创建一个三维数组
A(:,:,1) =
     1    2
     3    4
A(:,:,2) =
     5    6
     7    8
>> a = A(1,1,2)                        %用全下标法提取第2页,第1行第1列的元素
a =
     5
```

2）单下标法

MATLAB单下标取多维数组的元素遵循规则：第一页第一列，然后第一页第二列，然后第一页最后一列，然后第二页第一列，直到最后一页最后一列。

例如：

```
>> A = [1 2;3 4];
>> A(:,:,2) = [5 6;7 8]                 %创建一个三维数组
A(:,:,1) =
     1     2
     3     4
A(:,:,2) =
     5     6
     7     8
>> a = A(7)                             %用单下标法提取第7个元素
a =
     6
```

2. 多维数组形状的重排

MATLAB语言可以利用函数 reshape 改变多维数组的形状，函数的调用格式如下：

```
A = reshape(A1,[m,n,p])
```

其中，m、n 和 p 分别是行、列和页，A1 是重排的多维数组。数组还是按照单下标方式存储顺序重排，重排前后元素数据大小没变，位置和形状会改变。

例如：

```
>> A1 = rand(3,3);                      %创建三维数组
>> A1(:,:,2) = randn(3,3)
A1(:,:,1) =
     0.4387     0.7952     0.4456
     0.3816     0.1869     0.6463
     0.7655     0.4898     0.7094
A1(:,:,2) =
     1.1093    -1.2141     1.5326
    -0.8637    -1.1135    -0.7697
     0.0774    -0.0068     0.3714
>> A = reshape(A1,[2,3,3])              %重排2行、列和3页的三维数组
A(:,:,1) =
     0.4387     0.7655     0.1869
     0.3816     0.7952     0.4898
A(:,:,2) =
     0.4456     0.7094    -0.8637
     0.6463     1.1093     0.0774
A(:,:,3) =
    -1.2141    -0.0068    -0.7697
    -1.1135     1.5326     0.3714
```

3. 多维数组维度的重新排序

MATLAB语言可以利用函数 permute 重新定义多维数组的维度顺序，按照新的行、列和页重新排序数组，permute 改变了线性存储的方式，函数的调用格式如下：

```
A = permute(A1,[m,n,p])
```

其中，m、n 和 p 分别是列、行和页，A1 是重定义的多维数组，要求定义后的维度不少于原数组的维度，而且各维度数不能相同。

例如：

```
>> A1 = rand(3,3);                          % 创建一个三维数组
>> A1(:,:,2) = randn(3,3)
A1(:,:,1) =
     0.4387      0.7952      0.4456
     0.3816      0.1869      0.6463
     0.7655      0.4898      0.7094
A1(:,:,2) =
     1.1093     -1.2141      1.5326
    -0.8637     -1.1135     -0.7697
     0.0774     -0.0068      0.3714
>> B = permute(A1,[3,2,1])                   % 重新定义三维数组,存储顺序改变
B(:,:,1) =
     0.4387      0.7952      0.4456
     1.1093     -1.2141      1.5326
B(:,:,2) =
     0.3816      0.1869      0.6463
    -0.8637     -1.1135     -0.7697
B(:,:,3) =
     0.7655      0.4898      0.7094
     0.0774     -0.0068      0.3714
```

2.7　结构数组和元胞数组

在 MATLAB 语言中,有两种复杂的数据类型,分别是结构数组(Structure Array)和元胞数组(Cell Array),这两种类型都能在一个数组里存放不同类型的数据。

2.7.1　结构数组

结构数组又称结构体,能将一组具有不同属性的数据放到同一变量名下进行管理。结构体的基本组成是结构,每个结构可以有多个字段,可以存放多种不同类型的数据。

1. 结构数组的创建

结构数组的创建方法有两种：直接创建法和用 struct 函数创建。

（1）直接创建法可以直接使用赋值语句,对结构数组的元素赋值不同类型的数据。具体格式如下：

结构数组名.成员名 = 表达式

例如,构建一个班级学生信息结构数组 dz1143,有 3 个元素,分别是 dz1143(1)、dz1143(2)和 dz1143(3),每个元素有 4 个字段,分别是 Name、Sex、Nationality 和 Score,分别存放学生姓名、性别、国籍和成绩等信息。

程序代码如下：

```
>> dz1143(1).Name = 'Zhang san';
>> dz1143(1).Sex = 'Male';
>> dz1143(1).Nationality = 'China';
>> dz1143(1).Score = [98 95 90 99 87];
>> dz1143(2).Name = 'Li si';
>> dz1143(2).Sex = 'Male';
>> dz1143(2).Nationality = 'Japan';
>> dz1143(2).Score = [88 95 91 90 97];
```

```
>> dz1143(3).Name = 'Wang wu';
>> dz1143(3).Sex = 'Female';
>> dz1143(3).Nationality = 'USA';
>> dz1143(3).Score = [81 75 61 80 87]
dz1143 =
包含以下字段的 1×3 struct 数组:
    Name
    Sex
    Nationality
    Score
```

其中,dz1143 是结构数组名,dz1143(1)、dz1143(2)和 dz1143(3)分别是结构数组的元素,Name、Sex、Nationality 和 Score 分别是字段。

(2) 利用函数 struct 创建结构数组还可以使用 struct 函数。函数具体格式如下:

```
struct('field1','值 1', 'field2','值 2', 'field3','值 3',…)
```

例如:

```
>> dz1144(1) = struct('Name','Li ke','Sex','Male','Nationality','China', 'Score',[98,95,91,89])
dz1144 =
包含以下字段的 struct:
           Name: 'Li ke'
            Sex: 'Male'
    Nationality: 'China'
          Score: [98 95 91 89]
>> dz1144(2) = struct('Name','Xu bo','Sex','Male','Nationality','Canada', 'Score',[99,97,95,92])
dz1144 =
包含以下字段的 1×2 struct 数组:
    Name
    Sex
    Nationality
    Score
```

2. 结构体内部数据的获取

(1) 使用“.”符号获取结构体内部数据,对于上面例题中的 dz1143 结构体,用下面的命令获得结构体的各字段的内部数据:

```
>> str1 = dz1143(1).Name
str1 =
    'Zhang san'
>> str2 = dz1143(1).Sex
str2 =
    'Male'
>> str3 = dz1143(1).Nationality
str3 =
    'China'
>> S = dz1143(1).Score
S =
    98    95    90    99    87
```

(2) 使用函数 getfield 获取结构体内部数据,getfiled 函数的格式如下:

```
str = getfield(S,{S_index},'fieldname',{field_index})
```

其中,S 是结构体名称,S_index 是结构体的元素,fieldname 为结构体的字段,field_index 是字段中数组元素的下标。

例如：

```
>> str1 = getfield(dz1143,{1},'Name')          % 获取 dz1143 结构体中第一个元素,字段为 Name
                                               % 的内容
str1 =
    'Zhang san'
>> S1 = getfield(dz1143,{1},'Score',{2})       % 获取 dz1143 结构体中第一个元素,字段 Score
                                               % 中第二门课成绩
S1 =
    95
```

（3）使用函数 fieldnames 获取结构体所有字段,fieldnames 函数的格式如下：

```
>> x = fieldnames(dz1143)                      % 获取结构体 dz1143 所有字段信息
x =
    4×1 cell 数组
    {'Name'       }
    {'Sex'        }
    {'Nationality'}
    {'Score'      }
>> whos dz1143 x        % 查看结构体 dz1143 和变量 x 的属性信息
  Name        Size              Bytes  Class     Attributes
  dz1143      1×3                1720  struct
  x           4×1                 462  cell
```

3. 结构体的操作函数

（1）可以使用 setfield 函数对结构体的数据进行修改,函数的格式如下：

```
S = setfiled(S,{S_index},'fieldname',{field_index},值)
```

例如,修改结构体 dz1143(1)中的 Sex 字段的内容：

```
>> dz1143 = setfield(dz1143,{1},'Sex','Female')    % 修改字段 Sex 内容
dz1143 =
包含以下字段的 1×3 struct 数组:
    Name
    Sex
    Nationality
    Score
```

（2）可以使用 rmfield 函数删除结构体的字段,函数的格式如下：

```
S = rmfield(S,'fieldname')
```

例如,删除结构体 dz1143 中的 Nationality 字段：

```
>> dz1143 = rmfield(dz1143,'Nationality')         % 删除字段 Nationality
dz1143 =
包含以下字段的 1×3 struct 数组:
    Name
    Sex
    Score
```

2.7.2 元胞数组

元胞数组是常规矩阵的扩展,其基本元素是元胞,每个元胞可以存放各种不同类型的数据,如数值矩阵、字符串、元胞数组和结构数组等。

1. 元胞数组的创建

创建元胞数组的方法和一般数值矩阵方法相似,用花括号将所有元胞括起来。创建元胞数组方法有两种：直接创建和使用函数创建。

（1）直接创建元胞数组可以一次性输入所有元胞值，也可以每次赋值一个元胞值。

```
>> A = {[1 + 2i],'MATLAB 2024A';1:6,{[1 2;3 4],'cell'}}    %一次性输入所有元胞值
A =
  2×2 cell 数组
    {[1.0000 + 2.0000i]}    {'MATLAB 2024A'}
    {[     1 2 3 4 5 6]}    {1×2 cell      }
>> B(1,1) = {[1 + 2i]};                                    %每次输入一个元胞值
>> B(1,2) = {'MATLAB 2024A'};
>> B(2,1) = {1:6};
>> B(2,2) = {{[1 2;3 4],'cell'}}
B =
  2×2 cell 数组
    {[1.0000 + 2.0000i]}    {'MATLAB 2024A'}
    {[     1 2 3 4 5 6]}    {1×2 cell      }
```

另外，还可以根据各元胞内容创建元胞数组，例如：

```
>> C{1,1} = [1 + 2i];
>> C{1,2} = 'MATLAB 2024A';
>> C{2,1} = 1:6;
>> C{2,2} = {[1 2;3 4],'cell'}
C =
  2×2 cell 数组
    {[1.0000 + 2.0000i]}    {'MATLAB 2024A'}
    {[     1 2 3 4 5 6]}    {1×2 cell      }
```

由上面的结果可知，用三种不同的直接输入法创建的元胞数组 A、B 和 C 结果是一样的。注意()和{}的区别，创建元胞数组无论用哪种方法，代码等式的左边或者右边一般都需要使用一次{}，除了元胞是由元胞数组构成时需要用两次{}。

（2）MATLAB 语言可以使用 cell 函数创建元胞数组。函数格式如下：

A = cell(m,n)

cell 函数可以创建一个 m×n 空的元胞数组，对于每个元胞的数据还需要单独赋值。例如：

```
>> A = cell(2)
A =
  2×2 cell 数组
    {0×0 double}    {0×0 double}
    {0×0 double}    {0×0 double}
>> A{1,1} = [1 + 2i];
>> A{1,2} = 'MATLAB 2024A';
>> A{2,1} = 1:6;
>> A{2,2} = {[1 2;3 4],'cell'}
A =
  2×2 cell 数组
    {[1.0000 + 2.0000i]}    {'MATLAB 2024A'}
    {[     1 2 3 4 5 6]}    {1×2 cell      }
```

2. 元胞数组的操作

在 MATLAB 中，创建元胞数组后，可以通过下面几种方法，引用和提取元胞数组元素数据。

（1）用{}提取元胞数组的元素数据。

例如：

```
>> A = {1 + 2i,'MATLAB 2024A';1:6,{[1 2;3 4],'cell'}}    %创建 2×2 的元胞数组
A =
```

```
    2×2 cell 数组
    {[1.0000 + 2.0000i]}    {'MATLAB 2024A'}
    {[      1 2 3 4 5 6]}    {1×2 cell      }
>> a = A{2,1}                              % 全下标提取元素
a =
     1    2    3    4    5    6
>> a = A{1,2}
a =
    'MATLAB 2024A'
>> a = A{4}                                % 单下标提取元素
a =
  1×2 cell 数组
    {2×2 double}    {'cell'}
```

（2）用（）只能定位元胞的位置，返回的仍然是元胞类型的数组，不能得到详细的元胞元素数据，例如：

```
>> b = A(2,1)                              % 全下标定位
b =
  1×1 cell 数组
    {[1 2 3 4 5 6]}
>> b = A(4)                                % 半下标定位
b =
  1×1 cell 数组
    {1×2 cell}                             % 元胞类型
```

（3）用 deal 函数提取多个元胞元素的数据。

例如：

```
>> [c1,c2,c3] = deal(A{[1:3]})             % 提取元胞数组 A 中第 1～3 个元素分
                                           % 别赋值给 c1、c2 和 c3
c1 =
   1.0000 + 2.0000i
c2 =
     1    2    3    4    5    6
c3 =
    'MATLAB 2024A'
>> [c1,c2,c3,c4] = deal(A{:,:})
c1 =
   1.0000 + 2.0000i
c2 =
     1    2    3    4    5    6
c3 =
    'MATLAB 2024A'
c4 =
  1×2 cell 数组
    {2×2 double}    {'cell'}
```

（4）用 celldisp 函数显示元胞数组中详细数据内容。

在 MATLAB 命令行窗口中，输入元胞数组名称，只显示元胞数组的各元素的数据类型和尺寸，不直接显示各元素的详细内容。可以用 celldisp 函数显示元胞数组中各元素的详细数据内容。

例如：

```
>> A = {1 + 2i,'MATLAB 2024A';1:6,{[1 2;3 4],'cell'}}    % 创建 2×2 的元胞数组
A =
```

```
    2×2 cell 数组
    {[1.0000 + 2.0000i]}    {'MATLAB 2024A'}        % 在命令行窗口直接输入元胞数组名称
>> A                                                 % 只显示各元胞的数据类型和尺寸
A =
    {[     1 2 3 4 5 6]}    {1×2 cell       }
    2×2 cell 数组
    {[1.0000 + 2.0000i]}    {'MATLAB 2024A'}
    {[     1 2 3 4 5 6]}    {1×2 cell       }
>> celldisp(A)                                       % 显示元胞数组各元胞的具体数据
A{1,1} =
    1.0000 + 2.0000i
A{2,1} =
    1    2    3    4    5    6
A{1,2} =
    MATLAB 2024A
A{2,2}{1} =
    1    2
    3    4
A{2,2}{2} =
    cell
```

（5）用 cellplot 函数以图形方式显示元胞数组的结构。

在 MATLAB 中，可以用 cellplot 函数以图形方式显示元胞数组的结构。

例如，创建一个元胞数组，并用图形方式显示。代码如下：

```
>> A = {1 + 2i,'MATLAB 2024A';1:6,{[1 2;3 4],'cell'}}    % 创建 2×2 的元胞数组
A =
    2×2 cell 数组
    {[1.0000 + 2.0000i]}    {'MATLAB 2024A'}
    {[     1 2 3 4 5 6]}    {1×2 cell       }
>> cellplot(A)
```

用 cellplot 函数显示元胞数组 A 结果如图 2-2 所示，其中用不同的颜色和形状表示元胞数组的各元素的内容。

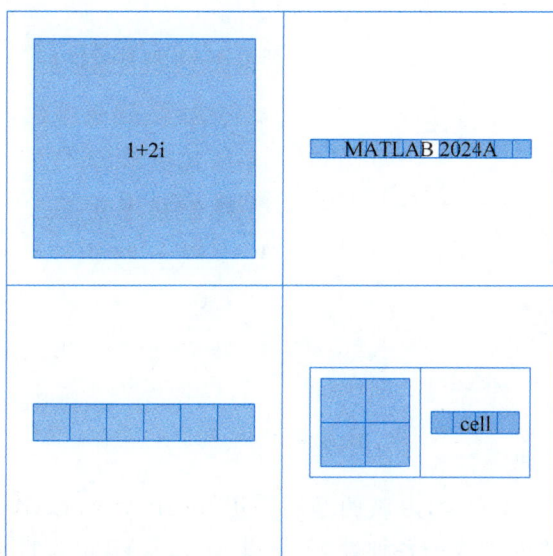

图 2-2　元胞数组显示图

2.8　应用实例

2.8.1　矩阵在图像处理中的应用

在 MATLAB 中,一幅灰度数字图像被存为二维矩阵,图像的分辨率是矩阵的行数和列数,矩阵的值对应图像每个点的颜色。对图像进行处理,实际上是对矩阵的值进行操作。在图像处理中,经常对一幅图像进行左右镜像处理,上下翻转,逆时针或者顺时针旋转 90°以及图像平铺处理,可以利用本章学过的矩阵结构变换函数方便地实现图像处理。

【例 2-6】 已知一幅数字图像 lena. bmp,用 MATLAB 语言对该图像进行左右翻转、上下翻转、逆时针翻转 90°、顺时针翻转 90°以及进行图像平铺 3×2＝6 块处理。

微课视频

程序代码如下:

```
A = imread('G:\work\lena.bmp','bmp');    % 读取原始图像 lena.bmp 到变量空间中,存储为
                                         % A 矩阵

subplot(2,3,1)                           % 当前图形窗口分隔为 2×3 块,在第 1 块显示图像
imshow(A)                                % 将矩阵 A 数据显示为图像
title('原始图像')                         % 在图像正上方显示标题"原始图像"
B = fliplr(A);                           % 图像矩阵 A 左右对调
subplot(2,3,2)
imshow(B);
title('左右对调')
C = flipud(A);                           % 图像矩阵 A 上下对调
subplot(2,3,3)
imshow(C);
title('上下对调')
D = rot90(A);                            % 图像矩阵 A 逆时针旋转 90°
subplot(2,3,4)
imshow(D)
title('逆时针旋转 90°')
E = rot90(A, -1);                        % 图像矩阵 A 顺时针旋转 90°
subplot(2,3,5)
imshow(E)
title('顺时针旋转 90°')
F = repmat(A,3,2);                       % 图像矩阵 A 平铺 3×2 块
subplot(2,3,6)
imshow(F)
title('图像平铺 3×2 块')
```

程序运行结果如图 2-3 所示,由该例题结果可知,在 MATLAB 语言中,对数字图像矩阵的简单变换,就能实现对图像的各种处理,所以 MATLAB 语言特别适合应用于数字图像处理。

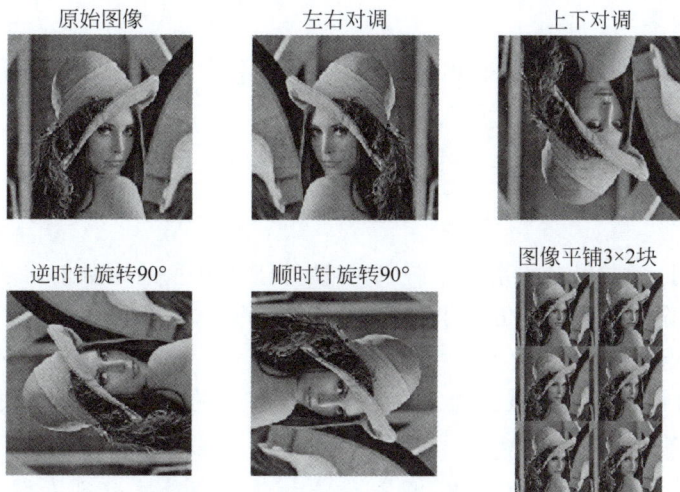

图 2-3 矩阵结构变换函数处理图像

2.8.2 线性方程组的求解

线性方程组的解一般包括两大类：一类是方程组存在唯一解或者特解，另一类方程组有无穷解或者通解。可以通过求方程组的系数矩阵的秩来判断解的类型。

假设含有 n 个未知数的 m 个方程构成方程组 $A_{m \times n}x = b$，系数矩阵 A 的秩为 r，方程组的解有下面两种情况：

（1）若 $r = n$，则方程组有唯一解；

（2）若 $r < n$，则方程组有无穷解。

1. 线性方程组唯一解

用 MATLAB 语言求解线性方程组 $Ax = b$ 唯一解的常用方法是左除法和逆矩阵法，下面通过一个例子介绍这两种方法。

【例 2-7】 在 MATLAB 语言中，用左除法和逆矩阵法分别求解下列线性方法组的唯一解：

$$\begin{cases} x_1 - x_2 + x_3 + x_4 = 2 \\ 3x_1 + x_2 - x_3 + x_4 = 6 \\ x_1 + x_2 + x_4 = 4 \\ x_1 + 2x_2 + x_3 = 1 \end{cases}$$

微课视频

程序代码如下：

```
>> A = [1 -1 1 1;3 1 -1 1;1 1 0 1;1 2 1 0];  %输入方程组的系数矩阵
>> b = [2 6 4 1]';
>> r = rank(A)                              %求系数矩阵A的秩,判断方程组是否有唯一解
r =
    4
>> x = A\b                                  %用左除法求解方程组的唯一解
x =
    0.6000
    0.6000
```

```
   - 0.8000
     2.8000
>> x = inv(A) * b                      % 用逆矩阵法求解方程组的唯一解
x =
     0.6000
     0.6000
   - 0.8000
     2.8000
```

以上结果表明,当方程组的系数矩阵 A 的秩等于未知量的个数时,线性方程组具有唯一解,用常用的左除法和逆矩阵方法求解线性方程组的解,结果是一样的。

2. 线性方程组多解

用 MATLAB 语言求解线性方程组 $A_{m×n}x = b$ 多解的方法常用左除法和伪逆矩阵法,下面通过一个例子介绍这两种方法。

【例 2-8】 在 MATLAB 语言中,用左除法和伪逆矩阵法分别求解下列线性方法组的解:

$$\begin{cases} x_1 - x_2 + x_3 + x_4 = 2 \\ 3x_1 + x_2 - x_3 + x_4 = 6 \\ x_1 + x_2 + x_4 = 4 \end{cases}$$

程序代码如下:

```
>> A = [1 -1 1 1;3 1 -1 1;1 1 0 1];    % 输入方程组的系数矩阵
>> b = [2 6 4]';
>> r = rank(A)                          % 求系数矩阵 A 的秩,判断方程组是否有唯一解
r =
     3
>> x = A\b                              % 用左除法求解方程组的一组解
x =
     2.0000
     2.0000
     2.0000
          0
>> x = pinv(A) * b                      % 用伪逆矩阵求解方程组的一组解
x =
     1.2000
     1.2000
     0.4000
     1.6000
```

以上结果表明,方程组的系数矩阵 A 的秩小于未知量的个数时,线性方程组具有无穷解,用常用的左除法和伪逆矩阵方法求解线性方程组的解,结果是不唯一的,但都是方程组的解。

2.8.3 多维数组在彩色图像中的应用

彩色图像被读入 MATLAB 中,RGB 三种颜色分量一般被存为三维数组。对彩色图像进行处理,实际上是对三维数组进行提取和操作,所以用 MATLAB 语言处理彩色图像比较

方便。下面通过一个例子说明三维数组在彩色图像处理中的应用。

【例 2-9】 用 MATLAB 语言对一幅彩色图像分别提取红色分量、绿色分量和蓝色分量,并在同一个图形窗口的不同区域显示,利用 cat 函数把三个分量连接成一个三维数组,并显示合成后的图像。

程序代码如下:

```matlab
clear
clear all;
% ------ 读入图片 flower. jpg 存入 A 中 ------ %
A = imread('E:\work\flower.jpg');
subplot(2,2,1)           % 将当前图形窗口分隔为两行两列,在第一个区域画图
imshow(A);               % 将三维数组 A 显示为彩色图像
title('原始图像')         % 在图的正上方显示图题
[r c d] = size(A);       % 计算图像大小,r 为行,c 为列,d 为页,1、2 和 3 分别代表红、绿和蓝分量
% ------ 提取红色分量并显示分解图 ------ %
red(:,:,1) = A(:,:,1);   % 提取红色分量
red(:,:,2) = zeros(r,c); % 蓝色和绿色分量用 0 矩阵填充
red(:,:,3) = zeros(r,c);
red = uint8(red);        % 将红色分量数据类型转换为无符号 8 位
subplot(2,2,2)
imshow(red)
title('红色分量');
% ------- 提取绿色分量并显示分解图 ------- %
green(:,:,2) = A(:,:,2);
green(:,:,1) = zeros(r,c);
green(:,:,3) = zeros(r,c);
green = uint8(green);
subplot(2,2,3)
imshow(green)
title('绿色分量');
% -------- 提取蓝色分量并显示分解图 ------- %
blue(:,:,3) = A(:,:,3);
blue(:,:,1) = zeros(r,c);
blue(:,:,2) = zeros(r,c);
blue = uint8(blue);
subplot(2,2,4)
imshow(blue)
title('蓝色分量');
% ------------ 合成彩色图像 ----------- %
ci = cat(3,red(:,:,1),green(:,:,2),blue(:,:,3));
figure;
subplot(1,2,1)
imshow(A);
title('原始图像')
subplot(1,2,2)
imshow(ci);
title('合成图像');
```

由程序代码可知,彩色图像读入 MATLAB 中,被存为三维数组,红色分量存为第一页,绿色分量存为第二页,蓝色分量存为第三页。用三维数组提取和连接方法就能实现三种颜色分量的提取以及合成彩色图像。

程序结果如图 2-4 和图 2-5 所示。

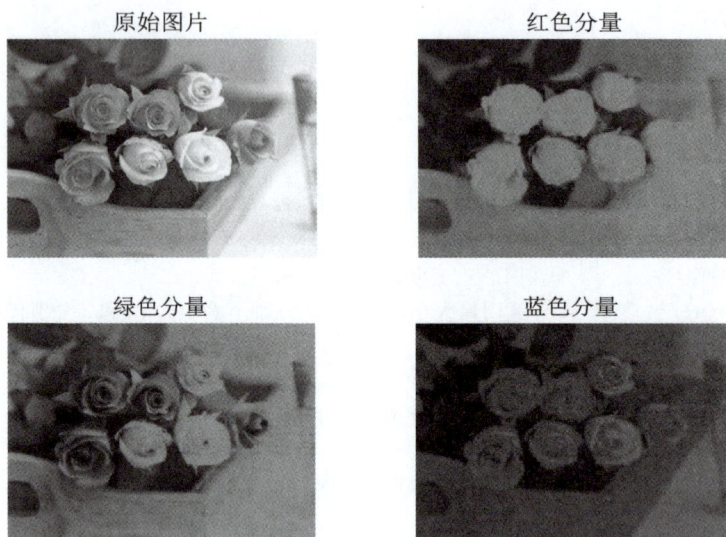

原始图片   红色分量

绿色分量   蓝色分量

图 2-4   提取彩色图像的各分量

原始图片   合成彩色图像

图 2-5   合成图像和原始图像比较

习题 2

1. 用冒号法生成矩阵 $A=[1\ 1.5\ 2\ 2.5\ 3\ 3.5\ 4\ 4.5\ 5\ 5.5\ 6]$ 和矩阵 $B=[10\ 8\ 6\ 4\ 2\ 0]$。

2. 利用函数法生成矩阵 $A=[1\ 2\ 3\ 4\ 5\ 6\ 7\ 8]$ 和矩阵 $B=[10\ 8\ 6\ 4\ 2\ 0]$。

3. 在 MATLAB 语言中,试用文本文件和 M 文件建立如下矩阵:

$$A=\begin{bmatrix} 1.2 & 2.1 & 3.3 & 4.2 & 5.5 & 6.7 \\ 1.4 & 2.8 & 3.6 & 4.7 & 5.8 & 6.9 \\ 1.1 & 2.3 & 3.9 & 4.8 & 5.6 & 6.4 \\ 1.5 & 2.6 & 3.8 & 4.4 & 5.7 & 6.1 \\ 1.6 & 2.9 & 3.7 & 4.1 & 5.1 & 6.2 \\ 1.7 & 2.5 & 3.1 & 4.9 & 5.2 & 6.3 \end{bmatrix}$$

4. 利用特殊矩阵生成函数,生成下面的特殊矩阵:

$$A = \begin{bmatrix} 1 & 0 & 0 \\ 0 & 1 & 0 \\ 0 & 0 & 1 \end{bmatrix}, \quad B = \begin{bmatrix} 0 & 0 & 0 \\ 0 & 0 & 0 \\ 0 & 0 & 0 \end{bmatrix}, \quad C = \begin{bmatrix} 1 & 1 & 1 \\ 1 & 1 & 1 \\ 1 & 1 & 1 \end{bmatrix}$$

$$D = \begin{bmatrix} 1 & 0 & 0 \\ 0 & 2 & 0 \\ 0 & 0 & 3 \end{bmatrix}, \quad E = \begin{bmatrix} 0 & 0 & 0 \\ 1 & 0 & 0 \\ 1 & 1 & 0 \end{bmatrix}, \quad F = \begin{bmatrix} 1 & 1 & 1 \\ 0 & 1 & 1 \\ 0 & 0 & 1 \end{bmatrix}$$

5. 试用 MATLAB 生成 5 阶魔方阵,验证每行和每列元素之和是否相等。

6. 试用 MATLAB 生成[10,16]区间的均匀分布的 5 阶随机矩阵。

7. 试用 MATLAB 生成均值为 1,方差为 0.2 的正态分布的 4 阶随机矩阵。

8. 将矩阵 $A = \begin{bmatrix} 1 & 2 & 3 \\ 4 & 5 & 6 \\ 7 & 8 & 9 \end{bmatrix}$ 中的第一行元素替换为 $\begin{bmatrix} 1 & 1 & 1 \end{bmatrix}$,最后一列元素替换为 $\begin{bmatrix} 1 \\ 2 \\ 3 \end{bmatrix}$,删除矩阵 A 的第二行元素。

9. 已知矩阵 $A = \begin{bmatrix} 1 & 2 & 3 & 4 \\ 3 & 4 & 6 & 8 \\ 5 & 5 & 7 & 9 \\ 4 & 3 & 2 & 1 \end{bmatrix}$,对矩阵 A 实现上下翻转、左右翻转、逆时针旋转 90°、顺时针旋转 90° 和平铺矩阵 A 为 $2\times3=6$ 块操作。

10. 已知矩阵 $A = \begin{bmatrix} 1 & 2 & 3 \\ 4 & 5 & 6 \\ 6 & 8 & 9 \end{bmatrix}, B = \begin{bmatrix} 1 & 1 & 1 \\ 0 & 1 & 1 \\ 1 & 0 & 1 \end{bmatrix}$,试用 MATLAB 分别实现 A 和 B 两个矩阵的加、减、乘、点乘、左除和右除操作。

11. 已知矩阵 $A = \begin{bmatrix} 1 & 1 & 1 \\ 1 & 2 & 3 \\ 1 & 4 & 9 \end{bmatrix}$,试用 MATLAB 分别求矩阵 A 的行列式、转置、秩、逆、特征值和特征向量。

12. 已知三阶对称正定矩阵 $A = \begin{bmatrix} 1 & 1 & 1 \\ 1 & 2 & 3 \\ 1 & 3 & 6 \end{bmatrix}$,试用 MATLAB 分别对矩阵 A 进行 Cholesky 分解、LU 分解和 QR 分解。

13. 定义两个字符串 str1＝'MATLAB　R2024a'和 str2＝'MATLAB　R2024A',试用字符串比较函数 strcmp、strncmp、strcmpi 和 strncmpi,比较 str1 和 str2 两个字符串。

14. 分别用 MATLAB 的左除和逆矩阵方法,求解下列方程组的解。

$$(1) \begin{cases} x_1 + x_2 + x_3 = 6 \\ x_1 - x_2 + x_3 = 4 \\ x_1 - x_2 + 2x_3 = 8 \end{cases}, \qquad (2) \begin{cases} x_1 + x_2 + x_3 = 6 \\ x_1 + x_3 = 2 \\ 2x_1 - x_2 = 4 \end{cases}$$

15. 分别用 MATLAB 的左除和伪逆矩阵方法求解下列方程组的一组解。

(1) $\begin{cases} x_1+x_2+x_3=4 \\ x_1-x_2+x_3=2 \end{cases}$, (2) $\begin{cases} x_1+x_2+x_3+x_4=6 \\ x_1+x_3+2x_4=4 \\ 2x_1-x_2+x_3=2 \end{cases}$

16. 在 MATLAB 语言中,建立下面的多维数组:

```
A(:,:,1) =
    0   0   0
    0   0   0
    0   0   0
A(:,:,2) =
    1   1   1
    1   1   1
    1   1   1
A(:,:,3) =
    1   0   0
    0   1   0
    0   0   1
```

17. 在 MATLAB 语言中,建立下面的结构数组:

```
dz1161 =
      Name: 'Li ke'
      Sex: 'Male'
      Province: 'Guangdong'
      Tel: '13800000000'
>> whos dz1161
  Name       Size     Bytes   Class     Attributes
  dz1161     1×1      762      struct
```

第 3 章

MATLAB 程序结构和 M 文件

本章要点：
- ◇ 程序结构；
- ◇ M 文件；
- ◇ M 函数文件；
- ◇ 程序调试；
- ◇ 应用实例。

MATLAB R2024a 和其他高级编程语言（如 C 语言和 FORTRAN 语言）一样，要实现复杂的功能需要编写程序文件和调用各种函数。

3.1 程序结构

MATLAB 语言有三种常用的程序控制结构：顺序结构、选择结构和循环结构。MATLAB 语言中的任何复杂程序都可以由这三种基本结构组成。

3.1.1 顺序结构

顺序结构是 MATLAB 语言程序最基本的结构，是指按照程序中的语句排列顺序依次执行，每行语句从左往右执行，不同行语句从上往下执行。一般数据的输入和输出、数据的计算和处理程序都是顺序结构。顺序结构的基本流程如图 3-1 所示，程序先执行语句 A，然后执行语句 B，最后执行语句 C。

1. 数据的输入

MATLAB 语言要从键盘输入数据，可以使用 input 函数，该函数的调用格式有如下两种。

1）x＝input('提示信息')

其中，提示信息表示字符串，用于提示用户输入什么样的数据，等待用户从键盘输入数据，赋值给变量 x。

例如，从键盘中输入变量 x，可以用下面的命令实现：

```
>> x = input('输入变量 x: ')
输入变量 x: 3
x =
```

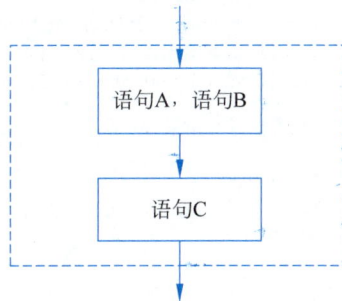

图 3-1 顺序结构流程图

执行该语句时,命令行窗口显示提示信息"输入变量 x:",然后等待用户从键盘输入 x 的值。

2) str＝input('提示信息','s')

其中,该格式用于用户输入一个字符串,赋值给字符变量 str。

例如,用户想从键盘输入自己的名字,赋值给字符变量 str,可以采用下面的命令:

```
>> str = input('what ''s your name?','s')
what 's your name?XuGuobao
str =
    'XuGuobao'
```

执行该语句时,命令行窗口显示提示信息"what 's your name?",然后等待用户从键盘输入字符变量 str 的值。

2. 数据的输出

MATLAB 语言可以在命令行窗口显示输出信息,可以用函数 disp 实现,该函数的调用格式如下:

```
disp('输出信息')
```

其中,输出信息可以是字符串,也可以是矩阵信息。例如:

```
>> disp('What ''s your name? ')
disp('My name is XuGuobao')
What 's your name?
My name is XuGuobao
>> A = [1 2;3 4];
>> disp(A)
     1     2
     3     4
```

需要注意的是,用 disp 函数显示矩阵信息将不显示矩阵的变量名,输出格式更紧凑,没有空行。

【例 3-1】 从键盘输入 a、b 和 c 的值,求解一元二次方程 $ax^2+bx+c=0$ 的根。

程序代码如下:

```
a = input('a = ');
b = input('b = ');
c = input('c = ');                    % 从键盘输入 a,b 和 c 的值
delta = b * b - 4 * a * c;
x1 = ( - b + sqrt(delta))/(2 * a);
x2 = ( - b - sqrt(delta))/(2 * a);
disp(['x1 = ',num2str(x1)]);          % 显示 x1 和 x2 的值
disp(['x2 = ',num2str(x2)]);
```

程序运行结果如下:

```
>> exam_3_1
a = 1
b = - 5
c = 6
x1 = 3
x2 = 2
```

再一次运行程序后的结果如下:

```
>> exam_3_1
a = 1
```

微课视频

```
b = 2
c = 3
x1 = − 1 + 1.4142i
x2 = − 1 − 1.4142i
```

由上面的程序结果可知,MATLAB语言的数据输入、数据处理和数据输出命令都是按照顺序结构执行的。

3.1.2　选择结构

MATLAB语言的选择结构是根据选定的条件成立或者不成立,分别执行不同的语句。选择结构有下面三种常用语句：if语句、switch语句和try语句。

1. if语句

在MATLAB语言中,if语句有三种格式。

1) 单项选择结构

单项选择语句的格式如下：

```
if 条件
语句组
end
```

当条件成立时,执行语句组,执行完后继续执行end后面的语句;若条件不成立,则直接执行end后面的语句。单项选择程序结构流程图如图3-2所示。

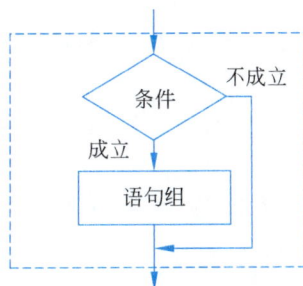

图 3-2　单项选择结构流程图

【例3-2】 从键盘输入一个值 x,当 $x > 0$ 时,计算 $\sqrt{x}$ 的值并显示。

程序代码如下：

```
x = input('x:');
if x > 0
    y = sqrt(x);
    disp(['y = ',num2str(y)]);
end
```

程序运行结果如下：

```
>> exam_3_2
x:2
y = 1.4142
```

再一次运行程序,输入 x = −2,程序运行结果如下：

```
>> exam_3_2
x: − 2
```

由上面的程序结果可知,当条件不满足时,就直接执行end后面的语句。

2) 双项选择结构

双项选择语句的格式如下：

```
if 条件 1
语句组 1
else
语句组 2
end
```

当条件1成立时,执行语句组1,否则执行语句组2,之后继续执行 end 后面的语句。双项选择程序结构流程图如图 3-3 所示。

【例 3-3】 从键盘输入一个值 x,计算下面分段函数的值并显示。

$$y = \begin{cases} 2x + 1, & x > 0 \\ -2x - 1, & x < 0 \end{cases}$$

程序代码如下:

```
x = input('x:');
if x > 0
    y = 2 * x + 1;
    disp(['y = ',num2str(y)]);
else
    y = -2 * x - 1;
    disp(['y = ',num2str(y)]);
end
```

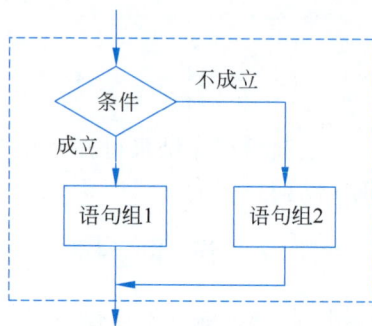

图 3-3 双项选择结构流程图

程序运行结果如下:

```
>> exam_3_3
x:2
y = 5
```

再一次运行程序,输入 x＝－2,程序运行结果如下:

```
>> exam_3_3
x: -2
y = 3
```

该例题如果用单项选择结构也可以实现,程序代码如下:

```
x = input('x:');
if x > 0
    y = 2 * x + 1;
    disp(['y = ',num2str(y)]);
end
if x < 0
    y = -2 * x - 1;
    disp(['y = ',num2str(y)]);
end
```

3) 多项选择结构

多项选择语句的格式如下:

```
if 条件 1
语句组 1
elseif 条件 2
语句组 2
  ⋮
elseif 条件 m
语句组 m
else
语句组 n
end
```

当条件 1 成立时，执行语句组 1；否则当条件 2 成立时，执行语句组 2；以此类推，最后执行 end 后面的语句。需要注意的是，if 和 end 必须配对使用。多项选择程序的结构流程图如图 3-4 所示。

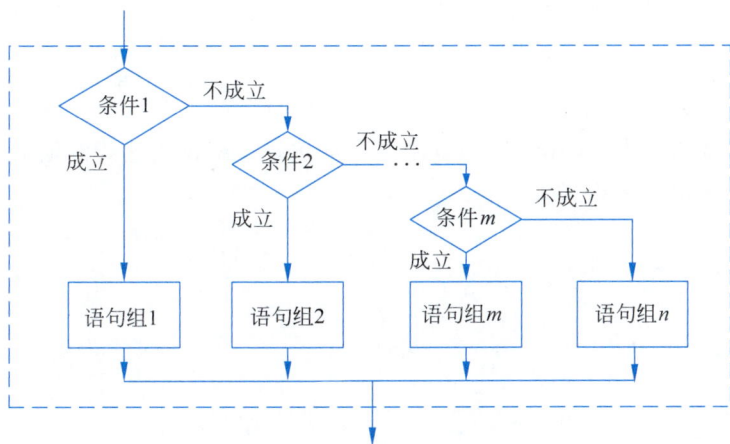

图 3-4 多项选择结构流程图

【例 3-4】 从键盘输入一个值 x，用下面的分段函数实现符号函数的功能。

微课视频

$$y = \begin{cases} 1, & x > 0 \\ 0, & x = 0 \\ -1, & x < 0 \end{cases}$$

程序代码如下：

```
x = input('x:');
if x > 0
    y = 1;
    disp(['y = ',num2str(y)]);
elseif x == 0
    y = 0;
    disp(['y = ',num2str(y)]);
else
    y = - 1;
    disp(['y = ',num2str(y)]);
end
```

程序运行结果如下：

```
>> exam_3_4
x:3
y = 1
>> exam_3_4
x: - 3
y = - 1
>> exam_3_4
x:0
y = 0
```

若用 MATLAB 的符号函数 sign 验证，可以得到同样的结果：

```
>> sign(3)
ans =
```

```
         1
>> sign( - 3)
ans =
       - 1
>> sign(0)
ans =
         0
```

2. switch 语句

在 MATLAB 语言中,switch 语句也用于多项选择。根据表达式的值的不同,分别执行不同的语句组。该语句的格式如下:

```
switch 表达式
case 表达式 1
      语句组 1
case 表达式 2
      语句组 2
   ⋮
case 表达式 m
      语句组 m
otherwise
      语句组 n
end
```

switch 语句结构流程图如图 3-5 所示。当表达式的值等于表达式 1 的值时,执行语句组 1;当表达式的值等于表达式 2 的值时,执行语句组 2;以此类推,当表达式的值等于表达式 m 的值时,执行语句组 m;当表达式的值不等于 case 所列表达式的值时,执行语句组 n。需要注意的是,当任意一个 case 表达式为真,执行完其后的语句组,直接执行 end 后面的语句。

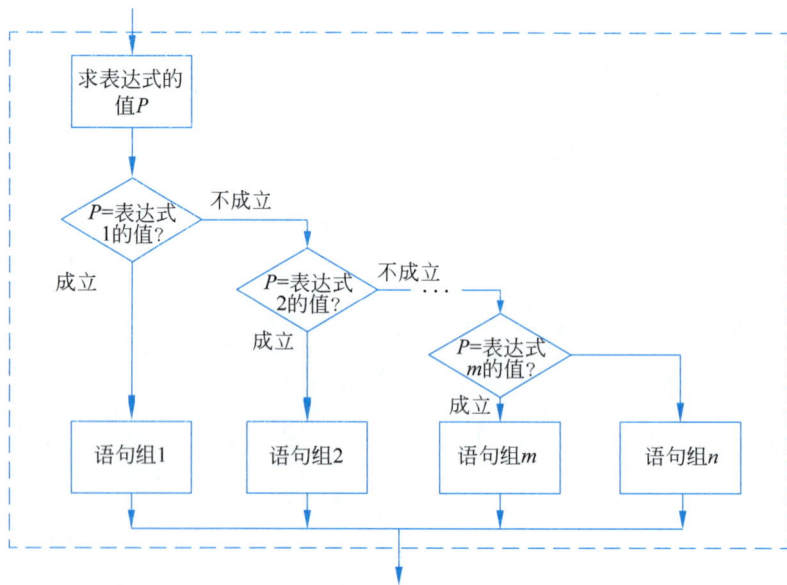

图 3-5　switch 语句结构流程图

【例 3-5】　某商场国庆节假期搞促销活动,对顾客所购商品总价(price)打折,折扣率(rate)标准如下,从键盘输入顾客所购商品总价,计算打折后的总价。

微课视频

$$rate = \begin{cases} 0, & price < 500 \\ 5\%, & 500 \leqslant price < 1000 \\ 10\%, & 1000 \leqslant price < 2000 \\ 15\%, & 2000 \leqslant price < 5000 \\ 20\%, & 5000 \leqslant price \end{cases}$$

程序代码如下：

```
price = input('price:');
num = fix(price/500);
switch num
    case 0                      % 总价小于 500
        rate = 0;
    case 1                      % 总价大于或等于 500 且小于 1000
        rate = 5/100;
    case {2,3}                  % 总价大于或等于 1000 且小于 2000
        rate = 10/100;
    case num2cell(4:9)          % 总价大于或等于 2000 且小于 5000
        rate = 15/100;
    otherwise                   % 总价大于或等于 5000
        rate = 20/100;
end
discount_price = price * (1 - rate) % 折扣后的总价
format short g                  % 不用科学计数显示
```

num2cell 函数的功能是将数值矩阵转换为单元矩阵。程序运行结果如下：

```
>> exam_3_5
price:499
discount_price =
    499
>> exam_3_5
price:800
discount_price =
    760
>> exam_3_5
price:1800
discount_price =
        1620
>> exam_3_5
price:4800
discount_price =
        4080
>> exam_3_5
price:6000
discount_price =
        4800
```

3. try 语句

在 MATLAB 语言中，try 语句是一种试探性执行语句，该语句的格式如下：

```
try
语句组 1
catch
语句组 2
end
```

try 语句先试探执行语句组 1,如果语句组 1 在执行过程中出错,则将错误信息赋值给系统变量 lasterr,并转去执行语句组 2。

【例 3-6】　试用 try 语句求函数 $y = x\sin(x)$ 的值,自变量的范围为 $0 \leqslant x \leqslant \mathrm{pi}$,步长为 pi/10。

程序代码如下:

```
x = 0:pi/10:pi;
try
    y = x * sin(x);
catch
    y = x. * sin(x);
end
y
lasterr                           % 显示出错原因
```

程序运行结果如下:

```
>> exam_3_6
y =
    0    0.097081    0.36932    0.76248    1.1951    1.5708    1.7927    1.7791
1.4773    0.87372    3.8473e - 16
ans =
'错误使用    *
```
用于矩阵乘法的维度不正确.请检查并确保第一个矩阵中的列数与第二个矩阵中的行数匹配.要单独对矩阵的每个元素进行运算,请使用 TIMES (. *)执行按元素相乘.'

3.1.3　循环结构

循环结构是 MATLAB 语言的一种非常重要的程序结构,是按照给定的条件重复执行指定的语句。MATLAB 语言提供两种循环结构语句:循环次数确定的 for 循环语句和循环次数不确定的 while 循环语句。

1. for 循环语句

for 循环语句是 MATLAB 语言的一种重要的程序结构,是以指定次数重复执行循环体内的语句。for 循环语句的格式如下:

```
for 循环变量 = 表达式 1: 表达式 2: 表达式 3
    循环体语句
end
```

其中:

(1) 表达式 1 的值为循环变量的初始值,表达式 2 的值为步长,表达式 3 的值为循环变量的终值;

(2) 当步长为 1 时,可以省略表达式 2;

(3) 当步长为负值时,初值大于终值;

(4) 循环体内不能对循环变量重新设置;

(5) for 循环允许嵌套使用;

(6) for 和 end 配套使用且为小写。

for 循环语句的流程图如图 3-6 所示。首先计算 3 个表达式的值,将表达式 1 的值赋给循环变量 k,然后判断 k 值是否介于表达式 1 和表达式 3 的值之间,如果不是,结束循环,如果是,则执行循环体语句,k 增加一个表达式 2 的步长,然后再判断 k 值是否介于表达式 1 和表达式 3 的值之间,直到条件不满足,结束循环为止。

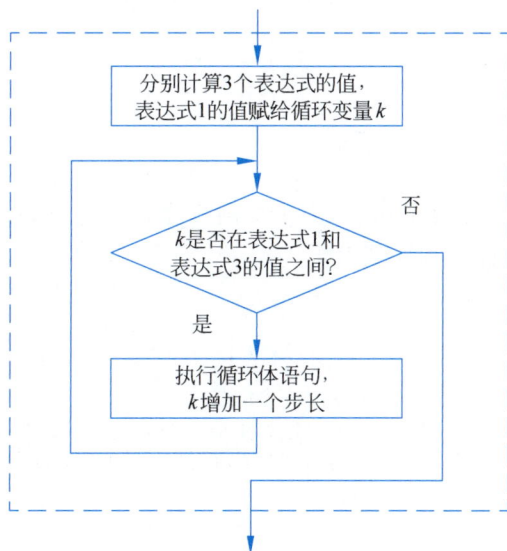

图 3-6　for 循环语句流程图

【例 3-7】　利用 for 循环语句,求解 $1\sim100$ 的数字之和。

程序代码如下:

```
sum = 0;
for k = 1:100
sum = sum + k;
end
sum
```

程序运行结果如下:

```
>> exam_3_7
sum =
      5050
```

【例 3-8】　利用 for 循环语句,验证当 n 等于 1000 和 1 000 000 时,y 的值。

$$y = 1 - \frac{1}{2} + \frac{1}{3} - \frac{1}{4} + \cdots + (-1)^{n+1} \frac{1}{n}$$

程序代码如下:

```
n = input('n:');
tic                      % 计时开始
sum = 0;
for i = 1:n
sum = sum + ( - 1)^(i + 1)/i;
end
sum
toc                      % 计时结束
```

程序运行结果如下:

```
>> exam_3_8
```

```
n:1000
sum =
    0.69265
历时 0.000907 秒。
>> exam_3_8
n:1000000
sum =
    0.69315
历时 0.211798 秒。
```

MATLAB 是一种基于矩阵的语言,为了提高程序执行速度,也可以用向量的点运算来代替循环操作。可以用下面的程序代替:

```
clear
n = input('n:');
tic
i = 1:n;                    % 生成一个向量 i
f = ( −1).^(i+1)./i;       % 用点运算生成一个向量 f,f 的各元素对应 y 的各项
y = sum(f)                  % 利用 MATLAB 提供的求和函数 sum,求 f 的各元素之和
toc
```

程序运行结果如下:

```
>> exam_3_8_1
n:1000000
y =
    0.69315
历时 0.059535 秒。
```

由以上程序结果可知,当 n 都取值 1 000 000 时,用后一种方法编写的程序比前一种方法的运算速度快很多。

循环的嵌套是指在一个循环结构的循环体中又包含另一个循环结构,或称为多重循环结构。设计多重循环时要注意外循环和内循环之间的关系,以及各循环体语句的放置位置。总的循环次数是外循环次数与内循环次数的乘积。可以用多个 for 和 end 配套实现多重循环。

【例 3-9】 利用 for 循环的嵌套语句,求解 $x(i,j)=i^2+j^2,i\in[1,4],j\in[5,1]$。

程序代码如下:

```
for i = 1:4
    for j = 5: − 1:1
        x(i,j) = i^2 + j^2;
    end
end
x
```

程序运行结果如下:

```
>> exam_3_9
x =
     2     5    10    17    26
     5     8    13    20    29
    10    13    18    25    34
    17    20    25    32    41
```

【例 3-10】 若一个整数等于它的各真因子之和，则称该数为完数。利用 for 双重循环语句，求解[1,10000]的所有完数。

程序代码如下：

```
for n = 1:10000
    sum = 0;
    for i = 1:n/2
        if rem(n,i) == 0          % rem 函数是求余数,余数为 0 表示 i 为真因子
            sum = sum + i;        % 各真因子累加求和
        end
    end
    if n == sum                   % 判断是否为完数
        n
    end
end
```

程序运行结果如下：

```
>> exam_3_10
n = 6
n = 28
n = 496
n = 8128
```

2. while 循环语句

while 循环语句是 MATLAB 语言的一种重要的程序结构，是在满足条件下重复执行循环体内的语句，循环次数一般是不确定的。while 循环语句的格式如下：

```
while 条件表达式
    循环体语句
end
```

其中，当条件表达式为真时，执行循环体语句；否则，结束循环。while 和 end 匹配使用。

while 循环结构的流程图如图 3-7 所示。当条件表达式为真时，执行循环体语句，修改循环控制变量，再次判断表达式是否为真，直至条件表达式为假，跳出循环体。

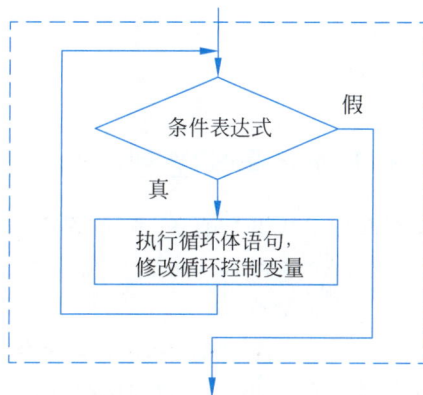

图 3-7　while 循环结构流程图

【例 3-11】 利用 while 循环语句，求解 sum＝1＋2＋…＋n≥800 时，最小正整数 n 的值。

程序代码如下：

```
clear
sum = 0;
n = 0;
while sum < 800
    n = n + 1;sum = sum + n;
end
sum
n
```

程序运行结果如下：

```
>> exam_3_11
sum =
    820
n =
    40
```

【例 3-12】 所谓水仙花数是指一个三位数,各位数字的立方和等于该数本身,例如 $153=1^3+5^3+3^3$,所以 153 是一个水仙花数。试用 while 循环语句编程找出 $100\sim999$ 所有的水仙花数。

程序代码如下:

```
n = 100;
while n < = 999;
    n1 = fix(n/100);
    n2 = fix((n - fix(n/100) * 100)/10);
    n3 = n - fix(n/10) * 10;
    if (n1^3 + n2^3 + n3^3 == n)
        disp(n);
    end
    n = n + 1;
end
```

程序运行结果如下:

```
>> exam_3_12
    153
    370
    371
    407
```

3.1.4 程序控制命令

MATLAB 语言有许多程序控制命令,主要有 pause 暂停命令、continue 继续命令、break 中断命令和 return 退出命令等。

1. pause 命令

在 MATLAB 语言中,pause 命令可以使程序运行停止,等待用户按任意键继续,也可设定暂停时间。该命令的调用格式如下:

```
pause                      % 程序暂停运行,按任意键继续
pause(n)                   % 程序暂停运行 n 秒后继续运行
```

2. continue 命令

MATLAB 语言的 continue 命令一般用于 for 或 while 循环语句中,与 if 语句配套使用,达到跳出本次循环,执行下次循环的目的。

例如:

```
sum = 0;
for i = 1:5
    sum = sum + i;
    if i < 3
        continue              % 当 i < 3 时,不执行后面显示 sum 的值语句
    end
    sum
end
```

程序运行结果如下：

```
sum =
     6
sum =
    10
sum =
    15
```

3. break 命令

MATLAB 语言的 break 命令一般用于 for 或 while 循环语句中，与 if 语句配套使用终止循环，或跳出最内层循环。

例如：

```
sum = 0;
for i = 1:100
    sum = sum + i;
    if sum > 90                          % 当 sum > 90 时，终止循环
        break
    end
end
i
sum
```

程序运行结果如下：

```
i =
    13
sum =
    91
```

4. return 命令

MATLAB 语言的 return 命令一般用于直接退出程序，与 if 语句配套使用。

例如：

```
clear
clc
n = - 2;
if n < 0
  disp('n is a negative number')
  return;                             % 不执行下面的程序段，直接退出程序
end
disp('n is a positive number')
```

程序运行结果如下：

```
n is a negative number
```

3.2 M 文件

MATLAB 命令有两种执行方式：命令执行方式和 M 文件执行方式。命令执行方式是在命令行窗口逐条输入命令，逐条解释执行。这种方式操作简单直观，但速度慢，命令语句未保留，不便于今后查看和调用。M 文件执行方式是将命令语句编成程序存储在一个文件

中,扩展名为.m(称为 M 文件)。当运行程序文件后,MATLAB 依次执行该文件中的所有命令,运行结果或错误信息会在命令行窗口显示。这种方式编程方便,便于今后查看和调用,适用于复杂问题的编程。

3.2.1　M 文件的分类和特点

MATLAB R2024a 编写的 M 文件有两种:M 脚本文件(Script File)和 M 函数文件(Function File)。M 脚本文件一般由若干 MATLAB 命令和函数组合在一起,可以完成某些操作,实现特定功能。M 函数文件是为了完成某个任务,将文件定义成一个函数。实际上,MATLAB 提供的各种函数和工具箱都是利用 MATLAB 命令开发的 M 文件。这两种文件都可以用 M 文件编辑器(Editor)来编辑,它们的扩展名均为.m。两种文件的主要区别是:

(1) M 脚本文件按照命令先后顺序编写,而 M 函数文件第一行必须是以 function 开头的函数声明行;

(2) M 脚本文件没有输入参数,也不返回输出参数,而 M 函数文件可以带有输入参数和返回输出参数;

(3) M 脚本文件执行完后,变量结果返回到命令行窗口,而函数文件定义的变量为局部变量,当函数文件执行完,这些变量不会存在命令行窗口;

(4) M 脚本文件可以按照程序中命令的先后顺序直接运行,而函数文件一般不能直接运行,需要定义输入参数,使用函数调用的方式来调用它。

【例 3-13】　建立一个 M 脚本文件,已知圆的半径,求圆的周长和面积。

在文件编辑窗口编写命令文件,保存为 exam_3_13.m 脚本文件。程序代码如下:

```
clear
r = 5;
S = pi * r * r
P = 2 * pi * r
```

在命令行窗口输入文件名 exam_3_13.m,就能直接运行该脚本文件。结果如下:

```
>> exam_3_13
S =
    78.54
P =
    31.416
```

调用脚本文件不需要输入参数,也没有返回输出参数,文件自身创建的变量 S、P 保存在变量空间中,可以用 whos 命令查看。

【例 3-14】　建立一个 M 函数文件,已知圆的半径,求圆的周长和面积。

在文件编辑窗口编写函数文件,保存为 fexam_3_13.m 脚本文件。

```
function[S,P] = fexam_3_13(r)
 % FEXAM_3_13 calculates the area and perimeter of a circle of radii r
 % r   圆半径   S 圆面积   P 圆周长
 % XuGuobao 编写
S = pi * r * r;
P = 2 * pi * r;
end
```

微课视频

微课视频

在命令行窗口调用该函数 fexam_3_13.m,结果如下:

```
>> clear
>> r = 5;
>> [X,Y] = fexam_3_13(r)
X =
    78.54
Y =
    31.416
```

调用该函数文件,既有输入参数 r,又有返回输出参数 X、Y。用 whos 命令查看工作区窗口中的变量,函数文件里的参数 S 和 P 未保存在工作区窗口中。

3.2.2 M 文件的创建和打开

1. 创建新的 M 文件

M 文件可以用 MATLAB 文件编辑器来创建。

1) 创建 M 脚本文件

创建 M 脚本文件,可以在 MATLAB 主窗口的主页下单击"新建脚本",或者选择"新建菜单",再选择"脚本",就能打开脚本文件编辑器窗口,如图 3-8 左边的窗口所示。

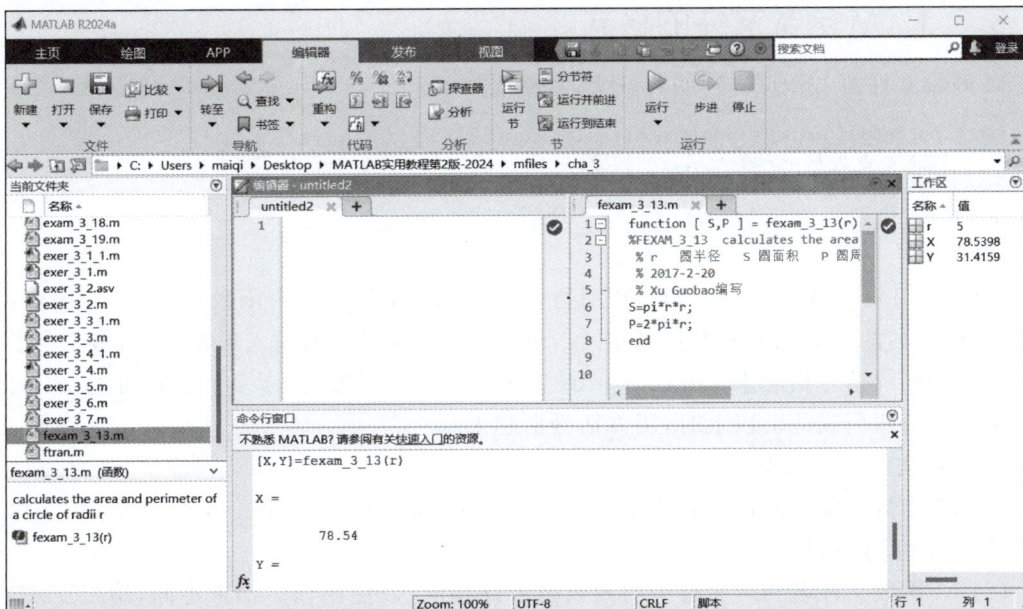

图 3-8   创建 M 脚本文件窗口

2) 创建 M 函数文件

创建 M 函数文件,可以在 MATLAB 主窗口的主页下选择"新建菜单",再选择"函数",就能打开函数文件编辑器窗口,如图 3-8 右边的窗口所示。新建的 M 函数文件 Untitled3.m 有关键字 function 和 end,具体格式在 3.3 节详细介绍。

在文档窗口输入 M 文件的命令语句,输入完毕后,选择编辑窗口"保存"或者"另存为"命令保存文件。M 文件一般默认存放在 MATLAB 的 Bin 目录中,如果存在别的目录,运行该 M 文件时候,应该选择"更改文件夹"选项或者"添加到路径"选项。

另外,创建 M 文件,还可以在 MATLAB 命令行窗口输入命令 edit,启动 MATLAB 文件编辑窗口,输入文件内容后保存。

2. 打开已创建的 M 文件

在 MATLAB 语言中,打开已有的 M 文件有下面两种方法。

1) 菜单操作

打开已有的 M 函数文件,可以在 MATLAB 主窗口的主页下选择"打开",在打开窗口选择文件路径,选中 M 文件,单击"打开"按钮。

2) 命令操作

另外,还可以在 MATLAB 命令行窗口输入命令:edit 文件名,就能打开已有的 M 文件。对打开的 M 文件可以进行编辑和修改,然后再存盘。

3.3　M 函数文件

M 函数文件是一种重要的 M 文件,每个函数文件都定义为一个函数。MATLAB 提供的各种函数基本都是由函数文件定义的。

3.3.1　M 函数文件的格式

M 函数文件由 function 声明行开头,其格式如下:

```
function[output_args] = Untitled4(input_args)
% UNTITLED4 此处显示有关此函数的摘要
% 此处显示详细说明
函数体语句
end
```

其中,以 function 开头的这行为函数声明行,表示该 M 文件是一个函数文件。Untitled4 为函数名,函数名的命名规则和变量名相同。input_args 为函数的输入形参列表,多个参数间用","分隔,用圆括号括起来。output_args 为函数的输出形参列表,多个参数间用","分隔,当输出参数为两个或两个以上时,用方括号括起来。

M 函数文件说明如下:

(1) M 函数文件中的函数声明行是必不可少的,必须以 function 语句开头,用于区分 M 脚本文件和 M 函数文件。

(2) M 函数文件名和声明行中的函数名最好相同,以免出错。如果不同,MATLAB 将忽略函数名而确认函数文件名,调用时使用函数文件名。

(3) 注释说明要以%开头,第一注释行一般包括大写的函数文件名和函数功能信息,可以提供 lookfor 和 help 命令查询使用。第二及以后注释行为帮助文本,提供 M 函数文件更加详细的说明信息,通常包括函数的功能,输入和输出参数的含义,调用格式说明,以及版权信息,便于 M 文件查询和管理。

例如,在命令行窗口使用 lookfor 和 help 命令查找已经编写好的函数文件"fexam_3_13"的注释说明信息。

```
>> lookfor fexam_3_13
fexam_3_13                    - calculate the area and perimeter of a circle of radii r
```

```
>> help fexam_3_13
 fexam_3_13 calculate the area and perimeter of a circle of radii r
   r   圆半径   S 圆面积   P 圆周长
   Xu_Guobao
```

由以上结果可知,lookfor 命令只显示注释的第一行信息,而 help 命令显示所有注释信息。

如果用 lookfor 命令查询 perimeter 关键字,可以查询到已经编写过的有关周长 perimeter 的函数文件,如下所示:

```
>> lookfor perimeter
fexam_3_13                  - calculates the area and perimeter of a circle of radii r
bwperim                     - Find perimeter of objects in binary image.
scircle2                    - small circles from center and perimeter
```

3.3.2 M 函数文件的调用

M 函数文件编写好后,就可以在命令行窗口或者 M 脚本文件中调用函数。函数调用的一般格式如下:

[输出实参数列表] = 函数名(输入实参数列表)

需要注意的是,函数调用时各实参数列表出现的顺序和个数,应与函数定义时的形参列表的顺序和个数一致,否则会出错。函数调用时,先将输入实参数传送给相应的形参,然后再执行函数,函数将输出形参传送给输出实参数,从而实现参数的传递。

【例 3-15】 编写函数文件,实现极坐标(ρ,θ)与直角坐标(x,y)之间的转换。

已知转换公式为

$$\begin{cases} x = \rho\cos(\theta) \\ y = \rho\sin(\theta) \end{cases}$$

函数文件 ftran.m:

```
function[x,y] = ftran(rho,theta)
% ftran 极坐标转换为直角坐标
% rho 是极坐标的半径
% theta 是极坐标的极角
x = rho * cos(theta);
y = rho * sin(theta);
end
```

在命令行窗口可以直接调用函数文件 ftran.m:

```
>> rho = 4;
>> theta = pi/3;
>> [xx,yy] = ftran(rho,theta)
xx =
    2
yy =
    3.4641
```

也可以编写调用函数文件 ftran.m 的 M 脚本文件 exam_3_15.m:

```
rho = 4;
theta = pi/3;
[xx,yy] = ftran(rho,theta)
```

运行 M 脚本文件 exam_3_15.m,结果如下：

```
>> exam_3_15
xx =
    2
yy =
   3.4641
```

3.3.3　主函数和子函数

1. 主函数

在 MATLAB 中,一个 M 文件可以包含一个或者多个函数,但只能有一个主函数,主函数一般出现在文件最上方,主函数名与 M 函数文件名相同。

2. 子函数

在一个 M 函数文件中若有多个函数,则除了第一个主函数以外,其余函数都是子函数。子函数的说明如下：

(1) 子函数只能被同一文件中的函数调用,不能被其他文件调用；

(2) 各子函数的次序没有限制；

(3) 同一文件的主函数和子函数的工作区窗口是不同的。

【例 3-16】　分段函数如下所示,编写 M 函数文件,使用主函数 exam_3_16.m 调用三个子函数 y1、y2 和 y3 的方式,实现分段函数相应曲线绘制的任务,其中,a、b 和 c 分别从键盘输入 1、2 和 3。

$$
\begin{cases}
y = ax^2 + bx + c, & z = 1 \\
y = a\sin(x) + b, & z = 2 \\
y = \ln\left|a + \dfrac{b}{x}\right|, & z = 3
\end{cases}
$$

M 函数文件 exam_3_16.m 如下：

```
function y = exam_3_16(z)
% exam_3_16 分段曲线的绘制
% z 选择绘制哪条曲线
% y 分段函数的值
a = input('请输入 a: ');
b = input('请输入 b: ');
c = input('请输入 c: ');
x = -3:0.1:3;
if z == 1
    y = y1(x,a,b,c);
elseif z == 2
    y = y2(x,a,b);
elseif z == 3
    y = y3(x,a,b);
end
xlabel('x')
ylabel('y')
    function y = y1(x,a,b,c)
        % z = 1,绘制 ax^2 + bx + c 的曲线
        y = a * x. * x + b * x + c;
        plot(x,y)
        title('a * x. * x + b * x + c')
```

微课视频

```
        end
        function y = y2(x,a,b)
            % z = 2,绘制 a * sin(x) + b 的曲线
            y = a * sin(x) + b;
            plot(x,y)
            title('y = a * sin(x) + b')
        end
        function y = y3(x,a,b)
            % z = 3,绘制 ln|a + b/x|的曲线
            y = log(abs(a + b./x));
            plot(x,y)
            title('log(abs(a + b./x))')
        end
end
```

在命令行窗口直接调用函数文件 exam_3_16.m:

```
>> y = exam_3_16(1);
请输入 a: 1
请输入 b: 2
请输入 c: 3
```

结果如图 3-9 所示。

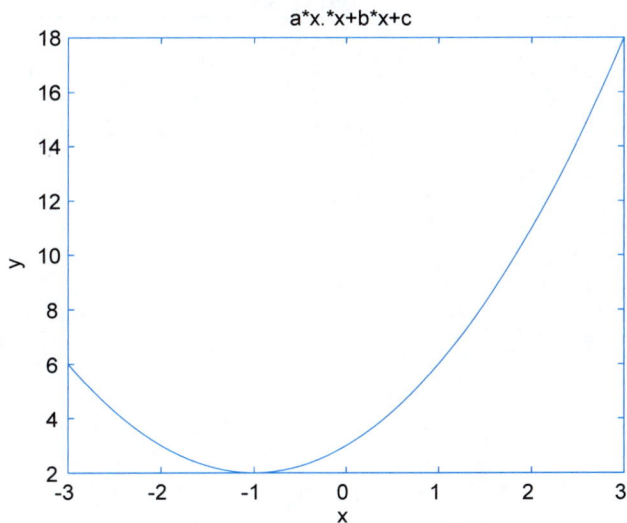

图 3-9 $ax^2 + bx + c$ 曲线($z = 1$)

```
>> y = exam_3_16(2);
请输入 a: 1
请输入 b: 2
请输入 c: 3
```

结果如图 3-10 所示。

```
>> y = exam_3_16(3);
请输入 a: 1
请输入 b: 2
请输入 c: 3
```

结果如图 3-11 所示。

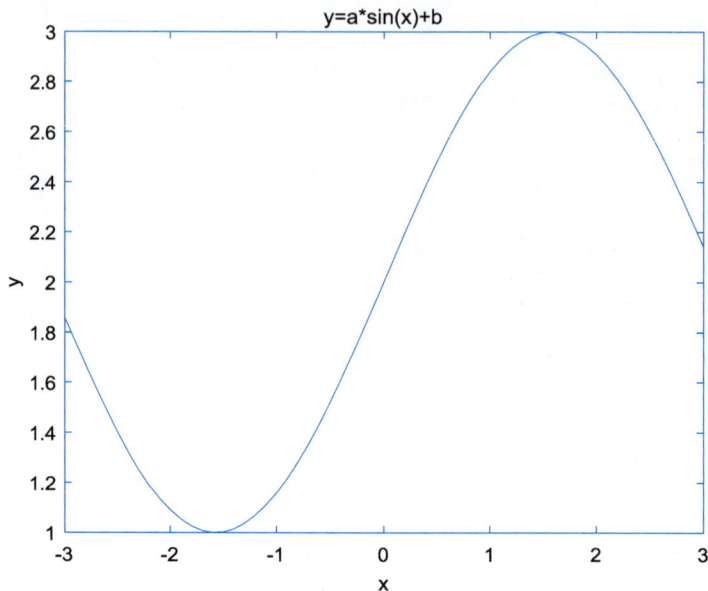

图 3-10 $a\sin(x)+b$ 曲线($z=2$)

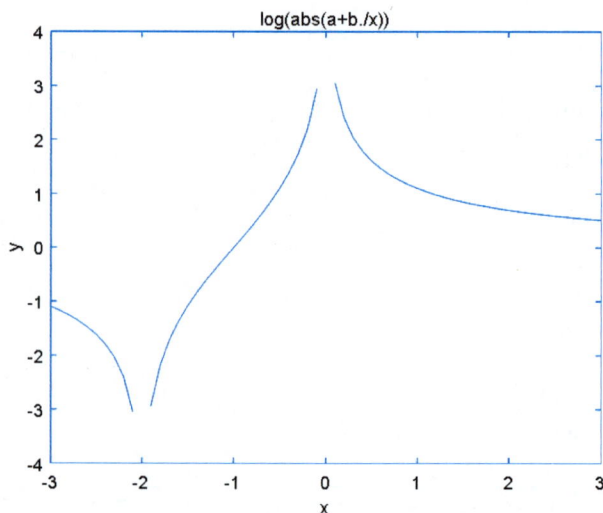

图 3-11 $\ln|a+b/x|$曲线($z=3$)

该 M 函数文件由一个主函数 exam_3_16 和三个子函数 y1、y2 和 y3 组成,它们的变量空间是相互独立的。可以用 help 命令查找子函数的帮助信息,格式是:"help 文件名>子函数名"。例如,查找"exam_3_16"文件中的子函数 y1 的帮助信息:

```
>> help exam_3_16 > y1
   z = 1,绘制 ax^2 + bx + c 的曲线
```

3.3.4 函数的参数

MATLAB 语言的函数参数包括函数的输入参数和输出参数。函数通过输入参数接收数据,经过函数执行后由输出参数输出结果,因此,MATLAB 的函数调用就是输入输出参

数传递的过程。

1. 参数的传递

函数的参数传递是将主函数中的变量值传送给被调函数的输入参数,被调函数执行后,将结果通过被调函数的输出参数传送给主函数的变量。被调函数的输入和输出参数都存放在函数的工作区窗口中,与 MATLAB 的工作区窗口是独立的,当调用结束后,函数的工作区窗口数据被清除,被调函数的输入和输出参数也被清除。

例如,在 MATLAB 命令行窗口调用例 3-15 已创建的函数 ftran.m:

```
>> r = 6;
>> x = pi/6;
>> [xx,yy] = ftran(r,x)
xx =
    5.1962
yy =
    3.0000
```

可知,将变量 r 和 x 的值传送给函数的输入变量 rho 和 theta,函数运行后,将函数的输出变量 x 和 y 传送给命令行窗口中的 xx 和 yy 变量。

2. 参数的个数

MATLAB 函数的输入输出参数使用时,不用事先声明和定义,参数的个数可以改变。MATLAB 语言提供 nargin 和 nargout 函数获得实际调用时函数的输入和输出参数的个数。还可以用 varargin 和 varargout 函数获得输入和输出参数的内容。

(1) nargin 和 nargout 函数可以分别获得函数的输入和输出参数的个数,调用格式如下:

```
x = nargin('fun')
y = nargout('fun')
```

其中,fun 是函数名,x 是函数的输入参数个数,y 是函数的输出参数个数。当 nargin 和 nargout 在函数体内时,fun 可以省略。

例如,用 nargin 和 nargout 函数求例 3-15 创建的函数 ftran.m 的输入和输出参数的个数:

```
>> x = nargin('ftran')
x =
    2
>> y = nargout('ftran')
y =
    2
```

(2) MATLAB 提供了 varargin 和 varargout 函数,将函数调用时实际传递的参数构成元胞数组,通过访问元胞数组中各元素的内容来获得输入和输出变量。varargin 和 varargout 函数的格式如下:

```
function y = fun(varargin)        % 输入参数为 varargin 的函数 fun
function varargout = fun(x)       % 输出参数为 varargout 的函数 fun
```

【例 3-17】　根据输入参数的个数使用 varargin 和 varargout 函数,绘制 $\sin(x)$ 不同线型的曲线。

```
function varargout = exam_3_17(varargin)
% EXAM_3_17 用 varargin 和 varargout 函数控制输入输出参数的个数绘制正弦曲线
% varargin 输入参数,varargout 输出参数
t = 0:0.1:2 * pi;
x = length(varargin);              % 求输入变量的个数
y = x * sin(t);
hold on
if x == 0
    plot(t,y)                      % 当输入变量的个数为 0 时,绘制一条默认颜色的横坐标直线
elseif x == 1
    plot(t,y,varargin{1})          % 当输入变量的个数为 1 时,绘制 sin(t),颜色为 varargin{1}
else                               % 当输入变量的个数为 2 时,绘制 2 * sin(t),颜色为 varargin{1},
                                   % 线型为 varargin{2}
plot(t,y,[varargin{1} varargin{2}])
end
varargout{1} = x                   % 输出变量个数等于输入变量个数
end
```

在 MATLAB 命令行窗口输入下列命令,执行该函数,显示的曲线如图 3-12 所示。

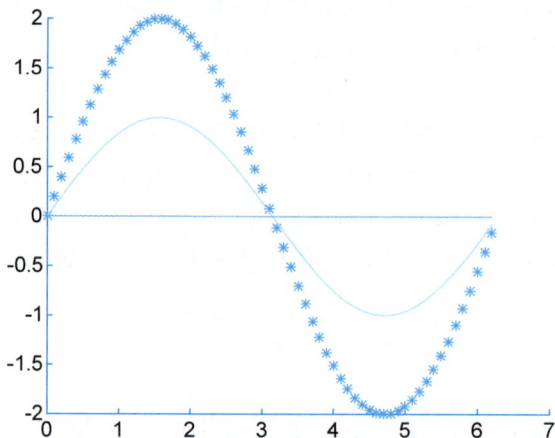

图 3-12　绘制出三条曲线

```
>> y = exam_3_17
y =

     0
>> y = exam_3_17('g')
y =

     1
>> y = exam_3_17('r','*')
y =

     2
```

需要注意的是,varargin 和 varargout 函数获得的都是元胞数组。

3.3.5　函数的变量

MATLAB 的函数变量根据作用范围,可以分为局部变量和全局变量。

1. 局部变量

局部变量(Local Variables)的作用范围是函数的内部,函数内部的变量如果没有特别

声明,都是局部变量,都有自己的函数工作区窗口,与MATLAB工作区窗口是独立的。局部变量仅在函数内部执行时存在,当函数执行完,变量就消失。

2. 全局变量

全局变量(Global Variables)的作用范围是全局的,可以在不同的函数和MATLAB工作区窗口中共享。使用全局变量可以减少参数的传递,有效地提高程序的执行效率。

全局变量在使用前必须用"global"命令声明,而且每个要共享的全局变量的函数和工作区窗口,都必须逐个使用"global"对该变量声明。格式为

global 变量名

要清除全局变量可以用clear命令,命令格式如下:

```
clear global 变量名          % 清除某个全局变量
clear global                % 清除所有的全局变量
```

【例3-18】 利用在工作区窗口和函数文件中定义全局变量,将直角坐标变为极坐标。

```
function[rho,theta] = exam_3_18()
% exam_3_18 利用定义全局变量求极坐标
% rho 为极坐标的半径,theta 为极坐标的极角
global a b
rho = sqrt(a^2 + b^2);
theta = atan(b/a);
end
```

微课视频

在命令行窗口输入下面的命令,调用函数 exam_3_18,结果如下:

```
>> global a b
>> a = 1;
>> b = 2;
[r,t] = exam_3_18
r =
    2.2361
t =
    1.1071
```

由于函数 exam_3_18 和工作区窗口都定义了 a 和 b 为全局变量,只要在命令行窗口修改 a 和 b 的值,就能完成直角坐标转换为极坐标,而不需要修改函数 exam_3_18 文件。

在函数文件中,全局变量的定义语句应放在变量使用之前,一般都放在文件的前面,用大写字符命名,以防止重复定义。

3.4 程序调试

程序调试是程序设计的重要环节,MATLAB提供了相应的程序调试功能,既可以通过文件编辑器进行调试,又可以通过命令行窗口结合具体的命令进行调试。

3.4.1 命令行窗口调试

MATLAB在命令行窗口运行语句,或者运行M文件时,会在命令行窗口提示错误信

息。一般有两类错误：一类是语法错误,另一类是程序逻辑错误。

1. 语法错误

语法错误一般包括文法或词法的错误,例如,表达式书写错误和函数的拼写错误等。MATLAB 能够自己检查出大部分的语法错误,给出相应的错误提示信息,并标出错误在程序中的行号,通过分析 MATLAB 给出的错误信息,不难排除程序代码中的语法错误。例如,在命令行窗口输入下面的语句：

```
>> x = 1 + 2 * (3 + 2
 x = 1 + 2 * (3 + 2
            ↑
```

无效表达式。调用函数或对变量进行索引时,请使用圆括号。否则,请检查不匹配的分隔符。
是不是想输入：
```
>> x = 1 + 2 * (3 + 2)
```

以上,MATLAB 给出了错误提示,并给出了一个可能正确的表述式。

如果在 M 文件语句出现错误,会在命令行窗口提示错误所在的行和列信息,例如：

```
a = 1;
b = 2;
c = 3;
x1 = ( − b + sqrt(b * b − 4 * a * c))/2a
```

运行文件 untitled. m,结果如下：

```
>> Untitled
文件: untitled.m 行: 4 列: 26
```
无效表达式。请检查缺失的乘法运算符、缺失或不对称的分隔符或者其他语法错误。要构造矩阵,请使用方括号而不是圆括号。

提示：第 4 行、第 26 列鼠标所在位置是 2a 之间,经检查发现少了一个" * "乘号。

2. 程序逻辑错误

程序逻辑错误是指程序运行结果有错误,MATLAB 系统对逻辑错误是不能检测和发现的,也不会给出任何错误提示信息。这时需要通过一些调试手段来发现程序中的逻辑错误,可以通过获取中间结果的方式来获得错误可能发生的程序段。采取的方法如下。

(1) 可以将程序中间的一些结果输出到命令行窗口,从而确定错误的区段。命令语句后的分号去掉,就能输出语句的结果。或者将注释符号％放置在一些语句前,就能忽略这些语句的作用。逐步测试,就能找到逻辑错误可能出现的程序区段了。

(2) 使用 MATLAB 的调试菜单(Debug)调试。通过设置断点和控制程序单步运行等操作。

3.4.2　MATLAB 菜单调试

MATLAB 的文件编辑器除了能编辑和修改 M 文件之外,还能对程序菜单进行调试。通过调试菜单可以查看和修改函数工作区窗口中的变量,找到运行的错误。调试菜单提供设置断点的功能,可以使得程序运行到某一行暂停运行,可以查看工作区窗口中的变量值,来判断断点之前的语句逻辑是否正确。还可以通过调试菜单逐行运行程序,逐行检查和判断程序是否正确。

MATLAB 调试菜单界面如图 3-13 所示。调试菜单界面上有"断点"选项,该选项下有 4 种命令:

(1) 全部清除,清除所有文件中的全部断点;

(2) 设置/清除,设置或清除当前行上的断点;

(3) 启用/禁止,启用或者禁止当前行上的断点;

(4) 设置条件,设置或修改条件断点。

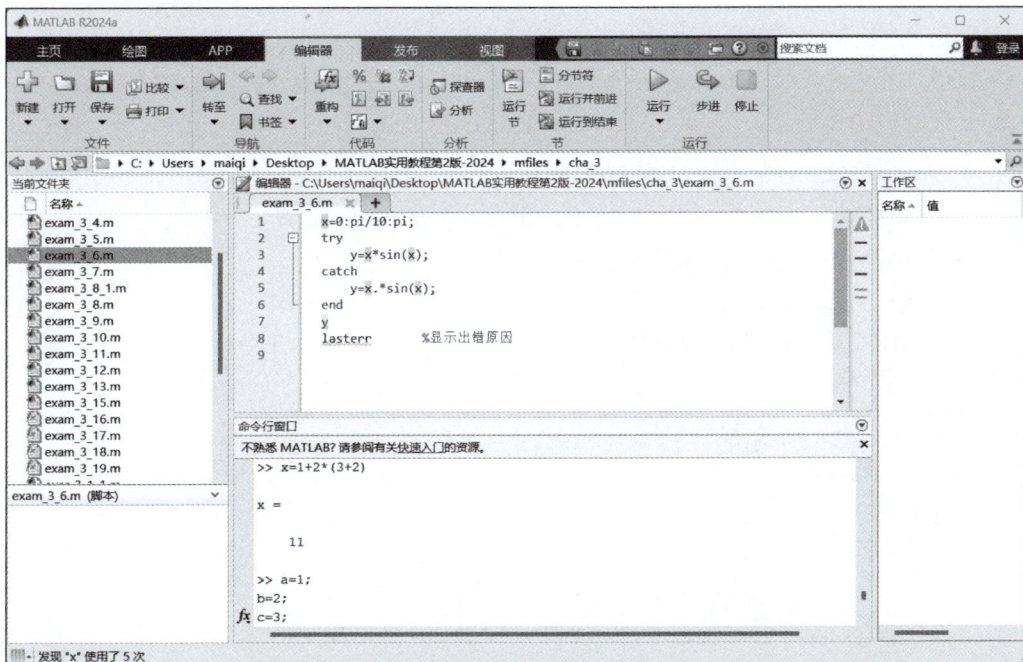

图 3-13 调试菜单界面

在程序某行设置断点后,程序运行到该行就暂停下来,并在命令行窗口显示:K >>,可以在 K >>后输入变量名,就能显示变量的值,从而可以分析和检查前面的程序是否正确。然后可以单击调试菜单的"继续"选项,在下个断点处暂停,这时又可以输入变量名,检查变量的值。如此重复,直到发现程序问题为止。

3.4.3 MATLAB 调试函数

MATLAB 调试程序还可以利用调试函数,如表 3-1 所示。

表 3-1 MATLAB 常用调试函数

调试函数名	功能和作用	调试函数名	功能和作用
dbstop	用于在 M 文件中设置断点	dbstep	从断点处继续执行 M 文件
dbstatus	显示断点信息	dbstack	显示 M 文件执行时调用的堆栈等
dbtype	显示 M 文件文本(包括行号)	dbup/dbdown	实现工作区窗口的切换

表 3-1 中的各调试函数的功能和作用和菜单调试用法类似,具体使用方法可以用 MATLAB 的帮助命令 help 查询。

3.5 应用实例

一个典型的二阶电路系统的阶跃响应分三种情况：欠阻尼、临界阻尼和过阻尼,如下面的公式所示。编写 M 函数文件,使用主函数 exam_3_19.m 调用三个子函数 y1、y2 和 y3 的方式,完成根据阻尼系数绘制下列二阶系统的阶跃输入时域响应曲线的任务。

$$
\begin{cases}
y = 1 - \dfrac{1}{\sqrt{1-\xi^2}} e^{-\xi t} \sin\left(\sqrt{1-\xi^2}\,t + \arctan\left(\dfrac{\sqrt{1-\xi^2}}{\xi}\right)\right), & 0 < \xi < 1 \\[4mm]
y = 1 - e^{-\xi t}(1+t), & \xi = 1 \\[4mm]
y = 1 - \dfrac{1}{2\left(1+\xi\sqrt{\xi^2-1}-\xi^2\right)} e^{-\left(\xi-\sqrt{\xi^2-1}\right)t} - \dfrac{1}{2\left(1-\xi\sqrt{\xi^2-1}-\xi^2\right)} e^{-\left(\xi+\sqrt{\xi^2-1}\right)t}, & \xi > 1
\end{cases}
$$

M 函数文件 exam_3_19.m 如下：

```
function y = exam_3_19(zeta)
% exam_3_19 二阶系统的阶跃时间响应
% zeta 阻尼系数
% y 阶跃响应
t = 0:0.1:30;
if(zeta >= 0)&(zeta < 1)
    y = y1(zeta,t);
elseif zeta == 1
    y = y2(zeta,t);
else
    y = y3(zeta,t);
end
plot(t,y)
title(['The second order response of zeta = ',num2str(zeta)])
xlabel('time(t)')
ylabel('response(y)')
    function y = y1(zeta,t)
        % 阻尼系数 0 < zeta < 1 的二阶系统阶跃响应
        y = 1 - 1/sqrt(1 - zeta^2) * exp( - zeta * t). * sin(sqrt(1 - zeta^2) * t + …
atan(sqrt(1 - zeta^2)/zeta));
    end
    function y = y2(zeta,t)
        % 阻尼系数 zeta = 1 的二阶系统阶跃响应
        y = 1 - exp( - zeta * t). * (1 + t);
    end
    function y = y3(zeta,t)
        % 阻尼系数 zeta > 1 的二阶系统阶跃响应
        sq = sqrt(zeta^2 - 1);
        y = 1 - 1/(2 * (1 - zeta^2 + zeta * sq)) * exp( - (zeta - sq) * t) - 1/… (2 * (1 -
zeta^2 - zeta * sq)) * exp( - (zeta + sq) * t);
    end
end
```

在命令行窗口直接调用函数文件 exam_3_16.m：

>> y = exam_3_19(0.5);

结果如图 3-14 所示。

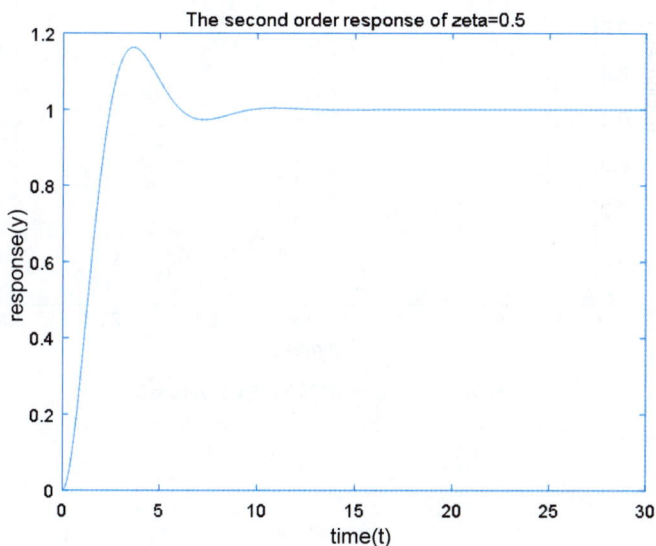

图 3-14 二阶系统的阶跃响应（zeta＝0.5）

>> y = exam_3_19(1);

结果如图 3-15 所示。

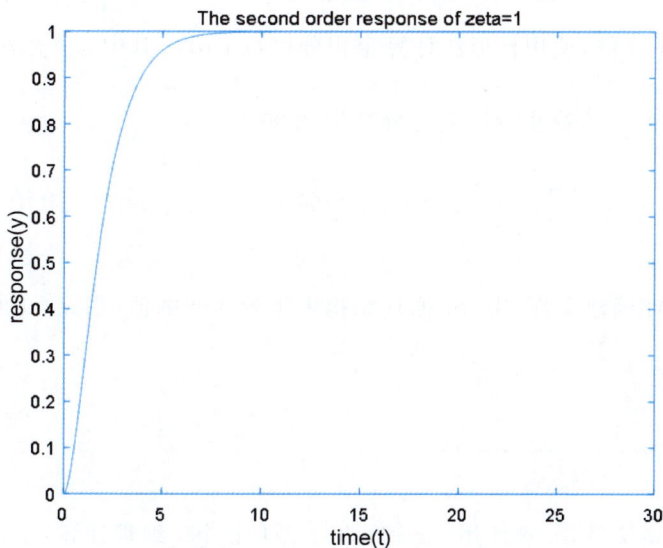

图 3-15 二阶系统的阶跃响应（zeta＝1）

>> y = exam_3_19(3);

结果如图 3-16 所示。

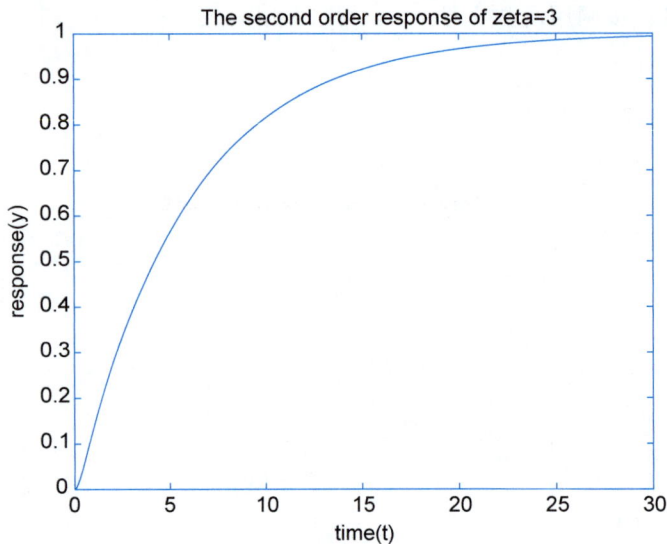

图 3-16　二阶系统的阶跃响应(zeta＝3)

习题 3

1. 编写一个 M 脚本文件,完成从键盘输入一个学生成绩,分别用 if 结构和 switch 结构判断该成绩是什么等级,并显示等级信息任务。已知:大于或等于 90 分为"优秀";大于或等于 80 分且小于 90 分为"良好";大于或等于 70 分且小于 80 分为"中等";大于或等于 60 分且小于 70 分为"及格";小于 60 分为"不及格"。

2. 编写 M 脚本文件,使用梯形法计算定积分 $\int_a^b f(x)\mathrm{d}x$,其中,$a=0,b=5\pi$,被积函数为 $f(x)=\mathrm{e}^{-x}\cos\left(x+\dfrac{\pi}{6}\right)$,取积分区间等分数为 2000。

提示:$\int_a^b f(x)\mathrm{d}x\approx\sum_{i=1}^n d/2\times\{f(a+id)+f[a+(i+1)d]\}$,其中,$d=(b-a)/n$ 为增量,n 为等分数。

3. 编写一个 M 函数文件,用 for 循环结构求下列式子的值(当 $n=1000$ 时)。

(1) $y=\dfrac{1}{1^2}+\dfrac{1}{2^2}+\dfrac{1}{3^2}+\cdots+\dfrac{1}{n^2}$

(2) $y=1-\dfrac{1}{3}+\dfrac{1}{5}-\dfrac{1}{7}+\cdots+(-1)^n\dfrac{1}{2n+1}$

4. 编写 M 脚本文件,分别使用 for 和 while 循环语句,编程计算 $\mathrm{sum}=\sum_{i=1}^{20}(i^2+i)$,当 sum ＞ 2000 时,终止程序,并输出 i 的值。

5. 编写一个函数文件,用 try 结构求两个矩阵的乘积和点积,并在命令行窗口任意输入两个矩阵,调用该函数。

6. 编写 M 函数文件,通过主函数调用 3 个子函数形式,计算下列式子,并输出计算之后的结果。

$$f(x,y)=\begin{cases}1-2\sin(0.5x+3y), & x+y\geqslant 1\\1-\mathrm{e}^{-x}(1+y), & -1<x+y<1\\1-3(\mathrm{e}^{-2x}-\mathrm{e}^{-0.7y}), & x+y\leqslant -1\end{cases}$$

7. 编写输入和输出参数都是两个的 M 函数文件,当没有输入参数时,则输出为 0;当输入参数只有一个时,输出参数等于这个输入参数;当输入参数为两个时,输出参数分别等于这两个输入参数。

第 4 章

MATLAB 数值计算

本章要点：

◇ 多项式；

◇ 数据插值；

◇ 数据拟合；

◇ 数据统计；

◇ 数值计算；

◇ 应用实例。

4.1 多项式

多项式在代数中占有重要的地位，广泛用于数据插值、数据拟合和信号与系统等应用领域。MATLAB 提供了多项式的创建和各种多项式的运算方法，处理起来非常简单方便。

4.1.1 多项式的创建

一个多项式按降幂排列为

$$p(x) = a_n x^n + a_{n-1} x^{n-1} + \cdots + a_1 x + a_0 \tag{4-1}$$

在 MATLAB 中，多项式的各项系数用一个行向量表示，使用长度为 $n+1$ 的行向量按降幂排列，多项式中某次幂的缺项用 0 表示，则表示为

$$\boldsymbol{p} = [a_n, a_{n-1}, \cdots, a_1, a_0] \tag{4-2}$$

例如，多项式 $p_1(x) = x^3 - 2x^2 + 4x + 6$，在 MATLAB 中可以表示为 $\boldsymbol{p}_1 = [1, -2, 4, 6]$；$p_2(x) = x^3 + 3x + 6$ 可表示为 $\boldsymbol{p}_2 = [1, 0, 3, 6]$。

在 MATLAB 中，创建一个多项式，可以用 poly2str 和 poly2sym 函数实现，其调用格式如下：

```
f = poly2str(p,'x')          % p 为多项式的系数，x 为多项式的变量
f = poly2sym(p)              % p 为多项式的系数
```

其中，f = poly2str(p,'x')表示创建一个系数为 p，变量为 x 的字符串型多项式；f = poly2sym(p)表示创建一个系数为 p，默认变量为 x 的符号型多项式。两者在命令行窗口的显示形式类似，但数据类型是不一样的，一个是字符串型，另一个是符号型。

【例 4-1】 已知多项式系数为 $\boldsymbol{p} = [1, -2, 4, 6]$，分别用 poly2str(p,'x')和 poly2sym(p)创建多项式，比较它们有什么不同。

程序代码如下：

```
>> p = [1  -2 4 6]
p =
     1    -2     4     6
>> f1 = poly2str(p, 'x')
f1 =
    'x^3 - 2 x^2 + 4 x + 6'
>> f2 = poly2sym(p)
f2 =
   x^3 - 2*x^2 + 4*x + 6
```

显然，两种函数创建的多项式 f1 和 f2 显示形式类似，但数据类型和大小都不一样，如图 4-1 所示。

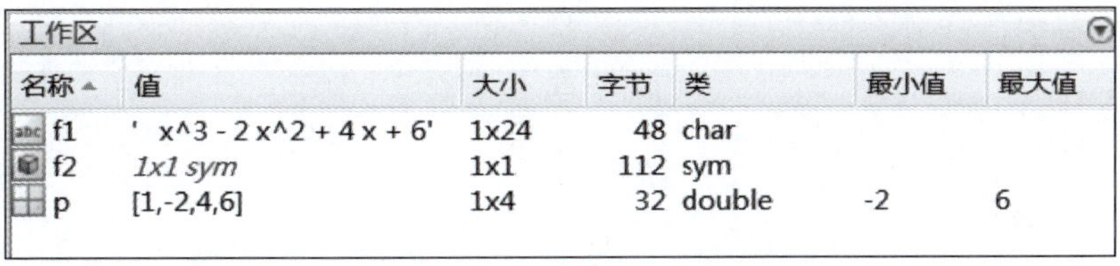

工作区

名称	值	大小	字节	类	最小值	最大值
f1	' x^3 - 2 x^2 + 4 x + 6'	1x24	48	char		
f2	*1x1 sym*	1x1	112	sym		
p	[1,-2,4,6]	1x4	32	double	-2	6

图 4-1 两种多项式的比较

4.1.2 多项式的值和根

1. 多项式的值

在 MATLAB 中，求多项式的值可以用 polyval 和 polyvalm 函数。它们的输入参数都是多项式系数和自变量，两者区别是前者是代数多项式求值，后者是矩阵多项式求值。

1）代数多项式求值

polyval 函数可以求代数多项式的值，其调用格式如下：

```
y = polyval(p, x)
```

其中，p 为多项式的系数，x 为自变量，若 x 为一个数值，则求多项式在该点的值；若 x 为向量或矩阵，则对向量或矩阵的每个元素求多项式的值。

【例 4-2】 已知多项式为 $f(x)=x^3-2x^2+4x+6$，分别求 $x_1=2$ 和 $\boldsymbol{x}=[0,2,4,6,8,10]$ 向量的多项式的值。

微课视频

程序代码如下：

```
x1 = 2;
x = [0:2:10];
p = [1  -2 4 6];
y1 = polyval(p, x1)
y = polyval(p, x)
```

程序运行结果如下：

```
>> exam_4_2
y1 =
    14
y =
     6    14    54   174   422   846
```

2）矩阵多项式求值

polyvalm 函数以矩阵为自变量求多项式的值,其调用格式如下:

```
Y = polyvalm(p,X)
```

其中,p 为多项式系数,X 为自变量,要求为方阵。

MATLAB 用 polyvalm 和 polyval 函数求多项式的值是不一样的,因为运算规则不一样。例如,假设 A 为方阵,p 为多项式 x^2-5x+6 的系数,则 polyvalm(p,A)表示 $A*A-5*A+6*eye(size(A))$,而 polyval(p,A)表示 $A.*A-5*A+6*ones(size(A))$。

【例 4-3】 已知多项式为 $f(x)=x^2-3x+2$,分别用 polyvalm 和 polyval 函数求 $X=\begin{bmatrix}1&2\\3&4\end{bmatrix}$ 的多项式的值。

程序代码如下:

```
X = [1 2;3 4];
p = [1 -3 2];
Y = polyvalm(p,X)
Y1 = polyval(p,X)
```

程序运行结果如下:

```
>> exam_4_3
Y =
     6     4
     6    12
Y1 =
     0     0
     2     6
```

2. 多项式的根

一个 n 次多项式有 n 个根,这些根有实根,也有可能包含若干对共轭复根。MATLAB 提供了 roots 函数用于求多项式的全部根,其调用格式如下:

```
r = roots(p)
```

其中,p 为多项式的系数向量,r 为多项式的根向量,r(1),r(2),…,r(n)分别表示多项式的 n 个根。

MATLAB 还提供了一个由多项式的根,求多项式的系数的函数 poly,其调用格式如下:

```
p = poly(r)
```

其中,r 为多项式的根向量,p 为由根 r 构造的多项式系数向量。

【例 4-4】 已知多项式为 $f(x)=x^4+4x^3-3x+2$。

（1）用 roots 函数求该多项式的根 r。

（2）用 poly 函数求根为 r 的多项式系数。

程序代码如下:

```
p = [1 4 0 -3 2];
r = roots(p)
p1 = poly(r)
```

程序运行结果如下:

```
>> exam_4_4
```

```
r =
  - 3.7485 + 0.0000i
  - 1.2962 + 0.0000i
    0.5224 + 0.3725i
    0.5224 - 0.3725i
p1 =
    1.0000    4.0000    - 0.0000    - 3.0000    2.0000
```

显然,roots 和 poly 函数的功能正好相反。

4.1.3 多项式的四则运算

多项式之间可以进行四则运算,其结果仍为多项式。在 MATLAB 中,用多项式系数向量进行四则运算,得到的结果仍为多项式系数向量。

1. 多项式的加减运算

MATLAB 没有提供多项式加减运算的函数。事实上,多项式的加减运算是合并同类型,可以用多项式系数向量相加减运算。如果多项式阶次不同,则把低次多项式系数不足的高次项用 0 补足,使得多项式系数矩阵具有相同维度,以便进行加减运算。

2. 多项式乘法运算

在 MATLAB 中,两个多项式的乘积可以用函数 conv 实现。其调用格式如下:

p = conv(p1,p2)

其中,p1 和 p2 是两个多项式的系数向量;p 是两个多项式乘积的系数向量。

3. 多项式除法运算

MATLAB 可以用函数 deconv 实现两个多项式的除法运算。其调用格式如下:

[q,r] = deconv(p1,p2)

其中,q 为多项式 p1 除以 p2 的商式;r 为多项式 p1 除以 p2 的余式。q 和 r 都是多项式系数向量。

deconv 是 conv 的逆函数,即满足 p1＝conv(p2,q)＋r。

【例 4-5】 已知两个多项式为 $f(x)=x^4+4x^3-3x+2, g(x)=x^3-2x^2+x$。

(1) 求两个多项式相加 $f(x)+g(x)$ 和两个多项式相减 $f(x)-g(x)$ 的结果。

(2) 求两个多项式相乘 $f(x)\times g(x)$ 和两个多项式相除 $f(x)/g(x)$ 的结果。

程序代码如下:

```
p1 = [1 4 0 - 3 2];
p2 = [0 1 - 2 1 0];
p3 = [1 - 2 1 0];
p = p1 + p2                    % f(x) + g(x)
poly2sym(p)
p = p1 - p2                    % f(x) - g(x)
poly2sym(p)
p = conv(p1,p2)                % f(x) * g(x)
poly2sym(p)
[q,r] = deconv(p1,p3)          % f(x)/g(x)
p4 = conv(q,p3) + r            % 验证 deconv 是 conv 的逆函数
```

程序运行结果如下:

```
>> exam_4_5
```

```
p =
     1     5    -2    -2     2
ans =
x^4 + 5*x^3 - 2*x^2 - 2*x + 2
p =
     1     3     2    -4     2
ans =
x^4 + 3*x^3 + 2*x^2 - 4*x + 2
p =
     0     1     2    -7     1     8    -7     2     0
ans =
x^7 + 2*x^6 - 7*x^5 + x^4 + 8*x^3 - 7*x^2 + 2*x
q =
     1     6
r =
     0     0    11    -9     2
p4 =
     1     4     0    -3     2
```

4.1.4 多项式的微积分运算

1. 多项式的微分

对于 n 阶多项式 $p(x) = a_n x^n + a_{n-1} x^{n-1} + \cdots + a_1 x^1 + a_0$ 的求导,其导数为 $n-1$ 阶多项式 $\mathrm{d}p(x) = na_n x^{n-1} + (n-1)a_{n-1} x^{n-2} + \cdots + a_1$。原多项式及其导数多项式的系数分别为 $\boldsymbol{p} = [a_n, a_{n-1}, \cdots, a_1, a_0]$, $\boldsymbol{d} = [na_n, (n-1)a_{n-1}, \cdots, a_1]$。

在 MATLAB 中,可以用 polyder 函数来求多项式的微分运算,polyder 函数可以对单个多项式求导,也可以对两个多项式乘积和商求导,其调用格式如下:

```
p = polyder(p1)              % 求多项式 p1 的导数
p = polyder(p1,p2)           % 求多项式 p1×p2 的积的导数
[p,q] = polyder(p1,p2)       % p1/p2 的导数,p 为导数的分子多项式系数
                             % q 为导数的分母多项式系数
```

【例 4-6】 已知两个多项式为 $f(x) = x^4 + 4x^3 - 3x + 2$, $g(x) = x^3 - 2x^2 + x$。

(1) 求多项式 $f(x)$ 的导数。

(2) 求两个多项式乘积 $f(x) \times g(x)$ 的导数。

(3) 求两个多项式相除 $g(x)/f(x)$ 的导数。

程序代码如下:

```
p1 = [1 4 0 -3 2];
p2 = [1 -2 1 0];
p = polyder(p1)
poly2sym(p)
p = polyder(p1,p2)
poly2sym(p)
[p,q] = polyder(p2,p1)
```

程序运行结果如下:

```
>> exam_4_6
p =
     4    12     0    -3
ans =
```

```
4 * x^3 + 12 * x^2 - 3
p =
     7    12   -35    4    24   -14    2
ans =
7 * x^6 + 12 * x^5 - 35 * x^4 + 4 * x^3 + 24 * x^2 - 14 * x + 2
p =
    -1    4    5   -14   12   -8    2
q =
     1    8    16   -6   -20   16   9   -12    4
```

2. 多项式的积分

对于 n 阶多项式 $p(x)=a_n x^n + a_{n-1}x^{n-1}+\cdots+a_1 x^1+a_0$,其不定积分为 $n+1$ 阶多项式 $i(x)=\dfrac{1}{n+1}a_n x^{n+1}+\dfrac{1}{n}a_{n-1}x^n+\cdots+\dfrac{1}{2}a_1 x^2+a_0 x+k$,其中 k 为常数项。原多项式和积分多项式分别可以表示为系数向量 $\boldsymbol{p}=[a_n,a_{n-1},\cdots,a_1,a_0]$, $\boldsymbol{I}=\left[\dfrac{1}{n+1}a_n,\dfrac{1}{n}a_{n-1},\cdots,\dfrac{1}{2}a_1,k\right]$。

在 MATLAB 中,提供了 polyint 函数用于多项式的积分。其调用格式如下:

```
I = polyint(p,k)        %求以 p 为系数的多项式的积分,k 为积分常数项
I = polyint(p)          %求以 p 为系数的多项式的积分,积分常数项为默认值0
```

显然,polyint 是 polyer 的逆函数,即有 p=polyder(I)。

【例 4-7】 求多项式的积分 $I=\int(x^4+4x^3-3x+2)\mathrm{d}x$。

程序代码如下:

```
p = [1 4 0 -3 2];
I = polyint(p)          %求多项式的积分,常数项为默认的0
poly2sym(I)             %显示多项式的积分的多项式
p = polyder(I)          %验证 polyint 是 polyder 的逆函数
symsk                   %定义常数项 k
I1 = polyint(p,k)       %求多项式的积分,常数项为 k
poly2sym(I1)
```

程序运行结果如下:

```
>> exam_4_7
I =
    0.2000   1.0000    0   -1.5000   2.0000    0
ans =
x^5/5 + x^4 - (3*x^2)/2 + 2*x
p =
    1    4    0   -3    2
I1 =
[ 1/5, 1, 0, -3/2, 2, k]
ans =
x^5/5 + x^4 - (3*x^2)/2 + 2*x + k
```

4.1.5 多项式的部分分式展开

由分子多项式 $B(s)$ 和分母多项式 $A(s)$ 构成的分式表达式进行多项式的部分分式展开,表达式如下:

$$\frac{B(s)}{A(s)} = \frac{r_1}{s-p_1} + \frac{r_2}{s-p_2} + \cdots + \frac{r_n}{s-p_n} + k(s) \tag{4-3}$$

MATLAB 可以用 residue 函数实现多项式的部分分式展开,residue 函数的调用格式如下:

```
[r,p,k] = residue(B,A)
```

其中,B 为分子多项式系数行向量;A 为分母多项式系数行向量;$p = [p_1; p_2; \cdots; p_n]$ 为极点列向量;$r = [r_1; r_2; \cdots; r_n]$ 为零点列向量;k 为余式多项式行向量。

residue 函数还可以将部分分式展开式转换为两个多项式的除的分式,其调用格式如下:

```
[B,A] = residue(r,p,k)
```

【例 4-8】 已知分式表达式为 $f(s) = \dfrac{B(s)}{A(s)} = \dfrac{3s^3 + 1}{s^2 - 5s + 6}$。

(1) 求 $f(s)$ 的部分分式展开式。

(2) 将部分分式展开式转换为分式表达式。

程序代码如下:

```
a = [1 - 5 6];
b = [3 0 0 1];
[r,p,k] = residue(b,a)          % 部分分式展开
[b1,a1] = residue(r,p,k)        % 将部分分式展开转换为分式表达式
```

程序运行结果如下:

```
>> exam_4_8
r =
    82.0000
  - 25.0000
p =
    3.0000
    2.0000
k =
    3    15
b1 =
    3    0    0    1
a1 =
    1   -5    6
```

4.2 数据插值

在工程测量与科学实验中,得到的数据通常是离散的。如果要得到这些离散数据点以外的其他数据值,就需要根据这些已知数据进行插值。假设测量得到 n 个点数据,(x_1, y_1),(x_2, y_2),$\cdots$,(x_n, y_n),满足某个未知的函数关系 $y = f(x)$,数据插值的任务就是根据已知的 n 个数据,构造一个函数 $y = p(x)$,使得 $y_i = p(x_i)(i = 1, 2, \cdots, n)$ 成立,就称 $p(x)$ 为 $f(x)$ 关于点 $x_1, x_2, \cdots, x_n$ 的插值函数。求插值函数 $p(x)$ 的方法为插值法。插值函数 $p(x)$ 一般可以用线性函数、多项式或样条函数实现。

根据插值函数的自变量的个数,数据插值可以分为一维插值、二维插值和多维插值等;根据插值函数的不同,可以分为线性插值、多项式插值和样条函数插值等。MATLAB 提供

了一维插值 interp1、二维插值 interp2、三维插值 interp3 和 N 维插值 interpn 函数,以及三次样条插值 spline 函数等。

4.2.1 一维插值

所谓一维插值是指被插值函数的自变量是一个单变量的函数。一维插值采用的方法一般有一维多项式插值、一维快速插值和三次样条插值。

1. 一维多项式插值

MATLAB 中提供了 interp1 函数进行一维多项式插值。interp1 函数使用了多项式函数,通过已知数据点计算目标插值点的数据。interp1 函数的调用格式如下:

```
yi = interp1(Y,xi)
```

其中,Y 是在默认自变量 xi 选为 $1 \sim n$ 时的值。

```
yi = interp1(X,Y,xi)
```

其中,X 和 Y 是长度一样的已知向量数据,xi 可以是一个标量,也可以是向量。

```
yi = interp1(X,Y,xi,'method')
```

其中,method 是插值方法,其取值有下面几种。

(1) linear 线性插值:这是默认插值方法,它是把与插值点靠近的两个数据点以直线连接,在直线上选取对应插值点的数据。这种插值方法兼顾速度和误差,插值函数具有连续性,但平滑性不好。

(2) nearest 最邻近点插值:根据插值点和最接近已知数据点进行插值,这种插值方法速度快,占用内存小,但一般误差最大,插值结果最不平滑。

(3) next 下一点插值:根据插值点和下一点的已知数据点插值,这种插值方法的优缺点和最邻近点插值一样。

(4) previous 前一点插值:根据插值点和前一点的已知数据点插值,这种插值方法的优缺点和最邻近点插值一样。

(5) spline 三次样条插值:采用三次样条函数获得插值点数据,要求在各点处具有光滑条件。这种插值方法连续性好,插值结果最光滑,缺点是运行时间长。

(6) cubic 三次多项式插值:根据已知数据求出一个三次多项式进行插值。这种插值方法连续性好,光滑性较好,缺点是占用内存多,速度较慢。

需要注意的是,xi 的取值如果超出已知数据 X 的范围,就会返回 NaN 错误信息。

MATLAB 还提供 interp1q 函数用于一维插值。它与 interp1 函数的主要区别是,当已知数据不是等间距分布时,interp1q 插值速度比 interp1 快。需要注意的是,interp1q 执行的插值数据 x 必须是单调递增的。

【例 4-9】 某气象台对当地气温进行测量,实测数据如表 4-1 所示,用不同的插值方法计算 $t = 12$ 时的气温。

微课视频

表 4-1 某地不同时间的气温

测量时间 t/h	6	8	10	14	16	18	20
温度 $T/℃$	16	17.5	19.3	22	21.2	19.5	18

程序代码如下：

```
t = [6 8 10 14 16 18 20];                    % 测量的时间 t
T = [16 17.5 19.3 22 21.2 19.5 18];          % 测量的温度 T
t1 = 12;                                      % 插值点时间 t1
T1 = interp1(t,T,t1,'nearest')               % 最接近点插值
T2 = interp1(t,T,t1,'linear')                % 线性插值
T3 = interp1(t,T,t1,'next')                  % 下一点插值
T4 = interp1(t,T,t1,'previous')              % 前一点插值
T5 = interp1(t,T,t1,'spline')                % 三次样条插值
```

程序运行结果：

```
>> exam_4_9
T1 =
    22
T2 =
    20.6500
T3 =
    22
T4 =
    19.3000
T5 =
    21.1193
```

【例 4-10】 假设测量的数据来自函数 $f(x) = e^{-0.5x}\sin x$，试根据生成的数据，用不同的方法进行插值，比较插值结果。

程序代码如下：

```
clear
x = (0:0.4:2 * pi)';
y = exp( - 0.5 * x). * sin(x);               % 生成测试数据
x1 = (0:0.1:2 * pi)';                        % 插值点
y0 = exp( - 0.5 * x1). * sin(x1);            % 插值点真实值
y1 = interp1(x,y,x1,'nearest');              % 最接近点插值
disp('interp1 函数插值所需时间');tic
y2 = interp1(x,y,x1); toc;                   % interp1 插值时间
y3 = interp1(x,y,x1,'spline');               % 三次样条插值
disp('interp1q 函数插值所需时间');tic
yq = interp1q(x,y,x1);toc;                   % interp1q 插值时间
plot(x1,y1,'--',x1,y2,'-',x1,y3,'-.',x,y,'*',x1,y0,':')
legend('nearest 插值数据','linear 插值数据','spline 插值数据',...
'样本数据点','插值点真实数据')
max(abs(y0 - y3))
```

程序运行结果如下，插值效果如图 4-2 所示。

```
>> exam_4_10
interp1 函数插值所需时间
历时 0.001926 秒.
interp1q 函数插值所需时间
历时 0.000790 秒.
ans =
    6.5673e - 04
```

由上面的结果可知，interp1q 实现插值的速度比 interp1 要快；最接近点拟合误差大，

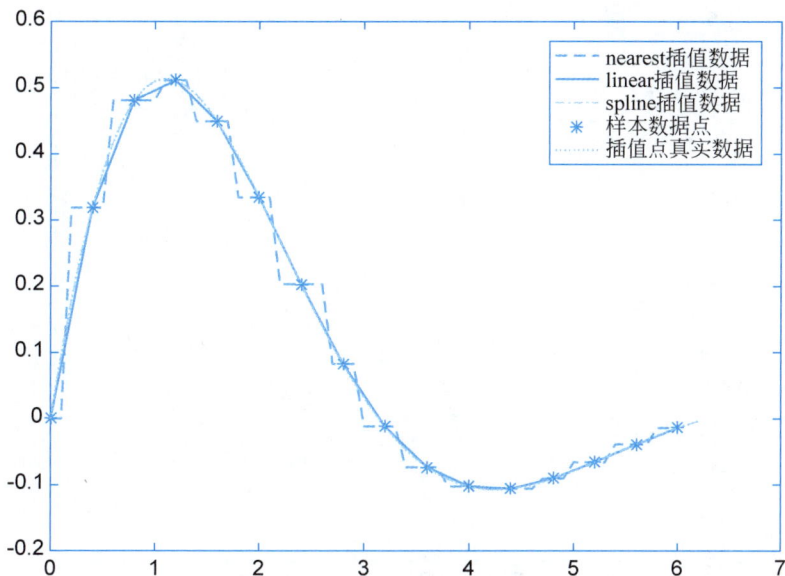

图 4-2　各种插值结果比较

直线拟合得到曲线不平滑；采用三次样条插值效果最好，曲线平滑，误差很小，基本逼近真实值。

2. 一维快速傅里叶插值

在 MATLAB 中，一维快速傅里叶插值可以用 interpft 函数实现。该函数利用傅里叶变换将输入数据变换到频率域，然后用更多点实现傅里叶逆变换，实现对数据的插值。函数调用格式如下：

```
y = interpft(x,n)       % 表示对 x 进行傅里叶变换,然后采用 n 点傅里叶逆变换,得到插值后的数据
y = interpft(x,n,dim)   % 表示在 dim 维上进行傅里叶插值
```

【例 4-11】　假设测量的数据来自函数 $f(x)=\sin x$，试根据生成的数据，用一维快速傅里叶插值，比较插值结果。

程序代码如下：

```
clear
x = 0:0.4:2 * pi;
y = sin(x);                        % 原始数据
N = length(y);
M = N * 4;
x1 = 0:0.1:2 * pi;
y1 = interpft(y,M - 1);            % 傅里叶插值
y2 = sin(x1);                      % 插值点真实数据
plot(x,y,'O',x1,y1,' * ',x1,y2,' - ')
legend('原始数据','傅里叶插值数据','插值点真实数据')
max(abs(y1 - y2))
```

程序运行结果如下，插值效果如图 4-3 所示。

```
>> exam_4_11
ans =
    0.0980
```

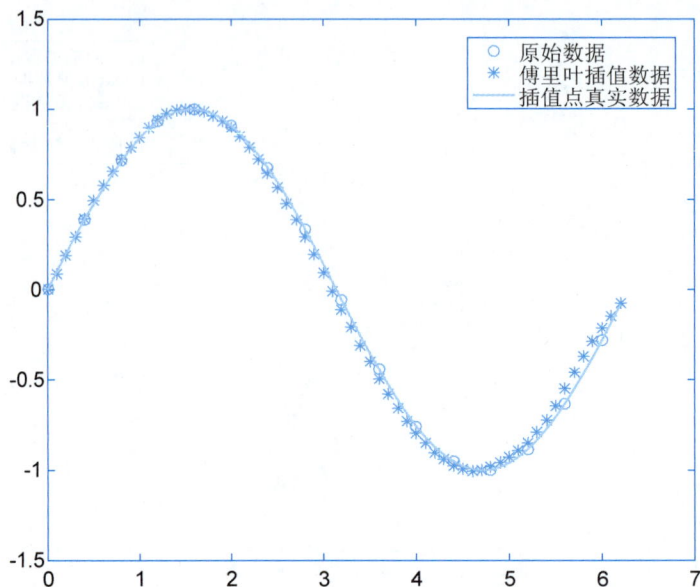

图 4-3　一维快速傅里叶插值及比较

由上述结果可知,一维快速傅里叶插值 interpft 实现插值的速度比较快,曲线平滑,误差很小,基本逼近真实值。

3. 三次样条插值

三次样条插值利用多段多项式逼近插值,降低了插值多项式的阶数,使得曲线更为光滑。在 MATLAB 中,interp1 插值函数的 method 选为 spline 样条插值选项,就可以实现三次样条插值。另外,MATLAB 专门提供了三次样条插值函数 spline,其格式如下:

```
yi = spline(x,y,xi)    % 利用初始值 x 和 y,对插值点数据 xi 进行三次样条插值.采用这种调用方
                       % 式,相当于 yi = interp1(x,y,xi,'spline')
```

【例 4-12】　已知数据 x=[−5 −4 −3 −2 −1 0 1 2 3 4 5],y=x2=[25 16 9 4 1 0 1 4 9 16 25],对 xi=−5:0.5:5,用 spline 进行三次样条插值,并比较用 interp1 实现三次样条插值的结果。

程序代码如下:

```
x = − 5:5;
y = x. * x;
xi = − 5:0.5:5;
y0 = xi. * xi;
y1 = spline(x,y,xi);
y2 = interp1(x,y,xi,'spline');
plot(x,y,'0',xi,y0,xi,y1,' + ',xi,y2,' * ')
legend('原始数据','插值点真实数据','spline 插值','interp1 样条插值')
max(abs(y1 − y2))
```

程序运行结果如下:

```
>> exam_4_12
ans =
    0
```

插值效果如图 4-4 所示。

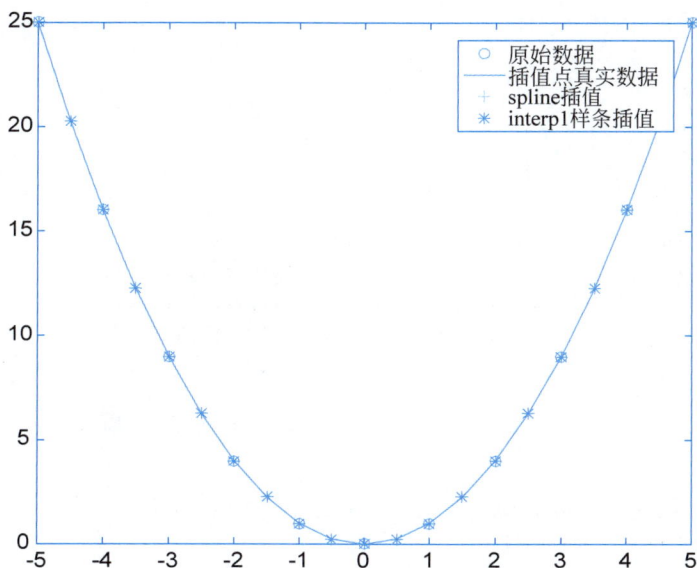

图 4-4 三次样条插值及比较

由程序结果可知,三次样条插值 spline 函数实现插值的效果和 interp1(x,y,xi,'spline') 一样。

4.2.2 二维插值

二维插值是指已知一个二元函数的若干采用数据点 x、y 和 z(x,y),求插值点(x1,y1) 处 z1 的值。在 MATLAB 中,提供了 interp2 函数用于实现二维插值,其调用格式如下:

```
Z1 = interp2(X,Y,Z,X1,Y1,'method')
```

其中,X 和 Y 是两个参数的采样点,一般是向量,Z 是参数采样点对应的函数值。X1 和 Y1 是插值点,可以是标量也可以是向量。Z1 是根据选定的插值方法(method)得到的插值结果。插值方法 method 和一维插值函数相同,linear 为线性插值(默认算法),nearest 为最近点插值,spline 为三次样条插值,cubic 为三次多项式插值。需要注意的是,X1 和 Y1 不能超出 X 和 Y 的取值范围,否则会得到 NaN 错误信息。

【例 4-13】 某实验对计算机主板的温度分布做测试。用 x 表示主板的宽度(cm),y 表示主板的深度(cm),用 T 表示测得的各点温度(℃),测量结果如表 4-2 所示。

表 4-2 主板各点温度测量值

y	x					
	0	5	10	15	20	25
0	30	32	34	33	32	31
5	33	37	41	38	35	33
10	35	38	44	43	37	34
15	32	34	36	35	33	32

(1) 分别用最近点二维插值和线性二维插值法求(12.6,7.2)点的温度。

(2) 用三次多项式插值求主板宽度每 1cm、深度每 1cm 处各点的温度,并用图形显示插

值前后主板的温度分布图。

程序代码如下：

```
clear
x = [0:5:25];
y = [0:5:15]';
T = [30 32 34 33 32 31;
33 37 41 38 35 33;
35 38 44 43 37 34;
32 34 36 35 33 32];
x1 = 12.6;y1 = 7.2;                          % 插值点(12.6,7.2)
T1 = interp2(x,y,T,x1,y1,'nearest')          % 最近点二维插值
T2 = interp2(x,y,T,x1,y1,'linear')           % 线性二维插值
xi = [0:1:25];
yi = [0:1:15]';
Ti = interp2(x,y,T,xi,yi,'cubic');           % 三次多项式二维插值
subplot(1,2,1)
mesh(x,y,T)
xlabel('板宽度(cm)');ylabel('板深度(cm)');zlabel('温度(℃)')
title('插值前主板温度分布图')
subplot(1,2,2)
mesh(xi,yi,Ti)
xlabel('板宽度(cm)');ylabel('板深度(cm)');zlabel('温度(℃)')
title('插值后主板温度分布图')
```

运行程序,结果如下,图 4-5 是插值前后主板温度分布图。由图 4-5 可知,用插值技术处理数据,可以使得温度分布图更加光滑。

```
>> exam_4_13
T1 =
    38
T2 =
    41.2176
```

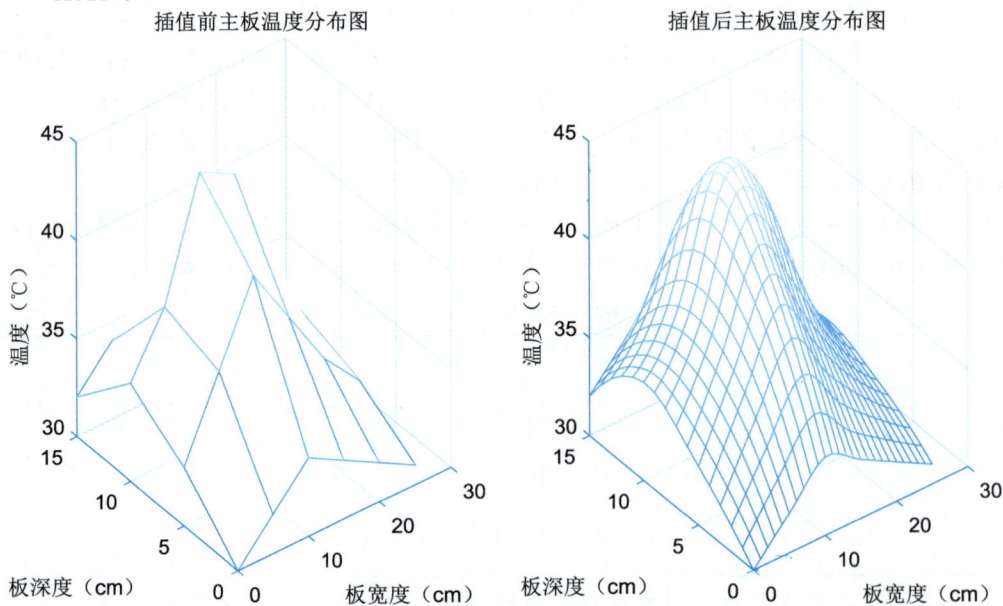

图 4-5　插值前后主板温度分布图

4.2.3　多维插值

1. 三维插值

在 MATLAB 中,还提供了三维插值的函数 interp3,其调用格式如下:

```
U1 = interp3(X,Y,Z,U,X1,Y1,Z1,'method')
```

其中,X、Y、Z 是三个参数的采样点,一般是向量,U 是参数采样点对应的函数值。X1、Y1、Z1 是插值点,可以是标量也可以是向量。U1 是根据选定的插值方法(method)得到的插值结果。插值方法 method 和一维插值函数相同,linear 为线性插值(默认算法),nearest 为最近点插值,spline 为三次样条插值,cubic 为三次多项式插值。需要注意的是,X1、Y1 和 Z1 不能超出 X、Y 和 Z 的取值范围,否则会得到 NaN 错误信息。

2. n 维插值

在 MATLAB 中,还可以实现更高维的插值,interpn 函数用于实现 n 维插值。其调用格式如下:

```
U1 = interpn(X1,X2,…,Xn,U,Y1,Y2,…,Yn,'method')
```

其中,X1,X2,…,Xn 是 n 个参数的采用点,一般是向量,U 是参数采样点对应的函数值。Y1,Y2,…,Yn 是插值点,可以是标量也可以是向量。U1 是根据选定的插值方法(method)得到的插值结果。插值方法 method 和一维插值函数相同,linear 为线性插值(默认算法),nearest 为最近点插值,spline 为三次样条插值,cubic 为三次多项式插值。需要注意的是,Y1,Y2,…,Yn 不能超出 X1,X2,…,Xn 的取值范围,否则会得到 NaN 错误信息。

4.3　数据拟合

与数据插值类似,数据拟合的目的也是用一个较为简单的函数 $g(x)$ 去逼近一个未知的函数 $f(x)$。利用已知测量的数据 $(x_i,y_i)(i=1,2,\cdots,n)$,构造函数 $y=g(x)$,使得误差 $\delta_i=g(x_i)-f(x_i)(i=1,2,\cdots,n)$ 在某种意义上达到最小。

一般用得比较多的是多项式拟合,所谓多项式拟合是利用已知测量的数据 (x_i,y_i) $(i=1,2,\cdots,n)$,构造一个 $m(m<n)$ 次多项式 $p(x)$:

$$p(x)=a_mx^m+a_{m-1}x^{m-1}+\cdots+a_1x+a_0 \tag{4-4}$$

使得拟合多项式在各采样点处的偏差的平方和 $\sum_{i=1}^{n}(p(x_i)-y_i)^2$ 最小。

在 MATLAB 中,用 polyfit 函数可以实现最小二乘意义的多项式拟合。polyfit 拟合函数求的是多项式的系数向量。该函数的调用格式如下:

```
p = polyfit(x,y,n)
[p,S] = polyfit(x,y,n)
```

其中,p 为最小二乘意义上的 n 阶多项式系数向量,长度为 n+1;x 和 y 为数据点向量,要求是等长的向量;S 为采样点的误差结构体,包括 R、df 和 normr 分量,分别表示对 x 进行 QR 分解为三角元素、自由度和残差。

【例 4-14】　在 MATLAB 中,用 polyfit 函数实现一个 4 阶和 5 阶多项式,在区间 $[0,3\pi]$ 内逼近函数 $f(x)=e^{-0.5x}\sin x$,利用绘图的方法,比较拟合的 4 阶多项式、5 阶多项

式和 $f(x)$ 的区别。

程序代码如下：

```
clear
x = linspace(0,3 * pi,30);                    % 在给定区间,均匀选取 30 个采样点
y = exp( - 0.5 * x). * sin(x);
[p1,s1] = polyfit(x,y,4)                       % 4 阶多项式拟合
g1 = poly2str(p1,'x')                          % 显示拟合的 4 阶多项式
[p2,s2] = polyfit(x,y,5)                       % 5 阶多项式拟合
g2 = poly2str(p2,'x')                          % 显示拟合的 5 阶多项式
y1 = polyval(p1,x);                            % 用 4 阶多项式求采样的值
y2 = polyval(p2,x);                            % 用 5 阶多项式求采样的值
plot(x,y,' - * ',x,y1,':0',x,y2,': + ')        % 4 阶多项式、5 阶多项式和 f(x)绘图比较
legend('f(x)','4 阶多项式','5 阶多项式')
```

程序运行结果如下,图 4-6 是 4 阶多项式和 5 阶多项式拟合 $f(x)$ 函数的比较结果：

```
>> exam_4_14
p1 =
    - 0.0024    0.0462    - 0.2782    0.4760    0.1505
s1 =
    包含以下字段的 struct:
            R: [5 × 5 double]
           df: 25
        normr: 0.4086
     rsquared: 0.8378
g1 =
    ' - 0.002378 x^4 + 0.04625 x^3 - 0.27815 x^2 + 0.476 x + 0.15048'
p2 =
    0.0007    - 0.0191    0.1856    - 0.7593    1.0826    0.0046
s2 =
    包含以下字段的 struct:
            R: [6 × 6 double]
           df: 24
        normr: 0.0909
     rsquared: 0.9920
g2 =
    '  0.00071166 x^5 - 0.019146 x^4 + 0.18564 x^3 - 0.75929 x^2 + 1.0826 x + 0.0045771'
```

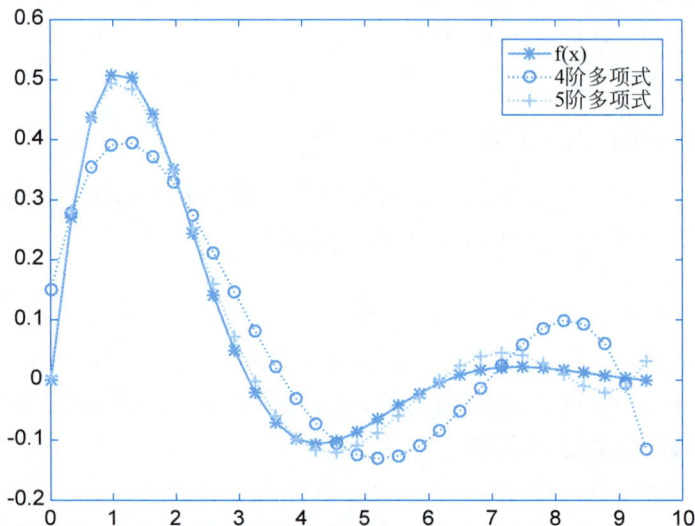

图 4-6 4 阶多项式和 5 阶多项式拟合 f(x)函数

由上述例题结果可知,用高阶多项式拟合 $f(x)$ 函数的效果更好,误差小,更加逼近实际函数 $f(x)$。

4.4　数据统计

在生产实际和科学研究中经常会对数据进行统计,MATLAB 语言提供了很多数据统计方面的函数。

4.4.1　矩阵元素的最大值和最小值

1. 求向量的最大元素和最小元素

1）求向量的最大元素

MATLAB 求一个向量 X 的最大元素可以使用函数 max,其调用格式如下:

```
y = max(X)        % 返回向量 X 的最大元素给 y,如果 X 中包括复数元素,则按模取最大元素
[y,k] = max(X)    % 返回向量 X 的最大元素给 y,最大元素所在的位置序号给 k,如果 X 中包括复数元
                  % 素,则按模取最大元素
```

例如,求向量 $X=[34,23,-23,6,76,56,14,35]$ 的最大值。

```
>> X = [34,23, - 23,6,76,56,14,35];
>> y = max(X)
y =
    76
>> [y,k] = max(X)
y =
    76
k =
     5
```

2）求向量的最小元素

MATLAB 求一个向量 X 的最小元素可以使用函数 min,其调用格式及用法与 max 函数一样。

例如,求向量 $X=[34,10,-23,6,76,0,14,35]$ 的最小值。

```
>> X = [34,10, - 23,6,76,0,14,35];
>> y = min(X)
y =
   - 23
>> [y,k] = min(X)
y =
   - 23
k =
     3
```

2. 求矩阵的最大元素和最小元素

1）求矩阵的最大元素

MATLAB 求一个矩阵 A 的最大元素可以使用函数 max,其调用格式如下:

```
Y = max(A)         % 返回矩阵 A 的每列上的最大元素给 Y,Y 是一个行向量
[Y, K] = max(A)    % 返回矩阵 A 的每列上的最大元素给 Y,K 向量记录每列最大元素所在的行号; 如
                   % 果 X 中包括复数元素,则按模取最大元素
[Y, K] = max(A, [ ], dim)
```

其中,dim 为 1 时,该函数和 max(A)完全相同；当 dim 为 2 时,该函数返回一个每行上最大元素的列向量。

2）求矩阵的最小元素

MATLAB 求一个矩阵 **A** 的最小元素可以使用函数 min,其调用格式及用法和 max 函数一样。

【例 4-15】 在 MATLAB 中,用 max 和 min 函数求矩阵 **A** 的每行和每列的最大和最小元素,并求整个 **A** 的最大和最小元素。

$$A = \begin{bmatrix} 12 & 1 & -6 & 24 \\ -4 & 23 & 12 & 0 \\ 2 & -3 & 18 & 6 \\ 45 & 3 & 16 & -7 \end{bmatrix}$$

程序代码如下：

```
>> A = [12 1 -6 24; -4 23 12 0;2 -3 18 6;45 3 16 -7];
>> Y1 = max(A,[],2)                    %求每行的最大元素
Y1 =
    24
    23
    18
    45
>> [Y2,K] = min(A,[],2)                %求每行最小元素,及每行最小值的列数
Y2 =
    -6
    -4
    -3
    -7
K =
    3
    1
    2
    4
>> Y3 = max(A)                         %求每列的最大元素
Y3 =
    45    23    18    24
>> [Y4,K1] = min(A)                    %求每列的最小元素,及最小元素所在的行数
Y4 =
    -4    -3    -6    -7
K1 =
    2     3     1     4
>> ymax = max(max(A))                  %求矩阵 A 的最大元素
ymax =
    45
>> ymin = min(min(A))                  %求矩阵 A 的最小元素
ymin =
    -7
```

3. 两个维度一样的向量或矩阵对应元素比较

max 和 min 函数还能对两个维度一样的向量或矩阵对应元素求较大值和较小值。

```
Y = max(A, B)
```

其中,A 和 B 是同维度的向量或矩阵,Y 的每个元素为 A 和 B 对应元素的较大值,与 A 和 B

同维。

min 函数的用法和 max 一样。

例如,求矩阵 **A** 和 **B** 对应元素的较大元素 Y_1 和较小元素 Y_2。

程序代码如下:

```
>> A = [1 5 6;7 3 1;3 7 4]
A =
     1     5     6
     7     3     1
     3     7     4
>> B = [2 9 4;9 1 3; -1 0 3]
B =
     2     9     4
     9     1     3
    -1     0     3
>> Y1 = max(A,B)
Y1 =
     2     9     6
     9     3     3
     3     7     4
>> Y2 = min(A,B)
Y2 =
     1     5     4
     7     1     1
    -1     0     3
```

4.4.2 矩阵元素的平均值和中值

数据序列的平均值指的是算术平均,中值是指数据序列中其值位于中间的元素,如果数据序列个数为偶数,中值等于中间两项的平均值。

MATLAB 中求矩阵或向量元素的平均值用 mean 函数,求中值用 median 函数。它们的调用方法如下:

```
(1) y = mean(X)          % 返回向量 X 的算术平均值
(2) Y = mean(A)          % 返回一个矩阵 A 每列的算术平均值的行向量
(3) y = median(X)        % 返回向量 X 的中值
(4) Y = median(A)        % 返回一个矩阵 A 每列的中值的行向量
(5) Y = mean(A,dim)      % 当 dim 为 1 时,等同于 mean(A);当 dim 为 2 时,返回一个矩阵 A 每行的
                         % 算术平均值的列向量
(6) Y = median(A,dim)    % 当 dim 为 1 时,等同于 median(A);当 dim 为 2 时,返回一个矩阵 A 每行
                         % 的中值的列向量
```

例如,求向量 **X** 和矩阵 **A** 的平均值和中值。

程序代码如下:

```
>> X = [1,12,23,7,9, -5,30];
>> y1 = mean(X)
y1 =
    11
>> y2 = median(X)
y2 =
     9
>> A = [0 9 2;7 3 3; -1 0 3]
A =
```

```
        0    9    2
        7    3    3
       -1    0    3
>> Y1 = mean(A)
Y1 =
     2.0000 4.0000 2.6667
>> Y2 = median(A)
Y2 =
        0    3    3
>> Y3 = mean(A,2)
Y3 =
     3.6667
     4.3333
     0.6667
>> Y4 = median(A,2)
Y4 =
        2
        3
        0
```

4.4.3 矩阵元素的排序

在 MATLAB 中,可以用函数 sort 实现数据序列的排序。对于向量 X 的排序,可以用函数 sort(X),函数返回一个对向量 X 的元素按升序排列的向量。

sort 函数还可以对矩阵 A 的各行或各列的元素重新排序,其调用格式如下:

[Y,I] = sort(A, dim, mode)

其中,当 dim 为 1 时,矩阵元素按列排序;当 dim 为 2 时,矩阵元素按行排序。dim 默认为 1。当 mode 为'ascend'时,则按升序排序;当 mode 为'descend'时,则按降序排序。mode 默认取'ascend'。Y 为排序后的矩阵,而 I 记录 Y 中元素在 A 中的位置。

例如,对一个向量 X 和一个矩阵 A 做各种排序。

程序代码如下:

```
>> X = [1,12,23,7,9,-5,30];
>> Y = sort(X)
Y =
      -5    1    7    9   12   23   30
>> A = [0 9 2;7 3 1;-1 0 3]
A =
        0    9    2
        7    3    1
       -1    0    3
>> Y1 = sort(A)
Y1 =
       -1    0    1
        0    3    2
        7    9    3
>> Y2 = sort(A,1,'descend')
Y2 =
        7    9    3
        0    3    2
       -1    0    1
>> Y3 = sort(A,2,'ascend')
```

```
Y3 =
     0    2    9
     1    3    7
   - 1    0    3
>> [Y4,I] = sort(A,2,'descend')
Y4 =
     9    2    0
     7    3    1
     3    0   -1
I =
     2    3    1
     1    2    3
     3    2    1
```

4.4.4　矩阵元素求和与求积

在 MATLAB 中,向量和矩阵求和与求积的基本函数是 sum 和 prod,它们的使用方法类似,调用格式如下:

(1) y = sum(X)　　　　% 返回向量 X 各元素的和
(2) y = prod(X)　　　　% 返回向量 X 各元素的乘积
(3) Y = sum(A)　　　　% 返回一个矩阵 A 各列元素的和的行向量
(4) Y = prod(A)　　　　% 返回一个矩阵 A 各列元素的乘积的行向量
(5) Y = sum(A,dim)　　% 当 dim 为 1 时,该函数等同于 sum(A); 当 dim 为 2 时,返回一个矩阵 A
　　　　　　　　　　　% 各行元素的和的列向量
(6) Y = prod(A,dim)　 % 当 dim 为 1 时,该函数等同于 prod(A); 当 dim 为 2 时,返回一个矩阵
　　　　　　　　　　　% A 各行元素的乘积的列向量

例如,求一个向量 X 和一个矩阵 A 的各元素的和与乘积。

程序代码如下:

```
>> X = [1,3,9, - 2,7];
>> y = sum(X)          % 求向量 X 各元素的和
y =
    18
>> y = prod(X)         % 求向量 X 各元素的乘积
y =
  - 378
>> A = [1 9 2;7 3 1; - 1 1 3]
A =
     1    9    2
     7    3    1
   - 1    1    3
>> Y1 = sum(A)         % 求矩阵 A 各列元素的和
Y1 =
     7   13    6
>> Y2 = sum(A,2)       % 求矩阵 A 各行元素的和
Y2 =
    12
    11
     3
>> Y3 = prod(A)        % 求矩阵 A 各列元素的乘积
Y3 =
   - 7   27    6
>> Y4 = prod(A,2)      % 求矩阵 A 各行元素的乘积
Y4 =
```

```
      18
      21
    - 3
>> Y5 = sum(Y1)           % 求矩阵 A 所有元素的和
Y5 =
      26
>> Y6 = prod(Y3)          % 求矩阵 A 所有元素的乘积
Y6 =
        - 1134
```

4.4.5　矩阵元素的累加和与累乘积

在 MATLAB 中,向量和矩阵的累加和与累乘积的基本函数是 cumsum 和 cumprod,它们的使用方法类似,调用格式如下:

(1) y = cumsum(X)　　　% 返回向量 X 累加和向量
(2) y = cumprod(X)　　 % 返回向量 X 累乘积向量
(3) Y = cumsum(A)　　　% 返回一个矩阵 A 各列元素的累加和的矩阵
(4) Y = cumprod(A)　　 % 返回一个矩阵 A 各列元素的累乘积的矩阵
(5) Y = cumsum(A,dim)　% 当 dim 为 1 时,该函数等同于 cumsum(A);当 dim 为 2 时,返回一个矩阵 A
　　　　　　　　　　　　% 各行元素的累加和矩阵
(6) Y = cumprod(A,dim) % 当 dim 为 1 时,该函数等同于 cumprod(A);当 dim 为 2 时,返回一个
　　　　　　　　　　　　% 矩阵 A 各行元素的累乘积矩阵

例如,求一个向量 X 和一个矩阵 A 各元素的累加和与累乘积。

程序代码如下:

```
>> X = [1,3,9, - 2,7];
>> Y = cumsum(X)
Y =
     1     4    13    11    18
>> Y = cumprod(X)
Y =
     1     3    27   - 54   - 378
>> A = [1 9 2;7 3 1; - 1 1 3]
A =
     1     9     2
     7     3     1
    - 1     1     3
>> Y1 = cumsum(A)
Y1 =
     1     9     2
     8    12     3
     7    13     6
>> Y2 = cumsum(A,2)
Y2 =
     1    10    12
     7    10    11
    - 1     0     3
>> Y3 = cumprod(A)
Y3 =
     1     9     2
     7    27     2
    - 7    27     6
>> Y4 = cumprod(A,2)
```

```
Y4 =
    1    9   18
    7   21   21
   -1   -1   -3
```

4.4.6 标准方差和相关系数

1. 标准方差

对于具有 N 个元素的向量数据 $x_1, x_2, \cdots, x_N$，有如下两种标准方差的公式：

$$D_1 = \sqrt{\frac{1}{N-1} \sum_{i=1}^{N} (x_i - \bar{x})^2} \tag{4-5}$$

或

$$D_2 = \sqrt{\frac{1}{N} \sum_{i=1}^{N} (x_i - \bar{x})^2} \tag{4-6}$$

其中，

$$\bar{x} = \frac{1}{N} \sum_{i=1}^{N} x_i \tag{4-7}$$

在 MATLAB 中，可以用函数 std 计算向量和矩阵的标准方差。对于向量 X，std(X)返回一个标准方差；对于矩阵 A，std(A)返回一个矩阵 A 各列或者各行的标准方差向量。std函数的调用格式如下：

(1) d = std(X)　　　　　% 求向量 X 的标准方差
(2) D = std(A,flag,dim)

其中，当 dim 为 1 时，求矩阵 A 的各列元素的标准方差；当 dim 为 2 时，则求矩阵 A 的各行元素的标准方差。当 flag 为 0 时，按式(4-5)计算标准方差；当 flag 为 1 时，按式(4-6)计算标准方差。默认 flag＝0,dim＝1。

例如，求一个向量 X 和一个矩阵 A 的标准方差。

程序代码如下：

```
>> X = [1,3,9, - 2,7];
>> d = std(X)              % 求向量 X 的标准方差
d =
    4.4497
>> A = [1 9 2;7 3 1; - 1 1 3]
A =
    1    9    2
    7    3    1
   -1    1    3
>> D1 = std(A,0,1)         % 按 D1 标准方差公式,求矩阵 A 的列元素标准方差
D1 =
    4.1633    4.1633    1.0000
>> D2 = std(A,0,2)         % 按 D1 标准方差公式,求矩阵 A 的行元素标准方差
D2 =
    4.3589
    3.0551
    2.0000
>> D3 = std(A,1,1)         % 按 D2 标准方差公式,求矩阵 A 的列元素标准方差
D3 =
    3.3993    3.3993    0.8165
```

```
>> D4 = std(A,1,2)                      % 按 D2 标准方差公式,求矩阵 A 的行元素标准方差
D4 =
    3.5590
    2.4944
    1.6330
```

2. 相关系数

对于两组数据序列 $x_i, y_i (i = 1, 2, \cdots, N)$,可以用下列式子定义两组数据的相关系数:

$$\rho = \frac{\sum\limits_{i=1}^{N}(x_i - \bar{x})(y_i - \bar{y})}{\sqrt{\sum\limits_{i=1}^{N}(x_i - \bar{x})^2 \sum\limits_{i=1}^{N}(y_i - \bar{y})^2}} \tag{4-8}$$

其中,

$$\bar{x} = \frac{1}{N}\sum_{i=1}^{N}x_i, \quad \bar{y} = \frac{1}{N}\sum_{i=1}^{N}y_i \tag{4-9}$$

在 MATLAB 中,可以用函数 corrcoef 计算数据的相关系数。corrcoef 函数的调用格式如下:

```
(1) R = corrcoef(X,Y)                   % 返回相关系数,其中 X 和 Y 是长度相等的向量
(2) R = corrcoef(A)                     % 返回矩阵 A 的每列之间计算相关形成的相关系数矩阵
```

例如,求两个向量 **X** 和 **Y** 的相关系数,并求正态分布随机矩阵 **A** 的均值、标准方差和相关系数。

程序代码如下:

```
>> X = [1,3,9, - 2,7];
>> Y = [2,3,7,0,6];
>> r = corrcoef(X,Y)                    % 求向量 X 和 Y 的相关系数
r =
    1.0000    0.9985
    0.9985    1.0000
>> A = randn(1000,3);                   % 产生一个均值为 0、方差为 1 的正态分布随机矩阵
>> y = mean(A)                          % 计算矩阵 A 的列均值
y =
    0.0253    0.0042    0.0427
>> D = std(A)                           % 计算矩阵 A 的列标准方差
D =
    0.9902    0.9919    1.0014
>> R = corrcoef(A)                      % 计算 A 矩阵列的相关系数
R =
    1.0000    0.0023   - 0.0028
    0.0023    1.0000    0.0454
   - 0.0028    0.0454    1.0000
```

由上述结果可知,每列的均值接近 0,每列的标准方差接近 1,验证了 **A** 为标准正态分布随机矩阵。

4.5   数值计算

数值计算是指利用计算机求数学问题(例如,函数的零点、极值、积分和微分,以及微分方程)近似解的方法。常用的数值分析有求函数的最小值、求过零点、数值微分、数值积分和

解微分方程等。

4.5.1 函数极值

数学上利用计算函数的导数来确定函数的最大值点和最小值点,然而,很多函数很难找到导数为零的点。为此,可以通过数值分析来确定函数的极值点。MATLAB 只有处理极小值的函数,没有专门求极大值的函数,因为 $f(x)$ 的极大值问题等价于 $-f(x)$ 的极小值问题。MATLAB 求函数的极小值使用 fminbnd 和 fminsearch 函数。

1. 一元函数的极值

fminbnd 函数可以获得一元函数在给定区间内的最小值,函数调用格式如下:

(1) x = fminbnd(fun,x1,x2)

其中,fun 是函数的句柄函数或匿名函数;x1 和 x2 是寻找函数最小值的区间范围(x1≤x≤x2);x 为在给定区间内,极值所在的横坐标。

(2) [x,y] = fminbnd(fun,x1,x2)

其中,y 为求得的函数极值点处的函数值。

【例 4-16】 已知 $y = \mathrm{e}^{-0.2x}\sin(x)$,在 $0 \leqslant x \leqslant 5\pi$ 区间内,使用 fminbnd 函数获取 y 函数的极小值。

微课视频

程序代码如下:

```
clear
x1 = 0;x2 = 5 * pi;
fun = @(x)(exp( - 0.2 * x) * sin(x));      %创建句柄函数
[x,y1] = fminbnd(fun,x1,x2)               %计算句柄函数的极小值
x = 0:0.1:5 * pi;
y = exp( - 0.2 * x). * sin(x);
plot(x,y)
grid on
```

程序运行结果如下,图 4-7 是函数在区间[0,5π]的函数曲线图。

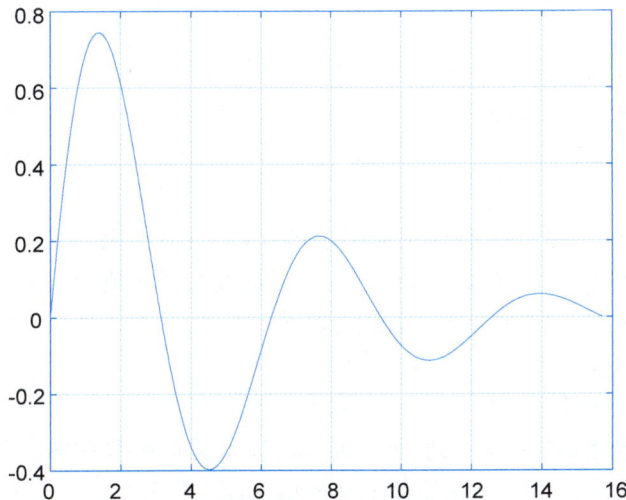

图 4-7 在区间[0,5π]的函数曲线

```
>> exam_4_16
x =
    4.5150
y1 =
    - 0.3975
```

由图 4-7 可知,函数在 x=4.5 附近出现极小值点,极小值约为 −0.4,验证了用极小值 fminbnd 函数求的极小值点和极小值是正确的。

2. 多元函数的极值

fminsearch 函数可以获得多元函数的最小值,使用该函数时需要指定开始的初始值,获得初始值附近的局部最小值。该函数的调用格式如下:

(1) x = fminsearch(fun, x0)
(2) [x,y] = fminsearch(fun, x0)

其中,fun 是多元函数的句柄或匿名函数;x0 是给定的初始值;x 是最小值的取值点;y 是返回的最小值,可以省略。

【例 4-17】 使用 fminsearch 函数获取 $f(x,y)$ 二元函数在初始值(0,0)附近的极小值,已知 $f(x,y)=100(y-x^2)^2+(1-x)^2$。

程序代码如下:

```
clear
fun = @(x)(100 * (x(2) - x(1)^2)^2 + (1 - x(1))^2); %创建句柄函数
x0 = [0,0];
[x,y1] = fminsearch(fun,x0)                         %计算局部函数的极小值
```

程序运行结果如下:

```
>> exam_4_17
x =
    1.0000    1.0000
y1 =
    3.6862e - 10
```

由以上结果可知,由函数 fminsearch 计算出局部最小值点是[1,1],最小值为 y1 = 3.6862−10,和理论上是一致的。

4.5.2 函数零点

一元函数 $f(x)$ 的过零点的求解相当于求解 $f(x)=0$ 方程的根,MATLAB 可以使用 fzero 函数实现,需要指定一个初始值,在初始值附近查找函数值变号时的过零点,也可以根据指定区间来求过零点。该函数的调用格式如下:

(1) x = fzero(fun, x0)
(2) [x,y] = fzero(fun, x0)

其中,x 为过零点的位置,如果找不到,则返回 NaN;y 是指函数在零点处函数的值;fun 是函数句柄或匿名函数;x0 是一个初始值或初始值区间。

需要指出的是,fzero 函数只能返回一个局部零点,不能找出所有的零点,因此需要设定零点的范围。

【**例 4-18**】　使用 fzero 函数求 $f(x)=x^2-5x+4$ 分别在初始值 $x_0=0$ 和 $x_0=5$ 附近的过零点,并求出过零点函数的值。

程序代码如下:

```
clear
fun = @(x)(x^2 - 5 * x + 4);          % 创建句柄函数
x0 = 0;
[x, y1] = fzero(fun, x0)               % 求初始值 x0 为 0 附近时函数的过零点
x0 = 5;
[x, y1] = fzero(fun, x0)               % 求初始值 x0 为 5 附近时函数的过零点
x0 = [0, 3];
[x, y1] = fzero(fun, x0)               % 求初始值 x0 区间内函数的过零点
```

程序运行结果如下:

```
>> exam_4_18
x =
     1
y1 =
     0
x =
     4.0000
y1 =
   - 3.5527e - 15
x =
     1
y1 =
     0
```

由以上结果可知,用 fzero 函数可以求在初始值 x0 附近的函数过零点。不同的零点,需要设置不同的初始值 x0。

4.5.3　数值差分

任意函数 $f(x)$ 在 x 点的前向差分定义为

$$\Delta f(x) = f(x+h) - f(x) \tag{4-10}$$

称 $\Delta f(x)$ 为函数 $f(x)$ 在 x 点处以 $h(h>0)$ 为步长的前向差分。

在 MATLAB 中,没有直接求数值导数的函数,只有计算前向差分的函数 diff,其调用格式如下:

(1) D = diff(X)	% 计算向量 X 的向前差分,即 D = X(i + 1) - X(i),i = 1, 2, …, n - 1
(2) D = diff(X, n)	% 计算向量 X 的 n 阶向前差分,即 diff(X, n) = diff(diff(X,n−1))
(3) D = diff(A, n, dim)	% 计算矩阵 A 的 n 阶差分。当 dim = 1(默认)时,按行计算矩阵 A 的差分;
	% 当 dim = 2 时,按列计算矩阵的差分

例如,已知矩阵 $\boldsymbol{A}=\begin{bmatrix} 1 & 6 & 3 \\ 6 & 2 & 4 \\ 5 & 8 & 1 \end{bmatrix}$,分别求矩阵 $\boldsymbol{A}$ 行和列的一阶和二阶前向差分。

```
>> A = [1 6 3;6 2 4;5 8 1]
A =
     1     6     3
     6     2     4
     5     8     1
>> D = diff(A,1,1)
```

```
D =
     5    - 4     1
    - 1     6    - 3
>> D = diff(A,1,2)
D =
     5    - 3
    - 4     2
     3    - 7
>> D = diff(A,2,1)
D =
    - 6    10    - 4
>> D = diff(A,2,2)
D =
    - 8
     6
    - 10
```

4.5.4　数值积分

数值积分是研究定积分的数值求解的方法。MATLAB 提供了很多种求数值积分的函数,主要包括一重积分和二重积分两类函数。

1. 一重数值积分

MATLAB 提供了 quad 函数和 quadl 函数求一重定积分。它们调用格式分别如下:

(1) q = quad(fun, a, b, tol, trace)

它是一种采用自适应的 Simpson 方法的一重数值积分,其中,fun 为被积函数,函数句柄;a 和 b 为定积分的下限和上限;tol 为绝对误差容限值,默认是 10^{-6};trace 控制是否展现积分过程,当 trace 取非 0,则展现积分过程,默认取 0。

(2) q = quadl(fun, a, b, tol, trace)

它是一种采用自适应的 Lobatto 方法的一重数值积分,参数定义和 quad 一样。

【例 4-19】　分别使用 quad 函数和 quadl 函数求 $q = \int_0^{3\pi} e^{-0.2x} \sin(x) \mathrm{d}x$ 的数值积分。

程序代码如下:

```
clear
fun = @(x)(exp( - 0.2 * x). * sin(x)); % 定义一个函数句柄
a = 0;b = 3 * pi;
q1 = quad(fun,a,b)              % 自适应的 Simpson 法数值积分
q2 = quadl(fun,a,b)             % 自适应的 Lobatto 法数值积分
q3 = quad(fun,a,b,1e - 3,1)     % 定义积分精度和显示积分过程
```

程序运行结果如下:

```
>> exam_4_19
q1 =
    1.1075
q2 =
    1.1075
         9    0.0000000000    2.55958120e + 00     1.3793949196
        11    0.0000000000    1.27979060e + 00     0.6053358622
        13    1.2797905993    1.27979060e + 00     0.7742537042
        15    2.5595811986    4.30561556e + 00    - 0.6459997048
        17    2.5595811986    2.15280778e + 00    - 0.3430614927
        19    4.7123889804    2.15280778e + 00    - 0.3052258622
```

```
    21     6.8651967622      2.55958120e + 00      0.3762543321
q3 =
     1.1076
```

其中,迭代过程最后一列的和为数值积分 q3 的值。

2. 多重数值积分

MATLAB 提供了 dblquad 函数和 triplequad 函数求二重积分和三重积分。它们调用格式如下:

(1) q2 = dblquad(fun, xmin, xmax, ymin,ymax, tol)

(2) q3 = triplequad(fun, xmin, xmax, ymin, ymax, zmin, zmax, tol)

函数的参数定义和一重积分一样。

例如,求二重数值积分 $q = \int_0^{3\pi} \int_0^{2\pi} \sin(x)y + x\sin(y)\mathrm{d}x\mathrm{d}y$。

程序代码如下:

```
>> q = dblquad('sin(x) * y + x * sin(y)',0,2 * pi,0,3 * pi)
q =
   39.4784
```

4.5.5 常微分方程求解

MATLAB 为解常微分方程提供了多种数值求解方法,包括 ode45、ode23、ode113、ode15s、ode23s、ode23t 和 ode23tb 等函数,用得最多的是 4/5 阶龙格-库塔法 ode45 函数。该函数的调用格式如下:

[t, y] = ode45(fun, ts, y0, options)

其中,fun 是待解微分方程的函数句柄;ts 是自变量范围,可以是范围[t0, tf],也可以是向量[t0,…, tf];y0 是初始值,y0 和 y 具有相同长度的列向量;options 是设定微分方程解法器的参数,可以省略,也可以由 odeset 函数获得。

需要注意的是,用 ode45 求解时,需要将高阶微分方程 $y^{(n)} = f(t,y,y',\cdots,y^{(n-1)})$ 改写为一阶微分方程组,通常解法是,假设 $y_1 = y$,从而 $y_1 = y, y_2 = y',\cdots, y_n = y^{(n-1)}$,于是高阶微分方程可以转换为下述常微分方程组求解:

$$\begin{cases} y'_1 = y_2 \\ y'_2 = y_3 \\ \vdots \\ y'_n = f(t,y,y',\cdots,y^{(n-1)}) \end{cases} \tag{4-11}$$

【例 4-20】 已知二阶微分方程 $\dfrac{\mathrm{d}^2 y}{\mathrm{d}t^2} - 3y' + 2y = 1, y(0) = 1, \dfrac{\mathrm{d}y(0)}{\mathrm{d}t} = 0, t \in [0,1]$,试用 ode45 函数解微分方程,作出 y-t 的关系曲线图。

(1) 首先把二阶微分方程改写为一阶微分方程组。

令 $y_1 = y, y_2 = y'_1$,则

$$\begin{bmatrix} \dfrac{\mathrm{d}y_1}{\mathrm{d}t} \\ \dfrac{\mathrm{d}y_2}{\mathrm{d}t} \end{bmatrix} = \begin{bmatrix} y_2 \\ 3y_2 - 2y_1 + 1 \end{bmatrix}, \quad \begin{bmatrix} y_1(0) \\ y_2(0) \end{bmatrix} = \begin{bmatrix} 1 \\ 0 \end{bmatrix} \tag{4-12}$$

(2)程序代码如下：

```
clear
t0 = [0,1];                             % 求解的时间区域
y0 = [1;0];                             % 初值条件
[t,y] = ode45(@f04_20,t0,y0);           % 采用 ode45 函数解微分方程
plot(t,y(:,1))
xlabel('t'),ylabel('y')
title('y(t) - t')
grid on
% 定义 f04_20 函数文件
function y = f04_20(t,y)
% F04_20 定义微分方程的函数文件
y = [y(2);3 * y(2) - 2 * y(1) + 1];
end
```

程序运行结果如图 4-8 所示。

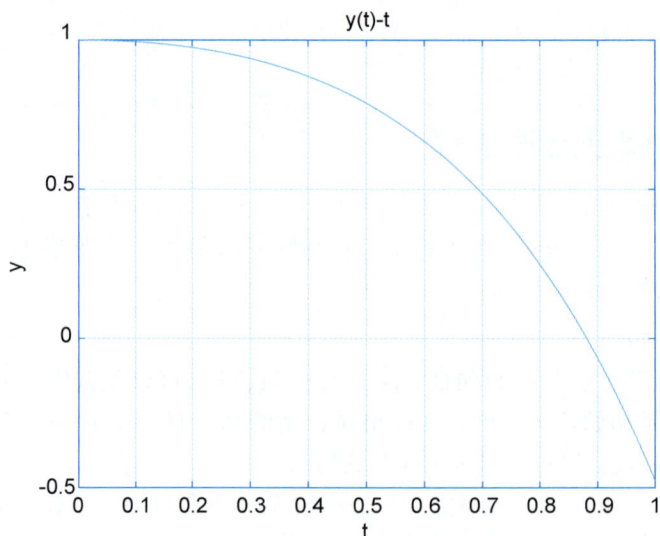

图 4-8　二阶微分方程的数值解

4.6　应用实例

1928 年,荷兰科学家范德波尔(Van der Pol)为了描述 LC 电子管振荡电路,提出并建立了著名的 Van der Pol 方程式 $\dfrac{d^2 y}{dt^2} - \mu(1-y^2)y' + y = 0$,它是一个具有可变非线性阻尼的微分方程,在自激振荡理论中具有重要意义。

试用 MATLAB 的 ode45 函数求当 $\mu = 10$,初始条件 $y(0) = 1, \dfrac{dy(0)}{dt} = 0$ 情况下的 Van der Pol 微分方程的解,并作出 y-t 的关系曲线图,y-y' 的相平面图。

(1)首先把高阶微分方程改写为一阶微分方程组。

令 $y_1 = y, y_2 = y_1'$,则

$$
\begin{bmatrix} \dfrac{\mathrm{d}y_1}{\mathrm{d}t} \\[2mm] \dfrac{\mathrm{d}y_2}{\mathrm{d}t} \end{bmatrix} = \begin{bmatrix} y_2 \\ 10(1-y_1^2)y_2 - y_1 \end{bmatrix}, \quad \begin{bmatrix} y_1(0) \\ y_2(0) \end{bmatrix} = \begin{bmatrix} 1 \\ 0 \end{bmatrix} \tag{4-13}
$$

（2）程序代码如下：

```
clear
t0 = [0,40];                        % 求解的时间区域
y0 = [1;0];                         % 初值条件
[t,y] = ode45(@f04_20,t0,y0);       % 采用 ode45 函数解微分方程
subplot(1,2,1)
plot(t,y(:,1))
xlabel('t'),ylabel('y')
title('y(t) - t')
subplot(1,2,2)
plot(y(:,1),y(:,2))                 % 函数与一阶导函数之间的关系曲线
xlabel('y(t)'),ylabel('y''(t)')
title('y''(t) - y(t)')
% 定义 f04_21 函数文件
function y = f04_21(t,y)
% F04_21 定义 Van der Pol 微分方程的函数文件
mu = 10;
y = [y(2);mu * (1 - y(1)^2) * y(2) - y(1)];
end
```

程序运行结果如图 4-9 所示。

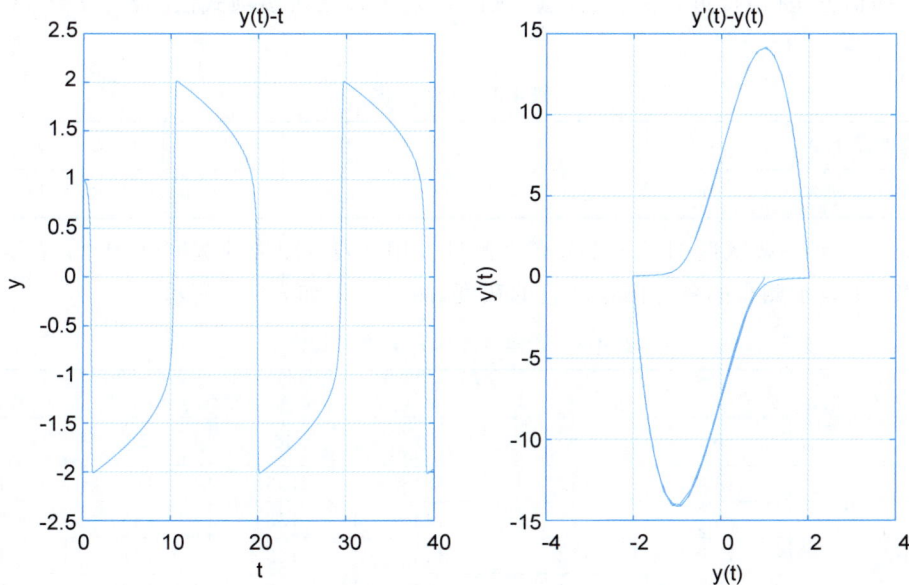

图 4-9 Van der Pol 微分方程解

习题 4

1. 已知多项式 $p_1(x) = x^4 - 3x^3 + 5x + 1, p_2(x) = x^3 + 2x^2 - 6$,求：

(1) $p(x)=p_1(x)+p_2(x)$;

(2) $p(x)=p_1(x)-p_2(x)$;

(3) $p(x)=p_1(x)\times p_2(x)$;

(4) $p(x)=p_1(x)/p_2(x)$。

2. 已知多项式为 $p(x)=x^4-2x^2+4x-6$,分别求 $x=3$ 和 $x=[0,2,4,6,8]$ 时多项式的值。

3. 已知多项式为 $p(x)=x^4-2x^2+4x-6$:

(1) 用 roots 函数求该多项式的根 r;

(2) 用 poly 函数求根为 r 的多项式系数。

4. 已知两个多项式为 $p_1(x)=x^4-3x^3+x+2$,$p_2(x)=x^3-2x^2+4$:

(1) 求多项式 $p_1(x)$ 的导数;

(2) 求两个多项式乘积 $p_1(x)\times p_2(x)$ 的导数;

(3) 求两个多项式相除 $p_2(x)/p_1(x)$ 的导数。

5. 已知分式表达式为 $f(s)=\dfrac{B(s)}{A(s)}=\dfrac{s+1}{s^2-7s+12}$:

(1) 求 $f(s)$ 的部分分式展开式;

(2) 将部分分式展开式转换为分式表达式。

6. 某电路元件,测试两端的电压 U 与流过的电流 I 的关系,实测数据如表 4-3 所示。用不同的插值方法(最接近点法、线性法、三次样条法和三次多项式法)计算 $I=9\text{A}$ 处的电压 U。

表 4-3 实测数据

流过的电路 I/A	0	2	4	6	8	10	12
两端的电压 U/V	0	2	5	8.2	12	16	21

7. 某实验对一幅灰度图像灰度分布做测试。用 i 表示图像的宽度(PPI),j 表示图像的深度(PPI),I 表示测得的各点图像颜色的灰度,测量结果如表 4-4 所示。

表 4-4 图像各点颜色灰度测量值

i	j					
	0	5	10	15	20	25
0	130	132	134	133	132	131
5	133	137	141	138	135	133
10	135	138	144	143	137	134
15	132	134	136	135	133	132

(1) 分别用最近点二维插值、三次样条插值、线性二维插值法求 $(13,12)$ 点的灰度值;

(2) 用三次多项式插值求图像宽度每 1 PPI,深度每 1 PPI 处各点的灰度值,并用图形显示插值前后图像的灰度分布图。

8. 用 polyfit 函数实现一个 3 阶和 5 阶多项式在区间 $[0,2]$ 内逼近函数 $f(x)=\mathrm{e}^{-0.5x}+\sin x$,利用绘图的方法,比较拟合的 5 阶多项式、7 阶多项式和 $f(x)$ 的区别。

9. 已知矩阵 $\boldsymbol{A} = \begin{bmatrix} 10 & 4 & 7 \\ 9 & 6 & 2 \\ 3 & 9 & 4 \end{bmatrix}$：

（1）用 max 和 min 函数求每行和每列的最大和最小元素，并求 $\boldsymbol{A}$ 的最大元素和最小元素；

（2）求矩阵 $\boldsymbol{A}$ 的每行和每列的平均值和中值；

（3）对矩阵 $\boldsymbol{A}$ 做各种排序；

（4）对矩阵 $\boldsymbol{A}$ 的各列和各行求和与求乘积；

（5）求矩阵 $\boldsymbol{A}$ 的行和列的标准方差；

（6）求矩阵 $\boldsymbol{A}$ 列元素的相关系数。

10. 已知 $y = e^{-0.5x}\sin(2x)$，在 $0 \leqslant x \leqslant \pi$ 区间内，使用 fminbnd 函数获取 y 函数的极小值。

11. 使用 fzero 函数求 $f(x) = x^2 - 8x + 12$ 分别在初始值 $x = 0$ 和 $x = 7$ 附近的过零点，并求出过零点函数的值。

12. 已知矩阵 $\boldsymbol{A} = \begin{bmatrix} 10 & 4 & 7 \\ 9 & 6 & 2 \\ 3 & 9 & 4 \end{bmatrix}$，分别求矩阵 $\boldsymbol{A}$ 行和列的一阶和二阶前向差分。

13. 分别使用 quad 函数和 quadl 函数求 $q = \int_0^{2\pi} \dfrac{\sin(x)}{x + \cos^2 x}\mathrm{d}x$ 的数值积分。

14. 求二重数值积分 $q = \int_0^{2\pi}\int_0^{2\pi} x\cos(y) + y\sin(x)\mathrm{d}x\,\mathrm{d}y$。

15. 已知二阶微分方程 $\dfrac{\mathrm{d}^2 y}{\mathrm{d}t^2} - 2y' + y = 0, y(0) = 1, \dfrac{\mathrm{d}y(0)}{\mathrm{d}t} = 0, t \in [0,2]$，试用 ode45 函数解微分方程作出 $y\text{-}t$ 的关系曲线图。

16. 洛伦兹(Lorenz)模型的状态方程表示为

$$\begin{cases} \dfrac{\mathrm{d}x_1(t)}{\mathrm{d}t} = -\beta x_1(t) + x_2(t)x_3(t) \\ \dfrac{\mathrm{d}x_2(t)}{\mathrm{d}t} = -\delta x_2(t) + \delta x_3(t) \\ \dfrac{\mathrm{d}x_3(t)}{\mathrm{d}t} = -x_2(t)x_1(t) + \rho x_2(t) - x_3(t) \end{cases}, \quad \begin{cases} x_1(0) = 0 \\ x_2(0) = 0 \\ x_3(0) = 10^{-10} \end{cases}$$

取 $\delta = 10, \rho = 28, \beta = 8/3$，解该微分方程，并绘制出 $x_1(t)\text{-}t$ 的时间曲线和 $x_1(t)\text{-}x_2(t)$ 的相空间曲线。

第 5 章

MATLAB 符号运算

本章要点：

◇ MATLAB 符号运算的特点；

◇ MATLAB 符号对象的创建和使用；

◇ 符号多项式函数运算；

◇ 符号微积分运算；

◇ 符号方程求解；

◇ 应用实例。

5.1 MATLAB 符号运算的特点

MATLAB 语言的符号运算是指基于数学公理和数学定理，采用推理和逻辑演绎的方式对符号表达式进行运算从而获得符号形式的解析结果。在 MATLAB 中，符号常量、符号函数、符号方程和符号表达式等的计算成为符号运算的内容，一方面，这些符号运算都严格遵循数学中的各种计算法则、基本的计算公式来进行，另一方面，符号运算时可以根据计算精度的实际要求来调整运算符号（数值）的有效长度，从而使运算符号所得的结果完全准确，这种完全准确的结果可以解决纯数值计算中误差不断累积的问题。

在实际的科研计算和工程计算过程中，取得符号形式的解析结论是有重大意义的。它能完整清晰地给出对结论有影响的变量是哪些，详尽描述各变量相互的定性及定量的关系。相比较数值计算所得的结论，符号解析式的结论易于分析和总结，其逻辑清晰，结构完整，作为阶段性的结论又能轻易地移植到比它高一级的知识结构中，同时，符号形式的解析结论也是知识成果的传统保存形式之一。但在许多计算工作中，取得符号形式的解析结论还是有一定的困难的，而不得不采用数值计算的方式来对自然现象和科学实验进行研究和诠释。

在进行符号计算时，MATLAB 会调用内置的符号计算工具箱进行运算，然后返回到指令窗口中。可以输入多个 2-D 函数、极坐标函数或 3-D 函数，选择绘图参数，就可以轻松地完成图形的绘制，此外图形的动画制作也非常方便。MATLAB 的符号计算工具箱功能远不止于推导公式，其结合系统的建模和仿真 Simulink 功能模块，在算法开发、数据可视化、数据分析以及数值计算等方面还具有广泛的应用空间。

5.2 MATLAB 符号对象的创建和使用

MATLAB符号运算工具箱处理的符号对象主要是符号常量、符号变量、符号表达式以及符号矩阵。符号常量是不含变量的符号表达式。符号变量即由字母(除了i与j)与数字构成的,且由字母打头的字符串。任何包含符号对象的表达式或方程,即为符号表达式。任何包含符号对象的矩阵,即为符号矩阵。换言之,任何包含符号对象的表达式、方程或矩阵也一定是符号对象。要实现符号运算,首先需要将处理对象定义为符号变量或符号表达式。

1. 符号对象的创建

符号对象的创建可以使用sym和syms函数来实现。在声明一个符号变量时,二者没有区别,可以互用,但syms函数可以同时声明多个变量且还可以直接声明符号函数。

1) sym函数的调用格式

P = sym(p ,flag) % 由数值 p 创建一个符号常量 P

当p是数值时,sym函数可以将其转变为一个符号常量P;为了说明所创建的符号常量P所需的计算精度,参数flag可以是'f'、'e'、'r'或'd'4种格式;'f'表示符号常量P是浮点数,'e'表示给出估计误差,'r'表示有理数,'d'表示采用基数为十的浮点数,其有效长度由VPA函数指定;默认为'r'格式。

在MATLAB命令行窗口直接输入下列命令,示范sym函数的使用:

```
>> a1 = sym(sin(pi/3),'d')
 % 采用基数为十的浮点数表示,有效长度由 VPA 函数指定,这里是 32 位有效长度
 a1 = 0.86602540378443859658830206171842
```

继续输入:

```
>> a2 = sym(sin(pi/3),'f')          % 采用有理分式的浮点数表示
 a2 = 3900231685776981/4503599627370496
```

继续输入:

```
>> a3 = sym(sin(pi/3),'e')          % 采用有理数表示,并给出误差估计的有理分式
 a3 = 3^(1/2)/2 - (47 * eps)/208
```

继续输入:

```
>> a4 = sym(sin(pi/3),'r')          % 采用有理数表示,不给出误差
 a4 = 3^(1/2)/2
```

继续输入:

```
>> a5 = sym(sin(pi/3))              % 默认采用有理数表示
 a5 = 3^(1/2)/2
```

【例 5-1】 举例说明数值常量与符号常量的区别。

在MATLAB命令行窗口直接输入下列命令:

```
>> a = sin(pi/3);                   % 创建了一个数值常量 a
>> a1 = sym(sin(pi/3),'d');         % 创建了一个符号常量 a1
>> vpa(a - a1)                      % 采用两者之差来说明区别
 ans = 0.0000000000000000050175421109034516183471368839563
 % ans 显示了 a 与 a1 的差值,并以 32 位有效长度的数字加以表示
```

微课视频

2）声明符号变量（集）、创建符号表达式以及符号矩阵

先使用 sym 和 syms 函数来声明符号变量或符号变量集，再使用已定义符号变量去构造需表达的符号表达式以及符号矩阵。

通过输入以下命令进行举例：

```
>> syms a b c x                    %声明一个符号变量集
>> f1 = a * x^2 + b * x + c        %创建符号表达式
 f1 = a * x^2 + b * x + c
```

继续输入：

```
>> syms a b c x
>> A = [a * x^2 b * c;a * sqrt(x) b + c]     %创建符号矩阵
A =
[     a * x^2, b * c]
[ a * x^(1/2), b + c]
```

2. 自由符号变量

在符号表达式 $f1=ax^2+bx+c$ 中，式子等号右边共有 4 个符号，其中，x 被习惯认为是自变量，其他被认为是已知的符号常量。在 MATLAB 中 x 被称为自由符号变量，其他已知的符号常量被认为是符号参数，解题时是围绕自由符号变量进行的。得到的结果通常是"用符号参数构成的表达式表述自由符号变量"，解题时，自由符号变量可以人为指定，也可以由软件默认地自动认定。

1）自由符号变量的确定

符号表达式中的多个符号变量，系统按以下原则来选择自由符号变量：首选自由符号变量是 x，倘若表达式中不存在 x，则与 x 的 ASCII 值之差的绝对值小的字母优先；差的绝对值相同时，ASCII 码值大的字母优先。例如：

识别自由符号变量时，字母的优先顺序为 x、y、w、z、v 等。

规定大写字母比所有的小写字母都靠后，例如：

在符号表达式 ax^2+bX^2 中，自由符号变量的顺序为 x、b、a、X。

此外，字母 pi、i 和 j 等不能作为自由符号变量。

2）列出符号表达式中的符号变量

```
symvar(S)              %列出表达式 S 中所有的符号变量
symvar(S ,n)           %按优先次序列出表达式中的 n 个自由符号变量
```

通过输入以下命令进行举例：

```
>> syms a b c x
>> f1 = a * x^2 + b * x + c
>> symvar(f1)          %列出表达式 f1 中所有的符号变量
ans =
[a, b, c, x]
```

继续输入：

```
>> symvar(f1,3)        %按优先次序列出表达式中的 3 个自由符号变量
ans =
 [x, c, b]
```

上述 symvar 函数还可列出整个符号矩阵中的自由符号变量，如下：

```
>> A = [a * x^2 b * c;a * sqrt(x) b + c];
>> symvar(A)                          % 列出矩阵 A 中所有的符号变量
ans =
 [a, b, c, x]
```

继续输入：

```
>> symvar(A,3)                        % 按优先次序列出矩阵 A 中的 3 个自由符号变量
 ans =
  [x, c, b]
```

3. 基本的符号运算

MATLAB 中基本的符号运算范围及所采用的运算符号与数值运算没有大的差异,涉及的运算函数也几乎与数值计算中的情况完全一样,简介如下。

1)算术运算

加、减、乘、左除、右除、乘方：＋、－、＊、\、/、^。

点乘、点左除、点右除、点乘方：. ＊ 、.\、.\、/ 、.^。

共轭转置、转置：′。

2)关系运算

相等运算符号：＝＝。

不等运算符号：～＝。

符号关系运算仅有以上两种。

3)三角函数、双曲函数

三角函数：sin、cos 和 tan 等。

双曲函数：sinh、cosh 和 tanh 等。

4)三角函数、双曲函数的反函数

反三角函数：asin、acos 和 atan 等。

反双曲函数：asinh、acosh 和 atanh 等。

5)复数函数

求复数的共轭：conj。

求复数的实部：real。

求复数的虚部：imag。

求复数的模：abs。

求复数的相角：angle。

6)矩阵函数

求矩阵的对角元素：diag。

求矩阵的上三角矩阵：triu。

求矩阵的下三角矩阵：tril。

求矩阵的逆：inv。

求矩阵的行列式：det。

求矩阵的秩：rank。

求矩阵的特征多项式：poly。

求矩阵的指数函数：expm。

求矩阵的特征值和特征向量：eig。

求矩阵的奇异值分解：svd。

通过输入以下命令行进行举例：

```
>> syms a b c
>> B = [a b;c 0];
 >> C = inv(B)                      % 求矩阵 B 的逆
C =
[ 0,           1/c]
[ 1/b,  - a/(b*c)]
```

【例 5-2】 举例说明数值量与符号对象的混合运算。

通过输入以下命令行继续举例：

```
>> D = [1 2;3 4]                    % 定义一个数值矩阵 D
D =
     1    2
     3    4
```

继续输入：

```
>> C + D                           % 数值矩阵 D 与符号矩阵 C 直接相加
ans =
[       1,      1/c + 2]
[ 1/b + 3, 4 - a/(b*c)]
```

继续输入：

```
>> C * D                           % 数值矩阵 C 与符号矩阵 D 直接相乘
ans =
[            3/c,              4/c]
[ 1/b - (3*a)/(b*c), 2/b - (4*a)/(b*c)]
```

4. 符号对象的识别与精度转换

在 MATLAB 中,函数指令繁杂多样,数据对象种类亦有多种。有的函数指令适用于多种数据对象,但也有一些函数指令仅适用某一种数据对象。在数值计算与符号计算混合使用的情况下,常常遇到由于指令和数据对象不匹配而出错的情况,因而在 MATLAB 中提供了数据对象识别与转换的函数指令。

1) 识别数据对象属性

```
class(var)                  % 给出变量 var 的数据类型
isa(var, 'Obj')             % 若变量是 Obj 代表的类别,1 表示真
whos                        % 给出所有 MATLAB 内存变量的属性
```

通过输入以下命令行进行举例说明：

```
>> class(D)                 % 识别矩阵 D 的数据类型
ans = 'double'
```

继续输入：

```
>> class(C)                 % 识别矩阵 C 的数据类型
ans = 'sym'
```

继续输入：

```
>> class(C + D)             % 识别矩阵 C + D 之后的数据类型
ans = 'sym'
```

微课视频

继续输入：

```
>> isa(C + D,'sym')              % 询问 C + D 之后的数据类型是否为符号型
ans = 1                          % 结果为1,表明 C + D 之后的数据类型是符号型
```

【例 5-3】 举例说明如何观察内存变量类型及其他属性。

通过输入以下命令行进行举例说明：

```
>> clear                         % 清除工作区中的内存变量
>> a = 1;b = 2;c = 3;d = 4;
>> Mn = [a,b;c,d];
>> Mc = '[a,b;c,d]';
>> Ms = sym(Mn);
>> whos Mn Mc Ms                 % 显示出变量 Mn Mc Ms 的大小、空间及类型属性
   Name     Size     Bytes    Class      Attributes
   Mc       1×9      18       char
   Mn       2×2      32       double
   Ms       2×2      8        sym
```

2）符号对象数值计算的精度转换

符号对象的数值计算需要考虑运行速度和内存空间的占用。符号对象数值计算可以采用系统默认的数值精度,亦可以根据计算需求设置任意的有效精度。要了解当前系统默认的数值精度和设置目前所需求的有效精度,可采用如下函数指令：

```
>> digits             % 显示系统数值计算精度,以十进制浮点的有效数字位数表示
Digits = 32
```

或输入：

```
>> digits(16)         % 设定系统数值计算精度,有效数字位数被设定为16位
>> digits
Digits = 16
```

对于某个符号对象,可以根据计算需求取得 digits 所指定的系统数值计算精度,也可以个别设定某个具体的符号对象的数值计算精度。可参见如下函数指令：

```
>> fs = vpa(sin(2) + sqrt(2))     % 将式 sin(2) + sqrt(2)转换为符号常量 fs,精度为16位
fs = 2.323510989198777
```

或输入：

```
>> gs = vpa(sin(2) + sqrt(2),8)   % 将式 sin(2) + sqrt(2)转换为符号常量 gs,精度设为8位
gs = 2.323511
```

前面介绍了由数值表达式转换为符号常量的函数指令,但有些时候需要将符号对象转换为双精度数值对象,MATLAB采用如下函数指令进行转换：

```
num = double(s)       % 将符号对象 s 转换为双精度数值对象 num
>> n = double(gs)     % 将上例中的符号对象 gs 转换为双精度数值对象 n
n = 2.3235
```

由这个例子可以看出,双精度数值对象 n 运算速度最快,占用内存最少,但转换后得到的结果并不精确。双精度数值对象往往不能满足科学研究和工程计算的需要,此时可以使用 sym 函数指令将其转换为有理数类型。

【例 5-4】 举例说明一个数值表达式在双精度数值、有理数和任意精度数值等不同数值类型下的具体数字。

通过输入以下命令行进行举例说明：

```
>> clear
>> reset(symengine)                    % 重置 MATLAB 内部的 MuPAD 符号运算引擎
>> sa = sym(sin(3) + sqrt(3),'d')      % 将数值式 sin(3) + sqrt(3)转换为符号常量 sa
sa = 1.8731708156287443234333522923407 % 符号常量 sa 精度为十进制 32 位
```

继续输入：

```
>> a = sin(3) + sqrt(3)                % 将数值式 sin(3) + sqrt(3)赋值给双精度变量 a
a = 1.8732
>> format 'long'
>> a = sin(3) + sqrt(3)                % 将 sin(3) + sqrt(3)赋值给长格式双精度变量 a
a = 1.873170815628744
```

继续输入：

```
>> digits(48)
>> a = sin(3) + sqrt(3)
a = 1.873170815628744                  % 采用 48 位系统精度后,长格式变量 a 值不变
```

继续输入：

```
>> sa48 = vpa(sin(3) + sqrt(3))        % 将式 sin(3) + sqrt(3)转换为 sa48,精度设为 48 位
 sa48 =
 1.87317081562874432343335229234071448445320129395
```

5.3　符号多项式函数运算

5.3.1　多项式函数的符号表达形式及相互转换

多项式依运算的要求不同,有时需要整理并给出合并同类项后的表达形式,而有时又需要分解因式或将多项式展开,不一而足,均为常见的多项式运算操作。针对多项式运算操作,MATLAB 提供了多种形式的多项式表达方法。

1. 多项式展开和整理

1) 多项式的展开

采用以下函数指令可以将多项式展开成乘积项和的形式：

```
g = expand(f)                          % 将多项式展开成乘积项和的形式
```

通过输入以下命令行进行举例说明：

```
>> syms x y a b c
>> f1 = (x − a) * (x − b) * (x − c);
>> f2 = sin(x + y);
>> f3 = a * sin(x + b) + c * sin(x + a);
>> g1 = expand(f1)                     % 将多项式 f1 展开
g1 =
x^3 − b*x^2 − c*x^2 − a*x^2 − a*b*c + a*b*x + a*c*x + b*c*x
```

继续输入：

```
>> g2 = expand(f2)                     % 将多项式 f2 展开
```

```
g2 =
cos(x) * sin(y) + cos(y) * sin(x)
```

继续输入：

```
>> g3 = expand(f3)                        % 将多项式 f3 展开
g3 =
a * cos(b) * sin(x) + a * sin(b) * cos(x) + c * cos(a) * sin(x) + c * sin(a) * cos(x)
```

2) 多项式的整理

多项式的书写习惯是按照升幂或降幂的规则来完成的，否则需要加以整理。上例中表达式 g1 并不符合人们的书写习惯，可以使用下列函数指令加以整理：

```
h = collect(g)                            % 按照默认的变量整理表达式 g,g 可以是符号矩阵
h = collect(g,v)                          % 按照指定的变量或表达式 v 整理表达式 g
```

通过输入以下命令行进行举例说明：

```
>> h1 = collect(g1)                       % 按照变量 x 整理表达式 g1
h1 =
x^3 + (- a - b - c) * x^2 + (a*b + a*c + b*c) * x - a*b*c
```

继续输入：

```
>> h2 = collect(g2,cos(x))                % 按照指定的表达式 cos(x)整理表达式 g2
h2 =
sin(y) * cos(x) + cos(y) * sin(x)
```

继续输入：

```
>> h3 = collect(g2,cos(y))                % 按照指定的表达式 cos(y)整理表达式 g2
h3 =
sin(x) * cos(y) + cos(x) * sin(y)
```

继续输入：

```
>> h4 = collect(g3,cos(x))                % 按照指定的表达式 cos(x)整理表达式 g3
h4 =
 (a * sin(b) + c * sin(a)) * cos(x) + a * cos(b) * sin(x) + c * cos(a) * sin(x)
```

表达式 h1、h2、h3 和 h4 还可以进一步整理为排版形式的表达方式，如此加以美化之后，更加符合人们的书写习惯，所以有助于人们对表达式的解读，但美化之后的式子已非 MATLAB 所认可的符号表达式。

继续输入以下命令行进行举例说明：

```
>> pretty(h1)                             % 对符号表达式加以美化,注意式中指数的位置
 3                     2
x + (- a - b - c) x + (ab + ac + bc) x - abc
```

继续输入：

```
>> pretty(h2)
sin(x) cos(y) + cos(x) sin(y)
```

继续输入：

```
>> pretty(h4)
(a sin(b) + c sin(a)) cos(x) + a cos(b) sin(x) + c cos(a) sin(x)
```

2. 多项式因式分解与转换成嵌套形式

1) 多项式的因式分解

把一个多项式在一个范围内化为几个整式的积的形式,这种变形叫作因式分解,也称为分解因式。MATLAB 所提供的因式分解函数指令格式如下:

```
p = factor(f)                        %将符号对象 f 进行因式分解
```

输入以下命令行进行举例说明:

```
>> syms x y a b c                    %声明一个符号变量集
>> f1 = x^2 - 3 * x + 2;             %定义符号表达式 f1
>> h1 = factor(f1)                   %将 f1 进行因式分解
h1 =
[ x - 1, x - 2]
```

继续输入:

```
>> f2 = x^2 - 7 * x + 7;
>> h2 = factor(f2)
h2 =
x^2 - 7 * x + 7                      %f2 无法进行进一步因式分解
```

继续输入:

```
>> f3 = (x + y)^2 - 10 * (x + y) + 25;
>> h3 = factor(f3)
h3 =
 [ x + y - 5, x + y - 5]             %f3 对(x + y)所做的因式分解
```

继续输入:

```
>> f4 = a * x^2 + b * x + c;
>> h4 = factor(f4)
h4 =
a * x^2 + b * x + c                  %不支持全符号的表达式 f4 进行因式分解
>> factor(120)                       %对 120 进行质因数分解
ans =
     2    2    2    3    5
```

对于类似于全符号表达式 f4 的因式分解,可以采用另一种思路加以求解。构造一个 f4=0 方程式,再用 MATLAB 所提供的函数指令 solve 求出其根,然后写出其乘积的形式。此外,函数指令 factor(f)还可以对一个数,例如 120,进行质因数分解。

2) 多项式转换成嵌套形式

在编制多项式计算程序时,如若知道多项式的嵌套形式,那么便可以采用一种迭代的算法来完成多项式的计算。MATLAB 所提供的多项式转换成嵌套形式的函数指令格式如下:

```
g = horner(f)                        %将多项式 f 转换成嵌套形式 g
```

输入以下命令行进行举例说明:

```
>> syms x y z a b c
>> f1 = 2 * x^6 - 5 * x^5 + 3 * x^4 + x^3 - 7 * x^2 + 7 * x - 20;
>> g1 = horner(f1)                   %将一维多项式 f1 转换成嵌套形式 g1
g1 =
x * (x * (x * (x * (x * (2 * x - 5) + 3) + 1) - 7) + 7) - 20
```

继续输入:

```
>> f2 = 3 * x^5 + 4 * x^4 * y + 2 * x^3 * y^2 - x * y^4 - y^5 + 9;
>> g2 = horner(f2)                    % 将二维多项式 f2 转换成嵌套形式 g2
g2 =
x * (x^2 * (2 * y^2 + x * (3 * x + 4 * y)) - y^4) - y^5 + 9
```

继续输入：

```
>> f3 = (2 + 2j) * z^3 + (1 + j) * z^2 + (2 + j) * z + (2 + j);
>> g3 = horner(f3)                    % 将复数多项式 f3 转换成嵌套形式 g3
g3 =
z * (z * (z * (2 + 2i) + 1 + 1i) + 2 + 1i) + 2 + 1i
```

3. 多项式的因式代入替换与多项式的数值代入替换

在符号运算中，有符号因式（或称子表达式）会多次出现在不同的地方，为了使总表达式简洁易读，MATLAB 提供了如下指令用于多项式的符号因式代入替换。此外，符号形式的多项式已经得到，需要代入具体的数值进行计算，MATLAB 亦提供了相应的指令。

1）多项式的符号因式代入替换

MATLAB 所提供的多项式因式代入替换的函数指令格式如下：

```
DW = subexpr(D, 'W')                  % 从 D 中自动提取公因子 w，并重写 D 为 DW
```

输入以下命令行进行举例说明：

```
>> syms a b c d
>> A = [a b; c d];
>> [V, D] = eig(A)                    % 为了说明因子代入替换，求 A 的特征值及向量
V =
[ (a/2 + d/2 - (a^2 - 2 * a * d + d^2 + 4 * b * c)^(1/2)/2)/c - d/c,
(a/2 + d/2 + (a^2 - 2 * a * d + d^2 + 4 * b * c)^(1/2)/2)/c - d/c]
[                                                               1,
                                                                1]
D =
[ a/2 + d/2 - (a^2 - 2 * a * d + d^2 + 4 * b * c)^(1/2)/2,
                                                        0]
[                                                       0,
a/2 + d/2 + (a^2 - 2 * a * d + d^2 + 4 * b * c)^(1/2)/2]
```

继续输入：

```
>> DW = subexpr(D, 'W')               % 从 D 中自动提取公因子 W，并重写 D 为 DW
W =
(a^2 - 2 * a * d + d^2 + 4 * b * c)^(1/2)
DW =
[ a/2 - W/2 + d/2,              0]
[               0, W/2 + a/2 + d/2]
```

继续输入：

```
>> VW = subexpr(V, 'W')               % 从 V 中自动提取公因子 W，并重写 V 为 VW
W =
 (a^2 - 2 * a * d + d^2 + 4 * b * c)^(1/2)
VW =
 [ (a/2 - W/2 + d/2)/c - d/c, (W/2 + a/2 + d/2)/c - d/c]
[                         1,                         1]
```

2）多项式的数值代入替换

MATLAB 所提供的数值代入替换的函数指令格式如下，需要说明的是，subs 函数指令

不但可以将数值代入多项式中,也可以将符号代入多项式中。在工程计算中,subs 函数指令还可用来化简结果。

```
SR = subs(S,new)                           % 用 new 代入替换 S 中的自由变量后得到 SR
SR = subs(S,old,new)                       % 用 new 代入替换 S 中的 old 后得到 SR
```

输入以下命令行进行举例说明:

```
>> syms a b x y
>> f1 = a + b * cos(x)
f1 =
a + b * cos(x)
>> fr1 = subs(f1,cos(x),log(y))            % 用 log(y)代入替换 f1 中的 cos(x)后得到 fr1
fr1 =
a + b * log(y)
```

继续输入:

```
fr2 = subs(f1,{a,b,x},{2,3,pi/5})          % 用{2,3,pi/5}代入替换 f1 中的{a,b,x}后得到 fr2
fr2 =
 (3 * 5^(1/2))/4 + 11/4
```

继续输入:

```
>> fr3 = subs((3 * 5^(1/2))/4 + 11/4)      % 用 subs 将 fr2 计算化简为一个数值表达式 fr3
fr3 =
4984416289487807/1125899906842624
```

继续输入:

```
>> fr3 = 4984416289487807/1125899906842624
fr3 =
    4.4271                                 % 依工程计算要求,fr3 最终化简为一个双精度数
```

【例 5-5】 试计算正弦函数 $f = a\sin(\omega t + \varphi)$ 在 12s 处的值,其中 a、ω 和 φ 为已知量。
输入以下命令行进行计算:

```
>> syms t a w fai
>> f = a * sin(w * t + fai)
f =
a * sin(fai + t * w)
>> f12 = subs(subs(f,{a,w,fai},{10,100 * pi,pi/4}),t,12)
f12 =
5 * 2^(1/2)                                % 用 subs 分两步将 f12 计算出来
>> 5 * 2^(1/2)
ans = 7.0711                               % 依工程计算要求,f12 最终需化简为一个数
```

5.3.2 符号多项式的向量表示形式及其计算

1. 以向量形式输入多项式

对于诸如 $f = a_n x^n + a_{n-1} x^{n-1} + \cdots + a_0$ 形式的一元多项式(已整理为降幂的标准形式),MATLAB 提供了系数行向量 $[a_n \ a_{n-1} \ \cdots \ a_0]$ 的表达方式,其等同于输入了多项式 f,相比于符号的表达形式,多项式向量的输入更为简洁。

输入以下命令行进行举例说明:

```
>> syms x a b c
>> m = a * x^2 + b * x + c;                % 以符号方式输入一个一元多项式 m
```

```
>> n = [a b c]
n =
 [ a, b, c]                          % 输入系数向量用来代表一个一元多项式 n
```

继续输入：

```
>> roots(m)                         % 求一元方程式 m = 0 的符号解(根)
ans =
Empty sym: 0 - by - 1               % 提示符号为空,不支持以符号方式输入 m
```

继续输入：

```
>> roots(n)                         % 求一元方程式 n = 0 的符号解(根)
ans =
 - (b + (b^2 - 4 * a * c)^(1/2))/(2 * a)
 - (b - (b^2 - 4 * a * c)^(1/2))/(2 * a)   % 求解完成
```

继续输入：

```
>> p = [1 2 3 4];                   % 求一元方程式 p = 0 的数值解(根)
>> roots(p)
ans =
 - 1.6506 + 0.0000i
 - 0.1747 + 1.5469i
 - 0.1747 - 1.5469i
```

2. 将系数向量形式写成字符串形式的多项式

接着上面继续输入：

```
>> f = poly2str(p,'x')              % 依照系数向量 p 写出 x 为变元的多项式
f =
 'x^3 + 2 x^2 + 3 x + 4'
```

但要注意的是,式 f 此时不是 MATLAB 所认可的符号表达,而是一个字符串。

5.3.3 反函数和复合函数求解

1. 反函数的求解

在工程中的许多应用场景下,人们需要知道一个已知函数的反函数。对于单值函数的反函数,其函数值及函数图形都易于理解和掌握,多值函数的反函数则需要先定义一个主值范围,然后再对主值外的函数值加以讨论。

1) 单自变量函数求反函数的指令

格式如下：

```
g = finverse(f)                     % 对原函数 f 的默认变量求反函数 g
```

输入以下命令行进行举例说明：

```
>> syms x
>> f1 = 2 * x^2 + 3 * x + 1;
>> g1 = finverse(f1)
g1 =
(8 * x + 1)^(1/2)/4 - 3/4            % 对反函数 g 的定义域需定义一个主值范围
```

输入以下命令行进行举例说明：

```
>> syms a b x
```

```
>> f = a/x^2 + b * cos(x);
>> g = finverse(f)
g =
Empty sym: 0 - by - 1
```

上例中,函数 g 并没有给出一个确定形式的符号解,仅作了一个提示,对于这种情况,要么寻求其他的办法求符号解,要么就考虑数值方法求解。

2) 多自变量函数求反函数的指令

格式如下:

```
g = finverse(f,v)                    % 对原函数 f 的指定变量 v 求反函数 g
```

输入以下命令行进行举例说明:

```
>> syms t x a b
>> f1 = b * exp( - t + a * x);
>> g1 = finverse(f1,t)              % 对原函数 f1 的指定变量 t 求反函数 g1
g1 =
a * x - log(t/b)
```

继续输入:

```
>> g2 = finverse(f1)               % 对原函数 f1 的默认变量 x 求反函数 g2
g2 =
 (t + log(x/b))/a
```

2. 求复合函数

复合函数的概念在各种应用环境下都被广泛使用。MATLAB 软件中也提供了求复合函数的指令,因函数复合的法则及其变量代入位置的不同,存在各种格式,如下所列。

1) f(g(y))形式的复合函数

```
k1 = compose(f,g)                  % 复合法则是 g(y)代入 f(x)中 x 所在的位置
k2 = compose(f,g,t)                % g(y)代入 f(x)中 x 所在的位置,变量 t 代替 y
```

输入以下命令行进行举例说明:

```
>> syms x y z t u
>> f = x * exp( - t);
>> g = sin(y);
>> k1 = compose(f,g)
k1 =
exp( - t) * sin(y)
```

继续输入:

```
>> k2 = compose(f,g,t)
k2 =
exp( - t) * sin(t)
```

2) h(g(z))形式的复合函数

```
k3 = compose(h,g,x,z)              % 生成 h(g(z))形式的复合函数,g(z)代入 x 位置
k4 = compose(h,g,t,z)              % 生成 h(g(z))形式的复合函数,g(z)代入 t 位置
```

输入以下命令行进行举例说明:

```
>> h = x^ - t;
>> p = exp( - y/u);
>> k3 = compose(h,g,x,z)
```

```
k3 =
1/sin(z)^t
```

继续输入：

```
>> k4 = compose(h,g,t,z)
k4 =
1/x^sin(z)
```

3）h(p(z))形式的复合函数

```
k5 = compose(h,p,x,y,z)          %p(z)代入 x 位置,z代入 y 所在位置
k6 = compose(h,p,t,u,z)          %p(z)代入 t 位置,z代入 u 所在位置
```

输入以下命令行进行举例说明：

```
>> k5 = compose(h,p,x,y,z)
k5 =
1/exp( - z/u)^t
```

继续输入：

```
>> k6 = compose(h,p,t,u,z)
k6 =
1/x^exp( - y/z)
```

5.4 符号微积分运算

5.4.1 函数的极限和级数运算

MATLAB 具备强大的符号函数微积分运算能力,提供了求函数极限的命令,使用起来十分方便。计算函数在某个点处的极限数值是探讨函数连续性的一种主要的方法,而函数连续是许多算法的基础。此外,还可以通过导数的极限定义式来求导数,当然,在MATLAB 中可直接用求导数的指令来求取函数的导数。

1. 求函数极限

1）求函数极限的指令格式

```
limit(f,x,a)              % 相当于数学符号 lim_{x→a}f(x)
limit(f,a)                % 求函数 f 极限,只是变元为系统默认
limit(f)                  % 求函数 f 极限,变元为系统默认,a 取 0
limit(f,x,a,'right')      % 求函数 f 右极限(x 右趋于 a)
limit(f,x,a,'left')       % 求函数 f 左极限(x 左趋于 a)
```

输入以下命令行进行举例说明：

```
>> syms x a
>> limit(sin(x)/x)        % 已知 f(x) = sinx/x,求 lim_{x→0}f(x)
ans =
1
```

继续输入：

```
>> limit((1 + x)^(1/x))   % 已知 f(x) = (1+x)^{1/x},求 lim_{x→0}f(x)
ans =
exp(1)
```

继续输入：

```
>> limit(1/x,x,0,'left')                    % 已知 f(x) = 1/x,求 lim_{x→0⁺} f(x),左趋于 0⁺
ans =
 – Inf
```

继续输入：

```
>> limit(1/x,x,0,'right')                   % 已知 f(x) = 1/x,求 lim_{x→0⁻} f(x),右趋于 0⁻
ans =
Inf
```

2）求复变函数的极限

复变函数 $f(z)$ 的自变量 z 点在复平面上可以采用任意方式趋近 z_0 点,必须是所有的趋近方式下得到的极限计算值均相同,复变函数 $f(z)$ 的极限才存在。求复变函数 $f(z)$ 的极限通常有两种方法：一种是参量方法；另一种是分别求实部二元函数 $u(x,y)$ 和虚部二元函数 $v(x,y)$ 的极限。下面对参量方法举例说明。

微课视频

【例 5-6】 求复变函数 $f(z)=z^2$,z 趋于点 $2+4i$ 时的极限值,已知 z 局限于复平面上一条直线 $y=x+2$ 上运动。

欲求 $\lim\limits_{z \to z_0} f(z)$,依题意不妨设 $x=t$,则 $y=t+2$,代入复变函数中可得 $f(t)$,z 趋近点 $2+4i$ 时为 t 趋近 2,输入以下命令行对极限值进行求解：

```
>> syms x y z t
>> x = t;
>> y = t + 2;
>> z = x + i * y
z =
t * (1 + 1i) + 2i
>> f = z^2
f =
 (t * (1 + 1i) + 2i)^2
```

继续输入：

```
>> limit(f,t,2)
ans =
 – 12 + 16i
>> subs( – 12 + 16 * sqrt( – 1))
ans =
 – 12 + 16i
```

因而得 $\lim\limits_{z \to z_0} f(z) = -12 + 16i$。

2. 基本的级数运算

1）级数求和

```
symsum(s,x,a,b)                          % 计算表达式 s 当 x 从 a 到 b 的级数和
symsum(s,x,[a b]) 或 symsum(s,x,[a;b])    % 功能同上
symsum(s,a,b)                            % 计算 s 以默认变量从 a 到 b 的级数和
symsum(s)                                % 计算 s 以默认变量 n 从 0 到 n – 1 的级数和
```

输入以下命令行进行举例说明：

```
>> syms n k x
>> symsum(n)
```

```
 ans =
n^2/2 - n/2
```

继续输入：

```
>> symsum(n,0,k-1)
ans =
    (k*(k - 1))/2
```

继续输入：

```
>> an = 5^( - n/2);
>> symsum(an,0,k)
ans =
    5^(1/2)/4 - (1/5)^(k + 1)*5^(k/2 + 1/2)*(5^(1/2)/4 + 5/4) + 5/4
```

2）一维函数的泰勒级数展开

```
taylor(f,x,a)                    % 将函数 f 在 x = a 处展开成 5 阶(默认)泰勒级数
taylor(f,x)                      % 将函数 f 在 x = 0 处展开成 5 阶泰勒级数
taylor(f)                        % 将函数 f 在默认变量为 0 处展开成 5 阶泰勒级数
```

此外，以上指令格式中还可以添加参数，指定'ExpansionPoint'(扩展点)、'Order'(阶数)和'OrderMode'(阶的模式)等计算要求，其格式如下：

```
taylor(f,x,a, 'PARAM1',val1,'PARAM2',val2,… )
```

输入以下命令行进行举例说明：

```
>> syms x y z
>> f = exp( - x);
>> h1 = taylor(f)
h1 =
    - x^5/120 + x^4/24 - x^3/6 + x^2/2 - x + 1
```

继续输入：

```
>> h2 = taylor(f,'order',7)
h2 =
    x^6/720 - x^5/120 + x^4/24 - x^3/6 + x^2/2 - x + 1
```

继续输入：

```
>> h3 = taylor(f,'ExpansionPoint',1,'order',3)
h3 =
    exp(-1) - exp(-1)*(x - 1) + (exp(-1)*(x - 1)^2)/2
```

MATLAB 还可以求二维函数的泰勒级数展开。

5.4.2　符号微分运算

1. 求函数导数的命令

1）单变量函数求导

```
diff(f,x,n)                      % 计算 f 对变量 x 的 n 阶导数
diff(f,x)                        % 计算 f 对变量 x 的一阶导数
diff(f,n)                        % 计算 f 对默认变量的 n 阶导数
diff(f)                          % 计算 f 对默认变量的一阶导数
```

输入以下命令行进行举例说明：

```
>> syms x a
>> f = a * x^5;
>> g1 = diff(f)
g1 =
      5 * a * x^4
```

继续输入：

```
>> g2 = diff(f,2)
g2 =
      20 * a * x^3
```

2）多元函数求偏导

```
diff(f,x,y)                              % 对变量 x 求偏导,再对变量 y 求偏导
diff(f,x,y,z)                            % 对 x 求偏导,再对 y 求偏导,然后对 z 求偏导
```

输入以下命令行进行举例说明：

```
>> syms x y z a b c
>> f = sin(a * x^2 + b * y^2 + c * z^2);
>> h1 = diff(f,x)
h1 =
      2 * a * x * cos(a * x^2 + b * y^2 + c * z^2)
```

继续输入：

```
>> h2 = diff(f,x,y)
h2 =
      -4 * a * b * x * y * sin(a * x^2 + b * y^2 + c * z^2)
```

继续输入：

```
>> h3 = diff(f,x,y,z)
h3 =
      -8 * a * b * c * x * y * z * cos(a * x^2 + b * y^2 + c * z^2)
```

2. 隐函数求导数

1）求隐函数的一阶导数

由多元复合函数的求导法则可以推导出隐函数 $F(x,y)$ 的一阶导数求解公式为

$$\frac{\mathrm{d}y}{\mathrm{d}x} = -\frac{F_x}{F_y} \tag{5-1}$$

由式(5-1)可知,由隐函数 $F(x,y)$ 所确定的 y 与 x 之间的函数法则,无须做显性化处理就可以求导,但需要隐函数 $F(x,y)$ 对 x、y 的偏导数成立。

输入以下命令行进行举例说明：

```
>> syms x y a b
>> F1 = x^2 + y^2 - 1;
>> DF1_dx = - diff(F1,x)/diff(F1,y)
DF1_dx =
 - x/y
```

继续输入：

```
>> F2 = (x/a)^2 + (y/b)^2 - 1;
>> DF2_dx = - diff(F2,x)/diff(F2,y)
DF2_dx =
        - (b^2 * x)/(a^2 * y)
```

2）Jacobian(雅可比)矩阵计算

雅可比矩阵是多元函数(通常为隐函数形式)的一阶偏导数以一定方式排列而成的矩阵。这里提出雅可比矩阵的概念是因其元素均为一阶偏导数,则恰当的元素之比便可应用于隐函数求导数。其格式如下:

```
jacobian(F,v)                    %格式中 F、v 均为行向量,所得元素(i,j) = ∂F_i/∂v_j
```

输入以下命令行进行举例说明:

```
>> jacobian(F1,[x,y])
ans =
   [ 2 * x, 2 * y]               %一步求出 F1_x = 2x、F1_y = 2y
```

继续输入:

```
>> jacobian([F1,F2],[x,y])
ans =
[        2 * x,         2 * y]
[ (2 * x)/a^2, (2 * y)/b^2]      %一步求出 F1_x、F1_y、F2_x、F2_y
```

3. 离散数据差分计算

diff 函数式用于求连续函数的导数,也可以用于求离散函数的差分。无论是求微分(导数)还是求差分,计算原理类似。差分计算格式如下:

```
diff(X,n,d)                      %当 d = 1 时,对 X 计算 n 阶行差分,d = 2 则计算列差分
diff(X,n)                        %对 X 计算 n 阶行差分
diff(X)                          %对 X 计算一阶差分
```

输入以下命令行进行举例说明:

```
>> V = [1 2 3 5 8 13 21 34 55];
>> diff(V)                       %前后相邻元素之差
ans =
     1    1    2    3    5    8   13   21
```

继续输入:

```
>> A = [1 2 3 5;8 13 21 34;55 89 144 233]
A =
    1    2    3    5
    8   13   21   34
   55   89  144  233
```

继续输入:

```
>> G1 = diff(A)                  %前后两行元素之差
G1 =
    7   11   18   29
   47   76  123  199
```

继续输入:

```
>> G2 = diff(A,2)                %行元素的二阶差分
G2 =
   40   65  105  170
```

继续输入:

```
>> G3 = diff(A,1,2)                          % 前后两列元素之差
G3 =
     1    1    2
     5    8   13
    34   55   89
```

继续输入：

```
>> G4 = diff(A,2,2)                          % 列元素的二阶差分
G4 =
     0    1
     3    5
    21   34
```

5.4.3 符号积分运算

1. 求函数积分的命令

```
int(S,v,a,b)                     % 求函数 S 对指定变量 v 在[a,b]区间内的定积分
int(S,a,b)                       % 求函数 S 对默认变量在[a,b]区间内的定积分
int(S,v)                         % 求函数 S 对指定变量 v 的不定积分
int(S)                           % 求函数 S 对默认变量的不定积分
```

求符号函数积分的指令格式如上所示,非常简洁,但在积分的应用计算中还有许多的问题需要考虑,诸如双重积分、复变函数积分以及积分上限函数计算等。积分形式的函数是数学应用中最常见的函数形式之一,学生或工程师为了取得结果通常要进行大量的积分运算。使用 MATLAB 所提供的符号积分运算功能,将极大降低积分运算的难度,使得数学这一工具能够得到更便利的应用。

1) 不定积分和定积分运算举例

【例 5-7】 求函数 $f = 1/\sqrt{x^2+1}$ 的原函数。

输入以下命令行进行解题：

```
>> syms x
>> f = (x^2 + 1)^( - 1/2);
>> g = int(f)                          % 求 f 的不定积分便可以求出 f 的原函数
g =
asinh(x)
```

因而,函数 f 的原函数是函数 g,$g = a\sinh(x) + C$。

【例 5-8】 求定积分 $\int_0^\infty \frac{1}{\sqrt{2\pi}} e^{-x^2/2} \mathrm{d}x$ 的值。

输入以下命令行进行解题：

```
>> syms x
>> f = (1/sqrt(2 * pi)) * exp( - x^2/2);
>> int(f,0,inf)
ans =
   (7186705221432913 * 2^(1/2) * pi^(1/2))/36028797018963968
```

以上得到的是一个计算式而非一个数,需要再做一次计算从而得到一个确切的数,继续输入：

```
>> (7186705221432913 * 2^(1/2) * pi^(1/2))/36028797018963968
```

```
ans =
    0.5000
```

2）双重积分和三重积分运算举例

【例 5-9】 求由方程 $x^2 + y^2 = 1$ 确定的圆的面积。

输入以下命令行进行解题：

```
>> syms x y
>> S = int(int(1,y, - sqrt(1 - x^2),sqrt(1 - x^2)),x, - 1,1)
S =
pi
```

所求面积公式为 $S = \int_{-1}^{1} \left[\int_{-\sqrt{1-x^2}}^{\sqrt{1-x^2}} \mathrm{d}y \right] \mathrm{d}x$，需要说明的是，算法是由人设计的，即本题中的计算公式先由人推导出，其后交由 MATLAB 进行计算。 当然,本题中求面积的算法不是唯一的,例 5-10 中的三重积分的算法就更多了。

【例 5-10】 试计算椭球体 $\dfrac{x^2}{a^2} + \dfrac{y^2}{b^2} + \dfrac{z^2}{c^2} \leqslant 1$ 的体积。

采用先求平行于 xOy 平面的椭球剖面的面积,然后再在 z 轴上将剖面的面积叠加求出体积。所求计算公式经推导如下：

$$V = \int_{-c}^{c} \left[\iint_{S(z)} \mathrm{d}x\,\mathrm{d}y \right] \mathrm{d}z = \pi a \cdot b \int_{-c}^{c} \left(1 - \frac{z^2}{c^2} \right) \mathrm{d}z \tag{5-2}$$

方括号内即为椭球剖面的面积(平行于 xOy 平面),其计算公式为

$$S(z) = \int_{-\sqrt{a^2\left(1-\frac{z^2}{c^2}\right)}}^{\sqrt{a^2\left(1-\frac{z^2}{c^2}\right)}} \int_{-\sqrt{b^2\left(1-\frac{x^2}{a^2}-\frac{z^2}{c^2}\right)}}^{\sqrt{b^2\left(1-\frac{x^2}{a^2}-\frac{z^2}{c^2}\right)}} \mathrm{d}y\,\mathrm{d}x \tag{5-3}$$

输入以下命令行进行解题。

方法 1：

```
>> syms x y z a b c
>> g = sqrt(b^2 * (1 - x^2/a^2 - z^2/c^2))
g =
( - b^2 * (x^2/a^2 + z^2/c^2 - 1))^(1/2)
```

继续输入：

```
>> h = sqrt(a^2 * (1 - z^2/c^2))
h =
  ( - a^2 * (z^2/c^2 - 1))^(1/2)
```

继续输入：

```
>> S = int(int(1,y, - g,g),x, - h,h)
S =
int(2 * ( - b^2 * (x^2/a^2 + z^2/c^2 - 1))^(1/2), x, - ( - a^2 * (z^2/c^2 - 1))^(1/2), ( - a^
2 * (z^2/c^2 - 1))^(1/2))
```

继续输入：

```
>> V = int(S,z, - c,c)
V =
int(int(2 * ( - b^2 * (x^2/a^2 + z^2/c^2 - 1))^(1/2), x, - ( - a^2 * (z^2/c^2 - 1))^(1/2),
( - a^2 * (z^2/c^2 - 1))^(1/2)), z, - c, c)
```

微课视频

微课视频

方法 2：

```
>> syms a b c x y z
>> V = int(pi * a * b * (1 - z^2/c^2),z, - c,c)
V =
 (4 * pi * a * b * c)/3
```

虽然方法 1 的结果还需进一步整理变形,但方法 1 和方法 2 都能得到正确的结果。本题说明了解题计算方法的重要性,算法正确的情况下计算就十分简便。假如算法不优,则计算过程就复杂一些,时间也不可避免地拉长了。

2. 符号积分变换

对于电子类专业的学生和工程技术人员而言,傅里叶变换、拉普拉斯变换和 Z 变换是必须学习和掌握的专业基础知识。

1) 傅里叶变换及逆变换

```
F = fourier(f)          % 对默认的变量进行傅里叶变换,F 的自变量默认为 w
F = fourier(f,v)        % 对默认的变量进行傅里叶变换,F 的自变量指定为 v
F = fourier(f,u,v)      % 对指定的变量 u 进行傅里叶变换,F 的自变量为 v
```

以上为傅里叶变换的命令格式,下面为傅里叶逆变换的命令格式：

```
f = ifourier(F)         % 对默认变量 w 进行傅里叶逆变换,f 的自变量为 x
f = ifourier(F,v)       % 对指定的变量 v 进行傅里叶逆变换,f 的自变量为 x
f = ifourier(F,v,u)     % 对指定的变量 v 进行傅里叶逆变换,f 的自变量为 u
```

输入以下命令行进行举例说明：

```
>> syms x t u v w a b
>> f1 = sin(a * x);
```

继续输入：

```
>> Fw1 = fourier(f1)
Fw1 =
pi * (dirac(a + w) - dirac(a - w)) * 1i
```

继续输入：

```
>> f3 = ifourier(Fw1)
f3 =
 (exp( - a * x * 1i) * 1i)/2 - (exp(a * x * 1i) * 1i)/2
>> f3 = simplify(f3)
ans =
sin(a * x)              % f3 与 f1 相比,形式上是一样的
```

继续输入：

```
>> f2 = sin(b * t);
>> Fw2 = fourier(f2)
Fw2 =
pi * (dirac(b + w) - dirac(b - w)) * 1i
```

继续输入：

```
>> f4 = ifourier(Fw2)
f4 =
   (exp( - b * x * 1i) * 1i)/2 - (exp(b * x * 1i) * 1i)/2
>> f4 = simplify(f4)
```

```
f4 =
sin(b * x)                                    % f4 与 f2 相比,形式上是一样的,但自变量不一样
```

比较函数 f1 和函数 f2,其自变量是不同的,分别为 x 和 t。经傅里叶变换命令 fourier(f)均可以计算得出频谱函数 Fw1 和 Fw2,并以 w 为自变量。频谱函数 Fw1 和 Fw2 经傅里叶逆变换命令 ifourier(F)后又得函数 f3 和 f4,理论上函数 f3 和 f4 应等于函数 f1 和 f2。但函数 f3 和 f4 的自变量均为 x,从而函数 f2 与函数 f4 的自变量就不一样了。

要解决函数 f2 与函数 f4 的自变量不一样的问题,只需采用 f = ifourier(F,w,t)格式的命令。见下列程序行:

```
>> f5 = ifourier(Fw2,w,t)
f5 =
 (exp( - b * t * 1i) * 1i)/2 - (exp(b * t * 1i) * 1i)/2
>> f5 = simplify(f5)
f5 =
sin(b * t)
```

比较函数 f2 和函数 f5,其自变量是相同的。这个问题的解决有益于厘清二维函数傅里叶变换的计算思路。

2) 拉普拉斯变换及其逆变换

```
L = laplace(F)                  % 对默认变量进行拉普拉斯变换,L 的自变量默认为 s
L = laplace(F,z)                % 对默认变量进行拉普拉斯变换,L 的自变量指定为 z
L = laplace(F,w,u)              % 对指定变量 w 进行拉普拉斯变换,L 的自变量指定为 u
```

输入以下命令行进行举例说明:

```
>> syms a s t w x F(t)
>> f = a * sin(w * x);
>> L1 = laplace(f)              % 对变量 x 进行函数 f 的拉普拉斯变换
L1 =
 (a * w)/(s^2 + w^2)            % L1 的自变量取默认的 s
```

继续输入:

```
>> L2 = laplace(f,t)            % 对变量 x 进行函数 f 的拉普拉斯变换
L2 =
 (a * w)/(t^2 + w^2)            % L2 的自变量指定为 t
```

继续输入:

```
>> L3 = laplace(f,w,t)          % 对指定变量 w 进行函数 f 的拉普拉斯变换
L3 =
 (a * x)/(t^2 + x^2)            % L3 的自变量指定为 t
```

继续输入:

```
>> L4 = laplace(diff(F(t)))     % 对函数 f(默认变量)的导数进行拉普拉斯变换
L4 =
s * laplace(F(t), t, s) - F(0)
```

以上为拉普拉斯变换的命令格式及应用,下面为拉普拉斯逆变换的命令格式及应用:

```
F = ilaplace(L)                 % 对 L(默认变量 s)进行逆变换,F 自变量默认为 t
F = ilaplace(L,y)               % 对 L(默认变量 s)进行逆变换,F 自变量指定为 y
F = ilaplace(L,y,x)             % 对 L(指定变量 x)进行逆变换,F 自变量默认为 y
```

输入以下命令行进行举例说明:

```
>> f1 = ilaplace(L1)                  % 对 L1(默认变量 s)进行逆变换,f1 自变量默认为 t
f1 =
a * sin(t * w)
```

继续输入:

```
>> f2 = ilaplace(L2)                  % 对 L2(默认变量 w)进行逆变换,f2 自变量默认为 t
f2 =
a * cos(t^2)
```

继续输入:

```
>> f3 = ilaplace(L2,x,t)              % 对 L2(指定变量 x)进行逆变换,f3 自变量默认为 t
f3 =
 (a * w * dirac(t))/(t^2 + w^2)       % 因 L2 中无变量 x,则取 x = 1 进行计算
```

继续输入:

```
>> f4 = ilaplace(L2,t,x)              % 对 L2(指定变量 t)进行逆变换,f3 自变量默认为 x
f4 =
a * sin(w * x)
```

比较函数 f 与函数 f2、f3、f4,只有 f4＝f。说明只有正确地应用拉普拉斯逆变换的命令格式,才能得到想要的逆变换结果(这里是函数 f4)。

3) Z 变换与 Z 逆变换

```
F = ztrans(f)                         % 对 f(默认变量 n)进行 Z 变换,F 的自变量默认为 z
F = ztrans(f,w)                       % 对 f(默认变量 n)进行 Z 变换,F 的自变量指定为 w
F = ztrans(f,k,w)                     % 对 f(指定变量 k)进行 Z 变换,F 的自变量指定为 w
```

输入以下命令行进行举例说明:

```
>> syms n k w z a b
>> f = a * sin(k * n) + b * cos(k * n)
f =
b * cos(k * n) + a * sin(k * n)
```

继续输入:

```
>> F1 = ztrans(f)                     % 对变量 n(默认的)进行离散函数 f 的 Z 变换
F1 =                                  % F1 的自变量取默认的 z
(a * z * sin(k))/(z^2 - 2 * cos(k) * z + 1) + (b * z * (z - cos(k)))/(z^2 - 2 * cos(k) * z + 1)
```

继续输入:

```
>> F2 = ztrans(f,w)                   % 对变量 n(默认的)进行离散函数 f 的 Z 变换
F2 =                                  % F2 的自变量取指定的 w
(a * w * sin(k))/(w^2 - 2 * cos(k) * w + 1) + (b * w * (w - cos(k)))/(w^2 - 2 * cos(k) * w + 1)
```

继续输入:

```
>> F3 = ztrans(f,k,w)                 % 对变量 k(指定的)进行离散函数 f 的 Z 变换
F3 =                                  % F3 的自变量取指定的 w
(a * w * sin(n))/(w^2 - 2 * cos(n) * w + 1) + (b * w * (w - cos(n)))/(w^2 - 2 * cos(n) * w + 1)
```

由 Z 变换的性质易知,离散函数 f(n)移位之后的 Z 变换形式将发生变化,输入以下命令行举例说明:

```
>> syms f(n)
>> ztrans(f(n))
```

```
ans =
ztrans(f(n), n, z)
```

继续输入：

```
>> ztrans(f(n + 1))
ans =
z * ztrans(f(n), n, z) - z * f(0)
```

继续输入：

```
>> ztrans(f(n - 1))
ans =
f(-1) + ztrans(f(n), n, z)/z
```

以上为 Z 变换的命令格式及应用，下面为 Z 逆变换的命令格式及应用：

```
f = iztrans(F)                          % 对 F(默认变量 z)进行逆变换, f 自变量默认为 n
f = iztrans(F,k)                        % 对 F(默认变量 z)进行逆变换, f 自变量默认为 k
f = iztrans(F,w,k)                      % 对 F(指定变量 w)进行逆变换, f 自变量默认为 k
```

输入以下命令行举例说明：

```
>> f2 = iztrans(F2)
f2 =
a * sin(k * n) + (cos(k * n) * (b * cos(k) + a * sin(k)))/cos(k) - (a * cos(k * n) * sin(k))/cos(k)
```

继续输入：

```
>> f2 = simplify(f2)                    % 对 F2 进行 Z 逆变换后再对结果进行简化
f2 =
b * cos(k * n) + a * sin(k * n)
 % f2 = f,说明 f 进行 Z 变换再进行逆变换后又回到原来的函数形式 f
>> f3 = iztrans(F3)
f3 =
a * sin(n^2) + (cos(n^2) * (b * cos(n) + a * sin(n)))/cos(n) - (a * cos(n^2) * sin(n))/cos(n)
```

继续输入：

```
>> simplify(f3)
ans =
a * sin(n^2) + b * cos(n^2)
```

继续输入：

```
>> f4 = iztrans(F3,w,k)
f4 =
a * sin(k * n) + (cos(k * n) * (b * cos(n) + a * sin(n)))/cos(n) - (a * cos(k * n) * sin(n))/cos(n)
```

继续输入：

```
>> simplify(f4)
ans =
b * cos(k * n) + a * sin(k * n)
```

f3 与 f4 的结果不同，说明在进行 Z 逆变换时需要仔细选择正确的命令格式。

5.5 符号方程求解

5.5.1 符号代数方程求解

数学上方程大致可分为线性方程和非线性方程，也可以分为代数方程、常系数微分方

程和偏微分方程等。首先要指出的是,利用 MATLAB 对符号方程求解,有些符号解答
(解析的答案)可能求不出来,则 MATLAB 可以转而去寻求方程的数值解。有的时候只
给出了方程的部分解,需要求解的人去做进一步的分析和检查。MATLAB 解方程的函
数指令的使用较为复杂烦琐,为了能让读者易于上手及掌握,本节采用逐条介绍函数指
令的方式。

1. solve 函数及其应用

MATLAB 所提供的 solve 函数指令主要用来求解代数方程(多项式方程)的符号解析
解。也能解一些简单方程的数值解,不过对于解其他方程的能力比较弱,所求出的解往往是
不精确或不完整的。注意可能得到的只是部分的结果,并不是全部解。

1) 单变量符号方程求解

可采用的函数指令格式如下:

```
S = solve(eqn1)
% 求解方程 eqn1 关于默认变量的符号解 S,所谓默认变量可由 symvar(eqn1)找寻
S = solve(eqn1,var1)
% 求解方程 eqn1 关于指定变量 var1 的符号解 S
```

输入以下命令行进行举例说明:

```
>> syms a b x y
>> eqn1 = a * sin(x) == b
eqn1 =
a * sin(x) == b
```

继续输入:

```
>> S = solve(eqn1)                    % 求解方程 eqn1 关于指定变量 x 的符号解 S
S =                                   % 注意只给出了两个解
      asin(b/a)
pi - asin(b/a)
```

很明显,答案中只给出了两个解,这是需要进一步分析的。此时可以在函数指令中加入
参数'ReturnConditions',参数默认值为 false,若取 true,则需额外提供两个参数。

使用格式及应用举例说明如下:

```
>> [S,params, conditions] = solve(eqn1,'ReturnConditions',true)
S =
      asin(b/a) + 2 * pi * k
   pi - asin(b/a) + 2 * pi * k
params =
k
conditions =
in(k, 'integer') & a ~= 0
in(k, 'integer') & a ~= 0
```

很明显,答案中给出了全部的解,其中含一个参数 k(params=k)。又进一步给出了两
个解分别成立的条件:in(k, 'integer') & a ~= 0 及 in(k, 'integer') & a ~= 0,解读为
a 不为 0 且 k 取整数。

如果方程无解,那么 solve 函数指令的运行又会出来怎样的结果呢? 请看下面的举例:

```
>> solve(2 * x + 1,3 * x + 1,x)
ans =
```

```
Empty sym: 0 - by - 1                    % 直接显示无解
```

2) 多变量符号方程组求解

可采用的函数指令格式如下：

[Svar1,Svar2,…,SvarN] = solve(eqn1,eqn2,…,eqnM,var1,var2,…,varN)

为了避免求解方程时对符号解产生混乱，需要指明方程组中需要求解的变量 var1，var2，…，varN，其所列的次序就是 slove 返回解的顺序，M 不一定等于 N。

输入以下命令行进行举例说明：

```
>> syms a b x y
>> eqn2 = x - y == a;
>> eqn3 = 2 * x + y == b;
>> [Sx,Sy] = solve(eqn2,eqn3,x,y)
Sx =
a/3 + b/3
Sy =
b/3 - (2 * a)/3
```

上面的例子中 M＝N，下面假设 M＜N，试看一下其运行的结果：

```
>> [Sx,Sy] = solve(eqn2,x,y)
Sx =
a
Sy =
0
```

根据 eqn2 方程，solve 解方程后给出一组解。此时可以在函数指令中加入参数 'ReturnConditions'，以取得通解和解的条件。

solve 函数指令中加入其他的参数：'IgnoreProperties' 默认取值为 false，当为 true 时求解会忽略变量定义时的一些假设，如假设变量为正（syms x positive）。

输入以下命令行进行举例说明：

```
>> syms t x positive              % 声明 x 为正数变量
>> [St,Sy] = solve(t^2 - 1,x^3 - 1,t,x)
% 指令中无 'IgnoreProperties'，仅能得到一组正数解
St =
1
Sy =
1
```

继续输入：

```
>> [St,Sy] = solve(t^2 - 1,x^3 - 1,t,x,'ignoreproperties',true)
St =                              % 加上 'IgnoreProperties' 参数，列出了全部解
  - 1
    1
  - 1
    1
  - 1
    1
Sy =
                        1
                        1
  - (3^(1/2) * 1i)/2 - 1/2
  - (3^(1/2) * 1i)/2 - 1/2
```

```
(3^(1/2) * 1i)/2 - 1/2
(3^(1/2) * 1i)/2 - 1/2
```

solve 函 数 指 令 除 'ReturnConditions' 和 'IgnoreProperties' 参 数 之 外，还 有 'IgnoreAnalyticConstraints'参数、'MaxDegree'参数、'PrincipalValue'参数和'Real'参数等可以选择，其中，'Real'参数为 ture 时只给出实数解，调整'MaxDegree'参数可以给出大于 3 的显性解，' IgnoreAnalyticConstraints ' 参 数 为 ture 时 可 以 忽 略 掉 一 些 分 析 的 限 制，'PrincipalValue'参数为 ture 时只给出主值。

2. fsolve 函数及其应用

函数指令 fsolve 可以用于求解非线性方程组(采用最小二乘法)。它的一般调用方式如下：

```
X = fsolve(fun,X0,option)
```

返回的解为 X,fun 是定义非线性方程组的函数文件名,X0 是求根过程的初值,option 为最优化工具箱的选项设定。

函数指令 fsolve 最优化工具箱提供了 20 多个选项,用户可以在 MATLAB 中使用 optimset 命令将它们显示出来。可以调用 optimset()函数来改变其中某个选项。例如,Display 选项决定函数调用时中间结果的显示方式,其中,'off'为不显示,'iter'表示每步都显示,'final'表示只显示最终结果。optimset('Display','off')将设定 Display 选项为'off'。

【例 5-11】 求解下列非线性方程组的解：

$$\begin{cases} 2x - 0.8\sin x - 0.5\cos y = 0 \\ 3y - 0.8\cos x + 0.3\sin y = 0 \end{cases}$$

先于工作目录下编辑一个函数 M 文件,命名为 non1.m。

```
function [n] = nonl(m)
x = m(1);
y = m(2);
n(1) = 2 * x - 0.8 * sin(x) - 0.5 * cos(y);
n(2) = 3 * y - 0.8 * cos(x) + 0.3 * sin(y);
end
```

然后在命令行窗口中运行下列指令：

```
>> x = fsolve('nonl',[0.8,0.7],optimset('Display','off'))
x =
    0.3993    0.2235
```

这里将解 x 代入原方程中,对解的精度进行检验：

```
>> e = nonl(x)
e =
    1.0e-07 *
    0.6505    0.7505
```

解具有较高精度,达到了 10^{-7} 的误差级别。

5.5.2　符号常微分方程求解

微分方程描述了自变量、未知函数和未知函数的微分之间的相互关系,与线性方程及非线性方程相比,其应用非常广泛,对微分方程的研究不断地推动着科学知识和工程技术的发展,而计算机的出现和发展又为提升微分方程的理论研究能力及工程应用水平提供了强有力的工具。常微分方程是指在微分方程中,自变量的个数仅有一个。

1. 单个符号常微分方程求解

MATLAB 提供的 dsolve 函数指令使用格式如下:

```
S = dsolve(eqn,'cond','v')
```

上列函数指令表示微分方程 eqn 在条件 cond 下对指定的自变量 v 进行求解。其中,自变量 v 省略不写,自变量默认为 t,或在符号声明中指出自变量;cond 是初始条件,也可省略,而所得解中将出现任意常数符 C,构成微分方程的通解;eqn 为微分方程的符号表达式,方程中 D 被定义为微分,D2、D3 被定义为二阶、三阶微分,y 的一阶导数 dy/dx 或 dy/dt 则可定义为 Dy。

下面举例加以说明。

【例 5-12】 求解下列常微分方程,已知初始条件:$y(0)=1, y'(\pi/a)=0$。

$$\frac{\mathrm{d}^2 y}{\mathrm{d}t^2} = -a^2 y(t)$$

程序代码如下:

```
>> syms y(t) a              %定义函数 y 及自变量 t
>> Dy = diff(y)             %定义 Dy 为 t 的一阶导数
Dy(t) =
diff(y(t), t)
>> D2y = diff(y,2)          %定义 D2y 为 t 的二阶导数
D2y(t) =
diff(y(t), t, t)
```

继续输入:

```
>> yt = dsolve(D2y == -a^2 * y, y(0) == 1, Dy(pi/a) == 0)
yt =
exp(-a * t * 1i)/2 + exp(a * t * 1i)/2
```

注意,微分方程及初始条件的格式均为符号表达式而非字符串形式。符号表达式中的等号应采用关系运算符"=="。

【例 5-13】 求解常微分方程,已知初始条件:$w(0)=0$。

$$\frac{\mathrm{d}^3 w}{\mathrm{d}x^3} = -w(x)$$

程序代码如下:

```
>> syms w(x) a              %定义函数 w 及自变量 x
>> Dw = diff(w)             %定义 Dw 为 x 的一阶导数
Dw(x) =
diff(w(x), x)
```

继续输入:

```
>> D2w = diff(w,2)          %定义 D2w 为 x 的二阶导数
D2w(x) =
diff(w(x), x, x)
```

继续输入:

```
>> wx = dsolve(diff(D2w) == -a * w,w(0) == 0)
```

```
wx =
C1 * exp( - x * ((-a)^(1/3)/2 - (3^(1/2) * ( - a)^(1/3) * 1i)/2)) + C2 * exp( - x * ((-a)^(1/
3)/2 + (3^(1/2) * ( - a)^(1/3) * 1i)/2)) - exp(( - a)^(1/3) * x) * (C1 + C2)
```

解 wx 中出现了两个常数 C1、C2,这是因为对于三阶的常微分方程只提供了一个初始
条件,要给出特解还欠缺两个初始条件。

2. 符号常微分方程组的求解

符号常微分方程组的求解仍然使用 dsolve 函数指令,其使用格式如下:

[Sv1,Sv2, …] = dsolve(eqn1, eqn2, …, 'cond1', 'cond2', …, 'v1', 'v2', …)

上列使用格式中,[Sv1,Sv2,…]为返回的解,eqn1, eqn2,…为常微分方程组,最大可包
含 12 个常微分方程,均以符号表达式形式填入。'v1', 'v2',…为指定的自变量,也可以在符
号声明中指出自变量及其函数。'cond1', 'cond2',…是初始条件,既可以是符号表达式形式
也可以是字符串形式。

下面举例加以说明。

【例 5-14】 求解下列常微分方程组,已知初始条件:$f(0)=1, g(0)=2$。

$$\begin{cases} f'(t) = f(t) + g(t) \\ g'(t) = g(t) - f(t) \end{cases}$$

程序代码如下:

```
>> syms f(t) g(t)
>> Df = diff(f)
Df(t) =
diff(f(t), t)
```

继续输入:

```
>> Dg = diff(g)
Dg(t) =
diff(g(t), t)
```

继续输入:

```
>> [sf,sg] = dsolve(Df == f + g, Dg == g - f, f(0) == 1, g(0) == 2)
sf =
exp(t) * cos(t) + 2 * exp(t) * sin(t)
sg =
2 * exp(t) * cos(t) - exp(t) * sin(t)        % 注意两个返回解的先后次序
```

上面的举例是采用标量形式来求解,下面再用向量和矩阵形式来求解:

```
>> syms f(t) g(t)
>> v = [f;g];
>> A = [1 1; - 1 1];
>> [Sf,Sg] = dsolve(diff(v) == A * v, v(0) == [1;2])
Sf =
exp(t) * cos(t) + 2 * exp(t) * sin(t)
Sg =
2 * exp(t) * cos(t) - exp(t) * sin(t)
```

5.5.3 一维偏微分方程求解

使用 MATLAB 求解偏微分方程或者方程组,常见的有三种方法。第一种方法是使用

MATLAB 中的 PDE Toolbox。PDE Toolbox 既可以使用图形界面,也可以使用命令行进行求解。PDE Toolbox 主要针对求解二维问题(时间 t 不被计算维度),欲求解三维问题则要设法降维求解,欲求解一维问题则要设法升维求解。第二种方法就是使用 MATLAB 中的 m 语言进行编程计算,相比 Fortran 和 C 等语言,MATLAB 中编程计算有许多库函数可以使用,对于大型矩阵的运算也要方便得多,当然使用 m 语言编程计算也有其劣势。第三种就是使用 pdepe 函数,MATLAB 中 pdepe 函数主要用于求解一维抛物型和椭圆型偏微分方程(组)。

1. 一维偏微分方程的求解

pdepe 函数指令的使用格式如下:

S = pdepe(m,@pdefun,@icfun,@bcfun,xmesh,tspan)

使用格式中 pdefun 是指一维偏微分方程具有如下的标准形式,如若不同应加以改写:

$$c\left(x,t,\frac{\partial u}{\partial x}\right)\frac{\partial u}{\partial t}=x^{-m}\frac{\partial}{\partial x}\left[x^m f\left(x,t,u,\frac{\partial u}{\partial x}\right)\right]+s\left(x,t,\frac{\partial u}{\partial x}\right) \tag{5-4}$$

式中,x 一般表示位置,t 一般表示时间,格式中的给定值 m 由方程的类型确定;格式中 bcfun 是其边界条件的标准形式,如若不同于标准形式应加以改写:

$$p(x,t,u)+q(x,t,u)f\left(x,t,u,\frac{\partial u}{\partial x}\right)=0 \tag{5-5}$$

考虑左右边界条件,应该写出下列两条:

$$\begin{cases} p(x_L,t,u)+q(x_L,t,u)f\left(x_L,t,u,\frac{\partial u}{\partial x}\right)=0 \\ p(x_R,t,u)+q(x_R,t,u)f\left(x_R,t,u,\frac{\partial u}{\partial x}\right)=0 \end{cases} \tag{5-6}$$

假定给定左边界条件 $u(x_L,t)=0$,则代入上式中第一条公式,得 $p(x_L,t,u)=u(x_L,t)$,$q(x_L,t,u)=0$;给定右边界条件 $\frac{\partial u}{\partial x}(x_R,t)=N$,则代入上式中第二条公式,得 $p(x_R,t,u)=-N$,$q(x_L,t,u)=1$。

格式中 icfun 是其初始条件的标准形式,如若不同于标准形式应加以改写:

$$u(x,t_0)=u_0$$

输出 S 为一个三维数组,$S(x(i),t(j),k)$ 表示 u_k 解。依照函数指令的使用格式,解题时先应在函数编辑器中编辑好 pdefun、pdebc 及 icfun 三个函数以便调用。

下面举例加以说明。

【例 5-15】 求解下列偏微分方程:

$$\begin{cases} \pi^2\frac{\partial u}{\partial t}=\frac{\partial}{\partial x}\left(\frac{\partial u}{\partial x}\right) \\ u(0,t)=0 \\ \frac{\partial u}{\partial t}(1,t)=-\pi e^{-t} \\ u(x,0)=\sin(\pi x) \end{cases}$$

对比已给出的偏微分方程与一维偏微分方程的标准形式,得出:

$$c\left(x,t,\frac{\partial u}{\partial t}\right)=\pi^2, \quad m=0, \quad f\left(x,t,u,\frac{\partial u}{\partial x}\right)=\frac{\partial u}{\partial x}, \quad s\left(x,t,\frac{\partial u}{\partial x}\right)=0 \qquad (5\text{-}7)$$

在调用 pdepe 运算之前,先编写以下 3 个函数以便于在 pdepe 函数指令的使用中加以调用。按照上述已得到的偏微分方程先编写 pdefun 函数(命名为 pdex1pde.m):

```
function[c,f,s] = pdex1pde(x,t,u,DuDx)
c = pi^2;
f = DuDx;
s = 0;
end
```

接着对比所给的边界条件与边界条件的标准形式,编写边界 bcfun 函数(命名为 pdex1bc.m),结果如下:

```
function[pl,ql,pr,qr] = pdex1bc(xl,ul,xr,ur,t)
pl = ul;
ql = 0;
pr = pi * exp( - t);
qr = 1;
end
```

最后还要对比所给的初始条件与初始条件的标准形式,编写初始 icfun 函数(命名为 pdex1ic.m),结果如下:

```
function u0 = pdex1ic(x)
u0 = sin(pi * x);
end
```

现在,可以开始编写程序 pdex1.m 并调用 pdepe 函数运行,同时将所得数据可视化。

```
m = 0;
x = linspace(0,1,20);
t = linspace(0,2,10);
sol = pdepe(m,@pdex1pde,@pdex1ic,@pdex1bc,x,t);
u = sol(:,:,1);                          % 将解数组赋值给变量 u
surf(x,t,u)
title('Numerical solution')
xlabel('Distance x')
ylabel('Time t')
figure
plot(x,u(end,:))
title('Solution at t = 2')
xlabel('Distance x')
ylabel('u(x,2)')
```

运行程序 pdex1 之后,数值解可以绘制成图 5-1。

由图 5-1 可以直接观察到,t=0 时的初始条件在 x 轴上是满足的,x=0 时的边界条件也是满足的,被求的函数 u 值随时间的变化情况一目了然。

2. 一维偏微分方程组的求解

为了进一步了解函数 dsolve 的使用格式,编写偏微分方程组、边界条件和初值条件等函数文件,熟练地解算一维偏微分方程组应用题,下面再举例加以说明。

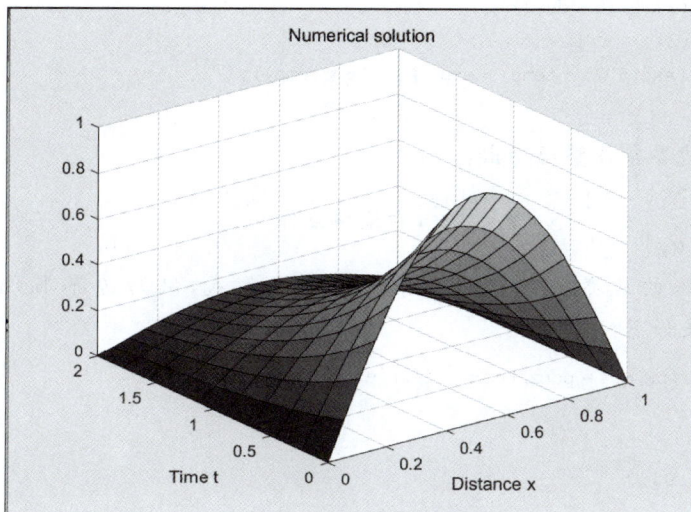

图 5-1 计算结果可视化

【例 5-16】 求解下列偏微分方程组：

$$\begin{cases} \dfrac{\partial u_1}{\partial t} = 0.025 \dfrac{\partial^2 u_1}{\partial x^2} - F(u_1 - u_2) \\[3mm] \dfrac{\partial u_2}{\partial t} = 0.18 \dfrac{\partial^2 u_2}{\partial x^2} + F(u_1 - u_2) \end{cases}$$

其中，$F = e^{5.75x} - e^{-11.56x}$，满足初值条件 $u_1(x,0)=1$，$u_2(x,0)=0$，且满足如下边界条件：

左边界条件 $\begin{cases} \dfrac{\partial u_1}{\partial x}(0,t)=0 \\[3mm] u_2(0,t)=0 \end{cases}$，右边界条件 $\begin{cases} u_1(1,t)=1 \\[3mm] \dfrac{\partial u_2}{\partial x}(1,t)=0 \end{cases}$。

将已给出的偏微分方程组整理得出：

$$\begin{bmatrix} 1 \\ 1 \end{bmatrix} .* \frac{\partial}{\partial t} \begin{bmatrix} u_1 \\ u_2 \end{bmatrix} = \frac{\partial}{\partial x} \begin{bmatrix} 0.025 \dfrac{\partial u_1}{\partial x} \\[3mm] 0.18 \dfrac{\partial u_2}{\partial x} \end{bmatrix} + \begin{bmatrix} -F(u_1 - u_2) \\ F(u_1 - u_2) \end{bmatrix} \tag{5-8}$$

对比已给出的偏微分方程与一维偏微分方程的标准形式，容易得出：

$$c\left(x,t,\frac{\partial u}{\partial x}\right) = \begin{bmatrix} 1 \\ 1 \end{bmatrix}, \quad m=0, \quad f\left(x,t,u,\frac{\partial u}{\partial x}\right) = \begin{bmatrix} 0.025 \dfrac{\partial u_1}{\partial x} \\[3mm] 0.18 \dfrac{\partial u_2}{\partial x} \end{bmatrix}$$

$$s\left(x,t,\frac{\partial u}{\partial x}\right) = \begin{bmatrix} -F(u_1 - u_2) \\ F(u_1 - u_2) \end{bmatrix}$$

调用 pdepe 运算之前，先编写以下 3 个函数以便于在 pdepe 函数指令的使用中加以调用。按照上述已得到的偏微分方程先编写 pdefun 函数（命名为 pdex2fun.m）：

```
function[c,f,s] = pdex2fun(x,t,u,du)
c = [1;1];
```

```
f = [0.025 * du(1);0.18 * du(2)];
temp = u(1) - u(2);
s = [ - 1;1]. * (exp(5.75 * temp) - exp( - 11.56 * temp));
end
```

将已给出的边界条件整理得出:

左边界条件 $\begin{bmatrix}0\\u_2\end{bmatrix}+\begin{bmatrix}1\\0\end{bmatrix}.*f=\begin{bmatrix}0\\0\end{bmatrix}$,右边界条件 $\begin{bmatrix}u_1-1\\0\end{bmatrix}+\begin{bmatrix}0\\1\end{bmatrix}.*f=\begin{bmatrix}0\\0\end{bmatrix}$ 。

接着对比所给的边界条件与边界条件的标准形式,编写边界 bcfun 函数(命名为 pdex2bc. m),结果如下:

```
function[pl,ql,pr,qr] = pdex2bc(xl,ul,xr,ur,t)
pl = [0;ul(2)];
ql = [1;0];
pr = [ur(1) - 1;0];
qr = [0;1];
end
```

接着对比所给的初始条件与初始条件的标准形式,编写初始条件 icfun 函数(命名为 pdex2ic. m),结果如下:

```
function u0 = pdex2ic(x)
u0 = [1;0];
end
```

现在可以开始编写程序 pdex2. m 并调用 pdepe 函数运行,同时将所得数据可视化。

```
clc
x = 0:0.05:1;
t = 0:0.05:2;
m = 0;
sol = pdepe(m, @pdex2fun, @pdex2ic, @pdex2bc,x,t);
figure('numbertitle','off','name','PDE Demo by Matlabsky')
subplot(211)
surf(x,t,sol(:,:,1))
title('The Solution of u1')
xlabel('x')
ylabel('t')
zlabel('u1')
subplot(212)
surf(x,t,sol(:,:,2))
title('The Solution of u2')
xlabel('x')
ylabel('t')
zlabel('u2')
```

运行程序 pdex2 之后,数值解可以绘制成图 5-2。

由图 5-2 可以直接观察到,t=0 时的初始条件在 x 轴上是满足的,x=0 时的边界条件也是满足的,被求的函数 u1 值、函数 u2 值随时间的变化情况一目了然。

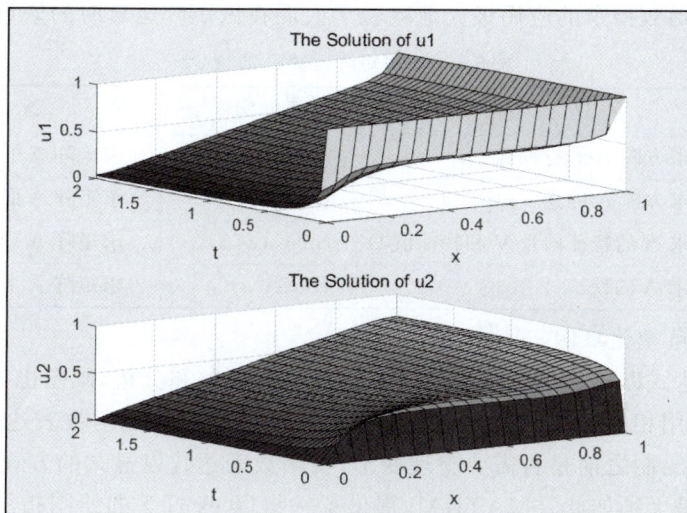

图 5-2　计算结果可视化

　　偏微分方程的解不仅受方程形式约束,也是受边界条件和初始条件约束的。即偏微分方程、边界条件和初始条件共同考虑才能决定一个确定的解,其符号解析形式的解往往形式复杂,多数以隐函数形式提供,不利于对其解进行定量分析。因而提供数值形式的解并加以可视化也不失其应用的意义。

5.6　应用实例

1. 符号矩阵运算举例

【例 5-17】　求符号矩阵 $A = \begin{bmatrix} a & b \\ c & d \end{bmatrix}$ 的行列式、逆和特征根。

微课视频

在 MATLAB 命令行窗口中直接输入下列命令求行列式:

```
>> syms a b c d
>> A = [a b;c d];
>> D = det(A)
D =
a * d − b * c
```

接着直接输入下列命令求逆:

```
>> B = inv(A)
B =
   [ d/(a * d − b * c),  − b/(a * d − b * c)]
   [ − c/(a * d − b * c), a/(a * d − b * c)]
```

再直接输入下列命令求特征根:

```
>> S = eig(A)
S =
   a/2 + d/2 − (a^2 − 2 * a * d + d^2 + 4 * b * c)^(1/2)/2
   a/2 + d/2 + (a^2 − 2 * a * d + d^2 + 4 * b * c)^(1/2)/2
```

MATLAB 已提供了多条函数指令用于符号矩阵的运算,常用的矩阵运算函数指令如

表 5-1 所示,这些函数指令的应用极大地减轻了人们在做矩阵运算时的繁重工作量。

表 5-1　常用矩阵运算函数指令

函 数 指 令	运 算 功 能	函 数 指 令	运 算 功 能
det(A)	求方阵 A 的行列式	poly(A)	求矩阵 A 的特征多项式
inv(A)	求方阵 A 的逆	rref(A)	求矩阵 A 的行阶梯形
[V,D]=eig(A)	求 A 的特征向量 V 和特征值 D	colspace(A)	求矩阵 A 列空间的基
rank(A)	求 A 的秩	triu(A)	求矩阵 A 上三角形

2. 符号函数可视化举例

通常函数表达式以显式的方式列出时较易被人们理解和分析,画图也很方便,只需定义好自变量取值,调用相应的图形绘制函数指令运行便可以了。但函数表达式以隐函数的方式列出时,其图形绘制之前是否需要整理变形,将函数表达式以显式的方式列出之后再绘制其图形呢? 答案是无须如此。MATLAB 提供了一组以 ez 打头的绘图指令,可以方便用户以隐函数的方式直接进行图形绘制,这被称为符号函数可视化。

【例 5-18】　绘制以下参数方程表示的三维图形,t 的范围为 $[0,20\pi]$。

$$\begin{cases} x = t\sin(t) \\ y = t\cos(t) \\ z = t \end{cases}$$

在 MATLAB 命令行窗口中直接输入下列命令绘制 3D 图:

```
>> syms t
>> ezplot3(t*sin(t),t*cos(t),t,[0,20*pi])
```

所绘制的图形如图 5-3 所示。

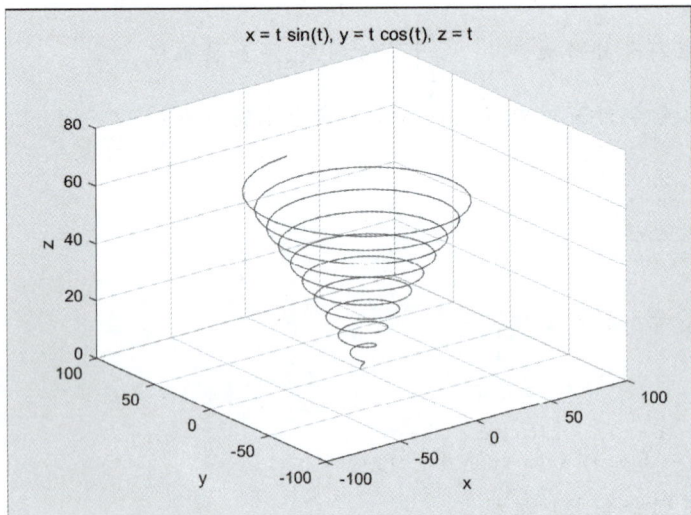

图 5-3　符号函数绘图

MATLAB 已提供了多条函数指令用于符号函数的绘图,均以 ez 开头,常用的符号函数的绘图指令如表 5-2 所示,这些符号函数绘图指令极大地方便了函数绘图工作,特别是隐函数的绘图。

表 5-2　常用符号函数绘图指令

函 数 指 令	运 算 功 能	函 数 指 令	运 算 功 能
ezplot	绘制二维曲线图	ezsurfc	绘制带等位线的曲面图
ezplot3	绘制三维曲线图	ezmesh	绘制网线图
ezpolar	绘制极坐标曲线图	ezmeshc	绘制带等位线的网线图
ezsurf	绘制曲面图	ezcontour	绘制等位线图

3. 符号积分应用举例

MATLAB 提供的符号积分功能强大且应用广泛,而符号函数绘图能直接绘图。

【例 5-19】　绘制函数 $y(t) = 0.6e^{-\frac{t}{3}}\cos\frac{\sqrt{3}}{4}t$ 及其积分上限函数 $s(t) = \int_0^t y(t)\mathrm{d}t$ 的图形。

微课视频

编写名为 exint.m 的程序如下:

```
syms t tao
y = 0.6 * exp( - t/3) * cos(sqrt(3)/4 * t);
s = subs(int(y,t,0,tao),tao,t);
subplot(2,1,1)
ezplot(y,[0,4 * pi]),ylim([ - 0.2,0.7])
grid on
subplot(2,1,2)
ezplot(s,[0,4 * pi]),ylim([ - 0.2,1.1])
grid on
```

之后在 MATLAB 命令行窗口中运行 exint.m,得到函数图形如图 5-4 所示。

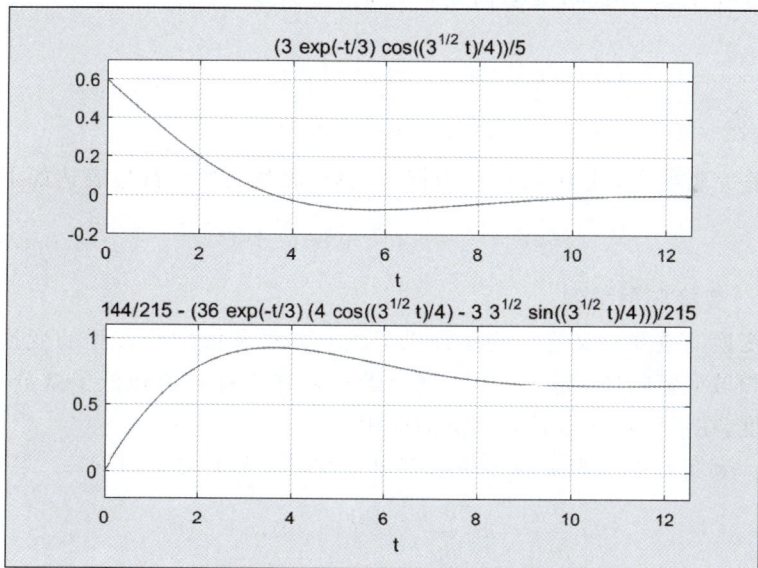

图 5-4　符号积分上限函数绘图

观察图 5-4 的两幅子图,第一幅子图为 $y(t)$ 的曲线图,图的顶部显示了由程序所定义的函数解析式;第二幅子图为 $s(t)$ 的曲线图,图的顶部显示了由 int 函数指令符号计算出的函数解析式。比较第一幅子图和第二幅子图,可以体会到函数积分后图形的直观意义,$s(t)$ 曲线图的顶点正好对应于 $y(t)$ 曲线图的第一次过零点。

4. 符号卷积应用举例

依据线性时不变系统理论,卷积运算是计算线性系统输出的主要计算方法,卷积定理则

揭示了时域卷积(或乘积)运算与变换域乘积(或卷积)运算之间的关系。在工程领域,无论是对线性时不变系统进行分析还是设计滤波器,都要运用到卷积的知识。

【例5-20】 已知线性时不变系统的系统(传输)函数 $H(s)$ 如下,在系统输入为单位阶跃信号 $u(t)$ 时,试求系统的输出信号 $y(t)$。

$$H(s) = \frac{2}{(s+1)(s+3)}$$

依据线性时不变系统理论,系统输出为

$$y(t) = u(t) \circledast h(t) = \int_0^t u(\tau) * h(t-\tau) \mathrm{d}\tau \tag{5-9}$$

其中,⊛符号代表的是卷积运算。$h(t)$是系统的单位冲激响应,可由下列命令行求出(对 $H(s)$ 做拉普拉斯逆变换):

```
>> syms s t
>> hs = 2/(s + 1)/(s + 3)
hs =
2/((s + 1) * (s + 3))
```

接着在命令行窗口中输入:

```
>> ht = ilaplace(hs,s,t)
ht =
exp( - t) - exp( - 3 * t)
```

下面便进行符号卷积运算,直接在窗口中输入下列命令:

```
>> syms tao
>> yt = int(heaviside(tao) * subs(ht,t,t - tao),tao,0,t)
yt =
    (sign(t)/2 + 1/2) * (exp( - 3 * t)/3 - exp( - t) + 2/3)
```

上面的解答完整明了,其中 sign(t)为符号函数,改写成数学符号表达如下:

$$y(t) = \frac{\mathrm{e}^{-3t}}{3} - \mathrm{e}^{-t} + \frac{2}{3}, \quad t \geqslant 0$$

5. 符号积分变换应用举例

函数积分变换的重要意义之一便是提供了微分方程和偏微分方程的变换域求解方法,通常是变换到频域或复频域内进行求解,变换域求解方法有效地降低了微分方程和偏微分方程的求解难度,在工程各领域具有广泛的应用。

【例5-21】 利用拉普拉斯变换方法求解以下波动方程的定解问题。

$$\begin{cases} \dfrac{\partial^2 u}{\partial t^2} = a^2 \dfrac{\partial^2 u}{\partial x^2}, & (x > 0, t > 0) \\[2mm] u(x,0) = 0, & \dfrac{\partial u(x,0)}{\partial t} = 0 \\[2mm] u(0,t) = \varphi(t), & \lim_{x \to \infty} u(x,t) = 0 \end{cases}$$

设函数 $u(x,t)$ 关于 t 取拉普拉斯变换后为 $U(x,s)$,则对上面的波动方程两边关于 t 均取拉普拉斯变换,方程左边关于 t 的变换结果如下:

$$\mathrm{L}\left[\frac{\partial^2 u}{\partial t^2}\right] = s^2 \mathrm{L}[u(x,t)] - su(x,0) - \frac{\partial u(x,0)}{\partial t} = s^2 U(x,s) \tag{5-10}$$

微课视频

微课视频

方程右边关于 t 变换的结果如下：

$$\mathrm{L}\left[a^2\frac{\partial^2 u}{\partial x^2}\right]=a^2\frac{\partial^2}{\partial x^2}\mathrm{L}[u(x,t)]=a^2\frac{\partial^2}{\partial x^2}U(x,s) \tag{5-11}$$

边界条件也关于 t 取拉普拉斯变换后的结果如下：

$$\mathrm{L}[u(0,t)]=\phi(s),\quad \mathrm{L}[\lim_{x\to\infty}u(x,t)]=\lim_{x\to\infty}\mathrm{L}[u(x,t)]=\lim_{x\to\infty}U(x,s)=0$$

于是,利用拉普拉斯变换方法将波动方程定解问题成功转变为常微分边值问题如下：

$$\begin{cases}a^2\frac{\partial^2}{\partial x^2}U(x,s)-s^2U(x,s)=0\\ U(0,s)=\phi(s),\lim_{x\to\infty}U(x,s)=0\end{cases}$$

以上方程的求解可以参照前面常微分方程求解的例 5-12,在 MATLAB 命令行窗口中直接输入以下程序行对微分符号 Du 及 D2u 进行定义：

```
>> syms a s u(x)
>> Du = diff(u)
Du(x) =
diff(u(x), x)
>> D2u = diff(Du)
D2u(x) =
diff(u(x), x, x)
```

再直接输入以下程序行求解：

```
>> u = dsolve(D2u == (s/a)^2 * u)
u =
C1 * exp((s * x)/a) + C2 * exp( - (s * x)/a)
```

实质求出的是 $U(x,s)$ 的通解含有两个常数,还需要进一步求解,通过将边值条件代入之后,可以推导出：

$$C7=\Phi(s),\quad C8=0$$

于是 $U(x,s)$ 的解为

$$U(x,s)=\Phi(s)\exp(-sx/a)$$

而 $u(x,t)$ 的求解只需要对 $U(x,s)$ 关于 s 做拉普拉斯逆变换便可以了,但 MATLAB 做这个逆变换会遇到一个问题：$\Phi(s)$ 并非特定的函数,那么对 $\Phi(s)$ 关于 s 做拉普拉斯逆变换其结果会如何呢?

试在 MATLAB 中输入如下程序行：

```
>> syms fai(s)
>> ilaplace(fai(s))
ans =
ilaplace(fai(s), s, t)
```

从上面的结果可以看出,MATLAB 只能给出 ilaplace(fai(s), s, t) 的表示,而无法按照前面的假设,给出符合人们思维的直接答案：$\varphi(t)=\mathrm{L}^{-1}[\phi(s)]$。

在理解了 MATLAB 的局限性之后,下面对 $U(x,s)$ 关于 s 做拉普拉斯逆变换：

```
>> syms fai(s) t x a
>> ilaplace(fai(s) * exp( - (x/a) * s),s,t)
ans =
ilaplace(exp( - (s * x)/a) * fai(s), s, t)
```

只能得到上面这样不完全的解答,之所以这样,是因为 $U(x,s)$ 中的符号太多了,我们可以对不参与拉普拉斯逆变换的 x、a 符号数值化,例如令 $x=1000,a=314$,将其代入再求拉普拉斯逆变换:

```
>> syms fai(s) t
>> ilaplace(exp( - (s * 1000)/314) * fai(s), s, t)
ans =
heaviside(t - 500/157) * ilaplace(fai(s), s, t - 500/157)
```

上面的这个解答就完全容易理解了,改写成数学符号表达便是

$$u(x,t) = \begin{cases} 0, & t \leqslant \dfrac{x}{a} \\ \varphi\left(t - \dfrac{x}{a}\right), & t > \dfrac{x}{a} \end{cases}$$

以上便是波动方程的完整解析解。从以上解偏微分方程的过程可以感受到,虽然 MATLAB 的符号运算能力强大,但其始终是居于辅助运算的地位,现阶段人的思维仍然是机器无法取代的。

习题 5

1. 定义以下符号矩阵 $\boldsymbol{A}$,试求其逆矩阵 $\boldsymbol{B}$ 并验证 $\boldsymbol{B}$ 的运算结果是否正确:

$$\boldsymbol{A} = \begin{pmatrix} a & h \\ d & k \end{pmatrix}$$

2. 创建以下的符号表达式 $f(t)$,并求其导数 $f'(t)$,当 $t=1\text{s}$ 时,$f'(t)$ 及 $f(t)$ 的值各是多少:

$$f(t) = \sqrt{2} \cdot 220 \cdot \cos\left(100\pi t + \frac{\pi}{6}\right)$$

3. 求以下两个多项式 p_1 和 p_2 的乘积多项式 $p_{1,2}$ 对时间 t 的导数,当 $t=5\text{s}$ 时,$p_{1,2}$ 的值是多少? 再求 p_1 除以 p_2 所得多项式 $p_{1/2}$ 对时间的导数。

$$p_1 = t^3 + 5t^2 + 3t + 1$$
$$p_2 = 4t^2 + 2t + 6$$

4. 将函数 $f(t) = \sin(\pi t)$ 在 $t=1.2\text{s}$ 处的泰勒级数展开式写出来,并验证其是否正确?

5. 已知隐函数关系式 $y = \ln(t+y)$,求 $y'(t)$,给出 $t=3\text{s}$ 时的 $y'(t)$ 值。

6. 对以下的积分上限函数 $f(x)$ 求导数 $f'(x)$:

$$f(x) = \int_0^{\frac{x}{2}} (5t^2 + 3) \, \mathrm{d}t$$

7. 定积分 $s = \int_{-\infty}^{5} \dfrac{2}{\sqrt{\pi}} \mathrm{e}^{-\frac{t^2}{2}} \, \mathrm{d}t$ 的值是多少?

8. 求分段函数 $f(t) = \sin(\pi t)u(t) + \sin(\pi(t-1))u(t-1)$ 的拉普拉斯变换 $F(s)$,$F(s)$ 的拉普拉斯逆变换函数又是怎样的?

9. 求以下线性方程组的符号解:

$$\begin{cases} ax + by = 3 \\ cx + dy = 4 \end{cases}$$

10. 求常微分方程 $ay'(t) + bty(t) = 0, y(0) = 1$ 的符号解。

第 6 章

MATLAB 数据可视化

本章要点：
- ◇ MATLAB 数据可视化一般步骤；
- ◇ 二维曲线的绘制；
- ◇ 二维特殊图形的绘制；
- ◇ 三维曲线和曲面的绘制；
- ◇ MATLAB 图形窗口；
- ◇ 实用实例。

数据可视化是 MATLAB R2024a 非常重要的功能，它将杂乱无章的数据通过图形来显示，从中观察出数据的变换规律和趋势特性等内在关系。本章主要介绍使用 MATLAB 绘制二维曲线、特殊二维图形、三维曲线及曲面，以及曲线和图形修饰等内容。

6.1 MATLAB 数据可视化一般步骤

MATLAB R2024a 提供了丰富的绘图函数和绘图工具，可以简单、方便地绘制出令人满意的各种图形。MATLAB 绘制一个典型图形一般需要下面几个步骤。

1. 准备绘图的数据

对于二维曲线，需要准备横纵坐标数据；对于三维曲面，则需要准备矩阵参变量和对应的 Z 轴数据。

在 MATLAB 中，可以通过下面几种方法获得绘图数据：

（1）把数据存为 .txt 的文本文件，用 load 函数调入数据；

（2）由用户自己编写命令文件得到绘图数据；

（3）在命令行窗口直接输入数据；

（4）在 MATLAB 主工作窗口，通过"导入数据"菜单，导入可以识别的数据文件。

2. 选定绘图窗口和绘图区域

MATLAB 使用 figure 函数指定绘图窗口，默认时打开标题为 Figure 1 的图形窗口。绘图区域如果位于当前绘图窗口，则可以省略这一步。可以使用 subplot 函数指定当前图形窗口的绘图子区域。

3. 绘图图形

根据数据，使用绘图函数绘制曲线和图形。

4. 设置曲线和图形的格式

图形格式的设置主要包括以下几方面：

（1）线型、颜色和数据点标记设置；

（2）坐标轴范围、标识及网格线设置；

（3）坐标轴标签、图题、图例和文本修饰等设置。

5. 输出所绘制的图形

MATLAB 可以将绘制的图形窗口保存为.fig 文件，或者转换为别的图形文件，也可以复制图片或者打印图片等。

其中，步骤 1 和步骤 3 是必不可少的绘图步骤，其他步骤系统通常都有相应的默认设置，可以省略。例如，要在[0,2π]内绘制正弦函数的图形，可以用下面简单的语句：

```
t = 0:0.1:2 * pi;
y = sin(t);
plot(t,y)
```

其中，前两个语句是步骤 1 准备绘图数据，plot 函数是步骤 3，调用绘图函数画图。程序运行结果如图 6-1 所示。

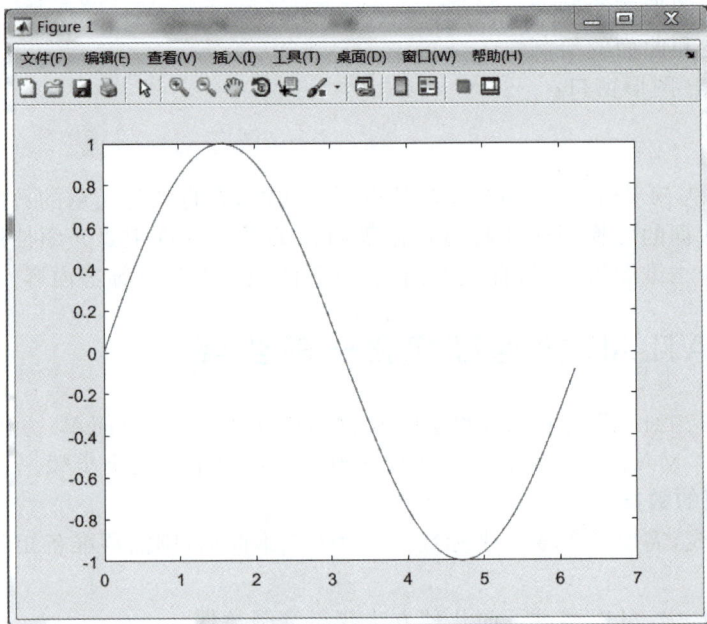

图 6-1 正弦曲线图

6.2 二维曲线的绘制

6.2.1 绘图基本函数

在 MATLAB 中，最基本且应用最广泛的绘图函数是绘制曲线函数 plot，利用它可以在二维平面上绘制不同的曲线。plot 函数有下列几种用法。

1. plot(y)

功能：绘制以 y 为纵坐标的二维曲线。

1）y 为向量时的 plot(y)

当 y 为长度为 n 的向量时，则纵坐标为 y，横坐标由 MATLAB 根据 y 向量的元素序号自动生成,为 $1:n$ 的向量。

例如,绘制幅值为 1 的锯齿波。

程序代码如下:

```
>> y=[0 1 0 1 0 1 0 1 0]
y =
     0   1   0   1   0   1   0   1   0
>> plot(y)
```

程序运行结果如图 6-2 所示。

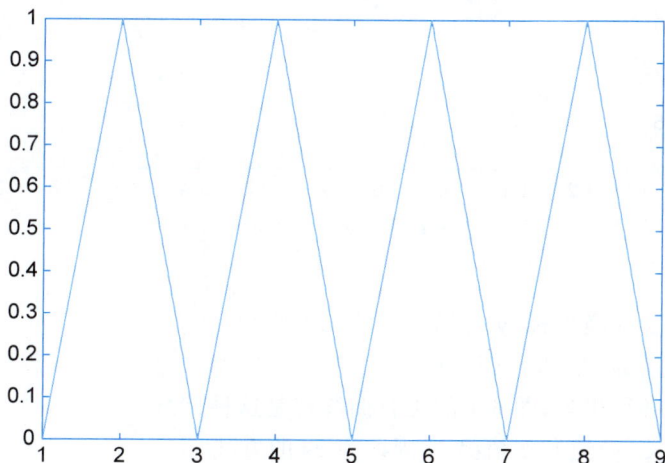

图 6-2　锯齿波图

由上述程序可知,图 6-2 中横坐标是 y 向量的序号,自动为 1～9。plot(y)适合绘制横坐标从 1 开始,间隔为 1,长度和纵坐标的长度相等的 y 曲线。

2) y 为矩阵时的 plot(y)

当 y 为 $m\times n$ 矩阵时,plot(y)的功能是将矩阵的每一列绘制一条曲线,共 n 条曲线,每条曲线自动用不同颜色表示,每条曲线横坐标为向量 $1:m$,m 为矩阵的行数。

例如,绘制矩阵 $\boldsymbol{y}$ 为 3×3 的曲线图,已知 $\boldsymbol{y}=\begin{bmatrix}4&5&6\\1&2&3\\4&5&6\end{bmatrix}$。

程序代码如下:

```
>> y=[4 5 6;1 2 3;4 5 6];
>> plot(y)
```

程序运行结果如图 6-3 所示。

由上述程序可知,y 矩阵有 3 列,故绘制 3 条曲线,纵坐标是矩阵每列的元素,行为 1 至矩阵的行数的向量。

3) y 为复数时的 plot(y)

当 y 为复数数组时,绘制以实部为横坐标,虚部为纵坐标的曲线,y 可以是向量也可以是矩阵。

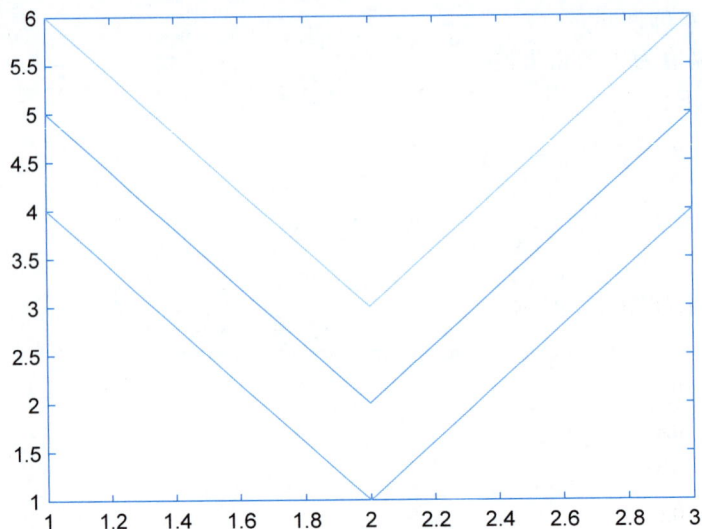

图 6-3 3×3 的矩阵图

2. plot(x，y)

功能：绘制以 x 为横坐标，y 为纵坐标的二维曲线。

1) x 和 y 为向量时的 plot(x，y)

x 和 y 的长度必须相等，图 6-1 的正弦曲线就是这种情况。

例如，用 plot(x，y)绘制幅值为 1，周期为 2s 的方波。

程序代码如下：

```
>> x = [0 1 1 2 2 3 3 4 4 5 5];
>> y = [1 1 0 0 1 1 0 0 1 1 0];
>> plot(x,y)                          % 绘制二维曲线
>> axis([0 6 0 1.5])                  % 将横坐标设为 0～6,纵坐标设为 0～1.5
```

程序运行结果如图 6-4 所示。

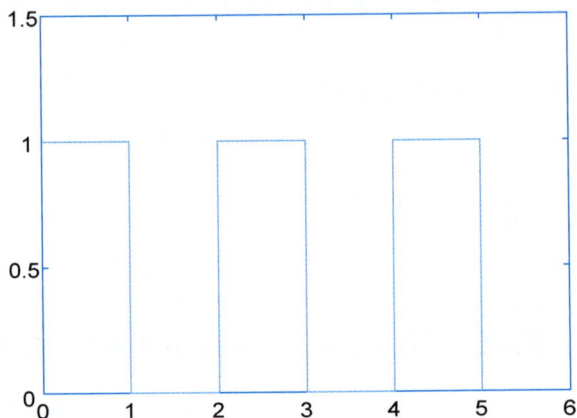

图 6-4 方波图

2) x 为向量、y 为矩阵时的 plot(x，y)

要求 x 的长度必须和 y 的行数或者列数相等。当向量 x 的长度和矩阵 y 的行数相等

时,向量 x 和 y 的每一列向量绘制一条曲线;当向量 x 的长度与矩阵 y 的列数相等时,则向量 x 和 y 的每一行向量绘制一条曲线;如果 y 是方阵,x 和 y 的行数和列数都相等时,则向量 x 与矩阵 y 的每一列向量绘制一条曲线。

3)x 是矩阵、y 是向量时的 plot(x,y)

要求 x 的行或者列数必须和 y 的长度相等。绘制方法与第二种情况相似。

4)x 和 y 都是矩阵时的 plot(x,y)

要求 x 和 y 大小必须相等,矩阵 x 的每一列与 y 对应的每一列绘制一条曲线。

【例 6-1】 已知 $x_1 = [1\ 2\ 3\ 4]$, $x_2 = \begin{bmatrix} 1 & 2 & 3 & 4 \\ 5 & 6 & 7 & 8 \\ 9 & 10 & 11 & 12 \\ 13 & 14 & 15 & 16 \end{bmatrix}$, $y_1 = \begin{bmatrix} 1 & 2 & 3 & 4 \\ 2 & 4 & 6 & 8 \end{bmatrix}$, $y_2 =$

微课视频

$\begin{bmatrix} 1 & 1 \\ 3 & 4 \\ 5 & 9 \\ 7 & 16 \end{bmatrix}$, $y_3 = \begin{bmatrix} 1 & 2 & 3 & 4 \\ 2 & 4 & 6 & 8 \\ 3 & 6 & 9 & 12 \\ 4 & 8 & 12 & 16 \end{bmatrix}$。分别绘制 x_1 和 y_1、x_1 和 y_2、x_1 和 y_3 以及 x_2 和 y_3 的曲线。

程序代码如下:

```
x1 = 1:4;
x2 = [1 2 3 4;5 6 7 8;9 10 11 12;13 14 15 16];   % x2 是方阵
y1 = [x1;2 * x1];                                 % y1 的行与 x1 长度相等
y2 = [1 1;3 4;5 9;7 16];                          % y2 的列与 x1 长度相等
y3 = [x1;2 * x1;3 * x1;4 * x1];                   % y3 的行和列数与 x1 的长度相等
plot(x1,y1)
figure; plot(x1,y2)
figure; plot(x1,y3)
figure; plot(x2,y3)
>> exam_6_1
```

程序运行结果如图 6-5 所示。

3. plot(x1,y1,x2,y2,…)

功能:在同一坐标轴下绘制多条二维曲线。

plot(x1,y1,x2,y2,…)函数可以在一个图形窗口,同一坐标轴下绘制多条曲线,MATLAB 自动以不同颜色绘制不同曲线。

【例 6-2】 在一个图形窗口同一坐标轴绘制 $\sin(x)$、$\cos(x)$、$\sin^2(x)$ 和 $\cos^2(x)$ 4 种不同的曲线。

微课视频

程序代码如下:

```
x = 0:0.1:2 * pi;
y1 = sin(x);
y2 = cos(x);
y3 = sin(x).^2;
y4 = cos(x).^2;
plot(x,y1,x,y2,x,y3,x,y4)
>> exam_6_2
```

程序运行结果如图 6-6 所示。

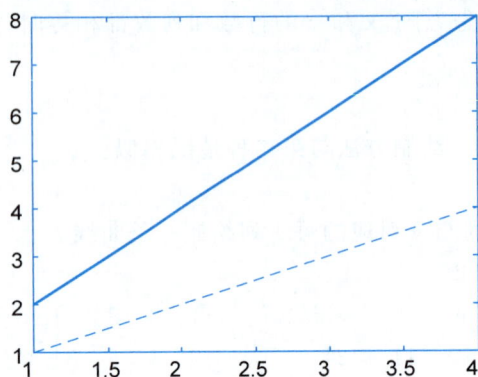

(a) x1和y1生成的曲线

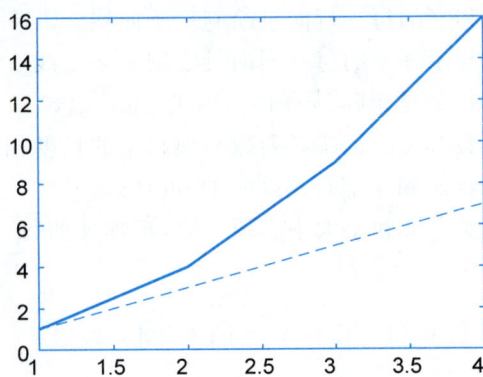

(b) x1和y2生成的曲线

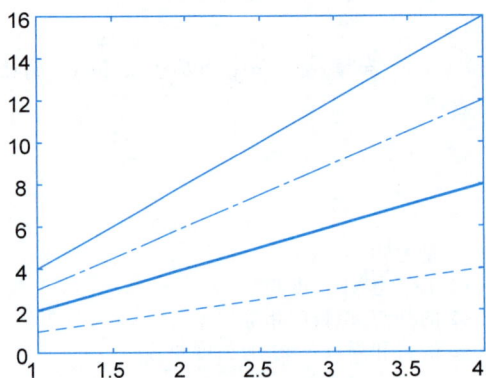

(c) x1和y3生成的曲线

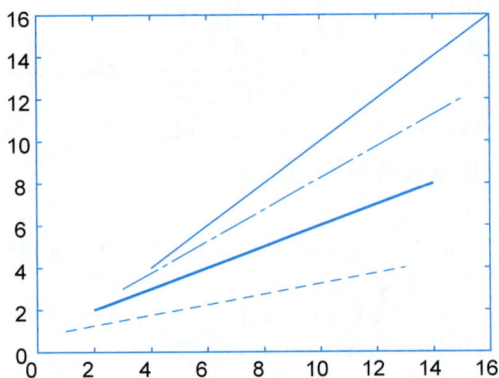

(d) x2和y3生成的曲线

图 6-5　向量或矩阵 plot 绘图

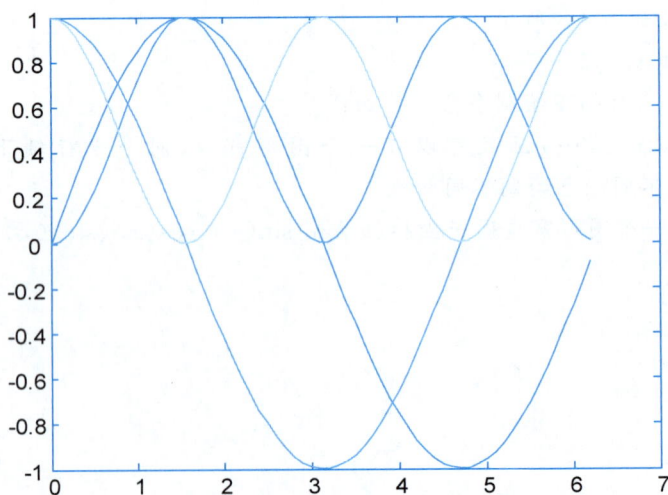

图 6-6　同一坐标轴绘制 4 条曲线

6.2.2 线性图格式设置

1. 设置曲线的线型、颜色和数据点标记

为了便于比较曲线，MATLAB 提供了一些绘图选项，可以控制所绘曲线的线型、颜色和数据点的标识符号。命令格式如下：

plot(x, y,'选项')

其中，选项一般由线型、颜色和数据点标识组合一起。选项具体定义如表 6-1 所示。当选项省略时，MATLAB 默认线型一律使用实线，颜色将根据曲线的先后顺序依次采用表 6-1 给出的颜色。

表 6-1　线型、颜色和数据点标识定义

颜　　色		线　　型		数据点标识	
类型	符号	类型	符号	类型	符号
蓝色	b(blue)	实线（默认）	—	实点标记	.
绿色	g(green)	点线	:	圆圈标记	o
红色	r(red)	虚线	——	叉号标记	x
青色	c(cyan)	点画线	—.	十字标记	+
紫红色	m(magenta)			星号标记	*
黄色	y(yellow)			方块标记	s
黑色	k(black)			钻石标记	d
白色	w(white)			向下三角标记	v
				向上三角标记	^
				向左三角标记	<
				向右三角标记	>
				五角星标记	p
				六角形标记	h

【例 6-3】 在一个图形窗口同一坐标轴绘制黑色、实线和数据点标记为圆圈的正弦曲线，同时绘制蓝色、点画线和数据点为钻石标记余弦曲线。

程序代码如下：

```
clear
x = 0:0.1:2 * pi;
y1 = sin(x);
y2 = cos(x);
plot(x,y1,'k - o',x,y2,'b - .d')
```

程序运行结果如图 6-7 所示。

2. 设置坐标轴

MATLAB 可以通过函数设置坐标轴的刻度和范围来调整坐标轴。设置坐标轴函数 axis 的常用调用格式如表 6-2 所示。

微课视频

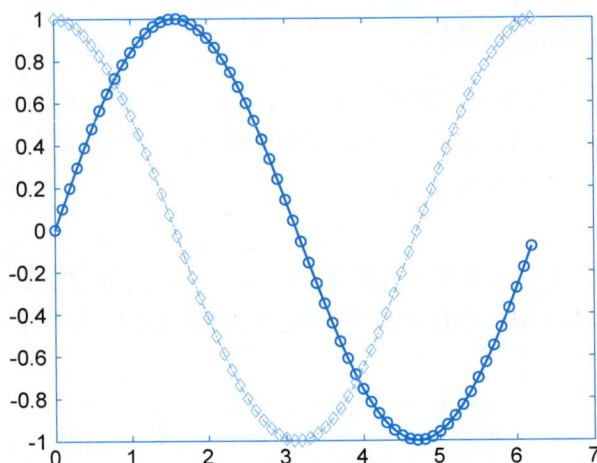

图 6-7　不同线型、颜色和数据点标记绘制曲线

表 6-2　常用设置坐标轴函数及功能

函 数 命 令	功能及说明	函 数 命 令	功能及说明
axis auto	使用默认设置	axis manual	保持当前坐标范围不变
axis（[xmin， xmax，ymin，ymax]）	设定坐标范围,且要求 xmin < xmax,ymin < ymax	axis fill	在 manual 方式下,使坐标充满整个绘图区域
axis equal	横纵坐标使用等长刻度	axis on	显示坐标轴
axis square	采用正方形坐标系	axis off	取消坐标轴
axis normal	默认矩形坐标系	axis xy	普通直角坐标,原点在左下方
axis tight	把数据范围设为坐标范围	axis ij	矩阵式坐标,原点在左上方
axis image	横纵轴采用等长刻度,且坐标框紧贴数据范围	axis vis3d	保持高宽比不变,三维旋转时避免图形大小变化

【例 6-4】　使用调整坐标轴函数 axis,实现 $\sin(x)$ 和 $\cos(x)$ 两条曲线的坐标轴调整。

程序代码如下：

```
clear
close all
x = 0:0.1:2 * pi;
y1 = sin(x); y2 = cos(x);
plot(x,y1,x,y2); axis([0 4 * pi - 2 2])      % 设置横纵坐标为[0,4π],[-2,2]
figure
plot(x,y1,x,y2); axis([0 pi 0 0.9])          % 设置横纵坐标为[0,π],[0,0.9]
figure
plot(x,y1,x,y2); axis image                  % 设置横纵轴等长刻度,坐标框紧贴数据范围
figure
plot(x,y1,x,y2); axis tight                  % 设置数据范围设为坐标范围
```

程序运行结果如图 6-8 所示。

由图 6-8 结果可知,通过设置坐标轴的范围,可以实现曲线的放大和缩小效果。

3. 网格线和坐标边框

1）网格线

为了便于读数,MATLAB 可以在坐标系中添加网格线,网格线根据坐标轴的刻度使用虚线分隔。MATLAB 的默认设置是不显示网格线。

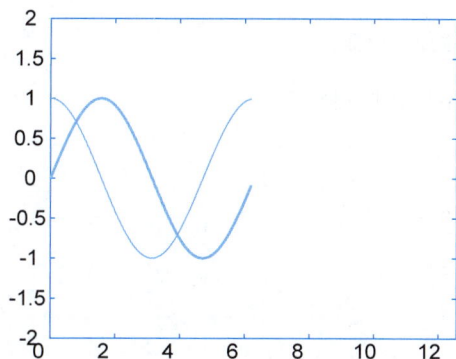

(a) 设置横纵坐标为[0,4π],[−2,2]

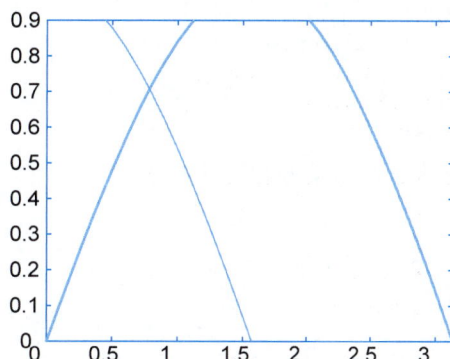

(b) 设置横纵坐标为[0,π],[0,0.9]

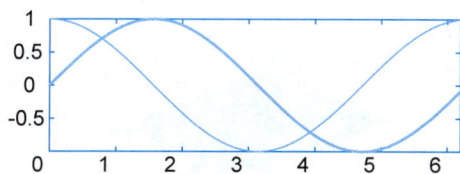

(c) 设置横纵轴等长刻度，坐标框紧贴数据范围

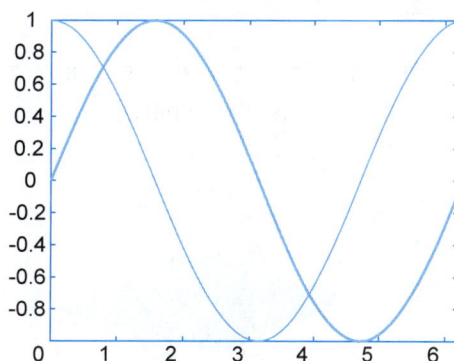

(d) 设置数据范围为坐标范围

图 6-8 设置曲线的坐标轴

MATLAB 使用 grid on 函数显示网格线，grid off 函数不显示网格线，反复使用 grid 函数可以在 grid on 和 grid off 之间切换。

2）坐标边框

坐标边框是指坐标系的刻度框，MATLAB 使用 box on 函数实现添加坐标边框，box off 函数去掉当前坐标边框，反复使用 box 函数则在 box on 和 box off 之间切换。默认设置是添加坐标边框。

【例 6-5】 绘制 $y = 3\mathrm{e}^{-0.3x}\sin(2x), x \in [0, 2\pi]$ 曲线及包络线，使用网格线函数 grid 分别实现在坐标轴上添加和不显示网格线；利用三维表面图函数 surf 绘制 peaks 曲面图，利用坐标边框函数 box，添加和不显示坐标边框功能。

微课视频

程序代码如下：

```
close all
x = (0:0.1:2 * pi)';
y1 = 3 * exp( - 0.3 * x) * [1, - 1];
y2 = 3 * exp( - 0.3 * x). * sin(2 * x);
plot(x,y1,x,y2)                          % MATLAB 默认不添加网格线
figure;plot(x,y1,x,y2)
grid on                                  % 添加网格线
figure;plot(x,y1,x,y2)
```

```
[X,Y,Z] = peaks;
surf(X,Y,Z);box on                          % 添加坐标框
figure;[X,Y,Z] = peaks;
surf(X,Y,Z);box off                         % 不显示坐标框
>> exam_6_5
```

程序运行结果如图 6-9 所示。

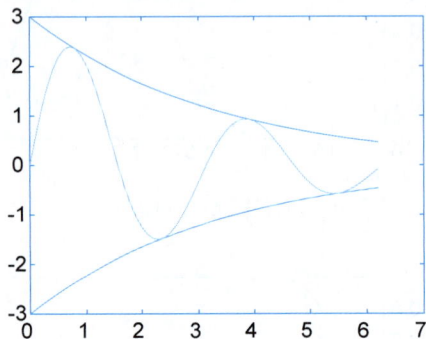

(a) 不显示网格线 (b) 添加网格线

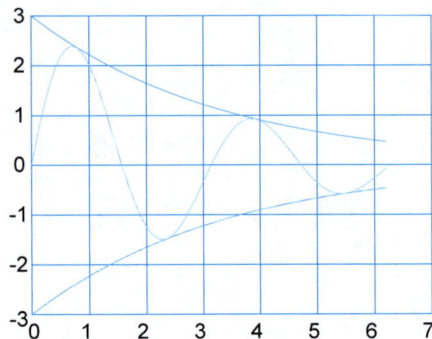

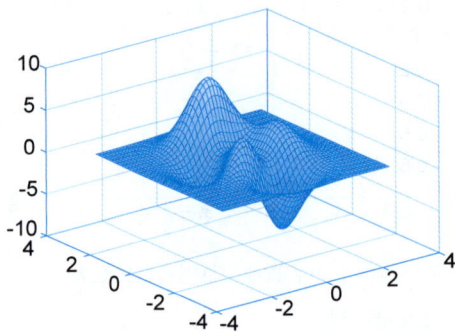

(c) 添加坐标边框 (d) 不显示坐标边框

图 6-9 网格线和坐标框的设置

从图 6-9 结果可知,添加网格线,便于曲线数据的读取;添加坐标边框,效果更明显。

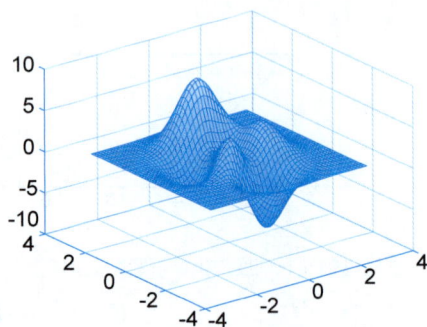

6.2.3 图形修饰

绘图完成后,为了使图形意义更加明确,便于读图,还需要对图形进行一些修饰操作。MATLAB 提供了很多图形修饰函数,实现对图形添加标题(title)、横纵坐标轴的标签(label),图形某一部分文本标注(text),不同数据线的图例标识(legend)等功能。

1. 标题和标签设置

MATLAB 提供 title 函数和 label 函数实现添加图形的标题和坐标轴的标签功能。它们的调用格式如下:

```
(1) title('str')
(2) xlabel('str')
(3) ylabel('str')
(4) zlabel('str')
```

其中,title 为设置图形标题的函数;xlabel、ylabel 和 zlabel 为设置 x、y 和 z 坐标轴的标签函数;str 为注释字符串,也可为结构数组。

如果图形注释中需要使用一些特殊字符如希腊字符、数学字符以及箭头等符号,则可以使用表 6-3 所示的对应命令。

表 6-3　常用的希腊字母、数学字符和箭头符号

类别	命令	符号	命令	符号	命令	符号	命令	符号
希腊字母	\alpha	α	\zeta	ζ	\sigma	σ	\Sigma	Σ
	\beta	β	\epsilon	ε	\phi	φ	\Phi	Φ
	\gamma	γ	\Gamma	Γ	\psi	ψ	\Psi	Ψ
	\delta	δ	\Delta	Δ	\upsilon	υ	\Upsilon	Υ
	\theta	θ	\Theta	Θ	\mu	μ	\eta	η
	\lambda	λ	\Lambda	Λ	\nu	ν	\chi	χ
	\xi`	ξ	\Xi`	Ξ	\kappa	κ	\iota	ι
	\pi	π	\Pi	Π	\rho	ρ		
	\omega	ω	\Omega	Ω	\tau	τ		
数学符号	\times	×	\approx	≈	\cup	∪	\int	∫
	\div	÷	\neq	≠	\cap	∩	\infty	∞
	\pm	±	\oplus	≡	\in	∈	\angle	∠
	\leq	≤	\sim	≅	\otimes	⊗	\vee	∨
	\geq	≥	\exists	∝	\oplus	⊕	\wedge	∧
箭头	\leftarrow	←	\uparrow	↑	\leftrightarrow	↔		
	\rightarrow	→	\downarrow	↓	\updownarrow	↕		

2. 图形的文本标注

MATLAB 提供 text 和 gtext 函数,能在坐标系某一位置标注文本注释。它们的调用格式如下:

```
(1) text(x, y, 'str')
(2) gtext('str')
(3) gtext({'str1';'str2';'str3';…})
```

其中,text(x, y, 'str')函数能在坐标系位置(x,y)处添加文本 str 注释;gtext('str')可以在鼠标选择的位置处添加文本 str 注释;gtext({'str1';'str2';'str3';…})一次放置一个字符串,多次放置在鼠标指定的位置上。

【例 6-6】　使用 title、xlabel、ylabel、text 和 gtext 函数,对正弦曲线设置标题,横纵坐标轴标签,在曲线特殊点标识文本注释。

微课视频

程序代码如下:

```
clear
close all
t = 0:0.1:2 * pi;
y = sin(t);
plot(t,y)
xlabel('t(s)')
ylabel('sin(t)(V)')
grid on
title('This is an example of sin(t)\rightarrow 2\pi')
text(pi,sin(pi),'\leftarrow this is a zero point for\pi')
gtext('\uparrow this is a max point for\pi/2')
gtext('\downarrow this is a min point for 3 * \pi/2')
```

程序运行结果如图 6-10 所示。

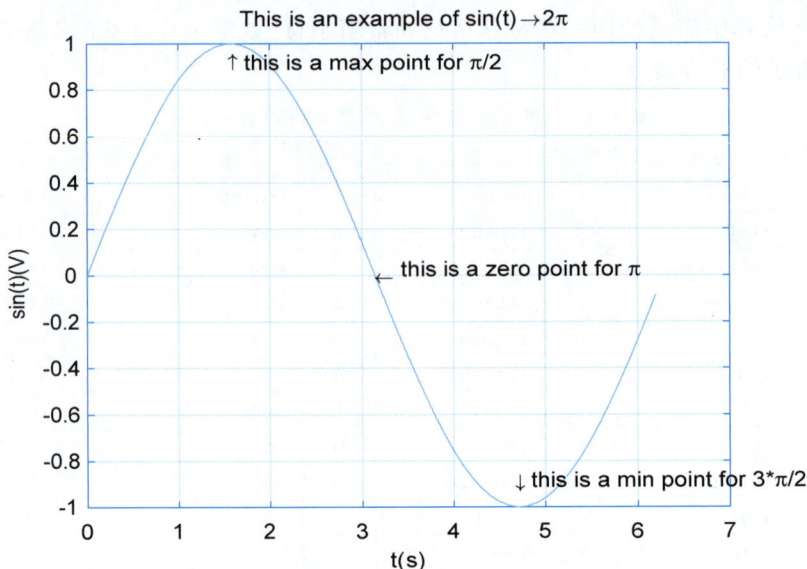

图 6-10　标题、标签和文本修饰

3. 图例设置

为了区别在同一坐标系里的多条曲线,一般会在图形空白处添加图例。MATLAB 提供 legend 函数可以添加图例,函数调用格式如下:

```
legend('str1','str2',…,'location',LOC)
```

其中,str1,str2,…为图例标题,与图形内曲线依次对应;LOC 为图例放置位置参数,LOC 的取值如表 6-4 所示。

表 6-4　图例位置参数

位 置 参 数	功　　能	位 置 参 数	功　　能
'North'	放在图内的顶部	'NorthOutside'	放在图外的顶部
'South'	放在图内的底部	'SouthOutside'	放在图外的底部
'East'	放在图内的右侧	'EastOutside'	放在图外的右侧
'West'	放在图内的左侧	'WestOutside'	放在图外的左侧
'NorthEast'	放在图内右上角	'NorthEastOutside'	放在图外右上角
'NorthWest'	放在图内的左上角	'NorthWestOutside'	放在图外的左上角
'SouthEast'	放在图内的右下角	'SouthEastOutside'	放在图外的右下角
'SouthWest'	放在图内的左下角	'SouthWestOutside'	放在图外的左下角
'Best'	最佳位置(覆盖数据最好)	'BestOutside'	图外最佳位置

legend off 用于删除当前图中的图例。

【例 6-7】　在同一坐标系中,分别绘制以红实线、数据点标记为"＊"的正弦曲线和绿点画线、数据点标记为"o"的余弦曲线,并设置适当的图例、标题和坐标轴标签。

程序代码如下:

```
clear
close all
t = 0:0.1:2 * pi;
```

```
y1 = sin(t);
y2 = cos(t);
plot(t,y1,'r - * ',t,y2,'g - .o')          % 在同一个坐标系画正弦和余弦曲线
xlabel('t(s)')                              % 添加横坐标标签
ylabel('sin(t)&cos(t)(V)')                  % 添加纵坐标标签
grid on                                     % 增加网格线
title('正弦和余弦曲线')                        % 设置图形标题
legend('正弦曲线','余弦曲线','location','north')  % 图例放在图内顶部
>> exam_6_7
legend('正弦曲线','余弦曲线','location','best')   % 图例放在图内最佳位置
```

程序运行结果如图 6-11 所示。

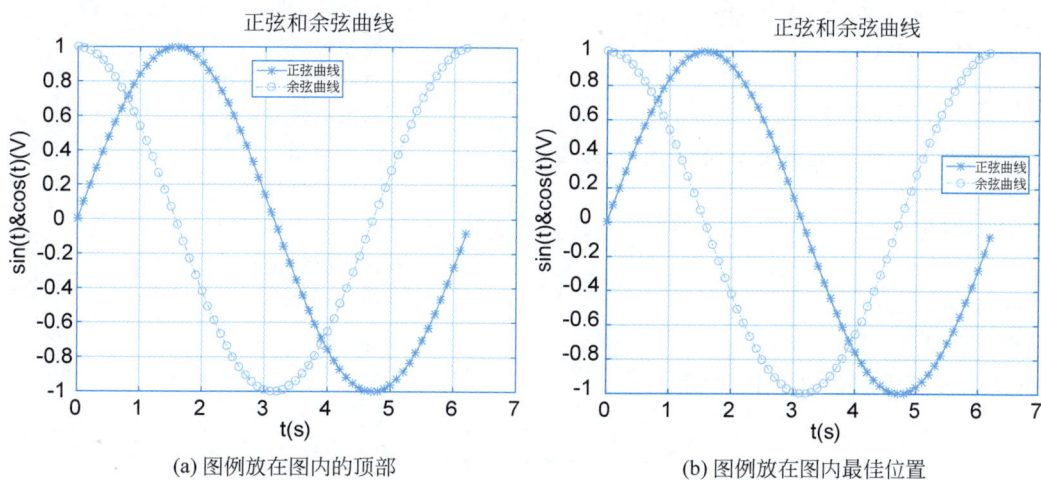

(a) 图例放在图内的顶部　　　　　　　　　　(b) 图例放在图内最佳位置

图 6-11　图例及其位置设置

4. 用鼠标获取二维图形数据

MATLAB 提供 ginput 函数，实现用鼠标从图形获取数据功能。ginput 函数在工程设计、数值优化中很有用，仅适用于二维图形。该函数格式如下：

```
[x, y] = ginput(n)              % 用鼠标从图形中获取 n 个点的坐标(x,y)
```

其中，n 为正整数，是通过鼠标在图形中获取数据点的个数；x 和 y 用来存放所获取的坐标，是列向量，每次获取的坐标点为列向量的一个元素。

当运行 ginput 函数后，会把当前图形从后台调到前台，同时鼠标光标变为十字叉，用户移动鼠标将十字叉移动到待取坐标点，单击便获得该点坐标。当 n 个点的数据全部取完后，图形窗口便退回后台。

为了使 ginput 函数能准确选择坐标点，可以使用工具栏放大按钮 🔍 对图形进行局部放大处理。

例如，在命令行窗口中使用 ginput 函数，从图形窗口获取两点的坐标数据，存放在变量 x 和 y 中。

```
>> [x,y] = ginput(2)
```

6.2.4　图形保持

一般情况下，MATLAB 绘图每执行一次 plot 绘图命令，就刷新一次当前图形窗口，原

有的图形将被覆盖。如果希望在已存在的图形上继续添加新的图形,可以使用图形保持命令 hold 函数。hold on 命令是控制保持原有图形,hold off 是刷新原有图形。反复使用 hold 函数,则在 hold on 和 hold off 之间切换。

【例 6-8】 用图形保持功能在同一坐标内绘制曲线 $y = 3e^{-0.3x}\sin(3x)$ 及其包络线,$x \in [0, 2\pi]$。

程序代码如下:

```
clear
t = (0:0.1:2 * pi)';
y1 = 3 * exp( - 0.3 * t) * [1, - 1];
y2 = 3 * exp( - 0.3 * t). * sin(3 * t);
plot(t,y1,'r:')                              %绘制包络线
hold on                                      %打开图形保持功能
plot(t,y2,'b - ')                            %绘制曲线 y
legend('包络线','包络线','曲线 y','location','best')   %添加图例
xlabel('t')                                  %设置横坐标签
ylabel('y')                                  %设置纵坐标签
hold off                                     %关闭图形保持功能
grid on                                      %添加网格线
>> exam_6_8
```

程序运行结果如图 6-12 所示。

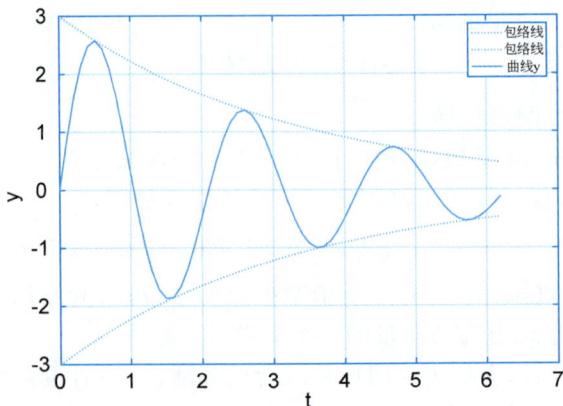

图 6-12　图形保持功能

6.2.5　多个图形绘制

为了便于多个图形比较,MATLAB 提供了 subplot 函数,实现一个图形窗口绘制多个图形的功能。subplot 函数可以将同一窗口分割成多个子图,能在不同坐标系绘制不同的图形,这样便于对比多个图形,也可以节省绘图空间。subplot 函数的格式如下:

```
subplot(m,n,p)              %将图形窗口分割成(m×n)个子图,第 p 幅为当前图
```

其中,subplot 中的逗号","可以省略;子图排序原则是:左上方为第一幅,从左往右从上向

下依次排序,子图之间彼此独立;m 为子图行数,n 为子图列数,共分割为 m×n 个子图。

【例 6-9】　试在同一图形窗口的 4 个子图中,用不同的坐标系绘制 $y_1 = \sin(t)$,$y_2 = \cos(t)$,$y_3 = \sin(2t)$,$y_4 = \cos(2t)$ 在 $t \in [0, 2\pi]$ 的 4 条不同的曲线。

程序代码如下:

```
clear
t = (0:0.1:2 * pi);
y1 = sin(t);y2 = cos(t);
y3 = sin(2 * t);y4 = cos(2 * t);
subplot(2,2,1);plot(t,y1)    % 将当前图形窗口分割为 2 行 2 列,在第一个子图作 t－y1 曲线
title('sin(t)')
subplot(2,2,2);plot(t,y2)    % 将当前图形窗口分割为 2 行 2 列,在第二个子图作 t－y2 曲线
title('cos(t)')
subplot(2,2,3);plot(t,y3)    % 将当前图形窗口分割为 2 行 2 列,在第三个子图作 t－y3 曲线
title('sin(2 * t)')
subplot(2,2,4);plot(t,y4)    % 将当前图形窗口分割为 2 行 2 列,在第四个子图作 t－y4 曲线
title('cos(2 * t)')
```

程序运行结果如图 6-13 所示。

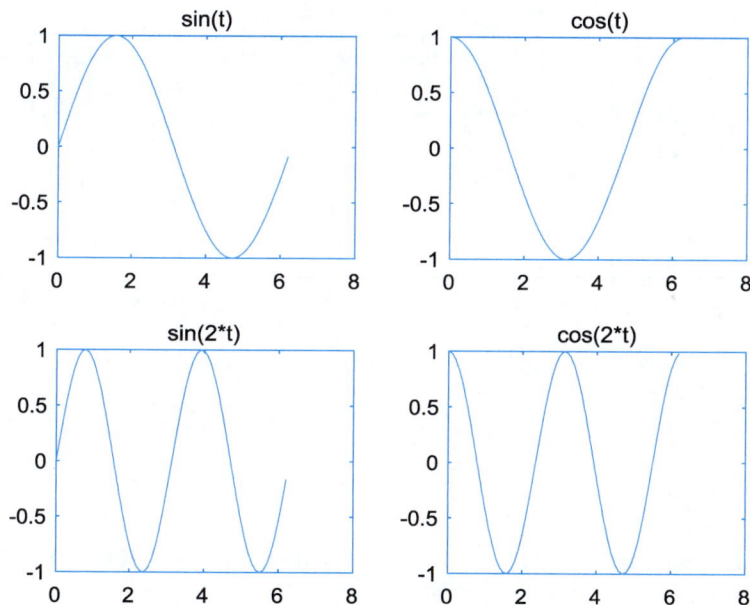

图 6-13　MATLAB 多个子图的创建

6.3　二维特殊图形的绘制

在实际生产中,有时候需要绘制一些特殊的图形,例如饼图、柱状体、直方图和极坐标图等,MATLAB 提供了绘制各种特殊图形的函数,使用起来很方便。

6.3.1　柱状图

柱状图常用于统计的数据进行显示,便于观察和比较数据的分布情况,适用于数据量少的离散数据。MATLAB 使用 bar、barh、bar3 和 bar3h 函数来绘制柱状图,它们的调用格式如下:

（1）bar(x, y, width, 参数)　　　　% 绘制垂直柱状图

其中，x 是横坐标向量，默认值为 $1:m$，m 为 y 的向量长度；y 是纵坐标，可以是向量或者矩阵，当 y 为向量时，每个元素对应一个竖条，当 y 为 $m \times n$ 的矩阵时，绘制 m 组竖条，每组包含 n 条；width 是竖条的宽度，默认宽度为 0.8，如果宽度大于 1，则条与条之间将重叠；参数用于控制条形显示效果，有'grouped'分组式和'stacked'堆栈式，默认为'grouped'。

（2）barh(x, y, width, 参数)　　　　% 绘制水平柱状图

其中，变量及参数定义与 bar 函数一致。

（3）bar3(x, y, width, 参数)　　　　% 绘制三维垂直柱状图
（4）bar3h(x, y, width, 参数)　　　　% 绘制三维水平柱状图

其中，bar3 和 bar3h 函数的变量的定义与 bar 类似；参数除了有'grouped'分组式和'stacked'堆栈式，还多了'detached'分离式，默认为'detached'。

【例 6-10】　已知某个班 4 位学生，在 5 次考试中取得下列成绩，如表 6-5 所示，请用垂直柱状图、水平柱状图、三维垂直柱状图和三维水平柱状图分别显示成绩。

表 6-5　学生成绩

学 生 序 号	考 试 次 数				
	第一次考试	第二次考试	第三次考试	第四次考试	第五次考试
1	98	90	60	75	80
2	78	87	90	80	65
3	50	70	89	99	92
4	86	83	70	60	94

程序代码如下：

```
clear
x1 = [98 90 60 75 80];
x2 = [78 87 90 80 65];
x3 = [50 70 89 99 92];
x4 = [86 83 70 60 94];
x = [x1;x2;x3;x4];
subplot(2,2,1);bar(x)                    % 在第一个子图绘制垂直分组式柱状图
title('垂直柱状图')
xlabel('Students');ylabel('Scores')
subplot(2,2,2);barh(x,'stacked')         % 在第二个子图绘制水平堆栈式柱状图
title('水平柱状图')
xlabel('Scores');ylabel('Students')
subplot(2,2,3);bar3(x)                    % 在第三个子图绘制三维垂直柱状图
title('三维垂直柱状图')
xlabel('Test Number');ylabel('Students');zlabel('Scores')
subplot(2,2,4);bar3h(x,'detached')       % 在第四个子图绘制三维水平分离式柱状图
title('三维水平柱状图')
xlabel('Test Number');ylabel('Scores');zlabel('Students')
>> exam_6_10
```

程序运行结果如图 6-14 所示。

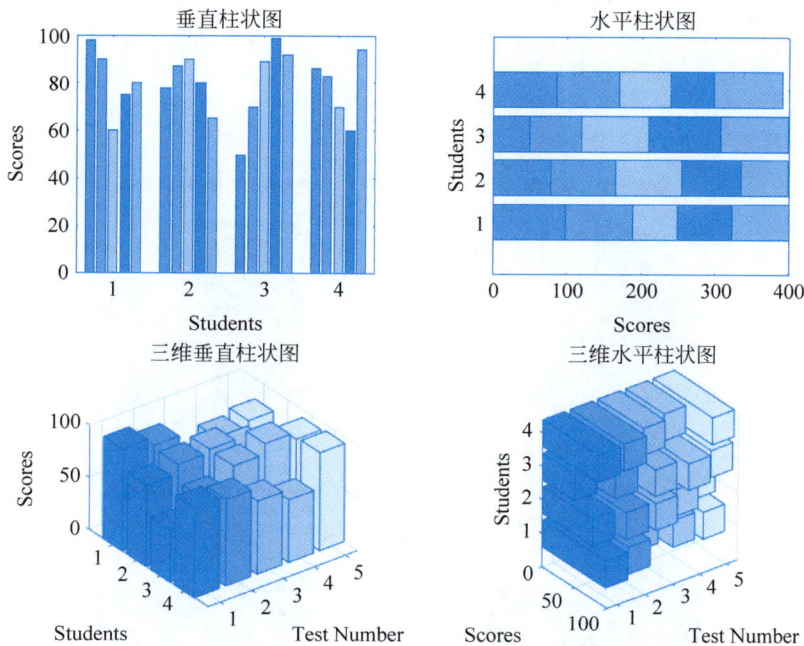

图 6-14 学生成绩 4 种柱状图

6.3.2 饼形图

饼形图适用于显示向量和矩阵各元素占总和的百分比。MATLAB 提供 pie 和 pie3 函数绘制二维和三维饼形图,它们的调用格式分别如下:

(1) pie(x, explode, 'label') % 绘制二维饼图

其中,当 x 为向量时,每个元素占总和的百分比;当 x 为矩阵时,每个元素占矩阵所有元素总和的百分比;explode 是与 x 同长度的向量,用于控制是否从饼图中分离对应的一块,非零元素表示该部分需要分离,系统默认是省略 explode 项,即不分离;label 用来标注饼形图的字符串数组。

(2) pie3(x, explode, 'label') % 绘制三维饼图

其中,变量及参数定义和二维饼图 pie 函数一致。

【例 6-11】 已知一个服装店 4 个月的销售数据为 $x = [210\ 240\ 180\ 300]$,分别用二维和三维饼图显示销售数据。

程序代码如下:

```
clear
x = [210 240 180 300];
subplot(2,2,1);
pie(x,{'一月份','二月份','三月份','四月份'})        % 绘制销售额的二维饼图
title('销售额的二维饼图')
subplot(2,2,2);
pie(x,[0 0 1 0])                                  % 绘制销售额的二维饼图(分离)
title('销售额的二维饼图(分离)')
subplot(2,2,3);
pie3(x,{'一月份','二月份','三月份','四月份'})        % 绘制销售额的三维饼图
title('销售额的三维饼图')
```

```
subplot(2,2,4);
pie3(x,[0 0 0 1],{'一月份','二月份','三月份','四月份'})   % 绘制销售额的三维饼图(分离)
title('销售额的三维饼图(分离)')
>> exam_6_11
```

程序运行结果如图 6-15 所示。

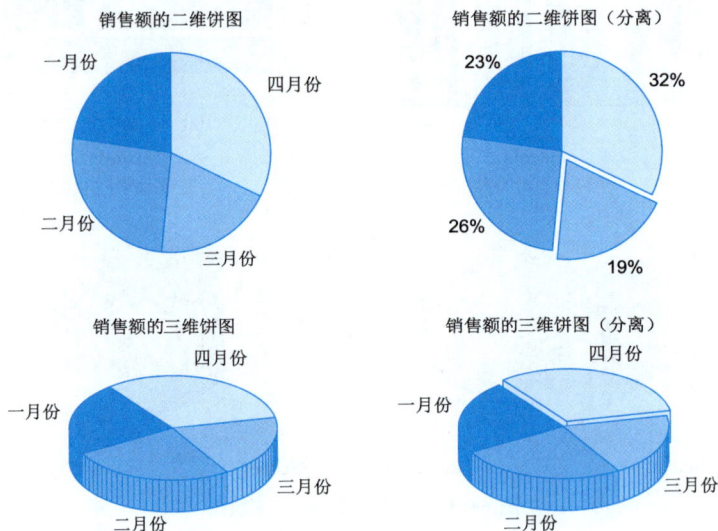

图 6-15   4 个月销售额的 4 种饼图

6.3.3   直方图

直方图又称为频数直方图,适用于统计并记录已知数据的分布情况。MATLAB 提供 hist 函数用于绘制条形直方图。直方图的横坐标将数据范围划分成若干段,统计在每一段内有多少个数,纵坐标显示每段数据的个数。函数调用格式如下:

(1) hist(y,n)(统计每段元素个数并绘制直方图)
(2) hist(y,x)
(3) N = hist(y,x)

其中,n 为分段的个数,若 n 省略,默认分成 10 段;x 是向量,用于指定所划分每个数据段的中间值;y 可以是向量,也可以是矩阵,如果是矩阵,则按列分段;N 是每段元素的个数。

【例 6-12】   用 hist 函数绘制 rand(10000,1)和 randn(10000,1)函数产生的数据的直方图。

程序代码如下:

```
clear
y1 = rand(10000,1);
y2 = randn(10000,1);
subplot(2,2,1);hist(y1,50)              % 绘制均匀分布的直方图(50 分段)
title('均匀分布的直方图(50 分段)')
subplot(2,2,2);hist(y1,[0:0.1:1])       % 绘制均匀分布的直方图(10 分段)
title('均匀分布的直方图(10 分段)')
subplot(2,2,3);hist(y2)                  % 绘制正态分布的直方图(默认分段)
title('正态分布的直方图(默认段)')
subplot(2,2,4);hist(y2,[-5:0.1:5])      % 绘制正态分布的直方图(100 分段)
title('正态分布的直方图(100 分段)')
N1 = hist(y1,10)                         % 统计 10 个分段,每段有多少个元素
N2 = hist(y2)                            % 统计默认 10 分段,每段有多少个元素
```

微课视频

```
>> exam_6_12
N1 =
   1016    995    994    986    967   1039   1033993    989    988
N2 =
      4     93    535   1726   2955   2795   1472    366     50      4
```

程序运行结果如图 6-16 所示。

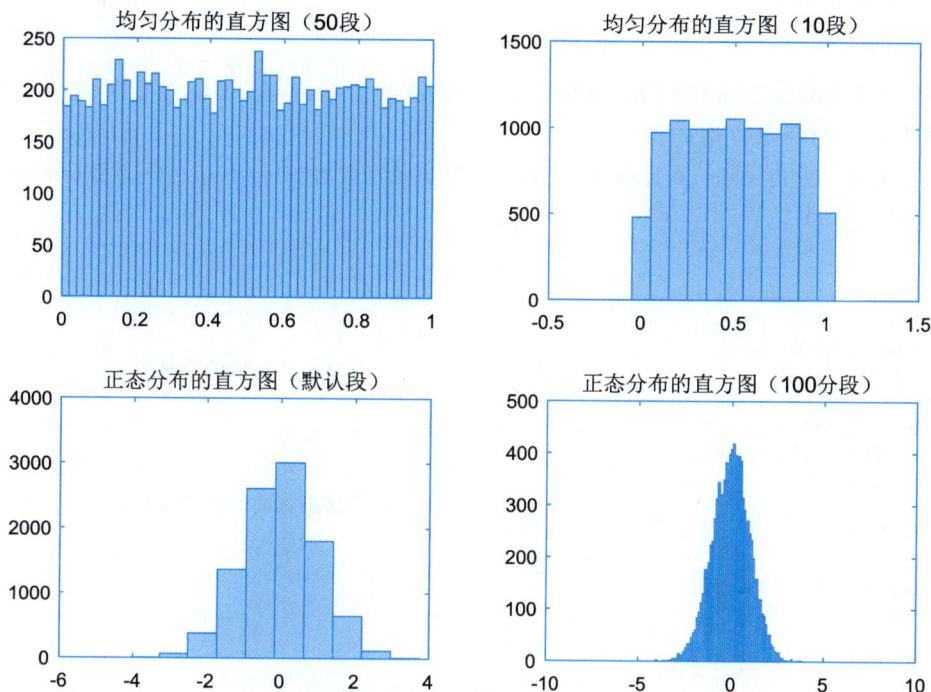

图 6-16   均匀分布和正态分布的直方图

由上述程序结果可知,用 hist 函数可以方便地绘制出均匀分布 rand 和正态分布 randn 的函数产生的随机数的直方图,验证了它们服从均匀分布和正态分布。

6.3.4   离散数据图

MATLAB 的离散数据图常用 stairs 函数绘制的阶梯图,stem 函数绘制的火柴杆图和 candle 函数绘制的蜡烛图。

1. stairs 阶梯图

MATLAB 提供 stairs 函数绘制阶梯图,stairs 函数的调用格式如下:

```
stairs(x,y,'参数')
```

其中,stairs 函数的格式与 plot 函数相似,不同的是将数据用一个阶梯图表示;x 是横坐标,可以省略,当 x 省略时,横坐标为 1:size(y,1);如果 y 是矩阵,则绘制每一行画一条阶梯曲线;参数主要是控制线的颜色和线型,和 plot 函数定义一样。

2. stem 火柴杆图

MATLAB 提供 stem 函数绘制火柴杆图,stem 函数的调用格式如下:

```
stem(x, y, '参数')
```

其中,stem 函数绘制的方法和 plot 命令很相似,不同的是将数据用一个垂直的火柴杆表示,火柴头的小圆圈表示数据点;x 是横坐标,可以省略,当 x 省略时,横坐标为 1:size(y,1);

y 是用于画火柴杆的数据,y 可以是向量或矩阵,若 y 是矩阵则每一行数据画一条火柴杆曲线;参数可以是'fill'或线型,'fill'表示将火柴头填充,线型与 plot 线型参数相似。

3. candle 蜡烛图

MATLAB 提供 candle 函数绘制蜡烛图,即股票的分析图,用于股票数据的分析,candle 函数的调用格式如下:

```
candle(HI, LO, CL, OP)
```

其中,HI 为股票的最高价格向量;LO 为股票的最低价格向量;CL 为股票的收盘价格向量;OP 为股票的开盘价格向量。

【例 6-13】 使用 stairs 函数和 stem 函数绘制正弦离散数据 $y = \sin(t)$ 阶梯图和火柴杆图。

程序代码如下:

```
clear
t = 0:0.1:2 * pi;
y = sin(t);
subplot(2,1,1);
stairs(t,y,'r-')                    % 绘制正弦曲线的阶梯图
xlabel('t');
ylabel('sin(t)')
title('正弦曲线的阶梯图')
subplot(2,1,2);
stem(t,y,'fill')                    % 绘制正弦曲线的火柴杆图
xlabel('t');
ylabel('sin(t)')
title('正弦曲线的火柴杆图')
>> exam_6_13
```

程序运行结果如图 6-17 所示。

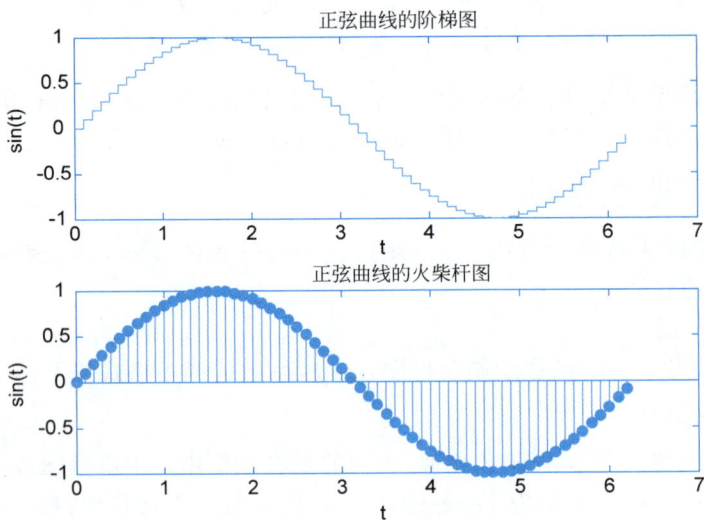

图 6-17   正弦曲线的阶梯图和火柴杆图

【例 6-14】 使用 candle 函数绘制 2017 年 2 月 27 日到 3 月 14 日,12 个交易日大众公用股票的蜡烛图,即分析图。

程序代码如下:

```
clear
open = [6.42 6.37 6.38 6.53 6.44 6.48 6.46 6.44 6.44 6.52 6.52 6.53]';
```

```
high = [6.55 6.42 6.68 6.60 6.49 6.49 6.49 6.54 6.66 6.55 6.58 6.55]';
low = [6.38 6.34 6.38 6.43 6.42 6.43 6.40 6.42 6.35 6.43 6.48 6.43]';
close = [6.38 6.39 6.55 6.46 6.46 6.47 6.46 6.46 6.56 6.50 6.53 6.45]';
candle(open, high, low, close)
xlabel('t'); ylabel('Stock Price')
title('大众公用 2017 年 2 月 27 日至 3 月 14 日 12 个交易日趋势图')
>> exam_6_14
```

程序运行结果如图 6-18 所示。

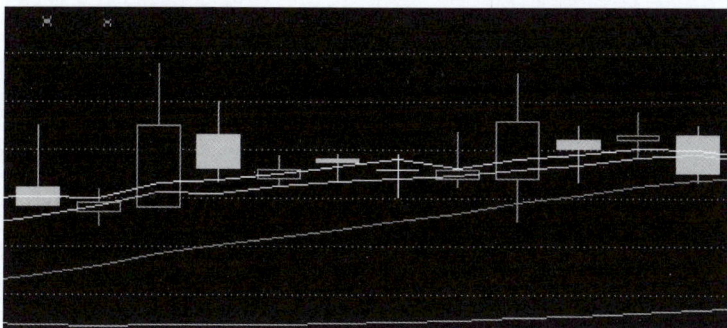

(a) 用股票交易软件得到的趋势图

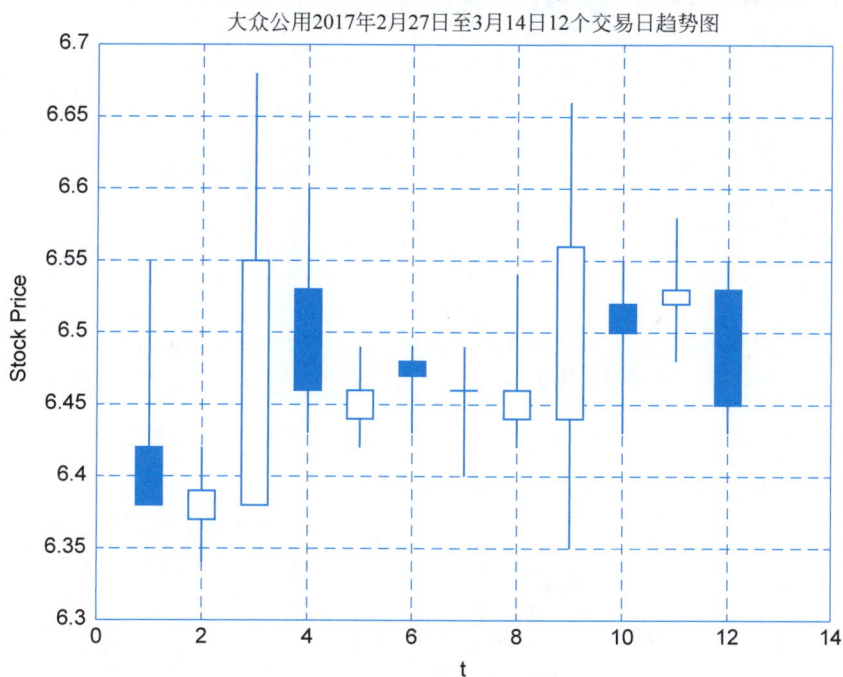

(b) 用candle函数得到的蜡烛图

图 6-18　大众公用股票 12 日蜡烛图

6.3.5　向量图

向量图是一种带有方向的数据图,可以用来表示复数和向量。MATLAB 提供三种绘制向量图的函数:罗盘图 compass 函数、羽毛图 feather 函数和向量场 quiver 函数。

1. 罗盘图

MATLAB 提供 compass 函数绘制罗盘图,在极坐标系中绘制从原点到每个数据点带

箭头的线段。函数调用格式如下:

```
(1) compass(u,v,'线型')      %绘制横坐标为 u,纵坐标为 v 的罗盘图
(2) compass(Z,'线型')        %绘制复向量 Z 的罗盘图
```

其中,u 和 v 分别是复向量 Z 的实部和虚部,u＝real(Z),v＝imag(Z)。

2. 羽毛图

MATLAB 提供 feather 函数绘制羽毛图,在直角坐标系中绘制从原点到每个数据点带箭头的线段。函数调用格式如下:

```
(1) feather(u,v,'线型')      %绘制横坐标为 u,纵坐标为 v 的羽毛图
(2) feather(Z,'线型')        %绘制复向量 Z 的羽毛图
```

3. 向量场

MATLAB 提供 quiver 函数绘制向量场图,在直角坐标系中绘制从(x,y)为起点,到每个数据点带箭头的向量场。函数调用格式如下:

```
quiver(x, y, u, v)                         %绘制以(x,y)为起点,横纵坐标为(u,v)的向量场
```

【例 6-15】 已知三个复数向量 $A_1＝5+5i$,$A_2＝3-4i$ 和 $A_3＝-4+2i$,使用 compass、feather 和 quiver 函数绘制复向量的向量图。

程序代码如下:

```
clear
A1 = 5 + 5i;A2 = 3 - 4i;A3 = - 4 + 2i;        %输入三个复数向量
subplot(1,2,1);
compass([A1,A2,A3],'b')                       %绘制罗盘图
title('罗盘图')
subplot(1,2,2);
feather([A1,A2,A3],'r')                       %绘制羽毛图
title('羽毛图')
figure
quiver([0,1,2],0,[real(A1),real(A2),real(A3)],…,   %绘制向量场图
[imag(A1),imag(A2),imag(A3)],'b')
title('向量场图')
>> exam_6_15
```

程序运行结果分别如图 6-19 和图 6-20 所示。

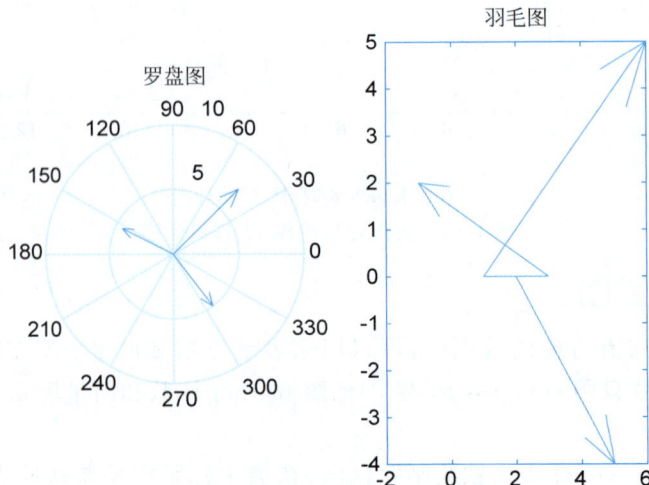

图 6-19 罗盘图和羽毛图

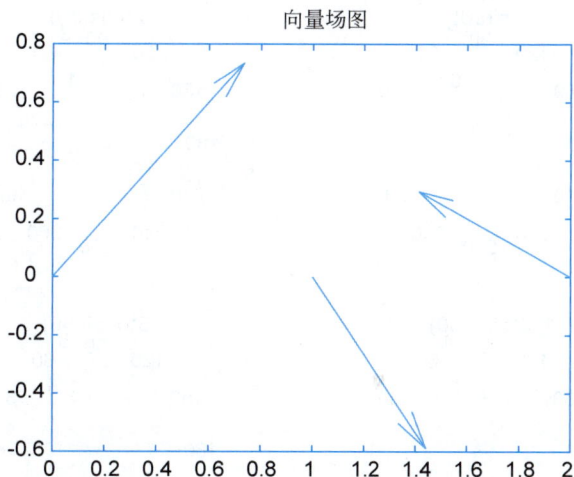

图 6-20　向量场图

6.3.6　极坐标图

MATLAB 提供 polar 函数绘制极坐标图，在极坐标系中根据相角 theta 和离原点的距离 rho 绘制极坐标图。函数调用格式如下：

```
polar(theta,rho,'参数')
```

其中，theta 为相角，以弧度为单位；rho 为半径；参数定义与 plot 函数参数相同。

【例 6-16】　已知 4 个极坐标曲线 $\rho_1 = \sin(\theta)$，$\rho_2 = 2\cos(3\theta)$，$\rho_3 = 3\sin^2(5\theta)$，$\rho_4 = 5\cos^3(6\theta)$，$-\pi \leqslant \theta \leqslant \pi$，在同一图形窗口 4 个不同子图中，使用 polar 函数绘制 4 个极坐标图。

微课视频

程序代码如下：

```
clear;                              % 清除命令行窗口变量
theta = -pi:0.01:pi;
rho1 = sin(theta);                  % 计算 4 个半径
rho2 = 2 * cos(3 * theta);
rho3 = 3 * sin(5 * theta).^2;
rho4 = 5 * cos(6 * theta).^3;
subplot(2,2,1);
polar(theta,rho1)                   % 绘制第一条极坐标曲线
title('sin(θ)')
subplot(2,2,2);
polar(theta,rho2,'r')               % 绘制第二条极坐标曲线
title('2 * cos(3θ)')
subplot(2,2,3);
polar(theta,rho3,'g')               % 绘制第三条极坐标曲线
title('3 * (sin(5θ))^2')
subplot(2,2,4);
polar(theta,rho4,'c')               % 绘制第四条极坐标曲线
title('5 * (cos(6θ))^3')
```

程序运行结果如图 6-21 所示。

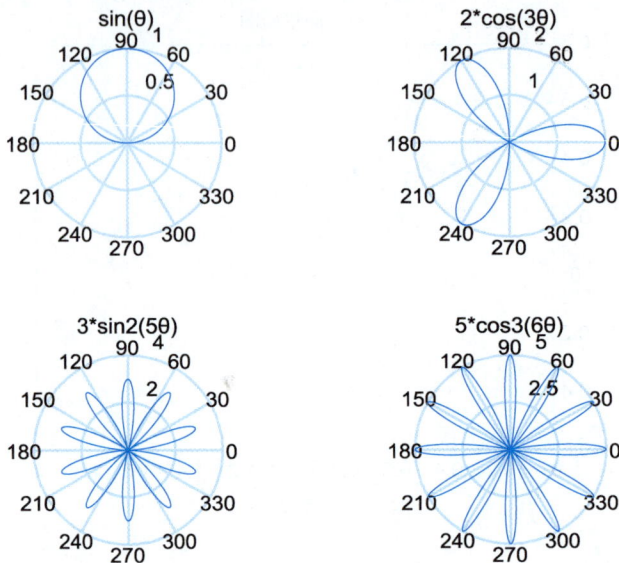

图 6-21　极坐标图

6.3.7　对数坐标图

在实际应用中,常用到对数坐标。对数坐标图是指坐标轴的刻度不是用线性刻度而是使用对数刻度。MATLAB 提供 semilogx 和 semilogy 函数实现对 x 轴和 y 轴的半对数坐标图,提供 loglog 函数实现双对数坐标图。它们的调用格式如下:

(1) semilogx(x1,y1,'参数 1',x2,y2,'参数 2',…)
(2) semilogy(x1,y1,'参数 1',x2,y2,'参数 2',…)
(3) loglog(x1,y1,'参数 1',x2,y2,'参数 2',…)

其中,参数的定义和 plot 函数参数定义相同,所不同的是坐标轴的选取;semilogx 函数使用半对数坐标,x 轴为常用对数刻度,y 轴为线性坐标刻度;semilogy 函数也使用半对数坐标,x 轴为线性坐标刻度,y 轴为常用对数刻度;loglog 函数使用全对数坐标,x 轴和 y 轴均采用常用对数刻度。

【例 6-17】　在同一图形窗口 4 个不同子图中,绘制 $y=5x^3$,$0 \leqslant x \leqslant 8$ 函数的线性坐标、半对数坐标和双对数坐标图。

程序代码如下:

```
clear;                          % 清除变量空间
x = 0:0.1:8;y = 5 * x.^3;       % 计算作图数据
subplot(2,2,1);
plot(x,y)                       % 绘制线性坐标图
title('线性坐标图')
subplot(2,2,2);
semilogx(x,y,'r-.')             % 绘制半对数坐标图 x
title('半对数坐标图 x')
subplot(2,2,3);
semilogy(x,y,'g-')              % 绘制半对数坐标图 y
title('半对数坐标图 y')
subplot(2,2,4);
loglog(x,y,'c--')              % 绘制双对数坐标图
title('双对数坐标图')
>> exam_6_17
```

程序运行结果如图 6-22 所示。

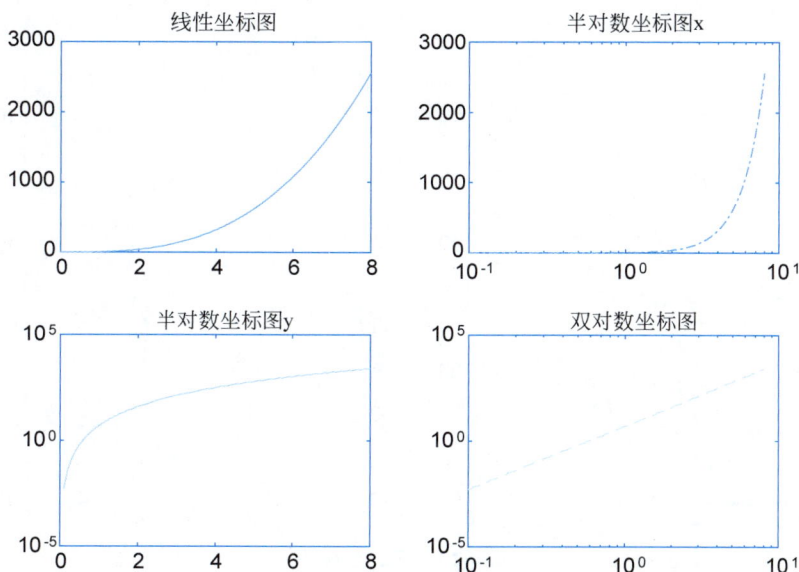

图 6-22 对数坐标图

6.3.8 双纵坐标绘图

在实际中,为了便于数据对比分析,可以将不同坐标刻度的两个图形绘制在同一个窗口。MATLAB 提供 plotyy 函数实现把函数值具有不同量纲、不同数量级的两个函数绘制在同一坐标系中。plotyy 函数的调用格式如下:

(1) plotyy(x1,y1,x2,y2)
(2) plotyy(x1,y1,x2,y2,fun1,fun2)

其中,x1,y1 对应一条曲线;x2,y2 对应另一条曲线。横坐标的刻度相同,左纵坐标用于x1,y1 数据绘图,右纵坐标用于 x2,y2 数据绘图;fun1 和 fun2 是句柄或字符串,控制作图的方式,fun 可以为 plot、semilogx、semilogy、loglog 和 stem 等二维绘图指令。

【例 6-18】 在同一图形窗口,实现两条曲线 $y_1 = 3\sin(x)$,$y_2 = 2x^2$,$0 \leqslant x \leqslant 6$ 的双纵坐标绘图。

程序代码如下:

```
clear;                                    % 清空变量空间
x = 0:0.1:6;
y1 = 3 * sin(x);
y2 = 2 * x.^2;                            % 计算 y1,y2 绘图数据
subplot(1,2,1);
plotyy(x,y1,x,y2)                         % 绘制线性双纵坐标图
title('绘制线性双纵坐标图')
grid on
subplot(1,2,2);
plotyy(x,y1,x,y2,'plot','semilogy')       % 绘制线性和半对数双纵坐标图
title('线性和半对数双纵坐标图')
grid on
>> exam_6_18
```

程序运行结果如图 6-23 所示。

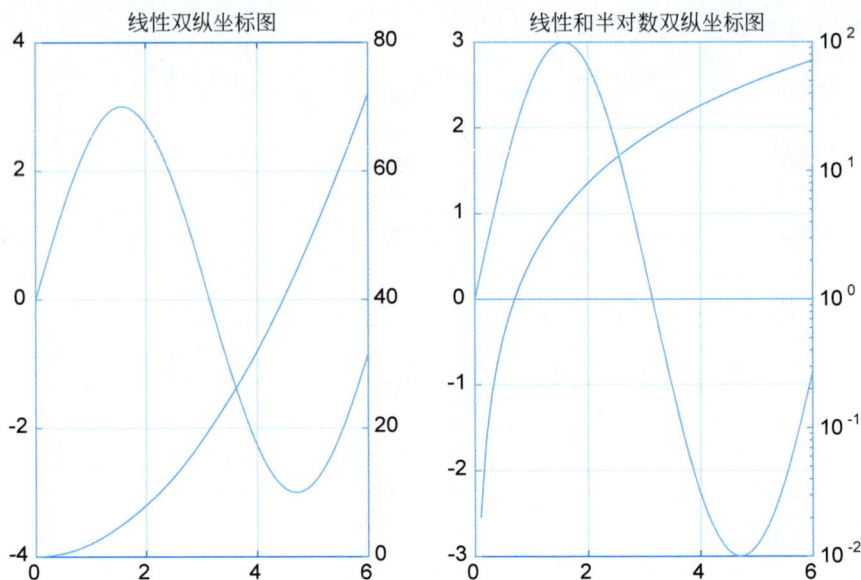

图 6-23　双纵坐标图

6.3.9　函数绘图

MATLAB 提供 ezplot 函数,实现函数绘图功能,其调用格式有如下几种。

(1) ezplot(f)。

绘制 f＝f(x)的图形,其中,x 的默认取值范围为[－2π,2π]。对于 f(x,y),x 和 y 的默认取值范围都是[－2π,2π],绘制 f(x,y)＝0 的图形。

(2) ezplot(f,[min,max])。

绘制 f＝f(x)的图形,其中,x 的取值范围是 x∈[min,max]。对于 f(x,y),ezplot(f,[xmin,xmax,ymin,ymax])按照 x 和 y 的取值范围(x∈[xmin,xmax],y∈[ymin,ymax])绘制 f(x,y)＝0 的图形。

(3) ezplot(x,y)。

按照 t 的默认取值范围(t∈[0,2π])绘制函数 x＝x(t)、y＝y(t)的图形。

(4) ezplot(x,y,[tmin,tmax])。

按照 t 的指定取值范围(t∈[tmin,tmax]),绘制函数 x＝x(t)、y＝y(t)的图形。

【例 6-19】　在同一图形窗口的不同子窗口下,用 ezplot 函数绘制两条曲线 $y＝\sin(2x)$,$x∈[0,2π]$,$f＝x^2－y^2－1$,$x∈[－2π,2π]$,$y∈[－2π,2π]$。

程序代码如下:

```
clear;
f1 = 'sin(2 * x)';f2 = 'x.^2 - y.^2 - 1';
subplot(1,2,1);
ezplot(f1,[0,2 * pi])
title('f = sin(2 * x)'); grid on
subplot(1,2,2);
ezplot(f2)
title('x^2 - y^2 - 1'); grid on
>> exam_6_19
```

程序运行结果如图 6-24 所示。

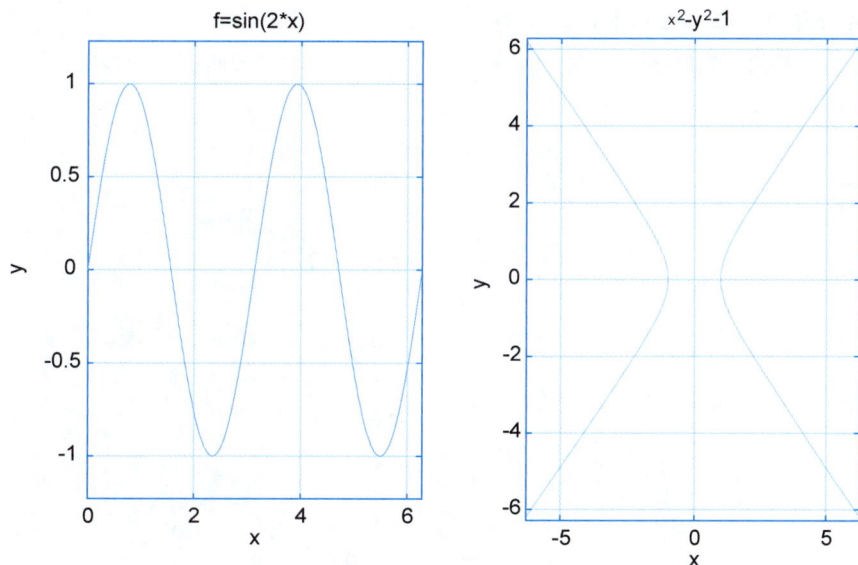

图 6-24 函数绘图

6.4 三维曲线和曲面的绘制

MATLAB能绘制很多种三维图形,包括三维曲线、三维网格线、三维表面图和三维特殊图形。

6.4.1 绘制三维曲线图

三维曲线图是根据三维坐标(x,y,z)绘制的曲线,MATLAB使用plot3函数实现。其调用格式和二维绘图的plot命令相似,命令格式如下:

```
plot3(x,y,z,'选项')                          % 绘制三维曲线
```

其中,x,y,z必须是同维的向量或者矩阵,若是向量,则绘制一条三维曲线,若是矩阵,则按矩阵的列绘制多条三维曲线,三维曲线的条数等于矩阵的列数。选项的定义和二维plot函数定义一样,一般由线型、颜色和数据点标识组合在一起。

【例 6-20】 绘制三维曲线,当 x 为矩阵或向量,绘制 $y=\sin(x)$, $z=\cos(x)$。

程序代码如下:

```
clear;
x = [0:0.1:2 * pi;4 * pi:0.1:6 * pi]';
y = sin(x);z = cos(x);              % 创建三维数据,x,y,z 都是两列的矩阵
subplot(1,2,1);
plot3(x,y,z)                        % 绘制矩阵的三维曲线
title('矩阵的三维曲线绘制')
x1 = [0:0.2:10 * pi];
y1 = cos(x1);z1 = sin(x1);
subplot(1,2,2);
plot3(x1,y1,z1,'r - . * ')          % 绘制向量的三维曲线,红色,点画线,数据点用 * 标识
title('向量的三维曲线绘制')
grid on
>> exam_6_20
```

微课视频

程序运行结果如图 6-25 所示。

矩阵的三维曲线绘制　　　　　　　　　向量的三维曲线绘制

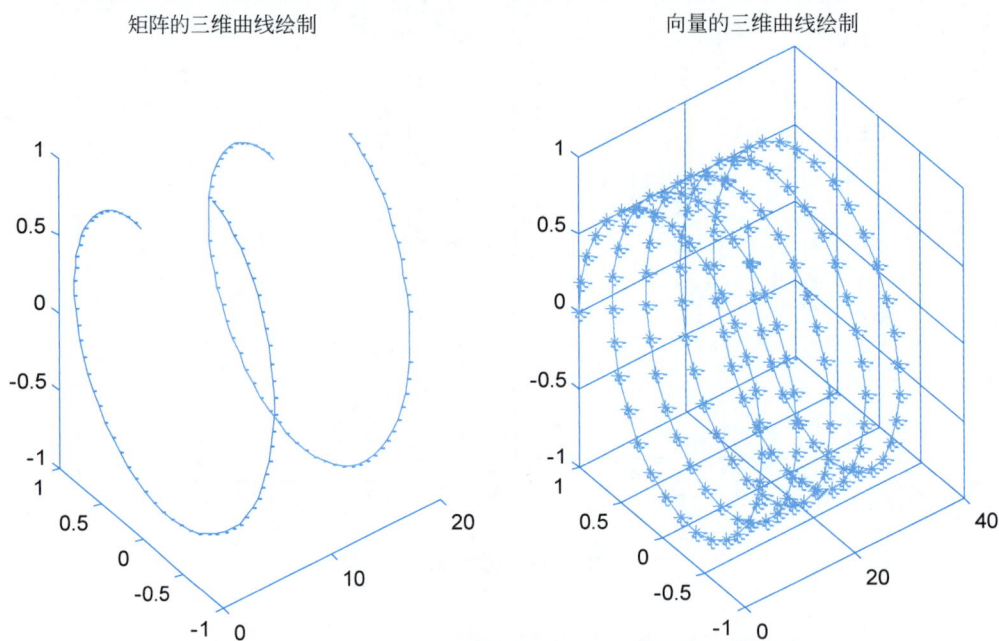

图 6-25　三维曲线的绘制

6.4.2　绘制三维曲面图

三维曲面图包括三维网格图和三维表面图,三维曲面图和三维曲线图的不同之处是三维曲线以线来定义,而三维曲面图以面来定义。MATLAB 提供的常用的三维曲面函数有:三维网格图 mesh 函数、带有等高线的三维网格图 meshc 函数、带基准平面的三维网格图 meshz 函数、三维表面图 surf 函数、带等高线的三维表面图 surfc 函数和加光照效果的三维表面图 surfl 函数。

1. 三维网格图

三维网格图就是将平面上的网格点(X,Y)对应的 Z 值的顶点画出来,并将各顶点用线连接起来。MATLAB 提供 mesh 函数绘制三维网格图,其调用格式如下:

```
mesh(X,Y,Z,C)
```

其中,X,Y 是通过 meshgrid 得到的网格顶点;C 是指定各点的用色矩阵,C 可以省略。

meshgrid 函数用来在(x,y)平面上产生矩形网格,其调用格式如下:

```
[X,Y] = meshgrid(x,y)
```

其中,若 x 和 y 分别为 n 个和 m 个元素的一维数组,则 X 和 Y 都是 $n×m$ 的矩阵,每个(X,Y)对应一个网格点;如果 y 省略,则 X 和 Y 都是 $n×n$ 的方阵。

例如,x 为 4 个元素数组,y 为 3 个元素数组,由 x 和 y 产生 $3×4$ 的矩形网格,并绘制出(X,Y)对应的网格顶点,如图 6-26 所示。

```
>> x = 1:4
x =
     1  2  3  4
>> y = 2:2:6
y =
```

```
        2   4   6
>> [X,Y] = meshgrid(x,y)
X =
        1   2   3   4
        1   2   3   4
        1   2   3   4
Y =
        2   2   2   2
        4   4   4   4
        6   6   6   6
>> plot(X,Y,'d')
```

图 6-26　网格顶点图

另外,mesh 函数还派生出另外两个函数 meshc 和 meshz,meshc 用来绘制带有等高线的三维网格图; meshz 用来绘制带基准平面的三维网格图,用法和 mesh 类似。

【例 6-21】 已知 $z = x^2 - y^2$,$x,y \in [-5,5]$,分别使用 plot3、mesh、meshc 和 mechz 绘制三维曲线和三维网格图。

程序代码如下:

```
clear;
x = -5:0.2:5;
[X,Y] = meshgrid(x);          % 生成矩形网格数据
Z = X.^2 - Y.^2;
subplot(2,2,1);
plot3(X,Y,Z)                  % 绘制三维曲线
title('plot3')
subplot(2,2,2);
mesh(X,Y,Z)                   % 绘制三维网格图
title('mesh')
subplot(2,2,3);
meshc(X,Y,Z)                  % 绘制带等高线的三维网格图
title('meshc')
subplot(2,2,4);
meshz(X,Y,Z)                  % 绘制带基准平面的三维网格图
title('meshz')
```

程序运行结果如图 6-27 所示。

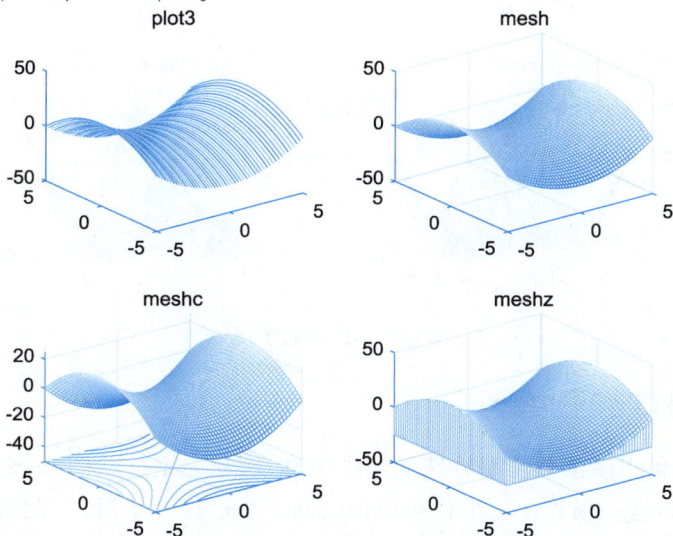

图 6-27　三维曲线和三维网格图

2. 三维表面图

与三维网格图不同的是,三维表面图网格范围内用颜色来填充。MATLAB 提供 surf 函数,实现绘制三维表面图,也是需要先生成网格顶点(X,Y),再计算出 Z,函数调用格式如下:

```
surf(X,Y,Z,C)                    % 绘制三维表面图
```

其中,参数定义和 mesh 参数定义相同。

另外,surf 函数还派生出另外两个函数 surfc 和 surfl,surfc 用来绘制带有等高线的三维表面图;surfl 用来绘制带光照效果的三维表面图,用法和 surf 类似。

【例 6-22】 在 $x \in [-5,5]$,$y \in [-3,3]$ 上作出 $z^2 = x^3 y^2$ 所对应的三维表面图。

程序代码如下:

```
clear;
x = -5:0.3:5;
y = -3:0.2:3;
[X,Y] = meshgrid(x,y);           % 生成矩阵网格数据
Z = sqrt(X.^4.*Y.^2);
subplot(2,2,1);mesh(X,Y,Z)       % 绘制三维网格图
title('mesh')
subplot(2,2,2);surf(X,Y,Z)       % 绘制三维表面图
title('surf')
subplot(2,2,3);surfc(X,Y,Z)      % 绘制带有等高线的表面图
title('surfc')
subplot(2,2,4);surfl(X,Y,Z)      % 绘制带有光照效果的表面图
title('surfl')
>> exam_6_22
```

程序运行结果如图 6-28 所示。

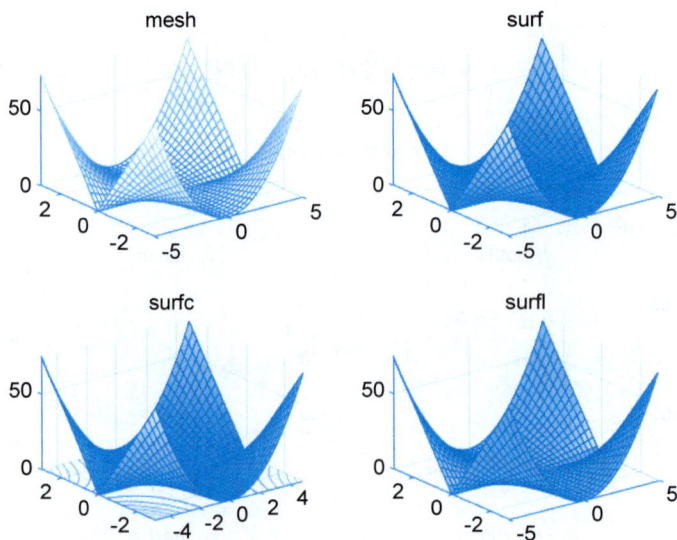

图 6-28　三维表面图

6.4.3　特殊的三维图形

MATLAB 提供很多函数绘制特殊的三维图形,例如三维柱状图 bar3、bar3h、饼图 pie3 和火柴杆图 stem3,这些函数在二维特殊图形绘制章节已经介绍过了,此处不再赘述。下面主要介绍三维等高线图和瀑布图。

1. 等高线图

等高线图常用于地形绘制中,MATLAB 提供 contour3 函数用于绘制等高线图,它能自动根据 z 值的最大值和最小值来确定等高线的条数,也可以根据给定参数来取值。函数调用格式如下:

```
contour3(X,Y,Z,n)              %绘制等高线图
```

其中 X,Y 和 Z 定义一样,n 为给定等高线的条数,若 n 省略,则

不同的是瀑布图把每条曲线都垂下来,形成瀑布状。

制瀑布图。函数调用格式如下:

%绘制瀑布图

Y 和 Z 定义一样,X 和 Y 还可以省略。

$[-3,3]$ 上,作出 $z=\sin\sqrt{x^2+y^2}$ 所对应的等高线图、

%绘制默认值的等高线图

%绘制给定值的等高线图

%绘制瀑布图

%绘制三维网格图

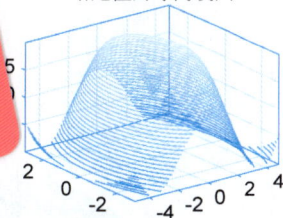

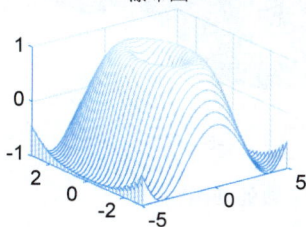
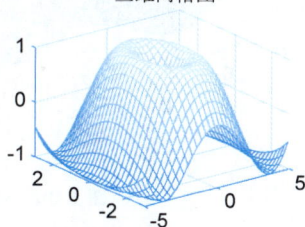

图 6-29 等高线图和瀑布图

6.4.4 绘制动画图形

MATLAB 可以利用函数(movie、getframe 和 moviein)实现动画的制作。原理是先把帧二维或者三维图形存储起来,然后利用命令把这些帧图形回放,产生动画效果。函数调用格式如下:

(1) movie(M, k)　　　　% 播放动画

其中,M 是要播的画面矩阵;k 如果是一个数,则为播放次数;k 如果是一个向量,则第一个元素为播放次数,后面向量组成播放帧的清单。

(2) M(i) = getframe　　% 录制动画的每一帧图形
(3) M = moviein(n)　　% 预留分配存储帧的空间

其中,n 为存储放映帧数,M 预留分配存储帧的空间。

【例 6-24】 矩形函数的傅里叶变换是 sinc 函数,$sinc(r) = sin(r)/r$,其中,r 是 XOY 平面上的向径。用 surfc 命令,制作 sinc 函数的立体图,并采用动画函数播放动画。

程序代码如下:

```
clear;
close all
x = -9:0.2:9;
[X,Y] = meshgrid(x);
R = sqrt(X.^2 + Y.^2) + eps;
Z = sin(R)./R;
h = surfc(X,Y,Z);              % 产生每帧数据
M = moviein(20);               % 预先分配一个能存储 20 帧的矩阵
for i = 1:20
    rotate(h,[0 0 1],15);      % 使得图形绕 z 轴旋转,15°/次
    M(i) = getframe;           % 录制动画的每一帧
end
movie(M,10,6)                  % 以每秒 6 帧的速度重复播放 10 次
```

程序运行结果如图 6-30 所示。

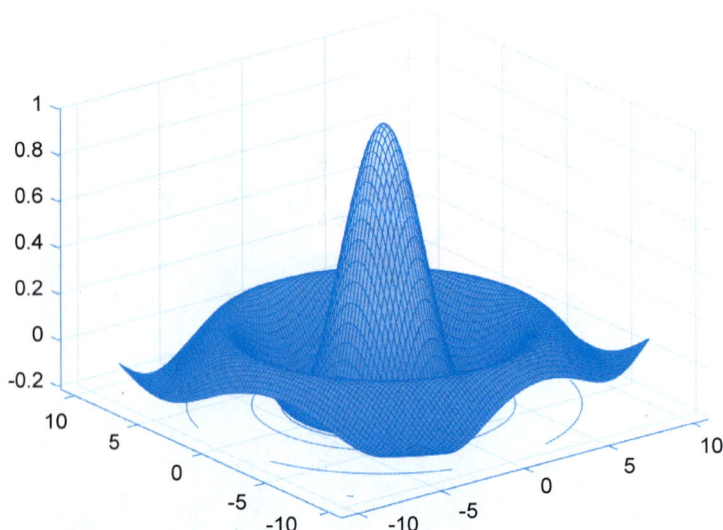

图 6-30　sinc 函数的动画

6.5 MATLAB 图形窗口

MATLAB 图形窗口不仅是绘图函数和工具形成的显示窗口,还可利用图形窗口编辑图形。本章前面介绍的很多图形制作和图形修饰命令,都可以利用 MATLAB 图形窗口操作实现。

MATLAB 的图形窗口界面如图 6-31 所示,分为 4 部分:标题栏、菜单栏、快捷工具栏和图形显示窗口。图形窗口的菜单栏是编辑图形的主要部分,很多菜单按键和 Windows 标准按键相同,不再赘述。

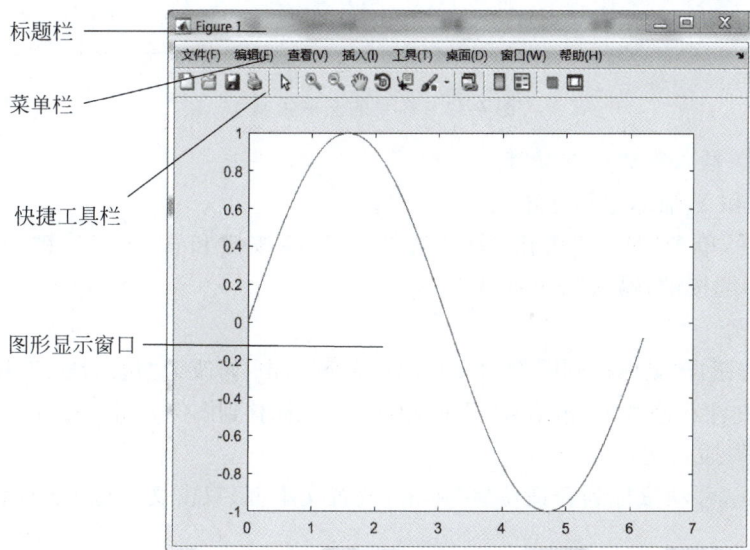

图 6-31　MATLAB 图形窗口

可利用图形窗口对曲线和图形编辑和修饰,用得比较多的是"插入"菜单。插入菜单主要用于向当前图形窗口中插入各种标注图形,包括 X 轴标签、Y 轴标签、Z 轴标签、图形标题、图例、颜色栏、直线、箭头、文本箭头、双向箭头、文本、矩形、椭圆、坐标轴和灯光。绝大部分标注都可以通过菜单来添加。

图形窗口的快捷工具栏有编辑绘图键、放大键、缩小键、平移键、三维旋转、数据游标、刷亮/选择数据、链接绘图、插入颜色栏、插入图例、隐藏绘图工具键以及显示绘图工具键。

下面举例介绍利用 MATLAB 图形窗口编辑图形功能。

【例 6-25】　利用图形窗口编辑所绘制的曲线 $y = 3e^{-0.5x}\sin(5x)$ 及其包络线,$x \in [0, 2\pi]$。

1. 绘出简单的曲线及其包络线

程序代码如下:

```
clear
t = (0:0.1:2 * pi)';          % 定义域范围内采样
y1 = 3 * exp( - 0.5 * t) * [1, - 1];    % 包络线数据
y2 = 3 * exp( - 0.5 * t). * sin(5 * t);  % 生成曲线 y 数据
plot(t,y1,t,y2)               % 在同一个图形窗口绘制 y 曲线和包络线
>> exam_6_25
```

程序运行结果如图 6-32 所示。

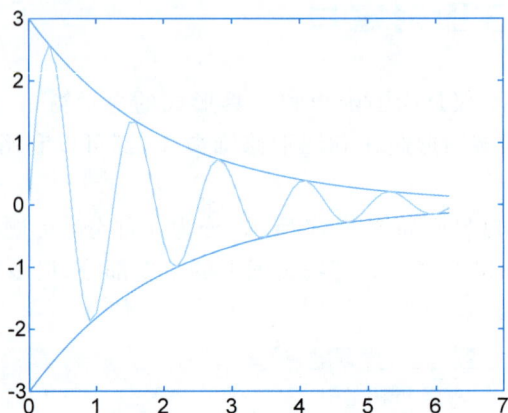

图 6-32　简单的图形绘制

2. 利用菜单插入完成标注功能

1) 添加 X 和 Y 轴标签和标题

选择菜单栏,单击"插入"按钮,分别选择 X 标签按键和 Y 标签按键,输入"t(s)"和"y(V)",选择标题按键,输入"y-x 曲线"。

2) 添加图例

单击图例按钮,把鼠标移到图例的 data1 注释处,双击,修改为"包络线 1",用同样的方法,将 data2 和 data3 注释修改为"包络线 2"和"曲线 y",光标移到图例处,长按左键,可以移动图例。

3) 在图形中插入文本注释

单击文本框,移动鼠标到合适位置,单击,放置文本框,双击文本框,添加本文注释信息,插入文本箭头。

添加标注后,效果如图 6-33 所示。

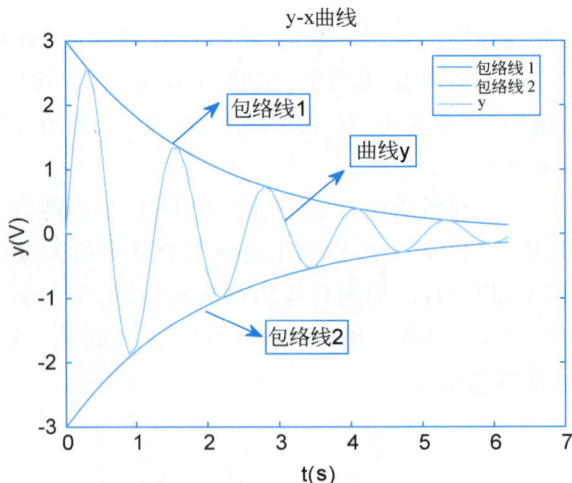

图 6-33　添加标注后的图形

3. 编辑曲线和图形的格式

单击快捷工具栏的编辑绘图 按钮,移到图形区,双击,图形窗口从默认的显示模式转变为编辑模式,如图 6-34 所示。选择图形对象元素进行相应的编辑。可以添加 X 轴和 Y 轴的网格线,选择曲线,修改线型、线的颜色和线的粗细,数据点标记图案选择、大小及颜色,还可以修改横纵坐标轴刻度和字体及大小。

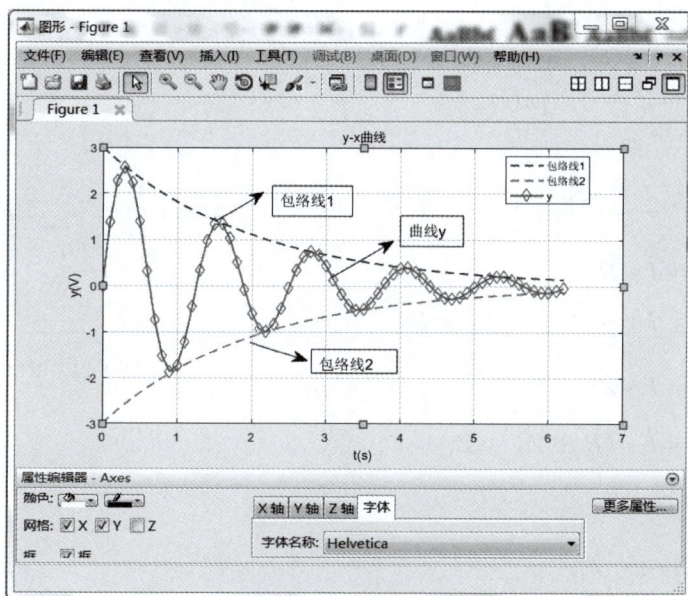

图 6-34　图形窗口编辑工作模式

曲线和图形的格式编辑后的效果如图 6-35 所示。

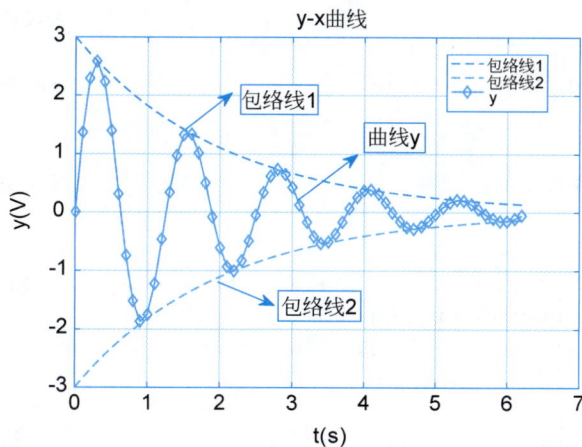

图 6-35　图形窗口编辑后的曲线

6.6　应用实例

"电路分析"课程中的正弦稳态电路是使用向量法来分析电路。可以利用本章介绍的画向量图函数 compass 和 feather 绘制电路的电压和电流向量,更直观地比较各向量之间的区别,以便更好地理解电路规律。

【例 6-26】 已知一个 RLC 串联电路如图 6-36 所示,电流 $i(t) = 8\sqrt{2}\cos\left(314t + \dfrac{\pi}{3}\right)$A,

$R = 8\Omega, \omega L = 6\Omega, \dfrac{1}{\omega C} = 4\Omega$ 时,分别计算 $\dot{U}$、$\dot{U}_R$、$\dot{U}_L$ 和 $\dot{U}_C$,使用 compass、feather 和 quiver

函数绘制复向量 $\dot{U}$、$\dot{U}_R$、$\dot{U}_L$ 和 $\dot{U}_C$ 的向量图。

令 $Z_L = j\omega L$ 和 $Z_C = 1/(j\omega C)$。

根据电路知识可知:

$$\dot{I} = 8\angle\frac{\pi}{3} = 8e^{j\frac{\pi}{3}},$$

$$\dot{U}_R = \dot{I} * R$$

$$\dot{U}_L = \dot{I} * Z_L$$

$$\dot{U}_C = \dot{I} * Z_C$$

$$\dot{U}_R = \dot{I} * (R + Z_L + Z_C)$$

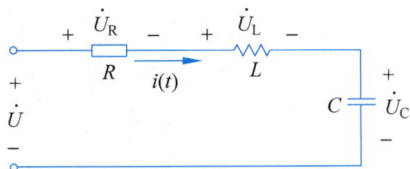

图 6-36 RLC 电路图

程序代码如下:

```
clear
R = 8;zl = 6j;zc = 4 * 1/j;
I = 8 * exp(j * pi/3);
Ur = I * R
Ul = I * zl
Uc = I * zc
U = I * (R + zl + zc)                                    % 求各电压
subplot(2,2,1);
compass([Ur,Ul,Uc,U],'b')                               % 绘制电压向量的罗盘图
title('罗盘图')
subplot(2,2,2);
feather([Ur,Ul,Uc,U],'r')                               % 绘制电压向量的羽毛图
title('羽毛图')
subplot(2,1,2);
quiver([0,1,2,3],0,[real(Ur),real(Ul),real(Uc),real(U)],…,   % 绘制向量场图
[imag(Ur),imag(Ul),imag(Uc),imag(U)],'b')
title('向量场图')
>> exam_6_26
Ur =
  32.0000 + 55.4256i
Ul =
 - 41.5692 + 24.0000i
Uc =
  27.7128 - 16.0000i
U =
  18.1436 + 63.4256i
```

程序运行结果如图 6-37 所示。

由程序结果可知,quiver 向量场图的起点横坐标分别是 0、1、2、3,纵坐标均为 0,显示向量的实部和虚部。

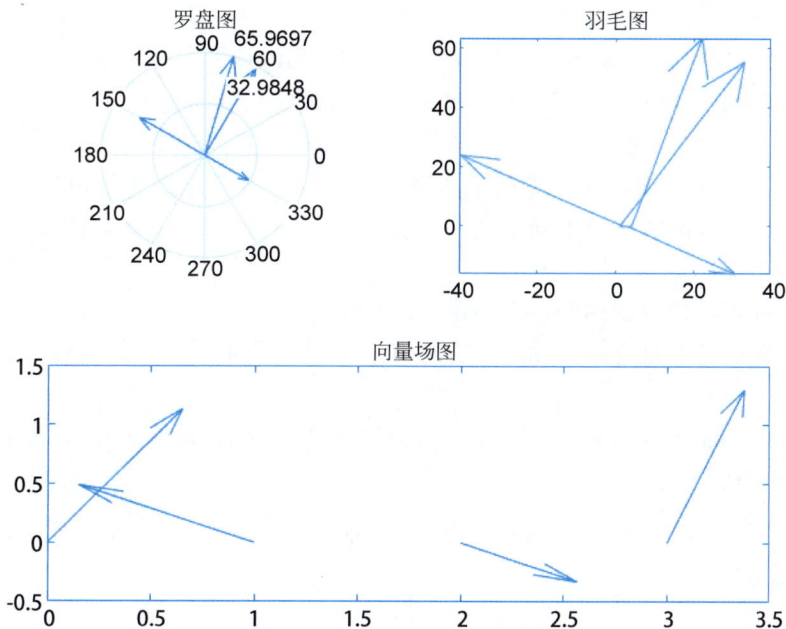

图 6-37　RLC 电路的各种向量图

习题 6

1. 利用 plot 函数绘制函数曲线 $y = 2\sin(t)$，$t \in [0, 2\pi]$。

2. 利用 plot 函数绘制函数曲线 $y = \sin(t) + \cos(t)$，$t \in [0, 2\pi]$，y 线型选为点画线，颜色为红色，数据点设置为钻石型，x 轴标签设置为 t，y 轴标签设置为 y，标题设置为 $\sin(t) + \cos(t)$。

3. 在同一图形窗口中，利用 plot 函数绘制函数曲线 $y_1 = t\sin(2\pi t)$，$t \in [0, 2\pi]$，$y_2 = 5\mathrm{e}^{-t}\cos(2\pi t)$，$t \in [0, 2\pi]$，$y_1$ 线型选为点画线，颜色为红色，数据点设置为五角星；y_2 线型选为实线，颜色为蓝色，数据点设置为圆圈。x 轴标签设置为 t，y 轴标签设置为 $y_1 \& y_2$，添加图例和网格。

4. 在同一图形窗口分割 4 个子图，分别绘制 4 条曲线 $y_1 = \sin(t)$，$y_2 = \sin(2t)$，$y_3 = \cos(t)$，$y_4 = \cos(2t)$，t 的范围均为 $[0, 3\pi]$，要求为每个子图添加标题和网格。

5. 已知一个班有 4 个学生，三次考试成绩为 $\begin{bmatrix} 72 & 98 & 86 & 76 \\ 80 & 92 & 85 & 90 \\ 65 & 88 & 82 & 56 \end{bmatrix}$，请用垂直柱状图、水平柱状图、三维垂直柱状图和三维水平柱状图分别显示成绩。

6. 已知一个班成绩为 $x = [61\ 98\ 78\ 65\ 54\ 96\ 93\ 87\ 83\ 72\ 99\ 81\ 77\ 72\ 62\ 74\ 65\ 40\ 82\ 71]$，用 hist 函数统计 60 分以下、60～69 分、70～79 分、80～89 分、90～100 分各分数段学生的人数，并绘制直方图。分别用二维和三维饼图显示各分数段学生百分比，标注"不及格""及格""中等""良好"和"优秀"。

7. 使用 stairs 函数和 stem 函数绘制正弦离散数据 $y = \cos(2t)$，$t \in [0, 2\pi]$ 的阶梯图和

火柴杆图。

8. 已知三个复数向量 $A_1 = 2+2i, A_2 = 3-2i$ 和 $A_3 = -1+2i$,在同一个图形窗口的 3 个子区域,分别使用 compass、feather 和 quiver 函数绘制复向量的向量图,并添加标题。

9. 已知 4 个极坐标曲线 $\rho_1 = \sin(2\theta), \rho_2 = 2\cos(3\theta), \rho_3 = 2\sin^2(5\theta), \rho_4 = \cos^2(6\theta), -\pi \leqslant \theta \leqslant \pi$,在同一图形窗口 4 个不同子图中,使用 polar 函数绘制 4 个极坐标图。

10. 在同一图形窗口 4 个不同子图中,绘制 $y = 5e^x, 0 \leqslant x \leqslant 5$ 函数的线性坐标、半对数坐标和双对数坐标图。

11. 用 ezplot 函数绘制曲线 $y = x\sin(2x), x \in [0, 2\pi]$。

12. 使用绘制三维曲线函数 plot3,绘制当 $x \in [0, 2\pi]$ 时,$y = \cos(x)$ 和 $z = 2\sin(x)$ 的曲线。

13. 已知 $z = 2x^2 + y^2, x, y \in [-3, 3]$,分别使用 plot3、mesh、meshc 和 mechz 绘制三维曲线和三维网格图。

14. 在 $x \in [-3, 3], y \in [-3, 3]$ 上作出 $z = \cos\sqrt{x^2 + y^2} / \sqrt{x^2 + y^2}$ 所对应的三维网格图和三维表面图。

第 7 章

CHAPTER 7

Simulink 仿真基础

本章要点：

◇ Simulink 概述；

◇ Simulink 的使用；

◇ Simulink 的模块库及模块；

◇ Simulink 模块操作及建模；

◇ Simulink 模块及仿真参数设置；

◇ 过零检测和代数环；

◇ 应用实例。

MathWorks 公司于 1990 年为 MATLAB 增加了用于建立系统框图和仿真的环境，并于 1992 年将该软件更名为 Simulink。它可以搭建通信系统物理层和数据链路层、动力学系统、控制系统、数字信号处理系统、电力系统、生物系统和金融系统等。

Simulink 是 MATLAB 提供的实现动态系统建模和仿真的一个软件包，它是一个集成化、智能化、图形化的建模与仿真工具，是一个面向多域仿真以及基于模型设计的模块框图环境，它支持系统设计、仿真、自动化代码生成及嵌入式系统的连续测试和验证。基于这些特点，用户可以把精力从编程转向模型的构造。其最大的优点就是为用户省去了许多重复的代码编写工作。

Simulink 提供了图形编辑器、可自定义的模块库以及求解器，能进行动态系统建模和仿真。通过与 MATLAB 集成，用户不仅能够将 MATLAB 算法融合到模型中，而且还能将仿真结果导出至 MATLAB 进行进一步分析。

7.1 Simulink 概述

Simulink 是一个进行动态系统的建模、仿真和综合分析的集成软件包。它可以处理的系统包括：线性、非线性系统；离散、连续及混合系统；单任务、多任务离散事件系统。

在 Simulink 提供的图形用户界面(GUI)上，只要进行鼠标的简单操作就可以构造出复杂的仿真模型。它的外表以方框图形式呈现，且采用分层结构。从建模角度来看，Simulink 既适用于自上而下的设计流程，又适用于自下而上的逆程设计。从分析研究角度，这种 Simulink 模型不仅让用户知道具体环节的动态细节，而且能够让用户清晰地了解各器件、各子系统、各系统间的信息交换,掌握各部分的交互影响。

在 Simulink 环境中,用户摆脱了理论演绎时所需做的理想化假设,而且可以在仿真过程中对感兴趣的相关参数进行改变,实时地观测在影响系统的相关因素变化时对系统行为的影响,例如死区、饱和、摩擦、风阻和齿隙等非线性因素以及其他随机因素。

7.1.1 Simulink 的基本概念

Simulink 有如下几个基本概念。

1. 模块与模块框图

Simulink 模块有标准模块和定制模块两种类型。Simulink 模块是系统的基本功能单元部件,并且产生输出宏。每个模块包含一组输入、状态和一组输出等几部分。模块的输出是仿真时间、输入或状态的函数。模块中的状态是一组能够决定模块输出的变量,一般当前状态的值取决于过去时刻的状态值或输入,这样的模块称为记忆功能模块。例如,积分(Integrator)模块就是典型的记忆功能模块,模块的输出当前值取决于从仿真开始到当前时刻这一段时间内的输入信号的积分。

Simulink 模块的基本特点是参数化。多数模块都有独立的属性对话框用于定义/设置模块的各种参数。此外,用户可以在仿真过程中实时改变模块的相关参数,以期找到最合适的参数,这类参数称为可调参数,例如在增益(Gain)模块中的增益参数。

此外,Simulink 也可以允许用户创建自己的模块,这个过程又称为模块的定制。定制模块不同于 Simulink 中的标准模块,它可以由子系统封装得到,也可以采用 M 文件或 C 语言实现自定义的功能算法,称为 S 函数。用户可以为定制模块设计属性对话框,并将定制模块合并到 Simulink 库中,使得定制模块的使用与标准模块的使用完全一样。

Simulink 模块框图是动态系统的图形显示,它由一组模块的图标组成,模块之间的连接是连续的。

2. 信号

Simulink 使用"信号"一词来表示模块的输出值。Simulink 允许用户定义信号的数据类型、数值类型(实数或复数)和维数(一维或二维等)等。此外,Simulink 还允许用户创建数据对象(数据类型的实例)作为模块的参数和信号变量。

3. 求解器

Simulink 模块指定了连续状态变量的时间导数,但没有定义这些导数的具体值,它们必须在仿真过程中通过微分方程的数值求解方法计算得到。Simulink 提供了一套高效、稳定、精确的微分方程数值求解算法(ODE),用户可根据需要和模型特点选择合适的求解算法。

4. 子系统

Simulink 子系统是由基本模块组成的、相对完整且具备一定功能的模块框图封装后得到的。通过封装,用户还可以实现带触发使用功能的特殊子系统。子系统的概念是Simulink 的重要特征之一,体现了系统分层建模的思想。

5. 零点穿越

在 Simulink 对动态系统进行仿真时,一般在每一个仿真过程中都会检测系统状态变化的连续性。如果 Simulink 检测到某个变量的不连续性,为了保持状态突变处系统仿真的准确性,仿真程序会自动调整仿真步长,以适应这种变化。

动态系统中状态的突变对系统的动态特性具有重要影响,例如,弹性球在撞击地面时其速度及方向会发生突变,此时,若采集的时刻并非正好发生在仿真当前时刻(如处于两个相邻的仿真步长之间),Simulink 的求解算法就不能正确反映系统的特性。

Simulink 采用一种称为零点穿越检测的方法来解决这个问题。首先模块记录下零点穿越的变量,每个变量都是有可能发生突变的状态变量的函数。突变发生时,零点穿越函数从正数或负数穿过零点。通过观察零点穿越变量的符号变化,就可以判断出仿真过程中系统状态是否发生了突变现象。

如果检测到穿越事件发生,Simulink 将通过对变量的以前时刻和当前时刻的插值来确定突变发生的具体时刻,然后,Simulink 会调整仿真步长,逐步逼近并跳过状态的不连续点,这样就避免了直接在不连续点处进行的仿真。

采用零点穿越检测技术,Simulink 可以准确地对不连续系统进行仿真,从而极大提高了系统仿真的速度和精度。

7.1.2 Simulink 模块的组成

1. 应用工具

Simulink 软件包的一个重要特点是它完全建立在 MATLAB 的基础上,因此 MATLAB 的各种应用工具箱也完全可应用到 Simulink 环境中来。

2. Real-Time Workshop(实时工作室)

Simulink 软件包中的 Real-Time Workshop 可将 Simulink 的仿真框图直接转换为 C 语言代码,从而直接从仿真系统过渡到系统实现。该工具支持连续、离散及连续-离散混合系统。用户完成 C 语言代码的编程后可直接进行汇编及生成可执行文件。

3. stateflow(状态流模块)

Simulink 中包含了 stateflow 的模块,用户可以模块化设计基于状态变化的离散事件系统,将该模块放入 Simulink 模型中,就可以创建包含离散事件子系统的更为复杂的模型。

4. 扩展的模块集

如同众多的应用工具箱扩展了 MATLAB 应用范围一样,MathWorks 公司为 Simulink 提供了各种专门的模块集(BlockSet)来扩展 Simulink 的建模和仿真能力。这些模块涉及通信、电力、非线性控制和 DSP 系统等不同领域,以满足 Simulink 对不同领域系统仿真的需求。

7.1.3 Simulink 中的数据类型

Simulink 在开始仿真之前及仿真过程中会进行一个检查(无须手动设置),以确认模型的类型安全性。所谓模型的类型安全性,是指保证该模型产生的代码不会出现上溢或下溢,不至于产生不精确的运行结果。其中,使用 Simulink 默认数据类(double)的模型都是安全的固有类型。

1. Simulink 支持的数据类型

Simulink 支持所有的 MATLAB 内置数据类型,内置数据类型是指 MATLAB 自定义的数据类型,如表 7-1 所示。

表 7-1　Simulink 支持的数据类型

名　　称	类 型 说 明
Double	双精度浮点型(Simulink 默认数据类型)
single	单精度浮点型
int8	有符号 8 位整数
uint8	无符号 8 位整数(包含布尔类型)
int16	有符号 16 位整数
uint16	无符号 16 位整数
int32	有符号 32 位整数
uint32	无符号 32 位整数

在设置模块参数时,指定某一数据类型的方法为 type(value)。例如,要把常数模块的参数设置为 1.0(单精度表示),则可以在常数模块的参数设置对话框中输入 single(1.0)。如果模块不支持所设置的数据类型,Simulink 就会弹出错误警告。

2. 数据类型的传播

构造模型时会将各种不同类型的模块连接起来,而这些不同类型的模块所支持的数据类型往往并不完全相同,如果把它们直接连接起来,就会产生冲突。仿真时,查看端口数据类型或更新数据类型时就会弹出一个提示对话框,用于告知用户出现冲突的信号和端口,而且有冲突的信号和路径会被加亮显示。此时就可以通过在有冲突的模块之间插入一个 Data Type Conversion 模块来解决类型冲突。

一个模块的输出一般是模块输入和模型参数的函数。而在实际建模过程中,输入信号的数据类型和模块参数的数据类型往往是不同的,Simulink 在计算这种输出时会把参数类型转换为信号的数据类型。当信号的数据类型无法表示参数值时,Simulink 将中断仿真,并给出错误信息。

3. 使用复数信号

Simulink 默认的信号值都是实数,但在实际问题中有时需要处理复数的信号。在 Simulink 中通常用下面两种方法来建立处理复数信号的模型。一种是将所需复数分解为实部和虚部,利用 Real-Image to Complex 模块将它们联合成复数,如图 7-1 所示。另一种是将所需复数分解为复数的幅值和幅角,利用 Magnitude-Angle to Complex 模块将它们联合成复数。当然,也可以利用相关模块将复数分解为实部和虚部或者是幅值和幅角。

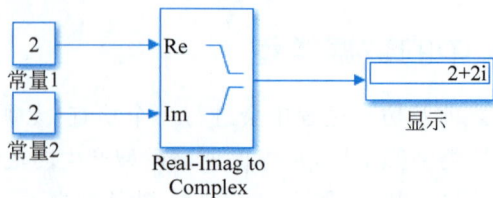

图 7-1　建立复数信号的模型

7.2 Simulink 的使用

7.2.1 Simulink 的启动和退出

1. 启动 Simulink 的方法

启动 Simulink 的方法有如下三种。

(1) 在 MATLAB 的命令行窗口直接输入 Simulink。

(2) 单击工具栏上的 Simulink 模块库浏览器命令按钮⬚，如图 7-2 所示。

图 7-2　Simulink 启动窗口

(3) 在工具栏 File 菜单中选择 New 菜单工具栏下的 Model 命令，如图 7-2 所示。

之后会弹出一个名为 Untitled 的空白窗口，所有控制模块都创建在这个窗口中。

退出 Simulink 只要关闭所有模块窗口和 Simulink 模块库窗口即可。

2. 打开已经存在的 Simulink 模型文件

打开已经存在的 Simulink 模型文件也有如下几种方式:

(1) 在 MATLAB 命令行窗口直接输入模型文件名(不要加扩展名".mdl")，这要求该文件在当前的路径范围内;

(2) 在 MATLAB 菜单上选择 File Open;

(3) 单击工具栏上的打开图标。

若要退出 Simulink 窗口，只要关闭该窗口即可。

7.2.2 在 Simulink 的窗口创建一个新模型

(1) 打开 MATLAB，在工具栏中单击 Simulink 按钮⬚，会出现图 7-3 所示的窗口。

(2) 单击 Blank Model 模板，Simulink 编辑器打开一个新建模型窗口，如图 7-4 所示。

图 7-3　Simulink 启动窗口

图 7-4　新建模型窗口

（3）选择 File→Save as，写入该文件的文件名。例如 simple_model. slx，单击"保存"
按钮。

7.2.3 Simulink 模块的操作

模块是建立 Simulink 模型的基本单元。用适当的方式把各种模块连接在一起就能够
建立任何动态系统的模型。本节将介绍对模块的操作方法。

1. 从模块库选取模块

从 Simulink 模块库选取建立模型需要的模块，也可以建立一个新的 Simulink 模块、项
目或者状态流图。

在 Simulink 工具栏中单击 Simulink Library 按钮 ▦，打开模块库浏览器如图 7-5 所
示。

设置模块库浏览器处于窗口的最上层，可以单击模块库浏览器（图 7-5）上的工具栏中
的 ▭ 按钮。

2. 浏览查找模块

在图 7-5 的左边列出的是所有的模块库，选择一个模块库。例如，要查找正弦波模块，
可以在浏览器工具栏的搜索框中输入 sine，按下 Enter 键，Simulink 就可以在正弦波的库中
找到并显示此模块，如图 7-6 所示。

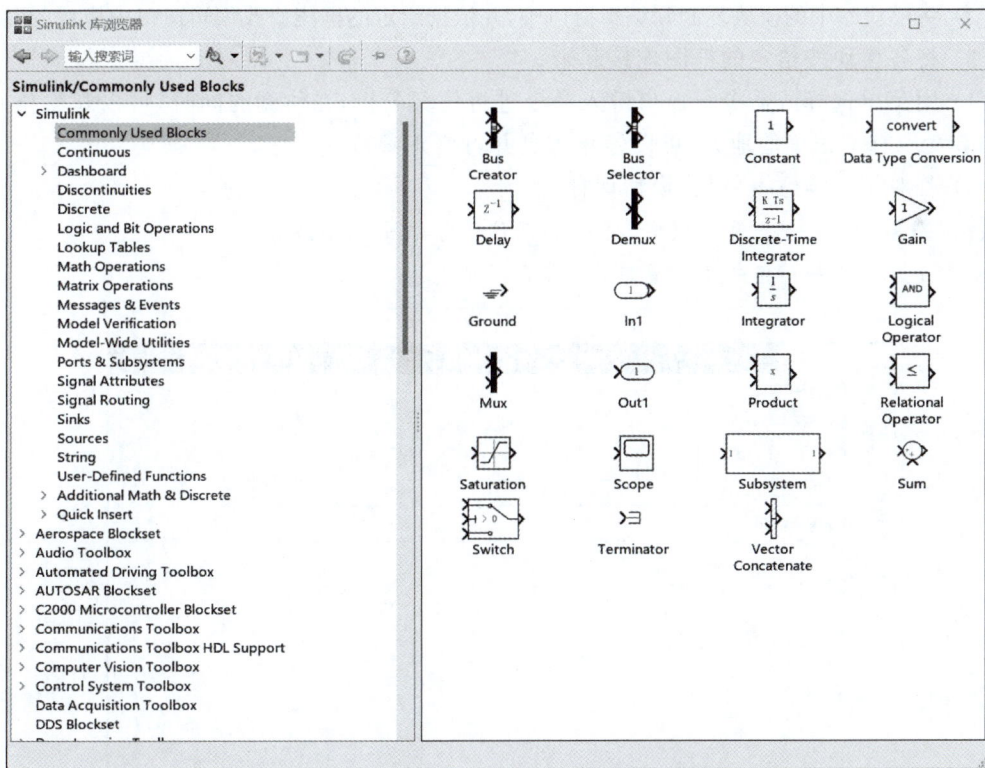

图 7-5 从模块库浏览器选取模块

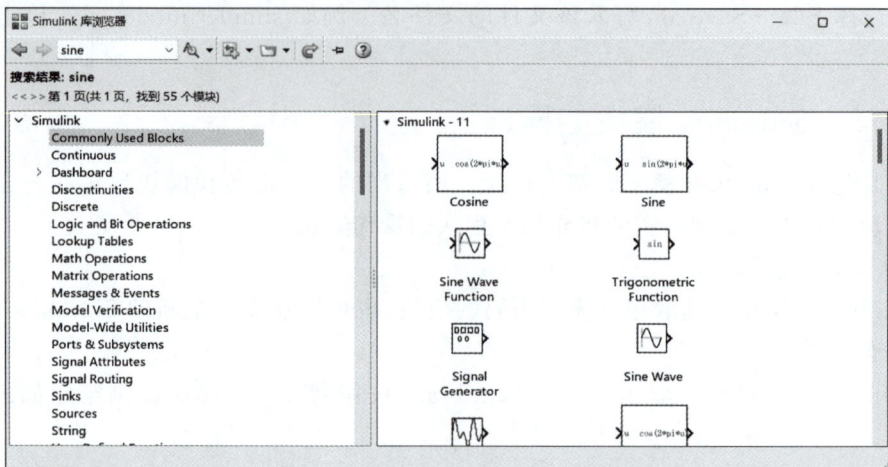

图 7-6　在模块库浏览器中查找模块

7.2.4　Simulink 的建模和仿真

Simulink 建模仿真的一般过程如下：

（1）打开一个空白的编辑窗口；

（2）将模块库中的模块复制到编辑窗口中,并依据给定的框图修改编辑窗口中模块的参数；

（3）将各模块按给定的框图连接起来；

（4）用菜单选择或命令行窗口键入命令进行仿真分析,在仿真的同时,可以观察仿真结果,如果发现有不正确的地方,可以停止仿真并可修正参数；

（5）若对结果满意,可以将模型保存。

【例 7-1】　设计一个简单模型,将一个正弦信号输出到示波器。

步骤 1：新建一个空白模型窗口,如图 7-7 所示。

图 7-7　新建模型窗口

步骤2：为空白模型窗口添加所需的模块，如图7-8所示。

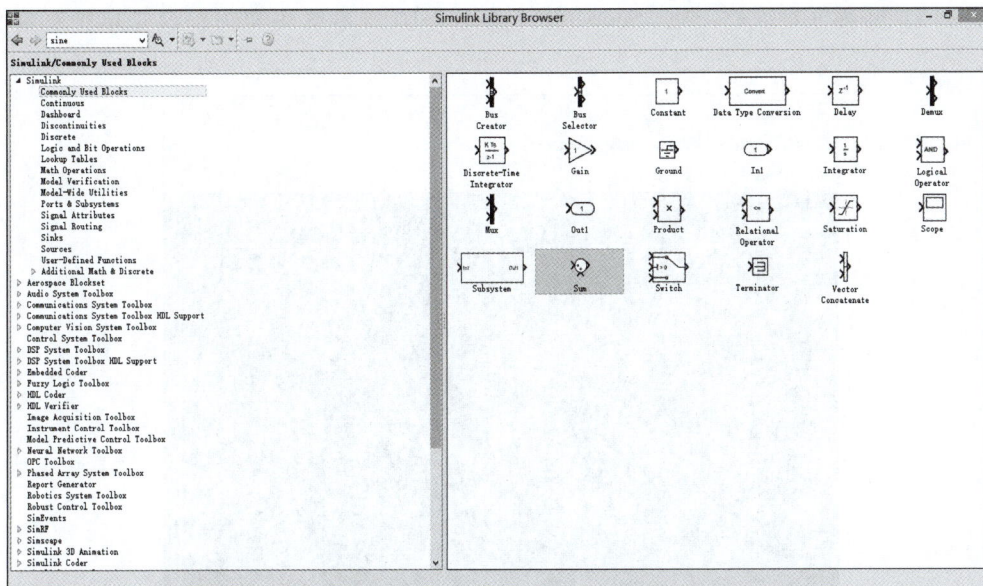

图 7-8　从模块库中添加模块

步骤3：连接相关模块，构成所需的系统模型，如图7-9所示。

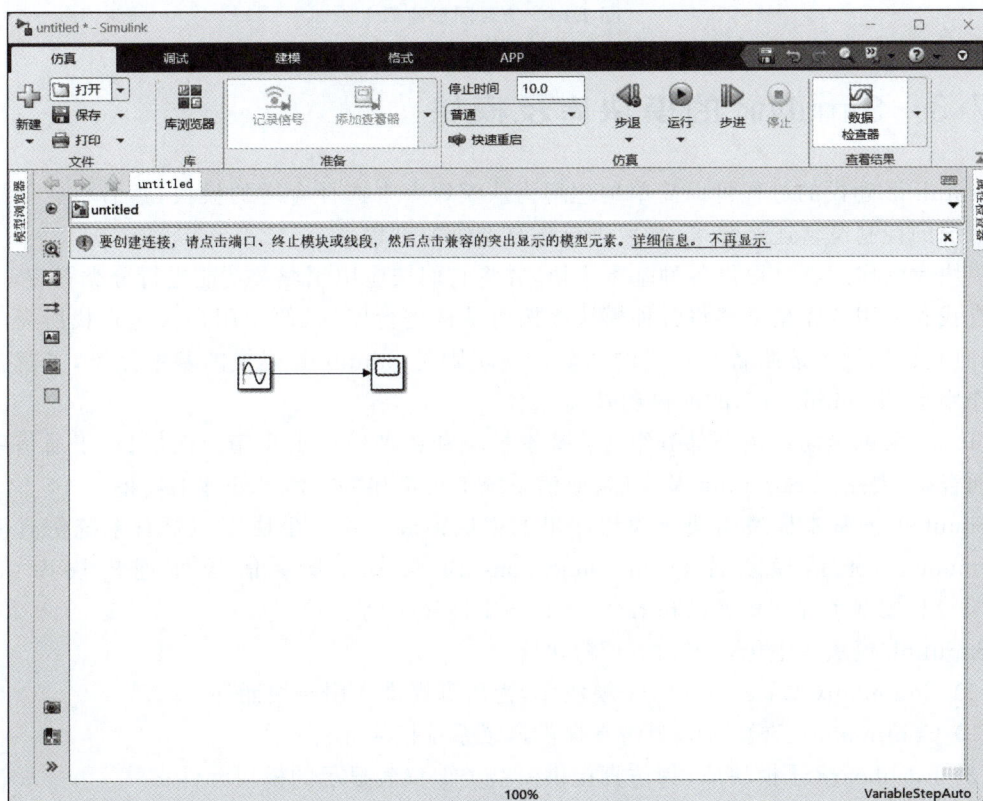

图 7-9　在模型窗口中连接各模块

步骤 4：单击 ▶ 进行系统仿真。

步骤 5：观察仿真结果，单击 Scope 打开如图 7-10 所示的仿真图形窗口即可观察仿真结果。

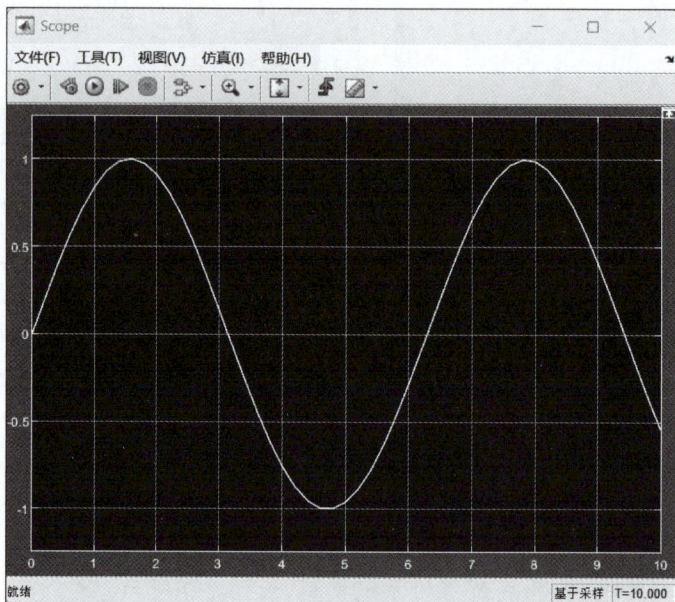

图 7-10　仿真图形窗口

7.3　Simulink 的模块库及模块

Simulink 建模的过程可以简单地理解为从模块库中选择合适的模块，然后将它们按照实际系统的控制逻辑连接起来，最后进行仿真调试的过程。

模块库的作用就是提供各种基本模块，并将它们按应用领域及功能进行分类管理，以便用户查找和使用。库浏览器将各种模块库按树结构进行罗列，便于用户快速查找所需的模块，同时它还提供了按照名称查找的功能。模块则是 Simulink 建模的基本元素，了解各模块的作用是 Simulink 仿真的前提和基础。

Simulink 的模块库由两部分组成：基本模块和各种应用工具箱。例如，对于通信系统仿真而言，主要用到 Simulink 基本库、通信系统工具箱和数字信号处理工具箱。

Simulink 的基本模块由典型模块库里的模块构成。这些模块库主要有系统仿真模块库(Simulink)、通信模块库(Communications Blockset)、数字信号处理模块库(DSP Blockset)和控制系统模块库(Control System Toolbox)等。

Simulink 模块库中包含了如下子模块库：

(1) Commonly Used Blocks 子模块库，为仿真提供常用模块元件；

(2) Continuous 子模块库，为仿真提供连续系统模块元件；

(3) Dashboard 子模块库，为仿真提供一些类似仪表显示的模块元件；

(4) Discontinuous 子模块库，为仿真提供非连续系统模块元件；

(5) Discrete 子模块库，为仿真提供离散系统模块元件；

（6）Logic and Bit Operations 子模块库，为仿真提供逻辑运算和位运算模块元件；

（7）Lookup Tables 子模块库，为仿真提供线性插值表模块元件；

（8）Math Operations 子模块库，为仿真提供数学运算功能模块元件；

（9）Model Verification 子模块库，为仿真提供模型验证模块元件；

（10）Model-Wide Utilities 子模块库，为仿真提供相关分析模块元件；

（11）Ports & Subsystems 子模块库，为仿真提供端口和子系统模块元件；

（12）Signals Attributes 子模块库，为仿真提供信号属性模块元件；

（13）Signals Routing 子模块库，为仿真提供输入/输出及控制的相关信号处理模块元件；

（14）Sinks 子模块库，为仿真提供输出设备模块元件；

（15）Sources 子模块库，为仿真提供信号源模块元件；

（16）User-defined Functions 子模块库，为仿真提供用户自定义函数模块元件。

7.3.1 Commonly Used Blocks 子模块库

Commonly Used Blocks（常用元件）子模块库为系统仿真提供常见元件，如图 7-11 所示，其所含模块及其功能如表 7-2 所示。

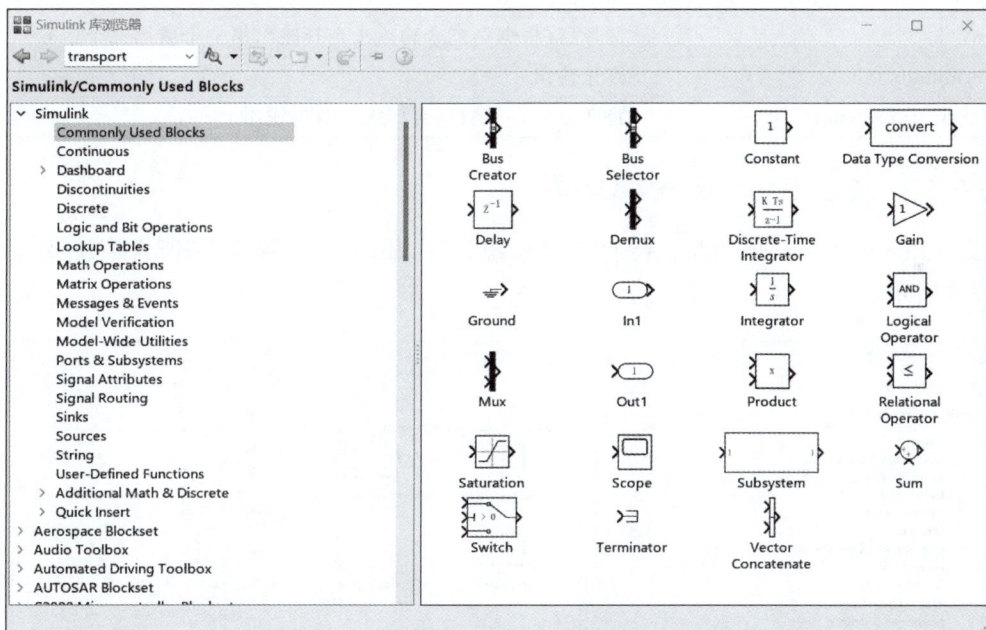

图 7-11 Commonly Used Blocks（常用元件）子模块库

表 7-2 Commonly Used Blocks 子模块库基本模块及其功能描述

名　　称	功 能 说 明
Bus Creator	将输入信号合并成向量信号
Bus Selector	将输入向量分解成多个信号（输入只接受 Mux 和 Bus）
Creator	输出的信号
Constant	输出常量信号

名　称	功 能 说 明
Data Type Conversion	数据类型的转换
Demux	将输入向量转换成标量或更小的标量
Discrete-Time Integrator	离散积分器
Gain	增益模块
In1	输入模块
Integrator	连续积分器
Logical Operator	逻辑运算模块
Mux	将输入的向量、标量或矩阵信号合成
Out1	输出模块
Product	乘法器(执行向量、标量、矩阵的乘法)
Relational Operator	关系运算(输出布尔类型数据)
Saturation	定义输入信号的最大值和最小值
Scope	输出示波器
Subsystem	创建子系统
Sum	加法器
Switch	选择器(根据第二个输入来选择输出第一个或第三个信号)
Terminator	终止输出
Vector Concatenate	将向量或多维数据合成统一数据输出

7.3.2　Continuous 子模块库

Continuous 子模块库为仿真提供连续系统元件,如图 7-12 所示,其所含模块及其功能如表 7-3 所示。

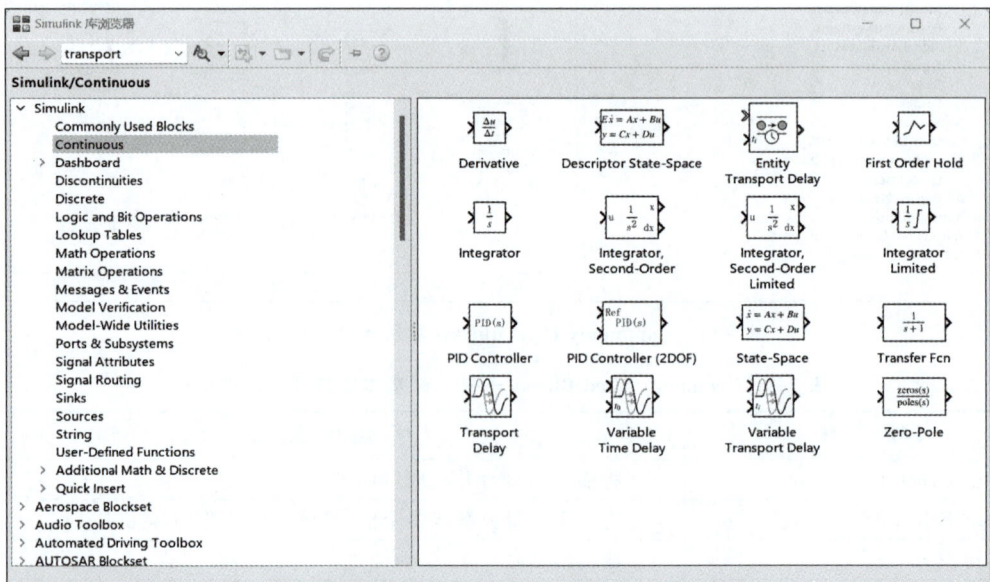

图 7-12　Continuous 子模块库

表 7-3　**Continuous** 子模块库基本模块及其功能描述

名　　称	功　能　说　明
Derivative	微分
Integrator	积分器
Integrator Limited	定积分
Integrator，Second-Order	二阶积分
Integrator，Second-Order Limited	二阶定积分
PID Controller	PID 控制器
PID Controller（2DOF）	PID 控制器（2 自由度）
State-Space	状态空间
Transfer Fcn	传递函数
Transport Delay	传输延时
Variable Transport Delay	可变传输延时
Zero-Pole	零-极点增益模型

7.3.3　Dashboard 子模块库

Dashboard 子模块库为仿真提供一些类似仪表显示元件，其所含模块及其功能如图 7-13 所示。

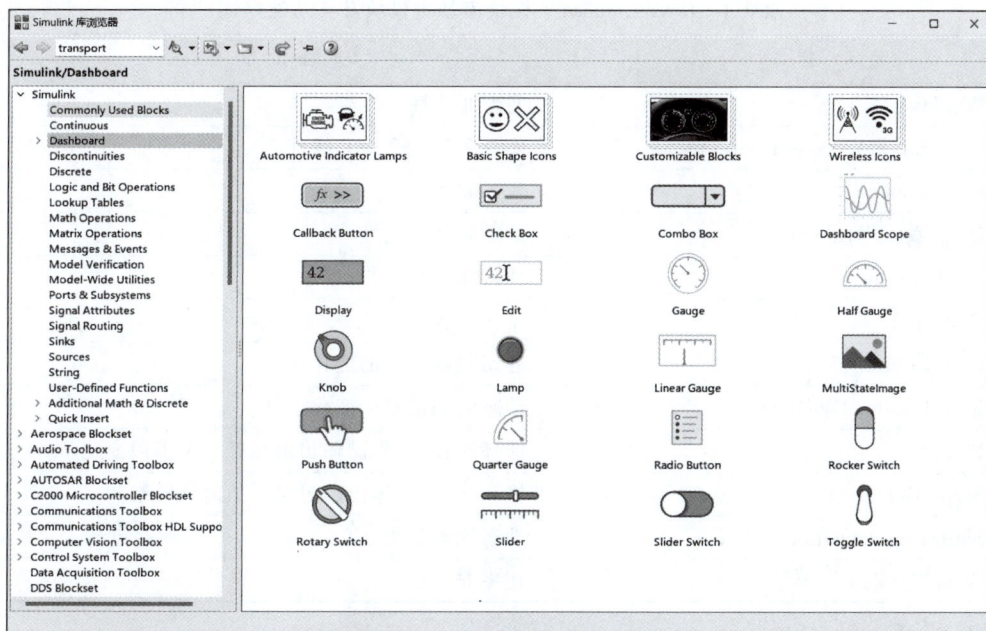

图 7-13　**Dashboard** 子模块库

7.3.4　Discontinuous 子模块库

Discontinuous 子模块库为仿真提供非连续系统元件，如图 7-14 所示，其所含模块及其功能如表 7-4 所示。

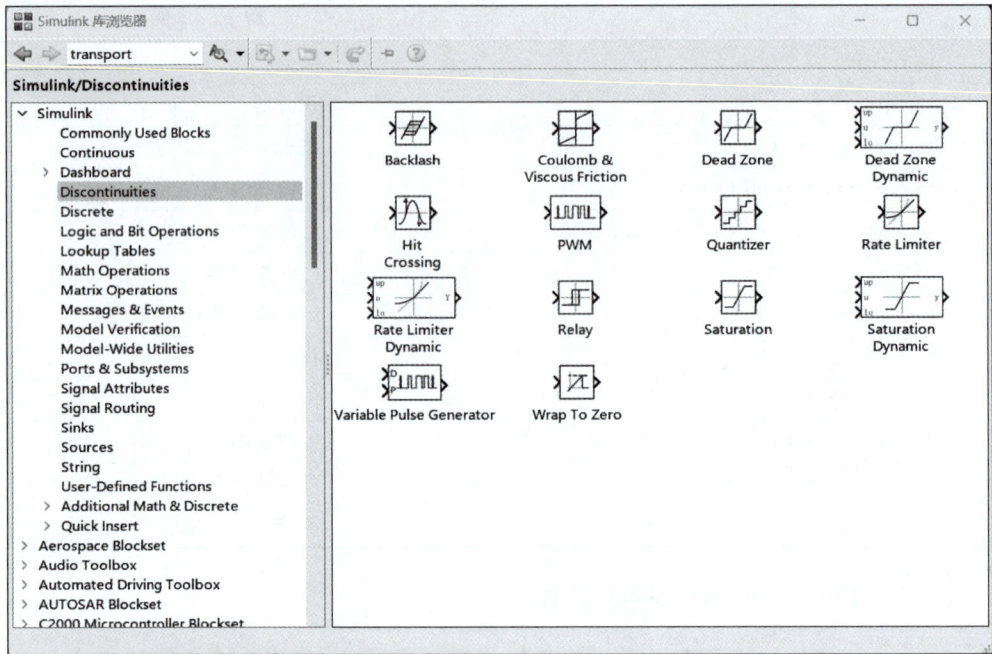

图 7-14 Discontinuous 子模块库

表 7-4 Discontinuous 子模块库基本模块及其功能描述

名　　称	功 能 说 明
Backlash	间隙非线性
Coulomb & Viscous Friction	库仑和黏度摩擦非线性
Dead Zone	死区非线性
Dead Zone Dynamic	动态死区非线性
Hit Crossing	冲击非线性
Quantizer	量化非线性
Rate Limiter	静态限制信号的变化速率
Rate Limiter Dynamic	动态限制信号的变化速率
Relay	滞环比较器,限制输出值在某一范围内变化
Saturation	饱和输出,让输出超过某一值时能够饱和
Saturation Dynamic	动态饱和输出
Wrap To Zero	还零非线性

7.3.5 Discrete 子模块库

Discrete 子模块库为仿真提供离散系统元件,如图 7-15 所示,其所含模块及其功能如表 7-5 所示。

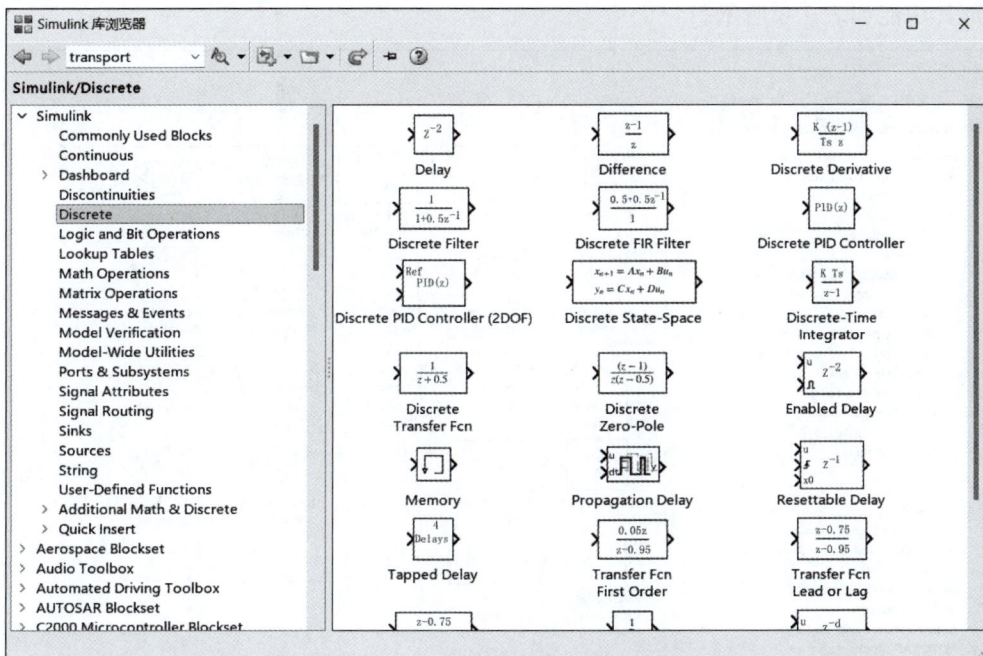

图 7-15　Discrete 子模块库

表 7-5　Discrete 子模块库基本模块及其功能描述

名　　称	功　能　说　明
Delay	延时器
Difference	差分环节
Discrete Derivative	离散微分环节
Discrete FIR Filter	离散 FIR 滤波器
Discrete Filter	离散滤波器
Discrete PID Controller	离散 PID 控制器
Discrete PID Controller(2DOF)	离散 PID 控制器(2 自由度)
Discrete State-Space	离散状态空间系统模型
Discrete Transfer-Fcn	离散传递函数模型
Discrete Zero-Pole	以零极点表示的离散传递函数模型
Discrete-time Integrator	离散时间积分器
First-Order Hold	一阶保持器
Memory	输出本模块上一步的输入值
Tapped Delay	延迟
Transfer Fcn First Order	离散一阶传递函数
Transfer Fcn Lead or Lag	传递函数
Transfer Fcn Real Zero	离散零点传递函数
Unit Delay	一个采样周期的延迟
Zero-Order Hold	零阶保持器

7.3.6　Logic and Bit Operations 子模块库

Logic and Bit Operations 子模块库为仿真提供逻辑操作元件,如图 7-16 所示,其所含模块及其功能如表 7-6 所示。

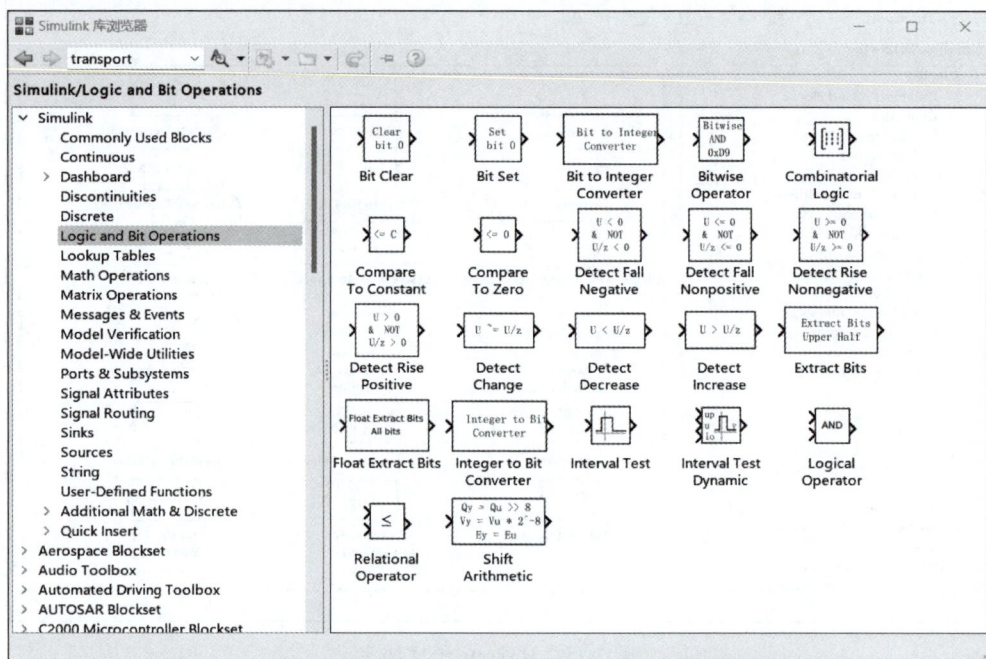

图 7-16　Logic and Bit Operations 子模块库

表 7-6　Logic and Bit Operations 子模块库基本模块及其功能描述

名　　称	功　能　说　明
Bit Clear	位清零
Bit Set	位置位
Bitwise Operator	逐位操作
Combinatorial Logic	组合逻辑
Compare To Constant	和常量比较
Compare To Zero	和零比较
Detect Change	检测跳变
Detect Decrease	检测递减
Detect Fall Negative	检测负下降沿
Detect Fall Nonpositive	检测非负下降沿
Detect Increase	检测递增
Detect Rise Nonnegative	检测非负上升沿
Detect Rise Positive	检测正上升沿
Extract Bits	提取位
Interval Test	检测开区间
Interval Test Dynamic	动态检测开区间
Logical Operator	逻辑操作符
Relational Operator	关系操作符
Shift Arithmetic	移位运算

7.3.7　Lookup Tables 子模块库

Lookup Tables 子模块库为仿真提供线性插值表元件,如图 7-17 所示,其所含模块及其功能如表 7-7 所示。

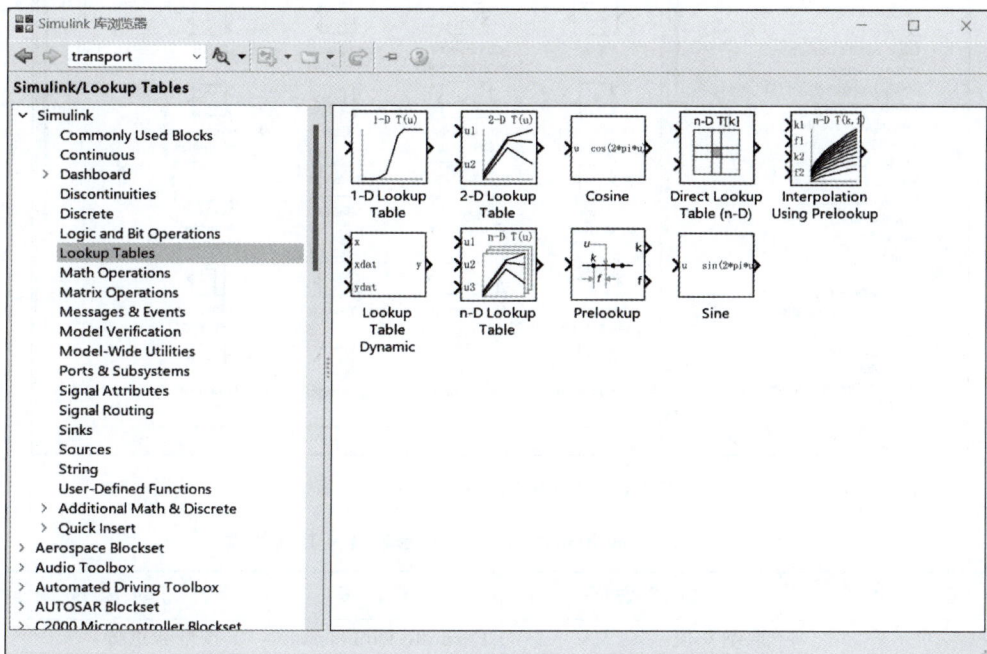

图 7-17　Lookup Tables 子模块库

表 7-7　Lookup Tables 子模块库基本模块及其功能描述

名　称	功　能　说　明
1-D Lookup Table	一维输入信号的查询表(线性峰值匹配)
2-D Lookup Table	二维输入信号的查询表(线性峰值匹配)
Cosine	余弦函数查询表
Direct Lookup Table (n-D)	n 个输入信号的查询表(直接匹配)
Interpolation Using Prelookup	输入信号的预插值
Lookup Table Dynamic	动态查询表
Prelookup	预查询索引搜索
Sine	正弦函数查询表
n-D Lookup Table	n 维输入信号的查询表(线性峰值匹配)

7.3.8　Math Operations 子模块库

Math Operations 子模块库为仿真提供数学运算功能模块元件,如图 7-18 所示,其所含模块及其功能如表 7-8 所示。

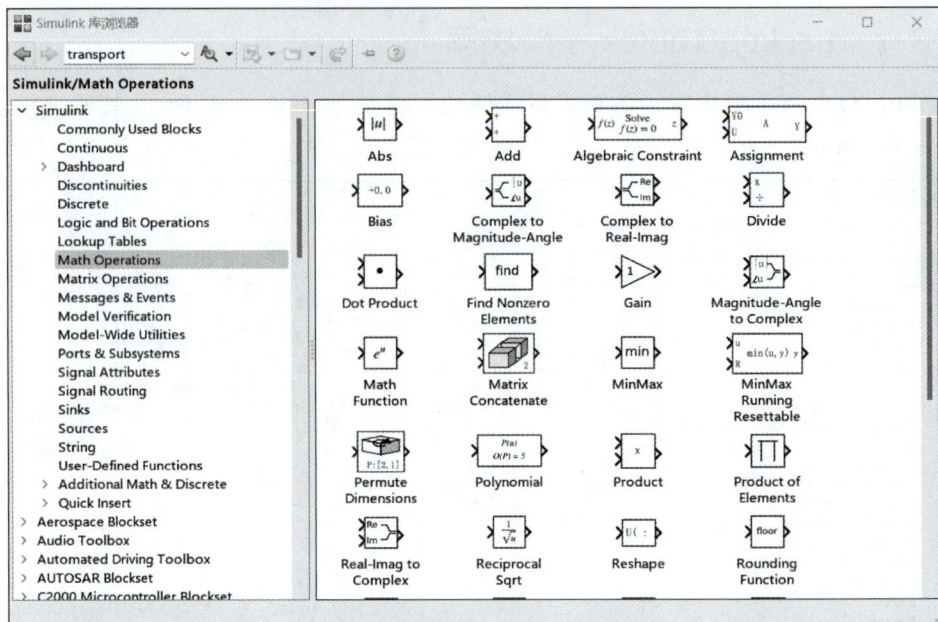

图 7-18　Math Operations 子模块库

表 7-8　Math Operations 子模块库基本模块及其功能描述

名　　称	功　能　说　明	名　　称	功　能　说　明
Abs	取绝对值	Permute Dimensions	按维数重排
Add	加法	Polynomial	多项式
Algebraic Constraint	代数约束	Product	乘运算
Assignment	赋值	Product of Elements	元素乘运算
Bias	偏移	Real-Imag to Complex	由实部和虚部输入合成复数输出
Complex to Magnitude-Angle	由复数输入转为幅值和相角输出	Magnitude-Angle to Complex	由幅值和相角输入合成复数输出
Complex to Real-Imag	由复数输入转为实部和虚部输出	Reshape	取整
Divide	除法	Rounding Function	舍入函数
Dot Product	点乘运算	Sign	符号函数
Find Nonzero Elements	查找非零元素	Signed Sqrt	符号根式
Gain	比例运算	Sine Wave Function	正弦波函数
Reciprocal Sqrt	开平方后求倒	Slider Gain	滑动增益
Math Function	包括指数对数函数、求平方等常用数学函数	Sqrt	平方根
		Sum of Elements	元素和运算
Matrix Concatenation	矩阵级联	Weighted Sample Time Math	权值采样时间运算
MinMax	最值运算		
Squeeze	删去大小为 1 的"孤维"	Unary Minus	一元减法
Subtract	减法	Trigonometric Function	三角函数
Sum	求和运算		
MinMax Running Resettable	最大最小值运算		

7.3.9 Model Verification 子模块库

Model Verification 子模块库为仿真提供模型验证模块元件,如图 7-19 所示,其所含模块及其功能如表 7-9 所示。

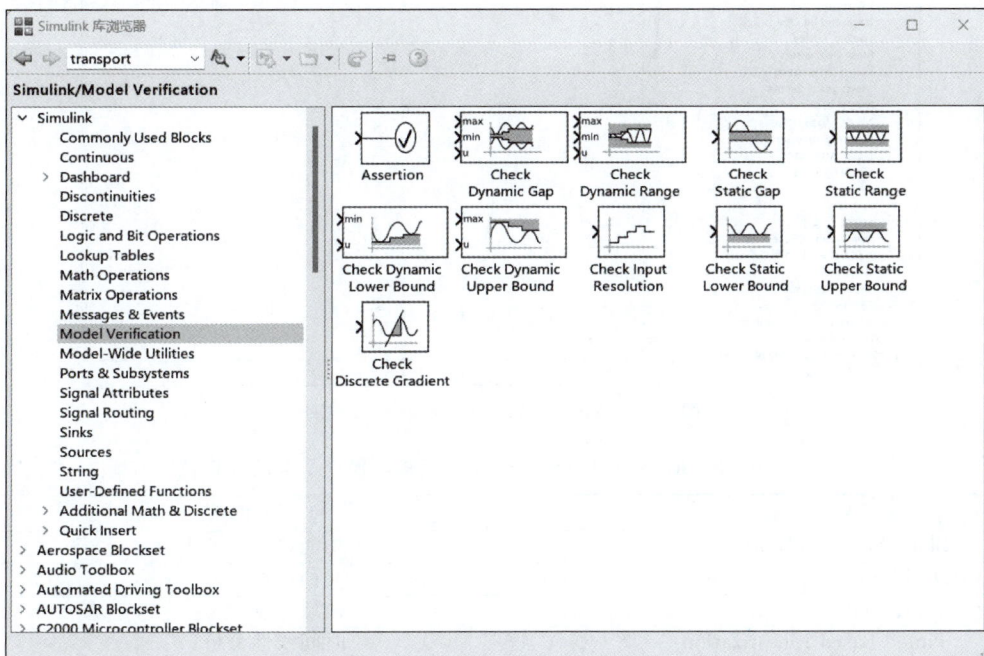

图 7-19 Model Verification 子模块库

表 7-9 Model Verification 子模块库基本模块及其功能描述

名 称	功 能 说 明
Assertion	确定操作
Check Dynamic Gap	检查动态偏差
Check Dynamic Range	检查动态范围
Check Static Gap	检查静态偏差
Check Static Range	检查静态范围
Check Discrete Gradient	检查离散梯度
Check Dynamic Lower Bound	检查动态下限
Check Dynamic Upper Bound	检查动态上限
Check Input Resolution	检查输入精度
Check Static Lower Bound	检查静态下限
Check Static Upper Bound	检查静态上限

7.3.10 Model-Wide Utilities 子模块库

Model-Wide Utilities 子模块库为仿真提供相关分析模块元件,如图 7-20 所示,其所含模块及其功能如表 7-10 所示。

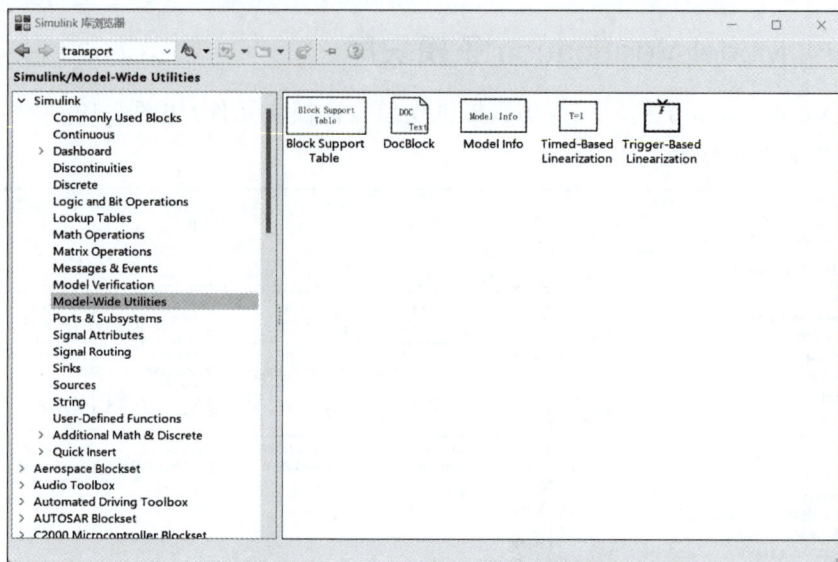

图 7-20　Model-Wide Utilities 子模块库

表 7-10　Model-Wide Utilities 子模块库基本模块及其功能描述

名　称	功能说明
Block Support Table	功能块支持的表
DocBlock	文档模块
Model Info	模型信息
Timed-Based Linearization	时间线性分析
Trigger-Based Linearization	触发线性分析

7.3.11　Ports & Subsystems 子模块库

Ports & Subsystems 子模块库为仿真提供端口和子系统模块元件,如图 7-21 所示,其所含模块及其功能如表 7-11 所示。

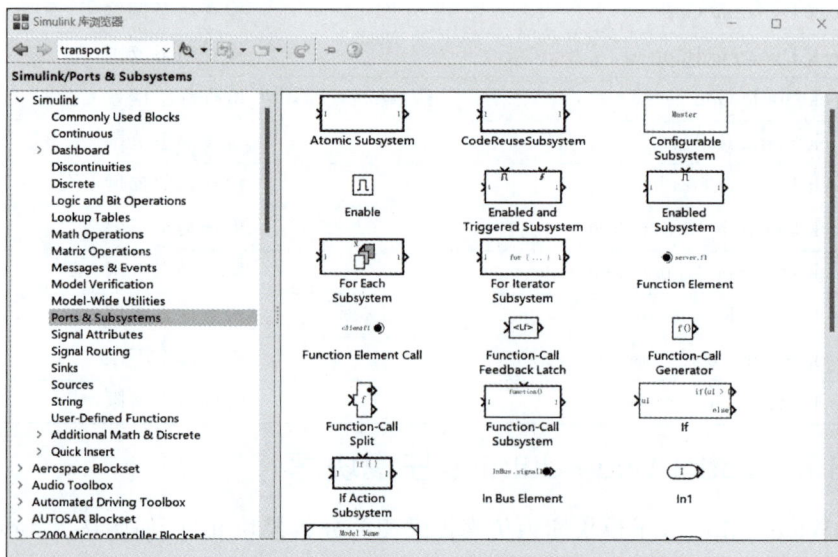

图 7-21　Ports & Subsystems 子模块库

表 7-11　Ports & Subsystems 子模块库基本模块及其功能描述

名　称	功能说明	名　称	功能说明
Atomic Subsystem	单元子系统	If	If 操作
CodeReuseSubsystem	代码重用子系统	If Action Subsystem	If 操作子系统
Configurable Subsystem	可配置子系统	In1	输入端口
		Model	模型
Enable	使能	Model Variants	模型变种
Enabled Subsystem	使能子系统		
Enabled and Triggered Subsystem	使能和触发子系统	Out1	输出端口
		Switch Case Action Subsystem	Switch Case 操作子系统
For Each Subsystem	For Each 子系统		
For Iterator Subsystem	For 迭代子系统	Subsystem Examples	子系统例子
Function-Call Feedback Latch	函数调用反馈锁存	Switch Case	Switch Case 语句
		Subsystem	子系统
Function-Call Generator	函数调用生成器	Trigger	触发操作
Function-Call Split	函数调用切换	Triggered Subsystem	触发子系统
Function-Call Subsystem	函数调用子系统	While Iterator Subsystem	While 迭代子系统

7.3.12　Signals Attributes 子模块库

Signals Attributes 子模块库为仿真提供信号属性模块元件,如图 7-22 所示,其所含模块及其功能如表 7-12 所示。

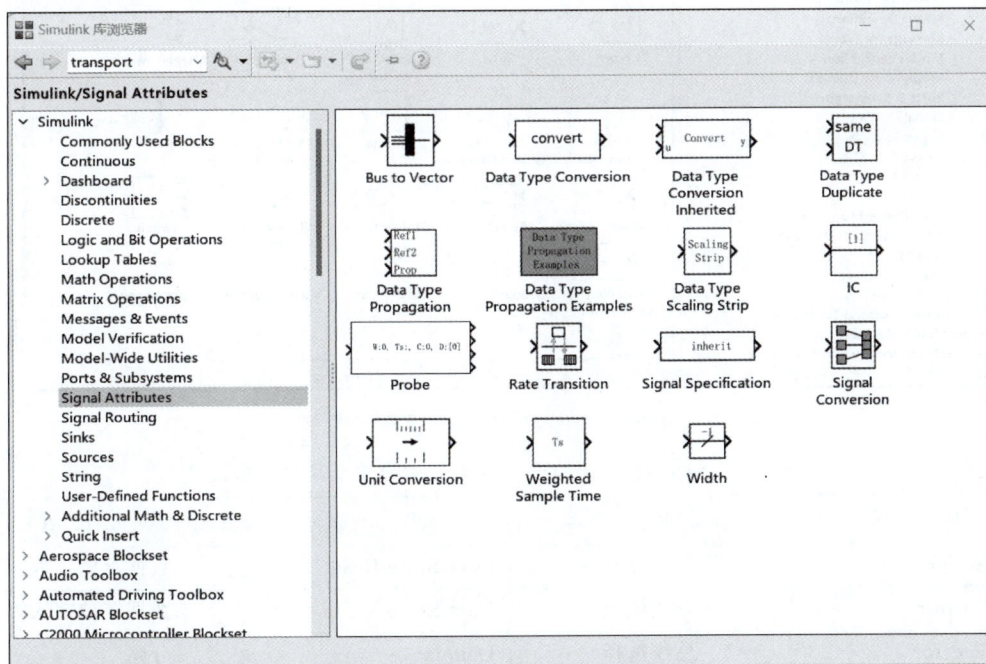

图 7-22　Signals Attributes 子模块库

表 7-12　Signals Attributes 子模块库基本模块及其功能描述

名　　　称	功 能 说 明	名　　　称	功 能 说 明
Bus to Vector	总线到向量转换	IC	信号输入属性
Data Type Conversion	数据类型转换	Probe	探针点
Data Type Conversion Inherited	数据类型继承	Rate Transition	速率转换
Data Type Duplicate	数据类型复制	Signal Conversion	信号转换
Data Type Propagation	数据类型传播	Signal Specification	信号特征指定
Data Type Propagation Examples	数据类型传播示例	Weighted Sample Time	加权的采样时间
Data Type Scaling Strip	数据类型缩放	Width	信号宽度

7.3.13　Signals Routing 子模块库

Signals Routing 子模块库为仿真提供输入/输出及控制的相关信号处理模块元件,如图 7-23 所示,其所含模块及其功能如表 7-13 所示。

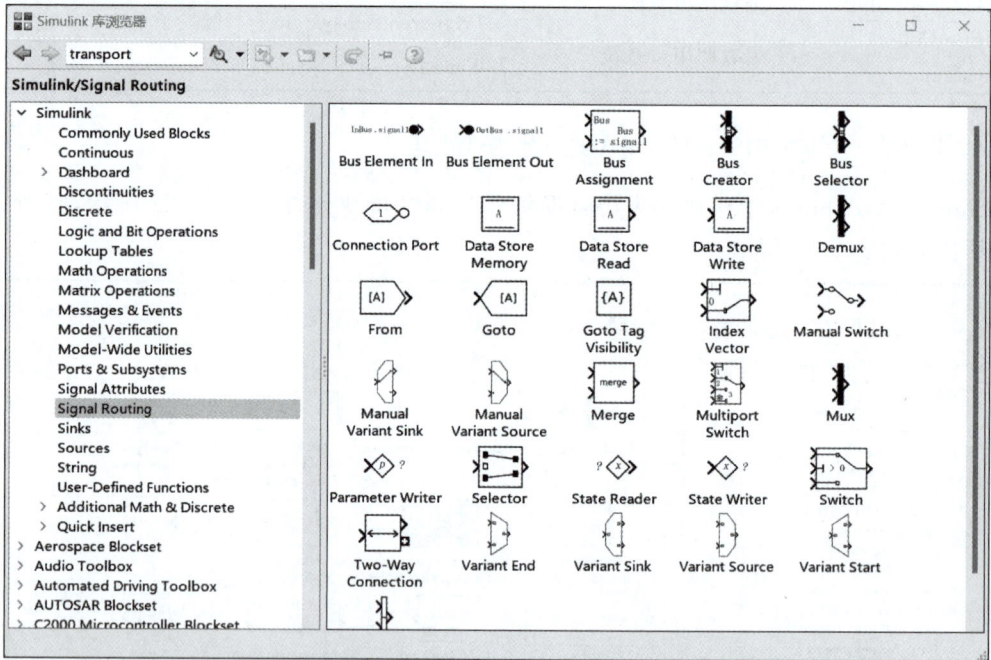

图 7-23　Signals Routing 子模块库

表 7-13　Signals Routing 子模块库基本模块及其功能描述

名　　　称	功 能 说 明	名　　　称	功 能 说 明
Bus Assignment	总线分配	Data Store Read	数据存储读取
Bus Creator	总线生成	Data Store Write	数据存储写入
Bus Selector	总线选择	Demux	分路
Data Store Memory	数据存储	Environment Controller	环境控制器

名　　称	功 能 说 明	名　　称	功 能 说 明
From	信号来源	Selector	信号选择器
Goto	信号去向	Switch	开关选择,当第二个输入端大于临界值时,输出由第一个输入端而来,否则输出由第三个输入端而来
Goto Tag Visibility	Goto 标签可视化		
Index Vector	索引向量		
Manual Switch	手动选择开关		
Merge	信号合并		
Multiport Switch	多端口开关	Vector Concatenate	将向量或多维信号合成为统一的信号输出
Mux	合路		

7.3.14　Sinks 子模块库

Sinks 子模块库为仿真提供输出设备模块元件,如图 7-24 所示,其所含模块及其功能如表 7-14 所示。

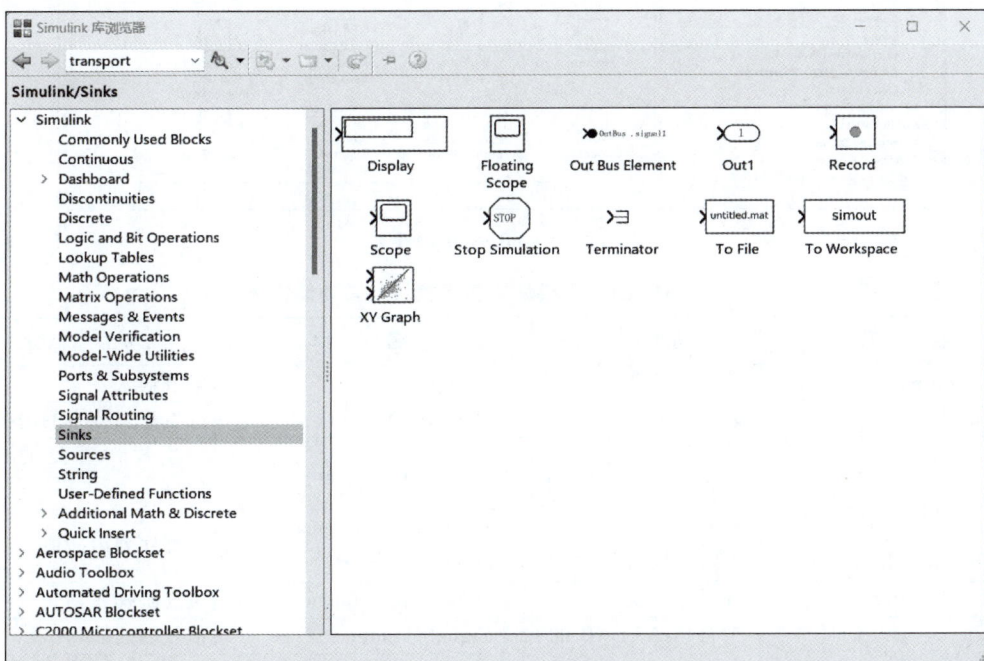

图 7-24　Sinks 子模块库

表 7-14　Sinks 子模块库基本模块及其功能描述

名　　称	功 能 说 明	名　　称	功 能 说 明
Display	数字显示器	Terminator	终止符号
Floating Scope	浮动示波器	To File	将输出数据写入数据文件保护
Out1	输出端口	To Workspace	将输出数据写入 MATLAB 的命令行窗口
Scope	示波器		
Stop Simulation	停止仿真	XY Graph	显示二维图形

7.3.15　Sources 子模块库

Sources 子模块库为仿真提供信号源模块元件,如图 7-25 所示,其所含模块及其功能如表 7-15 所示。

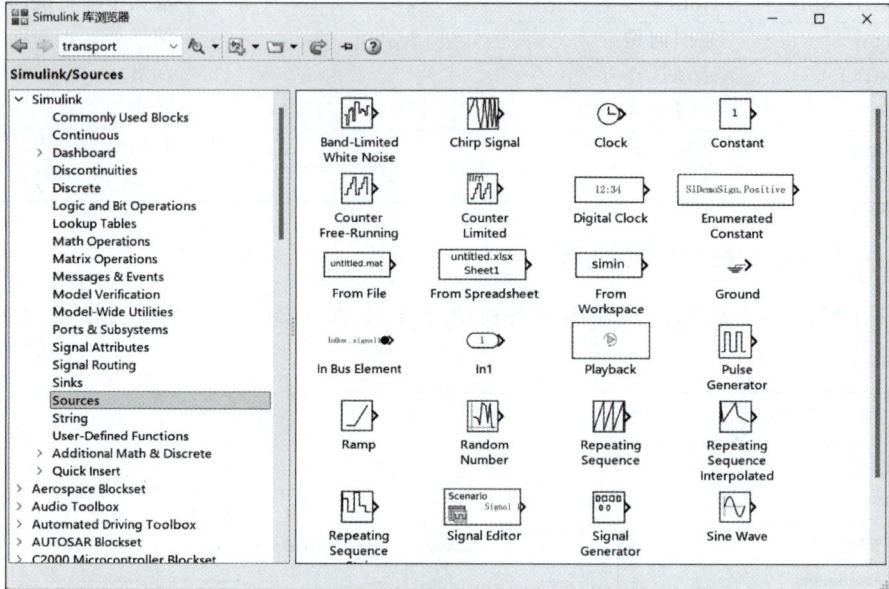

图 7-25　Sources 子模块库

表 7-15　Sources 子模块库基本模块及其功能描述

名　　称	功 能 说 明	名　　称	功 能 说 明
Band-Limited White Noise	带限白噪声	Ramp	斜坡输入
Digital Clock	数字时钟	Random Number	产生正态分布的随机数
Clock	显示和提供仿真时间	Repeating Sequence	产生规律重复的任意信号
Chirp Signal	产生一个频率不断增大的正弦波	Repeating Sequence Interpolated	重复序列内插值
Counter Free-Running	无限计数器	Repeating Sequence Stair	重复阶梯序列
Counter Limited	有限计数器	Signal Builder	信号创建器
From Workspace	来自 MATLAB 的命令行窗口	Signal Generator	信号发生器,可产生正弦、方波、锯齿波及随意波
Enumerated Constant	枚举常量	Sine Wave	正弦波信号
From File	来自文件	Step	阶跃信号
Constant	常数信号	Uniform Random Number	均匀分布随机数
Ground	接地	Pulse Generator	脉冲发生器
In1	输入信号		

7.3.16　User-defined Functions 子模块库

User-defined Functions 子模块库为仿真提供用户自定义函数模块元件,如图 7-26 所示,其所含模块及其功能如表 7-16 所示。

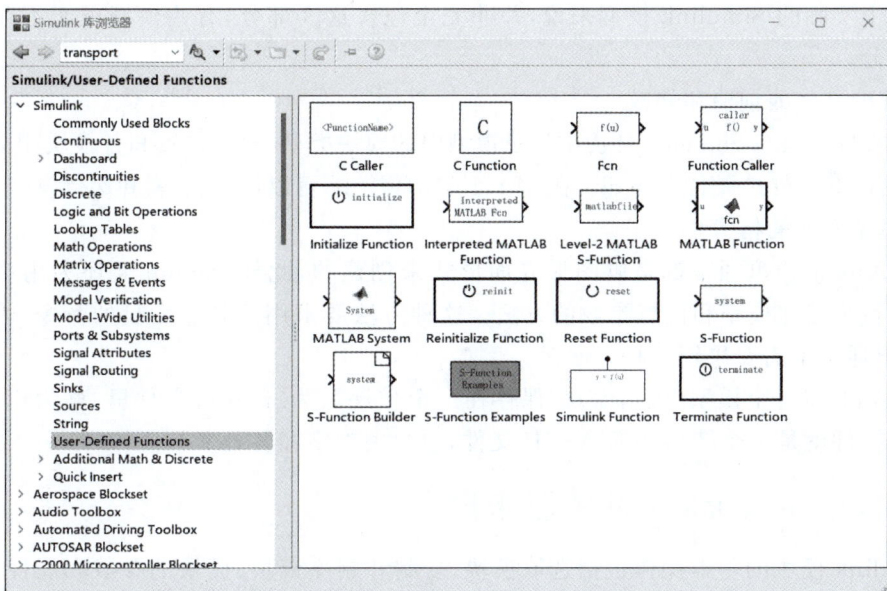

图 7-26　User-defined Functions 子模块库

表 7-16　User-defined Functions 子模块库基本模块及其功能描述

名　　称	功 能 说 明
Fcn	用自定义的函数(表达式)进行运算
Interpreted MATLAB Function	解释的 MATLAB 函数
Level-2 MATLAB S-Function	二级 MATLAB S 函数
MATLAB Function	利用 MATLAB 的现有函数进行运算
S-Function	调用自编的 S 函数程序进行运算
S-Function Builder	S 函数创建
S-Function Examples	S 函数例子

7.4　Simulink 模块操作及建模

7.4.1　Simulink 模型

1. Simulink 模型的概念

Simulink 意义上的模型根据表现形式不同有着不同的含义。在模型窗口中表现为可见的方框图；在存储形式上表现为扩展名为 .mdl 的 ASCII 文件；而从其物理意义上来讲，Simulink 模型模拟了物理器件构成的实际系统的动态行为。采用 Simulink 软件对一个实际动态系统进行仿真，关键是建立起能够模拟并代表该系统的 Simulink 模型。

从系统组成上来看，一个典型的 Simulink 模型一般包括 3 部分：输入、系统和输出。输入一般用信源(Source)模块表示，具体形式可以为常数(Constant)和正弦信号(Sine)等模块；系统就是指在 Simulink 中建立并对其研究的系统方框图；输出一般用信宿(Sink)模块表示，具体可以是示波器(Scope)和图形记录仪等模块。无论输入、系统和输出，都可以从 Simulink 模块库中直接获得，或由用户根据需要用相关模块组合后自定义而得。

对一个实际的 Simulink 模型来说,并非完全包含这 3 部分,有些模型可能不存在输入或输出部分。

2. 模型文件的创建和修改

模型文件是指在 Simulink 环境中记录模型中的模块类型、模块位置和各模块相关参数等信息的文件,其文件扩展名为.mdl。在 MATLAB 环境中,可以创建、编辑和保持模型文件。

3. 模型文件的格式

Simulink 的模型通常都是以图形界面形式来创建的,此外,Simulink 还为用户提供了通过命令行来建立模型和设置参数的方法。这种方法要求用户熟悉大量的命令,因此很不直观,用户通常不需要采用这种方法。

Simulink 将每个模型(包括库)都保存在一个扩展名为.mdl 的文件里,称为模型文件。一个模型文件就是一个结构化的 ASCII 文件,包含关键字和各种参数值。

7.4.2　Simulink 模块的基本操作

Simulink 模块的基本操作包括选取模块、复制和删除模块、模块的参数和属性设置、模块外形的调整、模块名的处理、模块的连接及在连线上反映信息等操作。

表 7-17 和表 7-18 汇总了 Simulink 对模块、直线进行各种常用操作的方法。

表 7-17　Simulink 对模块的基本操作

任 务	Microsoft Windows 环境下的操作
选择一个模块	右击选中的模块,选择 Add Block to···或按下 Ctrl+I 组合键
不同模型窗口之间复制模块	直接将模块从一个模型窗口拖动到另一个模型窗口
同一模型窗口内复制模块	选中模块,按下 Ctrl+C 组合键,然后按下 Ctrl+V 组合键即可复制
移动模块	长按鼠标左键直接拖动
删除模块	选中模块,按下 Delete 键
连接模块	鼠标拖动模块的输出至另一模块的输入
断开模块间的连接	先按下 Shift 键,然后用鼠标左键拖动模块到另一个位置;或将鼠标指向连续的箭头处,出现一个小圆圈圈住箭头时按下左键并移动连线
改变模块大小	选中模块,鼠标移动到模块方框的一角,当鼠标图标变成两端有箭头的线段时,按下鼠标左键拖动图标以改变图标大小
调整模块的方向	右键选中模块,通过参数设置项 Rotate & Flip 调整模块方向
修改模块名	双击选中的模块,在弹出的对话框里修改

表 7-18　Simulink 对直线的基本操作

任 务	Microsoft Windows 环境下的操作
选择一条直线	单击选中的直线
连线的分支	按下 Ctrl 键,单击选中的连线
移动直线段	按下鼠标左键直接拖动直线段
移动直线顶点	将鼠标指向连线的箭头处,当出现一个小圆圈圈住箭头时按下左键并移动连线
直线调整为斜线段	按下 Shift 键,将鼠标指向需要移动的直线上的一点并按住鼠标左键直接拖动直线
直线调整为折线段	按住鼠标左键直接拖动直线

7.4.3　系统模型注释与信号标签设置

对于复杂系统的 Simulink 仿真模型,若没有适当说明则很难让人读懂,因此需要对其进行注释说明。通常可采用 Simulink 的模型注释和信号标签两种方法。

1. 系统模型注释

在 Simulink 中对系统模型进行注释只需单击系统模型窗口左边的 ▣,打开一个文本编辑框,输入相应的注释文档即可,如图 7-27 所示。添加注释后,可用鼠标进行移动。需要注意的是,虽然文本编辑框支持汉字输入,但是 Simulink 无法添加有汉字注释的系统模型,因此建议采用英文注释。

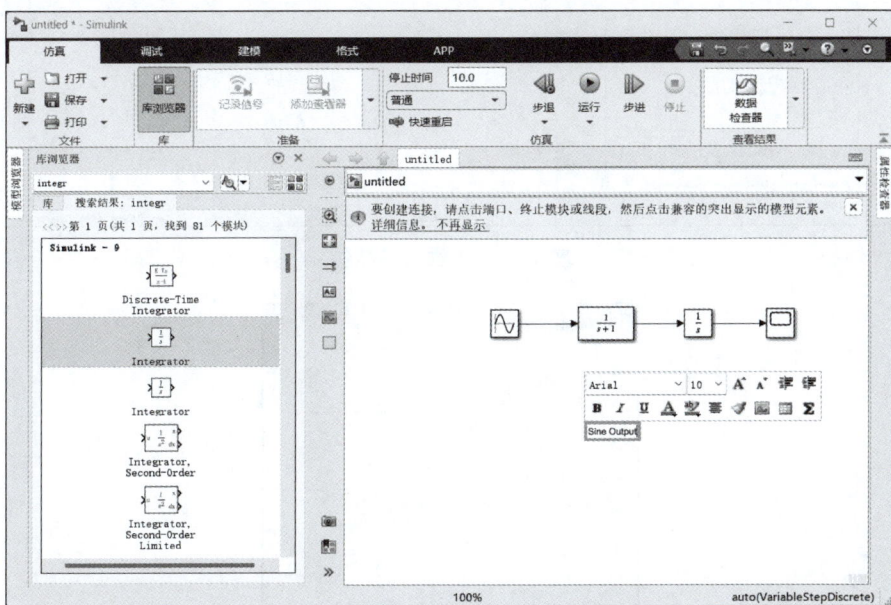

图 7-27　系统模型注释

2. 系统信号标签

信号标签在创建复杂系统的 Simulink 仿真模型时非常重要。信号标签也称为信号的"名称"或"标记",它与特定的信号相联系,用于描述信号的一个固有特性,与系统模型注释不同。系统模型注释是对系统或局部模块进行说明的文字信息,它与系统模型是相分离的,而信号标签则是不可分离的。

通常生成信号标签的方法有两种。

(1)双击需要添加标签的信号(即系统模型中模块之间的连线),这时会出现标签编辑框,在其中输入标签文本即可。信号标签也可以移动位置,但只能在信号线附近,如图 7-28 所示。当一个信号定义标签后,又引出新的信号线,且这个新的信号线将继承这个标签。

(2)选择需要加入的标签信号,单击信号连线,然后选择 Simulink 窗口菜单中的 Diagram,在弹出的快捷菜单中选择 Signal Properties 命令,弹出信号属性编辑对话框,如图 7-29 所示。在 Signal name 文本框中可输入信号的名称;单击 Documentation 选项卡,还可以对信号进行文档注释或添加文档链接。

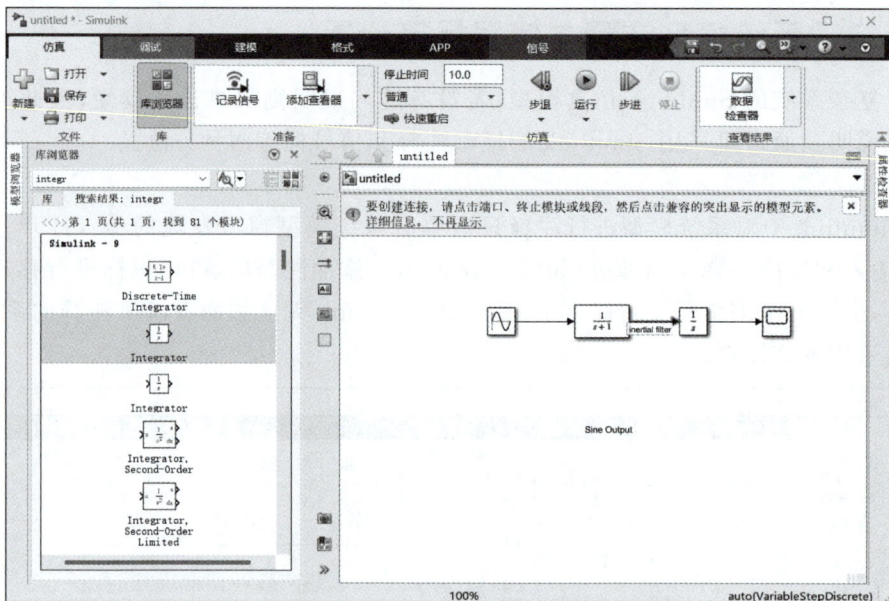

图 7-28　系统信号标签

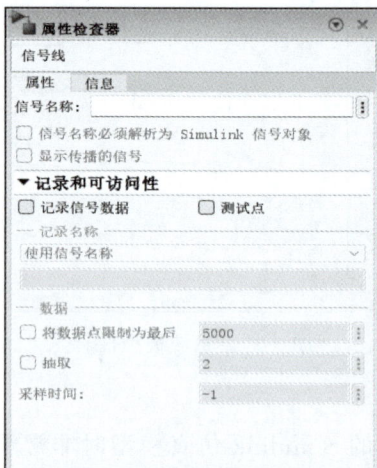

图 7-29　信号属性对话框

7.4.4　Simulink 建模

为了设计过程控制系统及整定调节器参数,指导设计生产工艺设备,培训系统运行操纵人员,进行仿真试验研究等目的,需要对控制系统进行建模。控制系统的数学模型一般指控制系统在各种输入量(包括控制输入和扰动输入)的作用下,相应的被控量(输出量)变化的函数关系,用数学表达式来表示。

根据参数类型可将控制系统的数学模型分为两类:参数模型和非参数模型。参数模型是以参数为对象的数学模型,通常用数学方程式表示,例如微分方程、传递函数、脉冲响应函数、状态方程和差分方程等。非参数模型是以非参数为对象的数学模型,通常用曲线表示,例如阶跃响应曲线、脉冲响应曲线和频率特性曲线等。

在以实际问题为研究对象进行建模及仿真时,用户可能会意识到把实际问题抽象为模型需要考虑诸多方面,非常复杂,而不仅仅是简单选择几个模块将其连接起来,运行仿真就可以了。下面介绍建模的基本步骤和一些方法技巧,便于读者更好地掌握 Simulink 建模。

1. Simulink 建模的基本步骤

(1)画出系统草图。将所研究的仿真系统根据功能划分为一个个小的子系统,然后用各模块子库里的基本模块搭建好每个小的子系统。

(2)启动 Simulink 模块库浏览器,新建一个空白模型窗口。

(3)在库中找到所需的基本模块并添加到空白模型窗口中,按照第一步画出的系统草图的布局摆放好并连接各模块。若系统较复杂或模块太多,可以将实现同一功能的模块封装为一个子系统。

(4)设置各模块的参数及与仿真有关的各种参数。

(5)保持模型,其扩展名为.mdl。

(6)运行仿真、观察结果。若仿真出错,则按弹出的错误提示查看错误原因并加以解决。若仿真结果不理想,则首先检查各模块的连接是否正确、所选模块是否合适,然后检查模块参数和仿真参数是否设置合理。

(7)调试模型。若在第(6)步中没有任何错误就不必进行调试。若需调试,可以查看系统在每个仿真步的运行情况,找到出现仿真结果不理想的地方,修改后再运行仿真,直至得到理想结果。最后还要保持模型。

【例 7-2】 设系统的开环传递函数为 $G(s)=\dfrac{s+4}{s^2+2s+8}$,求在单位阶跃输入作用下的单位负反馈系统的时域响应。

微课视频

步骤1:新建一个空白模型窗口,如图 7-30 所示。

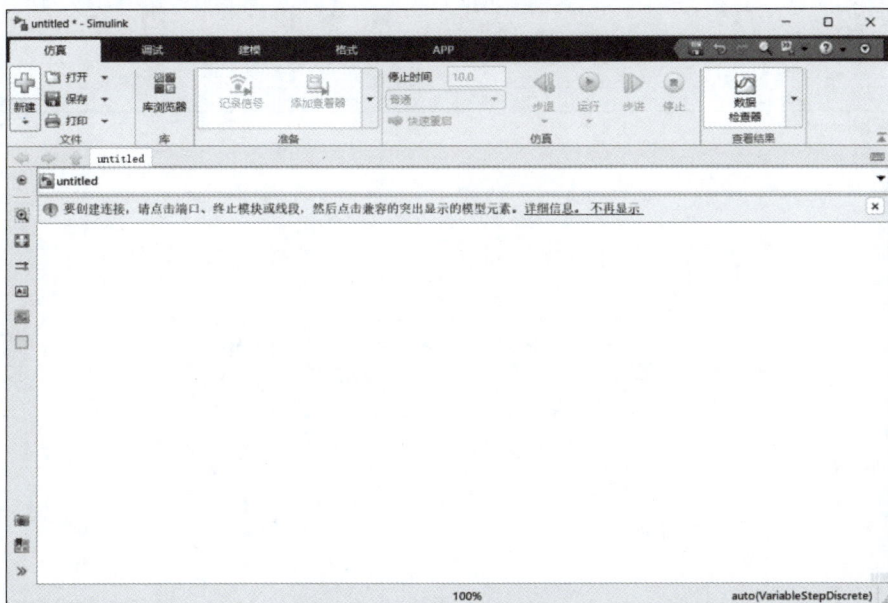

图 7-30 空白模型窗口

步骤 2：为空白模型窗口添加所需的模块，如图 7-31 所示。

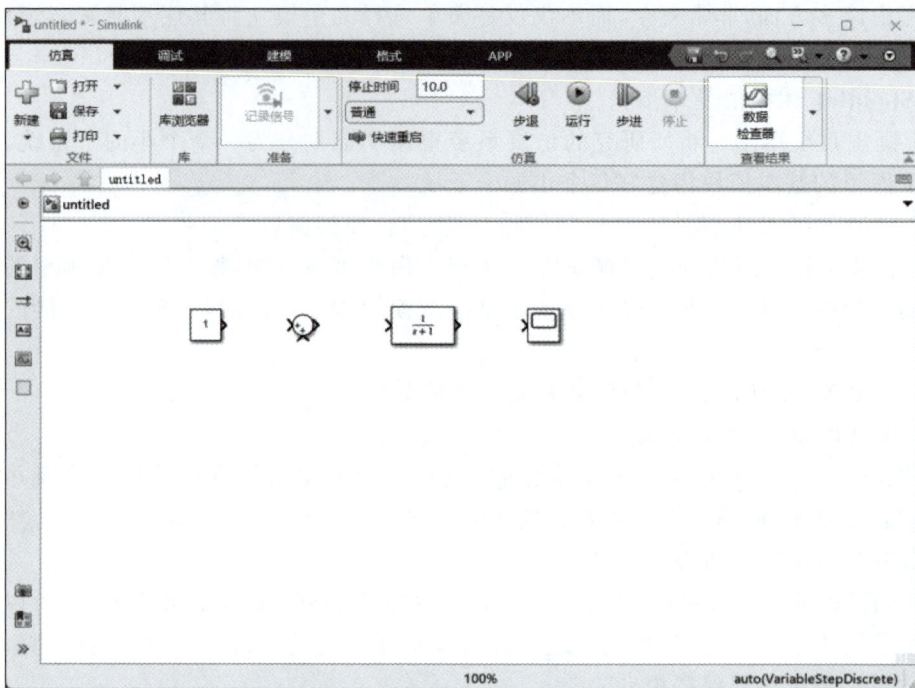

图 7-31　添加模块至模型窗口

步骤 3：连接相关模块，构成所需的系统模型，如图 7-32 所示。

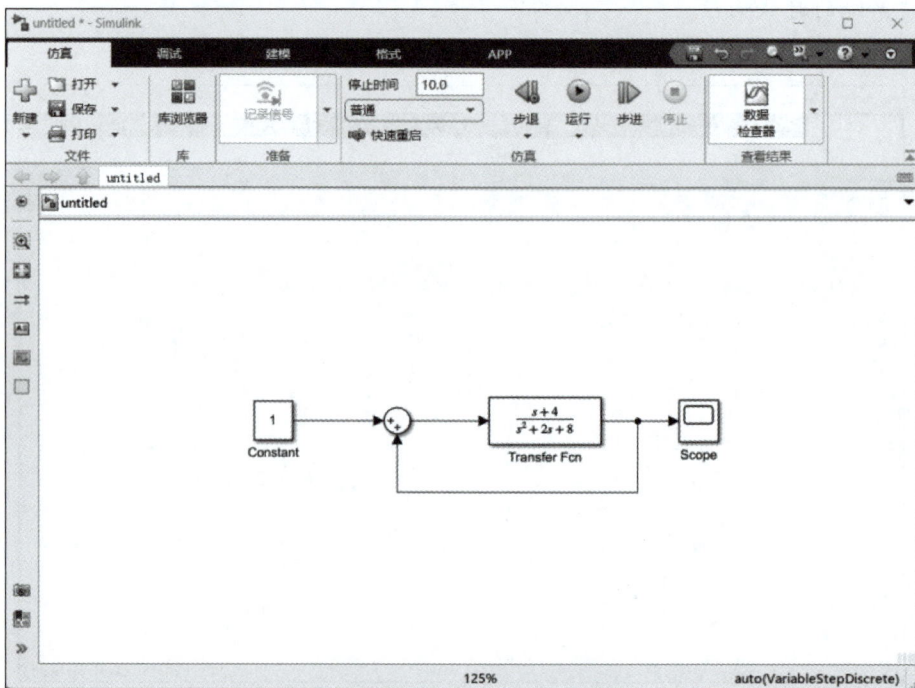

图 7-32　连线并设置模块参数

步骤4：单击 ▶ 进行系统仿真。

步骤5：观察仿真结果,单击 Scope 打开如图 7-33 所示的窗口即可观察仿真结果。

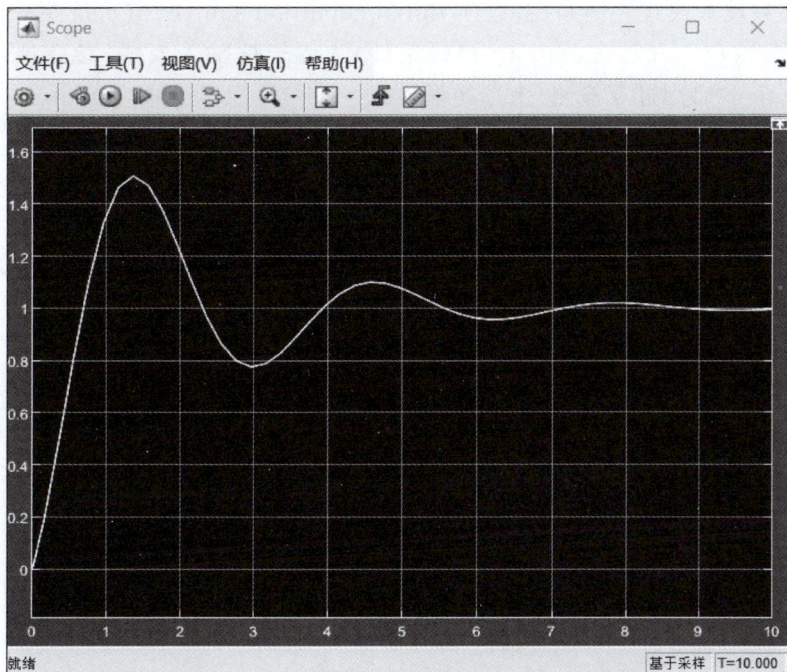

图 7-33 观察仿真结果

2. Simulink 子系统建模的方法与技巧

通常,Simulink 建模根据系统框图选择所需的基本模块,然后连接、设置模块及仿真参数,最后运行仿真,观察结果并调试。这样的方法在创建复杂模型时,一旦得不到理想结果,将会增加仿真的工作量和难度。因此,对于复杂模型,可以通过将相关的模块组织成子系统来简化模型的显示。

创建子系统的方法大致有两种：一种是在模型中加入子系统(Subsystem)模块,然后打开并编辑；另一种是直接选中组成子系统的数个模块,然后选择相应的菜单项来完成子系统的创建。

这样,通过子系统,用户可将复杂模型进行分层并简化模型,便于仿真。

7.5 Simulink 模块及仿真参数设置

7.5.1 模块参数设置

系统模块参数设置是 Simulink 仿真进行人机交互的一种重要途径,虽然简单,但十分重要。Simulink 绝大多数系统模块都需进行参数设置,即便用户自己封装的子系统也通常有参数设置项。Simulink 系统参数设置通常有以下 3 种方式：

(1) 编辑框输入模式；

(2) 下拉菜单选择模式；

（3）选择框模式。

下面以 Integrator 模块为例，双击积分模块，弹出参数设置对话框，如图 7-34 所示。图中共有多种参数设置模式。例如，参数项 Initial condition source（初始条件来源）为下拉菜单选择模式，参数项 Initial condition（初始条件）为编辑框输入模式，参数项 Enable zero-crossing detection（启用过零检测）为选择框模式。

根据模块的不同要求，其参数设置的内容与格式也不同。例如，如图 7-35 所示的 Transfer Fcn 模块的参数 Numerator Coefficient（分子系数）、Denominator Coefficient（分母系数）分别为传递函数模型的分子、分母多项式系数向量，要以方括号括起来；而状态空间模型的参数 A、B、C、D 为其系数矩阵，要按矩阵的形式进行编辑输入。具体的参数设置需要根据不同模块的要求，此处不再赘述。

图 7-34 Integrator 参数设置对话框   图 7-35 Transfer Fcn 模块参数设置对话框

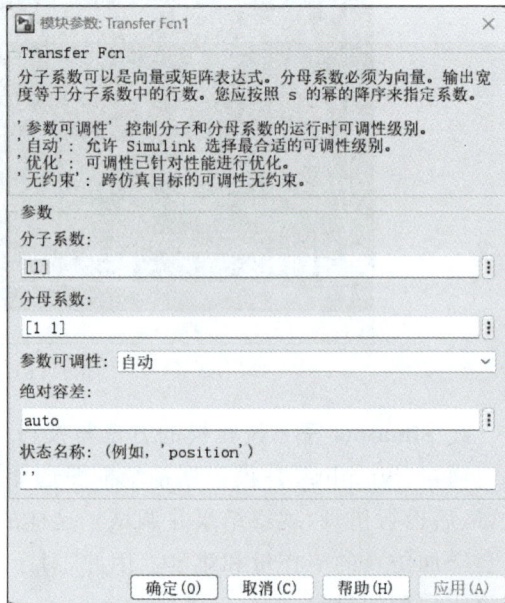

7.5.2 Simulink 仿真参数设置

Simulink 仿真参数设置是 Simulink 动态仿真的重要内容，是深入了解并掌握 Simulink 仿真技术的关键内容之一。建立好系统的仿真模型后，需要对 Simulink 仿真参数进行设置。在 Simulink 模型窗口中选择 Simulation 下的 Configuration Parameters 命令，打开如图 7-36 所示的仿真参数设置对话框。从图 7-36 左侧可以看出，仿真参数设置对话框主要包括 Solver（求解器）、Data Imput/Export（数据导入/导出）、Mathematics and Data Types（数字与数据类型）、Diagnostics（诊断）、Hardware Implementation（硬件实现）和 Model Referencing（模型引用）等 10 项内容。其中，Solver 参数设置最为关键。

1. Solver 参数设置

Solver 参数主要包括 Simulation time（仿真时间）、Solver options（求解器选择）和 Solver details（求解器详细信息）共 3 项内容。Solver 参数设置如图 7-37 所示。

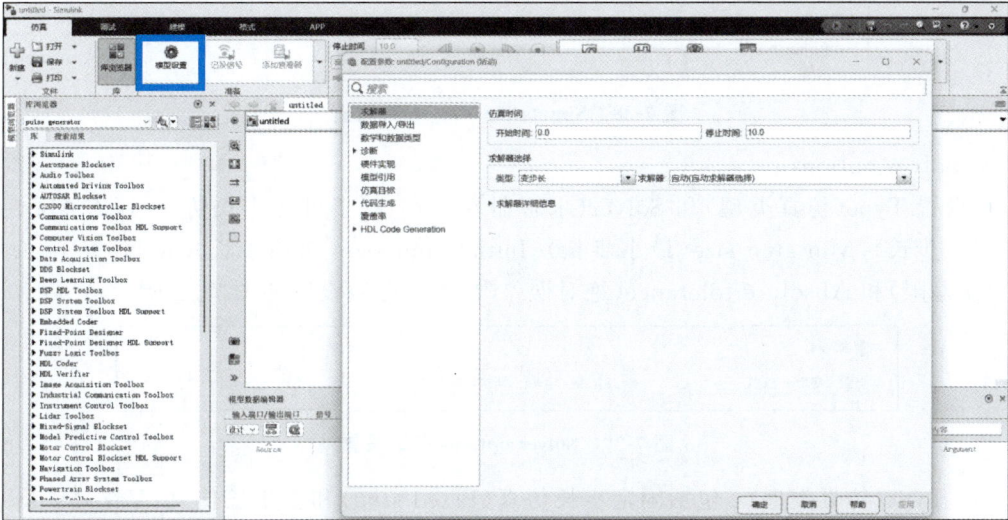

图 7-36 Simulink 仿真参数设置对话框

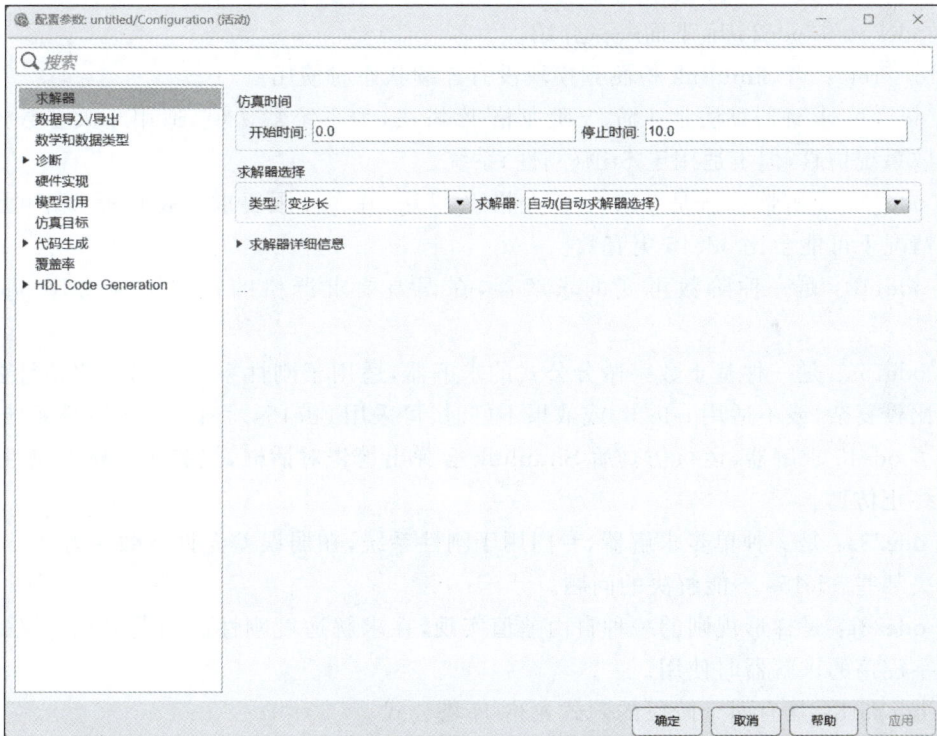

图 7-37 Solver 参数设置

1) Simulation time

仿真时间参数与计算机执行任务具体需要的时间不同。例如,仿真时间 10s,当采样步长为 0.2 时,需要执行 100 步。Start time(开始时间)用来设置仿真的起始时间,一般从零开始(也可以选择从其他时间开始),Stop time(停止时间)用来设置仿真的停止时间。Simulink 仿真系统默认的开始时间为 0,停止时间为 10s。参数设置如图 7-38 所示。

图 7-38   Simulation time 参数设置

2）Solver options

可设置 Type(仿真类型)和 Solver(求解器算法)。对于可变步长仿真,还有 Max step size(最大步长)、Min step size(最小步长)、Initial step size(初始步长)、Relative tolerance (相对误差限)和 Absolute tolerance(绝对误差限)等。参数设置如图 7-39 所示。

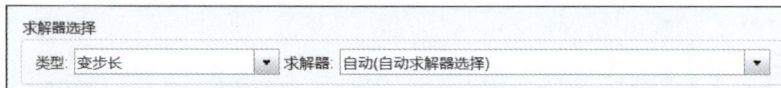

图 7-39   Solver options 参数设置

(1) Type(仿真类型):包括固定步长仿真(Fixed-step)和变步长仿真(Variable-step), 变步长仿真为系统默认求解器类型。

(2) Solver(变步长仿真求解器算法):包括 discrete、ode45、ode23、ode113、ode15s、 ode23s、ode23t 和 ode23tb,下面一一介绍。

① discrete:当 Simulink 检测到模块没有连续状态时使用。

② ode45:求解器算法是 4 阶/5 阶龙格-库塔法,为系统默认值,适用于大多数连续系 统或离散系统仿真,但不适用于 Stiff(刚性)系统。

③ ode23:求解器算法是 2 阶/3 阶龙格-库塔法,在误差限要求不高和所求解问题不太 复杂的情况下可能会比 ode45 更有效。

④ ode113:是一种阶数可变的求解器,在误差要求严格的情况下通常比 ode45 更 有效。

⑤ ode15s:是一种基于数字微分公式的求解器,适用于刚性系统。当用户估计要解决 的问题比较复杂,或不适用 ode45,或效果不好时,可采用 ode15s。通常对于刚性系统,若用 户选择了 ode45 求解器,运行仿真后 Simulink 会弹出警告对话框,提醒用户选择刚性系统, 但不会终止仿真。

⑥ ode23s:是一种单步求解器,专门用于刚性系统,在弱误差允许下效果好于 ode15s。 它能解决某些 ode15s 不能解决的问题。

⑦ ode23t:是梯形规则的一种自由差值实现,在求解适度刚性的问题而用户又需要一 个无数字震荡的求解器时使用。

⑧ ode23tb:具有两个阶段的隐式龙格-库塔公式。

3）Solver details

可设置仿真步长、相对误差等参数。

(1) 在设置仿真步长时,最大步长要大于最小步长,初始步长则介于两者之间。系统默 认最大步长为"仿真时间/50",即整个仿真至少计算 50 个点。最小步长及初始步长建议使 用默认值(auto)即可。

(2) Relative tolerance(相对误差)指误差相对于状态的值,一般是一个百分比。默认值 为 1e−3,表示状态的计算值要精确到 0.1%。Absolute tolerance(绝对误差)表示误差的门限,即在状态为零的情况下可以接受的误差。如果设为默认值(auto),则 Simulink 为每个状态设置初始绝对误差限为 10^{-6}。

(3) 其他参数项建议使用默认值。

2. Data Imput/Export 参数设置

Data Imput/Export 参数设置包括 Load from workspace(从工作区加载)、Save to workspace(保存到工作区或文件)、Simulation Data Inspector(仿真数据检查器)和 Additional parameters(附加参数)。其设置如图 7-40 所示。

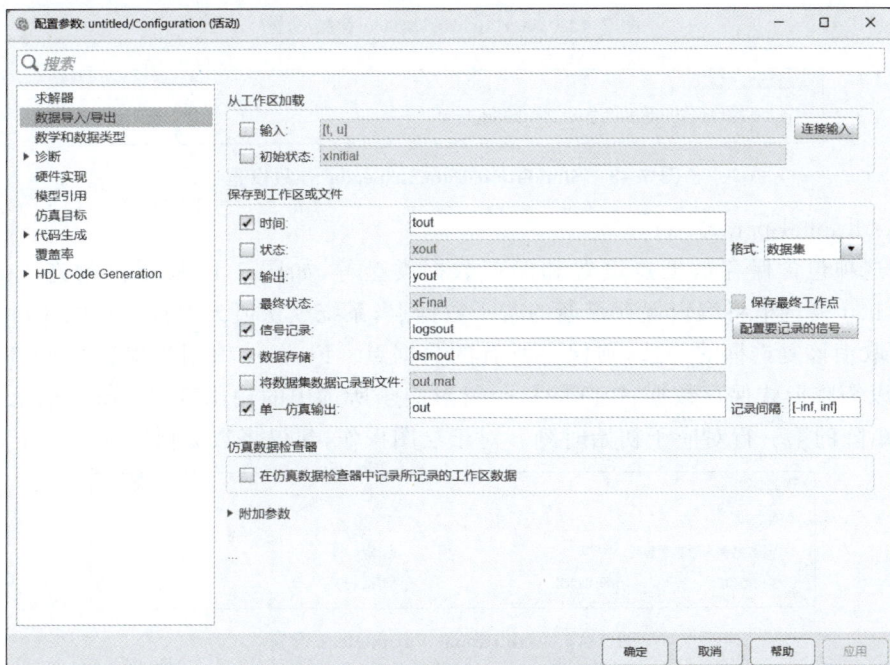

图 7-40　Data Imput/Export 参数设置

1) Load from workspace

从工作区加载即从工作区窗口输入数据,如图 7-41 所示,勾选复选框,运行仿真即可从 MATLAB 工作区窗口输入指定变量。一般时间定义为 t,输入变量定义为 u,也可以定义为其他名称,但要与工作区窗口中的变量名称保持一致。

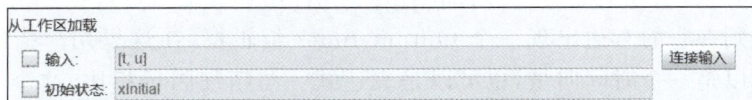

图 7-41　Load from workspace 参数设置

2) Save to workspace

保存到工作区或文件,如图 7-42 所示,通常需要设置保持的时间向量 tout 和输出数据项 yout。

3) Simulation Data Inspector

用于信号数据的调试,如图 7-43 所示。用于将需要记录/监控的信号录入信号查看器,或将信号流写入 MATLAB 工作区窗口。

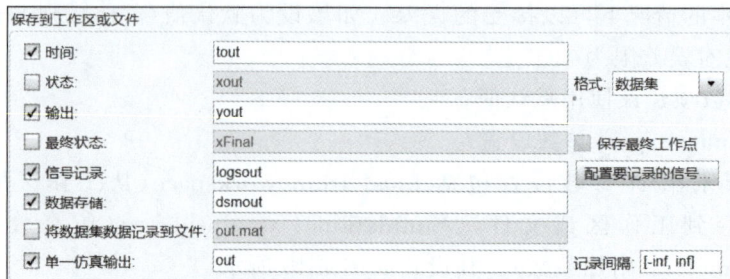

图 7-42　**Save to workspace** 参数设置

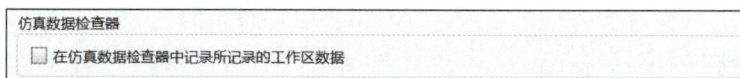

图 7-43　**Simulation Data Inspector** 参数设置

4）Additional parameters

保持选项包含保存数据点设置和保存数据类型等，如图 7-44 所示。勾选 Limit data points to last 复选框将编辑保存最新的若干数据点，系统默认值为保存最近的 1000 个数据点。通常取消该复选框的勾选，则保存所有的数据点。Format 项用来保存数据格式，其中 Array 为以矩阵形式保存数据，矩阵的每一行对应于所选中的输出变量"tout、xout、yout 或 xFinal"，矩阵的第一行对应于初始时刻。对于绘图操作，建议将数据保存为 Array 格式。

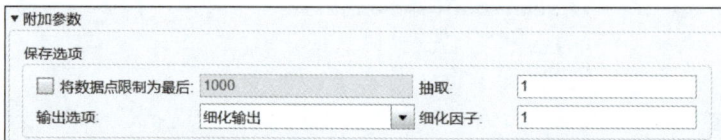

图 7-44　**Additional Parameters** 设置

（1）Output options(输出选项)。

Refine output(细化输出)：此选项可理解为精细输出，其意义是在仿真输出太稀松时，Simulink 会产生额外的精细输出，如同插值处理一样。若要产生更光滑的输出曲线，改变精细因子比减小仿真步长更有效。精细输出只能在变步长模式中才能使用，并且在 ode45 效果最好。

Produce additional output(产生附加输出)：允许用户直接指定产生输出的时间点。一旦选择了该项，则在它的右边出现一个 Output times 编辑框，在这里用户指定额外的仿真输出点，它既可以是一个时间向量，也可以是表达式。与精细因子相比，这个选项会改变仿真的步长。

Produce specified output only(只产生指定输出)：让 Simulink 只在指定的时间点上产生输出。为此解法器要调整仿真步长以使之和指定的时间点重合。这个选项在比较不同的仿真时可以确保它们在相同的时间输出。

（2）Decimation(抽取)：设定一个亚采样因子，默认值为 1，也就是对每一个仿真时间点产生值都保存。若为 2，则每隔一个仿真时刻才保存一个值。

（3）Refine factor(细化因子)：用户可用其设置仿真时间步内插入的输出点数。

3. Mathematics and Data Types 参数设置

Mathematics and Data Types(数学与数据类型)参数设置如图 7-45 所示。

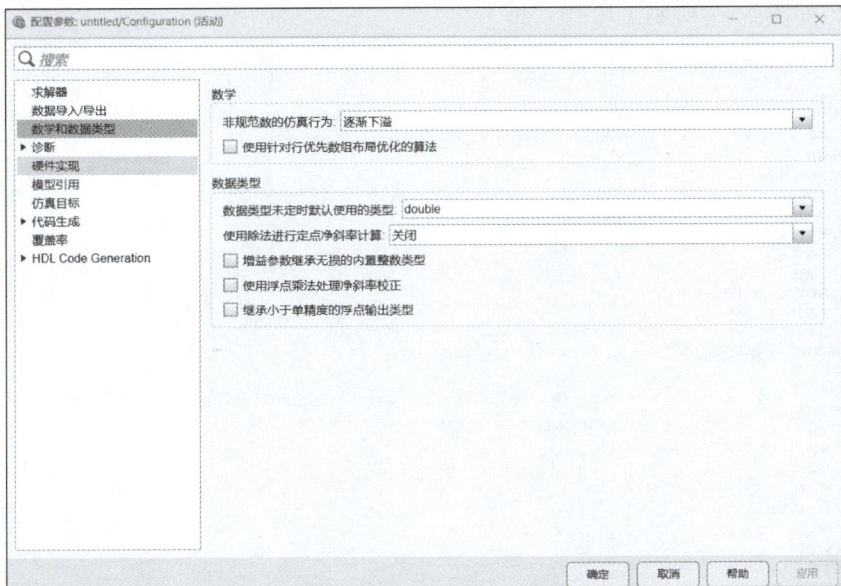

图 7-45　Mathematics and Data Types 参数设置

4. Diagnostics 参数设置

主要用于对一致性检验、是否禁用过零检测、是否禁止复用缓存、是否进行不同版本的 Simulink 检验、仿真过程中出现各类错误时发出的警告等级等内容进行设置,如图 7-46 所示。设置内容为三类,其中,warning(警告)表示提出警告但警告信息并不影响程序的运行; error(错误)为提示错误同时终止运行的程序;none(无)为不作任何反应。

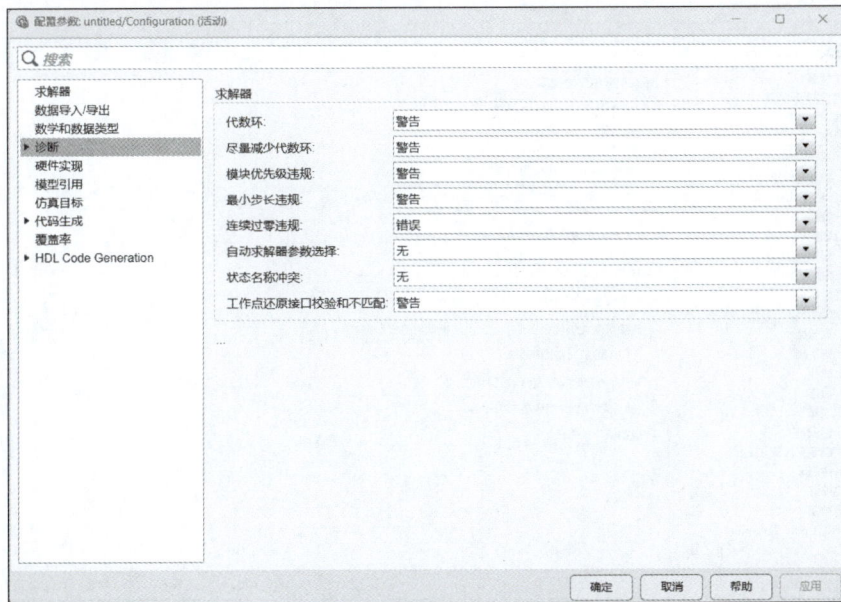

图 7-46　Diagnostics 参数设置

5．Hardware Implementation 参数设置

主要针对计算机系统模型，如嵌入式控制器。允许设置这些用来执行模型所表示系统的硬件参数，如图 7-47 所示。

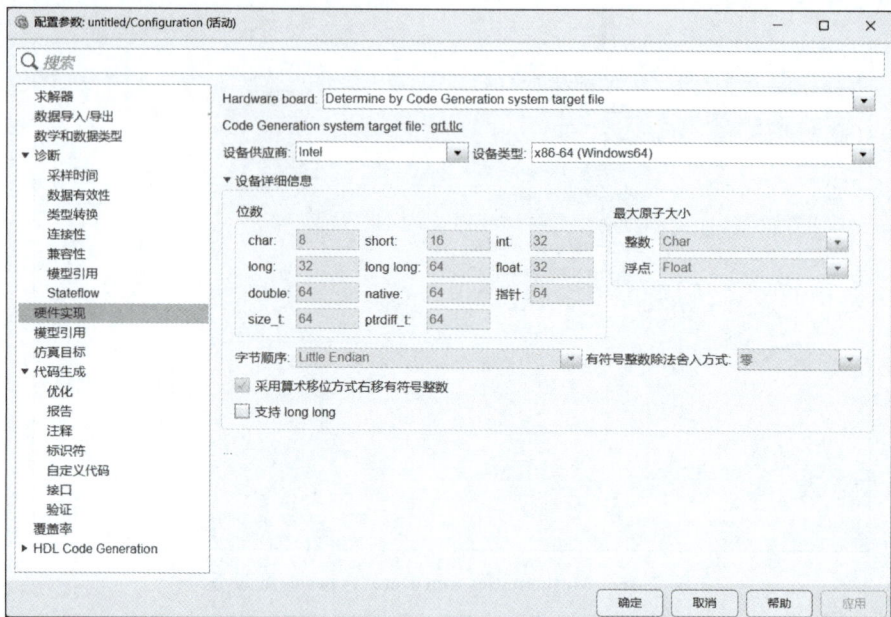

图 7-47　Hardware Implementation 参数设置

6．Model Referencing 参数设置

主要设置模型引用的有关参数。允许用户设置模型中的其他子模型，以方便仿真的调试和目标代码的生成，如图 7-48 所示。

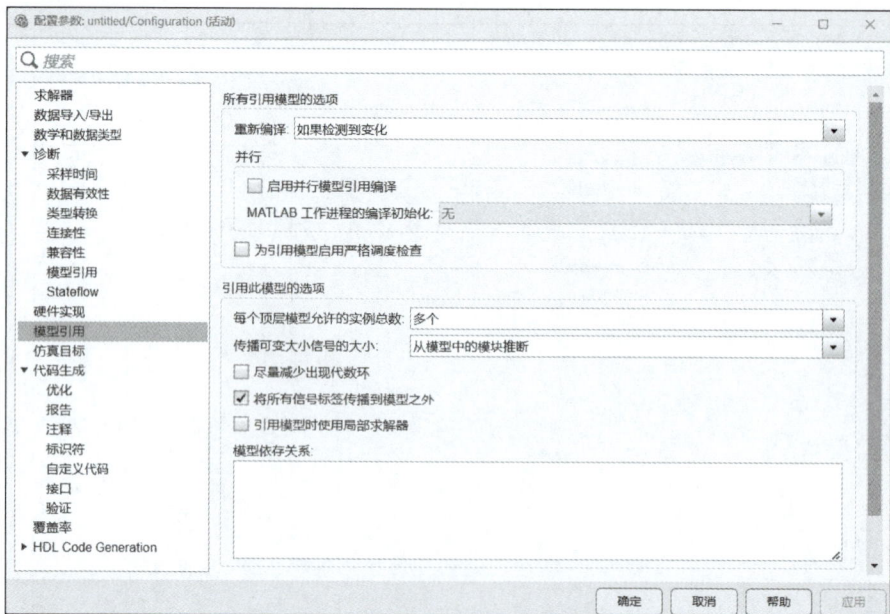

图 7-48　Model Referencing 参数设置

7.6 过零检测和代数环

动态系统在仿真时,Simulink在每个时间步使用过零检测技术来检测系统状态变量的突变点。Simulink如果检测到突变点的存在,就会在该时间点前后增加附加的时间步进行仿真。

有些Simulink模块的输入端口支持直接输入,这表明这些模块的输出信号值在不知道输入端口的信号值之前不能被计算出来。当一个支持直接输入信号的输入端口由同一个模块的输出直接或间接地通过其他模块组成的反馈回路的输出驱动时,就会产生一个代数环。

下面介绍过零检测的工作原理以及如何产生代数环。

7.6.1 过零检测

使用过零检测技术,一个模块能够通过Simulink注册一系列过零变量,每一个变量就是一个状态变量(含不连续点)的函数。当相应的不连续发生时,过零函数从正值或负值传递零值。在每个仿真步结束时,Simulink通过调用每一个注册了过零变量的模块来更新变量,然后Simulink检测是否有变量的符号发生变化(表明突变的产生)。

如果检测到过零点,Simulink就会在每一个发生符号改变的变量的前一时刻值和当前时刻值之间插入新值以评估过零点的个数,然后逐步增加内插点数目并使该值依次越过每个过零点。这样,Simulink通过过零检测技术就可以避免在不连续发生点处进行直接仿真。

过零检测使得Simulink可以精确地仿真不连续点而不必通过减小步长增加仿真点来实现,因此仿真速度不会受到太大影响。大多数Simulink模块都支持过零检测,表7-19列出了Simulink中支持过零检测的模块。如果用户需要显示定义的过零事件,可使用Discontinuous子模块库中的Hit Crossing模块来实现。

表 7-19　支持过零点检测的 Simulink 模块

名　　称	功 能 说 明
Abs	一个过零检测:检测输入信号的沿上升或下降方向通过的过零点
Backlash	两个过零检测:一个检测是否超过上限阈值,另一个检测是否超过下限阈值
Dead Zone	两个过零检测:一个检测何时进入死区,另一个检测何时离开死区
Hit Crossing	一个过零检测:检测输入何时通过阈值
Integrator	若提供了Reset端口,就检测何时发生Reset;若输出有限,则有3个过零检测,即检测何时到达上限饱和值、何时达到下限饱和值、何时离开饱和区
MinMax	一个过零检测:对于输出向量的每一个元素,检测一个输入何时成为最大或最小值
Relay	一个过零检测:若Relay是off状态就检测开启点;若为on状态就检测关闭点
Relational Operator	一个过零检测:检测输出何时发生改变
Saturation	两个过零检测:一个检测何时到达或离开上限,另一个检测何时离开或到达下限
Sign	一个过零检测:检测输入何时通过零点
Step	一个过零检测:检测阶跃发生时间
Switch	一个过零检测:检测开关条件何时满足
Subsystem	用于有条件地运行子系统:一个使能端口,一个触发端口

如果仿真的误差容忍度设置得太大,那么Simulink有可能检测不到过零点,如图7-49所示。

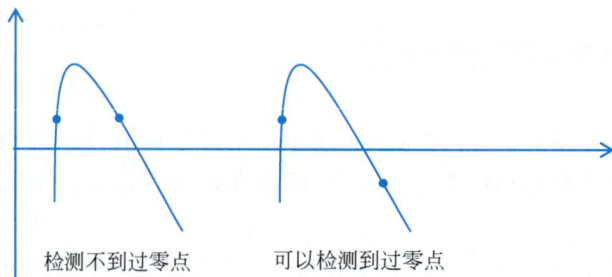

图 7-49   过零点检测

7.6.2   代数环

从代数的角度来看,如图 7-50 所示的代数环的解是 $z=1$,但是大多数的代数环是无法直接看出解的。Algebraic Constraint 模块为代数方程等式建模及定义其初始解猜想值提

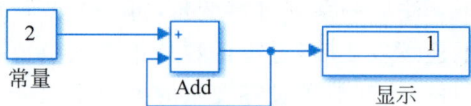

图 7-50   代数环

供了方便,它约束输入信号 $f(z)$ 等于零并输出代数状态 z,其输出必须能够通过反馈回路影响输入。用户可以为代数环状态提供一个初始猜想值,以提高求解代数环的效率。

一个标量代数环代表了一个标量等式或一个形如 $f(z)=0$ 的约束条件,其中 z 是环中一个模块的输出,函数 f 由环路中的另一个反馈回路组成。可将图 7-50 所示的含有反馈环的模型改成用 Algebraic Constraint 模块创建的模型(如图 7-51 所示),其仿真结果不变。

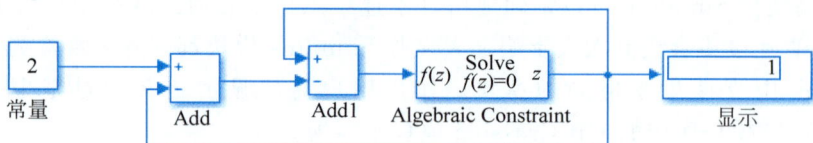

图 7-51   用 Algebraic Constraint 模块创建的代数环

创建向量代数环也很容易,在图 7-52 所示的向量代数环中可以由下面的代数方程描述:

$$z_2 + z_1 - 2 = 0 \tag{7-1}$$

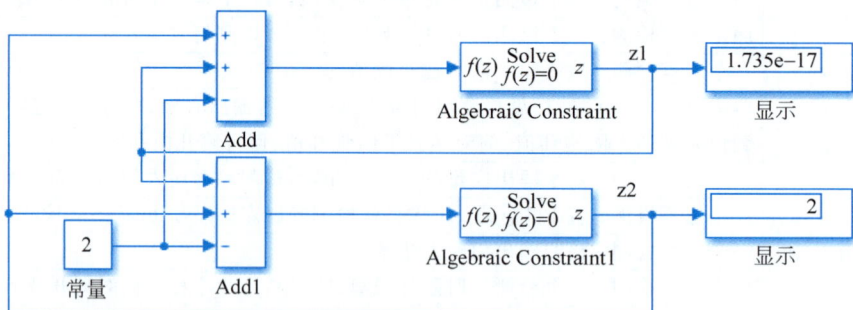

图 7-52   向量代数环

当一个模型包含一个 Algebraic Constraint 模块时就会产生一个代数环,这种约束可能是系统物理连接的结果,也可能是由于用户试图为一个微分-代数系统(DAE)建模的结果。

为了求解 $f(z)=0$,Simulink 环路求解器会采用弱线性搜索的秩为 1 的牛顿方法更新偏微分 Jacobian 矩阵。尽管这种方法很有效，但如果代数状态 z 没有一个好的初始估计值，解法器可能会不收敛。此时，用户可以为代数环中的某个连线（对应一个信号）定义一个初始值，设置方法有两种：一种是可通过 Algebraic Constraint 模块的参数设置；另一种是通过在连线上放置 IC 模块(初始信号设置模块)实现。

当一个系统包含 Atomic Subsystem、Enabled Subsystem 或 Model 模块时，Simulink 可通过模块的参数设置来消除其中一些代数环。对于含有 Atomic Subsystem 和 Enabled Subsystem 模块的模型，可在模块设置对话框中选择 Minimize algebraic loop occurrences 项；对于含有 Model 模块的模型，可在 Configuration Parameters 对话框中的 Model Referencing 面板中选择 Minimize algebraic loop occurrences 项。

7.7 应用实例

【例 7-3】 已知控制系统的状态空间模型为 $\begin{cases} \dot{x} = \boldsymbol{A}x + \boldsymbol{B}u \\ y = \boldsymbol{C}x \end{cases}$，其中，$\boldsymbol{A} = \begin{bmatrix} 0 & 1 \\ -1 & -3 \end{bmatrix}$，$\boldsymbol{B} = \begin{bmatrix} 0 & 1 \end{bmatrix}^{\mathrm{T}}$，$\boldsymbol{C} = \begin{bmatrix} 1 & 0 \end{bmatrix}$。创建 Simulink 模型，输入单位阶跃信号分别经过 State-space 模块和用户自定义 S 函数模块，比较其输出波形。

微课视频

步骤 1：创建一个空白的 Simulink 模型窗口。

步骤 2：将 Step、State-space、Scope 模块添加至空白窗口并连接相关模块，构成所需的系统模型，如图 7-53 所示。

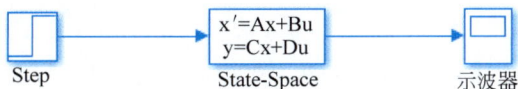

步骤 3：设置相关参数，如图 7-54 所示。

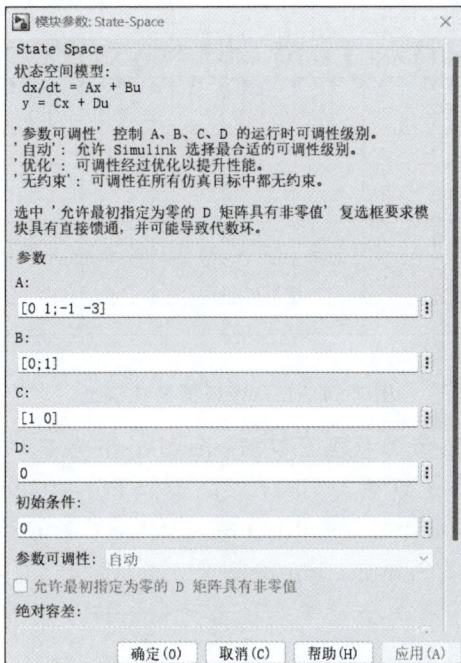

图 7-53 系统模型

图 7-54 State-space 参数设置

步骤4：运行仿真,打开示波器,观察到的输出波形如图7-55所示。

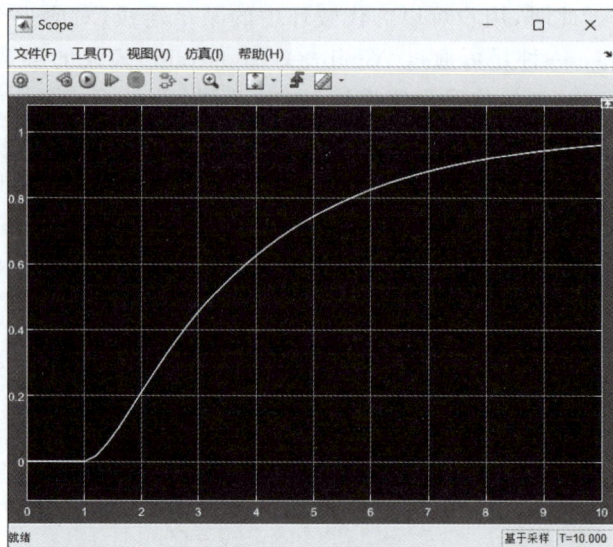

图 7-55　输出波形

【例 7-4】　构建一个 Simulink 模型实现三八译码器电路,当输入脉冲序列时仿真并观察译码结果。

步骤1：创建一个空白的 Simulink 模型窗口。

步骤2：将 Pulse Generator、Logical Operator、Scope 模块添加至空白窗口并连接相关模块,构成所需的系统模型,如图 7-56 所示。

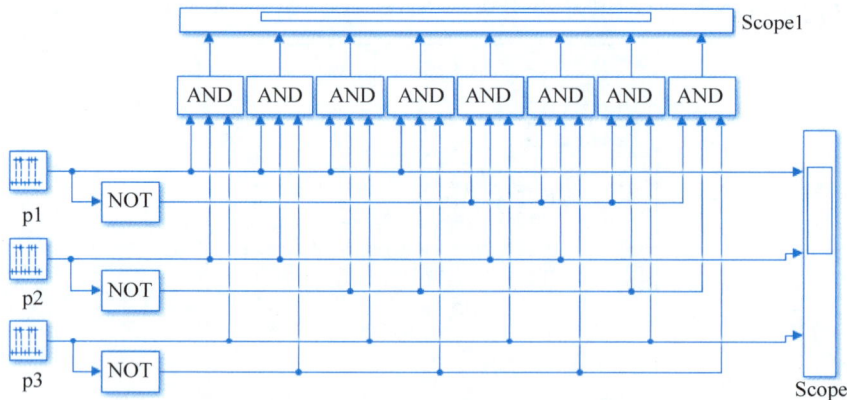

图 7-56　三八译码器系统模型

步骤3：设置相关参数。选择模型窗口的 Simulation 菜单栏下的 Model Configuration Parameters 对话框,将 Solver 设置为 discrete；三个 Pulse Generator 模块 p1、p2、p3 的 Pulse type、Amplitude、Period、Pulse width、Phase delay 参数设置均分别为 Sample based、2、2、1、1,p1、p2、p3 的参数项 Sample time 分别为 1、2、4。

步骤4：运行仿真,打开示波器,观察到的三线输入信号波形如图 7-57 所示,译码后得到的八线输出信号如图 7-58 所示。

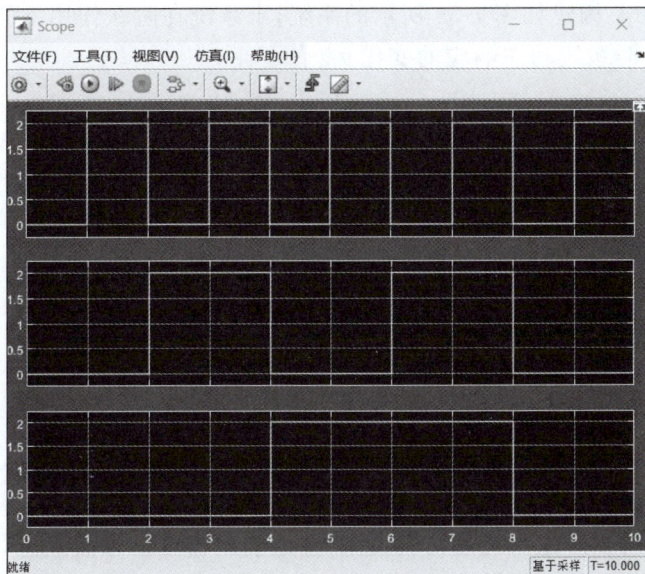

图 7-57　三线输入信号波形

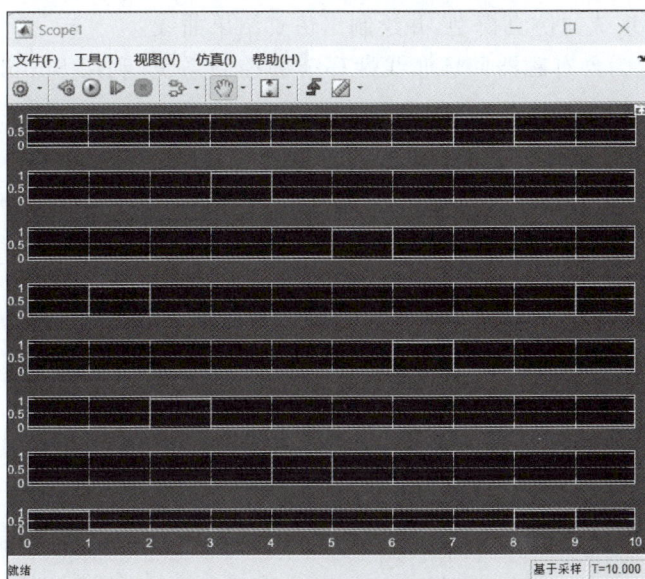

图 7-58　八线译码输出波形

习题 7

1. 已知传递函数为 $G(s) = \dfrac{5.2s^2 + 11.2s + 35.3}{s^4 + 8.5s^3 + 32s^2 + 3s}$，试建立其 Simulink 模型。

2. 已知给定开环传递函数 $G(s) = \dfrac{3s^4 + 2s^3 + 5s^2 + 4s + 6}{s^5 + 3s^4 + 4s^3 + 2s^2 + 7s + 2}$，试观测其在单位阶跃作用下的单位负反馈系统的时域响应。

3. 利用 Simulink 构建如图 7-59 所示的系统,求系统在阶跃作用下的动态响应,并分析当比例系数 K 增大时系统动态响应的变化。

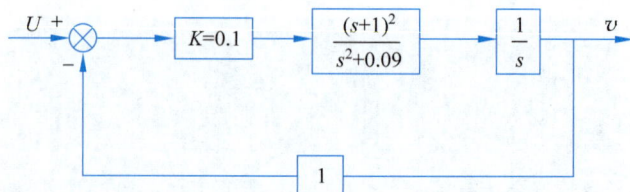

图 7-59　题 3 图

4. 利用 Simulink 构建逻辑关系式: $z = \overline{A \cdot \overline{A \cdot B} + B \cdot \overline{A \cdot B}}$。

5. 考虑简单的线性微分方程:

$$y^{(4)} + 3y^{(3)} + 3\ddot{y} + 4\dot{y} + 5y = e^{-3t} + e^{-5t}\sin(4t + \pi/3)$$

方程初值 $y(0)=1, y^{(1)}(0)=y^{(2)}(0)=1/2, y^{(3)}=0.2$。

(1) 试用 Simulink 搭建系统的仿真模型,并绘制出仿真结果曲线。

(2) 若给定的微分方程变成如下状态时变线性微分方程:

$$y^{(4)} + 3ty^{(3)} + 3t^2\ddot{y} + 4\dot{y} + 5y = e^{-3t} + e^{-5t}\sin(4t + \pi/3)$$

试用 Simulink 搭建系统的仿真模型,并绘制出仿真结果曲线。

6. 图 7-60 所示为含有磁滞回环非线性环节的控制系统,利用 Simulink 求其阶跃响应曲线。

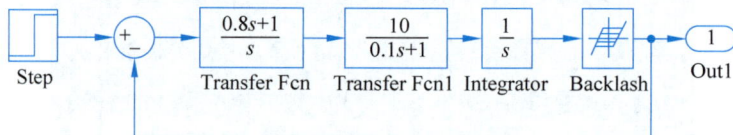

图 7-60　题 6 图

7. 已知开环传递函数 $G(s) = \dfrac{1}{(s+2)(s^2+4s+4)}$。创建一个仿真系统,输入阶跃信号经过单位负反馈系统将信号送到示波器,修改仿真参数: solver 为 ode23,Stop time 为 50,Max step size 为 0.2。

8. 已知开环传递函数 $G(s) = \dfrac{1}{10s+1}e^{-\tau s}$。创建一个仿真系统,当输入单位阶跃信号时,查看延迟时间 τ 对系统输出响应的影响。

9. 创建一个仿真系统,用示波器同时显示两个信号: $\int u\,dt = \sin t$ 和 $u = 3.3\sin\left(t - \dfrac{\pi}{3}\right)$。

10. 已知控制系统的状态空间模型为 $\begin{cases} \dot{x} = Ax + Bu \\ y = Cx \end{cases}$,其中,$A = \begin{bmatrix} 0 & 1 & 0 \\ 0 & 0 & 1 \\ -1 & -3 & -3 \end{bmatrix}$, $B = \begin{bmatrix} 0 & 0 & 1 \end{bmatrix}^T$, $C = \begin{bmatrix} 1 & 1 & 0 \end{bmatrix}$。编写 S 函数创建模型。

MATLAB/Simulink
应用篇

MATLAB/Simulink 应用篇主要介绍 MATLAB 在电子信息处理中的应用、MATLAB 在控制系统中的应用和 MATLAB 在通信系统中的应用。通过 MATLAB/Simulink 应用篇的学习,读者可掌握利用 MATLAB 软件解决电子信息处理、控制系统和通信系统中数学计算的方法,提高数据可视化以及动态系统仿真等能力,提高读者解决实际问题的能力。

MATLAB/Simulink 应用篇包含如下 3 章:

第 8 章　MATLAB 在电子信息处理中的应用

第 9 章　MATLAB 在控制系统中的应用

第 10 章　MATLAB 在通信系统中的应用

第 8 章

CHAPTER 8

MATLAB 在电子信息处理中的应用

本章要点：
- ◇ MATLAB 在信号与系统中的应用；
- ◇ MATLAB 在数字信号处理中的应用；
- ◇ MATLAB 在数字图像处理中的应用。

8.1 MATLAB 在信号与系统中的应用

"信号与系统"作为电子信息、通信和计算机科学等专业学生必须掌握的专业基础课之一，承担着传授学生信号与系统的基本理论以及基本分析方法的任务，使学生能够初步建立信号与系统的数学模型并利用高等数学的分析方法对模型进行求解，对所得结果给出合理的物理解释。由于信号与系统中涉及的概念和方法比较抽象，在教学中需借助仿真软件避免繁琐的计算，使学生加深对课程的理解。本节在前面章节的基础上，介绍 MATLAB 常用函数在信号与系统中的使用以及在系统分析中的应用。

8.1.1 信号及表示

信号作为信息的载体，数学上可以表示成一个或几个独立变量的函数。对于单维信号，通常可将其看作以时间 t 为变量的函数 $x(t)$。根据时间变量 t 的取值形式，可将信号简单地分成连续时间信号和离散时间信号。本节将分别介绍这两种信号形式在 MATLAB 中的表示和产生。

1. 连续信号的表示

对于连续信号，要求时间变量 t 是连续变化的。但是连续变化的时间变量 t 中包含了无穷多的点，因此在信号处理和系统分析的时候，MATLAB 是通过采样点的数据来模拟连续信号的。通常来说，这种方法是不能用来表示连续信号的，因为它只给出了孤立的离散点数值，但是如果样本点的取值很"密"的话，就可以把它看成连续信号，其中，"密"是相对于信号变化快慢而言的。因此，一般都假设相对于采样密度，信号的变化要足够慢。所以 MATLAB 中实现的连续函数（包括信号等），实质均是"离散函数"，只是取样间隔足够小，小到可以认为是连续函数。在 MATLAB 中，采用向量和矩阵作为信号的表示形式。其中，行向量和列向量表示单维信号，矩阵表示多维信号。

【例 8-1】 用 MATLAB 命令绘出连续时间信号 $x(t)=(2+2\sin(4\pi t))\cos(50\pi t)$ 关于

t 的曲线。其中,t 的取值范围为 $0\sim5s$,并以 $0.01s$ 递增。

所得结果如图 8-1 所示,MATLAB 源程序如下:

```
clear                                    % 清除变量
t = 0:0.01:5;                            % 对时间变量赋值
x = (2 + 2 * sin(4 * pi * t)). * cos(50 * pi * t);   % 计算变量所对应的函数值
plot(t,x);grid on;                       % 绘制函数曲线
ylabel('x(t)');xlabel('Time(sec)');      % 添加 x 轴和 y 轴的标签
```

2. 几种连续信号产生函数

除了常用的指数函数和三角函数外,在 MATLAB 的信号处理工具箱中还单独提供了多种常用连续信号的发生函数,可分别产生方波信号、三角波信号和 sinc 函数等函数波形。

1) 非周期方波信号函数 rectpuls

调用格式 1:z=rectpuls(t)。

调用格式 2:z=rectpuls(t,width)。

函数功能:产生一个幅值为 1、宽度为 width 且以 t=0 为对称轴的非周期方波信号。参数 width 默认为 1。

【例 8-2】 用 rectpuls 函数生成非周期方波信号。

所得结果如图 8-2 所示,MATLAB 源程序如下:

```
clear                              % 清除变量
t = -1:0.01:1;                     % 对时间变量赋值
Z1 = rectpuls(t);                  % 生成宽度为 1 的非周期方波
Z2 = rectpuls(t,0.8);              % 生成宽度为 0.8 的非周期方波
subplot(2,1,1),plot(t,Z1),grid on; % 绘制函数曲线
axis([ - 1,1, - 0.1,1.1]);         % 设定 x 轴和 y 轴的取值范围
subplot(2,1,2),plot(t,Z2),grid on;
axis([ - 1,1, - 0.1,1.1]);
```

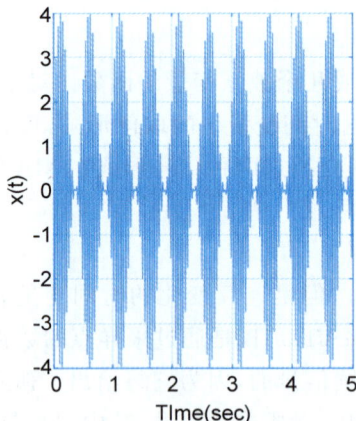

图 8-1　连续时间信号图形

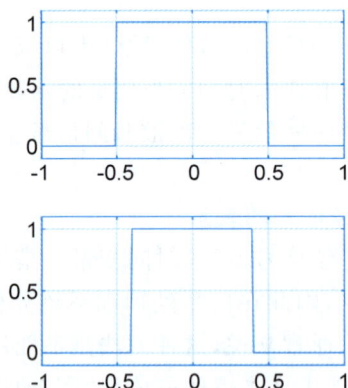

图 8-2　非周期方波的波形图

2) 周期方波信号函数 square

调用格式 1:z=square(t)。

调用格式 2:z=square(t,duty)。

函数功能:该函数默认产生一个周期为 2π、幅值为 ±1 的周期性方波信号,其中,duty

参数用来表示信号的占空比 duty％,即在一个周期内脉冲宽度(正值部分)与脉冲周期的比值。参数 duty 默认为 50。

【例 8-3】　用 square 函数生成周期为 0.025 的方波信号。

所得结果如图 8-3 所示,MATLAB 源程序如下:

```
clear
F = 1e5;t = - 0.5:1/F:0.5;              % 对时间变量赋值
Z1 = square(2 * pi * 40 * t);           % 生成周期为 0.025 且占空比为 0.5 的周期方波信号
Z2 = square(2 * pi * 40 * t,80);        % 生成周期为 0.025 且占空比为 0.8 的周期方波信号
subplot(2,1,1),plot(t,Z1);              % 绘制函数曲线
axis([ - 0.1,0.1, - 1.1,1.1]);
subplot(2,1,2),plot(t,Z2);
axis([ - 0.1,0.1, - 1.1,1.1]);
```

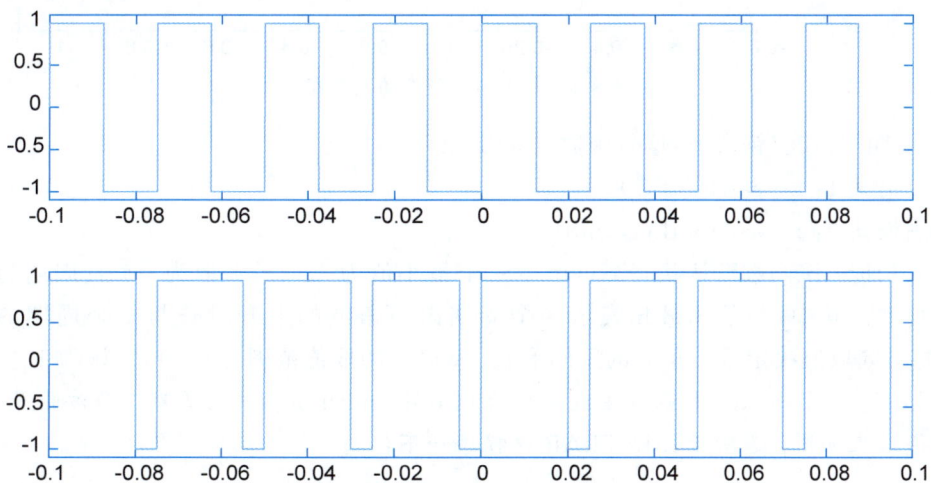

图 8-3　周期方波的波形图

3) 非周期三角波信号函数 tripuls

调用格式 1:z＝tripuls(t)。

调用格式 2:z＝tripuls(t,width,skew)。

函数功能:该函数用于产生一个最大幅度为 1、宽度为 width,且以 t＝0 为中心左右各展开大小为 width/2,同时斜度为 skew 的三角波。参数 width 默认为 1。参数 skew 的取值范围为 $-1\sim+1$。skew 默认为 0,此时产生对称三角波。该三角波最大幅度一般出现在 t＝(width/2)×skew 的横坐标位置。

【例 8-4】　用 tripuls 函数生成非周期三角波信号。

所得结果如图 8-4 所示,MATLAB 源程序如下:

```
clear
F = 1e5;t = - 2:1/F:2;                  % 对时间变量赋值
Z1 = tripuls(t);                        % 生成宽度为 1,斜度为 0 的非周期三角波信号
Z2 = tripuls(t,2,0.5);                  % 生成宽度为 2,斜度为 0.5 的非周期三角波信号
subplot(2,1,1),plot(t,Z1);              % 绘制函数曲线
axis([ - 1.1,1.1, - 0.1,1.1]),grid on;
subplot(2,1,2),plot(t,Z2);
axis([ - 1.1,1.1, - 0.1,1.1]),grid on;
```

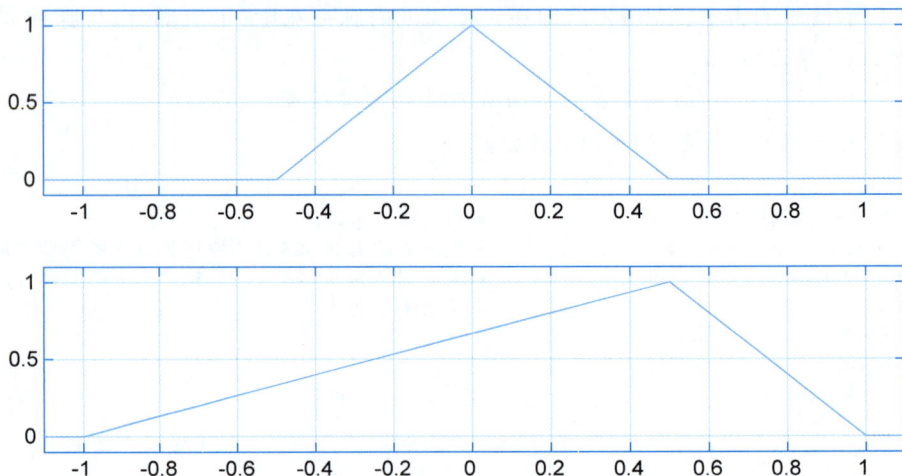

图 8-4　非周期三角波的波形图

4）周期三角波（锯齿波）信号函数 sawtooth

调用格式 1：z＝sawtooth(t)。

调用格式 2：z＝sawtooth(t,width)。

函数功能：该函数默认状态下可产生一个最小值为－1、最大值为＋1 且周期为 2π 的周期三角波。其中，参数 width 表示一个周期内三角波的上升时长与整个周期的比值，width 的不同取值决定了三角波的不同形状。width 的取值范围为 0～1，默认为 1。

【例 8-5】　用 sawtooth 函数生成周期为 0.1 且 width 值不同的周期三角波信号。

所得结果如图 8-5 所示，MATLAB 源程序如下：

```
clear;
F = 1e5;t = - 0.5:1/F:0.5;            % 对时间变量赋值
Z1 = sawtooth(2 * pi * 10 * t);       % 生成周期为 0.1 且 width = 1 的周期三角波信号
Z2 = sawtooth(2 * pi * 10 * t,0.8);   % 生成周期为 0.1 且 width = 0.8 的周期三角波信号
Z3 = sawtooth(2 * pi * 10 * t,0.2);   % 生成周期为 0.1 且 width = 0.2 的周期三角波信号
subplot(3,1,1),plot(t,Z1),axis([ - 0.5,0.5, - 1.1,1.1]);
subplot(3,1,2),plot(t,Z2),axis([ - 0.5,0.5, - 1.1,1.1]);
subplot(3,1,3),plot(t,Z3),axis([ - 0.5,0.5, - 1.1,1.1]);
```

5）降正弦信号函数 sinc

降正弦信号的归一化定义为 $Sa(t)＝sinc(t)＝sin(t)/t$，又称为辛格函数。它与幅值为 1 的门限函数构成傅里叶变换对，因此它成为信号与系统中的重要信号之一。其在 MATLAB 中表示为非归一化的形式 $sinc(t)＝sin(\pi t)/\pi t$。

调用格式：z＝sinc(t)。

函数功能：sinc(t)用于产生降正弦信号的波形。

【例 8-6】　用 sinc 函数生成降正弦信号波形。

所得结果如图 8-6 所示，MATLAB 源程序如下：

```
clc;
t = linspace( - 5,5);
Z = sinc(t);
plot(t,Z);
```

微课视频

微课视频

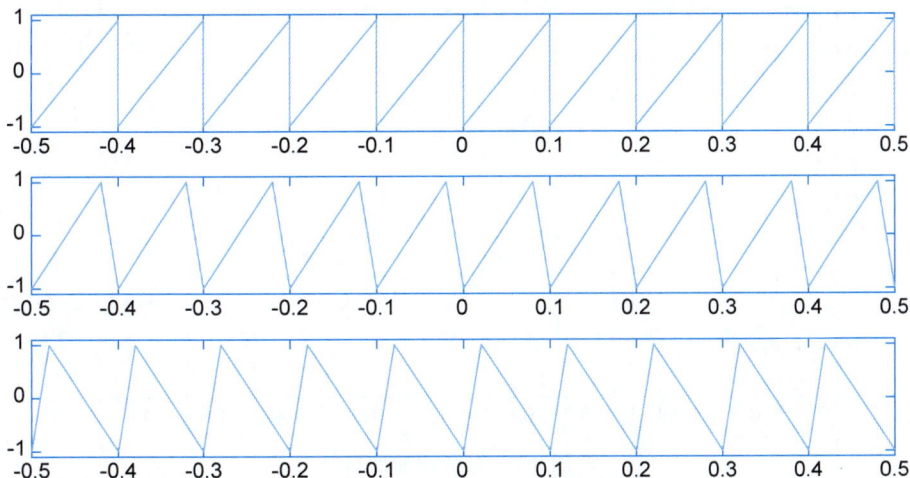

图 8-5　周期三角波的波形图

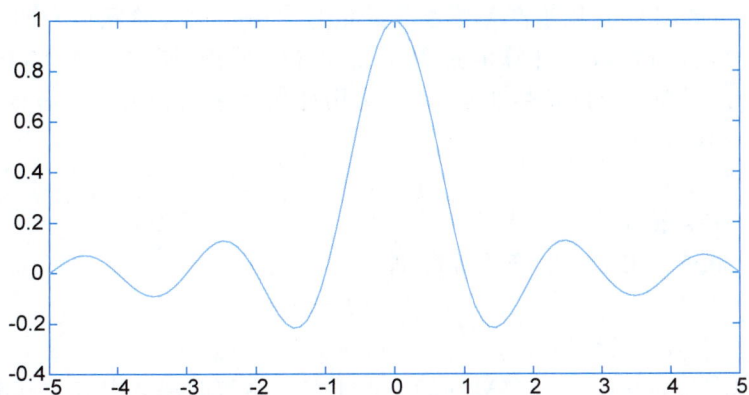

图 8-6　降正弦函数的波形图

6）冲激串信号函数 pulstran

调用格式：Z＝pulstran(t,D,'func')。

函数功能：按照向量 D 中给出的平移量，在时间 t 内对连续函数 func 进行平移，并把平移后的信号进行求和，得到冲激串信号 Z＝func(t－D(1))＋func(t－D(2))＋…。其中，函数 func 需要是 t 的函数。

【例 8-7】　生成非对称的方波冲激串信号。

所得结果如图 8-7 所示，MATLAB 源程序如下：

```
clear;
t = 0:1e - 3:2;                        % 抽样频率为1kHz,连续时间为2s
D = [0.0 0.2 0.5 0.9 1.1 1.7 2.0];     % 平移量向量
Z = pulstran(t,D,'rectpuls',0.1);      % 调用 rectpuls 函数实现矩形冲激串
plot(t,Z),axis([0,2, - 0.02,1.02]);
```

7）单位阶跃信号函数 heaviside

单位阶跃信号是单位冲激信号从负无穷到正无穷的积分，即

$$\varepsilon(t) = \int_{-\infty}^{+\infty} \delta(t)\mathrm{d}t = \begin{cases} 0, & t < 0 \\ 1, & t > 0 \end{cases} \tag{8-1}$$

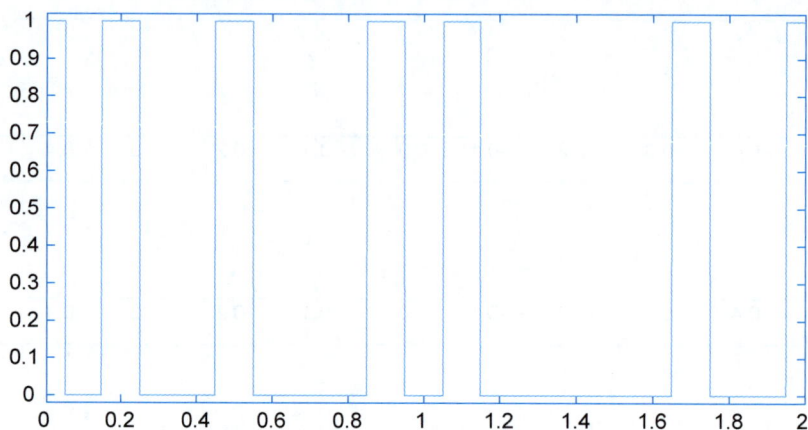

图 8-7 矩形波冲激串

调用格式：z＝heaviside(t)。

函数功能：heaviside(t)用于产生单位阶跃信号。由于单位阶跃信号的定义中对 t＝0 时的取值没有规定，而在数值计算的过程中往往还需要用，所以在 MATLAB 中定义了 heaviside(0)＝0.5。单位阶跃信号非常重要，常用此信号来构造出不同信号的因果信号形式，其波形表述见图 8-8。

8）符号函数 sign

调用格式：z＝sign(t)。

函数功能：sign(t)用于产生符号函数，即

$$\text{sign}(t) = \begin{cases} -1, & t < 0 \\ 1, & t > 0 \end{cases} \tag{8-2}$$

它的生成原理为 sign(t)＝t./ABS(t)。由于符号函数的定义中对 t＝0 时的取值没有规定，且在生成原理中 t 也不能为 0，因此在 MATLAB 中就直接定义了 sign(0)＝0。符号函数十分重要，它能够判断变量 t 的正负，并可以生成在信号与系统中更为重要的单位阶跃信号。

【例 8-8】 用 sign 函数生成符号函数和单位阶跃信号的波形。

所得结果如图 8-8 所示。

微课视频

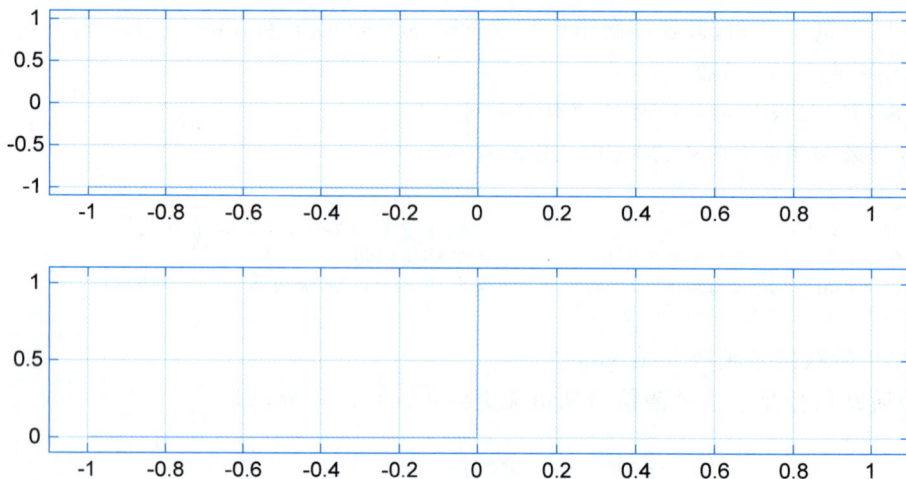

图 8-8 符号函数及单位阶跃信号的波形图

MATLAB源程序如下:

```
clear;
t = -1:1e-3:1;                      % 对时间变量赋值
Z1 = sign(t);                       % 生成符号函数
Z2 = 0.5 + 0.5 * sign(t);           % 由符号函数生成单位阶跃信号
subplot(2,1,1),plot(t,Z1);
axis([-1.1,1.1,-1.1,1.1]),grid on;
subplot(2,1,2),plot(t,Z2);grid on;
```

表 8-1 给出了更多连续信号的产生函数。

表 8-1 更多连续信号的产生函数

函数名	函 数 功 能	语法格式 1	语法格式 2
gauspuls	生成高斯正弦脉冲信号	Z1＝gauspuls(T,FC,BW, BWR)	Z2＝gauspuls('cutoff',FC,BW, BWR,TPE)
gmonopuls	生成高斯单脉冲信号	Z1＝gmonopuls(T,FC)	Z2＝gmonopuls('cutoff',FC)
vco	生成电压控制振荡器信号	Z1＝vco(t,FC,FS)	Z2＝vco(t,[fmin fmax],FS)
diric	生成 Dirichlet 信号	Z＝diric(t,N)	

3. 离散信号的表示

离散时间信号(简称为离散信号)是只在一系列离散时刻才有定义的信号,即离散信号是离散时间变量 t_n 的函数,可表示为 $x(t_n)$。为了表示方便,一般把时间间隔省略,而用 $x(n)$ 来表示离散信号,其中,n 表示采样的间隔数。因此,$x(n)$ 是一个离散序列,简称为序列。

在离散信号的表示中,离散时间 n 的取值范围是 $(-\infty,+\infty)$ 的整数。而在 MATLAB 中,向量 x 的下标不能取小于或等于 0 的数,因此时间变量 n 不能简单地看成向量 x 的下标,而必须按照向量 x 的长度和起始时间来对时间变量 n 进行定义,如此才能利用向量 x 和时间变量 n 完整地表示离散序列。

【例 8-9】 离散时间信号的棒状图举例。其中,$x(-3)=-4$,$x(-2)=-2$,$x(-1)=0$,$x(0)=2$,$x(1)=-1$,$x(2)=4$,$x(3)=-3$,$x(4)=1$,$x(5)=-1$,其他时间时 $x(n)=0$。所得结果如图 8-9 所示。

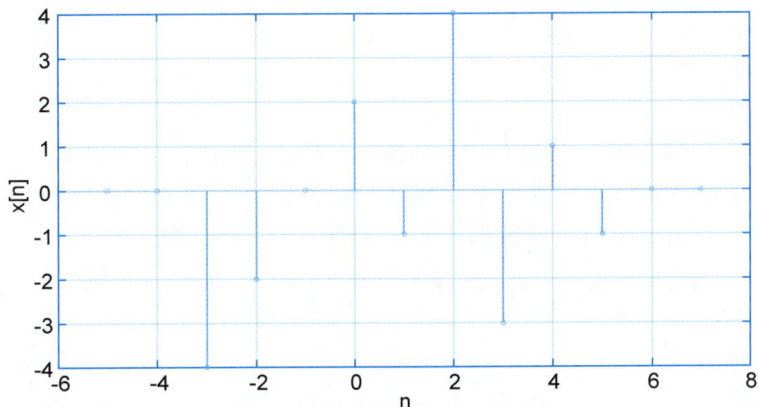

图 8-9 离散信号的棒状图

MATLAB 源程序如下：

```
clear;
n = - 5:7;                             % 对时间变量赋值
x = [0 0 - 4 - 2 0 2 - 1 4 - 3 1 - 1 0 0]; % 对离散信号赋值
stem(n,x),grid on;                     % 绘制离散信号的棒状图
line([- 5,7],[0,0]);                   % 对 x 轴画线
xlabel('n');ylabel('x[n]');
```

4. 几种离散信号产生函数

由于离散信号就是连续信号在离散点处的值,因此 MATLAB 中对离散信号没有单独给出函数来实现,而是通过对现有连续信号的函数在离散点处取值得来的。同时,也可以利用现有函数自行编写离散信号的生成函数。对于一些常用的离散信号,下面给出它们相关的数学描述和 MATLAB 的实现方法。为了叙述的便利,设序列 Z 的起始时刻和终止时刻分别用 ns 和 nf 来表示,序列的长度可用 length(x)来表示,则离散序列的时间 n 可表示为

$$n = [ns:nf] \quad 或 \quad n = [ns:ns + length(x) - 1]$$

1) 单位脉冲序列

$$\delta(n - n_0) = \begin{cases} 1, & n = n_0 \\ 0, & n \neq n_0 \end{cases} \tag{8-3}$$

实现方式 1：n＝[ns:nf];Z＝[(n_0 − n)==0]。

实现方式 2：利用逻辑表达式构建单位脉冲序列的 M 函数,即

```
function[Z,n] = impuseq(n0,ns,nf)
n = [ns:nf];Z = [(n0 - n) == 0];
```

2) 单位阶跃序列

$$\varepsilon(n - n_0) = \begin{cases} 1, & n \geqslant n_0 \\ 0, & n < n_0 \end{cases} \tag{8-4}$$

实现方式 1：n＝[ns:nf];Z＝[(n_0 − n)<=0]。

实现方式 2：利用逻辑表达式构建单位阶跃序列的 M 函数,即

```
function[Z,n] = stepseq(n0,ns,nf)
n = [ns:nf];Z = [(n0 - n)< = 0];
```

3) 正弦序列

$$z(n) = A\sin(\omega n + \theta), \quad \forall n \tag{8-5}$$

实现方式 1：n＝[ns:nf];Z＝A * sin(w * n+theta)。

实现方式 2：利用正弦信号函数构建正弦序列的 M 函数,即

```
function[Z,n] = sinseq(A,w,ns,nf,theta)
n = [ns:nf];Z = A * sin[w * n + theta];
```

4) 余弦序列

$$z(n) = A\cos(\omega n + \theta), \quad \forall n \tag{8-6}$$

实现方式 1：n＝[ns:nf];Z＝cos(w * n+theta)。

实现方式 2：利用余弦信号函数构建余弦序列的 M 函数,即

```
function[Z,n] = cosseq(A,w,ns,nf,theta)
n = [ns:nf];Z = A * cos[w * n + theta];
```

5）实指数序列

$$z(n) = b^n, \quad \forall n, b \in R \tag{8-7}$$

实现方式 1：n＝[ns:nf];Z＝b.^n。

实现方式 2：利用幂次运算符构建实指数序列的 M 函数，即

```
function[Z,n] = rexpseq(b,ns,nf)
n = [ns:nf];Z = b.^n;
```

6）复指数序列

$$z(n) = e^{(\sigma + j\omega)n}, \quad \forall n \tag{8-8}$$

实现方式 1：n＝[ns:nf];Z＝exp((sigma＋j * w) * n)。

实现方式 2：利用自然指数函数构建复指数序列的 M 函数，即

```
function[Z,n] = cexpseq(sigma,w,ns,nf)
n = [ns:nf];Z = exp((sigma + j * w) * n);
```

8.1.2 信号的基本运算

信号的基本运算通常包括相加、相乘、延时、翻转和卷积等运算操作。任何一种运算操作都会产生新的信号，并且运算方法对于连续时间信号和离散时间信号均成立。但由于在 MATLAB 中实际是无法生成连续信号的，因此通常都是按照离散时间信号来表示信号的基本运算。信号的基本运算是复杂信号处理的基础。

1. 信号的相加和相乘

信号的相加与相乘是指两个信号在同一时刻信号值的相加与相乘。它们的数学表达式为

$$Z(n) = z_1(n) + z_2(n) \tag{8-9}$$

$$Z(n) = z_1(n) \times z_2(n) \tag{8-10}$$

从以上数学表达式可知，在进行相加与相乘运算时，两信号的时间长度需要相等且时间点要一一对应。因此，两个信号的相加与相乘在 MATLAB 中的实现方法为先把时间变量延拓到等长且时间点能一一对应，则信号 z1(n)和 z2(n)延拓后变为信号 y1(n)和 y2(n)，其中延拓出的信号值为 0；再对信号进行逐点相加或逐点相乘，即 Z(n)＝y1(n)＋y2(n)或 Z(n)＝y1(n). * y2(n)，从而求出运算后的新信号。

【例 8-10】 信号相加和相乘举例。

所得结果如图 8-10 所示，MATLAB 源程序如下：

```
clear;
n1 = - 5:7;                                % 设定序列 z1 的起止时刻
z1 = sin(n1);                              % 对序列 z1 的不同时刻进行赋值
n2 = - 1:9;                                % 设定序列 z2 的起止时刻
z2 = cos(n2);                              % 对序列 z2 的不同时刻进行赋值
ns = min(n1(1),n2(1));nf = max(n1(end),n2(end));    % 设定结果序列的起止时刻
n = ns:nf;
y1 = zeros(1,length(n));                   % 生成延拓序列
y2 = zeros(1,length(n));
y1(((n > = n1(1)&n < = n1(end)) == 1)) = z1;    % 按照对应时刻对延拓序列赋值 z1
y2(((n > = n2(1)&n < = n2(end)) == 1)) = z2;    % 按照对应时刻对延拓序列赋值 z2
```

微课视频

```
Za = y1 + y2;                                    % 对应时刻相加
Zb = y1. * y2;                                   % 对应时刻相乘
subplot(4,1,1),stem(n,y1,'.');                   % 绘制离散信号的棒状图
line([ns,nf],[0,0]);ylabel('z1(n)');             % 对 x 轴画线并标注 y 轴标签
subplot(4,1,2),stem(n,y2,'.');
line([ns,nf],[0,0]);ylabel('z2(n)');
subplot(4,1,3),stem(n,Za,'.');
line([ns,nf],[0,0]);ylabel('z1(n) + z2(n)');
subplot(4,1,4),stem(n,Zb,'.');
line([ns,nf],[0,0]);ylabel('z1(n). * z2(n)');
```

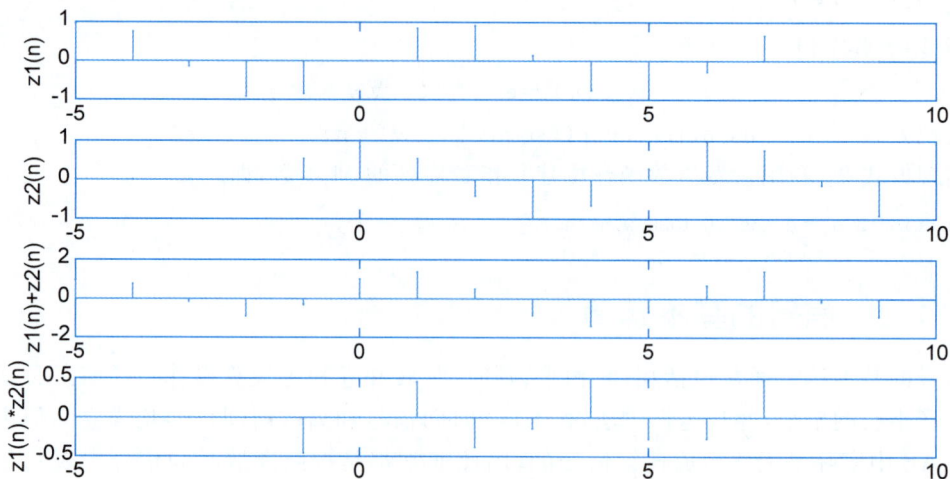

图 8-10   信号的相加和相乘

2. 序列延时与周期拓展

序列延时的数学表达式为 $z(n)=y(n-k)$，其中 k 为正数表示向右延时，k 为负数表示向左延时。序列延时在 MATLAB 中可实现为 z＝y；nz＝ny－k。

序列周期拓展的数学表达式为 $z(n)=y((n)_M)$，其中，M 表示取余运算，同时也表示延拓的周期。序列周期拓展在 MATLAB 中可实现为 nz＝nys：nyf；z＝y(mod(nz,M)＋1)。

【例 8-11】 序列延时与周期拓展举例。

所得结果如图 8-11 所示，MATLAB 源程序如下：

```
clear;
N = 21;M = 7;k = 6;
ns = 0;nf = N + 1;
n1 = 0:N - 1;
y1 = sin(n1);                                    % 生成正弦序列
y2 = (n1 > = 0)&(n1 < M);                         % 生成矩形序列
y = y1. * y2;                                     % 在 y1(n)中截取出新序列 y(n)
ym = zeros(1,N);
ym(k + 1:k + M) = y(1:M);                         % 生成 y(n)的延时序列 y(n - 6)
yc = y(mod(n1,M) + 1);                            % 生成 y(n)的周期拓展序列 y((n)7)
ycm = y(mod(n1 - k,M) + 1);                       % 生成 y(n - 3)的周期拓展序列 y((n - 6)7)
subplot(4,1,1),stem(n1,y,'.');                    % 绘制离散信号的棒状图
line([ns,nf],[0,0]);ylabel('y(n)');              % 对 x 轴画线并标注 y 轴标签
subplot(4,1,2),stem(n1,ym,'.');
line([ns,nf],[0,0]);ylabel('y(n - 6)');
```

```
subplot(4,1,3),stem(n1,yc,'.');
line([ns,nf],[0,0]);ylabel('y((n)_7)');
subplot(4,1,4),stem(n1,ycm,'.');
line([ns,nf],[0,0]);ylabel('y((n-6)_7)');
```

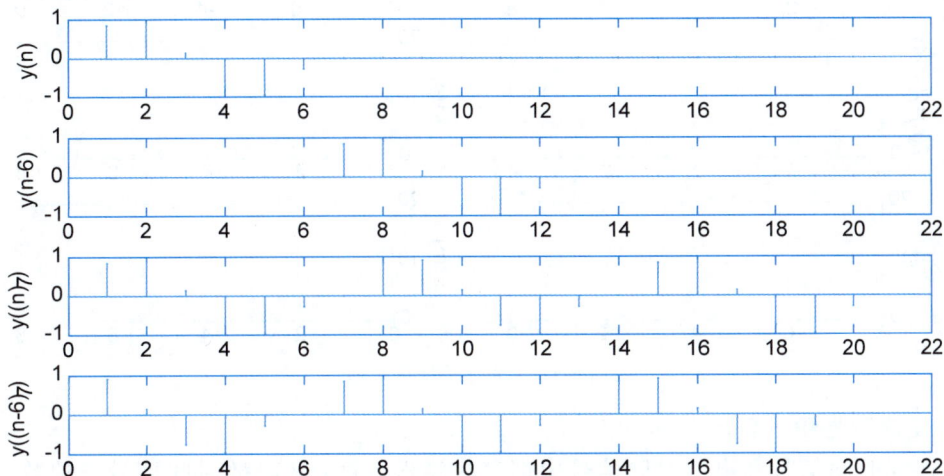

图 8-11　序列延时与周期拓展

3. 序列反转与累加

将序列 $y(n)$ 的时间变量 n 换为 $-n$，就可以得到另一个序列 $y(-n)$，这种运算称为序列的反转，其数学表达式为 $z(n)=y(-n)$。在 MATLAB 中，函数 fliplr 可用来实现序列行方向的左右翻转，其调用格式为 z＝fliplr(y)。

将序列 $y(n)$ 在 n 之前的某一时刻 n_s 作为起始时刻，对 $[n_s \sim n]$ 时刻的 $y(n)$ 进行求和，所得值作为新序列在 n 点处的值，这种运算称为序列的累加，其数学表达式为 $z(n)=\sum_{i=n_s}^{n} y(i)$。在 MATLAB 中，函数 cumsum 可用来实现序列累加，其调用格式为 z＝cumsum(y)。

【例 8-12】　序列反转与累加举例。

所得结果如图 8-12 所示，MATLAB 源程序如下：

```
clear;
n = 0:8;a = 3;A = 5;                    % 设定 y(n)序列的时间序列
y = A. * a.^( - 0.3. * n);             % 计算 y(n)序列的值
Z = fliplr(y);                          % 对 y(n)序列进行反转
n1 = - n(end): - n(1);                 % 以原点为中心对时间序列进行反转
n2 = fliplr( - (n - 4));               % 左移 4 个单位的时间序列以原点为中心进行反转
s1 = cumsum(y);                         % 求累加序列 s1(n)
s2 = cumsum(Z);
s3 = cumsum(0.1 * s1);
subplot(3,2,1),stem(n,y);ylabel('y(n)');
subplot(3,2,2),stem(n1,Z);ylabel('Z(n) = y( - n)');
subplot(3,2,3),stem(n2,Z);ylabel('Z(n) = y( - n + 4)');
subplot(3,2,4),stem(n,s1);ylabel('s1(n)');
subplot(3,2,5),stem(n1,s2);ylabel('s2(n)');
subplot(3,2,6),stem(n,s3);ylabel('s3(n)');
```

微课视频

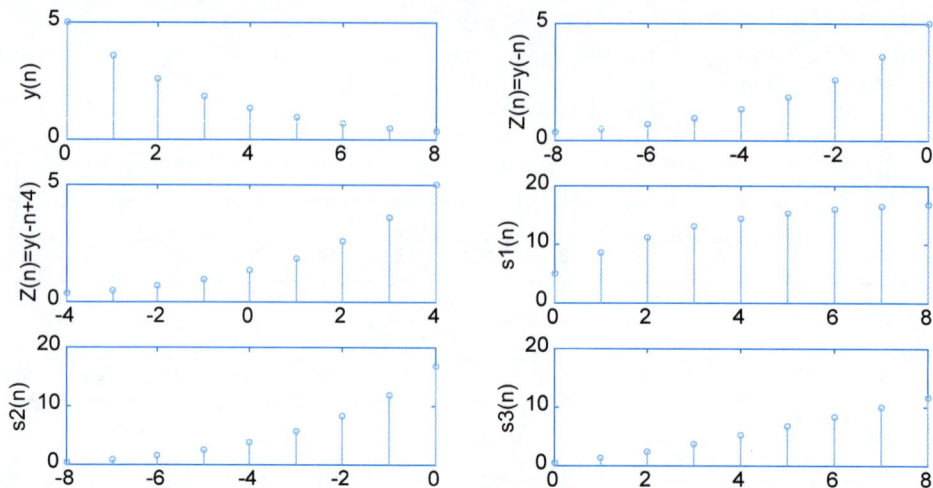

图 8-12　序列反转与累加

4. 两序列卷积运算

在连续时间信号和离散时间信号中都存在卷积运算,其离散时间信号下的数学表达式为 $z(n) = y_1(n) * y_2(n) = \sum\limits_m y_1(m) * y_2(n-m)$。在 MATLAB 中,两序列的卷积用函数 conv 来实现,其调用格式为 z=conv(y1,y2)。其中,两序列 y1(n) 和 y2(n) 的长度需有限。

【例 8-13】　用 MATLAB 实现如下两个有限长度序列的卷积运算。

(1) $z_1(n) = y_1(n) * g_1(n)$,其中,$y_1(n) = e^{-n} R_{25}(n)$,$g_1(n) = R_9(n)$。

(2) $z_2(n) = y_2(n) * g_2(n)$,其中,$y_2(n) = e^{-n+4} R_{25}(n-4)$,$g_2(n) = R_8(n)$。

所得结果如图 8-13 所示,MATLAB 源程序如下:

```
clear;
Ny = 25;Ng1 = 9;Ng2 = 8;k = 4;              % 设定各序列的长度以及序列的位移值 k
ny1 = 0:Ny - 1;
y1 = exp( - 0.1 * ny1);                     % 生成 y1(n)序列
ny2 = 0:Ny + k - 1;
y2 = zeros(1,Ny + k);
y2(k + 1:k + Ny) = y1(1:Ny);                % 完成对序列 y1(n)的位移
ng1 = 0:Ng1 - 1;
g1 = ones(1,Ng1);                           % 生成 g1(n)序列
ng2 = 0:Ng2 - 1;
g2 = ones(1,Ng2);                           % 生成 g2(n)序列
Z1 = conv(y1,g1);                           % 计算两序列 y1(n)和 g1(n)的卷积
Z2 = conv(y2,g2);                           % 计算两序列 y2(n)和 g2(n)的卷积
subplot(3,2,1),stem(ny1,y1);ylabel('y1(n)');
subplot(3,2,2),stem(ny2,y2);ylabel('y2(n)');
subplot(3,2,3),stem(ng1,g1);ylabel('g1(n)');
subplot(3,2,4),stem(ng2,g2);ylabel('g2(n)');
subplot(3,2,5),stem(0:length(Z1) - 1,Z1);ylabel('Z1(n)');
subplot(3,2,6),stem(0:length(Z2) - 1,Z2);ylabel('Z2(n)');
```

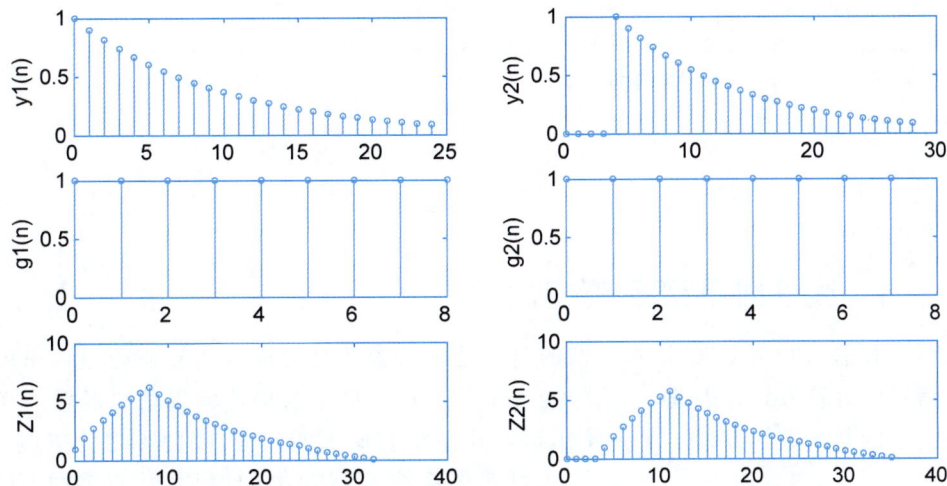

图 8-13　两序列的卷积运算

8.1.3　信号的能量和功率

按照对信号的不同积分方式来划分,信号可以分为能量信号和功率信号。如果信号的能量 E 有限,则称此信号为能量信号;如果信号的功率 P 有限,则称此信号为功率信号。信号的能量 E 和功率 P 的数学表达式见表 8-2,它们在 MATLAB 中的实现方法见表 8-3。

表 8-2　信号能量和功率的数学表达式

信　号	名　　称	
	信 号 能 量	信 号 功 率
连续时间信号	$E = \int_{-\infty}^{+\infty} \mid x(t) \mid^2 \mathrm{d}t$	$P = \lim_{T \to \infty} \dfrac{1}{T} \int_0^T \mid x(t) \mid^2 \mathrm{d}t$
离散时间信号	$E = \sum_{n=-\infty}^{+\infty} \mid x(n) \mid^2$	$P = \lim_{N \to \infty} \dfrac{1}{N} \sum_{n=-N}^{+N} \mid x(n) \mid^2$

表 8-3　信号能量和功率的 MATLAB 实现

名　　称	离散式定义	MATLAB 实现
信号能量	$E = \sum_{n=0}^{N-1} \mid x(n) \mid^2$	E＝sum(abs(x).^2)
信号功率	$P = \dfrac{1}{N} \sum_{n=0}^{N-1} \mid x(n) \mid^2$	P＝sum(abs(x).^2)/N

【例 8-14】　用 MATLAB 实现非周期方波信号能量的计算以及周期三角波信号的功率计算。

MATLAB 源程序如下:

```
clear;
dt = 1/1e5;t = -1:dt:1;
Z1 = rectpuls(t);
```

微课视频

```
E = sum(abs(Z1).^2 * dt)
Z2 = sawtooth(2 * pi * t,0.5);
P = sum(abs(Z2).^2 * dt)./(4 * pi)
```

程序运行结果如下:

```
>> exam_8_14
E = 1
P = 0.053052
```

8.1.4 线性时不变系统的创建

从输入和输出的角度来考虑,所谓的信号处理系统就是把输入信号在经过该系统后变为输出信号的运算方式。因此,在信号处理中常把系统抽象为描述输出信号和输入信号之间变换关系的某种数学方程。由于输出可看作系统对输入的回应,因此称之为响应;而输入可看作系统得到输出的原因,因此称之为激励。三者的关系如图 8-14 所示。

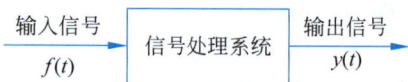

图 8-14　信号处理系统

以连续时间信号 $f(t)$ 作为输入信号的系统,称为连续时间处理系统;以离散时间信号 $f(n)$ 作为输入信号的系统,称为离散时间处理系统。它们可分别描述为

$$y(t) = T[f(t)] \tag{8-11}$$

$$y(n) = T[f(n)] \tag{8-12}$$

当一个系统同时满足齐次性和可加性时,可称此系统为线性系统,即

(1) 对于连续时间系统,当 a_1 和 a_2 为常数且 $y_1(t) = T[f_1(t)]$ 和 $y_2(t) = T[f_2(t)]$ 时,如果满足 $a_1 y_1(t) + a_2 y_2(t) = T[a_1 f_1(t) + a_2 f_2(t)]$,则称此系统为连续时间下的线性系统;

(2) 对于离散时间系统,当 a_1 和 a_2 为常数且 $y_1(n) = T[f_1(n)]$ 和 $y_2(n) = T[f_2(n)]$ 时,如果满足 $a_1 y_1(n) + a_2 y_2(n) = T[a_1 f_1(n) + a_2 f_2(n)]$,则称此系统为离散时间下的线性系统。

如果系统响应的变化规律不因输入信号接入系统的时间不同而改变,则称此系统为时不变系统。即对于连续时间系统需满足 $y(t - t_0) = T[f(t - t_0)]$,对于离散时间系统需满足 $y(n - m) = T[f(n - m)]$。

同时满足线性和时不变性的系统称为线性时不变(LTI)系统,其在系统分析中是一种常用且非常重要的系统。通常采用常系数线性微分(差分)方程、系统函数或状态方程(对应多输入多输出系统)来对线性时不变系统进行描述。其中,系统函数又可分为零极点增益模型、二次分式模型和部分分式模型等。

1. 常系数线性微分/差分方程

常系数线性微分/差分方程常用于描述单输入单输出的连续/离散时间线性时不变系统。其中,常系数线性微分方程可描述为

$$\sum_{i=0}^{N} a_i y^{(i)}(t) = \sum_{j=0}^{M} b_j f^{(j)}(t) \tag{8-13}$$

其中,$y^{(i)}(t)$ 表示输出的第 i 阶导数,$f^{(j)}(t)$ 表示输入的第 j 阶导数,a_i 和 b_j 均为常数,且

通常令 $a_N=1$，正整数 N 称为系统的阶数。常系数线性差分方程可描述为

$$\sum_{i=0}^{N} a_i y(n-i) = \sum_{j=0}^{M} b_j f(n-j) \tag{8-14}$$

其中，$y(n)$ 表示 n 时刻的输出，$f(n)$ 表示 n 时刻的输入，a_i 和 b_j 均为常数，且通常令 $a_0=1$，正整数 N 称为系统的阶数。

2. 系统函数的标准模型

通过傅里叶变换、拉普拉斯变换或者 Z 变换可以把时间信号转换到它的频域形式，这样 LTI 系统的系统函数就可以定义为系统输出的频域形式与输入的频域形式之比。若对式(8-13)左右两边同时进行拉普拉斯变换，就可以得到单输入单输出的连续时间系统的系统函数：

$$H(s) = \frac{Y(s)}{F(s)} = \frac{b_M s^M + b_{M-1} s^{M-1} + \cdots + b_1 s + b_0}{s^N + a_{N-1} s^{N-1} + \cdots + a_1 s + a_0} \tag{8-15}$$

对式(8-14)的左右两边同时进行 Z 变换，就可以得到单输入单输出的离散时间系统的系统函数：

$$H(z) = \frac{Y(z)}{F(z)} = \frac{b_0 + b_1 z^{-1} + \cdots + b_{M-1} z^{-M+1} + b_M z^{-M}}{1 + a_1 z^{-1} + \cdots + a_{N-1} z^{-N+1} + a_N z^{-N}} \tag{8-16}$$

对于式(8-15)和式(8-16)所体现的标准形式的系统函数模型，在 MATLAB 中用分子和分母两个多项式中的系数构成的两个向量来描述，且向量中的系数为降幂次排列。如中间有某一幂次缺失，则需在相应向量中该幂次所对应位置用 0 补全。例如：

(1) 拉普拉斯变换域下的系统函数 $H(s) = \dfrac{3s^4 + 2s^3 + 9s^2 - 7s + 6}{s^5 + 4s^3 + 8}$ 可表示为 num = $[3,2,9,-7,6]$；den = $[1,0,4,0,0,8]$。

(2) Z 变换域下的系统函数 $H(z) = \dfrac{2 + 5z^{-1} + 8z^{-4}}{1 + 3z^{-1} - 11z^{-2} + 9z^{-3} + 6z^{-4} + 7z^{-5}}$ 可表示为 num = $[2,5,0,0,8]$；den = $[1,3,-11,9,6,7]$。

3. 系统函数的零极点增益模型

通过对系统函数的标准模型进行因式分解，可把系统函数的标准模型改写为零极点增益模型，即连续时间系统和离散时间系统的系统函数可分别改写为式(8-17)和式(8-18)：

$$H(s) = k_s \frac{(s-z_1)(s-z_2)\cdots(s-z_M)}{(s-p_1)(s-p_2)\cdots(s-p_N)} \tag{8-17}$$

$$H(z) = k_z \frac{(z-z_1)(z-z_2)\cdots(z-z_M)}{(z-p_1)(z-p_2)\cdots(z-p_N)} \tag{8-18}$$

其中，k_s 和 k_z 为增益系数；$z_i(i=1,2,\cdots,M)$ 表示系统的零点；$p_j(j=1,2,\cdots,N)$ 表示系统的极点。系统函数的零极点增益模型在 MATLAB 中分别用增益系数 k、零点列向量 $\boldsymbol{z}$ 和极点列向量 $\boldsymbol{p}$ 来表示。

4. 系统函数的二次分式模型

对于包含复数零极点的 LTI 系统，如果系统函数单纯采用零极点增益模型来表示，就会显得很复杂。而在系统函数中，由于复数零极点一定是共轭存在，因此可以把每对共轭零点或共轭极点的多项式合并，从而得到系统函数的二次分式模型。即连续时间系统和离散

时间系统的系统函数可分别改写为

$$H(s) = g_s \prod_{k=1}^{L} \frac{b_{2k}s^2 + b_{1k}s + b_{0k}}{a_{2k}s^2 + a_{1k}s + 1} \tag{8-19}$$

$$H(z) = g_z \prod_{k=1}^{L} \frac{b_{0k} + b_{1k}z^{-1} + b_{2k}z^{-2}}{1 + a_{1k}z^{-1} + a_{2k}z^{-2}} \tag{8-20}$$

其中,$p_j(j=1,2,\cdots,N)$表示系统的极点。从式(8-19)和式(8-20)可以看出,二次分式模型就是零极点增益模型的一种变形模型。

5. 系统函数的部分分式模型

对于只包含单极点的LTI系统,可以通过部分分式展开法把零极点增益模型改写为部分分式模型。即连续时间系统和离散时间系统的系统函数可分别改写为

$$H(s) = \frac{r_1}{s - p_1} + \frac{r_2}{s - p_2} + \cdots + \frac{r_N}{s - p_N} \tag{8-21}$$

$$H(z) = \frac{r_1}{1 - p_1 z^{-1}} + \frac{r_2}{1 - p_2 z^{-1}} + \cdots + \frac{r_N}{1 - p_N z^{-1}} \tag{8-22}$$

6. 线性时不变系统的创建函数和系统函数模型转换函数

对于LTI系统,其系统函数完全表征了系统的所有属性。因此在MATLAB中,对线性时不变系统的创建,就变为创建其对应的系统函数。由于不同的系统函数模型适用于不同的零极点情况,MATLAB控制系统工具箱还提供了不同模型间转换的函数。

1) 系统函数标准模型的创建函数 tf

调用格式:sys=tf(num,den,Ts)。

函数功能:生成用标准模型表示的系统函数。其中,num和den分别为系统的分子与分母多项式系数构成的向量,且向量中的系数为降幂次排列;Ts为采样周期,当Ts=−1或为空时,表示系统的采样周期未定义,此时返回的是拉普拉斯变换描述下的连续时间系统的标准模型;如Ts取其他正值,则返回的是Z变换描述下的离散时间系统的标准模型。

【例8-15】 用tf函数创建系统的数学模型,其中,num=[1,4],den=[1 3 2 0]。
MATLAB源程序如下:

```
num = [1,4];den = [1  3  2  0];
sys1 = tf(num,den)
sys2 = tf(num,den,0.1)
```

程序运行结果如下:

```
>> exam_8_15
sys1 =                              sys2 =
        s + 4                                z + 4
   -----------------                    ------------------
   s^3 + 3 s^2 + 2 s                     z^3 + 3 z^2 + 2 z
连续时间传递函数。                        采样时间: 0.1 seconds
                                        离散时间传递函数。
```

2) 系统函数零极点增益模型的创建函数 zpk

调用格式:sys=zpk(z,p,k,Ts)。

函数功能:生成用零极点增益模型表示的系统函数。其中,z为零点列向量;p为极点

列向量；k为系统增益；Ts为采样周期。当Ts＝−1或为空时，表示系统的采样周期未定义，此时返回的是拉普拉斯变换描述的连续时间系统的零极点增益模型；如Ts取其他正值，则返回的是Z变换描述的离散时间系统的零极点增益模型。

【例8-16】　用zpk函数创建系统的数学模型，其中，z＝[−4]，p＝[0，−2，−1]'，k＝1。

MATLAB源程序如下：

```
z = [ - 4];p = [0, - 2, - 1]';k = 1;
sys3 = zpk(z,p,k)
sys4 = zpk(z,p,k,0.1)
```

程序运行结果如下：

```
>> exam_8_16
sys3 =                                    sys4 =
        (s + 4)                                   (z + 4)
    -----------------                         -----------------
      s (s + 2) (s + 1)                         z (z + 2) (z + 1)
连续时间零点/极点/增益模型。          采样时间: 0.1 seconds
                                      离散时间零点、极点、增益模型。
```

3）离散系统函数标准模型的创建函数filt

调用格式：sys＝filt(num,den,Ts)。

函数功能：生成一个采样时间由Ts指定的离散时间系统函数的标准模型。其中，num和den分别为系统的分子与分母多项式系数构成的向量，且向量中的系数为降幂次排列；Ts为采样周期，当Ts＝−1或为空时，表示系统的采样周期未定义。

4）系统函数标准模型的打印输出函数printsys

调用格式1：printsys(num,den,'s')。

调用格式2：printsys(num,den,'z')。

函数功能：打印输出标准模型描述下的系统函数。其中，调用格式1输出拉普拉斯变换描述下的连续时间系统的标准模型；调用格式2输出Z变换描述下的离散时间系统的标准模型。

【例8-17】　用filt函数创建离散系统的数学模型，并用printsys函数打印输出该系统模型。其中，num＝[1,4]，den＝[1　3　2　0]。

MATLAB源程序如下：

```
num = [1,4];den = [1 3 2 0];
sys5 = filt(num,den)
sys6 = filt(num,den,0.1)
printsys(num,den,'s');
printsys(num,den,'z');
```

程序运行结果如下：

```
>> exam_8_17
Sys5 =                                    sys6 =
      1 + 4 z^ - 1                              1 + 4 z^ - 1
    -----------------                         -------------------
    1 + 3 z^ - 1 + 2 z^ - 2                    1 + 3 z^ - 1 + 2 z^ - 2
采样时间: 未指定                          采样时间: 0.1 seconds
离散时间传递函数。                        离散时间传递函数。
```

```
num/den =                               num/den =

         s + 4                                  z + 4

    _____                    _____

    s^3 + 3 s^2 + 2 s                      z^3 + 3 z^2 + 2 z
```

5）系统标准模型转换为零极点增益模型的函数 tf2zp 及 zpk

调用格式：$[z,p,k]=$tf2zp(num,den)。

函数功能：将系统函数的标准模型转换为零极点增益模型。其中，num 和 den 分别为系统的分子与分母多项式系数构成的向量；z、p、k 分别为系统的零点列向量、极点列向量和系统增益。

如果在 MATLAB 中已经创建好了系统标准模型，那么可以简单地利用 zpk 函数来生成零极点增益模型，而无须知道系统的分子与分母多项式系数构成的向量。

调用格式：sys＝zpk(systf)。

函数功能：将系统函数的标准模型转换为零极点增益模型。其中，systf 是已经创建好的标准模型；sys 是新创建的零极点增益模型。

【例 8-18】 用 tf2zp 函数和 zpk 函数把系统函数的标准模型转换为零极点增益模型。其中，num＝[1,4]，den＝[1 3 2 0]。

MATLAB 源程序如下：

```
num = [1,4]; den = [1 3 2 0];
[z,p,k] = tf2zp(num,den)
sys1 = tf(num,den);
sys2 = tf(num,den,0.1);
sys7 = zpk(sys1)
sys8 = zpk(sys2)
```

程序运行结果如下：

```
>> exam_8_18
z =
     - 4
p =
       0
     - 2
     - 1
k =
       1
Sys7 =                                  sys8 =
     (s + 4)                                  (z + 4)

   _____                         _____

   s (s + 2) (s + 1)                      z (z + 2) (z + 1)
连续时间零点/极点/增益模型。            采样时间：0.1 seconds
                                       离散时间零点/极点/增益模型。
```

6）系统零极点增益模型转换为标准模型的函数 zp2tf 及 tf

调用格式：$[$num,den$]=$zp2tf(z,p,k)。

函数功能：将系统函数的零极点增益模型转换为标准模型。其中，z、p、k 分别为系统的零点列向量、极点列向量和系统增益；num 和 den 分别为系统的分子与分母多项式系数构成的向量。

如果在 MATLAB 中已经创建好了系统零极点增益模型，那么可以简单地利用 tf 函数来生成标准模型,而无须知道系统的零点列向量、极点列向量和系统增益。

调用格式:sys＝tf(syszpk)。

函数功能:将系统函数的零极点增益模型转换为标准模型。其中,syszpk 是已经创建好的零极点增益模型;sys 是新创建的标准模型。

【例 8-19】 用 zp2tf 函数和 tf 函数把系统函数的零极点增益模型转换为标准模型。其中,z＝[−4],p＝[0,−2,−1]',k＝1。

MATLAB 源程序如下:

```
z = [ - 4];p = [0, - 2, - 1]';k = 1;
[num,den] = zp2tf(z,p,k)
sys3 = zpk(z,p,k);
sys4 = zpk(z,p,k,0.1);
sys9 = tf(sys3)
sys10 = tf(sys4)
```

程序运行结果如下:

```
>> exam_8_19
num =
     0    0    1    4
den =
     1    3    2    0
Sys9 =                              sys10 =
      s + 4                               z + 4
  -------------------                 -------------------
   s^3 + 3 s^2 + 2 s                   z^3 + 3 z^2 + 2 z
连续时间传递函数。                   采样时间: 0.1 seconds
                                     离散时间传递函数。
```

更多系统模型转换函数见表 8-4。

表 8-4 更多系统模型转换函数

函数名	函 数 功 能	调 用 格 式
sos2tf	将二次分式模型 sos 转换为标准模型[num,den],增益系数 g 默认为 1	[num,den]＝sos2tf(sos,g)
tf2sos	将标准模型[num,den]转换为二次分式模型 sos,g 为增益系数	(sos,g)＝tf2sos[num,den]
sos2zp	将二次分式模型 sos 转换为零极点增益模型,增益系数 g 默认为 1	[z,p,k]＝sos2zp(sos,g)
zp2sos	将零极点增益模型转换为二次分式模型 sos,g 为增益系数	(sos,g)＝zp2sos[z,p,k]

8.1.5 线性时不变系统的时域分析

线性时不变系统的时域分析主要是指对表征系统性质的常系数线性微分方程进行时域求解,进而通过得到的响应来对系统的性能进行分析。其中最重要的就是对常系数线性微分方程进行时域求解。而在信号处理领域,通常把系统的全响应定义为:全响应＝零输入响应＋零状态响应。因此,只要能分别求出这两种响应形式,就能够对线性时不变系统进行时域分析。下面分别介绍在 MATLAB 中这两种响应形式以及一些常用响应的求解方法。

1. LTI 系统零输入响应的数值求解

(1) 在 MATLAB 中,连续 LTI 系统的零输入响应的求解可通过函数 initial 来实现,

initial 函数中的参量必须是状态变量所描述的系统模型。

调用格式 1：[yzi,t,x]＝initial(A,B,C,D,f0)。

调用格式 2：[yzi,t,x]＝initial(A,B,C,D,f0,t0)。

函数功能：该函数可计算出由初始值 f0 所引起的连续 LTI 系统的零输入响应 yzi。其中，x 用于状态记录；t 为仿真所用的采样时间向量；t0 是指定的用于计算零输入响应的时间向量，t0 默认时该时间向量由函数自动选取。

（2）在 MATLAB 中，离散 LTI 系统的零输入响应的求解可通过函数 dinitial 来实现，dinitial 函数中的参量必须是状态变量所描述的系统模型。

调用格式 1：[yzin,x,n]＝dinitial(A,B,C,D,f0)。

调用格式 2：[yzin,x,n]＝dinitial(A,B,C,D,f0,n0)。

函数功能：该函数可计算出由初始值 f0 所引起的离散 LTI 系统的零输入响应 yzin。其中，n 为仿真所用的点数；n0 是指定的用于计算零输入响应的取样点数向量，n0 默认时该取样点数向量由函数自动选取。

函数说明：当函数 initial 和 dinitial 没有指定输出变量时，系统此时的零输入响应曲线会在当前图形窗口中直接绘制；当指定了输出变量时，就不会在当前图形窗口中绘制曲线，而是给出系统零输入响应的输出数据。

【例 8-20】 用 initial 函数和 dinitial 函数求解 LTI 系统的零输入响应。

所得结果如图 8-15 所示。

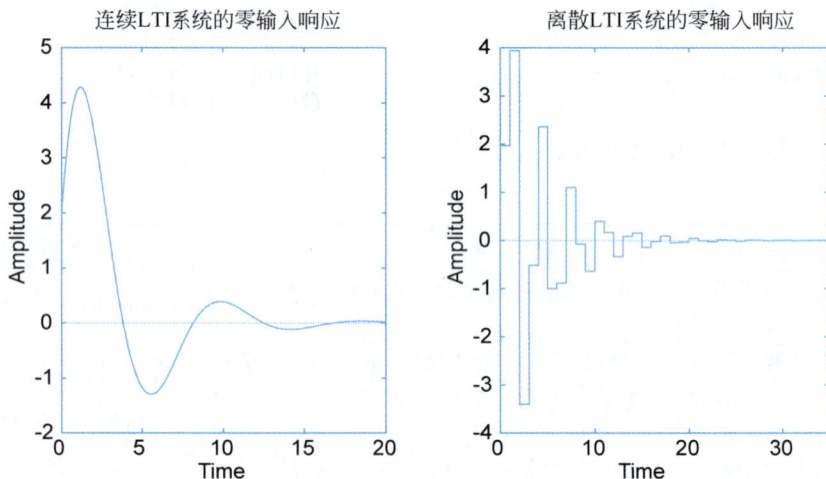

图 8-15　LTI 系统的零输入响应

MATLAB 源程序如下：

```
t0 = 0:0.0001:20;f0 = [1;0];
A = [ - 0.5572, - 0.7814;0.7814,0];B = [1;0];
C = [1.9691,6.4493];D = [0];
subplot(1,2,1)
initial(A,B,C,D,f0,t0);
ylabel('Amplitude');xlabel('Time');
title('连续 LTI 系统的零输入响应');
subplot(1,2,2)
dinitial(A,B,C,D,f0);
```

```
ylabel('Amplitude');xlabel('Time');
title('离散 LTI 系统的零输入响应');
```

2. LTI 系统零状态响应的数值求解

在信号与系统中,对于系统零状态响应的时域求解方法有很多。MATLAB 中主要提供了两种方法。

(1) 对于连续时间的 LTI 系统,在输入信号为 $f(t)$ 时的系统零状态响应 $y_{zs}(t)$ 可以表示为输入信号与系统的单位冲激响应 $h(t)$ 的卷积积分;对于离散时间的 LTI 系统,在输入信号为 $f(n)$ 时的系统零状态响应 $y_{zs}(n)$ 可以表示为输入信号与系统的单位冲激响应 $h(n)$ 的卷积和。其数学表达式为

$$y_{zs}(t) = f(t) * h(t) = \int_{-\infty}^{+\infty} f(\tau)h(t-\tau)d\tau \tag{8-23}$$

$$y_{zs}(n) = f(n) * h(n) = \sum_{k=-\infty}^{+\infty} f(k)h(n-k) \tag{8-24}$$

在 MATLAB 中,对于离散 LTI 系统的卷积和运算可以采用 conv 函数来实现。而对于连续系统,由于当假设采样频率比信号波形的变化速率快时,可以用采样点数据来表示连续时间信号,这使得连续时间 LTI 系统的零状态响应也可以直接调用卷积函数命令 conv 来实现。即,当系统输入信号和系统的单位冲激响应均已知时,可采用卷积函数 conv 来计算系统的零状态响应。

【例 8-21】 试利用 conv 函数求下列 LTI 系统的零状态响应:(1)连续系统的单位冲激响应为 $h(t) = (2e^{-t} - e^{-2t})\varepsilon(t)$,输入信号为 $f(t) = \varepsilon(t+4) - \varepsilon(t-6)$;(2)离散系统的单位冲激响应为 $h(n) = 0.5^n (n = 0,1,\cdots,20)$,输入信号为 $f(n) = \varepsilon(n+4) - \varepsilon(n-6)$。

微课视频

所得结果如图 8-16 所示,MATLAB 源程序如下:

```
dt = 0.01;t1 = 0:dt:4;                        % 设定离散时间间隔以及单位冲激响应的持续时间
h1 = 2 * exp( - t1) - exp( - 2 * t1);          % 生成单位冲激响应
t2 = - 4:dt:6; f1 = ones(1,length(t2));        % 生成输入信号
yzs_1 = conv(f1,h1);yzs_1 = yzs_1 * dt;        % 调用卷积函数计算零状态响应
ts = min(t1) + min(t2);te = max(t1) + max(t2); % 计算卷积结果的时间范围
t = ts:dt:te;                                  % 构造卷积结果的时间序号向量
subplot(2,4,1);
plot(t1,h1);grid on;
title('h(t)');xlabel('t');
subplot(2,4,2); plot(t2,f1);grid on;
title('f(t)');xlabel('t');
subplot(2,2,3);plot(t,yzs_1);grid on;
title('连续 LTI 系统的零状态响应 yzs(t)');xlabel('t');
n1 = 0:20;h2 = 0.5.^n1;
n2 = - 4:6;f2 = ones(1,length(n2));
yzs_2 = conv(f2,h2);
ns = min(n1) + min(n2);ne = max(n1) + max(n2);  % 计算卷积结果的时间范围
n = ns:ne;                                      % 构造卷积结果的时间序号向量
subplot(2,4,3); stem(n1,h2);grid on;
title('h(n)');xlabel('n');
subplot(2,4,4); stem(n2,f2);grid on;
title('f(n)');xlabel('n');
subplot(2,2,4); stem(n,yzs_2);grid on;
title('离散 LTI 系统的零状态响应 yzs(n)');xlabel('n');
```

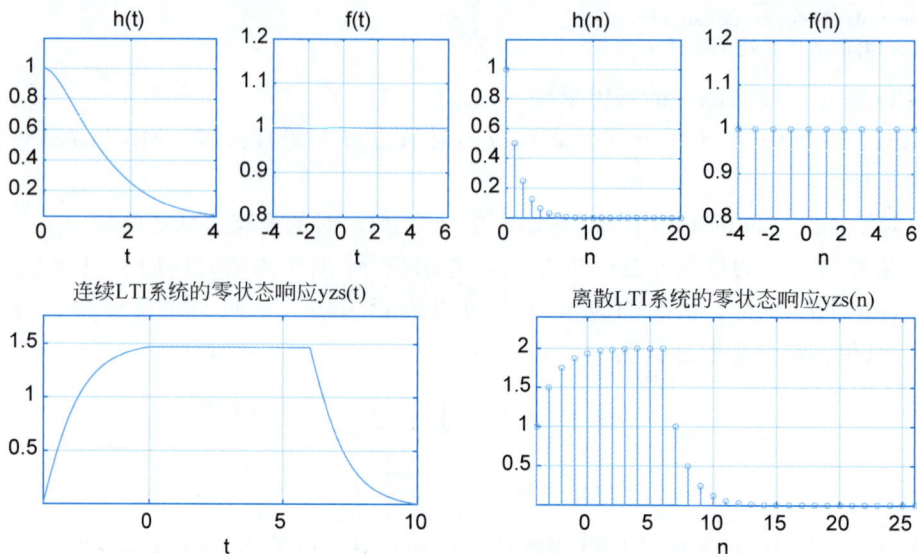

图 8-16   连续 LTI 系统的零状态响应

注意：函数 conv 在运算的过程中不需要知道输入信号和单位冲激响应的时间序号，也不返回卷积结果的时间序号。因此在例 8-21 中，为了能够正确显示零状态响应的波形，程序中需要特别构造卷积结果的时间序号向量。

(2) 在 MATLAB 中，如果已知 LTI 系统的系统函数或状态方程，也可以通过调用专用的函数来求解系统的零状态响应。

① 对于连续时间 LTI 系统，MATLAB 控制系统工具箱提供了对其零状态响应进行数值仿真的函数 lsim，该函数可求解零初始条件下微分方程的数值解。

调用格式 1：[y, x]＝ lsim(A,B,C,D, u,t,x0)。

函数功能：返回连续时间 LTI 系统

$$\begin{cases} x'(t) = Ax(t) + Bu(t) \\ y(t) = Cx(t) + Du(t) \end{cases} \tag{8-25}$$

在给定输入信号时的系统响应 y 和状态记录 x。其中，u 是给定的每个输入的时间序列，通常情况下都是一个矩阵；t 是给定的仿真时间的区间，要求其为等间隔；x0 是初始状态，默认时表示 y 为连续系统的零状态响应。

调用格式 2：yzs＝lsim(num,den,f,t)或 yzs＝lsim(sys,f,t)。

函数功能：在给定输入和系统函数时返回连续 LTI 系统的零状态响应 y 和状态记录 x。其中，num 和 den 分别为系统函数的分子与分母多项式系数构成的向量，且向量中的系数为降幂次排列；f 是系统的输入信号向量；t 表示计算系统响应的时间抽样点向量；sys 是用标准模型表示的系统函数，格式为 sys＝tf(num,den)。

② 对于离散时间 LTI 系统，MATLAB 控制系统工具箱提供了对其零状态响应进行数值仿真的函数 dlsim，该函数可求解零初始条件下差分方程的数值解。

调用格式 1：[y, x]＝dlsim(A,B,C,D,u,x0)。

函数功能：返回离散时间 LTI 系统

$$\begin{cases} x(n+1) = Ax(n) + Bu(n) \\ y(t) = Cx(n) + Du(n) \end{cases} \tag{8-26}$$

在给定输入序列 u 时的系统响应 y 和状态记录 x。其中,x0 是初始状态,默认时表示 y 为离散系统的零状态响应。

调用格式 2：yzs＝dlsim(num,den,f)。

函数功能：在给定输入信号和系统函数标准模型的情况下返回离散 LTI 系统的零状态响应 yzs。其中,num 和 den 分别为系统函数的分子与分母多项式系数构成的向量,且向量中的系数按照 z 的降幂次排列;f 是系统的输入信号序列。

函数说明：当函数 lsim 和 dlsim 没有指定输出变量时,系统的输入信号曲线和零状态响应曲线都会在当前图形窗口中直接绘制;当指定了输出变量时,就不会在当前图形窗口中绘制曲线,而是给出系统零状态响应的输出数据。

【例 8-22】 试利用 lsim 和 dlsim 函数求下列 LTI 系统的零状态响应：(1)现有二阶连续系统的系统函数为

$$H(s) = \frac{s^2 + 7s + 3}{s^2 + 2s + 3}$$

求当输入是周期为 5s 的锯齿波时的系统零状态响应;(2)现有二阶离散系统的系统函数为

$$H(z) = \frac{3 - 2.7z^{-1} + 3.1z^{-2}}{1 - 1.2z^{-1} + 0.8z^{-2}}$$

求当输入为服从均值为 0、方差为 1 的高斯分布的噪声信号时的系统零状态响应。

所得结果如图 8-17 所示,图中黑色曲线是输入信号的波形,蓝色曲线是系统的零状态响应。MATLAB 源程序如下：

```
num1 = [1,7,3];den1 = [1,2,3];           % 生成系统函数标准模型多项式的向量
dt = 0.01;t = 0:dt:12;                    % 设置采样间隔和仿真时间的区间
f1 = sawtooth(0.4 * pi * t,0.5);          % 生成周期为 5 且 width = 0.5 的锯齿波信号
subplot(1,2,1);lsim(num1,den1,f1,t);      % 生成连续系统的零状态响应
title('连续 LTI 系统锯齿波响应');
num2 = [3, - 2.7,3.1];den2 = [1, - 1.2,0.8];  % 生成系统函数标准模型多项式的向量
f2 = randn(1,120);                        % 生成高斯噪声信号
subplot(1,2,2);dlsim(num2,den2,f2);       % 生成离散系统的零状态响应
title('离散 LTI 系统高斯噪声响应');
```

从频域的角度出发,系统的响应就是系统通过系统函数对输入信号频谱进行选择处理的过程,通常把该过程称为滤波,而把系统函数称为滤波器。因此,输入信号通过滤波器(系统函数)后的滤波结果就是系统的响应。在 MATLAB 的信息处理工具箱中,提供了一维滤波器函数 filter 和二维滤波器函数 filter2,通过该函数也可求解零初始条件下差分方程的数值解。

调用格式：yzs＝filter(num,den,f)。

函数功能：把输入向量 f 中的数据通过滤波器进行滤波,返回的滤波结果即可看作离散 LTI 系统的零状态响应 yzs。其中,num 和 den 分别为数字滤波器系统函数的分子与分母多项式系数构成的向量,且向量中的系数按照 z 的降幂次排列;f 是滤波器的输入信号序列。filter 函数还有多种调用方式,详情可用 help 语句在 MATLAB 中查阅。

连续LTI系统锯齿波响应   离散LTI系统高斯噪声响应

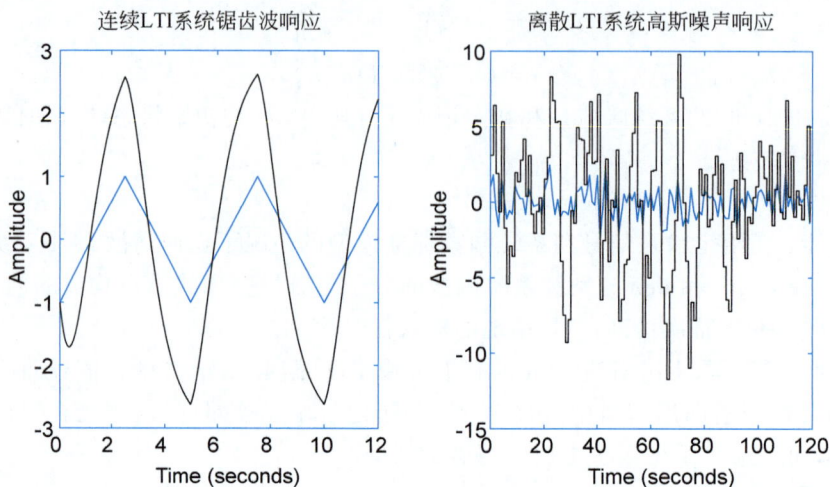

图 8-17　LTI 系统的零状态响应

【例 8-23】　设数据控制系统的差分方程为 $y(n)+0.6y(n-1)-0.16y(n-2)=f(n)+2f(n-1)$，若激励为 $f(n)=0.4^n R_{32}(n)$，求其零状态响应。

所得结果如图 8-18 所示，MATLAB 源程序如下：

```
num = [1,2];den = [1,0.6, - 0.16];      % 生成系统函数标准模型多项式的向量
n = 0:29;f = 0.9.^n;                     % 生成输入序列
y = filter(num,den,f);                   % 生成离散系统的零状态响应
subplot(1,2,1);stem(f);
ylabel('Amplitude');
xlabel('n');
title('输入信号 f(n)');
subplot(1,2,2);stem(y);
ylabel('Amplitude');
xlabel('n');
title('离散 LTI 系统的零状态响应 yzs(n)');
```

输入信号f(n)   离散LTI系统的零状态响应yzs(n)

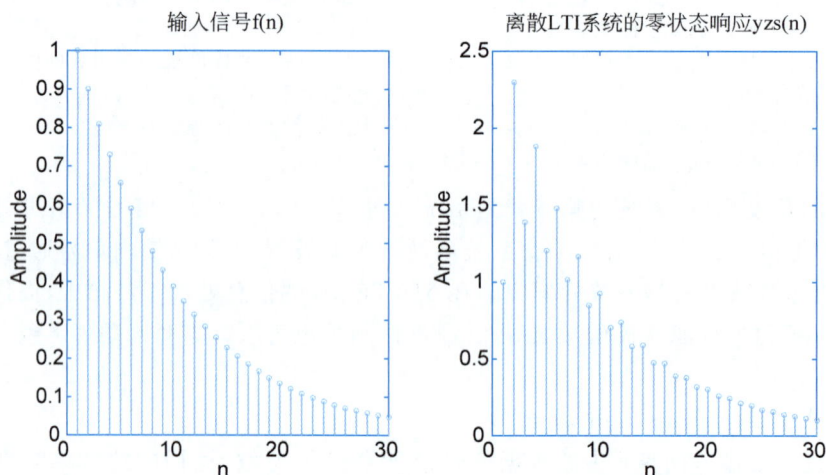

图 8-18　离散 LTI 系统的零状态响应

3. LTI 系统响应的符号求解

除了需要求解常系数线性微分方程的数值解外,有时还需要求解出微分方程的解析解,即要求出解的表达式。MATLAB 符号工具箱提供了 dsolve 函数,可实现常系数微分方程的符号求解。

调用格式:y=dsolve('eq1,eq2,…','cond1,cond2,…','v')。

函数功能:在给定微分方程的符号表达式和初始条件后返回微分方程响应的符号表达式 y。其中,参数 eq1,eq2,…表示各微分方程的符号表达式,它与 MATLAB 符号表达式的输入基本相同,即微分或导数的输入是用 Dy,D2y,D3y,…来表示 y 的一阶导数 y',二阶导数 y'',三阶导数 y''',…;参数 cond1,cond2,…表示各初始条件或起始条件的符号表达式;参数 v 表示自变量,默认是变量 t。对于 LTI 系统,可利用 dsolve 函数来求解系统微分方程的零输入响应和零状态响应,进而求出完全响应。

【例 8-24】　连续时间系统零输入响应和零状态响应的符号求解:试用 MATLAB 命令求解微分方程 $y''(t)+3y'(t)+2y(t)=x'(t)+3x(t)$ 当输入 $x(t)=e^{-3t}\varepsilon(t)$,起始条件为 $y(0_-)=1$、$y'(0_-)=2$ 时系统的零输入响应、零状态响应及完全响应。

微课视频

MATLAB 源程序如下:

```
eq = 'D2y + 3 * Dy + 2 * y = 0';          %生成微分方程的符号表达式
cond = 'y(0) = 1,Dy(0) = 2';             %输入初始条件的符号表达式
yzi = dsolve(eq,cond);                   %求解系统响应的符号表达式
yzi = simplify(yzi)                      %对所求解的符号表达式进行化简
eq1 = 'D2y + 3 * Dy + 2 * y = Dx + 3 * x';
eq2 = 'x = exp( - 3 * t) * heaviside(t)';  %生成输入信号的符号表达式
cond = 'y( - 0.001) = 0,Dy( - 0.001) = 0';
yzs = dsolve(eq1,eq2,cond);
yzs = simplify(yzs.y)
y = simplify(yzi + yzs)                  %求解完全响应并对所得表达式进行化简
```

程序运行结果如下:

```
>> exam_8_23
yzi =
exp( - 2 * t) * (4 * exp(t) - 3)
yzs =
(exp( - 2 * t) * (exp(t) - 1) * (sign(t) + 1))/2
y =
exp( - 2 * t) * (4 * exp(t) - 3) + (exp( - 2 * t) * (exp(t) - 1) * (sign(t) + 1))/2
```

4. LTI 系统的单位冲激响应和单位阶跃响应

(1) 单位冲激响应是指 LTI 系统中由单位冲激信号作为输入所引起的系统响应。当系统表述为系统函数或状态方程时,MATLAB 给出了求解单位冲激响应的专用函数。

① 对于连续时间 LTI 系统,MATLAB 控制系统工具箱提供了求解单位冲激响应的函数 impulse。

调用格式:[h, T]=impulse(sys,tend)。

函数功能:在给定连续时间 LTI 系统模型的条件下返回系统的单位冲激响应 h 和时间向量 T。其中,sys 表示系统的模型,其可为系统函数的标准模型(tf)、零极点模型(zpk)以及状态空间模型(ss);tend 表示仿真的时间范围是 0~tend,默认时 MATLAB 自动选择仿真的时间范围。

② 对于离散时间 LTI 系统,MATLAB 控制系统工具箱提供了求解单位冲激响应的函数 dimpulse。

调用格式 1:[h, x]=dimpulse(A,B,C,D,iu)。

函数功能:返回离散时间 LTI 系统

$$
\begin{cases}
x(n+1)=Ax(n)+Bu(n) \\
y(t)=Cx(n)+Du(n)
\end{cases}
\tag{8-27}
$$

的第 iu 个输入到全部输出的单位冲激响应,默认时输出单位冲激响应向量 h 和状态记录向量 x。

调用格式 2:h=dimpulse(num,den)。

函数功能:在给定系统函数标准模型的情况下返回离散 LTI 系统的单位冲激响应 h。其中,num 和 den 分别为系统函数的分子与分母多项式系数构成的向量,且向量中的系数按照 z 的降幂次排列。

函数说明:当函数 impulse 和 dimpulse 没有指定输出变量时,系统的单位冲激响应曲线会在当前图形窗口中直接绘制;当指定了输出变量时,就不会在当前图形窗口中绘制曲线,而是给出系统单位冲激响应的输出数据。

【例 8-25】 试利用 impulse 和 dimpulse 函数求下列 LTI 系统的单位冲激响应:(1)已知某连续时间 LTI 系统的微分方程为 $y''(t)+2y'(t)+32y(t)=f'(t)+16f(t)$,试用 MATLAB 的 impulse 命令绘出 $0 \leqslant t \leqslant 4$ 范围内系统的冲激响应 $h(t)$;(2)现有二阶离散系统的系统函数为

$$
H(z)=\frac{3-2.7z^{-1}+3.1z^{-2}}{1-1.2z^{-1}+0.8z^{-2}}
$$

试用 MATLAB 的 dimpulse 命令绘出系统的冲激响应 $h(n)$。

所得结果如图 8-19 所示,MATLAB 源程序如下:

```
dt = 0.01;t = 0:dt:4;                          %设置采样间隔和仿真时间的区间
num1 = [1,16];den1 = [1,2,32];sys = tf(num1,den1);   %生成系统函数的标准模型
subplot(1,2,1);impulse(sys,t);                 %生成连续系统的单位冲激响应
ylabel('Amplitude'); xlabel('Time(seconds)');
title('连续 LTI 系统的单位冲激响应 h(t)');
num2 = [3, - 2.7,3.1];den2 = [1, - 1.2,0.8];   %生成系统函数标准模型的分子分母多项式的向量
h = dimpulse(num2,den2);                       %生成离散系统的单位冲激响应
subplot(1,2,2);stem(0:length(h) - 1,h);ylabel('Amplitude');xlabel('n');
title('离散 LTI 系统的单位冲激响应 h(n)');
```

(2) 单位阶跃响应是指 LTI 系统中由单位阶跃信号作为输入所引起的系统响应。当系统表述为系统函数或状态方程时,MATLAB 给出了求解单位阶跃响应的专用函数。

① 对于连续时间 LTI 系统,MATLAB 控制系统工具箱提供了求解单位阶跃响应的函数 step。

调用格式:[s, T]=step(sys,tend)。

函数功能:在给定连续时间 LTI 系统模型的条件下返回系统的单位阶跃响应 s 和时间向量 T。其中,sys 表示系统的模型,其可为系统函数的标准模型(tf)、零极点模型(zpk)以及状态空间模型(ss);tend 表示仿真的时间范围是 0~tend,默认时 MATLAB 自动选择仿真的时间范围。

连续LTI系统单位冲激响应h(t)　　离散LTI系统单位冲激响应h(n)

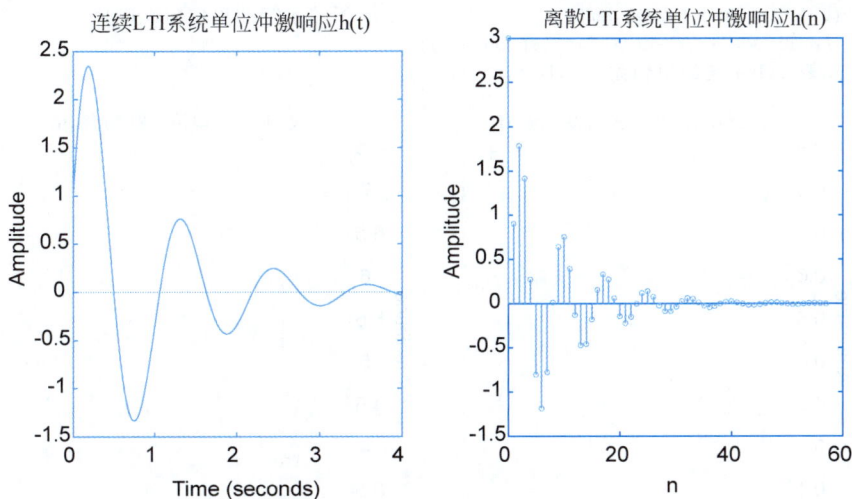

图 8-19　LTI 系统的单位冲激响应

② 对于离散时间 LTI 系统,MATLAB 控制系统工具箱提供了求解单位阶跃响应的函数 dstep。

调用格式 1：[s, x]＝dstep(A,B,C,D,iu)。

函数功能：返回离散时间 LTI 系统

$$\begin{cases} x(n+1)=Ax(n)+Bu(n) \\ y(t)=Cx(n)+Du(n) \end{cases} \tag{8-28}$$

的第 iu 个输入到全部输出的单位阶跃响应,默认时输出单位阶跃响应向量 s 和状态记录向量 x。

调用格式 2：s＝dstep(num,den)。

函数功能：在给定系统函数标准模型的情况下返回离散 LTI 系统的单位阶跃响应 s。其中,num 和 den 分别为系统函数的分子与分母多项式系数构成的向量,且向量中的系数按照 z 的降幂次排列。

函数说明：当函数 step 和 dstep 没有指定输出变量时,系统的单位阶跃响应曲线会在当前图形窗口中直接绘制;当指定了输出变量时,就不会在当前图形窗口中绘制曲线,而是给出系统单位阶跃响应的输出数据。

【例 8-26】 试利用 step 和 dstep 函数求下列 LTI 系统的单位阶跃响应：(1)已知某连续时间 LTI 系统的微分方程为 $y''(t)+2y'(t)+32y(t)=f'(t)+16f(t)$,试用 MATLAB 的 step 命令绘出系统的阶跃响应 $s(t)$;(2)现有二阶离散系统的系统函数为

$$H(z)=\frac{3-2.7z^{-1}+3.1z^{-2}}{1-1.2z^{-1}+0.8z^{-2}}$$

试用 MATLAB 的 dstep 命令绘出系统的阶跃响应 $s(n)$。

所得结果如图 8-20 所示,MATLAB 源程序如下：

```
num1 = [1,16];den1 = [1,2,32];
sys = tf(num1,den1);                  % 生成系统函数的标准模型
subplot(1,2,1);step(sys,t);           % 生成连续系统的单位阶跃响应
ylabel('Amplitude'); xlabel('Time(seconds)');
title('连续 LTI 系统的单位阶跃响应 s(t)');
num2 = [3, - 2.7,3.1];den2 = [1, - 1.2,0.8];  % 生成系统函数标准模型的分子分母多项式的向量
```

```
subplot(1,2,2);dstep(num2,den2);          % 生成离散系统的单位阶跃响应
ylabel('Amplitude'); xlabel('Time(seconds)');
title('离散 LTI 系统的单位阶跃响应 s(n)');
```

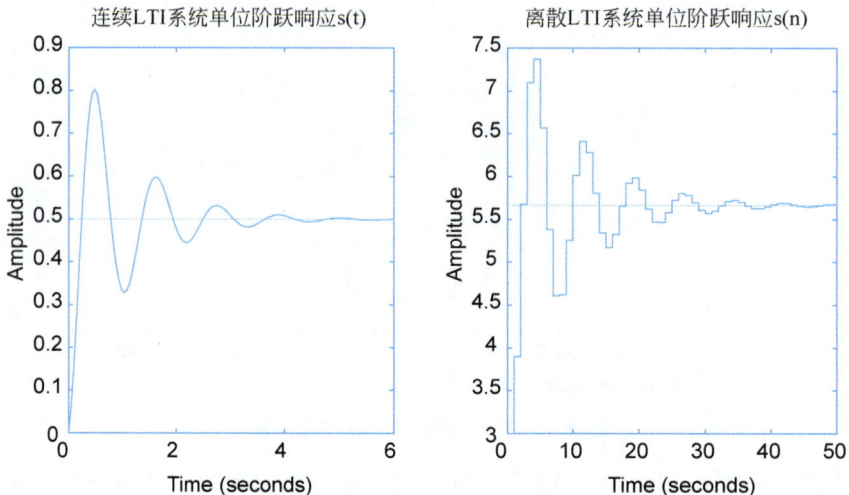

连续LTI系统单位阶跃响应s(t)　　离散LTI系统单位阶跃响应s(n)

图 8-20　LTI 系统的单位阶跃响应

8.1.6　线性时不变系统的频域分析

LTI 系统的频域分析就是求解系统的频率响应,分为幅频特性和相频特性。为了方便对连续和离散时间系统进行频率分析,MATLAB 在信号处理工具箱中专门为用户提供了相关的函数。

1. 连续时间 LTI 系统的频域分析

一个连续时间 LTI 系统的数学模型通常用常系数线性微分方程来描述,即

$$a_n\frac{d^n y}{dt^n}+\cdots+a_1\frac{dy}{dt}+a_0 y(t)=b_n\frac{d^n x}{dt^n}+\cdots+b_1\frac{dx}{dt}+b_0 x(t) \qquad (8\text{-}29)$$

对上式两边进行傅里叶变换,并根据傅里叶变换的时域微分特性,得到系统的频率响应为

$$H(j\Omega)=\frac{Y(j\Omega)}{X(j\Omega)}=\frac{b_m(j\Omega)^m+\cdots+b_1(j\Omega)+b_0}{a_n(j\Omega)^n+\cdots+a_1(j\Omega)+a_0} \qquad (8\text{-}30)$$

MATLAB 信号处理工具箱提供的 freqs 函数可直接计算连续时间 LTI 系统的频率响应的数值解。

调用格式:[H,W]=freqs(num,den,M)。

函数功能:在给定连续时间系统函数模型的情况下返回连续 LTI 系统的频率响应 H。其中,num 和 den 分别为系统函数的分子与分母多项式系数构成的向量,且向量中的系数按照降幂次排列;对应频率处频率响应的数值存于 H 向量中;M 为正整数时表示频率的采样点总数,freqs 函数自动将这 M 个频率点设置在适当的频率范围内,并将 M 个频率点处的频率响应存放在向量 H 中,M 个频率值存放在向量 W 中;M 为频率点向量时,freqs 函数依照 M 中的频率计算对应的频率响应,并把频率点存放在向量 W 中;M 默认时,freqs 函数自动选取 200 个频率点设置在适当的频率范围。

函数说明:当函数 freqs 没有指定输出变量时,频率响应的幅频和相频曲线会在当前图

形窗口中直接绘制；当指定了输出变量时，就不会在当前图形窗口中绘制曲线，而是给出频率响应的输出数据。

【例 8-27】 已知一个 LTI 系统的微分方程为 $y'''(t)+10y''(t)+8y'(t)+5y(t)=13f'(t)+7f(t)$，求系统的频率响应。

解：对微分方程进行傅里叶变换，得 $Y(\Omega)[(j\Omega)^3+10(j\Omega)^2+8(j\Omega)+5]=X(\Omega)[13(j\Omega)+7]$，因此，频率响应为

$$H(j\Omega)=\frac{Y(j\Omega)}{X(j\Omega)}=\frac{13(j\Omega)+7}{(j\Omega)^3+10(j\Omega)^2+8(j\Omega)+5}$$

所得结果如图 8-21 所示，MATLAB 源程序如下：

```
clear;
M = - 3 * pi:0.01:3 * pi;                    % 设置频率点向量
num = [13,7];den = [1,10,8,5];               % 生成系统函数标准模型的分子分母多项式的向量
H = freqs(num,den,M);                        % 生成连续系统的频率响应
subplot(2,1,1);
plot(M,abs(H)),grid on;
set(gca,'Fontsize',20);
xlabel('Frequency(rad/s)','Fontsize',20),ylabel('Magnitude','Fontsize',20);
% title('连续系统的幅频特性','Fontsize',20);
subplot(2,1,2);
plot(M,angle(H)),grid on;
set(gca,'Fontsize',20);
xlabel('Frequency(rad/s)','Fontsize',20),ylabel('Phase(degrees)','Fontsize',20);
% title('连续系统的相频特性','Fontsize',20);
```

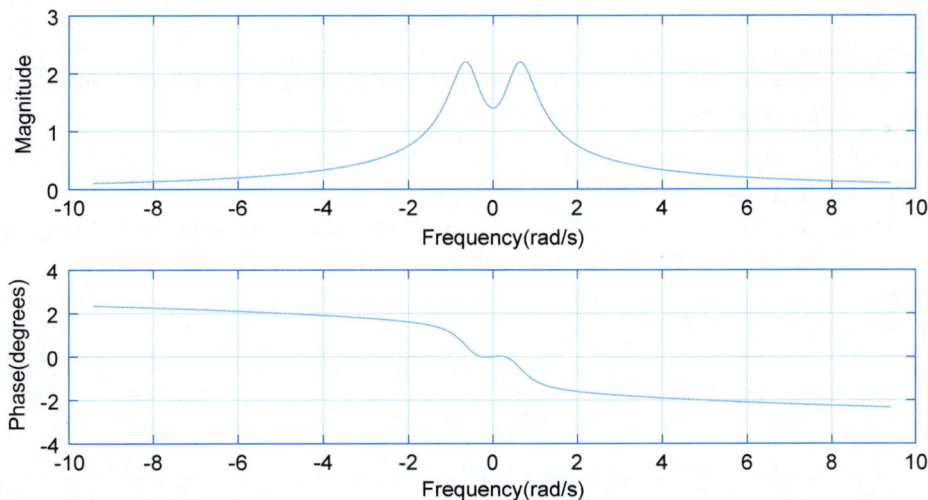

图 8-21 连续时间 LTI 系统的频率响应

2. 离散时间 LTI 系统的频域分析

MATLAB 信号处理工具箱提供的 freqz 函数可直接计算离散时间 LTI 系统的频率响应的数值解。

调用格式：$[H,W]=$freqz(num,den,M)。

函数功能：在给定离散系统函数模型的情况下返回系统的频率响应 H。其中，num 和 den 分别为离散系统函数的分子与分母多项式系数构成的向量，且向量中的系数按照 z

的降幂次排列；对应数字频率处频率响应的数值存于 H 向量中；M 为正整数时表示数字频率的采样点总数，freqs 函数自动将这 M 个频率均匀设置在[0,π]的频率范围内，并将 M 个频率点处的频率响应存放在向量 H 中，M 个频率值存放在向量 W 中；M 为频率点向量(通常指 [0,π]范围的频率)时，freqz 函数依照 M 中的频率计算对应的频率响应，结果存于向量 H 中，并把频率点存放在向量 W 中；M 默认时，freqz 函数自动选取 512 个频率点来计算频率响应。

freqz 函数还有多种调用方式，详情可用 help 语句在 MATLAB 中查阅。

函数说明：当函数 freqz 没有指定输出变量时，频率响应的幅频和相频曲线会在当前图形窗口中直接绘制；当指定了输出变量时，就不会在当前图形窗口中绘制曲线，而是给出频率响应的输出数据。

【例 8-28】 已知某数字滤波器的系统函数为

$$H(z) = \frac{1 + 6z^{-3}}{1 + z^{-1} + 4z^{-2} + 4z^{-3}}$$

求系统的频率响应。

所得结果如图 8-22 所示，MATLAB 源程序如下：

```
clear;
M = -10 * pi:0.01:10 * pi;                    % 设置频率点向量
num = [1,0,0,6];den = [1,1,4,4];              % 生成系统函数标准模型的分子分母多项式的向量
% num = [1,1,0];den = [1,0.1, -0.2];
% freqz(num,den,M);
H = freqz(num,den,M);                         % 生成离散系统的频率响应
subplot(2,1,1);
plot(M./pi,10 * log10(abs(H))),grid on;
set(gca,'Fontsize',20);
xlabel('Normalized Frequency(x\pi rad/s)','Fontsize',20),ylabel('Magnitude(dB)','Fontsize',20);
% title('离散系统的幅频特性','Fontsize',20);
subplot(2,1,2);
plot(M./pi,angle(H)),grid on;
set(gca,'Fontsize',20);
xlabel('Normalized Frequency(x\pi rad/s)','Fontsize',20),ylabel('Phase(degrees)','Fontsize',20);
% title('离散系统的相频特性','Fontsize',20);
```

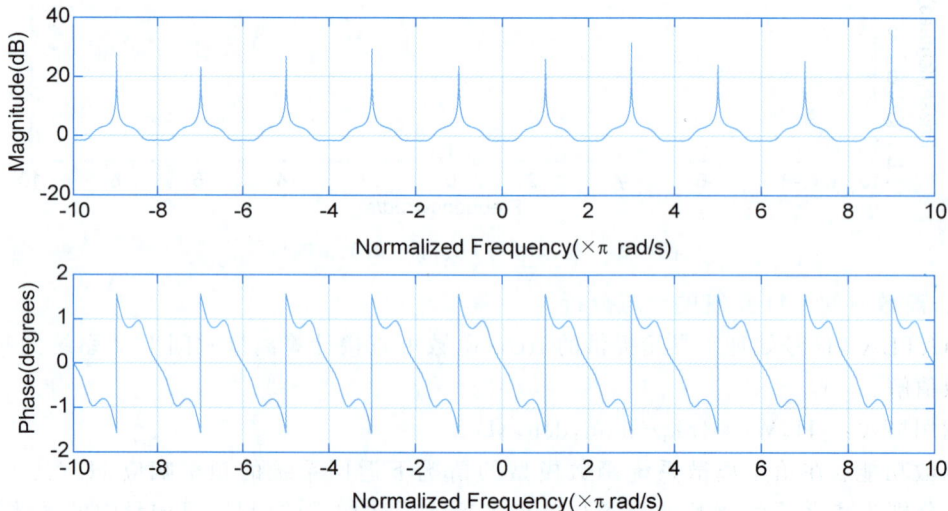

图 8-22　离散时间 LTI 系统的频率响应

8.2 MATLAB 在数字信号处理中的应用

本节在前面章节的基础上,介绍 MATLAB 在傅里叶变换以及数字信号处理中最重要的滤波器设计中的应用。

8.2.1 傅里叶变换

1822 年,法国数学家傅里叶(J. Fourier,1768—1830)在研究热传导理论时发表了《热的分析理论》,提出并证明了将周期函数展开为正弦级数的原理,从而奠定了傅里叶级数的理论基础。

傅里叶变换就是在以时间为自变量的信号和以频率为自变量的频谱函数间建立变换关系。由于以时间为自变量的信号存在周期和非周期、离散和连续等不同情况,这就导致了几种不同的傅里叶变换形式。通常根据信号在时域和频域上的连续和离散情况,对不同形式的傅里叶变换形式进行划分。

1. 时间连续频率连续的傅里叶变换

变换关系如下。

正变换:

$$F(\mathrm{j}\Omega) = \int_{-\infty}^{+\infty} f(t)\mathrm{e}^{-\mathrm{j}\Omega t}\,\mathrm{d}t \tag{8-31}$$

反变换:

$$f(t) = \frac{1}{2\pi}\int_{-\infty}^{+\infty} F(\mathrm{j}\Omega)\mathrm{e}^{\mathrm{j}\Omega t}\,\mathrm{d}\Omega \tag{8-32}$$

其中,$f(t)$ 为非周期的连续时间信号;Ω 是连续角频率;$F(\mathrm{j}\Omega)$ 为 $f(t)$ 的连续且非周期的频谱密度函数。由于式(8-31)和式(8-32)中的积分上下限是负无穷到正无穷,而按照 MATLAB 对数值计算的要求,无法计算此区间上的积分,因此在 MATLAB 中实际编写程序时,只能选择有限的积分时间,再对该时间段进行抽样,然后用求和代替积分来计算傅里叶变换。

【例 8-29】 求解矩形脉冲信号 $f(t)=\varepsilon(t)-\varepsilon(t-4)$ 在 $\Omega=-30\sim30\mathrm{rad/s}$ 间的频谱函数,积分时间 t 为 $0\sim8\mathrm{s}$,采样点数为 256。

所得结果如图 8-23 所示,MATLAB 源程序如下:

```
wf = 40;Nf = 64;
t_end = 8;N_time = 256;
dt = t_end. /N_time;t = (1:N_time). * dt;              %给出信号的时间分割
f = zeros(1,N_time);
f(1,1:N_time/2) = f(1,1:N_time/2) + ones(1,N_time/2);   %给出持续时间为 0~4s 的方波
w_r = linspace(0,wf,Nf);dw = wf/(Nf - 1);
F_r = f * exp( - 1i * t' * w_r) * dt;                   %计算傅里叶变换
w = [ - fliplr(w_r),w_r(2:Nf)];                         %设定整个频率区间
F = [fliplr(F_r),F_r(2:Nf)];                            %给出整个频率区间上的频谱
subplot(1,2,1);plot(t,f),grid on;
ylabel('Amplitude');xlabel('Time');
axis([0,tend,0,1.1]);
```

微课视频

```
subplot(1,2,2);plot(w,abs(F)),grid on;          % 绘制出信号的幅频特性
ylabel('Amplitude');xlabel('Frequency(rad/s)');
```

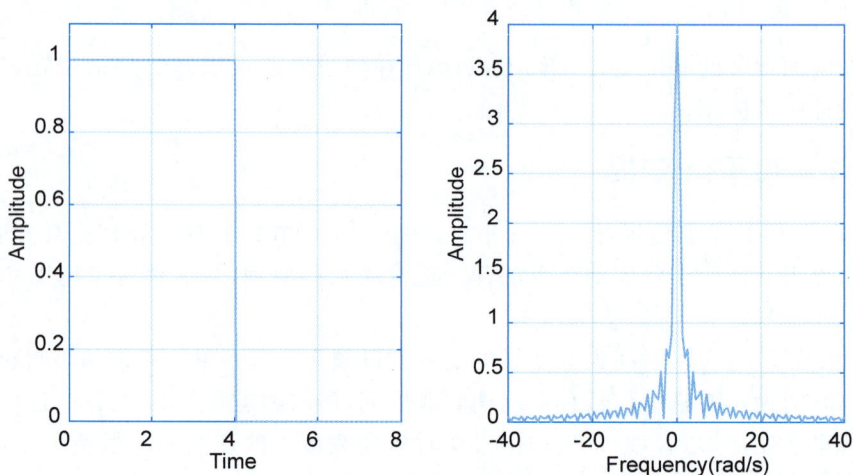

图 8-23　连续时间非周期时域信号及其频谱图

2. 时间连续频率离散的傅里叶级数

变换关系如下。

正变换：

$$F(\mathrm{j}k\Omega_0) = \frac{1}{T_0}\int_{-T_0/2}^{T_0/2} f(t)\,\mathrm{e}^{-\mathrm{j}k\Omega_0 t}\,\mathrm{d}t \tag{8-33}$$

反变换：

$$f(t) = \sum_{k=-\infty}^{+\infty} F(\mathrm{j}k\Omega_0)\,\mathrm{e}^{\mathrm{j}k\Omega_0 t} \tag{8-34}$$

其中，$f(t)$ 是周期为 T_0 的连续时间周期信号；$F(\mathrm{j}k\Omega_0)$ 为 $f(t)$ 的傅里叶级数的系数，其为频率离散的非周期函数；$\Omega_0 = 2\pi/T_0$ 是相邻离散谱线的间隔，k 表示谐波序号。

3. 时间离散频率连续的序列傅里叶变换

变换关系如下。

正变换：

$$F(\mathrm{e}^{\mathrm{j}\omega}) = \sum_{n=-\infty}^{+\infty} f(n)\,\mathrm{e}^{-\mathrm{j}\omega n} \tag{8-35}$$

反变换：

$$f(n) = \frac{1}{2\pi}\int_{-\pi}^{\pi} F(\mathrm{e}^{\mathrm{j}\omega})\,\mathrm{e}^{\mathrm{j}\omega n}\,\mathrm{d}\omega \tag{8-36}$$

其中，$f(n)$ 为周期且绝对可和的序列；ω 是数字频率且 $\omega = \Omega T$，这里 T 是把连续时间信号 $f(t)$ 离散为序列 $f(n)$ 时的采样周期，Ω 为模拟角频率。由式(8-35)可以看出，时域上具有周期性且绝对可和的离散序列在频域上是具有连续性和周期性的频谱。

观察式(8-35)可以发现，无限长的离散序列 $f(n)$ 可以进行序列傅里叶变换，但此时 MATLAB 却不能直接用式(8-35)来计算 $F(\mathrm{e}^{\mathrm{j}\omega})$，而只能先自行计算出 $F(\mathrm{e}^{\mathrm{j}\omega})$ 的表达式，再利用 MATLAB 求取 $F(\mathrm{e}^{\mathrm{j}\omega})$ 的数值解，最后利用数值解画出它的幅度频谱和相位频谱。反

之,如果求取有限长离散序列 $f(n)$ 的序列傅里叶变换,则可以直接利用 MATLAB,按照式(8-35)求取 $F(e^{j\omega})$ 在任意频率下的数值解。

【例 8-30】 求有限长序列 $f(n)=(0.7)^n e^{jn\pi/4}(\varepsilon(n)-\varepsilon(n-16))$ 的序列傅里叶变换。

所得结果如图 8-24 所示,MATLAB 源程序如下:

```
N = 0:15;f = (0.7 * exp(1i * pi/4)).^N;        % 在给定采样点数下计算待变换函数值
z = - 300:300;w = (pi/50) * z;                 % 对频率进行采样
F = f * (exp( -1i * pi/50)).^(N' * z);         % 计算序列傅里叶变换
subplot(2,1,1);plot(w,abs(F));grid on;
set(gca,'Fontsize',20);
ylabel('Magnitude');xlabel('Frequency(rad/s)');
title('幅度频谱',);
subplot(2,1,2);plot(w,angle(F));grid on;
ylabel('Phase');xlabel('Frequency(rad/s)');
title('相位频谱','Fontsize',20);
```

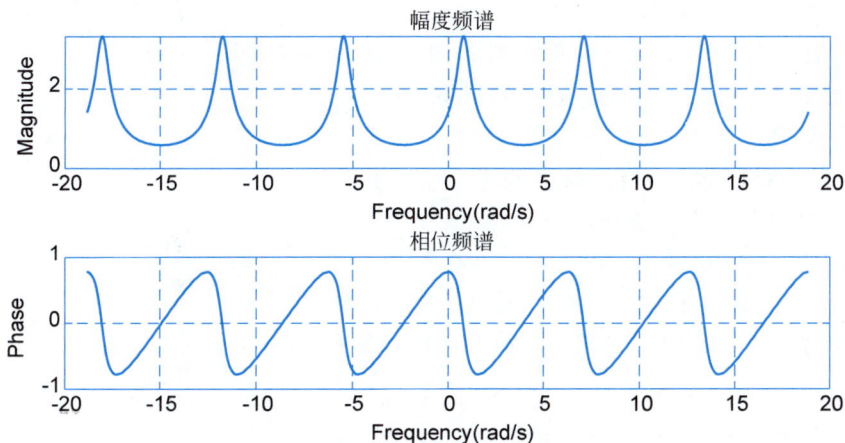

图 8-24 幅度频谱和相位频谱的特性曲线

4. 时间离散频率离散的离散傅里叶变换(DFT)

变换关系如下。

正变换:

$$F(k) = \sum_{n=0}^{N-1} f(n)W_N^{nk}, \quad k=0,1,\cdots,N-1 \tag{8-37}$$

反变换:

$$f(n) = \frac{1}{N}\sum_{k=0}^{N-1} F(k)W_N^{-nk}, \quad n=0,1,\cdots,N-1 \tag{8-38}$$

其中,$f(n)$ 是长度为 N 的有限长时域序列;$W_N^{nk} = e^{-j\frac{2\pi}{N}nk}$。式(8-37)通常称为离散傅里叶变换(DFT)。从 DFT 的定义中可以看出,DFT 使时域有限长序列和频域有限长序列相对应,从而能够通过计算机计算出信号的 DFT,进而可以在频域完成信号的处理。同时,由于存在 FFT 这个能够计算 DFT 的快速算法,使得计算机可以实时地对信号进行处理。因此,DFT 成为了数字信号处理中对信号进行分析的重要的数学工具之一,其实际应用领域十分广泛。

5. 计算离散傅里叶变换的常用函数

在 MATLAB 中,依照快速傅里叶变换(FFT)对不同维数的信号处理方式的不同,给出了不同的变换及反变换函数。MATLAB 不仅在基础部分提供了一维傅里叶正变换和反变换的快速计算函数 fft 以及 ifft,还提供了二维以及多维信号的傅里叶正反变换的快速计算函数 fft2 和 ifft2 以及 fftn 和 ifftn。本节只介绍一维和二维的傅里叶正反变换函数,fftn 和 ifftn 可在 MATLAB 中通过 help 查阅。

1) 一维正离散傅里叶变换快速计算函数 fft

调用格式:F=fft(f,N)。

函数功能:通过 FFT 算法计算序列 f 的 N 点离散傅里叶变换。其中,N 为默认值时函数自动选择 N=length(f)来计算 DFT;当 $N=2^M$ 时,函数会按照蝶形运算来计算 DFT,否则会采用混合算法。

2) 一维反离散傅里叶变换快速计算函数 ifft

调用格式:f=ifft(F,N)。

函数功能:利用 FFT 算法计算序列 F 的 N 点反离散傅里叶变换。

3) 二维正离散傅里叶变换快速计算函数 fft2

调用格式:F=fft2(f)。

函数功能:对矩阵 f 进行二维离散傅里叶变换。

4) 二维反离散傅里叶变换快速计算函数 ifft2

调用格式:f=ifft2(F)。

函数功能:对矩阵 F 进行二维离散傅里叶反变换。

微课视频
微课视频

【**例 8-31**】 (1) 用 FFT 计算以下两个序列的卷积: $f_1(n)=\cos(0.6n)R_N(n)$, $f_2(n)=0.9^n R_M(n)$。

所得结果如图 8-25 所示,其中选取 N=25,M=25。

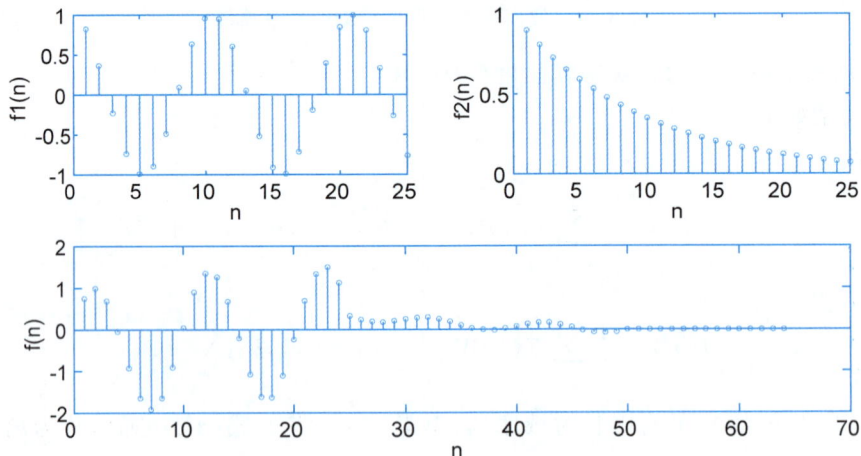

图 8-25 两个有限长序列的线性卷积波形

MATLAB 源程序如下:

```
N = input('序列 f1 的长度 N = ');          % 设定序列 f1(n)的长度 N
nf1 = 1:N;f1n = cos(0.6 * nf1);          % 求序列 f1(n)的时间序列并对其赋值
M = input('序列 f2 的长度 M = ');          % 设定序列 f2(n)的长度 M
```

```
nf2 = 1:M;f2n = 0.9.^nf2;              % 求序列 f2(n)的时间序列并对其赋值
L = pow2(nextpow2(M + N - 1));          % 取 L 为 2 的 L 次幂不小于且最接近(N + M - 1)
F1K = fft(f1n,L);                       % 对序列 f1(n)计算 L 点的 FFT 运算
F2K = fft(f2n,L);                       % 对序列 f2(n)计算 L 点的 FFT 运算
FK = F1K. * F2K;                        % 两序列的频域进行相乘运算得到 F(k)
fn = ifft(FK,L);                        % 对 F(k)进行 L 点 IFFT 运算得到 f(n)
subplot(2,2,1),stem(nf1,f1n);
ylabel('f1(n)');xlabel('n');
subplot(2,2,2),stem(nf2,f2n);
ylabel('f2(n)');xlabel('n');
subplot(2,1,2),stem(1:L,fn);
ylabel('f(n)');xlabel('n');
```

(2) 利用 FFT 求两个有限长序列 $f_1(n) = \{1\ 4\ -1\ 31\ 52\ 1\}$ 和 $f_2(n) = \{2\ 32\ -1\ 3\ 1\ -42\}$ 的线性相关性。

两个长为 N 的实离散时间序列 $f_1(n)$ 与 $f_2(n)$ 的互相关函数定义为

$$r_{f_1 f_2}(m) = \sum_{n=0}^{N-1} f_1(n-m) f_2(n) = \sum_{n=0}^{N-1} f_1(n) f_2(n+m) \tag{8-39}$$

而离散时间序列的卷积公式为

$$f(m) = \sum_{n=0}^{N-1} f_1(m-n) f_2(n) = x(m) * y(m) \tag{8-40}$$

对比式(8-39)和式(8-40)就能得到

$$r_{f_1 f_2}(m) = \sum_{n=0}^{N-1} f_1(n-m) f_2(n)$$

$$= \sum_{n=0}^{N-1} f_1 [-(m-nn)] f_2(n)$$

$$= f_1(-m) * f_2(m) \tag{8-41}$$

并且已知 $\mathrm{DFT}[f_1((-n))_N R_N(n)] = F_1^*(k)$,那么对式(8-41)进行离散傅里叶变换,可得

$$R_{f_1 f_2}(k) = F_1^*(k) * F_2(k) \tag{8-42}$$

其中,$R_{f_1 f_2}(k) = \mathrm{DFT}[r_{f_1 f_2}(n)]$,$F_1(k) = \mathrm{DFT}[f_1(n)]$,$F_2(k) = \mathrm{DFT}[f_2(n)]$。因此欲求解本题中的相关系数,只要先对两个序列进行 FFT 运算,然后再计算出相关系数的离散傅里叶变换,最后进行离散傅里叶反变换即可。

所得结果如图 8-26 所示,MATLAB 源程序如下:

```
f1n = [1,4, - 1,3,1,5,2,1];
f2n = [2,3,2, - 1,3,1, - 4,2];
k = length(f1n);                        % 求取序列 f1(n)的长度 k
F1K = fft(f1n,2 * k);                    % 对序列 f1(n)计算 L 点的 FFT 运算
F2K = fft(f2n,2 * k);                    % 对序列 f2(n)计算 L 点的 FFT 运算
rm = real(ifft(conj(F1K). * F2K));       % 利用式(8 - 42)及 IFFT 计算相关系数的实部
rm = [rm(k + 2:2 * k) rm(1:k)];
m = (1 - k):(k - 1);
subplot(2,2,1),stem(0:k - 1,f1n);
ylabel('f1(n)');xlabel('n');
subplot(2,2,2),stem(0:k - 1,f2n);
ylabel('f2(n)');xlabel('n');
```

```
subplot(2,1,2),stem(m,rm);
ylabel('Correlation coefficent');xlabel('m');
```

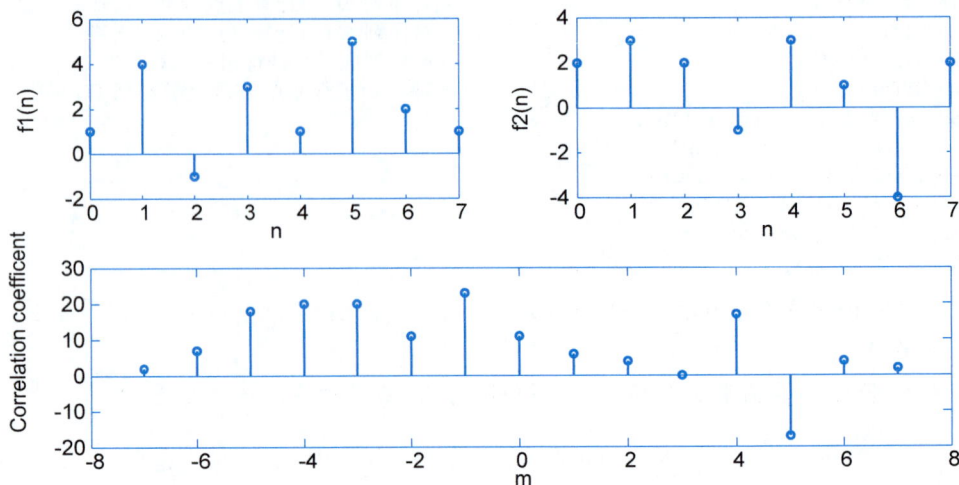

图 8-26　两个序列的相关系数

8.2.2　IIR 数字滤波器的设计

利用模拟滤波器设计数字滤波器,就是从已知的模拟滤波器的系统函数 $H_a(s)$ 中得到数字滤波器的系统函数 $H(z)$。这个过程本质上就是建立 s 平面与 z 平面之间映射关系的过程,其映射变换必须遵循以下两个基本原则。

(1) $H(z)$ 的频率特性要能模仿 $H_a(s)$ 的频率特性,也就是 s 平面的虚轴与 z 平面的单位圆间要建立映射关系。

(2) $H_a(s)$ 经过映射变换变为 $H(z)$ 后,其稳定性要保持不变,即 s 平面的左半平面要能映射到 z 平面的单位圆内。

1. 脉冲响应不变法

模拟滤波器和数字滤波器之间转换的实现既可以在频域内也可以在时域内,而时域内转换的基本思想就是使数字滤波器的时域响应和模拟滤波器时域响应的采样值相等,其典型方法就是脉冲响应不变法。

脉冲响应不变法设计 IIR 滤波器的基本思想是:通过使数字滤波器的单位脉冲响应 $h(n)$ 等于模拟滤波器的单位冲激响应 $h_a(t)$ 的抽样值,达到数字滤波器模仿模拟滤波器特性的目的。即 $h(n)$ 与 $h_a(t)$ 间要满足如下关系:

$$h_a(nT) = h(n) \tag{8-43}$$

其中,T 表示采样周期。

脉冲响应不变法特别适合于用部分分式表示的系统函数。当模拟滤波器的系统函数只有单极点,且分母的阶次比分子的阶次高时,设模拟滤波器系统函数的拉普拉斯变换形式为

$$H_a(s) = \sum_{k=1}^{N} \frac{A_k}{s - s_k} \tag{8-44}$$

则其拉普拉斯反变换为 $h_a(t)=L^{-1}[H_a(s)]=\sum_{k=1}^{N}A_k e^{s_k t}\varepsilon(t)$。按照式(8-43)所示的脉冲响应不变法设计 IIR 滤波器的基本思想,可得数字滤波器的单位脉冲响应为 $h(n)=h_a(nT)=\sum_{k=1}^{N}A_k e^{s_k nT}\varepsilon(n)=\sum_{k=1}^{N}A_k(e^{s_k T})^n\varepsilon(n)$,再对 $h(n)$ 取 Z 变换就能得到脉冲响应不变法下的数字滤波器的系统函数,其表达式为

$$H(z)=\sum_{n=-\infty}^{+\infty}h(n)z^{-n}=\sum_{k=1}^{N}\frac{A_k}{1-e^{s_k T}z^{-1}} \tag{8-45}$$

观察式(8-44)和式(8-45)可知,脉冲响应不变法就是使得模拟滤波器系统函数 $H_a(s)$ 和得到的数字滤波器的系统函数 $H(z)$ 之间建立如下关系:

$$H_a(s)=\sum_{k=1}^{N}\frac{A_k}{s-s_k}\rightarrow H(z)=\sum_{k=1}^{N}\frac{A_k}{1-e^{s_k T}z^{-1}} \tag{8-46}$$

因此,通过 $H_a(s)$ 的部分分式的形式就能够得到 $H(z)$ 的表达式,进而得到通过脉冲响应不变法设计出的 IIR 滤波器。在 MATLAB 中提供了专用的函数 impinvar 来实现以上系统函数模型参数间的转换,函数调用格式如下。

调用格式:$[BZ,AZ]=$ impinvar(B,A,Fs,TOL)。

函数功能:把模拟滤波器的系统函数模型[B,A]在采样频率为 Fs(Hz)下,转换为数字滤波器的系统函数模型[BZ,AZ]。其中,Fs 为采样频率,默认状态下为 1;TOL 是给定的容错误差,其可确定极点是否重复,当容错误差增大时,相邻很近的极点被认为是重复极点的可能性会增大,默认状态下 TOL=0.001。

【例 8-32】　一个二阶模拟滤波器的系统函数为

$$H_a(s)=\frac{2}{s^2+4s+3}$$

试用脉冲响应不变法求出数字滤波器的系统函数,并求出它们的单位冲激响应。

所得结果如图 8-27 所示,MATLAB 源程序如下:

```
num = [2];                          % 模拟滤波器系统函数的分子
den = [1,4,3];                      % 模拟滤波器系统函数的分母
[num1,den1] = impinvar(num,den)     % 脉冲响应不变法求数字滤波器的系统函数
dt = 0.01;t = 0:dt:20;
sys = tf(num,den);
subplot(1,2,1);
impulse(sys,t);
ylabel('Amplitude');xlabel('Time(seconds)');
title('模拟滤波器的单位冲激响应 h(t)');
h = dimpulse(num1,den1);
subplot(1,2,2);stem(0:length(h) - 1,h);
ylabel('Amplitude');xlabel('n');
title('数字滤波器的单位冲激响应 h(n)');
```

程序运行结果如下:

```
>> exam_8_32
num1 =
        0    0.3181
den1 =
   1.0000    - 0.4177    0.0183
```

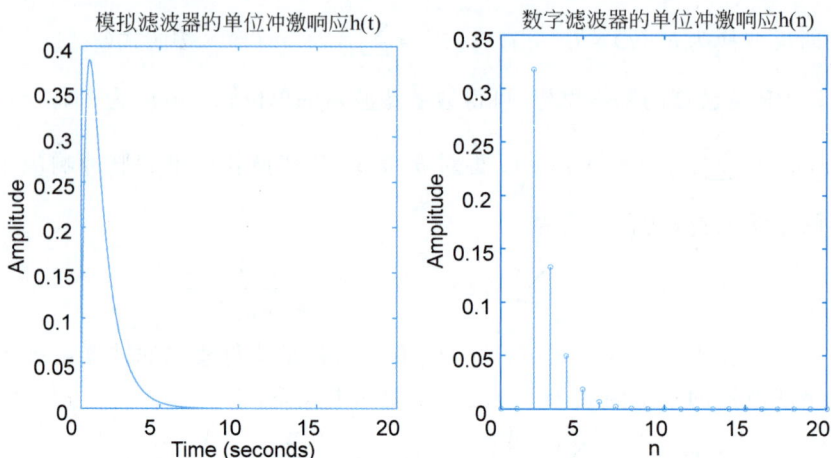

图 8-27　模拟和数字滤波器的单位冲激响应

【例 8-33】　利用巴特沃斯模拟滤波器,通过脉冲响应不变法设计巴特沃斯数字滤波器。其中,数字滤波器的技术指标为 $0.93 \leqslant |H_a(e^{j\omega})| \leqslant 1.0$ 和 $0 \leqslant |\omega| \leqslant 0.4\pi$ 以及 $|H_a(e^{j\omega})| \leqslant 0.16$ 和 $0.5\pi \leqslant |\omega| \leqslant \pi$,采样周期 $T=2$。

微课视频

所得结果如图 8-28 所示,MATLAB 源程序如下:

```
T = 2;fs = 1/T;                                    % 设置采样周期为 2,频率为 0.5
wp = 0.4 * pi/T;ws = 0.5 * pi/T;                   % 设置归一化通带和阻带截止频率
ap = 20 * log10(1/0.93);as = 20 * log10(1/0.18);  % 设置通带最大和最小衰减
[N,wc] = buttord(wp,ws,ap,as,'s');                % 调用 butter 函数确定巴特沃斯滤波器阶数
[B,A] = butter(N,wc,'s');
W = linspace(0,pi,400 * pi);                        % 指定一段频率值
hf = freqs(B,A,W);                                  % 计算模拟滤波器的幅频响应
subplot(2,1,1);
plot(W/pi,abs(hf)/abs(hf(1)));                      % 绘出巴特沃斯模拟滤波器的幅频特性曲线
grid on;title('巴特沃斯模拟滤波器');
xlabel('Frequency/Hz');ylabel('Magnitude');
[D,C] = impinvar(B,A,fs);                           % 调用脉冲响应不变法
Hz = freqs(D,C,W);                                  % 返回频率响应
subplot(2,1,2);
plot(W/pi,abs(Hz)/abs(Hz(1)));                      % 绘出巴特沃斯数字低通滤波器的幅频特性曲线
grid on;title('巴特沃斯数字滤波器');
xlabel('Frequency/Hz');ylabel('Magnitude');
```

2. 双线性变换法

脉冲响应不变法的主要缺点是会产生频率混叠现象,其根本原因是从 s 域到 z 域的变换关系 $z=e^{sT}$ 是多值映射。为了克服这个缺点,就需要建立 s 平面到 z 平面的一一映射关系,即 $s=f(z)$,然后就可令 $H(z)=H_a(s)\big|_{s=f(z)}$,最终就能得出数字滤波器的系统函数。其中,双线性变换法进行频率间变换时采用了如下模拟频率和数字频率间的关系:

$$\Omega = \frac{2}{T}\tan\left(\frac{\omega}{2}\right) \tag{8-47}$$

通过式(8-47)就能最终得到 s 平面到 z 平面的一一映射关系,即

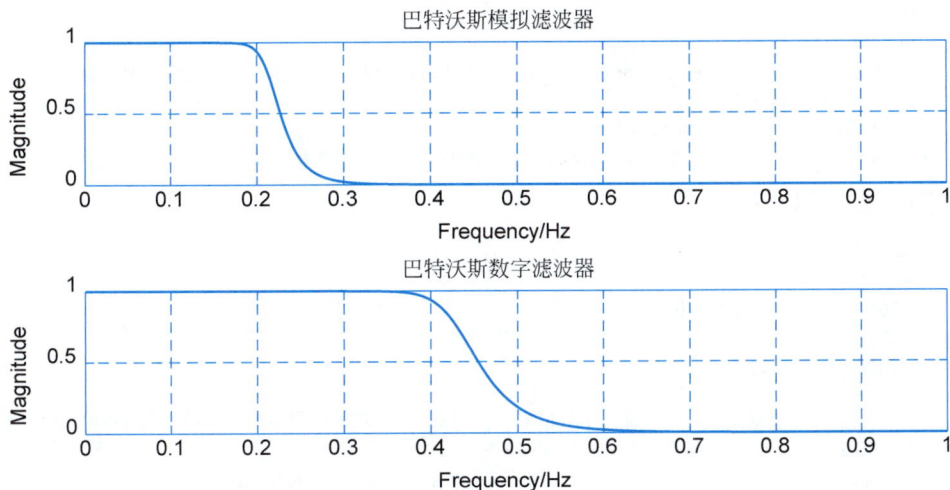

图 8-28　巴特沃斯模拟和数字滤波器的幅度频谱

$$s = f(z) = \frac{2}{T} \frac{1 - z^{-1}}{1 + z^{-1}} \tag{8-48}$$

其中，T 为采样周期。

这样，按照式(8-48)再利用 $H_a(s)$ 就能够得到数字滤波器的系统函数 $H(z)$ 的表达式，进而得到通过双线性变换法设计出的 IIR 滤波器。在 MATLAB 中提供了专用的函数 bilinear 来实现以上系统函数模型参数间的转换，函数调用格式如下。

函数格式 1：$[dZ, dP, dK] = \text{bilinear}(Z, P, K, Fs, Fp)$。

函数功能：把模拟滤波器系统函数的零极点模型 $[Z, P, K]$ 在采样频率为 Fs(Hz)下，转换为数字滤波器系统函数的零极点模型 $[dZ, dP, dK]$。其中，Fp(Hz)为畸变频率，用于在双线性变换之前，通过对采样频率进行畸变，以达到保证冲激响应在变换前后，在 Fp 处具有良好的单值映射关系。Fp 默认为没有畸变。

调用格式 2：$[dnum, dden] = \text{bilinear}(num, den, Fs, Fp)$。

函数功能：把模拟滤波器系统函数的标准模型 $[num, den]$ 在采样频率为 Fs(Hz)下，转换为数字滤波器系统函数的标准模型 $[dnum, dden]$。

调用格式 3：$[dA, Bd, dC, dD] = \text{bilinear}(A, B, C, D, Fs, Fp)$。

函数功能：把模拟滤波器系统函数的状态方程模型 $[A, B, C, D]$ 在采样频率为 Fs(Hz)下，转换为数字滤波器系统函数的状态方程模型 $[dA, Bd, dC, dD]$。

【例 8-34】　一个二阶模拟滤波器的系统函数为

$$H_a(s) = \frac{2}{s^2 + 4s + 3}$$

试用双线性变换法求出数字滤波器的系统函数，并求出它们的单位冲激响应。

所得结果如图 8-29 所示，MATLAB 源程序如下：

```
num = [2];                              % 模拟滤波器系统函数的分子
den = [1,4,3];                          % 模拟滤波器系统函数的分母
[num1,den1] = bilinear(num,den,0.1)     % 双线性变换法求数字滤波器的系统函数
dt = 0.01;t = 0:dt:20;
sys = tf(num,den);
```

微课视频

```
subplot(1,2,1);
impulse(sys,t);
ylabel('Amplitude');xlabel('Time(seconds)');title('模拟滤波器的单位冲激响应 h(t)');
h = dimpulse(num1,den1);
subplot(1,2,2);stem(0:length(h) - 1,h);
ylabel('Amplitude');xlabel('n');title('数字滤波器的单位冲激响应 h(n)');
```

程序运行结果如下：

```
>> exam_8_34
num1 =
    0.2604    0.5208    0.2604
den1 =
    1.0000    1.5417    0.5833
```

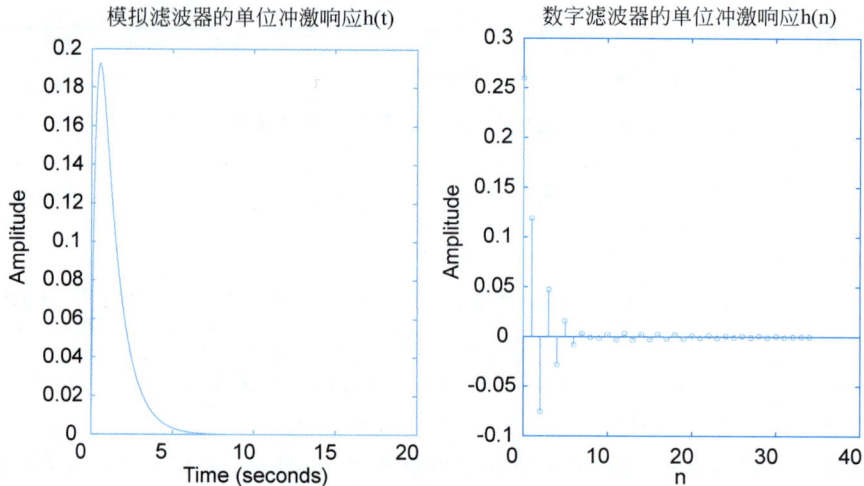

图 8-29 模拟和数字滤波器的单位冲激响应

【例 8-35】 利用巴特沃斯模拟滤波器，通过双线性变换法设计数字带阻滤波器，数字滤波器的技术指标为 $0.93 \leqslant |H_a(e^{j\omega})| \leqslant 1.0$ 和 $0 \leqslant |\omega| \leqslant 0.35\pi$、$H_a(e^{j\omega}) \leqslant 0.1$ 和 $0.45\pi \leqslant |\omega| \leqslant 0.85\pi$，以及 $0.93 \leqslant |H_a(e^{j\omega})| \leqslant 1.0$ 和 $0.85\pi \leqslant |\omega| \leqslant \pi$，采样周期为 1。

所得结果如图 8-30 所示，MATLAB 源程序如下：

```
T = 1;fs = 1/T;                              %设置采样周期为 1 且采样频率为周期倒数
wp = [0.35 * pi,0.85 * pi];ws = [0.45 * pi,0.65 * pi];
Wp = (2/T) * tan(wp/2);Ws = (2/T) * tan(ws/2);   %设置归一化通带和阻带截止频率
Ap = 20 * log10(1/0.93);As = 20 * log10(1/0.16);    %设置通带最大和最小衰减
[N,Wc] = buttord(Wp,Ws,Ap,As,'s');          %调用 butter 函数确定巴特沃斯滤波器阶数
[B,A] = butter(N,Wc,'stop','s');            %调用 butter 函数设计巴特沃斯滤波器
W = linspace(0,2 * pi,200 * pi);            %指定一段频率值
hf = freqs(B,A,W);                          %计算模拟滤波器的幅频响应
subplot(2,1,1);plot(W/pi,abs(hf));          %绘出巴特沃斯模拟滤波器的幅频特性曲线
grid on;title('巴特沃斯模拟滤波器');
xlabel('Frequency/Hz');ylabel('Magnitude');
[D,C] = bilinear(B,A,fs);                   %调用双线性变换法
Hz = freqz(D,C,W);                          %返回频率响应
subplot(2,1,2);plot(W/pi,abs(Hz));          %绘出巴特沃斯数字低通滤波器的幅频特性曲线
grid on;title('巴特沃斯数字滤波器');
xlabel('Frequency/Hz');ylabel('Magnitude');
```

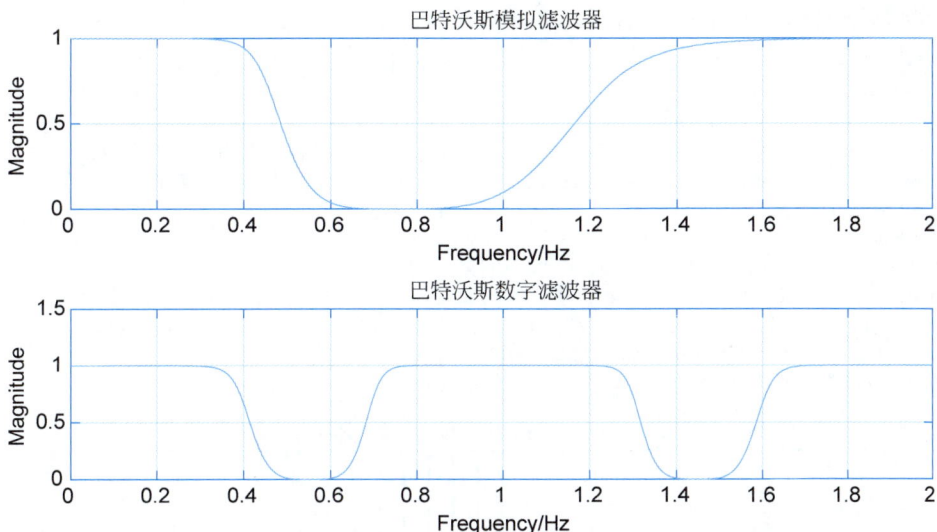

图 8-30　双线性变换法设计的巴特沃斯数字滤波器的幅度频谱

8.2.3　FIR 数字滤波器的设计

FIR 数字滤波器能够方便地把滤波器的相位特性设计成线性,并且同时还能得到有限长的单位冲激响应,这就使得设计出的数字滤波器能够永远稳定。FIR 滤波器的设计中,最常用的方法是窗函数法和频率抽样法。

1. 窗函数法

由于理想滤波器在边界频率处不连续,所以其频率响应对应的一定是无限长序列,且是非因果的序列。因此,理想滤波器是物理不可实现的。而为了能够实现一个具有理想线性相位特性的滤波器,则只能选用有限长序列来逼近理想滤波器的频率响应。所以,这就需要对无限长序列 $h_d(t)$ 进行截取,而截取的方法就是所谓的加窗。在卷积理论中,已知截取后的有限长序列的频率响应为

$$H(\mathrm{e}^{\mathrm{j}\omega}) = \int_{-\pi}^{\pi} H_d(\mathrm{e}^{\mathrm{j}\theta}) W(\mathrm{e}^{\mathrm{j}(\omega-\theta)}) \mathrm{d}\theta \tag{8-49}$$

其中,$H_d(\mathrm{e}^{\mathrm{j}\omega})$ 是理想滤波器的频率响应;$W(\mathrm{e}^{\mathrm{j}\omega})$ 是窗函数的频率响应。从式(8-49)可以看出,有限长序列的频率响应等于理想的频率响应与窗函数频率响应的圆周卷积,因此 $H(\mathrm{e}^{\mathrm{j}\omega})$ 对 $H_d(\mathrm{e}^{\mathrm{j}\omega})$ 逼近程度的好坏,完全取决于窗函数的频率响应。

MATLAB 的信号处理工具箱为用户提供了多种窗函数,如矩形窗(Boxcar)、汉宁窗(Hanning,又称为升余弦窗)、汉明窗(Hamming)以及布莱克曼窗(Blackman)等。下面仅以矩形窗(Boxcar)函数为例来说明它们的调用格式。

调用格式:w＝boxcar(M)。

函数功能:返回 M 点的矩形窗序列。其中,M 就是通过窗函数设计的 FIR 滤波器的阶数。

【例 8-36】　用矩形窗设计线性相位 FIR 低通滤波器,其中,该滤波器的通带截止频率 $w_c = \pi/5$,单位脉冲响应 $h(n)$ 的长度 $M = 35$。最后还要绘出 $h(n)$ 及其幅度响应特性曲线。

微课视频

所得结果如图 8-31 所示,MATLAB 源程序如下:

```
M = 35;wc = pi/5;                        % 理想低通滤波器参数
n = 0:M-1;r = (M-1)/2;
nr = n-r + eps * ((n-r) == 0);
hdn = sin(wc * nr)/pi./nr;               % 计算理想低通单位脉冲响应 hd(n)
if rem(M,2)~=0,hdn(r+1) = wc/pi;end;     % M 为奇数时,处理 n = r 点的 0/0 型
wn1 = boxcar(M);                         % 矩形窗
hn1 = hdn. * wn1';                       % 加窗
subplot(2,1,1);stem(n,hn1,'.');line([0,20],[0,0]);
xlabel('n'),ylabel('h(n)'),title ('通过矩形窗得到的数字滤波器 h(n)');
hw1 = fft(hn1,512);w1 = 2 * [0:511]/512; % 求频谱
subplot(2,1,2),plot(w1,20 * log10(abs(hw1)))
xlabel('w/pi');ylabel('Magnitude');title ('幅度特性');
```

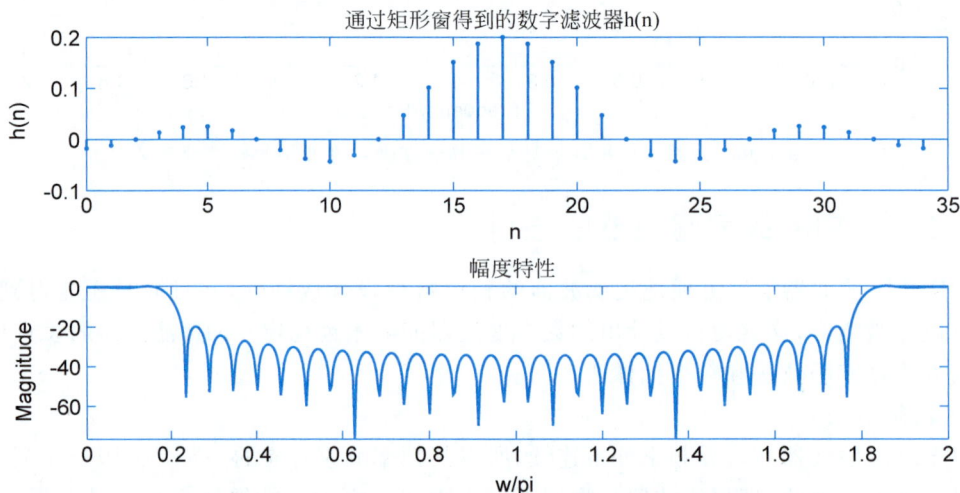

图 8-31　窗函数法设计的线性相位 FIR 低通数字滤波器的频率响应

除了可以利用窗函数生成命令来构造 FIR 数字滤波器外,在 MATLAB 的信号处理工具箱中还提供了窗函数法的专用函数 fir1 来设计 FIR 数字滤波器。

调用格式 1:B=fir1(N,wc)。

函数功能:生成一个具有线性相位的 N 阶低通 FIR 数字滤波器。其中,向量 B 存储的是长度为 N+1 的数字滤波器的单位冲激响应序列;wc 是截止频率,其取值范围是 0~1,当 wc=1 时,表示截止频率是采样频率的一半。

调用格式 2:B=fir1(N,wc,'high')或 B=fir1(N,wc,'low')。

函数功能:生成一个高通数字滤波器或低通数字滤波器或者带通数字滤波器。如果在前两种形式中,wc=[w1,w2]是包含两个元素的向量,那么表示设计的是带通数字滤波器,即 B=fir1(N,wc,'bandpass'),函数最终返回一个通带为 w1<w<w2 的 N 阶带通数字滤波器。

调用格式 3:B=fir1(N,wc,'stop')。

函数功能:生成一个带阻数字滤波器。如果 wc 是一个多元素的向量,且各元素按照由小到大排列,如 wc=[w1,w2,w3,w4,…,wn],则函数返回一个 N 阶多通带数字滤波器,其频带为 0<w<w1,w1<w<w2,…,wn<w<1。其中,如 B=fir1(N,wc,'dc-1')则返回的数字滤波器的第一个频带为通带;如 B=fir1(N,wc,'dc-0')则返回的数字滤波器的第一个

频带为阻带。

函数说明：对于通带在 Fs/2 附近的滤波器，N 的取值必须是偶数。即使用户选取的
N 为奇数，函数 fir1 也会自动对其增加 1。函数 fir1 的其他格式，可以参考 MATLAB 的
help 文档。

【例 8-37】 设计一个 36 阶 FIR 带通滤波器，通带为 $0.47 < w < 0.62$。

所得结果如图 8-32 和图 8-33 所示，MATLAB 源程序序如下：

```
wc = [0.47 0.62];d = fir1(36,wc);        % 设置通带的范围,调用 fir1 函数
freqz(d);                                % 绘制滤波器的频率响应曲线
stem(d,'.');                             % 绘制单位冲激响应序列
line([0,25],[0,0]);xlabel('n'),ylabel('h(n)');
title('数字滤波器的单位脉冲响应序列');
```

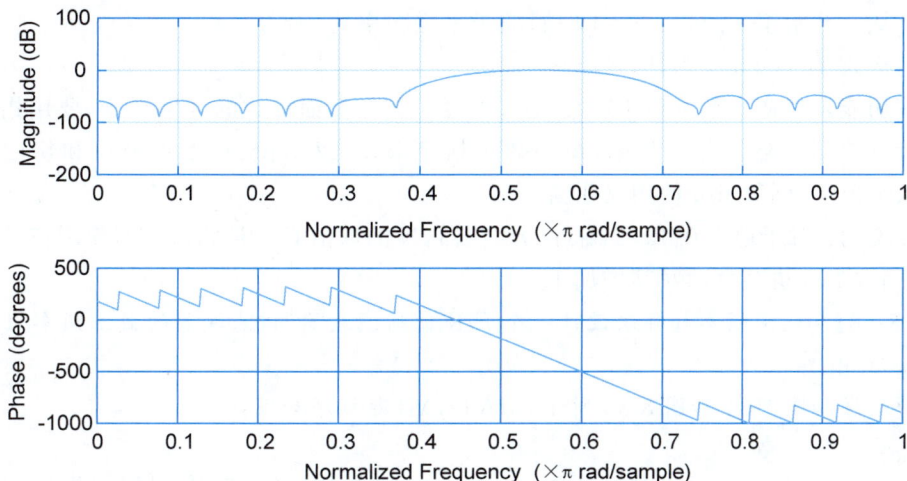

图 8-32 窗函数法设计的线性相位 FIR 带通数字滤波器的频率响应

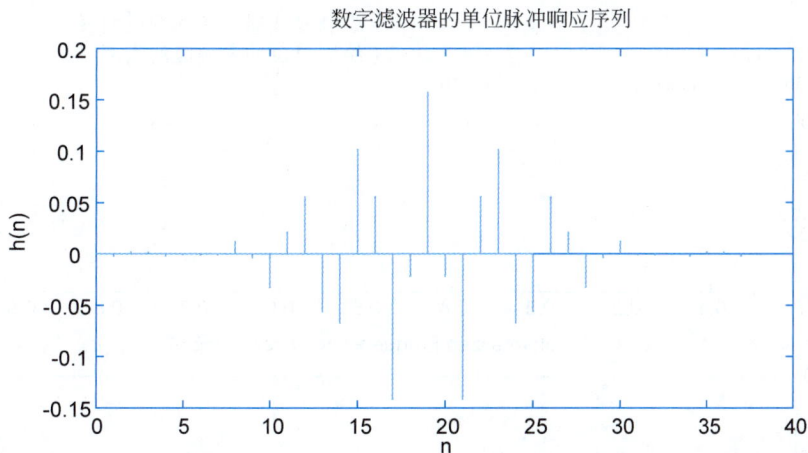

图 8-33 窗函数法设计的线性相位 FIR 带通数字滤波器的单位冲激响应序列

2. 频率抽样法

频率抽样法的设计思想不同于窗函数法的对理想滤波器频率响应的逼近，而是对所期
望达到的滤波器的频率响应进行频域上的抽样，把抽样得到的离散频率响应作为 FIR 滤波

器的 $H(k)$，即令 $H(k)=H_d(e^{j2k\pi/N})$。

在 MATLAB 的信号处理工具箱中提供了用频率抽样法设计 FIR 数字滤波器的专用函数 fir2。该函数能够通过频率抽样法设计任意频率响应的 FIR 数字滤波器，并且所得滤波器的系数全为实数，且相位还满足线性关系。同时，设计出的滤波器还满足偶对称性。其基本的函数调用格式如下。

调用格式 1：B=fir2(N,F,A)。

函数功能：生成一个 N 阶 FIR 数字滤波器。其中，N 为数字滤波器的阶次；生成的滤波器的单位冲激响应的系数存储于 B 中，其长度为 N+1；向量 F 和 A 用于指定生成的 FIR 数字滤波器的采样点频率以及该点的幅值，因此所期望的滤波器的频率响应通过 F(横坐标)和 A(纵坐标)就能绘出。F 中包含的频率点只能在 0～1，频率点必须按从小到大的顺序排列且从 0 开始至 1 结束；F=1 时对应于采样频率的一半。

调用格式 2：B=fir2(N,F,A,win)。

函数功能：生成一个 N 阶 FIR 数字滤波器。其与上面格式的区别在于，要用指定的窗函数设计 FIR 数字滤波器。其中，窗函数包括矩形窗、汉明窗、布莱克曼窗和切比雪夫窗等。默认情况下，函数 fir2 使用汉明窗。

函数说明：对于通带在 Fs/2 附近的滤波器，N 的取值必须是偶数。即使用户选取的 N 为奇数，函数 fir2 也会自动对其增加 1。

【例 8-38】 试用频率抽样法设计一个 FIR 低通滤波器，该滤波器的截止频率为 π，频率抽样点数为 60。

所得结果如图 8-34 和图 8-35 所示，MATLAB 源程序如下：

```
N = 60;
F = 0:1/60:1;                        % 设置抽样点的频率,抽样频率必须含 0 和 1
A = [ones(1,30),zeros(1,N-30)];      % 设置抽样点相应的幅值
B = fir2(N,F,A);
freqz(B);                            % 绘制滤波器的频率响应曲线
figure(2);stem(B,'.');               % 绘制单位冲激响应的实部
line([0,35],[0,0]);xlabel('n');ylabel('h(n)');
```

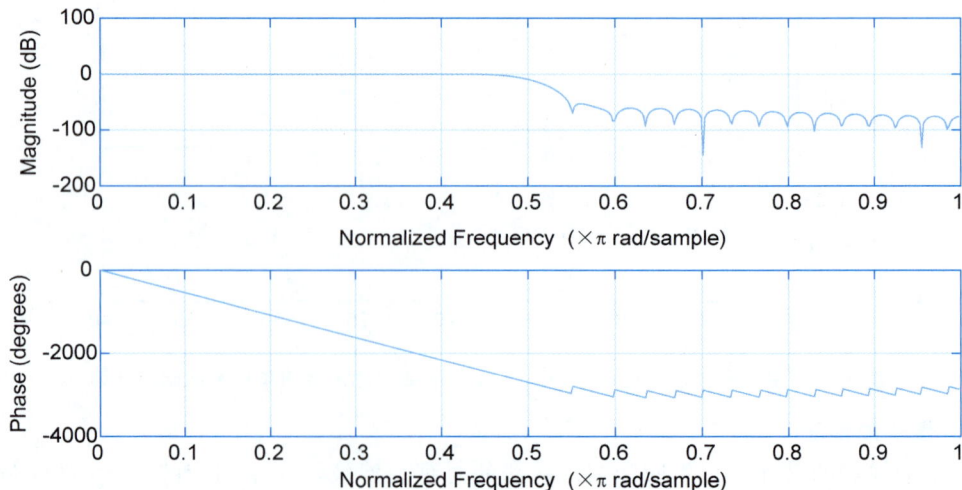

图 8-34　频率抽样法设计的线性相位 FIR 带通数字滤波器的频率响应

频率抽样法设计出的数字滤波器的单位脉冲响应序列h(n)

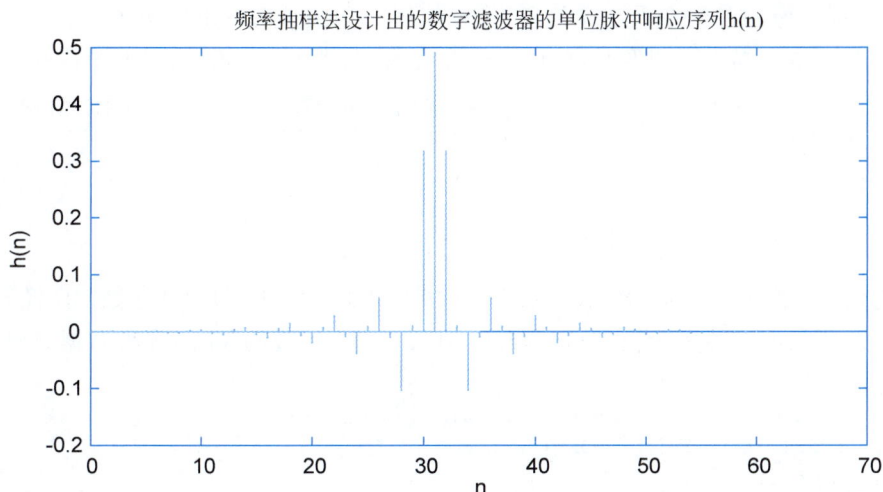

图 8-35　频率抽样法设计的线性相位 FIR 带通数字滤波器的单位冲激响应序列

8.3　MATLAB 在数字图像处理中的应用

数字图像在计算机里都是用二维或者三维数组（矩阵）存储的，数组中的每个元素的值都对应图像中的每个像素的颜色。数字图像处理实际上是对数组（矩阵）进行处理，而MATLAB 是基于矩阵运算的语言，因此用 MATLAB 语言处理数字图像非常方便快捷。

8.3.1　数字图像的读取、显示和存储

1. 图像的读取

在 MATLAB 中，读取一幅图像可以使用 imread 函数，其调用格式如下：

```
I = imread(filename,fmt)
```

其中，filename 是一个含有图像文件全名的字符串，文件扩展名用 fmt 表示，其作用是将图像文件读入矩阵 I 中。如果 filename 所指的为灰度图像，则 I 是一个二维矩阵；如果filename 所指的是彩色 RGB 图像，则 I 是一个 $m \times n \times 3$ 的三维矩阵，m 和 n 是图像的分辨率。若 filename 中不包含路径，则 imread 从当前目录中读取图像文件，一般情况下，都需要提供图像文件的完整路径。

例如：

```
I = imread('lena.bmp')
```

该命令读取当前目录中的 lena.bmp 图像文件，并存储到矩阵 I 中。

```
I = imread('D:/matlab/lena.bmp')
```

该命令读取 D 盘的 matlab 文件夹中的 lena.bmp 图像文件，并存储到矩阵 I 中。

读取一幅索引图像，MATLAB 用下面的格式：

```
[I,map] = imread(filename)
```

其中，索引图像的数据保存到 I 矩阵中，颜色表保存到 map 中。

查看一幅图像的分辨率大小和信息,可以使用 size 函数和 whos 函数。

例如,当 I 是一幅灰度图像时,可以在命令行窗口调用 size 函数,查看图像的分辨率。

```
I = imread('trees.tif');              % 在当前路径下读取 trees.tif 灰度图像,存储到矩阵 I 中
>> [M,N] = size(I)                     % 查看图像矩阵 I 的分辨率大小
M =
    258
N =
    350
```

其中,M 为数字图像矩阵 I 的行数,N 为数字图像矩阵 I 的列数,M 和 N 表示数字图像的分辨率。

用 whos 不仅可以查看图像的分辨率大小,还可以显示图像的存储字节和数据类型等信息。

```
>> whos
  Name        Size              Bytes      Class      Attributes
  I           258×350           90300      uint8
```

2. 图像的显示

在 MATLAB 中,显示一幅图像一般使用 imshow 函数。其调用格式如下。

(1) imshow(I)

其中,I 可以为灰度图像、真彩 RGB 图像和二值图像等。

(2) imshow(I,map)

其中,map 为索引图像的颜色表矩阵,I 为索引图像的数据矩阵。该函数的作用是将数据矩阵 I 中的每个像素显示为颜色表 map 中相对应的颜色。

【例 8-39】 在命令行窗口,分别读取和显示灰度图像和索引图像。

程序命令代码如下:

```
>> I = imread('pout.tif');
>> [I1,map] = imread('canoe.tif');
>> imshow(I)
>> imshow(I1,map)
```

显示的图像如图 8-36 所示。

(a) pout.tif 灰度图像   (b) canoe.tif 索引图像

图 8-36　灰度图像和索引图像的读取和显示

3. 图像文件的存储

在 MATLAB 中,存储图像文件可以使用 imwrite 函数,其调用格式如下:

imwrite(I,filename,fmt)

其中,filename 是一个含有图像文件全名的字符串(包括文件存储的路径),文件扩展名用

fmt 表示,其作用是将图像矩阵 I 存储为以 fmt 为扩展名的 filename 图像文件。

```
imwrite(I,map,filename,fmt)
```

其中,filename 是一个含有图像文件全名的字符串(若文件存储路径省略,则存储到当前文件夹中),文件扩展名用 fmt 表示,其作用是将图像矩阵 I 和颜色表 map 存储为以 fmt 为扩展名的 filename 索引图像文件。

【例 8-40】 在 MATLAB 中用 imwite 函数将图像数据存储为新的图像文件。

程序命令代码如下:

```
>> A = rand(100);                       % 创建 0~1 的均匀分布的数值矩阵 A
>> imwrite(A,'myfig.tif','tif')         % 将数值矩阵 A 存为当前文件夹 myfig.tif 图像
>> I = imread('myfig.tif');             % 读取刚存储的图像文件
>> imshow(I)                            % 显示图像
>> B = imread('autumn.tif');            % 读取 autumn.tif 真彩图像
>> C = B(50:150,100:250,:);             % 剪切部分图像
>> imwrite(C,'autumn - part.jpg','jpg') % 将剪切后的图像存储为 autumn - part.jpg
>> D = imread('autumn - part.jpg');     % 读取刚剪切后存储的图像文件
>> imshow(B)                            % 显示原始图像
>> imshow(D)                            % 显示剪切后图像
```

显示的图像如图 8-37 所示。

(a) 创建的均匀分布灰度图　　(b) 原始彩色图　　(c) 剪切后的彩色图

图 8-37　图像数据存储图像文件

8.3.2　数字图像的类型及转换

1. 图像类型

MATLAB 图像处理工具箱定义了 4 种基本的图像类型:二值图像、灰度图像、索引图像和真彩图像。

1) 二值图像

二值图像是一个黑白图像,颜色只取 0 和 1 两个值,0 表示黑色,1 表示白色。数据类型为 logical(逻辑型)。需要注意的是,其他类型(如 double 或 uint8 类型)数组的 0 和 1 并不能表示黑白二值图像。

例如,在命令行窗口读入一幅二值图像并显示,再查看像素值。

程序代码如下:

```
I2 = imread('circles.png');             % 读入一幅 circles.png 二值图像
>> imshow(I2)                           % 显示二值图像
>> whos I2
```

```
Name          Size           Bytes      Class      Attributes
I2            256×256        65536      logical
```

运行结果如图 8-38 所示。从二值图像中选择一个小方块进行观察,图 8-38(b)是二值图像的像素值,可以看到只有 0 和 1 两个值,0 表示黑色,1 表示白色。用 whos 函数查看二值图像矩阵 I2 的信息,显示类型是 logical。

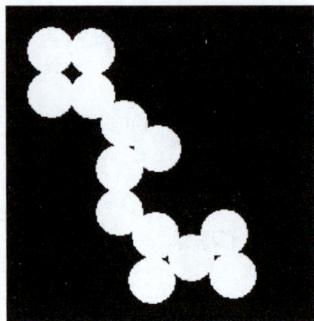

☑ 256x256 logical						
	18	19	20	21	22	23
25	0	0	0	0	0	1
26	0	0	0	0	1	1
27	0	0	0	0	1	1
28	0	0	0	0	1	1
29	0	0	0	1	1	1
30	0	0	0	1	1	1
31	0	0	1	1	1	1
32	0	0	1	1	1	1
33	0	0	1	1	1	1
34	0	0	1	1	1	1
35	0	1	1	1	1	1

(a) 二值图像　　　　　　　　　　　(b) 像素值

图 8-38　二值图像及像素值

MATLAB 提供 logical 函数,可以把数值数组强制转换为逻辑型。其调用格式如下:

```
I = logical(A)
```

其中,A 为数值数组,I 为逻辑数组,规则是将 A 中所有非零数值置换为逻辑 1,所有 0 值置换为逻辑 0。需要注意的是,数值 0 和逻辑 0 不是同一个概念,数值 0 若是 double 类型,则存储需要 8 字节,而逻辑 0 存储只需要 1 字节。

MATLAB 提供 islogical 函数用来测试数组是否为逻辑数组。例如:

```
>> clear
>> A = eye(5);                  % 创建一个 5×5 的单位数值矩阵
>> I = logical(A)               % 将数值矩阵 A 转换为逻辑矩阵 I
I =
    1    0    0    0    0
    0    1    0    0    0
    0    0    1    0    0
    0    0    0    1    0
    0    0    0    0    1
>> islogical(A)                 % 测试 A 矩阵是否为逻辑矩阵
ans =
    0
>> islogical(I)
ans =
    1
>> whos A I
  Name          Size           Bytes      Class      Attributes
  A             5×5            200        double
  I             5×5            25         logical
```

从结果可知,A 为数值矩阵,数据类型是 double,每个元素存为 8 字节;I 为逻辑矩阵,每个元素存为 1 字节。

2）灰度图像

在 MATLAB 中，把一幅灰度图像存储为一个二维矩阵，矩阵中的每个元素的值表示每个像素的灰度值。对于一个 double 类型的灰度矩阵，0 表示黑色，1 表示白色，像素值的取值范围为[0,1]。小于 0 的 double 数值均置换为 0，显示为黑色；大于 1 的 double 数值均置换为 1，显示为白色。灰度图像更多时候是使用 uint8 类型和 uint16 类型，像素的取值范围分别为[0,255]和[0,65535]，0 表示黑色，255 和 65535 表示白色，颜色从黑到白分为 256 级和 65536 级。

【例 8-41】　生成一个 3×3 块的 double 数值矩阵，用 imshow 显示灰度图像。

程序命令代码如下：

```
>> A1 = -1 * ones(50);        % 50×50 的数值为 -1 的 double 矩阵,颜色为黑色
>> A2 = zeros(50);            % 50×50 的数值为 0 的 double 矩阵,颜色为黑色
>> A3 = 0.1 * ones(50);
>> A4 = 0.2 * ones(50);
>> A5 = 0.3 * ones(50);
>> A6 = 0.5 * ones(50);
>> A7 = 0.7 * ones(50);
>> A8 = ones(50);
>> A9 = 2 * ones(50);         % 50×50 的数值为 2 的 double 矩阵,颜色为白色
>> A = [A1,A2,A3;A4 A5 A6;A7 A8 A9];   % 合成一个 3×3 块的 double 矩阵
>> imshow(A)                  % 显示灰度图像
>> I = imread('cameraman.tif');   % 读入 cameraman.tif 灰度图像
>> imshow(I)                  % 显示灰度图像
```

显示的图像如图 8-39 所示。

(a) 构造double类型灰度图像　　　　(b) uint8 类型灰度图像

图 8-39　double 类型和 uint8 类型的灰度图像

3）索引图像

索引图像在 MATLAB 存储为两部分：数据矩阵 X 和颜色表矩阵 map。颜色表矩阵 map 是一个大小为 $m \times 3$ 的数组，数组元素的值由[0,1]区间的浮点数构成，m 是定义的颜色数。map 的每一行都定义单色的红 R、绿 G 和蓝 B 分量。数据矩阵 X 的元素值并不是颜色值，而是颜色表矩阵的索引值。索引图像的结构如图 8-40 所示。

```
>> [X,map] = imread('trees.tif');
```

图 8-40 左边是一幅 256 色的 uint8 类型的索引图像，map 的长度 m 是 256。从图像中选取一个小方块来观察图像，中间部分是对应的数据矩阵 X，右边是颜色表矩阵 map，map 的第一列是红色分量，第二列是绿色分量，第三列是蓝色分量。数据矩阵中所有的 11 都表

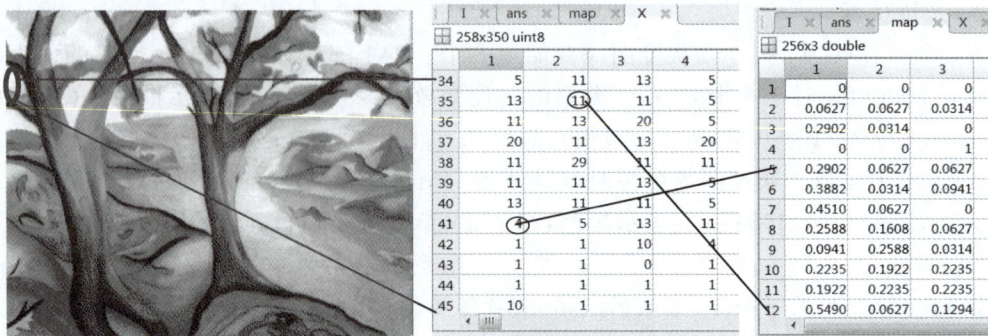

图 8-40　索引图像的结构图

示该像素为颜色矩阵中的第 12 行颜色值。

4) 真彩图像

真彩图像在 MATLAB 中存储为 $m \times n \times 3$ 的三维数据矩阵。其中,$m \times n \times 1$(第一层)矩阵存红色分量;$m \times n \times 2$(第二层)矩阵存绿色分量;$m \times n \times 3$(第三层)矩阵存蓝色分量。真彩色图像不适用颜色表,图像的像素的颜色由像素所在位置上的红、绿和蓝的强度配色确定。例如,颜色值$(0,0,0)$显示的是黑色;颜色值$(255,255,255)$显示的是白色。如图 8-41 所示,数据矩阵使用的是 uint8 类型,像素$(1,1)$的红、绿和蓝颜色值分别对应保存在三维矩阵中的元素,$(1,1,1)$红色值为 63,$(1,1,2)$绿色值为 35,$(1,1,3)$蓝色值为 64。

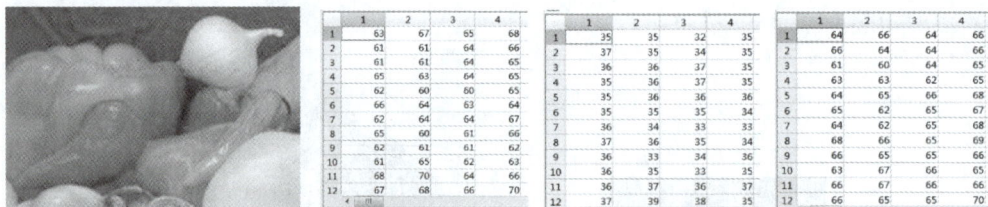

(a) 真彩色图像　　　(b) 红色分量　　　(c) 绿色分量　　　(d) 蓝色分量

图 8-41　真彩色图像及数据矩阵

2. 图像转换

在图像处理中,有时需要对 4 种图像类型进行转换。MATLAB 提供了 4 种图像基本类型的转换函数。

1) 灰度图像转换为索引图像

在 MATLAB 中,灰度图像转换为索引图像可以用 gray2ind 函数实现。函数调用格式如下:

```
[X,map] = gray2ind(I,n)              % 灰度图像转换为索引图像
```

其中,I 为灰度图像,n 是颜色表的大小,系统默认为 64,X 是转换后索引图像的数据矩阵,map 是颜色表矩阵。当 I 为二值图像时,也可以用该函数实现二值图像转换为索引图像。

例如:

```
>> I = imread('moon.tif');
>> [X,map] = gray2ind(I,256);
>> whos
```

```
Name        Size           Bytes      Class      Attributes
  I        537×358         192246     uint8
  X        537×358         192246     uint8
map        256×3           6144       double
```

2）索引图像转换为灰度图像

在 MATLAB 中，索引图像转换为灰度图像可以用 ind2gray 函数实现。函数调用格式如下：

```
I = ind2gray(X,map)                    % 索引图像转换为灰度图像
```

其中，X 为索引图像的数据矩阵，map 为颜色表矩阵，I 为转换后的灰度图像。X 可以是 uint8、uint16、single 和 double 数据类型，map 为 double 类型。

例如，将索引图像转换为灰度图像并显示。

程序代码如下：

```
>> I = ind2gray(X,map);
>> imshow(I)
>> [X,map] = imread('trees.tif');
>> imshow(X,map)
>> I = ind2gray(X,map);
>> figure,imshow(I)
```

结果如图 8-42 所示。

(a) 索引图像　　　　　　　　　　(b) 灰度图像

图 8-42　索引图像转换为灰度图像

3）索引图像转换为真彩图像

在 MATLAB 中，索引图像转换为真彩图像可以用 ind2rgb 函数实现。函数调用格式如下：

```
RGB = ind2rgb(X,map)                    % 索引图像转换为真彩图像
```

其中，X 为索引图像的数据矩阵，map 为颜色表矩阵，RGB 为转换后的真彩图像。X 可以是 uint8、uint16、single 和 double 数据类型，map 为 double 类型，RGB 的大小为 m×n×3，其中 m×n 为图像 X 的分辨率大小。

4）真彩图像转换为灰度图像

在 MATLAB 中，真彩图像转换为灰度图像可以用 rgb2gray 函数实现。函数调用格式如下：

```
I = rgb2gray(RGB)
```

其中，I 为转换后的灰度图像，RGB 为转换之前的真彩图像。

真彩图像转换为灰度图像也可以按照下面的算法公式进行：

$$I = 0.299 \times R + 0.587 \times G + 0.114 \times B$$

其中,R、G 和 B 分别为图像像素的红、绿和蓝分量。

例如,真彩图像转换为灰度图像并显示。

程序代码如下:

```
>> RGB = imread('football.jpg');
>> I = rgb2gray(RGB);
>> imshow(I)
>> figure
>> imshow(RGB)
```

结果如图 8-43 所示。

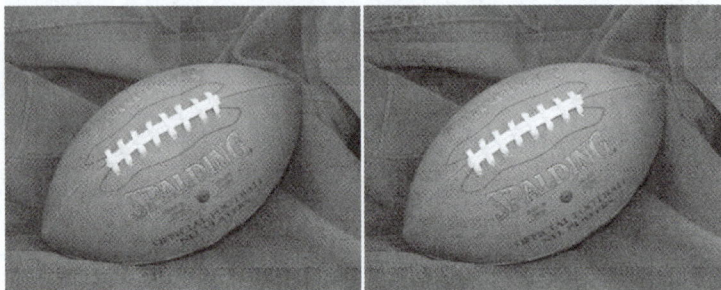

(a) RGB真彩图像   (b) 灰度图像

图 8-43　真彩色图像转换为灰度图像

5）真彩图像转换为索引图像

在 MATLAB 中,真彩图像转换为索引图像可以用 rgb2ind 函数实现,函数调用格式如下。

（1）[X,map] = rgb2ind(RGB, n)　　　% 按预先设置的颜色数,将真彩图像转换为索引图像

其中,X 为转换后的索引图像的数据矩阵,map 为转换后的颜色表矩阵,n 为转换后的颜色表的颜色数,RGB 为转换前的真彩图像。

（2）X = rgb2ind(RGB, map)　　　% 按预先设置的颜色表,将真彩图像转换为索引图像

其中,map 为预先规定的颜色表矩阵,map 的长度必须不超过 65536。

（3）[X,map] = rgb2ind(RGB, tol)

用均匀量化的方法将真彩图像 RGB 转换为索引图像 X,map 是生成的颜色表,tol 的范围为 0~1。

6）一般图像转换为二值图像

在 MATLAB 中,一般图像转换为二值图像可以用 im2bw 函数实现,函数调用格式如下。

（1）BW = im2bw(I,level)

这种格式是将灰度图像 I 转换为二值图像 BW,level 是图像二值化的阈值,取值范围为 0~1,系统默认 level 是 0.5。

im2bw 函数首先把灰度图像 I 的值归一化为 0~1 的 double 类型。具体做法是:对于 uint8 类型图像,把所有像素点值除以 255;对于 uint16 类型图像,则把所有像素点值除以 65535。再根据阈值 level 进行转换,规则是输入灰度图像像素点的值小于阈值 level 的设置

为 0,显示为黑色,相反,输入灰度图像像素点的值大于阈值 level 的设置为 1,显示为白色,从而实现灰度图像转换为二值图像的操作。

(2) BW = im2bw(X,map, level)

这种格式是将索引图像 X 转换为二值图像 BW,map 是 X 对应的颜色表。

(3) BW = im2bw(RGB, level)

这种格式是将真彩图像 RGB 转换为二值图像 BW。

【例 8-42】　利用函数 im2bw 分别将灰度图像、真彩图像和索引图像转换为二值图像,并显示转换前后的图像。

程序代码如下:

```
close all
I = imread('riceblurred.png');
I1 = im2bw(I);
RGB = imread('onion.png');
I2 = im2bw(RGB,0.4);
[X,map] = imread('trees.tif');
I3 = im2bw(X,map,0.6);
imshow(I)
figure;imshow(I1)
figure;imshow(RGB)
figure;imshow(I2)
figure;imshow(X,map)
figure;imshow(I3)
```

结果如图 8-44 所示。

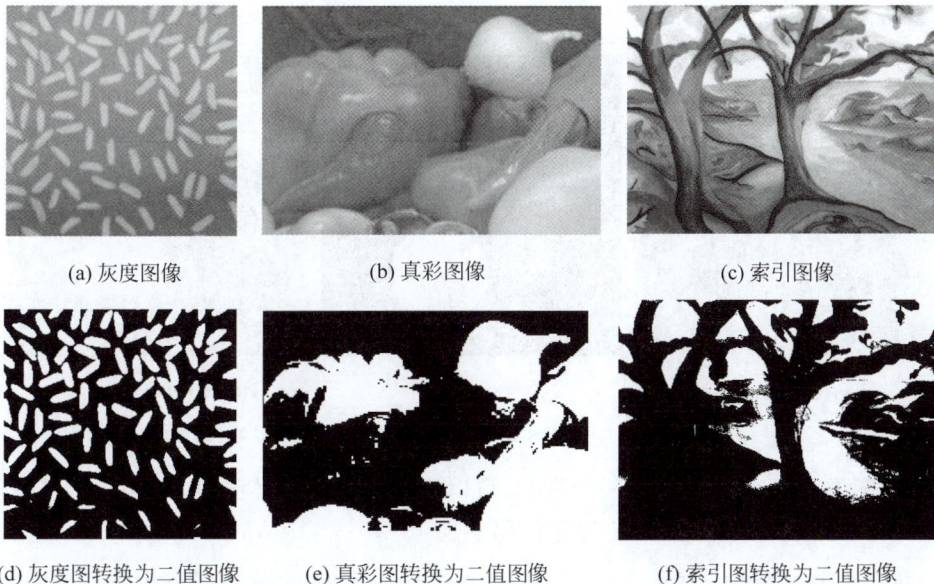

(a) 灰度图像　　(b) 真彩图像　　(c) 索引图像

(d) 灰度图转换为二值图像　(e) 真彩图转换为二值图像　(f) 索引图转换为二值图像

图 8-44　图像转换为二值图像

8.3.3　图像的基本运算

在图像处理中,有时需要对图像进行运算,图像的运算方式可以分为图像的代数运算和图像的几何运算。

1. 图像的代数运算

图像的代数运算是指两幅同维图像对应像素点进行加、减、乘和除等代数运算,得到同维的输出图像的过程。图像的代数运算实际上可以理解为两个图像数组或矩阵点运算。

1)图像的相加运算

图像的相加运算一般用于对同一场景的多幅图像求算术平均,以便有效地降低随机噪声的影响。图像融合可以理解为图像的相加运算。

MATLAB 提供 imadd 函数实现两幅图像的相加或给一幅图像加上一个常数的运算。函数调用格式如下:

```
I = imadd(I1,I2)
```

imadd 函数的功能是将输入图像 I1 和 I2 的对应像素值相加,如果值大于 255,则该元素值设为 255,并将结果返回给输出图像 I 的对应像素值。

【例 8-43】 利用 imadd 函数实现两个同维图像的相加运算,并显示结果。

程序代码如下:

```
close all
clear
I1 = imread('cameraman.tif');      % 读入 cameraman 图像,保存在矩阵 I1 中
I2 = imread('moon.jpg');           % 读入 moon 图像,保存在矩阵 I2 中
I = imadd(I1,I2);                  % 将两幅图像相加,保存在 I 中
imwrite(I,'cameraman_moon.jpg')    % 将相加后的图像保存为 cameraman_moon.jpg
imshow(I1);                        % 显示图像
figure;imshow(I2);
figure;imshow(I)
```

结果如图 8-45 所示。

(a) cameraman   (b) moon   (c) cameraman_moon

图 8-45 图像相加

给一幅图像的每个像素加上一个常数,可以增加图像的整体亮度,相当于实现图像的增强,如图 8-46 所示。可以用下面的程序代码实现:

```
I1 = imread('cameraman.tif');      % 读入 cameraman 图像,保存在矩阵 I1 中
I = imadd(I1,40);                  % 将两幅图像相加,保存在 I 中,
subplot(1,2,1);imshow(I1);         % 显示图像
subplot(1,2,2);imshow(I);
```

2)图像的相减运算

图像相减运算也称为图像差分运算,可以使用图像相减运算来检测具有相同背景的运动物体。

(a) 原始图像 (b) 相加后的图像

图 8-46 图像与常数相加

MATLAB 提供 imsubtract 函数实现两幅图像的相减或给一幅图像减去一个常数的运算。函数调用格式如下：

```
I2 = imsubtract(I,I1)
```

imsubtract 函数的功能是将输入图像 I 和 I1 的对应像素值相减，如果值小于 0，则该元素值设为 0，并将结果返回给输出图像 I2 的对应像素值。

【例 8-44】 利用 imsubtract 函数实现两个同维图像的相减运算，以及完成一个图像减去一个常数的运算，并显示结果。

程序代码如下：

```
close all
clear
I = imread('cameraman_moon.jpg');        % 读入 cameraman_moon 图像,保存在矩阵 I 中
I1 = imread('cameraman.tif');            % 读入 cameraman 图像,保存在矩阵 I1 中
I2 = imsubtract(I,I1);                   % 将两幅图像相减,结果保存在 I2 中,
I3 = imsubtract(I,50);
imshow(I);
figure;imshow(I1);
figure;imshow(I2);
figure;imshow(I3);
```

结果如图 8-47 所示。

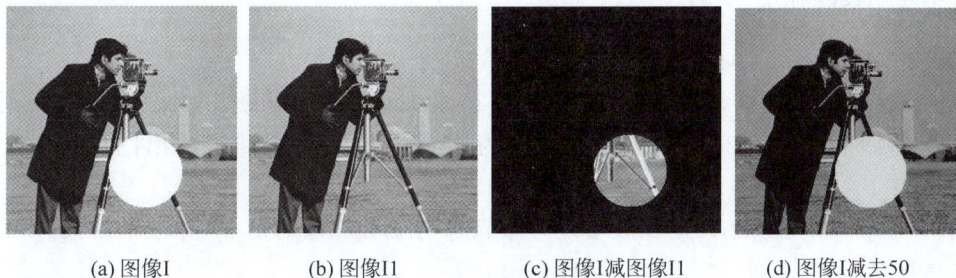

(a) 图像I (b) 图像I1 (c) 图像I减图像I1 (d) 图像I减去50

图 8-47 图像相减

3) 图像的相乘运算

两幅图像的相乘可以实现图像的局部增强，或者将图像的某一部分去掉。而一幅图像乘以一个常数通常实现图像的增强或者弱化的作用。

MATLAB 提供 immultiply 函数实现两幅图像的相乘或给一幅图像乘以一个常数的运

算。函数调用格式如下：

```
I = immultiply(I1,I2)
```

immultiply 函数的功能是将输入图像 I1 和 I2 的对应像素值相乘，如果值小于 0，则该元素值设为 0，如果值大于 255，则该元素值设为 255，并将结果返回给输出图像 I 的对应像素值。

【例 8-45】 利用 immultiply 函数实现一个图像与常数相乘的运算，并显示结果。

程序代码如下：

```
close all
I = imread('cameraman.tif');        % 读入 cameraman 图像,保存在矩阵 I 中
I1 = immultiply(I,1.5);             % 图像 I 乘以 1.5
I2 = immultiply(I,0.5);             % 图像 I 乘以 0.5
imshow(I);                          % 显示图像
figure;imshow(I1);
figure;imshow(I2);
```

结果如图 8-48 所示。

(a) 原始图像I　　　　　　　(b) 图像I乘以1.5　　　　　　　(c) 图像I乘以0.5

图 8-48　图像相乘

4）图像的相除运算

两幅图像相除，或者一幅图像除以一个常数，可以实现图像的局部增强或者弱化作用。

MATLAB 提供 imdivide 函数实现两幅图像的相除或给一幅图像除以一个常数的运算。函数调用格式如下：

```
I = imdivide(I1,I2)
```

imdivide 函数的功能是将输入图像 I1 和 I2 的对应像素值相除，如果值小于 0，则该元素值设为 0，如果值大于 255，则该元素值设为 255，并将结果返回给输出图像 I 的对应像素值。

【例 8-46】 利用 imdivide 函数实现一个图像与常数相除的运算，并显示结果。

程序代码如下：

```
close all
I = imread('cameraman.tif');        % 读入 cameraman 图像,保存在矩阵 I1 中
I1 = imdivide (I,1.5);              % 图像 I 除以 1.5
I2 = imdivide (I,0.5);             % 图像 I 除以 0.5
imshow(I);                          % 显示图像
figure;imshow(I1);
figure;imshow(I2);
```

结果如图 8-49 所示。

(a) 原始图像I   (b) 图像I除以1.5   (c) 图像I除以0.5

图 8-49　图像相除

2. 图像的几何运算

图像的几何运算是指图像的几何形状发生改变的运算,常见的几何运算包括图像的缩放、旋转和剪切等。

1) 图像的缩放

图像的缩放是指在保持原有图像形状的基础上对图像的大小进行放大或者缩小。MATLAB 提供 imresize 函数实现一幅图像的缩放。函数调用格式如下:

```
B = imresize(A, SCALE, METHOD)
[Y, MAP1] = imresize(X, MAP, SCALE, METHOD)
```

其中,A 为原始图像,可以是灰度图、真彩图和二值图像;X 和 MAP 是原始索引图像的数据和颜色表;SCALE 是缩放系数,大于 1 表示放大 SCALE 倍,小于 1 表示图像的横纵坐标分别缩小到原始图像的 SCALE 倍;METHOD 为插值方法,可以取值为 nearest、bilinear 和bicubic;B 为缩放后的图像;Y 和 MAP1 为缩放后的索引图像的数据和颜色表。

【例 8-47】　利用 imresize 函数实现一个灰度图像和一个索引图像的缩放,并显示结果。

程序代码如下:

```
close all
I = imread('cameraman.tif');               % 调入一幅灰度图像
[X,map] = imread('trees.tif')              % 调入一幅索引图像
I1 = imresize(I,0.5);                       % 灰度图像的横纵坐标分别缩小到原始图像的 0.5 倍
[Y, map1] = imresize(X, map, 2, 'bilinear');% 索引图像放大 2 倍
imshow(I);
figure;imshow(I1);
figure;imshow(X,map);
figure;imshow(Y,map1)
```

微课视频

结果如图 8-50 所示。

2) 图像的旋转

MATLAB 提供 imrotate 函数实现一幅图像的旋转。函数调用格式如下:

```
J = imrotate(I, ANGLE, METHOD, BBOX)
```

其中,I 是需要旋转的图像;ANGLE 是旋转的角度,正值为逆时针,负值为顺时针;METHOD 是插值的方法,可以取值为 nearest、bilinear 和 bicubic;BBOX 为旋转后图像显示方式;J 是旋转后的图像。

(a) 灰度图像

(b) 横纵坐标分别缩小到
原始图像的0.5倍的灰度图像

(c) 索引图像

(d) 放大2倍的索引图像

图 8-50   图像的缩放

【例 8-48】   利用 imrotate 函数实现一个灰度图像的旋转,并显示结果。

程序代码如下:

```
close all
I = imread('cameraman.tif');            % 读入待旋转的图像
J = imrotate(I,30,'bilinear','crop');   % 逆时针旋转 30°后的图像
imshow(I)
figure;imshow(J)
```

结果如图 8-51 所示。

(a) 原始图像

(b) 逆时针旋转30°图像

图 8-51   图像的旋转

3) 图像的剪切

图像的剪切是指将图像不需要的部分切掉,保留感兴趣的部分。MATLAB 提供 imcrop 函数实现一幅图像的剪切。函数调用格式如下:

```
(1) J = imcrop(I)            % 用鼠标指定剪切区域,对图像进行剪切
(2) J = imcrop(I,RECT)       % 按指定剪切区域,对图像进行剪切
```

其中,I 为待剪切的图像,可以是灰度图、真彩图和索引图;J 为剪切后的图像;RECT 为指

定的剪切区域,使用坐标点[XMIN YMIN WIDTH HEIGHT]来确定。

【例8-49】 利用imcrop函数实现一个灰度图像和一个真彩图像的剪切,并显示结果。

程序代码如下:

```
close all
I = imread('cameraman.tif');
I1 = imread('autumn.tif')
J = imcrop(I,[50 50 150 100]);          % 按指定区域剪切图像
J1 = imcrop(I1);                        % 用鼠标选定区域剪切图像
imshow(I)
figure;imshow(J)
figure;imshow(I1)
figure;imshow(J1)
```

结果如图8-52所示。

(a) 灰度图像   (b) 指定区域剪切

(c) 真彩图像   (d) 用鼠标指定区域剪切

图 8-52　图像的剪切

8.3.4　图像增强

图像增强通过采用相关技术,提高图像的清晰度,改善图像的视觉效果。图像增强的方法分为空间域增强和频率域增强,本节简单介绍利用直方图技术的空间域图像增强方法。

1. 图像的直方图

图像的直方图反映一幅图像中的灰度级与出现这种灰度的概率之间的关系,其横坐标是灰度级,纵坐标是该灰度出现的频率。图像直方图是空间域处理技术的基础,能用于图像增强。

MATLAB提供imhist函数显示一幅图像的直方图。函数调用格式如下:

```
imhist(I,n)                             % 显示一幅灰度图像的直方图
imhist(X,map)                           % 显示一幅索引图像的直方图
```

其中,I为灰度图像;X和map是索引图像的数据和颜色表;n为灰度级,默认是256,可以省略。

【例 8-50】 利用 imhist 函数实现一个灰度图像的直方图,并显示结果。

程序代码如下:

```
I = imread('cameraman.tif');
subplot(1,2,1);imshow(I)
subplot(1,2,2);imhist(I,128)
```

结果如图 8-53 所示。

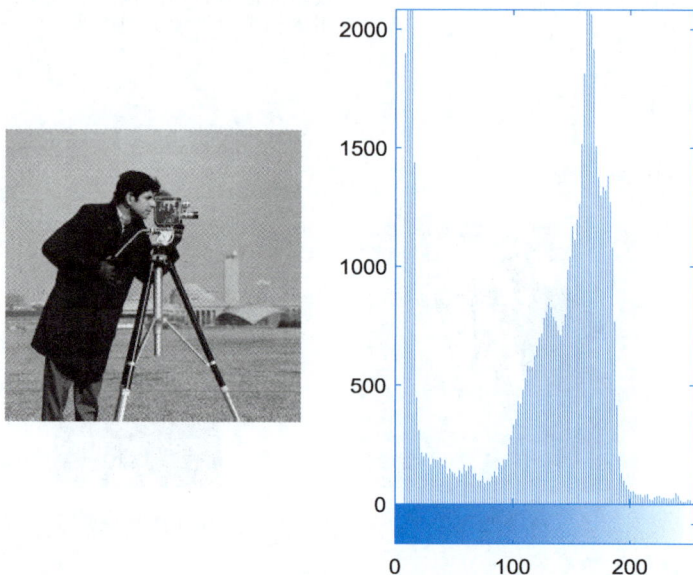

图 8-53　图像的直方图

2. 图像的灰度调整增强

灰度调整是图像增强的重要方法,可以使图像的动态范围增大,对比度得到扩展,图像更清晰。MATLAB 提供 imadjust 函数实现一幅图像的灰度调整。函数常用调用格式如下:

```
J = imadjust(I)
```

其中,I 为输入图像,J 为灰度调整后的图像。

【例 8-51】 利用 imadjust 函数实现一个灰度图像的灰度调整,并显示结果。

程序代码如下:

```
I = imread('spine.tif');
J = imadjust(I);
subplot(2,2,1);imshow(I)
subplot(2,2,2);imhist(I,64)
subplot(2,2,3);imshow(J)
subplot(2,2,4);imhist(J,64)
```

结果如图 8-54 所示。

3. 图像的直方图均衡增强

直方图均衡化增强是指将图像变换为一幅具有均匀灰度概率密度分布的新图像,可以使图像动态范围增大,增强图像的对比度,使图像更清晰。MATLAB 提供 histeq 函数实现图像的均衡化增强。函数常用调用格式如下:

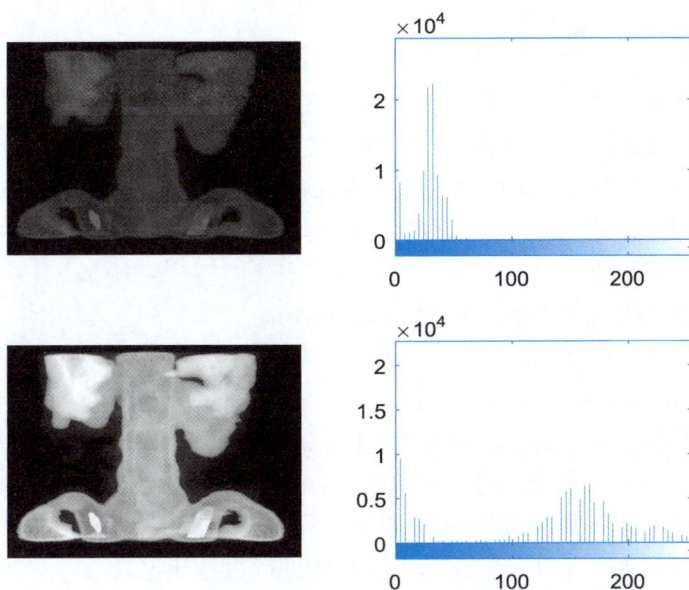

图 8-54　图像的灰度调整增强

```
J = histeq(I)
```

其中,I 为输入图像,J 为直方图均衡化增强的图像。

【例 8-52】　利用 histeq 函数实现一个灰度图像的直方图均衡化增强,并显示结果。

程序代码如下:

```
I = imread('pout.tif');
J = histeq(I);
subplot(2,2,1);imshow(I)
subplot(2,2,2);imhist(I,64)
subplot(2,2,3);imshow(J)
subplot(2,2,4);imhist(J,64)
```

结果如图 8-55 所示。

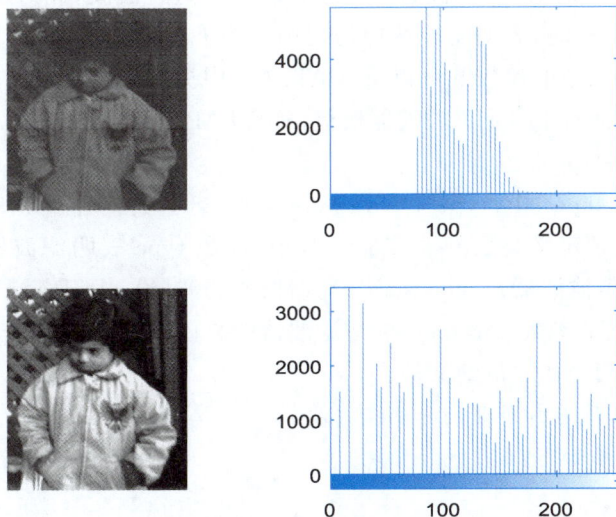

图 8-55　图像的直方图均衡化增强

8.3.5 图像滤波

图像滤波可以突出图像中的某些信息,同时抑制或消除那些不需要的信息,进而提高图像的质量。例如,加强图像中的高频分量,可以突出图像中的边缘信息,从而使得图像中物体的轮廓更为清晰。但是,图像滤波不以图像保真为准则,它主要是以改善图像的视觉效果、增强图像清晰度以及便于后续特征提取与分析为目的。在 MATLAB 中,能进行图像滤波的常用函数有如下几种。

1. 基于卷积的图像滤波函数 filter2 以及 imfilter

调用格式 1:B=filter2(h,A)。

调用格式 2:B=filter2(h,A,shape)。

函数功能:用指定的滤波器模板对图像 A 进行二维线性数字滤波。其中,B=filter2(h,A,shape)返回图像 A 经算子 h 滤波后的结果;h 为线性数字滤波器;参数 shape 用于指定滤波器的计算范围,其关键字说明如下:

(1) shape='full'时,表明在滤波时会对图像进行边界补零;

(2) shape='same'时,表明返回与图像 A 等大的图像 B;

(3) shape='valid'时,表明滤波时不对图像进行边界补零,只计算有效输出部分。

调用格式 1:B=imfilter(A,h)。

调用格式 2:B=imfilter(A,h,option1,option2,…)。

函数功能:用指定的滤波器模板对图像 A 进行二维线性数字滤波。其中,h 为线性数字滤波器(算子);B=imfilter(A,h,option1,option2,…)返回图像 A 经算子 h 和指定的参数 option 后的滤波结果;参数 option 用于指定边界填充选项以及滤波选项,其关键字说明如下:

(1) option='symmetric'时,表明填充选项为边界对称;

(2) option='replicace'时,表明填充选项为边界幅值,此为默认项;

(3) option='circular'时,表明填充选项为边界循环,输出尺寸选项,其与 filter2 函数中的 shape 参数相同;

(4) option='corr'时,表明滤波选项为使用相关性进行滤波,此为默认项;

(5) option='conv'时,表明滤波选项为使用卷积进行滤波。

以上两个滤波函数中的参数 h 可以是 MATLAB 中提供的预定义滤波器模板,也可以是自定义的滤波器模板。对于自定义滤波器模板,MATLAB 提供了 fspecial 函数来实现该功能。

调用格式 1:h=fspecial('type')。

调用格式 2:h=fspecial('type','parameters')。

函数功能:生成预定义类型的滤波器。其中,参数 type 表明滤波器的种类,可取的关键字为'average'(均值滤波器)、'gaussian'(高斯低通滤波器)、'laplacian'(拉普拉斯算子)和'sobel'(sobel 算子)等;参数 parameters 与滤波器的具体种类有关。fspecial 函数的详细使用说明,请参考 MATLAB 的帮助文档。

【例 8-53】 对 7 阶魔方阵进行 sobel 滤波。

MATLAB 源程序如下:

```
clear;
A = magic(7)                        % 7 阶魔方阵
```

微课视频

```
h = fspecial('sobel')                    % 生成 sobel 算子,默认状态下算子大小是 3×3
B = filter2(h,A,'valid')                 % 用 sobel 算子对图像(矩阵)A进行滤波,且不考虑边界补零
```

程序运行结果如下:

```
>> exam_8_61
A =
    30    39    48     1    10    19    28
    38    47     7     9    18    27    29
    46     6     8    17    26    35    37
     5    14    16    25    34    36    45
    13    15    24    33    42    44     4
    21    23    32    41    43     3    12
    22    31    40    49     2    11    20
h =
     1     2     1
     0     0     0
    -1    -2    -1
B =
    90    97    -8   -64   -57
    90    -1   -57   -57   -50
    -1   -57   -64   -57    -1
   -50   -57   -57    -1    90
   -57   -64    -8    97    90
```

由本例可见,虽然矩阵 A 是 7×7 阶,h 为 3×3 阶,但因为不考虑边缘像素点,所以滤波后的矩阵 B 大小仅有 5×5 阶。因此,在对图像进行滤波的过程中,如果不进行边界填充,则滤波后的图像与原始图像的尺寸会不一致。

【例 8-54】 通过不同的滤波窗口对图像实现平滑滤波处理。

所得结果如图 8-56 所示,MATLAB 源程序如下:

```
A = imread('Cameraman.bmp');            % 读取原始图像
subplot(231);imshow(A);
xlabel('(a) 原始图像');
A1 = imnoise(A,'salt & pepper',0.02);   % 给图像添加椒盐噪声
subplot(232);imshow(A1);
xlabel('(b) 添加椒盐噪声的图像');
B1 = filter2(fspecial('average',3),A1)/255;   % 进行 3×3 模板平滑滤波
B2 = filter2(fspecial('average',5),A1)/255;   % 进行 5×5 模板平滑滤波
B3 = filter2(fspecial('average',7),A1)/255;   % 进行 7×7 模板平滑滤波
B4 = filter2(fspecial('average',9),A1)/255;   % 进行 9×9 模板平滑滤波
subplot(233),imshow(B1);
xlabel('(c) 3*3 模板平滑滤波');
subplot(234),imshow(B2);
xlabel('(d) 5*5 模板平滑滤波');
subplot(235),imshow(B3);
xlabel('(e) 7*7 模板平滑滤波');
subplot(236),imshow(B4);
xlabel('(f) 9*9 模板平滑滤波');
```

微课视频

2. 中值滤波

中值滤波是一种非线性滤波,其基本原理是把数字图像或数字序列中一点的值用该点的一个邻域中各点值的中值来替代。在 MATLAB 中,能实现中值滤波的是 medfilt2 函数,其函数调用方法如下。

调用格式:B=medfilt2(A,[m,n])。

(a) 原始图像　　(b) 添加椒盐噪声的图像　　(c) 3×3模板平滑滤波

(d) 5×5模板平滑滤波　　(e) 7×7模板平滑滤波　　(f) 9×9模板平滑滤波

图 8-56　图像在不同模板下的平滑滤波

函数功能：对图像矩阵 A 进行二维中值滤波，得到图像矩阵 B。其中，[m,n]为指定滤波器窗口的大小，函数每个输出像素都是该像素 m×n 邻域像素的中值。

【例 8-55】　利用中值滤波去除图像中的多种噪声。

所得结果如图 8-57 所示，MATLAB 源程序如下：

```
A = imread('pens.bmp');              % 读取图像
M = rgb2gray(A);
N1 = imnoise(M,'salt & pepper',0.02);  % 中值滤波去噪
N2 = imnoise(M,'gaussian',0,0.02);
N3 = imnoise(M,'speckle',0.02);
G1 = medfilt2(N1);
G2 = medfilt2(N2);
G3 = medfilt2(N3);
subplot(2,3,1);imshow(N1);
xlabel('(a) 添加椒盐噪声图像');
subplot(2,3,2);imshow(N2);
xlabel('(b) 添加高斯噪声');
subplot(2,3,3);imshow(N3);
xlabel('(c) 添加乘性噪声');
subplot(2,3,4);imshow(G1);
xlabel('(d) 椒盐噪声中值滤波图像');
subplot(2,3,5);imshow(G2);
xlabel('(e) 高斯噪声中值滤波图像');
subplot(2,3,6);imshow(G3);
xlabel('(f) 乘性噪声中值滤波图像');
```

3. 二维统计顺序滤波

二维统计顺序滤波是中值滤波的推广。对于给定的 n 个数值$\{a_1,a_2,\cdots,a_n\}$，将它们按照由小到大的顺序排列，将处于第 k 个位置的元素作为图像的滤波输出，则称此时为序号为 k 的二维统计滤波。在 MATLAB 图像处理工具箱中，ordfilt2 函数可对图像进行二维统计顺序滤波，其函数调用方法如下。

| (a) 添加椒盐噪声图像 | (b) 添加高斯噪声 | (c) 添加乘性噪声 |

| (d) 椒盐噪声中值滤波图像 | (e) 高斯噪声中值滤波图像 | (f) 乘性噪声中值滤波图像 |

图 8-57　中值滤波去除图像中的多种噪声效果对比

调用格式 1：B＝ordfilt2(A,order,domain)。

调用格式 2：B＝ordfilt2(A,order,domain,S)。

函数功能：对图像矩阵 A 进行二维统计顺序滤波,得到图像矩阵 B。其中,order 为滤波器输出的顺序值;domain 是一个用矩阵描述的滤波窗口,其仅含有 0 和 1,1 可定义参与滤波运算的邻域;S 是一个与 domain 大小相同的矩阵,它对应 domain 中非零值位置的输出偏差。

函数说明：B＝ordfilt2(A,5,ones(3,3))相当于 3×3 的中值滤波;B＝ordfilt2(A,1,ones(3,3))相当于 3×3 的最小值滤波;B＝ordfilt2(A,9,ones(3,3))相当于 3×3 的最大值滤波;B＝ordfilt2(A,1,[0 1 0;1 0 1;0 1 0])则输出的是每个像素在东西南北 4 个方向上相邻像素灰度的最小值。

【例 8-56】　采用二维统计顺序滤波对图像进行增强。

所得结果如图 8-58 所示,MATLAB 源程序如下：

```
A = imread('pepper.bmp');
A = rgb2gray(A);
A = im2double(A);
A = imnoise(A,'salt & pepper',0.1);
domain = [0 1 1 0;1 1 1 1;1 1 1 1;0 1 1 0];
J = ordfilt2(A,6,domain);
subplot(121); imshow(A);
xlabel('(a) 含有椒盐噪声的图像');
subplot(122); imshow(J);
xlabel('(b) 排序滤波后的图像');
```

微课视频

4. 自适应滤波

在 MATLAB 中,能对图像进行自适应除噪滤波的函数是 wiener2,它能够对每个像素的局部均值与方差进行估计,该函数调用方法如下。

调用格式 1：B＝wiener2(A,[M N],noise)。

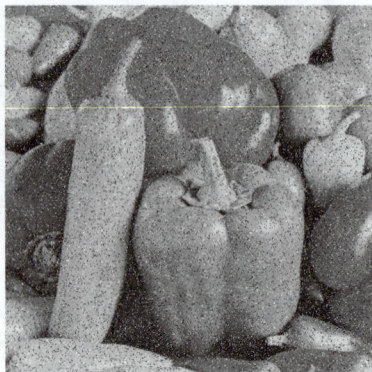

(a) 含有椒盐噪声的图像　　　　　　　　　(b) 排序滤波后的图像

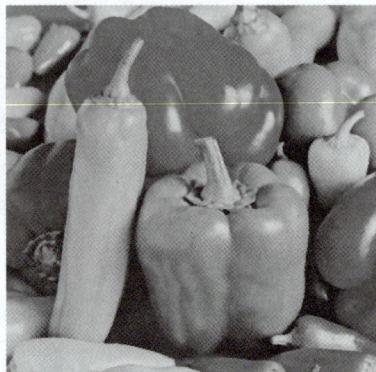

图 8-58　采用二维统计顺序滤波对图像进行增强

调用格式 2：[B, noise]＝wiener2(A, [M N])。

函数功能：采用 M×N 大小的滤波窗口，且在计算出该窗口对应的邻域局部图像的均值与方差后，对图像矩阵 A 进行像素式自适应滤波，得到图像矩阵 B。其中，A 为待滤波的图像矩阵；[M N]为滤波窗口的大小，默认值为 3×3；noise 是噪声功率的估计值；B 为二维自适应除噪滤波后的输出图像。

【例 8-57】　对图像进行自适应滤波增强。

所得结果如图 8-59 所示，MATLAB 源程序如下：

```
Clear all;close all;
A = imread('tape.png');
A = rgb2gray(A);
A = imcrop(A,[100,100,1024,1024]);
J = imnoise(I,'gaussian',0,0.03);
[K,noise] = wiener2(J, [5, 5]);
subplot(121);imshow(J);
xlabel('(a) 含有高斯噪声的图像');
subplot(122);imshow(K);
xlabel('(b) 自适应滤波后的图像');
```

(a) 含有高斯噪声的图像　　　　　　　　　(b) 自适应滤波后的图像

图 8-59　采用自适应滤波对图像进行增强

8.3.6　图像边缘检测

为了检测图像中有意义的不连续性,经常需要对图像中物体的边缘进行检测,而一条边缘可看作一组相连的像素组合,通常这些像素就位于两个区域的边界上。边缘总是以强度突变的形式出现,因此又可以把边缘定义为图像局部的不连续性,如纹理或灰度的突变等。因此,常常需要借助于各种梯度算子模板来完成边缘检测。MATLAB 给出了函数 edge 进行边缘检测,该函数调用方法如下。

调用格式:[g,t]=edge(A,'method',parameters)。

函数功能:选用参数为 parameters 的梯度算子模板'method'对输入图像 A 进行边缘检测,返回数组 g 和参数 t。在输出中,g 是一个逻辑数组,其值按如下方法确定:梯度算子模板在 f 中检测到边缘的位置为 1,没检测到边缘的位置则为 0。参数 t 是可选项,它给出 edge 函数使用的阈值,用于确定边缘点的那个足够大的梯度值。在输入中,A 是输入图像;method 是 edge 函数用于判断边缘的方法,也就是梯度算子模板,常称之为边缘检测器,常用的有 Sobel、Prewitt、Roberts、LoG(Laplacian of a Gaussian)以及 Canny 等;parameters 常用于给出梯度算子模板的某些计算参数,如用于给出梯度算子模板的阈值、标准偏差以及计算方向等。

【例 8-58】 对图像进行自适应滤波增强。

所得结果如图 8-60 所示,MATLAB 源程序如下:

```
A = imread('tape.png');
A = rgb2gray(A);
g1 = edge(A,'Roberts',0.04);        % 用 Roberts 算子进行边缘检测
g2 = edge(A,'Sobel',0.04);          % 用 Roberts 算子进行边缘检测
g3 = edge(A,'Prewitt',0.04);        % 用 Roberts 算子进行边缘检测
g4 = edge(A,'LoG',0.04);            % 用 Roberts 算子进行边缘检测
g5 = edge(A,'Canny',0.04);          % 用 Roberts 算子进行边缘检测
subplot(2,3,1);imshow(A);
xlabel('(a) 原图像');
subplot(2,3,2);imshow(g1);
xlabel('(b) Roberts');
subplot(2,3,3);imshow(g2);
xlabel('(c) Sobel');
subplot(2,3,4);imshow(g3);
xlabel('(d) Prewitt');
subplot(2,3,5);imshow(g4);
xlabel('(e) LoG');
subplot(2,3,6);imshow(g5);
xlabel('(f) Canny');
```

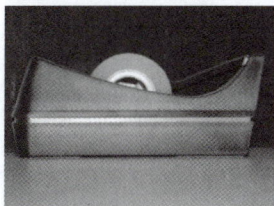
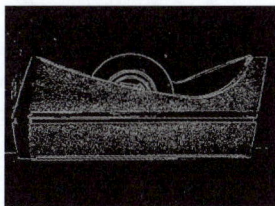
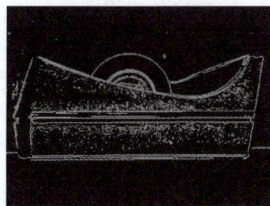

(a) 原图像　　　　　　　　　(b) Roberts　　　　　　　　　(c) Sobel

图 8-60　常用边缘提取算子提取图像边缘的对比

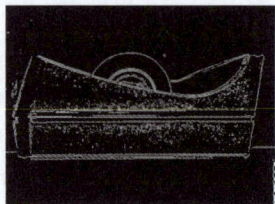 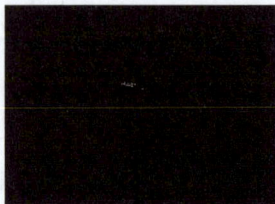 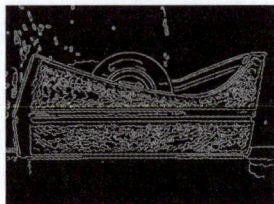

(d) Prewitt   (e) LoG   (f) Canny

图 8-60 （续）

8.3.7 图像压缩

图像压缩讨论的是减少描述数字图像的数据量的问题。数字图像中一般包含三个冗余：编码冗余、像素间冗余和心理视觉冗余。而压缩是通过去除这三个冗余中的一个或多个来实现的。其中,常用于消除数字图像冗余的高效编码方式为哈夫曼编码、香农编码、算数编码以及行程编码等。以下简单介绍 MATLAB 中用于图像压缩的离散余弦变换（DCT）函数和离散余弦逆变换（IDCT）函数。

调用格式：B＝dct2(A)。

函数功能：对图像 A 进行离散余弦变换,所得结果存于矩阵 B 中。

调用格式：A＝idct2(B)。

函数功能：对经过离散余弦变换的图像 B 进行离散余弦逆变换,所得结果存于矩阵 A 中。

【例 8-59】 对图像进行基于 DCT 的图像压缩。

所得结果如图 8-61 所示,MATLAB 源程序如下：

```
A = imread('tape.png');
A = rgb2gray(A);
D1 = A;
D2 = dct2(D1);                          % 进行离散余弦变换
P = zeros(size(D1));
P1 = P;P2 = P;P3 = P;
P1(1:40,1:40) = D2(1:40,1:40);
P2(1:60,1:60) = D2(1:60,1:60);
P3(1:80,1:80) = D2(1:80,1:80);
D3 = idct2(D2)./256;
E1 = idct2(P1)./256;                    % 将离散余弦变换后的矩阵和各小区域矩阵进行离散余弦逆变换
E2 = idct2(P2)./256;
E3 = idct2(P3)./256;
subplot(2,3,1);imshow(D1);
xlabel('(a)原始图片');
subplot(2,3,2);imshow(D2);
xlabel('(b)原始图片的 DCT');
subplot(2,3,3);imshow(D3);
xlabel('(c)IDCT 全尺寸恢复的图片');
subplot(2,3,4);imshow(E1);
xlabel('(d)IDCT40×40 尺寸恢复的图片');
subplot(2,3,5);imshow(E2);
xlabel('(e)IDCT60×60 尺寸恢复的图片');
subplot(2,3,6);imshow(E3);
xlabel('(f)IDCT80×80 尺寸恢复的图片');
```

微课视频

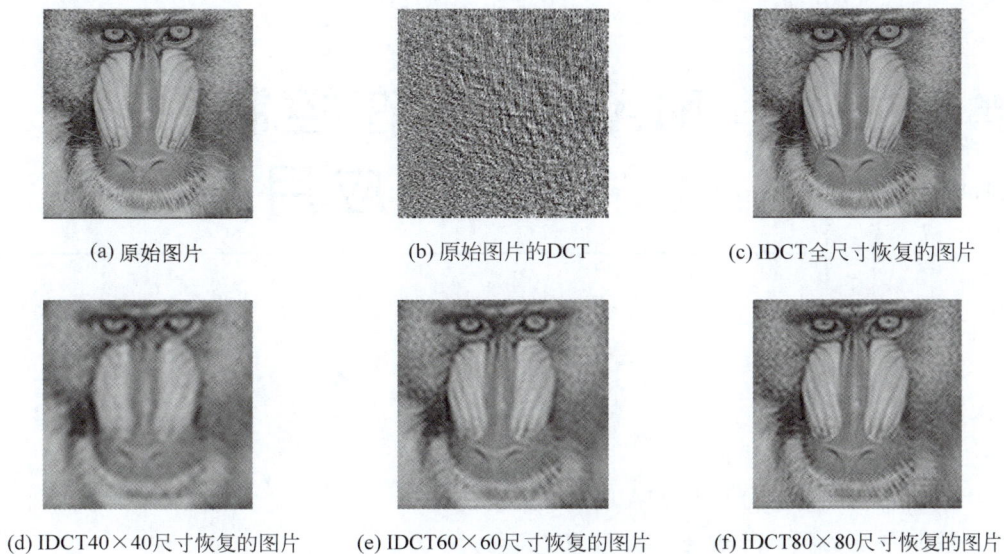

(a) 原始图片   (b) 原始图片的DCT   (c) IDCT全尺寸恢复的图片

(d) IDCT40×40尺寸恢复的图片   (e) IDCT60×60尺寸恢复的图片   (f) IDCT80×80尺寸恢复的图片

图 8-61   利用 DCT 以及 IDCT 对图像进行压缩

由图 8-61 可知,DCT 后图像的能量主要集中在变换后矩阵的左上角,这就使得只要能保留左上角的元素,就能通过 IDCT 大致恢复出原始图像,从而达到图像压缩的目的。

第 9 章

CHAPTER 9

MATLAB 在控制系统中的应用

本章要点：

◇ 控制系统的模型描述；

◇ 控制系统的时域分析与 MATLAB 实现；

◇ 控制系统的频域分析与 MATLAB 实现；

◇ 控制系统的根轨迹分析；

◇ 控制系统的状态空间分析；

◇ 控制系统综合实例与应用设计。

控制系统计算机辅助设计是一门以计算机为工具进行控制系统设计与分析的技术。1990 年，MathWorks 公司为 MATLAB 4. X 提供了控制系统模型图形输入与仿真工具，命名为 SIMULA，该工具很快在控制界得以广泛应用，1992 年又正式更名为 Simulink。

控制理论的发展是一个由简单到复杂、由量变到质变的辩证过程，其大致经历了经典控制理论、现代控制理论和智能控制理论三个阶段。

经典控制理论主要研究简单控制系统即单输入单输出（SISO）系统，涉及的系统大多是线性时不变（LTI）系统，如电机的位置和速度控制、冶炼炉的温度控制等。控制系统设计的常用方法有频域法、根轨迹法、奈奎斯特稳定判据和期望对数频率特性综合等。经典控制理论主要与生产过程的局部自动化相适应，具有较明显的依靠手工进行分析和综合的特点。

现代控制理论主要用于研究多输入多输出（MIMO）系统，涉及的系统可以是线性或非线性、定常或时变系统，如精密机械加工和航天飞行器控制等。现代控制理论的研究方法采用状态空间法。

智能控制理论是一种能更好地模仿人类智能的非传统的控制理论，其主要方法来自于经典控制、现代控制、人工智能、运筹学和统计学等学科的交叉，其内容包括最优控制、自适应控制、鲁棒控制、神经网络控制、模糊控制和仿人控制等。其控制对象可以是已知系统也可以是未知系统。多数控制策略不仅能抑制参数及环境变化、外界干扰等影响，而且能有效地消除模型化误差的影响。

MATLAB 最重要的特点是易于扩展。它允许用户自行建立完成指定功能的扩展 MATLAB 函数（称为 M 文件），从而构成适合于其他领域的工具箱，极大扩展了 MATLAB 的应用范围。目前，MATLAB 已成为国际控制界最流行的软件，控制界很多学者将自己擅长的 CAD 方法用 MATLAB 加以实现,出现了大量的 MATLAB 配套工具箱,如控制系统工具箱(Control Systems Toolbox)(如图 9-1 所示)、系统识别工具箱(System Identification Toolbox)、鲁棒控制工具箱(Robust Control Toolbox)、信号处理工具箱(Signal Processing Toolbox)以及仿真环境 Simulink 等。

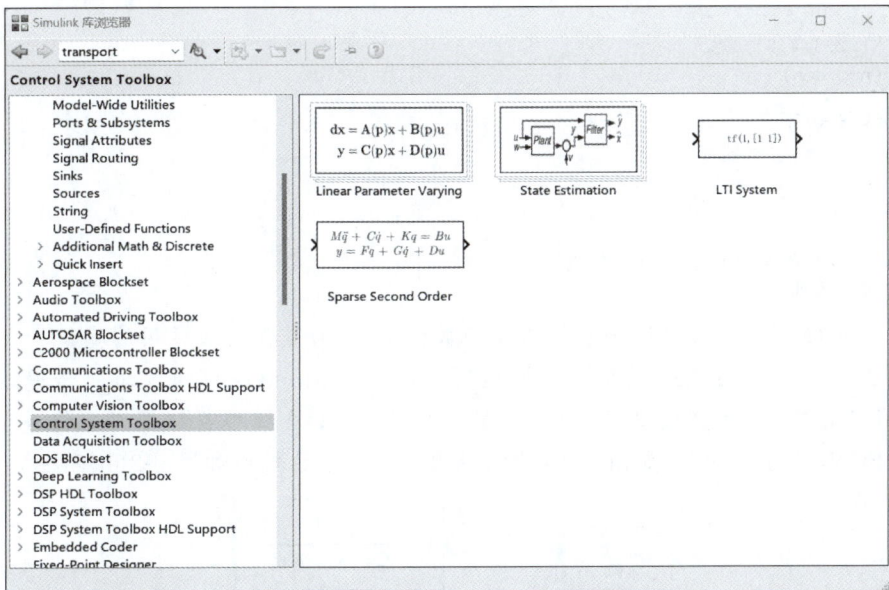

图 9-1　Control System Toolbox 模块库

本章主要介绍线性控制系统的模型创建,使用时域、频域和根轨迹法对系统的静态及动态性能进行分析,并配以实例辅助学习 MATLAB 在控制系统中的应用。

9.1　控制系统的模型描述

控制系统的建模方法及步骤详见第 7 章内容,此处不再赘述。

控制系统的时域和频域描述可用传递函数、零极点增益、状态空间和状态图 4 种模型表示。每一种模型都有连续和离散系统。其中状态图最为直观,这里不再赘述。为便于分析系统,有时需要在传递函数、零极点增益和状态空间三种模型之间进行转换,借助于 MATLAB 所提供的各种命令,能很方便地完成这些工作。

9.1.1　控制系统的模型与表达式

1. 传递函数模型

$$G(s) = \frac{b_m s^m + b_{m-1} s^{m-1} + \cdots + b_1 s + b_0}{a_n s^n + a_{n-1} s^{n-1} + \cdots + a_1 s + a_0} \tag{9-1}$$

在 MATLAB 中,直接用向量组表示传递函数的分子、分母多项式系数(都按降幂排列),即

```
num = [bm bm-1 … b0]        % 表示传递函数的分子多项式系数
den = [an an-1 … a0]        % 表示传递函数的分母多项式系数
sys = tf(num,den)           % tf 命令将 sys 变量表示成传递函数模型
```

【例 9-1】 分别应用 MATLAB 命令及 Simulink 工具箱设计一个简单的传递函数模型：

$$G(s)=\frac{s+5}{s^4+2s^3+3s^2+4s+5}$$

步骤 1：将下面的命令输入 MATLAB 命令行窗口中。

```
>> num = [1,5];
den = [1,2,3,4,5];
G = tf(num,den)
```

运行结果如下：

```
G =

            s + 5
  ------------------------------
  s^4 + 2 s^3 + 3 s^2 + 4 s + 5
```
连续时间传递函数。

这时对象 G 可以用来描述给定的传递函数模型，作为其他函数调用的变量。

步骤 2：打开 Simulink，新建一个模型窗口，在 Continuous 模块库里将传递函数模块 Transfer FCN 添加到新建模型窗口中，如图 9-2(a)所示；在模型窗口中双击传递函数模块 Transfer FCN，设置其参数，如图 9-3 所示，得到的传递函数模型如图 9-2(b)所示。

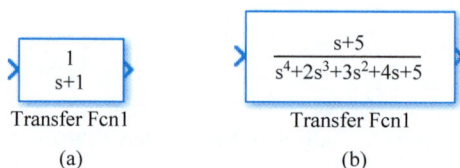

(a)　　　　　　　(b)

图 9-2　传递模块

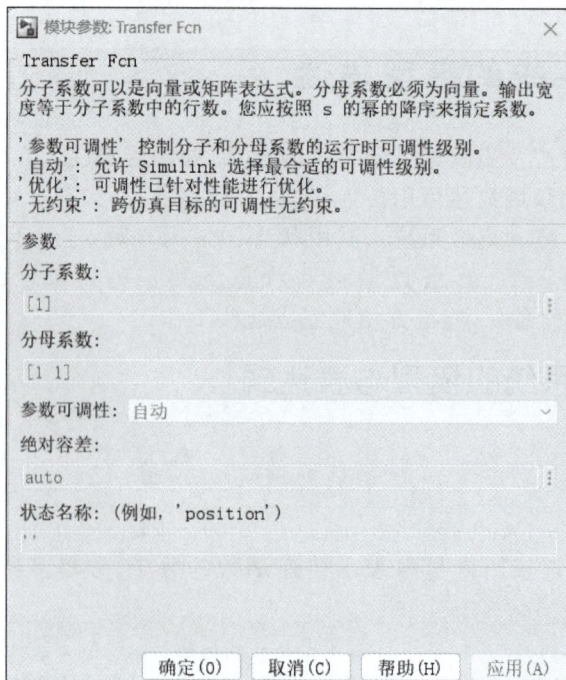

图 9-3　例 9-1 参数设置

【例 9-2】 利用 MATLAB 相关命令建立如下所述的传递函数模型：

$$G(s) = \frac{6(s+5)}{(s^2+3s+1)^2(s+6)}$$

在 MATLAB 命令行窗口中输入如下命令：

```
>> num = 6 * [1,5];
   den = conv(conv([1,3,1],[1,3,1]),[1,6]);
   tf(num,den)
```

运行结果如下：

```
ans =
                    6 s + 30
   ------------------------------------------
   s^5 + 12 s^4 + 47 s^3 + 72 s^2 + 37 s + 6
```

连续时间传递函数。

其中，conv()函数用来计算两个向量的卷积，多项式乘法当然也可以用这个函数来计算。该函数允许任意地多层嵌套，从而表示复杂的计算。

2. 零极点增益模型

典型的零极点增益模型如式(9-2)所示。

$$G(s) = k\frac{(s-z_1)(s-z_2)\cdots(s-z_m)}{(s-p_1)(s-p_2)\cdots(s-p_n)} \tag{9-2}$$

在 MATLAB 中，用 z、p、k 向量组分别表示系统的零点、极点和增益，即

```
z = [ z1 z2… zm ]
p = [ p1 p2… pn ]
k = [ k ]
sys = zpk(z,p,k)              % zpk 命令将 sys 变量表示成零极点增益模型
```

3. 状态空间模型

下式

$$\begin{cases} x = ax + bu \\ y = cx + du \end{cases}$$

在 MATLAB 中用(a、b、c、d)矩阵组表示，sys = ss(a,b,c,d)命令将 sys 变量表示成状态空间模型。

4. 模型间的转换

在 MATLAB 中进行模型间转换的命令有 ss2tf、ss2zp、tf2ss、tf2zp、zp2tf 和 zp2ss。它们之间的转换关系如图 9-4 所示。

有了传递函数的有理分式模型后，求取零极点模型就不是一件困难的事情了。在控制系统工具箱中，可以由 zpk()函数立即将给定的 LTI 对象 G 转换成等效的零极点对象 G1。该函数的调用格式如下：

$$G1 = zpk(G)$$

【例 9-3】 给定系统传递函数如下，求其零极点增益模型。

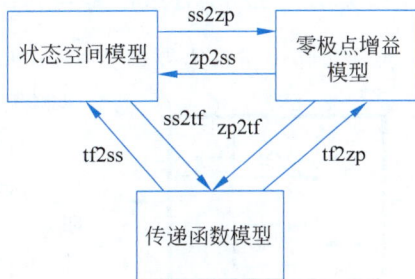

图 9-4　三种模型之间的转换

$$G(s) = \frac{7s^2 + 21.2s + 25}{s^4 + 5s^3 + 10s^2 + 15s + 32.5}$$

在 MATLAB 命令行窗口中输入如下命令：

```
>> z = [7, 21.2, 25];
   p = [1, 5, 10, 15, 32.5];
   G = tf(z, p);
   G1 = zpk(G)
```

运行结果如下：

```
G1 =

            7 (s^2 + 3.029s + 3.571)
    ---------------------------------------------
    (s^2 + 5.492s + 9.152) (s^2 - 0.4921s + 3.551)
```
连续时间零点/极点/增益模型。

可见，在系统的零极点模型中若出现复数值，则在显示时将以二阶因子的形式表示相应的共轭复数对。

同样，对于给定的零极点模型，也可以直接由 MATLAB 语句立即得出等效传递函数模型。调用格式如下：

```
G1 = tf(G)
```

【例 9-4】 给定零极点模型如下，将其转换为传递函数模型：

$$G(s) = \frac{8(s+3)(s+5)}{s(s+2 \pm j2)(s+2.3)}$$

在 MATLAB 命令行窗口中输入如下命令：

```
>> Z = [-3, -5];
P = [0, -2-2j, -2+2j, -2.3];
K = 8;
G = zpk(Z, P, K);
G1 = tf(G)
```

运行结果如下：

```
G1 =

          8 s^2 + 64 s + 120
    -------------------------------
    s^4 + 6.3 s^3 + 17.2 s^2 + 18.4 s
```
连续时间传递函数。

9.1.2 控制系统模型间的关系

实际工作中常常需要由多个简单系统构成复杂系统，MATLAB 中有下面几种命令可以解决两个系统间的连接问题。

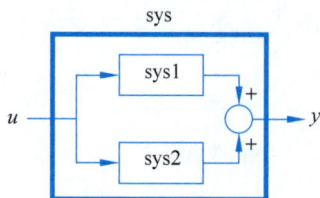

图 9-5 并联系统

1. 系统的并联

parallel 命令可以实现两个系统的并联。示意图如图 9-5 所示。

并联后的系统传递函数表示如式(9-3)所示。

$$g(s) = g_1(s) + g_2(s) = \frac{n_1 d_2 + n_2 d_1}{d_1 d_2} \qquad (9\text{-}3)$$

其中，n_1、d_1 和 n_2、d_2 分别为 $g_1(s)$、$g_2(s)$ 的传递函数分子、分母系数行向量。

命令格式：

```
[n,d] = parallel(n1,d1,n2,d2)
[a,b,c,d] = parallel(a1,b1,c1,d1,a2,b2,c2,d2)
```

【例 9-5】 设计一个简单模型，将以下两个系统并联连接：

$$g_1(s) = \frac{2}{s+1}, \quad g_2(s) = \frac{3s+1}{s^2+s+2}$$

在 MATLAB 命令行窗口中输入如下命令：

```
>> n1 = [2];
d1 = [1 1];
n2 = [3 1];
d2 = [1 1 2];
[n,d] = parallel(n1,d1,n2,d2)
```

运行结果如下：

```
n =
    0    5    6    5
d =
    1    2    3    2
```

可得并联后系统的传递函数为

$$g(s) = \frac{5s^2 + 6s + 2}{s^3 + 2s^2 + 3s + 2}$$

2. 系统的串联

series 命令实现两个系统的串联，示意图如图 9-6 所示。

串联后系统的传递函数如式(9-4)所示。

$$g(s) = g_1(s) \cdot g_2(s) = \frac{n_1 \cdot n_2}{d_1 \cdot d_2} \qquad (9\text{-}4)$$

命令格式如下：

```
[n,d] = series(n1,d1,n2,d2)
[a,b,c,d] = series(a1,b1,c1,d1,a2,b2,c2,d2)
```

3. 系统的反馈

feedback 命令实现两个系统的反馈连接，示意图如图 9-7 所示。

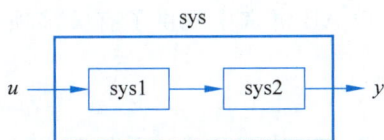

图 9-6　串联系统

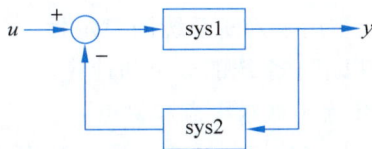

图 9-7　反馈系统

连接后系统的传递函数如式(9-5)所示。

$$g(s) = \frac{g_1(s)}{1 + g_2(s)} = \frac{n_1 \cdot d_2}{d_1 \cdot d_2 + d_1 \cdot n_2} \qquad (9\text{-}5)$$

命令格式如下：

```
[n,d] = feedback(n1,d1,n2,d2)
[n,d] = feedback(n1,d1,n2,d2,sign)
[a,b,c,d] = feedback(a1,b1,c1,d1,a2,b2,c2,d2,sign)
```

其中，sign 是指示 y2 到 u1 连接的符号，默认为负（即 sign＝－1）。

【例 9-6】 设有下面两个系统，现将它们负反馈连接，设计其传递函数。

$$g_1(s) = \frac{s+1}{s^2+2s+3}, \quad g_2(s) = \frac{1}{s+10}$$

在 MATLAB 命令行窗口中输入如下命令：

```
>> n1 = [1,1];
   d1 = [1,2,3];
   n2 = 1;
   d2 = [1,10];
   [n,d] = feedback(n1,d1,n2,d2);
   G = tf(n,d)
```

运行结果如下：

```
G =
      s^2 + 11 s + 10
   -------------------------
   s^3 + 12 s^2 + 24 s + 31
```
连续时间传递函数。

9.2　控制系统的时域分析与 MATLAB 实现

系统对不同的输入信号具有不同的响应，而控制系统在运行中受到的外作用信号具有随机性。因此，在研究系统的性能和响应时，需要采用某些标准的检测信号。常用的检测信号有阶跃信号、速度信号、冲激信号和加速度信号等。具体采用哪种信号，则要看系统主要工作于哪种信号作用的场所，如系统的输入信号是突变信号，则采用阶跃信号分析为宜。而系统输入信号是以时间为基准成比例变化的量时，则采用速度信号分析为宜。MATLAB中包含了一些常用分析命令如单位阶跃响应、冲激响应等供用户分析所用。

9.2.1　线性系统的稳定性分析

线性系统稳定的充要条件是系统的特征根均位于 S 平面的左半部分。系统的零极点模型可以直接被用来判断系统的稳定性。另外，MATLAB 语言中提供了有关多项式的操作函数，也可以用于系统的分析和计算。

1. 由传递函数求零点和极点

在 MATLAB 控制系统工具箱中，给出了由传递函数对象 G 求出系统零点和极点的函数。其调用格式分别如下：

```
Z = tzero(G)
P = G.P{1}
```

其中，G 必须是零极点模型对象，且出现矩阵的点运算"．"，花括号{}表示矩阵元素。

【例 9-7】 已知传递函数如下,试求其零极点:

$$G(s) = \frac{s^3 + 4s^2 + 2s + 3}{2s^3 + 5s^2 + 9s + 7}$$

在 MATLAB 命令行窗口中输入如下命令:

```
>> num = [1,4,2,3];
   den = [2,5,9,7];
   G = tf(num,den);
   G1 = zpk(G);
Z = tzero(G)
P = G1.P{1}
```

运行结果如下:

```
Z =
  - 0.1610 + 0.8887i
  - 0.1610 - 0.8887i
  - 3.6780 + 0.0000i
P =
  - 0.6550 + 1.5850i
  - 0.6550 - 1.5850i
  - 1.1900 + 0.0000i
```

2. 零极点分布图

在 MATLAB 中,可利用 pzmap() 函数绘制连续系统的零、极点图,从而分析系统的稳定性。该函数调用格式如下:

```
pzmap(num,den)
```

【例 9-8】 已知传递函数如下,用 MATLAB 画图显示该系统的零极点分布情况。

$$G(s) = \frac{s^4 + 2s^3 + 3s^2 + 3s + 6}{s^5 + 3s^4 + 5s^3 + 2s^2 + 8s + 7}$$

在 MATLAB 命令行窗口中输入如下命令,结果如图 9-8 所示。

```
>> num = [1,2,3,3,6];
  den = [1,1,5,2,8,7];
  pzmap(num,den)
  title('Pole - Zero Map')          % 图形标题
```

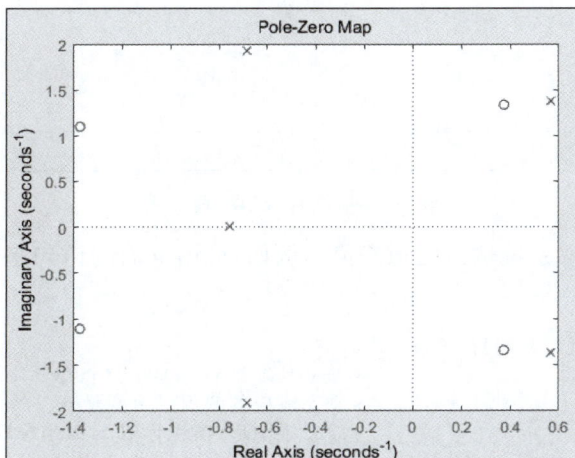

图 9-8　用 MATLAB 画图显示系统的零极点分布

9.2.2 控制系统的动态响应

1. 阶跃响应

step 命令可以求得连续系统的单位阶跃响应,当不带输出变量时,可在当前窗口中绘出单位阶跃响应曲线。带有输出变量时则输出一组数据。命令格式如下:

```
step(n,d,t)或 [y,x,t] = step(n,d,t)
step(a,b,c,d,t) 或 [y,x,t] = step(a,b,c,d,t)
```

其中,t 是事先确定的时间向量,当 t 默认时则时间由函数自行决定。

如果需要将输出结果返回到 MATLAB 工作空间,可采用以下调用格式:

```
c = step(G)
```

此时,屏幕上不会显示响应曲线,必须利用 plot()命令去查看响应曲线。plot 可以根据两个或多个给定的向量绘制二维图形。

【例 9-9】 已知传递函数如下,试求其单位阶跃响应:

$$G(s) = \frac{10}{s^2 + 3s + 2}$$

在 MATLAB 命令行窗口中输入如下命令,结果如图 9-9 所示。

```
>> num = [0,0,10];
den = [1,3,2];
step(num,den)
grid                          % 绘制网格线
```

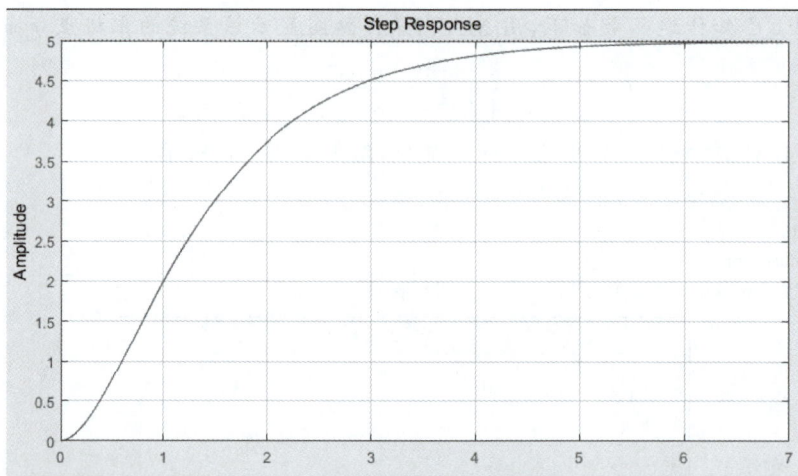

图 9-9 单位阶跃响应曲线图

用 dcgain 命令求取系统输出的稳态值。例如,可用下面的语句来得出阶跃响应曲线及其输出稳态值:

```
>> G = tf([0,0,10],[1,3,2]);
t = 0:0.1:5;                  % 从 0 到 5 每隔 0.1 取一个值
c = step(G , t);             % 动态响应的幅值赋给变量 c
plot(t,c)                     % 绘二维图形,横坐标取 t,纵坐标取 c
Css = dcgain(G)              % 求取稳态值
```

系统显示的图形类似于上一个例子,在命令行窗口中显示如下结果:

Css = 5

2. 求系统的单位冲激响应

impulse 命令可求得系统的单位冲激响应。当不带输出变量时,可在当前窗口得到单位冲激响应曲线;带有输出变量时则得到一组对应的数据。

命令格式如下:

impulse(n,d) 或 [y,x] = impulse(n,d)
impulse(a,b,c,d) 或 [y,x] = impulse(a,b,c,d)

也可加入事先选定的时间向量 t,t 的特性同上。

【例 9-10】 已知某单位反馈控制系统的开环传递函数如下,求此系统的单位冲激响应。

$$G(s) = \frac{5}{s^2 + 3s}$$

在 MATLAB 命令行窗口中输入如下命令,结果如图 9-10 所示。

```
>> num1 = [5];
den1 = [1 3 0];
[n,d] = cloop(num1,den1);
impulse(n,d)
```

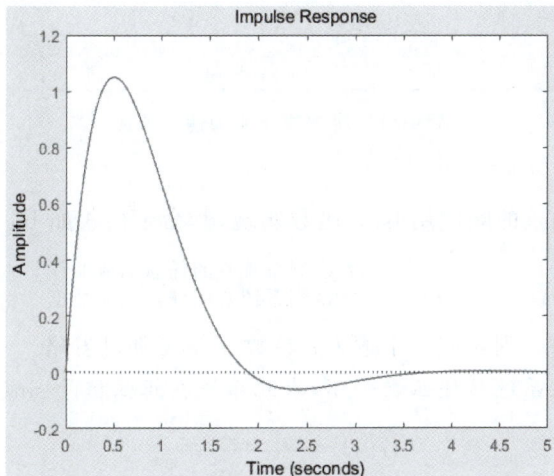

图 9-10 单位冲击响应

3. 斜坡响应和加速度响应

在 MATLAB 中,斜坡响应和加速度响应可借助阶跃响应求得:

斜坡响应 = 阶跃响应 × (1/s)
加速度响应 = 阶跃响应 × (1/s²)

【例 9-11】 已知某系统传递函数如下,求此系统的斜坡响应和加速度响应:

$$G(s) = \frac{2}{s^2 + 3s + 1}$$

在 MATLAB 命令行窗口中输入如下命令,结果如图 9-11 所示。

```
>> G1 = tf(2,[1 3 1 0]);              % 利用阶跃响应转换为斜坡响应
   subplot(211);                      % 绘制斜坡响应
   step(G1);
   title('斜坡响应');
   G2 = tf(2,[1 3 1 0 0]);            % 利用阶跃响应转换为加速度响应
   subplot(212);                      % 绘制加速度响应
   step(G2);
   title('加速度响应');
```

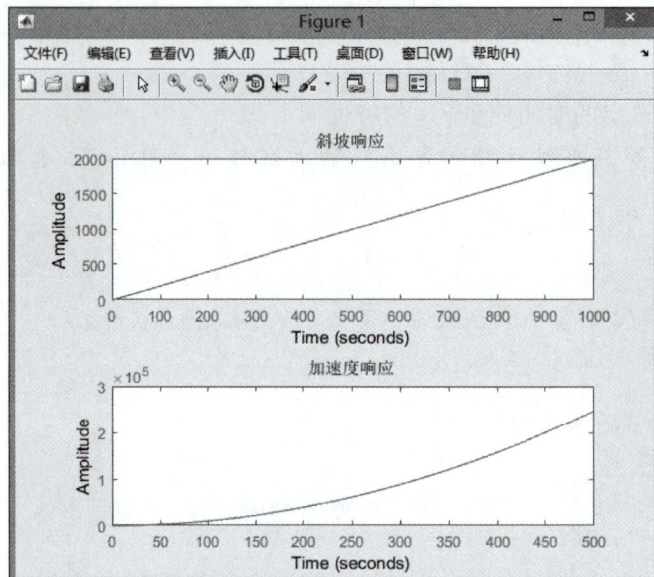

图 9-11　斜坡响应和加速度响应

4. 任意输入响应

连续系统对任意输入的响应用 lsim 函数实现,其命令格式如下:

```
lsim(G,U,T)                           % 绘制系统 G 的任意响应曲线
[y,t,x] = lsim(G,U,T)                 % 得到系统 G 的任意响应数据
```

其中,U 为输入序列,每一列对应一个输入;参数 T、t、x 都可省略。

【例 9-12】　已知某系统传递函数如下,求此系统在正弦信号 $\sin(2t)$ 输入下的响应:

$$G(s) = \frac{2}{s^2 + 3s + 1}$$

在 MATLAB 命令行窗口中输入如下命令,结果如图 9-12 所示。

```
>> t = 0:0.1:10;
   u = sin(2 * t);
   G = tf(2,[1 3 1]);
   lsim(G,u,t);
```

5. 零输入响应

MATLAB 提供了 initial 函数来实现零输入响应,其命令格式如下:

```
initial(G,x0,T)                       % 绘制系统 G 的零输入响应曲线
[y,t,x] = initial(G,x0,T)             % 得到系统 G 的零输入响应数据
```

其中,G 必须是状态空间模型;x0 是初始条件,x0 与状态的个数应相同。

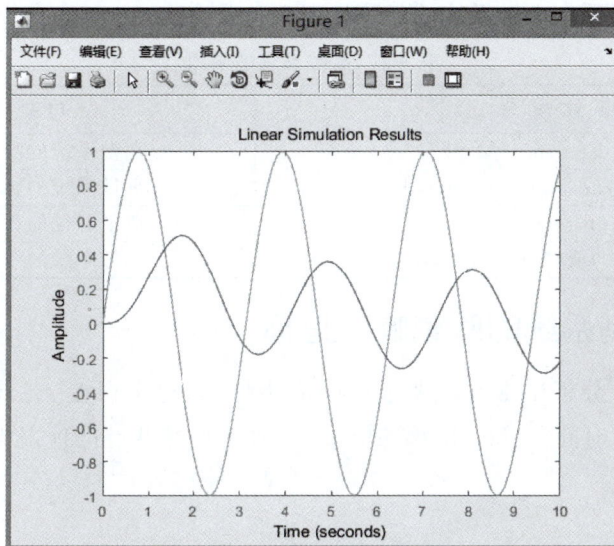

图 9-12 正弦信号输入响应

【例 9-13】 已知某系统传递函数如下,系统初始状态为$[1,2]$,求此系统的零输入响应。

$$G(s) = \frac{2}{s^2 + 3s + 1}$$

微课视频

在 MATLAB 命令行窗口中输入如下命令,结果如图 9-13 所示。

```
>> G1 = tf(2,[1 3 1]);
   S1 = ss(G1);
   x0 = [1,2];
   initial(S1,x0)
```

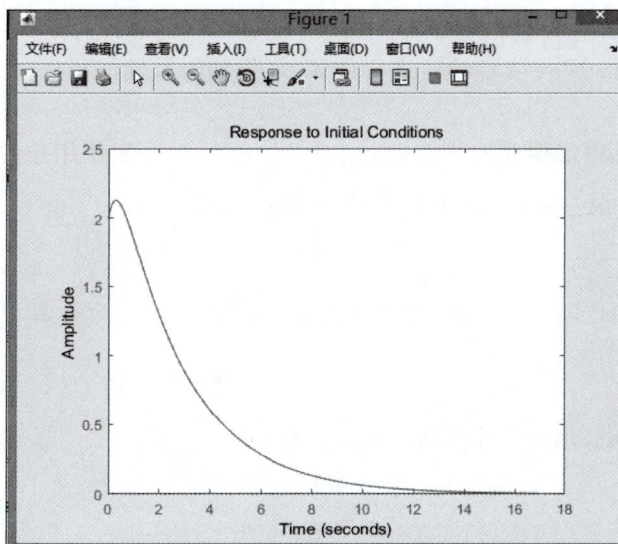

图 9-13 零输入响应

6. 离散系统响应

MATLAB 提供了与连续系统相对应的函数命令,在连续系统的函数名前加"d"就表示

相对应的离散系统函数。离散系统的函数如表 9-1 所示。

表 9-1　离散系统的函数

函 数 命 令	功 能 说 明
dstep(a,b,c,d)或 dstep(num,den)	离散系统的阶跃响应
dimpulse(a,b,c,d)或 dimpulse(num,den)	离散系统的脉冲响应
dlsim(a,b,c,d)或 dlsim(num,den)	离散系统的任意输入响应
dinitial(a,b,c,d,x0)或 dinitial(num,den,x0)	离散系统的零输入响应

9.2.3　控制系统的时域响应指标

控制系统的时域分析中常常需要求解响应指标,如稳态误差 e_{ss}、超调量 σ、上升时间 t_r、峰值时间 t_p、调节时间 t_s 和输出稳态值 y_∞。如下所述共有两种方式可以观测和精确求出相关指标。

1. 游动鼠标法

在程序运行完毕得到阶跃响应曲线后,用鼠标单击时域响应曲线的任意一点,系统会自动跳出一个小方框,小方框显示了这一点的横坐标(时间)和纵坐标(幅值)。按住鼠标左键在曲线上移动,可找到曲线幅值最大的一点,即曲线最大峰值,此时小方框显示的时间就是此二阶系统的峰值时间,根据观测到的稳态值和峰值可计算出系统的超调量。系统的上升时间和稳态响应时间可以此类推。注:该方法不适用于 plot()命令绘制的图形。

2. 用编程方式求取时域响应的各项性能指标

通过前面的学习,我们已经可以用阶跃响应函数 step()获得系统输出量,若将输出量返回到变量 y 中,可调用如下命令格式:

```
[y,t] = step(G)
```

对返回的这一对 y 和 t 变量的值进行计算,可得到时域性能指标。

1) 稳态误差 e_{ss}

稳态误差是系统稳定误差的终值,即 $e_{ss} = \lim_{t \to \infty} e(t)$。一般使用位置误差系数 k_p、速度误差系数 k_v、加速度误差系数 k_a 来计算稳态误差。其中,$k_p = \lim_{t \to \infty} G(s)$,$k_v = \lim_{t \to \infty} sG(s)$,$k_a = \lim_{t \to \infty} s^2 G(s)$。

可利用 MATLAB 提供的 limit 函数来计算稳态误差。一个计算稳态误差的示例详见例 9-29。

2) 峰值时间 t_p

峰值时间 t_p(timetopeak)可由以下命令获得:

```
[Y,k] = max(y);
timetopeak = t(k)
```

取最大值函数 max()求出 y 的峰值及相应的时间,并存于变量 Y 和 k 中。然后在变量 t 中取出峰值时间,并将它赋给变量 timetopeak。

3) 超调量 σ

最大(百分比)超调量(percentovershoot)可由以下命令获得:

```
C = dcgain(G);
[Y,k] = max(y);
percentovershoot = 100 * (Y − C)/C
```

dcgain()函数用于求取系统的终值，将终值赋给变量 C，然后依据超调量的定义，由 Y 和 C 计算出百分比超调量。

4）上升时间 t_r

上升时间（risetime）可利用 MATLAB 中的循环控制语句编写 M 文件来获得。

要求出上升时间，可用 while 语句编写以下程序得到：

```
C = dcgain(G);
n = 1
while y(n)< C
n = n + 1;
end
risetime = t(n)
```

在阶跃输入条件下，y 的值由零逐渐增大，当以上循环满足 y＝C 时，退出循环，此时对应的时刻即为上升时间。

对于输出无超调的系统响应，上升时间定义为输出从稳态值的 10％ 上升到 90％ 所需的时间，则计算程序如下：

```
C = dcgain(G);
n = 1;
while y(n)< 0.1 * C
    n = n + 1;
end
m = 1;
while y(n)< 0.9 * C
    m = m + 1;
end
risetime = t(m) − t(n)
```

5）调节时间 t_s

调节时间（setllingtime）可由以下程序得到：

```
C = dcgain(G);
 i = length(t);
    while(y(i)> 0.98 * C)&(y(i)< 1.02 * C)
    i = i − 1;
  end
setllingtime = t(i)
```

用向量长度函数 length()可求得 t 序列的长度，将其设定为变量 i 的上限值。

【例 9-14】 已知传递函数如下，试求其单位阶跃响应及其性能指标（最大峰值时间、超调量和调节时间）。

$$G(s) = \frac{3}{(s + 1 + 3i)(s + 1 - 3i)}$$

在 MATLAB 命令行窗口中输入如下命令：

```
>> G = zpk([ ],[ −1 + 3 * i, −1 − 3 * i],3);        %计算最大峰值时间和它对应的超调量
        C = dcgain(G);
        [y,t] = step(G);
        plot(t,y);
        grid
```

```
        [Y,k] = max(y);
        timetopeak = t(k)
        percentovershoot = 100 * (Y - C)/C       % 计算上升时间
    n = 1;
    while y(n) < C
        n = n + 1;
    end
    risetime = t(n)                              % 计算稳态响应时间
     i = length(t);
     while(y(i) > 0.98 * C)&(y(i) < 1.02 * C)
         i = i - 1;
     end
    setllingtime = t(i)
```

运行后的响应结果如图 9-14 所示,命令行窗口中显示的结果如下:

```
C = 0.3000       timetopeak = 1.0592   percentovershoot = 35.0670
risetime = 0.6447    setllingtime = 3.4999
```

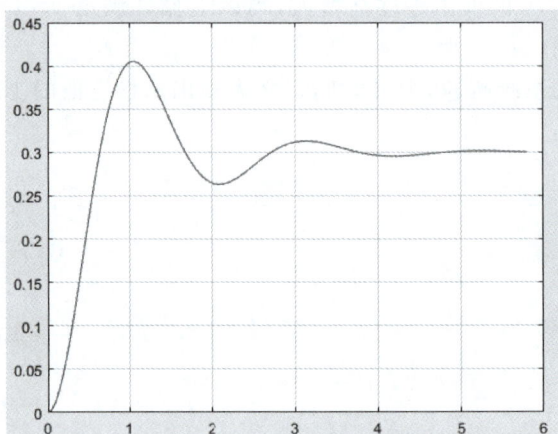

图 9-14　单位阶跃响应

9.3　控制系统的频域分析与 MATLAB 实现

当控制系统输入为正弦信号时,其系统的稳态输出常常需要研究其频域特性,即幅频特性和相频特性,例如绘制 Bode 图、Nyquist 曲线和 Nichols 曲线。

9.3.1　控制系统的频域特性

1. 控制系统的幅频特性和相频特性

设控制系统的传递函数为 $G(s)$,则其频域响应可写成 $G(s)\big|_{s=j\omega} = |G(j\omega)|e^{j\varphi(\omega)} = A(\omega)e^{j\varphi(\omega)}$,其中,$A(\omega)$ 为幅频特性,$\varphi(\omega)$ 为相频特性。MATLAB 提供了 freqresp 函数来计算频率特性,其命令格式如下:

```
GW = freqresp(G,w)                % 计算系统 G 在 w 处的频率特性
```

其中,当 w 是标量时,GW 是由实部和虚部组成的频率特性值;当 w 是向量时,GW 是三维数组,最后一维是频率。

【例9-15】 已知传递函数如下,计算其 $\omega = 1$ 处的幅频特性和相频特性:

$$G(s) = \frac{3}{3s+1}$$

在MATLAB命令行窗口中输入如下命令:

```
>> G = tf(3,[3 1]);
     w = 1;
   Gw = freqresp(G,w)        % 计算幅频特性和相频特性
   Aw = abs(Gw)              % 计算幅频特性
   Fw = angle(Gw)            % 计算相频特性
```

运行结果如下:

```
Gw = 0.3000 - 0.9000i; Aw = 0.9487; Fw = -1.2490
```

2. Bode 图

利用 bode 命令可绘制对数幅相频率特性曲线 Bode 图,其命令格式如下:

```
bode(G,w)                                   % 绘制系统 G 的 Bode 图
bode(G1,'plotstyle1',G2,'plotstyle2', …,w) % 绘制多个系统的 Bode 图
[mag,pha] = bode(G,w)                       % 求 w 处的幅值和相角
[mag,pha,w] = bode(G)                       % 求幅值、相角、频率
```

其中,mag 为幅值,pha 为相角。

另外,通过 bodemag 命令可以只绘制对数幅频特性,其命令格式与 bode 相同。

【例9-16】 已知传递函数如下,试绘制其 Bode 图和对数幅频特性。

$$G(s) = \frac{3}{3s+1}$$

在MATLAB命令行窗口中输入如下命令:

```
>> G = tf(3,[3 1]);
   subplot(1,2,1);
   bode(G);                                 % 绘制 Bode 图
   subplot(1,2,2);
   bodemag(G);                              % 绘制对数幅频特性
```

运行后的结果如图 9-15 所示。

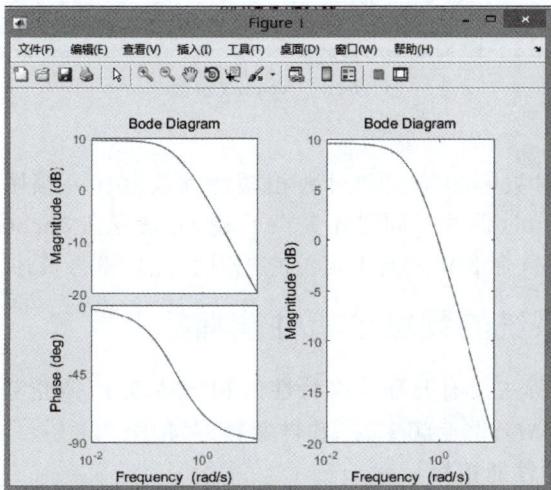

图 9-15 Bode 图和对数幅频特性

3. Nyquist 曲线

使用 nyquist 命令可绘制 ω 从 $-\infty$ 到 $+\infty$ 变化时的 Nyquist 曲线,其命令格式如下:

```
nyquist(G,w)                                    % 绘制系统 G 的 Nyquist 曲线
nyquist(G1,'plotstyle1',G2,'plotstyle2',…,w)    % 绘制多个系统的 Nyquist 曲线
[Re,Im] = nyquist(G,w)                          % 求 w 处的实部、虚部
[Re,Im,w] = nyquist(G)                          % 求 w 处的实部、虚部和频率
```

其中,G、G1、G2 等为系统模型,可为连续或离散的 SISO 或 MIMO 系统;plotstyle1、plotstyle2 等是所绘曲线的线型;w 为频率,可以是某个频率点或频率范围,该参数可以省略;Re 为实部;Im 为虚部。

【例 9-17】 已知传递函数如下,试绘制其 Nyquist 曲线:

$$G(s) = \frac{3}{3s+1}$$

在 MATLAB 命令行窗口中输入如下命令:

```
>> G = tf(3,[3 1]);
   nyquist(G)
```

运行后的结果如图 9-16 所示。

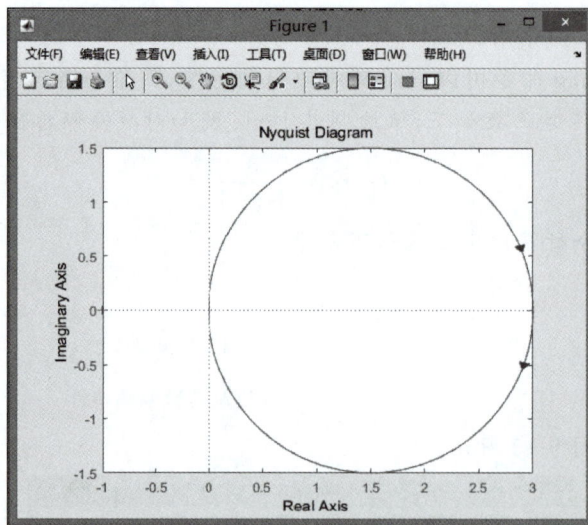

图 9-16　Nyquist 曲线

4. Nichols 曲线

Nichols 曲线是将对数幅频特性和对数相频特性绘制在一幅图中,MATLAB 提供了 nichols 命令来绘制 Nichols 曲线。同时还提供了 ngrid 命令在 Nichols 曲线中添加等 M 线和等 α 线的网格。nichols 命令格式与 bode 命令相同,此处不再赘述。

9.3.2　控制系统的频域分析性能指标

频域分析的性能指标主要有开环频率特性的相角裕度 γ、截止频率 ω_c、幅值裕度 h,闭环频率特性的谐振峰值 M_r、谐振频率 ω_r 和带宽频率 ω_b。

1. 开环频率特性的性能指标

利用 margin 命令可求得相角裕度 γ、截止频率 ω_c 和幅值裕度 h,其命令格式如下:

```
margin(G)                          % 绘制系统 G 的 Bode 图并标出幅值及相角裕度
[Gm,Pm,Wcg,Wcp] = margin(G)        % 求系统 G 的幅值裕度、相角裕度和相应的频率
```

其中,Gm 为幅值裕度,单位 dB;Wcg 为幅值裕度,对应的频率即 ω_g;Pm 为相角裕度 γ,单位为 rad;Wcp 为相角裕度,对应的频率即截止频率 ω_c。

【例 9-18】 已知传递函数如下,试求其开环频率特性的性能指标:

$$G(s) = \frac{3}{3s+1}$$

在 MATLAB 命令行窗口中输入如下命令:

```
>> G = tf(3,[3 1]);
   margin(G);
   [Gm,Pm,Wcg,Wcp] = margin(G)
```

运行后的结果如图 9-17 所示。

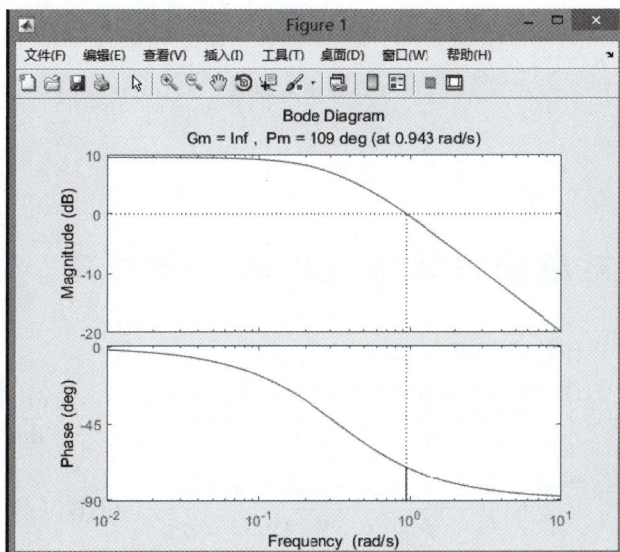

图 9-17 Bode 图

运行得到:

```
Gm = Inf; Pm = 109.4712; Wcg = NaN; Wcp = 0.9428
```

2. 闭环频率特性的性能指标

闭环频率特性的性能指标为谐振峰值 M_r、谐振频率 ω_r 和带宽频率 ω_b。由于 MATLAB 没有专门的命令求取这些数据,可以通过直接计算的方式或利用 LTI Viewer 得出。

谐振峰值 M_r 是幅频特性最大值与零频幅值之比,即 $M_r = M_m/M_0$;带宽频率是闭环频率特性的幅值 M_m 降到零频幅值 M_0 的 0.707(或由零频幅值下降了 3dB)时的频率。

【例 9-19】 已知开环传递函数如下,试求其单位负反馈系统的闭环频率特性的性能指标谐振峰值 M_r、谐振频率 ω_r 和带宽频率 ω_b。

$$G(s) = \frac{5}{s^2 + 3s + 1}$$

在 MATLAB 命令行窗口中输入如下命令:

```
>> G = tf(5,[1 3 1]);
   Wclose = feedback(G,1);
   [m,p,w] = bode(Wclose);
   [Mm,r] = max(m(1,:));
   [MO,IO] = nyquist(Wclose,0)        %计算零频幅值
```

运行得到：

```
MO = 0.8333; IO = 0
>> Mr = Mm/MO                         %计算谐振峰值
```

运行得到：

```
Mr = 1.0321
>> wr = w(r)                         %计算谐振频率
```

运行得到：

```
wr = 1.3099
>> wt = (m − 0.707 * MO)< 0;
   [temp,n] = max(wt(1,:));
   Wb = w(n)                         %计算带宽频率
```

运行得到：

```
Wb = 2.8644
```

9.4　控制系统的根轨迹分析与设计工具

设闭环系统中的开环传递函数如式(9-9)所示。

$$G_k(s) = K\frac{s^m + b_1 s^{m-1} + \cdots + b_{m-1} + b_m}{s^n + a_1 s^{n-1} + \cdots + a_{n-1}s + a_n} = K\frac{\mathrm{num}}{\mathrm{den}}$$

$$= K\frac{(s+z_1)(s+z_2)\cdots(s+z_m)}{(s+p_1)(s+p_2)\cdots(s+p_n)} = KG_0(s) \tag{9-6}$$

则闭环特征方程为

$$1 + K\frac{\mathrm{num}}{\mathrm{den}} = 0 \tag{9-7}$$

特征方程的根随参数 K 的变化而变化,即为闭环根轨迹。根轨迹可用于分析系统的暂态和稳态性能。

9.4.1　控制系统的根轨迹分析

1. 绘制根轨迹

控制系统工具箱中提供了 rlocus()函数,可以用来绘制给定系统的根轨迹,它的命令格式有以下几种:

```
rlocus(G)                        %绘制系统 G 的根轨迹
[r,k] = rlocus(G)                %求得系统 G 的闭环极点 r 和增益 k
r = rlocus(G,k)                  %根据 k 求系统 G 的闭环极点
```

其中,G 是 SISO 系统,只能是传递函数模型。

另外,MATLAB 还提供了 sgrid 命令,它可在根轨迹中绘制系统的主导极点的等 ζ 线

和等 ω_n 线。

【例 9-20】 已知开环传递函数如下,试画出其根轨迹:

$$G_k(s) = \frac{K}{s(s+1)(s+2)} = KG_0(s)$$

在 MATLAB 命令行窗口输入如下命令,结果如图 9-18 所示。

```
>> G = tf(1,[conv([1,1],[1,2]),0]);
   rlocus(G);
   grid
   title('Root_Locus Plot of G(s) = K/[s(s+1)(s+2)]')
   xlabel('Real Axis')              % 给图形中的横坐标命名
   ylabel('Imag Axis')              % 给图形中的纵坐标命名
   [K,P] = rlocfind(G)
```

单击根轨迹上与虚轴相交的点,在工作空间中可发现如图 9-19 所示的结果。

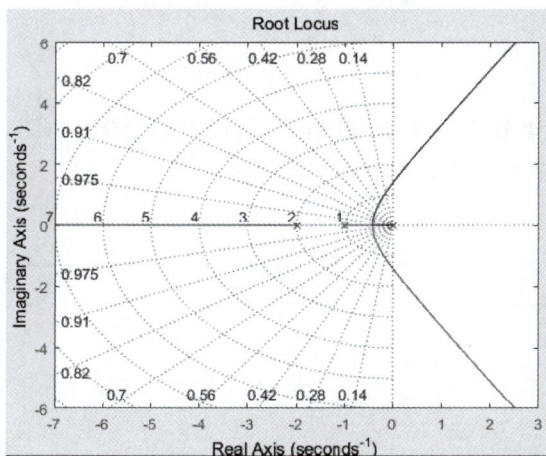

图 9-18 系统的根轨迹

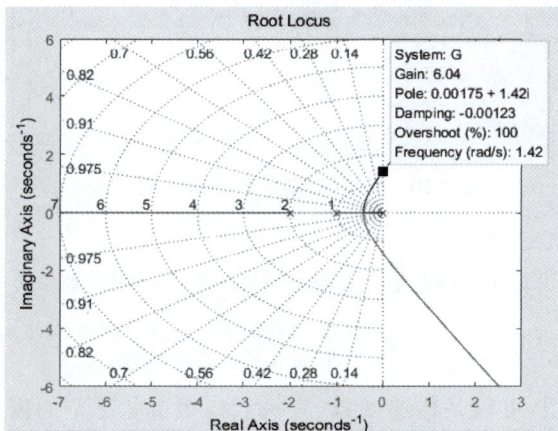

图 9-19 单击后显示相应的数据

运行得到:

```
select_point = 0.0000 + 1.3921i
  K =
5.8142
```

```
p =
 - 2.29830
 - 0.0085 + 1.3961i
 - 0.0085 - 1.3961i
```

所以,要想使此闭环系统稳定,其增益范围应为 $0<K<5.81$。

参数根轨迹反映了闭环根与开环增益 K 的关系。可以编写下面的程序,通过 K 的变化,观察对应根处阶跃响应的变化。考虑 $K=0.1,0.2,\cdots,1,2,\cdots,5$ 这些增益下闭环系统的阶跃响应曲线。可由以下 MATLAB 命令得到:

```
>> hold off;                          %擦掉图形窗口中原有的曲线
t = 0:0.2:15;
Y = [ ];
for K = [0.1:0.1:1,2:5]
      GK = feedback(K * G,1);
      y = step(GK,t);
      Y = [Y,y];
end
plot(t,Y)
```

对于 for 循环语句,循环次数由 K 给出。系统绘制的图形如图 9-20 所示。可以看出,当 K 的值增加时,一对主导极点起作用,且响应速度变快。一旦 K 接近临界 K 值,振荡加剧,性能变坏。

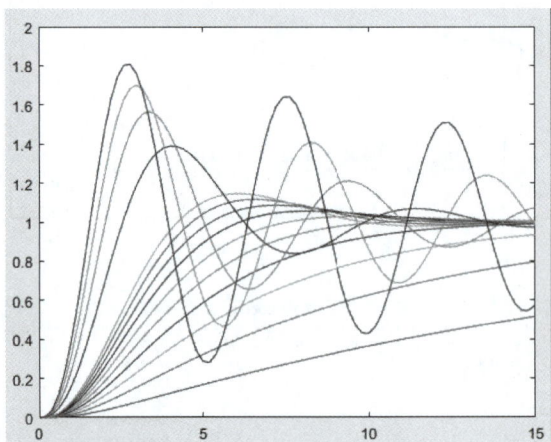

图 9-20 不同 K 值下的阶跃响应曲线

2. 求给定根的根轨迹增益

利用 rlocfind 命令可以获得根轨迹上给定根的增益和闭环根,其命令格式如下:

```
[k,p] = rlocfind (G)                 %求得根轨迹上某点的闭环极点 p 和增益 k
[k,p] = rlocfind (G,p)               %根据 p 求得系统 G 的增益 k
```

其中,G 是开环系统模型,可以是传递函数、零极点模型或状态空间模型,可以是连续或离散系统。函数运行后,在根轨迹图形窗口中显示十字光标,当用户选择根轨迹上某点并单击时,会获得相应的增益 k 和闭环极点 p。

【例 9-21】 已知开环传递函数如下,试画出其根轨迹,并求取其增益和闭环极点:

$$G(s) = \frac{K}{s(s+4)(s+2-4j)(s+2+4j)}$$

微课视频

在 MATLAB 命令行窗口输入：

```
>> num = 1;
   den = [conv([1,4],conv([1 - 2 + 4j],[1 - 2 - 4j])),0];
   G = tf(num,den);
   rlocus(G);
   sgrid(0.7,10);
   [k,p] = rlocfind(G)
```

根轨迹如图 9-21 所示。在图 9-22 上单击选中的根轨迹上的某点得到如下 4 个闭环根：

```
selected_point =
   4.1232 + 4.5820i
k =
   1.1189e + 03
p =
   3.9890 + 4.7881i
   3.9890 - 4.7881i
 - 3.9890 + 3.5914i
 - 3.9890 - 3.5914i
```

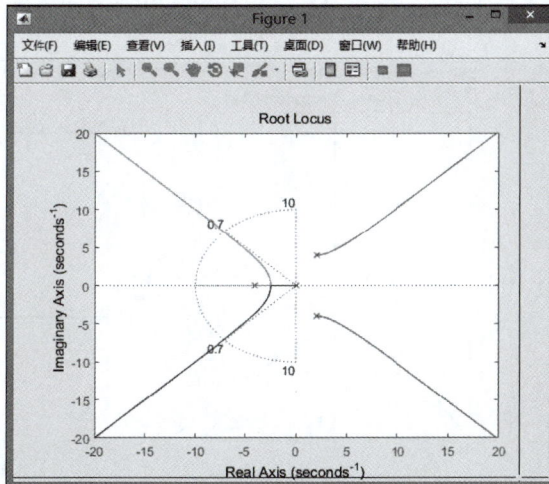

图 9-21　根轨迹

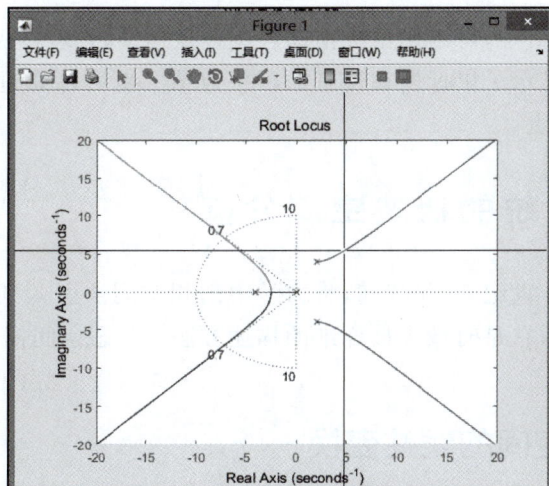

图 9-22　单击选中的根轨迹上的某点

9.4.2 根轨迹设计工具

MATLAB 控制工具箱的根轨迹设计器是一个分析根轨迹的图形界面,使用 rltool 命令可以打开根轨迹设计器。其命令格式如下:

rltool(G)   % 打开系统 G 的根轨迹设计器

其中,G 是系统开环模型,该参数可省略。当该参数省略时,打开的是空白的根轨迹设计器。

【例 9-22】 续例 9-21,打开该传递函数的根轨迹设计器。

在 MATLAB 命令行窗口输入:

\>> rltool(G);

运行结果如图 9-23 所示。

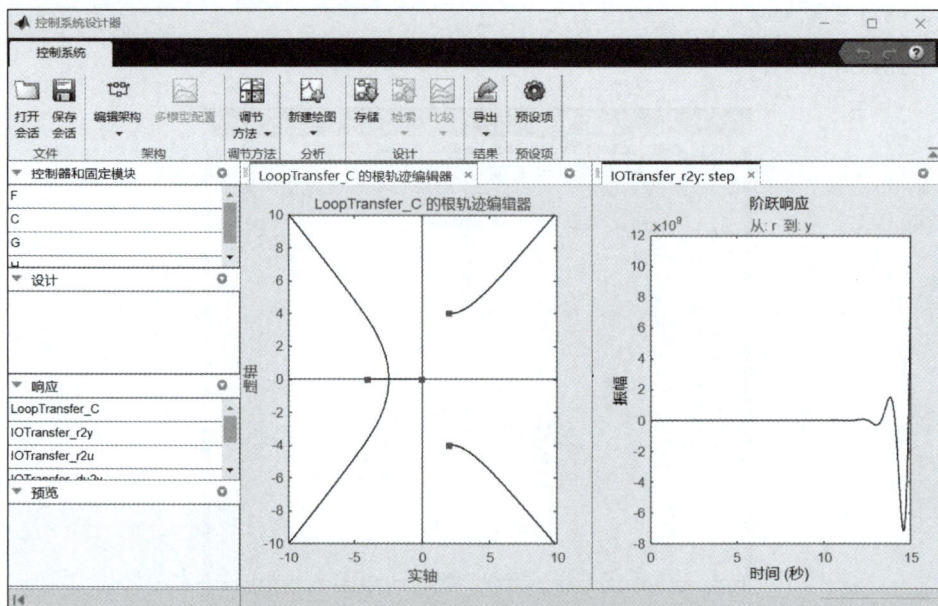

图 9-23 根轨迹设计器

在根轨迹设计器窗口中,可以用鼠标拖动各零极点运动,查看零极点位置改变时根轨迹的变化,在坐标轴下面显示了鼠标所在位置的零极点值。也可以通过使用工具栏中的相关按钮来添加或删除零极点。

9.5 控制系统的状态空间分析

状态空间描述是 20 世纪 60 年代初,将力学中的相空间法引入到控制系统的研究中而形成的描述系统的方法,它是时域中最详细的描述方法。状态空间模型既可描述线性系统,也可描述时变系统。

9.5.1 状态空间的线性变换

对于一个控制系统来说,根据选取的状态变量可以得到不同的状态空间模型。

1. 状态空间模型的转换

系统从坐标系 x 变换到坐标系 $\tilde{x}(x = p\tilde{x})$，即由 $(\boldsymbol{A}, \boldsymbol{B}, \boldsymbol{C}, \boldsymbol{D})$ 转换为 $(\tilde{\boldsymbol{A}}, \tilde{\boldsymbol{B}}, \tilde{\boldsymbol{C}}, \tilde{\boldsymbol{D}})$，称系统进行了 P 变换。两个坐标系的转换关系为

$$\begin{cases} \tilde{\boldsymbol{A}} = \boldsymbol{P}^{-1}\boldsymbol{A}\boldsymbol{P} \\ \tilde{\boldsymbol{B}} = \boldsymbol{P}^{-1}\boldsymbol{B} \\ \tilde{\boldsymbol{C}} = \boldsymbol{C}\boldsymbol{P} \end{cases}$$

MATLAB 提供 ss2ss 函数进行状态空间模型的转换，其命令格式如下：

```
sysT = ss2ss(sys,T)                    % 坐标变换
```

其中，sys 是变换前的状态模型，sysT 是变换后的状态空间模型。因此对于 P 变换，使用 ss2ss 函数时，$\boldsymbol{T} = \boldsymbol{P}^{-1}$，即 T = inv(P)。

2. 特征值和特征向量

为了计算特征值和特征向量，MATLAB 提供了 eig 函数，其命令格式如下：

```
[V,D] = eig(A)                         % 计算矩阵 A 的特征值和特征向量
```

其中，V 是以所有特征向量为列向量构成的矩阵，D 是以特征值为对角线元素构成的对角矩阵。

3. Jordan 标准形

上面的 eig 函数不能计算广义特征向量，MATLAB 提供了 Jordan 函数以计算广义向量和 Jordan 矩阵，其命令格式如下：

```
[V,J] = jordan(A)                      % 求矩阵 A 的 Jordan 标准形
```

其中，V 是使 Jordan 标准形，满足 $J = V^{-1}AV$ 的非奇异矩阵，是以广义特征向量为列向量构成的矩阵；J 是矩阵 A 的 Jordan 标准形。

【例 9-23】 已知控制系统的状态空间模型为 $\begin{cases} \dot{x} = \boldsymbol{A}x + \boldsymbol{B}u \\ y = \boldsymbol{C}x \end{cases}$，其中，$\boldsymbol{A} = \begin{bmatrix} 0 & 1 & 0 \\ 0 & 0 & 1 \\ -1 & -3 & -3 \end{bmatrix}$,

微课视频

$\boldsymbol{B} = \begin{bmatrix} 0 & 0 & 1 \end{bmatrix}^{\mathrm{T}}$，$\boldsymbol{C} = \begin{bmatrix} 1 & 1 & 0 \end{bmatrix}$。试求 $\boldsymbol{A}$ 的特征值，并将该控制系统转换为 Jordan 标准形。

在 MATLAB 命令行窗口输入：

```
>> A = [0 1 0;0 0 1;-1 -3 -3];
   B = [0;0;1];
   C = [1 1 0];
   D = 0;
   sys1 = ss(A,B,C,D);              % 构建状态空间模型
   [V,F] = eig(A)                   % 求矩阵 A 的特征向量和特征值
   [P,J] = jordan(A)                % 求矩阵 A 的广义特征向量和 Jordan 标准形
   sysJ = ss2ss(sys1,inv(P))        % 状态空间模型的转换
```

运行结果如下：

```
V =

    0.5773 + 0.0000i    0.5773 - 0.0000i    0.5774 + 0.0000i
   -0.5774 - 0.0000i   -0.5774 + 0.0000i   -0.5774 + 0.0000i
    0.5774 + 0.0000i    0.5774 + 0.0000i    0.5773 + 0.0000i
```

```
F =
  - 1.0000 + 0.0000i    0.0000 + 0.0000i    0.0000 + 0.0000i
    0.0000 + 0.0000i  - 1.0000 - 0.0000i    0.0000 + 0.0000i
    0.0000 + 0.0000i    0.0000 + 0.0000i  - 1.0000 + 0.0000i
P =
   1   1   1
  -1   0   0
   1  -1   0
J =
  -1   1   0
   0  -1   1
   0   0  -1
sysJ =
  A =
        x1  x2  x3
   x1  -1   1   0
   x2   0  -1   1
   x3   0   0  -1
  B =
        u1
   x1   0
   x2  -1
   x3   1
  C =
        x1  x2  x3
   y1   0   1   1
  D =
        u1
   y1   0
Continuous - time state - space model.
```

9.5.2 状态空间的能控性和能观性

作为线性系统的重要性质,状态空间模型的能控性和能观性往往是确定最优系统是否有解的前提条件。

1. 能控性
系统能控的充要条件是:

$$\text{rand}[Q_c] = \text{rank}[B \quad AB \quad \cdots \quad A^{N-1}B] = n$$

MATLAB 提供了 ctrb 函数来计算能控性矩阵,它既适用于连续系统也适用于离散系统。其命令格式如下:

```
QC = ctrb(A,B)              % 由矩阵 A、B 计算能控性矩阵
QC = ctrb(sys)              % 由给定的系统状态空间模型计算能控性矩阵
```

【例 9-24】 已知控制系统的状态空间模型为 $\dot{x} = Ax + Bu$,其中,$A = \begin{bmatrix} 1 & 3 & 2 \\ 0 & 2 & 0 \\ 0 & -3 & 3 \end{bmatrix}$,$B = \begin{bmatrix} 2 & 1 & -1 \\ 1 & 1 & -1 \end{bmatrix}^T$。试判定系统的能控性。

在 MATLAB 命令行窗口输入：

```
>> A = [1 3 2;0 2 0;0 -3 3];
   B = [2 1;1 1; -1 -1];
   Qc = ctrb(A,B)                    % 产生能控性矩阵
   n = size(A)                       % 计算矩阵 A 的行数和列数
   r = rank(Qc)                      % 计算能控性矩阵的秩
  if r == n(1)                       % 判别能控性
 disp('The system is controlled!')
else
disp('The system is not controlled!')
 end
```

运行结果如下：

```
Qc =
    2    1    3    2   -3   -4
    1    1    2    2    4    4
   -1   -1   -6   -6  -24  -24
n =
    3    3
r =
    3
The system is controlled!
```

2. 能观性

系统能观的充要条件是：

$$\mathrm{rand}[\boldsymbol{Q}_\mathrm{o}] = \mathrm{rank}\begin{bmatrix} C \\ CA \\ \vdots \\ CA^{N-1} \end{bmatrix} = n$$

MATLAB 提供了 obsv 函数来计算能观性矩阵，其命令格式如下：

```
Qo = obsv(A,C)                       % 由矩阵 A、C 计算能控性矩阵
QC = ctrb(sys)                       % 由给定的系统状态空间模型计算能观性矩阵
```

9.5.3 状态空间的状态反馈与极点配置

极点配置是反馈控制系统设计的重要内容之一。

如果给出了对象的状态方程模型，我们希望引入某种控制器，使得闭环系统的极点移动到指定位置，从而改善系统的性能，这就是极点配置。

1. 状态反馈

1）状态反馈

状态反馈是指从状态变量到控制端的反馈。设原系统的动态方程为

$$\begin{cases} \dot{x} = \boldsymbol{A}x + \boldsymbol{B}u \\ y = \boldsymbol{C}x \end{cases} \tag{9-8}$$

引入状态反馈后，系统的动态方程为

$$\begin{cases} \dot{x} = (\boldsymbol{A} - \boldsymbol{B}k)x + \boldsymbol{B}u \\ y = \boldsymbol{C}x \end{cases} \tag{9-9}$$

2）输出反馈

设原系统动态方程如式（9-11）所示。引入输出反馈后，系统的动态方程为

$$\begin{cases} \dot{x} = (\boldsymbol{A} - \boldsymbol{HC})x + \boldsymbol{B}v \\ y = \boldsymbol{C}x \end{cases} \tag{9-10}$$

2. 极点配置

MATLAB 提供了为 SISO 系统状态反馈极点配置的 acker 函数，以及为 MIMO 系统状态反馈极点配置的 place 函数。

1）SISO 系统的极点配置

acker 函数的命令格式如下：

```
k = acker(A,b,p)                    % 计算基于极点配置的状态反馈矩阵
```

其中，A 和 b 分别为 SISO 系统的系统矩阵和输入矩阵；p 为给定的期望闭环极点；k 为状态反馈矩阵。

【例 9-25】 已知控制系统的状态空间模型为 $\dot{x} = \boldsymbol{A}x + \boldsymbol{B}u$，其中，$\boldsymbol{A} = \begin{bmatrix} -1 & -2 \\ -1 & 3 \end{bmatrix}$，$\boldsymbol{B} = \begin{bmatrix} 1 & 2 \end{bmatrix}^{\mathrm{T}}$。试将系统的闭环极点配置为 $-1 \pm 2\mathrm{j}$。

在 MATLAB 命令行窗口输入：

```
>> A = [ -1 -2; -1 3];
   b = [1;2];
   p = [ -1 + 2j -1 - 2j];
   k = acker(A,b,p)
   Af = A - b * k
   sys = ss(Af,b,[],[])
```

运行结果如下：

```
k =
  -1.0667    2.5333
Af =
    0.0667   -4.5333
    1.1333   -2.0667
sys =
  A =
            x1        x2
   x1  0.06667   -4.533
   x2    1.133   -2.067
  B =
       u1
   x1    1
   x2    2
  C =
     空矩阵:0×2
  D =
     空矩阵:0×1
```

连续时间状态空间模型。

2）MIMO 系统的极点配置

对 MIMO 系统极点配置所求的状态反馈矩阵可能不唯一。MATLAB 所提供的 place

函数仅仅是使闭环特征值对系统矩阵 A 和输入矩阵 B 的扰动敏感性最小的方法。其命令格式如下：

```
k = place(A,B,p)
```

其中,p 为给定的期望闭环极点；k 为求得的状态反馈矩阵。

9.6　控制系统综合实例与应用设计

应用 Simulink 对控制系统进行仿真设计,首先要对控制系统进行建模。建模的方法主要为机理分析法,即根据过程系统的内部机理(如运动规律和能流规律等),运用一些已知的原理、规律和定律,如物料或能量的平衡方程、运动方程和传热传质原理等,分析和建立过程系统的数学模型。

9.6.1　控制系统综合实例

【例 9-26】 已知控制系统的微分方程为 $\ddot{y}(t)+3\dot{y}(t)+2y(t)=\dot{x}(t)+3x(t)$,$x(t)=e^{-t}\varepsilon(t)$。求零状态响应 $y(t)$。

在 MATLAB 命令行窗口输入下列代码,结果如图 9-24 所示。

```
>>a = [1 3 2];
b = [1 3];
sys = tf(b, a);
td = 0.01;
t = 0 : td : 10;
x = exp( - t);
y = lsim(sys, x, t);
plot(t, y);
xlabel('t(sec)');
ylabel('y(t)');
grid on
```

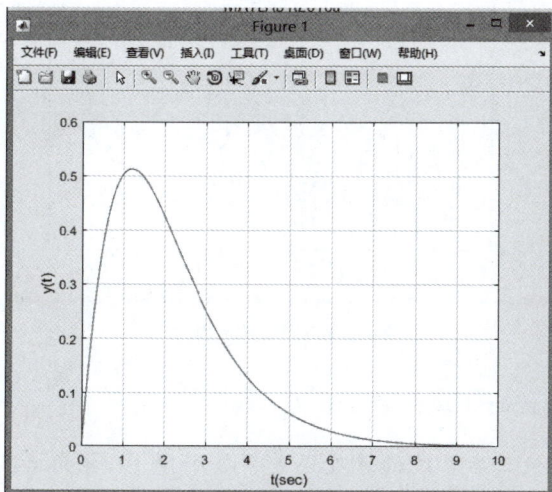

图 9-24　零状态响应

微课视频

【例 9-27】 已知系统的差分方程为 $y[k] = \dfrac{1}{m} \sum\limits_{i=0}^{m-1} f[k-i]$ (m 点滑动平均系统)，输入 $r[k] = s[k] + n[k]$，其中，$s[k] = k0.8^k$ 是有用信号，$n[k]$ 是噪声信号。求系统的零状态响应输出。

在 MATLAB 命令行窗口输入：

```
>> R = 100;                        %输入信号的长度
n = rand(1,R) - 1;                 %产生(-1,1)均匀分布的随机噪声
k = 0:R - 1;
s = k. * (0.8.^k);                 %原始的有用信号
r = s + n;                         %加噪信号
figure;
subplot(1, 2, 1)
plot(k,n,'r-',k,s,'b:',k,r,'k-');
xlabel('time index k');legend('n[k]','s[k]','r[k]');
m = 5; b = ones(m,1)/m; a = 1;
y = filter(b,a,r);
subplot(1, 2, 2)
plot(k,s,'b:',k,y,'r-');
xlabel('time index k'); legend('s[k]','y[k]');
```

程序运行结果如图 9-25 所示。左图中的三条曲线分别为噪声信号 n[k]、有用信号 s[k] 和受干扰的输入信号 r[k]，右图中的两条曲线分别为原始的有用信号 s[k] 和去噪信号 y[k]。由此可见，该系统实现了对受噪声干扰信号的去噪处理。

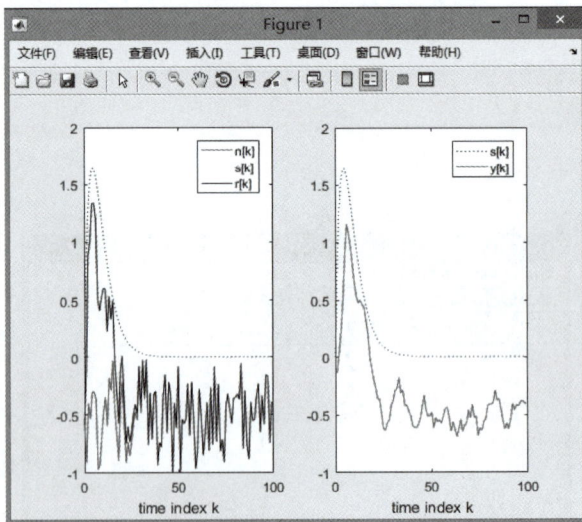

图 9-25 零状态响应

微课视频

【例 9-28】 已知系统的开环传递函数为 $G(s) = \dfrac{10}{s(0.2s+2)(0.1s+1)}$，使用超前校正环节来校正系统。要求校正后系统的速度误差系数小于 10，相角裕度为 45°。

由题目可得超前校正的步骤如下：

(1) 根据速度误差系数计算 k；

（2）根据校正前的相角裕度 γ 和校正后的相角裕度 $\gamma'=45°$，计算出 $\varphi_{\mathrm{m}}=\gamma'-\gamma+\Delta$；

（3）计算 $a=\dfrac{1+\sin\varphi_{\mathrm{m}}}{1-\sin\varphi_{\mathrm{m}}}$；

（4）测出校正前系统上幅值为 $-10\lg a$ 处的频率就是校正后系统的剪切频率 ω_{m}；

（5）计算 $T=\dfrac{1}{\omega_{\mathrm{m}}\sqrt{a}}$；

（6）得出校正装置的传递函数 $aG_{\mathrm{C}}(s)=\dfrac{1+aTs}{1+Ts}$。

在 MATLAB 命令行窗口输入：

```
>> num1 = 10;
den1 = conv([0.2 2],[0.1 1]);
den1 = [den1, 0];
G1 = tf(num1, den1);
kc = 1;
pm = 45;
[mag1, pha1, w1] = bode(G1 * kc);
mag1 = squeeze(mag1);
pha1 = squeeze(pha1);
w1 = squeeze(w1);
mag2 = 20 * log10(mag1);
[Gm1, Pm1, Wcg1, Wcp1] = margin(G1 * kc);
phi = (pm - Pm1 + 10) * pi / 180;
a = (1 + sin(phi)) / (1 - sin(phi));
lm = -10 * log10(a);
wcg = spline(mag2, w1, lm)
T = 1 / (wcg * sqrt(a));
T1 = a * T;
Gc = tf([T1 1], [T 1]);
G = Gc * G1
bode(G, G1, Gc);
legend('Compensated System (G)', 'Original System (G1)', 'Lead Compensator (Gc)');
grid on;
```

运行后得到结果如图 9-26 所示。

```
wcg =
    4.8898
G =
              2.478 s + 10
    ------------------------------------
    0.003375 s^4 + 0.08751 s^3 + 0.7375 s^2 + 2 s
```
连续时间传递函数。

【例 9-29】　已知系统的开环传递函数为 $G(s)=\dfrac{10}{s(0.2s+2)(0.1s+1)}$，计算其位置误差系数、速度误差系数和加速度误差系数。

在 MATLAB 命令行窗口输入如下命令：

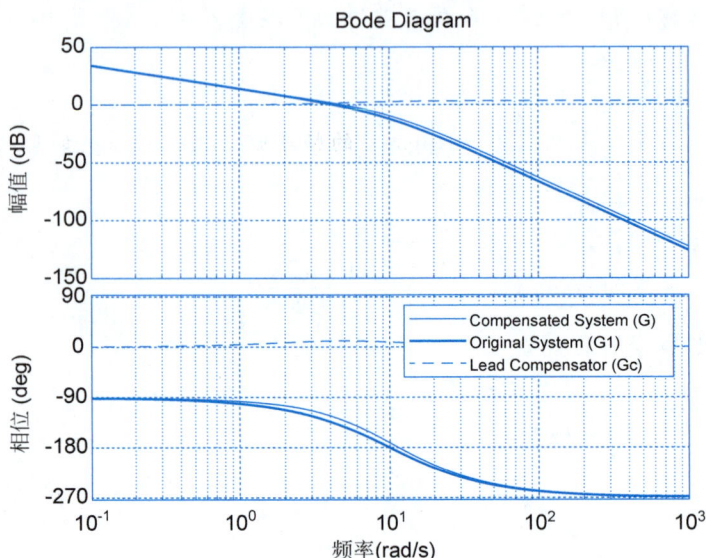

图 9-26　校正装置及校正前后的 Bode 图

```
>> syms s G
G = 10/(s * (0.2 * s + 2) * (0.1 * s + 1));
kp = limit(G,s,0, 'right')          % 计算位置误差
kv = limit(s * G,s,0, 'right')      % 计算速度误差
ka = limit(s^2 * G,s,0, 'right')    % 计算加速度误差
```

运行结果如下：

kp = Inf; kv = 5; ka = 0

9.6.2　简单运动系统的建模及仿真

图 9-27 为简单的小车运动系统。其中，小车质量为 m，在外力 F 作用下小车位移为 x。

在忽略摩擦力的情况下，根据牛顿力学定律分析可知，小车的运动方程为 $m\ddot{x}=F\Rightarrow\ddot{x}=\dfrac{F}{m}$。下面用 MATLAB 建立其数学模型并仿真。

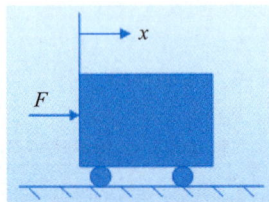

图 9-27　小车运动系统

【例 9-30】　已知图 9-27 所示的小车运动系统，在外力 $F=2+\sin t$ 的作用下，小车质量 $m=0.1\mathrm{kg}$ 时，求 0～10s 时间内小车的位移响应曲线。

步骤 1：新建一个 Simulink 空白模型窗口，将相关模块添加至该窗口并连接构成所需的系统模型，如图 9-28 所示。

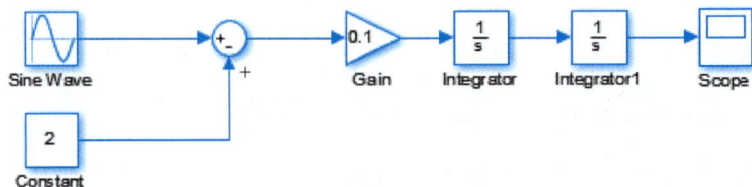

图 9-28　小车运动系统仿真模型

步骤2：设置相关参数。

步骤3：运行仿真，单击Scope打开如图9-29所示的窗口，观察仿真结果。

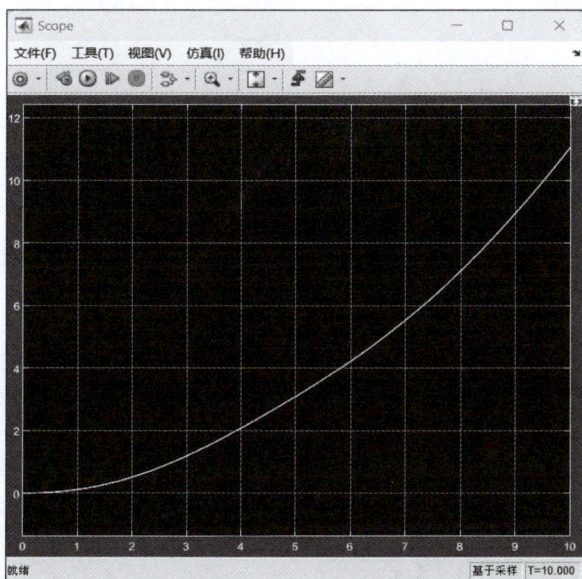

图 9-29   小车响应曲线

9.6.3   "弹簧-质量-阻尼"系统的建模及仿真

图9-30为一个"弹簧-质量-阻尼"系统。其中，质量块的质量为m，在外力F的作用下质量块位移为x，弹簧的弹性系数为k，缓冲器的黏滞摩擦系数为c。

根据牛顿力学定律分析可知，"弹簧-质量-阻尼"系统的动力学模型为$m\ddot{x}+c\dot{x}+kx=F$，两边取拉普拉斯变换，可得$ms^2X(s)+csX(s)+kX(s)=F(s)$，这样，整个"弹簧-质量-阻尼"系统的数学模型就为

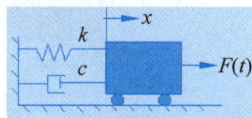

图 9-30   "弹簧-质量-阻尼"系统

$$G(s)=\frac{X(s)}{F(s)}=\frac{1}{ms^2+cs+k}=\frac{\dfrac{1}{m}}{s^2+\dfrac{c}{m}s+\dfrac{k}{m}}$$

下面用MATLAB建立其数学模型并仿真。

【例9-31】 已知图9-30所示的"弹簧-质量-阻尼"系统，在外力F的作用下，小车质量$m=1\mathrm{kg}$，阻尼$c=2\mathrm{N.sec/m}$，弹性系数$k=60\mathrm{N/m}$，质量块的初始位移为$0.5\mathrm{m}$，初始速度为$0.3\mathrm{m/sec}$，求$0\sim10\mathrm{s}$区间内质量块的位移响应曲线。

步骤1：新建一个Simulink空白模型窗口，将相关模块添加至该窗口并连接构成所需的系统模型，如图9-31所示。

步骤2：设置相关参数。

步骤3：运行仿真，单击Scope打开如图9-32所示的窗口，观察仿真结果。

微课视频

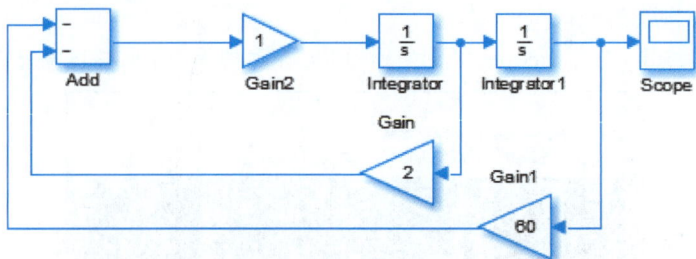

图 9-31　系统模型

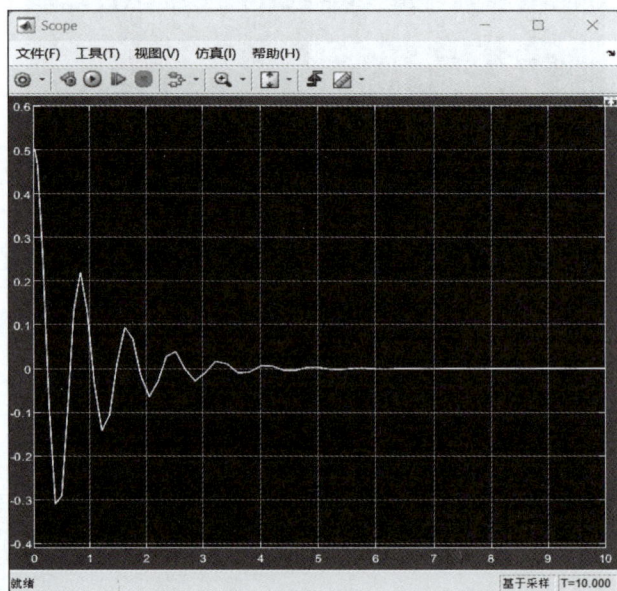

图 9-32　质量块的位移响应曲线

9.6.4　单容过程系统的建模及仿真

设单容水箱的进水和出水的体积流量分别是 q_i 和 q_o，输出量为液位 h，储罐的横截面积为 A。试建立如图 9-33 所示的液体储罐的数学模型。

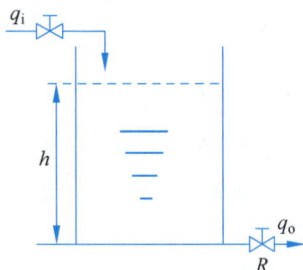

图 9-33　液体储罐

根据液位的变化满足动态物料平衡关系可知，液罐内蓄液量的变化率＝单位时间内液体流入量－单位时间内液体流出量。

根据上述原理可以建立水位的动态平衡方程

$$A\frac{\mathrm{d}h}{\mathrm{d}t}=q_i-q_o \tag{9-11}$$

以增量形式表示各变量偏离起始稳态值的程度，即

$$A\frac{\mathrm{d}\Delta h}{\mathrm{d}t}=\Delta q_i-\Delta q_o，其中\ q_o=k\sqrt{h}。$$

可见，液位与流出量之间存在非线性关系，在水位平衡点 h_0 处对非线性项进行泰勒级数展开，并取线性部分(忽略二次项及以上的高次项)可得

$$q_{\mathrm{o}}=k\sqrt{h}=q_{\mathrm{o}0}+\left.\frac{\mathrm{d}q_{\mathrm{o}}}{\mathrm{d}t}\right|_{h=h_0}(h-h_0)=q_{\mathrm{o}0}+\frac{k}{2\sqrt{h_0}}\Delta h$$

则

$$\Delta q_{\mathrm{o}}=q_{\mathrm{o}}-q_{\mathrm{o}0}=\frac{k}{2\sqrt{h_0}}\Delta h$$

定义 $\dfrac{q_{\mathrm{o}}(s)}{h(s)}=\dfrac{k}{2\sqrt{h_0}}=\dfrac{1}{R}$ 为液阻(出口阀)。可得

$$A\frac{\mathrm{d}\Delta h}{\mathrm{d}t}=\Delta q_{\mathrm{i}}-\frac{\Delta h}{R}$$

整理并省略增量符号,得 $RA\dfrac{\mathrm{d}h}{\mathrm{d}t}+h=Rq_{\mathrm{i}}$,即 $\dfrac{h(s)}{q_{\mathrm{i}}(s)}=\dfrac{R}{RAs+1}$ 。

可见,单容水箱系统为一个一阶惯性环节。

【例 9-32】 已知两个自衡单容过程的模型传递函数分别为 $G(s)=\dfrac{10}{3s+2}$ 和 $G(s)=\dfrac{10}{3s+2}\mathrm{e}^{-5s}$,试用 Simulink 建模并求其单位阶跃响应。

微课视频

步骤 1:新建一个 Simulink 空白模型窗口,将相关模块添加至该窗口并连接构成所需的系统模型,如图 9-34 所示。

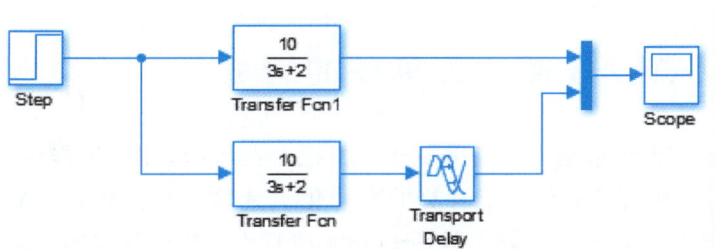

图 9-34　系统模型

步骤 2:设置相关参数。

步骤 3:运行仿真,单击 Scope 打开如图 9-35 所示的窗口,观察仿真结果。

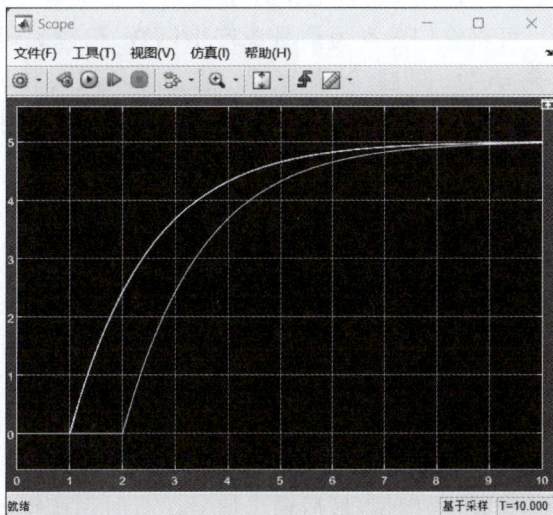

图 9-35　单位阶跃响应

第 10 章
CHAPTER 10

MATLAB 在通信
系统中的应用

本章要点：

◇ MATLAB 通信工具箱的组成；

◇ 信息量度与信源编码；

◇ 差错控制和信道编码；

◇ 模拟调制与解调；

◇ 数字调制与解调；

◇ 数字通信系统性能仿真。

10.1 MATLAB 通信工具箱的组成

MATLAB 通信工具箱是一个应用在通信工程专业领域，辅助工程技术人员进行理论分析研究、系统建模仿真和通信性能计算的专业化工具软件集。MATLAB 通信工具箱由两大部分组成：通信工程专业函数库和 Simulink 仿真模型库。这里需要说明的是，读者要想熟练地应用 MATLAB 通信工具箱内的专业函数库和仿真模型库，就必须先掌握通信系统的一般性原理知识，需要懂诸如调制、功率谱和误码率等专业词汇的内涵，还需要了解各类通信系统的组成原理和系统方框图。

MATLAB 通信工程专业函数库包含七十多个通信专业函数，这些函数的功能覆盖了现代通信系统的各方面。可将它们分类为信号源产生函数、信源编码/信源解码函数、纠错控制编码/纠错控制解码函数、调制/解调函数、滤波器函数、传输信道函数、TDMA/FDMA/CDMA 函数、同步函数和专业工具函数等。每个函数在调用时应注意函数格式中各参数的含义及单位，以便设定正确。以纠错控制编码（或解码）函数为例，此函数提供了线性分组码、汉明码、循环码、BCH 码、里德-索罗蒙码和卷积码 6 种纠错控制编码（或解码）选项，还需要对输入（或输出）数据格式进行选择，可选序列或向量（矩阵）两种不同的格式。

一般而言，对通信系统进行仿真可以采用在 M 程序（脚本）文件中调用相关函数的方式进行，也可以使用 Simulink 仿真模型（块）库的方式进行。只考虑点到点通信模式，Simulink 仿真模型组成框图是自信源开始的，各仿真模型是依次串联型的，分别为信源模型、信源编码模型、纠错控制编码模型、调制模型、复用模型和发射/滤波模型，之后送入信道。信号接收之后系统框图是各种模型再依照下列次序串接，分别为接收/滤波模型、复用模型、解调模型、纠错控制解码模型和信源解码模型，最后输出信号。有时系统框图中还需要加入同步及工具模型。

　　不同通信系统仿真时,上述各种仿真模块可以根据具体需求有针对性地指定参数。仍以纠错控制编码(或解码)模型为例,需要选定其具体的编码方式,例如某系统已选定为 BCH 码进行纠错编码,同时此系统的接收端,也必须选择对应解码 BCH 码的模块才行。

　　本章主要是按照点到点通信链路进行阐述的,挑选了一些常见的且具备代表性的通信系统进行分析和计算。由于篇幅所限,有一些通信系统没有涉及,如脉冲调制 PCM 编解码、数字基带通信系统、同步提取和最佳接收等。在调用通信工具箱中的函数进行计算时,因其参数名称与国内通信术语存在差异,为了正确设置函数格式中的各种参数值,本章对涉及的通信理论列出了一些相应的关系式并简单地加以说明。

10.2　信息量度与信源编码

10.2.1　信息的量度计算

　　考虑离散取值并用随机过程来表达一个信源,对于一个离散无记忆平稳随机过程,信源输出的信息量(熵)可定义为

$$H(x) = -\sum_{x \in X} \text{lb} P(x) \tag{10-1}$$

在式(10-1)中,X 表示信源取值的一个集合,$P(x)$ 表示输出 x 值时的概率。下面通过程序 xysh.m 举例说明离散信源熵的计算。

　　【例 10-1】　已知甲信源可以输出 4 种电平 a_1、a_2、a_3、a_4,乙信源只能输出两种电平 b_1、b_2,经观察测量甲乙各自输出不同电平的概率分别为 $[1/2, 1/4, 1/8, 1/8]$ 和 $[7/8, 1/8]$,试分别计算甲乙两种信源输出的信息量(熵)。

　　编写程序 xysh.m 如下:

```
clear
p1 = [1/2,1/4,1/8,1/8];
p2 = [7/8,1/8];
H1 = 0.0;H2 = 0.0;
I = [];J = [];
for i = 1:4
  H1 = H1 + p1(i) * log2(1/p1(i));
  I(i) = log2(1/p1(i));
end
disp('甲信源各电平自信息量分别为');I
disp('甲信源熵为');H1
for j = 1:2
  H2 = H2 + p2(j) * log2(1/p2(j));
  J(j) = log2(1/p2(j));
end
disp('乙信源各电平自信息量分别为');J
disp('乙信源熵为');H2
```

　　然后再在 MATLAB 命令行窗口运行程序 xysh.m,结果如下:

```
>> xysh
甲信源各电平自信息量分别为
I =
     1    2    3    3
甲信源熵为
```

```
H1 =
    1.7500
乙信源各电平自信息量分别为
J =
    0.1926    3.0000
乙信源熵为
H2 =
    0.5436
```

甲乙两信源各电平自信息量是指单一电平的信息量，它与产生此电平的概率有关。比较甲乙两信源熵的数值，甲熵大于乙熵，这和实际情况是吻合的。甲信源可以输出 4 种电平而乙信源仅可以输出两种电平，考虑信息发送组合的能力大小，甲输出的信息量显然更大。

10.2.2　模拟信号量化和数字化

自然界的大多数信源(如语音和温度)都是模拟信号输出的，模拟信号转变成数字信号时必首先进行离散和量化处理。离散是将连续的模拟信号抽样为时间上离散的模拟信号，而量化是将模拟信号的连续取值以数目有限的量化值(集合)去取代。单个信源的模拟输出值被量化后称标量量化，标量量化有均匀量化和非均匀量化两种方案。均匀量化中量化值的间隔是等长的，非均匀量化中量化值的间隔是不相等的。

在标量量化中，随机标量 X 的取值区间(值域)被划分成为 N 个互不重叠的区域 $R_i(1 \leqslant i \leqslant N)$，$R_i$ 被称为量化间隔，在每个 R_i 区域内选择一个数值点 x_i 定为其量化值，那么整个取值区间就可以得出一个量化值集合 $\{x_i\}$。这样，落在区域 R_i 内的随机变量的取值都被量化为第 i 个量值 x_i，量化的数学表达如下：

$$Q(x) = x_i (x \in R_i) \tag{10-2}$$

这种量化方法不可避免地引入了失真，其均方误差可按下式计算：

$$D = \sum_{i=1}^{N} \int_{R_i} (x - x_i)^2 f(x) \mathrm{d}x \tag{10-3}$$

式中，$f(x)$ 是信源随机变量的概率密度函数。信号量化噪声比(SQNR)为

$$\mathrm{SQNR} = 10\lg \frac{E(x^2)}{D} \tag{10-4}$$

MATLAB 通信工具箱提供了标量量化的函数指令 quantiz，其使用格式如下：

```
[INDX, QUANTV, DISTOR] = quantiz(SIG, PARTITION, CODEBOOK)
```

在确定的 PARTITION(量化间隔)和 CODEBOOK(量化值集合 $\{x_i\}$)条件下，对 SIG(信号)进行标量量化，输出 INDX(量化索引)、量化值和失真值 D；

```
[INDX, QUANTV] = quantiz(SIG, PARTITION, CODEBOOK)
```

功能同上，不输出失真值 D。

```
INDX = quantiz(SIG, PARTITION)
```

仅输出 INDX(量化索引)。

从使用格式上可以看出，函数指令 quantiz 的运行需要确定 PARTITION(量化间隔)和 CODEBOOK(量化值集合 $\{x_i\}$)这两个条件。MATLAB 通信工具箱提供了优化标量量化的 Lloyds 算法函数，可以得到 PARTITION(量化间隔)和 CODEBOOK(量化值集合 $\{x_i\}$)

参数。lloyd 函数的使用格式如下：

```
[PARTITION, CODEBOOK] = lloyds(TRAINING_SET, INI_CODEBOOK)
```

依据给定的 TRAINING_SET(训练信号集)，给出 PARTITION 和 CODEBOOK 这两个参数集，INI_CODEBOOK 可以是假设的量化值集合 $\{x_i\}$，也可以是期望量化值集合 $\{x_i\}$ 的长度(集合元素的个数)。

【例 10-2】 试用 8 个电平对最大幅度值为 1 的正弦信号进行标量量化。

解： 在 MATLAB 命令行窗口直接输入下列命令：

```
>> N = 2^3;                          % 取 N = 8 个电平长
>> t = [0:50] * pi/20;
>> u = sin(t);
>> [p,c] = lloyds(u,N)
p =
    -0.7836    -0.5145    -0.2220    0.0469    0.2690    0.5145    0.7850
c =
    -0.9197    -0.6474    -0.3815    -0.0626    0.1564    0.3815    0.6474    0.9226
```

函数 lloyds 运行后，给出的向量 p 是将区间 $[-1,1]$ 划分为 8 个区间的分界(分割)点。向量 c 正是这 8 个区间中量化值的集合 $\{x_i\}$。

继续在 MATLAB 命令行窗口直接输入下列命令运行：

```
>> [index,quant,distor] = quantiz(u,p,c)
index =
  % 1～22 列
    3    4    5    5    6    6    7    7    7    7    7    7    7    7    7    6    6
    5    5    4    3    3
  % 23～51 列之后数据删掉没有列出了
quant =
  % 1～13 列
    -0.0626    0.1564    0.3815    0.3815    0.6474    0.6474    0.9226    0.9226
0.9226    0.9226    0.9226    0.9226    0.9226
  % 14～51 列之后数据删掉没有列出了
distor =
    0.0045
```

INDX(量化索引)值可以用于数字编码，从输出结果可以看出，取 3 时正好对应量化值 $x_3 = -0.0626$。计算出的失真值 $D = 0.0045$，数值上看还是比较小的。为了得到更直观的量化结果，可以继续在 MATLAB 命令行窗口输入画图命令：

```
>> plot(t,u,t,quant,'*')
```

图形绘制如图 10-1 所示。

观察图 10-1，最大幅度值为 1 的正弦信号已被量化，图中共有 8 个量化电平。正弦信号经采样量化后，下一步经信源编码便成为数字信号。对于线性量化，8 个量化电平可以采用 3 位 BCD 编码。MATLAB 提供的将模拟信号数字化函数指令还有一些，下面简单列出几个。

函数指令 compand 的功能是用于 μ 律或 A 律压扩编码；dpcmenco/dpcmdeco 的功能是用于差分脉冲调制 PCM 编码/PCM 解码；dpcmopt 的功能是用于使用训练序列优化差分脉冲调制参数；arithenco/arithdeco 的功能是用于对一符号序列进行算术编码/算术解码。

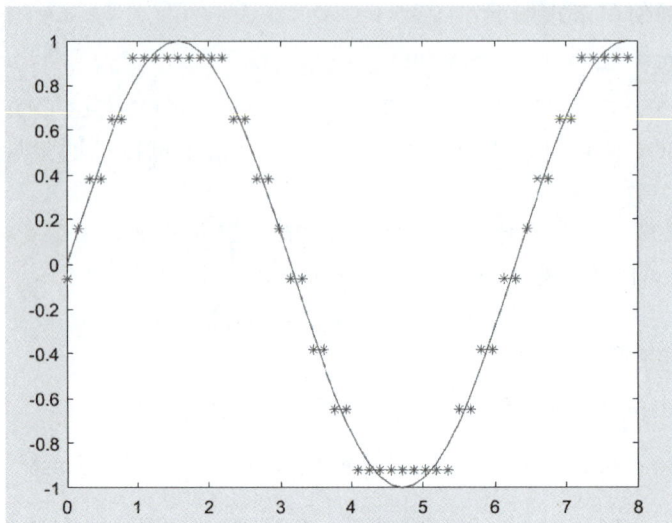

图 10-1　信号标量量化图

10.2.3　信源编码

信源输出的数字信号一般还需要对其进行信源编码,目的是提高数字信号的有效性。即针对信源输出符号序列的统计特性来寻找某种方法,把信源输出符号序列变换为最短的码字序列,使后者的各码元所载荷的平均信息量(熵)最大,同时又要保证在接收端无失真地恢复原来的符号序列。信源编码能够压缩数据冗余,降低码元速率。

MATLAB 通信工具箱提供了哈夫曼信源编码的函数指令,哈夫曼编码是一种可变长无损编码,应用范围广泛,哈夫曼编码/解码函数指令的使用格式介绍如下:

```
ENCO = huffmanenco(SIG, DICT)
```

huffmanenco 函数能将输入信号 SIG 编码为哈夫曼码,格式中的 DICT 为码字字典,由函数指令 huffmandict 生成。

```
DECO = huffmandeco(COMP, DICT)
```

哈夫曼解码函数,将哈夫曼编码 COMP 解码为 DECO。

```
DICT = huffmandict(SYM, PROB)
```

哈夫曼码字字典生成函数,SYM 为信源符号向量,需要包含信息中的所有符号,PROB 为相应符号出现的概率。

哈夫曼编码/解码函数指令使用的关键之一是需要获取码字字典,这是由函数 huffmandict 指令生成的,例如,信源符号向量 SYM 设为[1:6];相应符号出现的概率 PROB 设为[.5 .125 .125 .125 .0625 .0625]。

在 MATLAB 命令行窗口直接输入下列命令运行:

```
>> [dict,avglen] = huffmandict([1:6],[.5 .125 .125 .125 .0625 .0625])
dict =
    6×2 cell 数组
    {[1]}    {[        0]}
    {[2]}    {[   1 0 0]}
```

```
      {[3]}    {[  1 1 1]}
      {[4]}    {[  1 1 0]}
      {[5]}    {[1 0 1 1]}
      {[6]}    {[1 0 1 0]}
avglen =
    2.1250
```

结果中给出了码字字典和码字的平均字长,但码字字典没有以直观的形式给出。为了让码字字典的含义更清楚明了,下面继续在 MATLAB 命令行窗口输入下列命令运行:

```
>> temp = dict;
>> for i = 1:length(temp)
temp{i,2} = num2str(temp{i,2});
end
>> temp
temp =
    6×2 cell 数组
    {[1]}    {'0'        }
    {[2]}    {'1  0  0'  }
    {[3]}    {'1  1  1'  }
    {[4]}    {'1  1  0'  }
    {[5]}    {'1  0  1  1'}
    {[6]}    {'1  0  1  0'}
```

上面以直观的形式给出了码字字典,其第 1 列为符号,第 2 列对应的行是此符号的哈夫曼编码。通过查找可得符号'2'的哈夫曼编码为'1 0 0'。

有了码字字典,下面以一个简单的例子说明一段信息的哈夫曼编码和哈夫曼解码,再在 MATLAB 命令行窗口直接输入一段信息 sig 并运行哈夫曼编码函数 huffmanenco:

```
>> sig = [2 1 4 2 1 1 5 4]
sig =
    2    1    4    2    1    1    5    4
>> sig_encoded = huffmanenco(sig,dict)
sig_encoded =
    1 0 0 0 1 1 0 1 0 0 0 0 0 1 0 1 1 1 1 1 0
```

哈夫曼编码结果 sig_encoded 如上,下面在 MATLAB 命令行窗口直接输入运行哈夫曼解码函数 huffmandeco 如下:

```
>> DECO = huffmandeco(sig_encoded, dict)
DECO =
    2    1    4    2    1    1    5    4
```

哈夫曼解码结果 DECO 如上,经比较,其与信源发出的码 sig 完全一样。下面通过程序 huffm.m 举例说明一幅图的哈夫曼编/解码。

【例 10-3】 已知 C 盘某目录下有一幅灰度图像,大小为 165×202,试将其读入 MATLAB 中显示并与哈夫曼编码和解码之后的图片显示结果加以比较。

编写程序 exam_10_3.m 如下:

```
clear
I = imread('C:\Users\lev\Documents\cha.10\10_2.jpg');
[M,N] = size(I);I1 = I(:);
P = zeros(1,256);
for i = 0:255
  P(i + 1) = length(find(I1 == i))/(M * N);
```

微课视频

```
end
k = 0:255;
dict = huffmandict(k,P);                    % 生成字典
enco = huffmanenco(I1,dict);                % 编码
deco = huffmandeco(enco,dict);              % 解码
Ide = col2im(deco,[M,N],[M,N],'distinct');  % 把向量重新转换成图像块
subplot(1,2,1);imshow(I);title('original image');
subplot(1,2,2);imshow(uint8(Ide));title('deco image');
```

程序运行结果如图 10-2 所示。

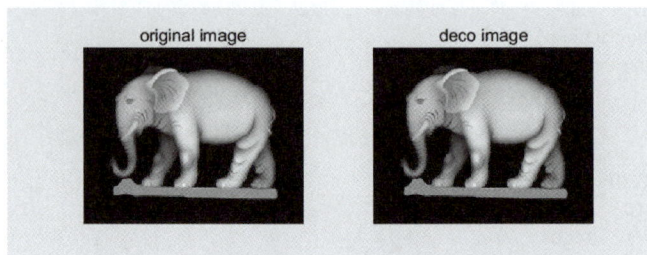

图 10-2   输出图形

图 10-2 输出了原始的灰度图像及哈夫曼编码和解码之后的图像,对这两幅图加以比较后发现,肉眼看并无差异。经过比较计算也证实哈夫曼编码是一种可变长无损编码。可以计算出其平均码长 avglen=4.1360,几乎为 BCD 码所需 8 位码长的一半。

10.3   差错控制和信道编码

数字信号在信道传输的过程中,不可避免地要受到噪声和干扰的影响产生误码。为此,在将数字信号送入信道之前,就必须对数字信号采用差错控制编码技术,以增强数据在信道中传输时抵御各种噪声和干扰的能力,提高通信系统的可靠性。

10.3.1   线性分组码编解码

提高数据传输可靠性,降低误码率是信道编码的任务。信道差错控制编码的原理是在源数据码流中有目的地加插一些冗余的码元,而在接收端又利用这些冗余的码元进行判错和纠错,从而达到差错控制的目的。差错控制编解码有多种分类口径,每种类型的编解码数理基础和工作原理各不相同。MATLAB 通信工具箱中提供了汉明码、循环码、BCH 码、卷积码和 RS 码等种类的编解码函数指令。

可以用线性方程组表述码规律性的分组码称为线性分组码。以 (n,k) 汉明码为例,码长为 n,信息元长为 k,那么监督元长 r 为 $n-k$。其中,码长 n 与监督元长 r 满足以下关系式:

$$n = 2^r - 1 \tag{10-5}$$

现以 $r=3,n=7$ 的汉明码为例,则信息元长为 $k=4$。从而存在下面的监督方程组:

$$[\boldsymbol{P} \vdots \boldsymbol{I}_r]\boldsymbol{A}^{\mathrm{T}} = O \tag{10-6}$$

式中,$\boldsymbol{P}$ 为 $r \times k$ 阶矩阵,$\boldsymbol{I}_r$ 为 r 阶单位矩阵,$\boldsymbol{A}=[a_6 a_5 \cdots a_0]$ 为汉明码,将 $[\boldsymbol{P} \vdots \boldsymbol{I}_r]$ 命名为 $\boldsymbol{H}$ 监督矩阵,若将汉明码改写为 $\boldsymbol{A}=[a_6 a_5 a_4 a_3 \vdots a_2 a_1 a_0]=[\boldsymbol{M} \vdots \boldsymbol{R}]$,由此可推导出:

$$\boldsymbol{R} = \boldsymbol{M} \cdot \boldsymbol{P}^{\mathrm{T}}, \quad \boldsymbol{A} = \boldsymbol{M} \cdot [\boldsymbol{I}_k \vdots \boldsymbol{P}^{\mathrm{T}}] \tag{10-7}$$

定义 $G=[I_k \vdots P^T]$ 为生成矩阵。

接收端是通过计算校正子 $S=E \cdot H^T$ 来实现检错和纠错的。

MATLAB通信工具箱提供了差错控制编码的函数指令,允许采用汉明码、循环码及线性码等编码技术,差错控制编码/解码函数指令的使用格式如下:

```
CODE = encode(MSG, N, K, METHOD, OPT)
```

用 METHOD 指定的方法完成纠错编码。其中,MSG 代表信息码元;OPT 是一个可选择的优化参数;N 为码长;K 为信息元长;输出 CODE 为纠错编码。

```
MSG = decode(CODE, N, K, METHOD…)
```

用 METHOD 指定的方法完成纠错解码,其余参数同上,CODE 为纠错编码,输出 MSG 为解码得出的信息。

对于汉明码,N 为码长,K 为信息元长,其必须满足如何分组的规定,MATLAB 通信工具箱也提供了寻找监督矩阵 H 及生成矩阵 G 的函数指令,其使用格式如下:

```
[H, G, N, K] = hammgen(r)
```

依据给定的监督元长度 r,输出码长 N、信息元长 K、监督矩阵 H 和生成矩阵 G。

下面通过在 MATLAB 命令行窗口直接输入下列命令进行说明:

```
>> [h,g,n,k] = hammgen(3)
h =
    1    0    0    1    0    1    1
    0    1    0    1    1    1    0
    0    0    1    0    1    1    1
g =
    1    1    0    1    0    0    0
    0    1    1    0    1    0    0
    1    1    1    0    0    1    0
    1    0    1    0    0    0    1
n =
    7
k =
    4
```

以 (7,4) 汉明码为例,监督元长度 r=3,得到了码长 N、信息元长 K、监督矩阵 H 和生成矩阵 G。继续在 MATLAB 命令行窗口直接输入下列命令运行:

```
>> msg = [0 0 0 1;0 0 0 1;0 0 0 1;0 0 1 1;0 0 1 1;0 1 0 1;0 1 1 0;0 1 1 1]
msg =
    0    0    0    1
    0    0    0    1
    0    0    0    1
    0    0    1    1
    0    0    1    1
    0    1    0    1
    0    1    1    0
    0    1    1    1
```

上面输入了 8 组信息码之后,继续在 MATLAB 命令行窗口直接输入下列命令运行:

```
>> code = encode(msg,n,k,'hamming/binary')
code =
    1    0    1    0    0    0    1
```

```
1    0    1    0    0    0    1
1    0    1    0    0    0    1
0    1    0    0    0    1    1
0    1    0    0    0    1    1
1    1    0    0    1    0    1
1    0    0    0    1    1    0
0    0    1    0    1    1    1
```

输出为 8 组汉明码。下面再输入汉明码的解码指令:

```
>> newmsg = decode(code,n,k,'hamming/binary')
newmsg =
     0    0    0    1
     0    0    0    1
     0    0    0    1
     0    0    1    1
     0    0    1    1
     0    1    0    1
     0    1    1    0
     0    1    1    1
```

解码结果与 8 组信息码完全一致。将 code 码每一行改换掉一个符号,再去验证其纠错能力:

```
>> code = [
     0    0    1    0    0    0    1        %换掉1个符号
     1    1    1    1    0    0    1        %换掉2个符号
     1    0    0    1    0    0    1        %换掉2个符号
     0    1    0    1    1    0    1        %换掉3个符号
     0    1    0    0    1    1    1        %换掉1个符号
     1    1    0    0    1    1    1        %换掉1个符号
     1    0    0    0    1    1    1        %换掉1个符号
     0    0    1    0    1    1    1]       %换掉0个符号
```

再输入汉明码的解码指令如下:

```
>> newmsg = decode(code,n,k,'hamming/binary')
newmsg =
     0    0    0    1        %解码正确
     1    0    0    1        %解码错误
     1    0    1    1        %解码错误
     1    1    0    1        %解码错误
     0    0    1    1        %解码正确
     0    1    0    1        %解码正确
     0    1    1    0        %解码正确
     0    1    1    1        %解码正确
```

用上面输出的结果与 8 组信息码对比后可以得出结论,(7,4)汉明码只能纠 1 个错误,对于 2 个以上的错误则无能为力,这是由(7,4)汉明码的最小距离是 3 来决定的(可用 gfweight 函数计算线性分组码的最小距离)。从工程应用的角度来使用 MATLAB 的 encode 和 decode 函数指令非常方便,但不能忽视对编码理论的学习和掌握,否则即便只考虑一般的应用,也会难以周全。不能不承认编码的设计和应用对数理基础知识的要求较高,系统地掌握需要一段时间进行专业的学习。

10.3.2　交织编码

对于信道传输过程中的成群突发错误,受差错控制编码最小距离的限制,差错控制码也是没有办法纠错的。交织编码的目的就是把一段较长的突发差错离散成随机差错,再用纠正随机差错的编码技术消除。交织深度越大,则离散度越大,抗突发差错的能力也就越强。但交织深度越大,交织编码处理时间就越长,从而造成数据传输时延增大。交织编码一般置于差错控制编码之后,信道发送之前。

交织编码根据交织方式的不同,可分为线性交织、卷积交织和伪随机交织。其中线性交织编码是一种比较常见的形式。一种线性交织编码器的原理是把差错纠错编码器来的输入信号按行填充入一个临时的 $n \times m$ 阶矩阵中去,填满之后再按列的次序逐列输出信号。

MATLAB 通信工具箱提供了线性交织编码/解码的函数指令,其使用格式如下:

```
INTRLVED = matintrlv(DATA, Nrows, Ncols)
```

将数据 DATA 送入一个临时的 Nrows×Ncols 阶矩阵中进行交织编码,并由 INTRLVED 输出交织好的编码。

```
DEINTRLVED = matdeintrlv(DATA, Nrows, Ncols)
```

将交织好的编码数据块 DATA 再恢复为交织前的序列。

下面通过在 MATLAB 命令行窗口直接输入下列命令举例说明:

```
>> A = [1 3 5 7 9 11];
>> INTRLVED = matintrlv(A', 2, 3)
INTRLVED =
    1
    7
    3
    9
    5
   11
```

函数指令 matintrlv 使用时要求输入数据行的长度应等于 Nrows×Ncols,在本例中,输入数据行的长度应等于 6,否则报错,如果输入数据有多行,则对应输出多列。

继续在 MATLAB 命令行窗口直接输入下列命令解交织:

```
>> DEINTRLVED = matdeintrlv(INTRLVED', 2, 3)
DEINTRLVED =
    1    3    5    7    9    11
```

上面的解交织码结果是完全正确的,函数指令 matdeintrlv 使用与 matintrlv 相同的参数 Nrows、Ncols,显然解码过程应该是与编码时相反的,即按列填入按行取出。MATLAB 提供了多条有关交织编码和解码的函数指令,依据的原理方法各不相同,以下将其列出供读者参考,限于篇幅就不一一举例详细说明了。

Intrlv/deintrlv:对符号序列进行交织编码/解码恢复符号序列。helintrlv/heldeintrlv:使用 helintrlv 方法对符号序列进行交织编码/采用 helintrlv 方法解码恢复符号序列。helscanintrlv/helscandeintrlv:用螺旋模型对符号序列进行交织编码/采用螺旋模型解码恢复符号序列。convintrlv/convdeintrlv:使用移动寄存器对符号序列进行交织编码/采用移动寄存器解码恢复符号序列。algintrlv/algdeintrlv:利用代数派生排列表对符号序列进行交织编码/采用代数派生排列表解码恢复符号序列。muxintrlv/muxdeintrlv：按指定的移动寄存器对符号序列进行交织编码/采用指定的移动寄存器解码恢复符号序列。randintrlv/randdeintrlv：使用随机排列对符号序列进行交织编码/采用随机排列解码恢复符号序列。

10.3.3 扰码与解扰

扰码就是对前一级来的信码做随机化处理，扰码器一般设置于信道发射机之前。扰码器的目的之一在于信码经随机化处理之后减少连"0"或连"1"符号的长度，以保证在接收端能提取定时信息，此外扰码器能使加扰后的信号频谱更适宜在基带信道内传输。扰码器还可以应用在保密通信系统中。扰码后还需要解扰，因此其随机化的处理并非是完全真正的随机。

实际加解扰时，一般将前一级来的信码与一个周期很长的伪随机序列模 2 相加，就可以将原信息变成随机化的难以直接解读的另一序列。但这是一种可处理的伪随机码，只需在接收端再加上(模 2 加)同样的伪随机序列，就可恢复出原来发送的信码。

加扰的关键就是先产生一个合适的伪随机序列。移位寄存器的每个本原多项式均可构造出一个伪随机序列，而 m 序列是最大长度线性反馈移位寄存器序列。从硬件成本角度考虑，相同数量的移位寄存器，m 序列的长度最大，所以称 m 序列是最重要的伪随机序列中的一种。m 序列易于产生，并且有优良的相关特性。MATLAB 提供了直接产生各种伪随机序列的函数指令 idinput，其使用格式如下：

```
u = idinput(N,type,band,levels)
```

函数格式中的参数 N 的含义是产生的序列 u 的长度，如果 N＝[N nu]，则 nu 为下一级输入的通道数，如果 N＝[P nu M]，则 nu 指定通道数，P 为周期，M×P 为信号长度。默认情况下，nu＝1，M＝1，即一个通道，一个周期。

参数 Type 的含义是指定产生信号的类型，可选类型如下：'rgs'高斯随机信号；'rbs'(默认)二值随机信号；'prbs'二值伪随机信号(m 序列)和'sine'正弦信号。

参数 Band 的含义是指定输出信号的频率成分，对于'rgs'、'rbs'、'sine'，band ＝ [wlow，whigh]指定通带的范围，如果是白噪声信号，则 band＝[0，1]，这也是默认值。指定非默认值时，相当于有色噪声。对于'prbs'，band＝[0，B]，B 表示信号在一个间隔 1/B(时钟周期)内为恒值，默认为[0，1]。

参数 Levels 的含义是指定下一级输入的幅值，Levels＝[minu，maxu]，在 type 为'rbs'、'prbs'和'sine'时，表示信号 u 的值总是在 minu 和 maxu 之间。对于 type＝'rgs'，minu 指定信号的均值减标准差，maxu 指定信号的均值加标准差，对于 0 均值、标准差为 1 的高斯白噪声信号，则 levels＝[−1，1]，这也是默认值。

【例 10-4】 通过设置函数指令参数，idinpu 就能产生 m 序列。

编写程序 exam_10_4.m 如下：

```
n = 6; %指定阶次
p = 2^n − 1;                              %计算 m 序列周期
ms = idinput(p,'prbs');
subplot(1,2,1)
stairs(ms)
```

```
title('m 序列')
c = xcorr(ms,'coeff');                           % 计算相关函数
subplot(1,2,2)
plot(c)
title('相关函数')
```

在 MATLAB 命令行窗口中运行程序 exam_10_4.m,结果如图 10-3 所示。

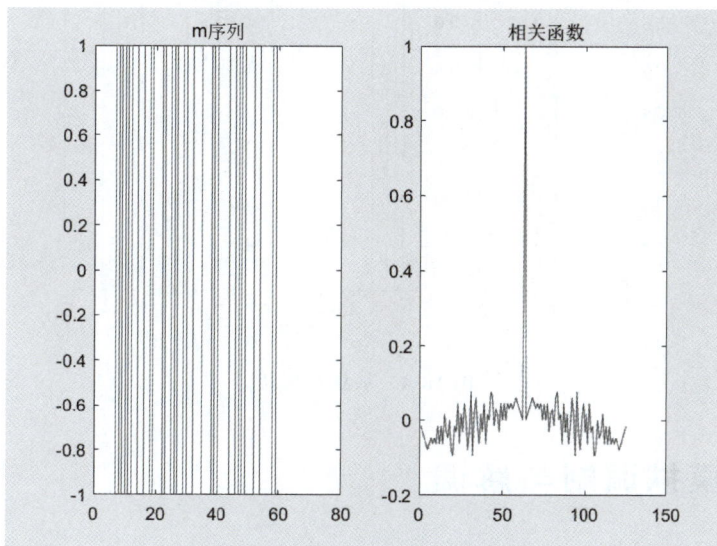

图 10-3　m 序列及其相关函数

【例 10-5】　编写程序验证加扰和解扰的原理,为了易于直观地对扰码及解扰结果进行观察,信码及 m 序列的长度仅设为 15 位长。

编写程序 exam_10_5.m 如下:

```
n = 4;
p = 2^n - 1;
ms = idinput(p,'prbs');
ms = ((ms + 1)/2)';                              % 将双极性码的列向量转换成单极性码的行向量
sc = [ones(1,4) zeros(1,5) ones(1,6)];
subplot(1,3,1)
stem(sc)                                         % 显示信码
title('信码')
subplot(1,3,2)
rm = mod(ms + sc,2)
stem(rm)                                         % 显示加扰后的编码
title('加扰')
dm = mod(rm + ms,2)
subplot(1,3,3)
stem(dm)                                         % 显示解扰后的信码
title('解扰')
```

在 MATLAB 命令行窗口中运行程序 exam_10_5.m,结果如图 10-4 所示。

从图 10-4 可以看出,15 位长的信码与 15 位长的 m 序列模 2 加之后形成了加扰后的扰码,而后扰码又与 15 位长的 m 序列模 2 加之后解扰。经比较,解扰后的码与信码完全相同,从而验证了加解扰原理的正确性。

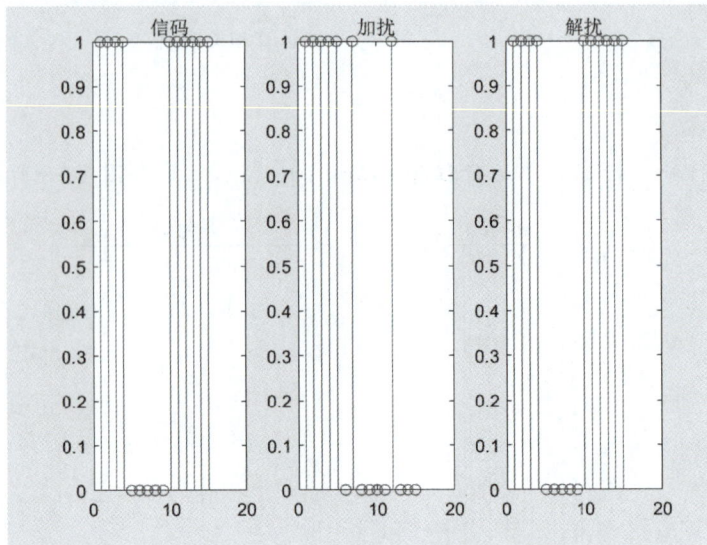

图 10-4　加扰与解扰

10.4　模拟调制与解调

调制与解调往往是通信系统中的关键环节。依据调制信号与调制方式的不同,以及调制结果的差异,调制可以划分为许多不同种类,用于适应各种不同通信系统的需求。大多数传感器输出信号具有较低的频率成分,可称为基带信号。一方面,许多带限信道不适宜基带信号直接传输;另一方面,基带信号直接传输导致信道的频带利用率也很低。模拟调制一般是指模拟信号的载波(连续波)调制,与数字信号的载波(连续波)调制是不同分类,与脉冲调制也是不同分类。连续波调制有幅度调制、频率调制和相位调制。频率调制和相位调制都是使载波的相角发生变化,因此两者又统称为角度调制。

10.4.1　幅度调制与解调

1. 幅度调制

幅度调制(AM)是让基带信号 $x(t)$ 去控制载波(连续波)的幅度参数,AM 已调波的幅度参数按照信号 $x(t)$ 的规律变化。振幅调制可分为普通调幅(AM)、双边带调幅(DSB-AM)、单边带调幅(SSB-AM)与残留边带调幅(VSB-AM)等几种不同方式。

以普通调幅 AM 为例,设零均值调制信号(基带信号)为 $x(t)$,载波信号为 $c(t)$,则 AM 已调波可表示如下:

$$u_{AM} = [A_0 + x(t)] \cdot c(t) = [A_0 + x(t)] \cdot A_c \cos(\omega_c t + \theta_c) \qquad (10\text{-}8)$$

从已调波 u_{AM} 可以看出,其幅度值 $[A_0 + x(t)] \cdot A_c$ 是按照信号 $x(t)$ 的规律变化而变化的,其载频 ω_c 与其初始相位 θ_c 均不受影响,符合线性运算的特征,因而 AM 被称为线性调制。A_0 为调制时的偏移电平,应大于 $x(t)$ 的幅度值,否则会出现过调的情况。在已调波 u_{AM} 的表达式中包括了载波项 $A_0 A_c \cos(\omega_c + \theta_c)$,如果将这一项在信号发射前加以抑制(为了节省信号发射功率),则系统变成为双边带调幅(DSB-AM)系统。

在 MATLAB 通信工具箱中提供了产生 AM 和 DSB-AM 已调波的函数指令,它们的使用格式如下:

```
Y = ammod(X,Fc,Fs,INI_PHASE,CARRAMP)
```

信号 $x(t)$ 调制后产生 AM 已调波,载波频率为 Fc,载波初始相位为 INI_PHASE,调制信号 $x(t)$ 抽样后为 X,已调波抽样后为输出 Y,抽样频率均为 Fs,抽样频率 Fs 的选择必须符合奈奎斯特抽样定理提出的要求,CARRAMP 参数为调制时偏移电平 A_0,不能省略。

```
Y = ammod(X, Fc, Fs)
```

对信号 $x(t)$ 进行振幅调制,且抑制掉载波项,产生 DSB-AM 已调波,载波初始相位 INI_PHASE 设为 0,可以不写。

【例 10-6】 利用函数指令 ammod 产生一个 AM 已调波和一个 DSB-AM 已调波。

编写程序 exam_10_6.m,如下:

```
clear
Fs = 100000;                           % 采样频率
Fc = 1000;                             % 载波频率
T = 0.1;                               % 信号观察区间
Ns = Fs * T;                           % 信号观察长度
t = 0:1/Fs:(Ns - 1)/Fs;
A0 = 3;                                % 调制偏移电平
x1 = 2 * cos(2 * pi * 50 * t);
x2 = cos(2 * pi * 20 * t);
x = x1 + x2;                           % 调制信号
figure(1)
subplot(3,1,1)
plot(x)
title('调制信号')
u1 = ammod(x,Fc,Fs,0,A0);              % AM 调制
pam = sum(u1.^2)/length(u1)/T;
subplot(3,1,2)
plot(u1)
title('AM 已调信号')
u2 = ammod(x,Fc,Fs);                   % DSB - AM 调制
pdbsam = sum(u2.^2)/length(u2)/T;
subplot(3,1,3)
plot(u2)
title('DSB - AM 已调信号')
wbzt = pdbsam/pam
```

在 MATLAB 命令行窗口中运行程序 exam_10_6.m,运行结果如图 10-5 所示。

```
>> yam
wbzt =
  0.2174
```

图 10-5 的横轴意义是时间,显示了 0～10000 的区间,代表 0～0.1s 的时间区间,也就是信号在 1s 内抽样了 10 万个点,所以程序中取 Fs=100000(比较大,图形显示更加精细一些)。观察 AM 已调波形,其载波的包络曲线与调制信号起伏是相同的。偏移电平 $A_0=3$ 使得调幅指数达到了最大,为 1。此波形包含了载波分量,增加了发射机的功率。该图也给出了抑制载波双边带调幅波(DSB-AM)信号,经计算 DSB 信号功率仅为 AM 信号功率的 21.74%(在本例中)。

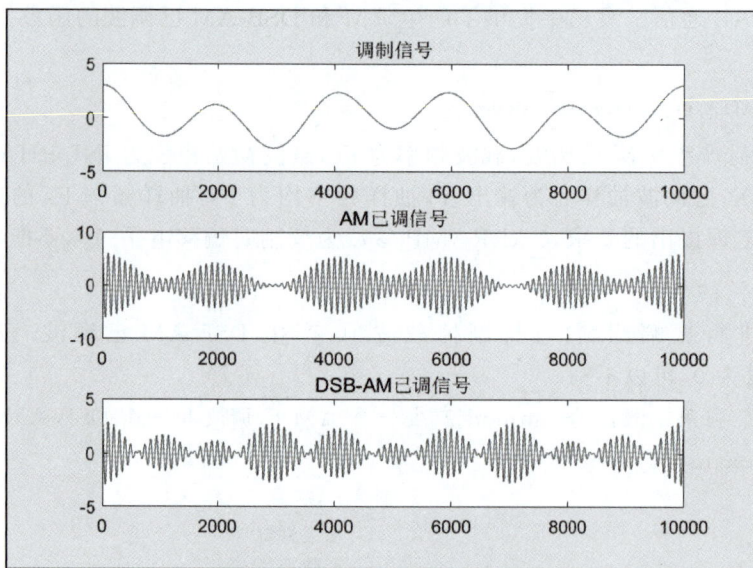

图 10-5　AM 及 DSB 调制波形

除了观察已调波的时域信号,我们也比较关心振幅调制各发射波的频谱。

【例 10-7】　编写程序,采用 welch 估算功率谱方法(其他估算功率谱方法一样可用),显示 AM 及 DSB 信号的功率谱密度。MATLAB 提供了相关的函数指令 pwelch,读者可通过帮助文档详细了解。

微课视频

编写程序 exam_10_7.m 如下:

```
clear
Fs = 2500;                              % 采样频率
Fc = 1000;                              % 载波频率
T = 0.1;                                % 观察区间
Ns = Fs * T;                            % 信号观察总长度
t = 0:1/Fs:(Ns - 1)/Fs;
A0 = 3;                                 % 调制偏移电平
x1 = 2 * cos(2 * pi * 50 * t);
x2 = cos(2 * pi * 20 * t);
x = x1 + x2;                            % 原始调制信号
ypsd1 = pwelch(x);                      % x 为调制信号
n1 = 0:(length(ypsd1) - 1);
f = n1 * Fs/2/(length(ypsd1) - 1);      % Fs = 2500
figure(1)
    subplot(3,1,1)
    plot(f,ypsd1);
    title('调制信号功率谱')
    u1 = ammod(x, Fc, Fs, 0, A0);       % 已调 AM 信号
    ypsd2 = pwelch(u1);                 % u1 为 AM 调制
    subplot(3,1,2)
    plot(f,ypsd2);
    title('AM 信号功率谱')
    u2 = ammod(x, Fc, Fs);              % 已调 dsbAM 信号
    ypsd3 = pwelch(u2);                 % u2 为 DSB 信号
    subplot(3,1,3)
    plot(f,ypsd3);
    title('DSB 信号功率谱')
    wbzf = sum(ypsd3)/sum(ypsd2);
```

程序 exam_10_7.m 运行后,各信号功率谱显示如图 10-6 所示。

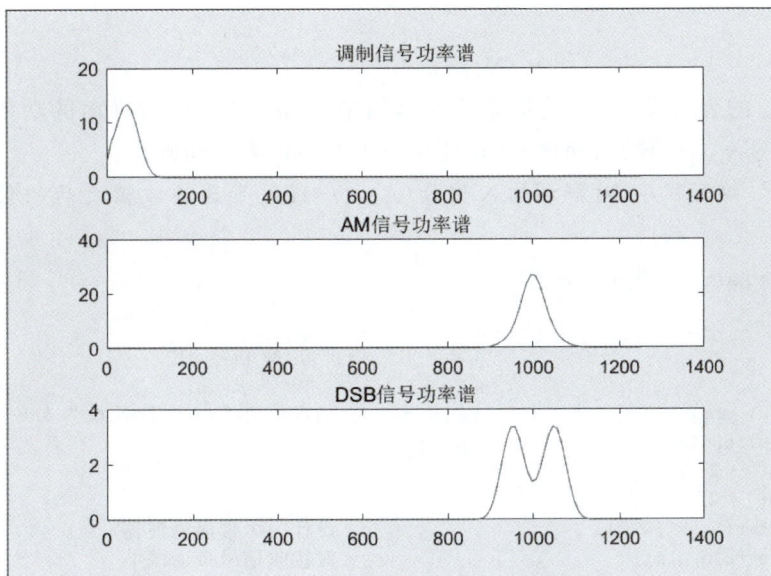

图 10-6　AM 及 DSB 信号功率谱

图 10-6 横轴的意义是频率,调制信号 $x(t)$ 的功率谱显示其为低频的基带信号。AM 信号的功率谱谱显示经调制后, $x(t)$ 功率谱已经搬到了频率轴高处,功率谱中心为 1000Hz 载波,因其还含有载波成分,因此看到一单峰。DSB 信号的功率谱显示经调制后,1000Hz 载波成分已被抑制掉了,显示为一双峰,但峰值与单峰相比低了许多,经计算 DSB 信号功率仅为 AM 波形功率的 21.69%(在本例中),与时域内的计算结果 21.74% 相比是吻合的。

2. 幅度解调

1) 接收带通滤波

幅度调制 AM 信号经信道传输到接收端后通常有两种解调方式,分别是相干解调(又称同步检测)和简单的非相干解调。而 DSB-AM 信号接收后只有相干解调一种解调方式。对于抑制载波单边带(SSB-AM)信号,接收后也仅有一种解调方式,即相干解调方式。幅度调制信号的相干解调原理都是一样的,信号接收后首先由一个带通滤波器将所需的已调波信号选择出来,然后进入乘法器与载波(同相位)相乘,再经由低通滤波器输出调制信号,而载波能量则被低通滤波器所阻止(或滤掉)不能通过。

设信道内的噪声为加性高斯白噪声 wgn,对于 AM 信号,解调器的输入信号就必须考虑信道内的噪声是叠加到了 AM 信号上,可用下式描述:

$$x_{\mathrm{AM}}(t) = [A_0 + x(t)] \cdot \cos(\omega_c t) + n(t) \tag{10-9}$$

信号 $x_{\mathrm{AM}}(t)$ 经过接收端的带通滤波器之后,AM 已调波作为有用信号被顺利地输送出来,而叠加在 AM 信号上的信道内噪声 $n(t)$ 的一部分也被过滤出来成为窄带高斯白噪声,因而带通滤波器输出端的信号描述为

$$y_{\mathrm{AM}}(t) = [A_0 + x(t)] \cdot \cos(\omega_c t) + n_c(t)\cos(\omega_c t) - n_s(t)\sin(\omega_c t) \tag{10-10}$$

由上式可以计算出解调器(AM 信号)输入端信号 $y_{\mathrm{AM}}(t)$ 的信号功率 S_i 和噪声功率 N_i:

$$S_i = \frac{[A_0^2 + \overline{x^2(t)}]}{2} \tag{10-11}$$

$$N_i = n_0 B \tag{10-12}$$

在噪声功率 N_i 的表达式中,B 是带通滤波器的带宽,n_0 是高斯白噪声的功率谱密度。解调器输入端信号 $y_{AM}(t)$ 的信噪比 SNR 便由以上的各因素共同确定。

【例 10-8】 编写程序,对解调输入信号 $y_{AM}(t)$ 经过带通滤波器之后的信号进行仿真分析。

编写程序 exam_10_8.m,如下:

```
clear
xam                                    %产生 AM 信号 u1
snr = - 5;
u1z = awgn(u1, snr);                   %加入信道噪声,信噪比设为 snr
ypsd1z = pwelch(u1z);
w1 = (Fc - 50) * 2/Fs;
w2 = (Fc + 50) * 2/Fs;
[b, a] = butter(5, [w1, w2]);          %设计一个带通滤波器
u1zd = filter(b, a, u1z);              %对接收信号带通滤波
ypsd1d = pwelch(u1zd);
n = 0:(length(ypsd1z) - 1);
f = n * Fs/2/(length(ypsd1z) - 1);
figure(1)
subplot(4, 1, 1)
plot(u1z)
title('带通滤波器输入信号')
subplot(4, 1, 2)
plot(f, ypsd1z);
title('带通滤波器输入信号功率谱')
subplot(4, 1, 3)
plot(u1zd)
title('带通滤波器输出信号')
subplot(4, 1, 4)
plot(f, ypsd1d)
title('带通滤波器输出信号功率谱')
```

程序 exam_10_8.m 运行后,接收端带通滤波器输入信号及其功率谱与带通滤波器输出信号及其功率谱分别显示在图 10-7 中。滤波器输入信号 u1z(见上述程序行)包含两个 AM 信号,载波分别为 500Hz 和 1000Hz,还叠加了信道高斯白噪声。从滤波器输入信号 u1z 的时间波形来看,和图 10-6 的 AM 信号相比,已完全为杂散波形。而实际信道内传输波形就是如此,实际信道会容纳更多路信号,因此信号接收端设置带通滤波器是必不可少的。

观察图 10-7 中带通滤波器输出信号功率谱,发现输入信号中载波为 500Hz 的 AM 信号已经被滤掉了,载波为 1000Hz 的 AM 信号顺利得以通过,此外,通带外的噪声也已经被滤掉了。经计算,滤波器输出信号总的功率为 281.6147,而采用相同的算法对图 10-6 中 AM 信号功率谱波形进行计算,其总的功率为 209.3496。差额部分正是噪声叠加而来的,由此可以计算出带通滤波器输出 AM 信号的信噪比:

$$SNR_i = 10\log_{10}\left(\frac{209.3496}{281.6147 - 209.3496}\right) = 4.6194\text{dB}$$

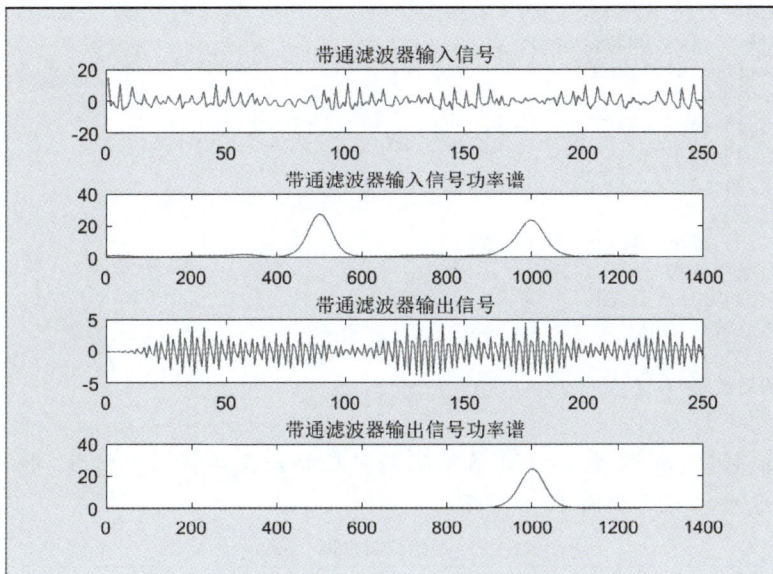

图 10-7　带通滤波器输入输出信号对比

由 SNR_i 值可以得知，AM 信号在输入带通滤波器之前的信噪比为 $-5dB$，经过带通滤波器滤波之后的信噪比提高了约 9.6dB。这是因为带通滤波器将信道内高斯白噪声滤掉了大部分的噪声能量，输出为窄带高斯白噪声了。

2）模拟振幅 AM 信号解调

上面主要对比了 AM 信号（在信道内叠加了噪声）进出接收滤波器（带通滤波器）前后的频谱变化情况，对于 DSB 信号也可以做同样的分析，留给读者自行讨论。在经过接收滤波之后，信号便可以进行下一步的解调了。在 MATLAB 通信工具箱中提供了 AM 和 DSB-AM 已调波信号的解调函数指令，它们的使用格式如下：

```
Z = amdemod(Y,Fc,Fs,INI_PHASE,CARRAMP)
```

将载波为 Fc 的 AM 信号 Y 进行相干解调，Fs 为采样频率，INI_PHASE 为初始相位，CARRAM 为调制时偏移电平 A_0。

该解调函数已内置了一个低通滤波器，低通滤波器传输函数的分子、分母由输入参数 num、den 指定，低通滤波器的采样时间等于 1/Fs。当 num＝0 或默认时，函数使用一个默认的巴特沃斯低通滤波器，可由[num,den]＝butter(5,Fc*2/Fs)生成。

【例 10-9】　编写程序，利用函数指令 amdemod 对接收滤波之后的 AM 信号进行解调。

编写程序 exam_10_9.m 如下：

```
clear
clc
Fs = 10000; Fc = 1000;
T = 0.1;
Ns = Fs * T; t = 0:1/Fs:(Ns - 1)/Fs;
A0 = 6;
x = 2 * cos(2 * pi * 50 * t) + cos(2 * pi * 20 * t);
u1 = ammod(x,Fc,Fs,0,A0);
snr = - 5;
u1z = awgn(u1,snr);
```

```
w1 = (Fc - 50) * 2/Fs;w2 = (Fc + 50) * 2/Fs;
[b,a] = butter(5,[w1,w2]);
u1zd = filter(b,a,u1z);
z = amdemod(u1zd,Fc,Fs,0,A0);
subplot(5,1,1);plot(x);
title('原始调制波形')
subplot(5,1,2);plot(u1);
title('AM已调波形')
subplot(5,1,3);plot(u1z);
title('叠加噪声波形')
subplot(5,1,4);plot(u1zd);
title('带通滤波后波形')
subplot(5,1,5);plot(z);
title('解调后波形')
axis([0 2000 - 5 5])
```

程序 exam_10_9.m 运行后，AM 通信从调制波形一直到解调出信号，系统传输全过程关键环节的信号对比显示如图 10-8 所示。

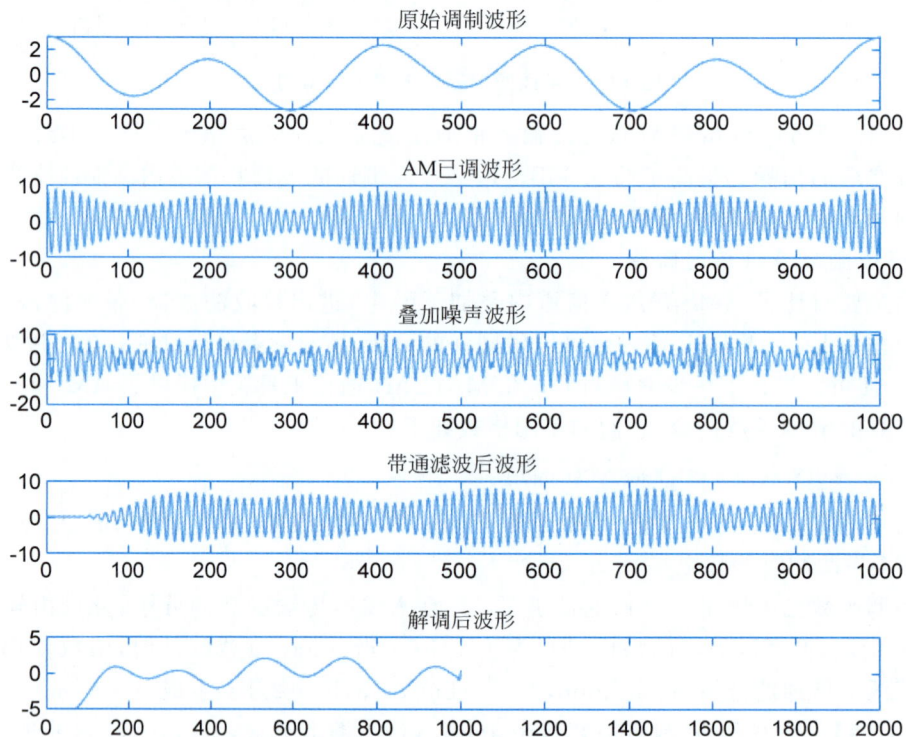

图 10-8 AM 调制与解调系统波形图

在图 10-8 中，对比原始调制波形与解调后波形：首先，AM 解调后波形存在时滞，这主要由系统仿真环节中的滤波器带来的，接收端带通滤波器和解调器内置的低通滤波器均需要考虑它们的暂态响应；其次，解调后波形存在失真，系统仿真显示的谐波失真也主要是因为滤波器的特性不能达到理想特性的原因。

10.4.2 角度调制与解调

用模拟基带信号(模拟调制信号)去改变高频载波的角度，即已调波的角度随调制信号的规律变化而变化。角度调制可分为调相(PM)和调频(FM)两种方式,调频按其调频指数的不同又可分为宽带调频(WBFM)和窄带调频(NBFM)。角度调制波形可表达如下:

$$y(t) = A\cos(\omega_c t + \varphi(t)) \tag{10-13}$$

式中,$\varphi(t)$是相对于$\omega_c t$的瞬时相位偏移,$\varphi'(t)$是相对于ω_c的瞬时角频率偏移。对于调相波(PM),$\varphi(t)$随模拟调制信号$x(t)$线性变化,即

$$\varphi(t) = k_p x(t) \tag{10-14}$$

式中,k_p是调相灵敏度,由调相具体电路决定,将上述表达式代入角度调制波形就可以得到调相波表达式。而对于调频波(FM),$\varphi'(t)$随模拟调制信号$x(t)$线性变化,即

$$\varphi'(t) = k_F x(t) \tag{10-15}$$

式中,k_F是调相灵敏度,由调频具体电路决定。将上述表达式代入角度调制波形同样可以得到调频波表达式。

1. 角度调制

在MATLAB通信工具箱中提供了产生FM和PM已调波的函数指令,它们的使用格式分别如下。

```
Y = fmmod(X,Fc,Fs,FREQDEV,INI_PHASE)
```

信号$x(t)$调制后产生FM已调波Y,载波频率为Fc,载波初始相位为INI_PHASE,调制信号$x(t)$抽样后为X,FM已调波抽样后为输出Y。抽样频率均为Fs,抽样频率Fs的选择必须符合奈奎斯特抽样定理提出的要求,取值较大时输出波形精细程度高。FREQDEV参数表示每单位(电压)调频波的频率偏移量,即调频灵敏度。

```
Y = fmmod(X,Fc,Fs,FREQDEV)
```

函数功能同上,载波初始相位为INI_PHASE默认,其值默认为0。

```
Y = pmmod(X,Fc,Fs,PHASEDEV,INI_PHASE)
```

信号$x(t)$调制后产生PM已调波Y,载波频率为Fc,载波初始相位为INI_PHASE,调制信号$x(t)$抽样后为X,FM已调波抽样后为输出Y。抽样频率均为Fs,抽样频率Fs的选择必须符合奈奎斯特抽样定理提出的要求,取值较大时输出波形精细程度高。PHASEDEV参数表示每单位(电压)调相波的相位偏移量,即调相灵敏度。

```
Y = pmmod(X,Fc,Fs,PHASEDEV)
```

函数功能同上,载波初始相位为INI_PHASE默认,其值默认为0。

【例10-10】 编写程序,利用函数指令fmmod和pmmod分别产生一个FM已调波和一个PM已调波。

编写程序exam_10_10.m如下:

```
clear
clc
Fc = 1000;                          % 载波频率
Fs = 100000;                        % 抽样频率
T = 0.02;                           % 观察区间
Ns = Fs * T;                        % 观察点数量
t = 0:1/Fs:(Ns - 1)/Fs;             % 时间轴取值
x = [ - 1:0.002:1 - 0.002];
x = [x,[1: - 0.002: - 1 + 0.002]];  % x 信号
```

```
fredev = 1000;
phasedev = pi;
yfm = fmmod(x,Fc,Fs,fredev);
ypm = pmmod(x,Fc,Fs,phasedev);
figure(1);
subplot(4,1,1)
plot(t,x);
title('调制波形')
subplot(4,1,2)
plot(t,cos(2 * pi * Fc * t));
title('载波波形')
subplot(4,1,3)
plot(t,yfm);
title('FM 波形')
subplot(4,1,4)
plot(t,ypm);
title('PM 波形')
```

在 MATLAB 命令行窗口中运行程序 exam_10_10.m,运行结果如图 10-9 所示。

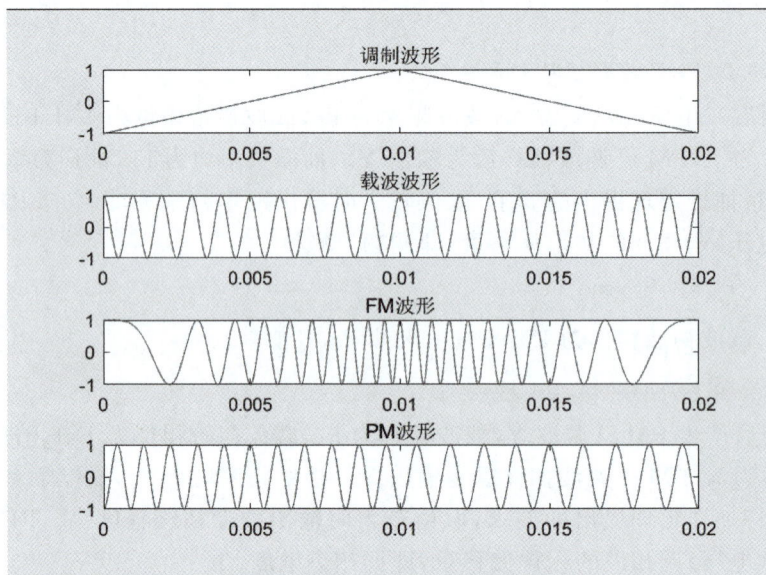

图 10-9　FM 与 PM 调制波形图

在图 10-9 中容易观察到,调制波形是周期为 0.02、均值为 0 的三角波,载波是频率为 1000Hz 的正弦波。FM 波形的频率随调制信号三角波的幅值变化而变换,PM 波形的相位随调制信号三角波的幅值变化而变换,因 $y(t) = A\cos(\omega_c t + kt) = A\cos((\omega_c + k)t)$,所以看到的波形是对应于三角波上升段的频率为 $(\omega_c + k)$ 的正弦波形,和对应于三角波下降段的频率为 $(\omega_c - k)$ 的正弦波形。

除了观察角度已调波的时域信号,也需要关心角度调制各发射波的频谱。

【例 10-11】　编写程序,采用 welch 估算功率谱方法(其他估算功率谱方法一样可用),观察角度调制各发射波的频谱。

编写程序 exam_10_11.m 如下:

```
clear
clc
```

微课视频

```
Fc = 1000;
Fs = 100000;
T = 0.02;
Ns = Fs * T;
t = 0:1/Fs:(Ns-1)/Fs;
x = [-1:T/10:1-T/10];
x = [x,[1:-T/10:-1+T/10]];
zb = cos(2 * pi * Fc * t);
freqdev = 1000;
phasedev = pi;
yfm = fmmod(x,Fc,Fs,freqdev);
ypm = pmmod(x,Fc,Fs,phasedev);
psdx = pwelch(x,[],[],1000,Fs);
psdzb = pwelch(zb,[],[],1000,Fs);
psdyfm = pwelch(yfm,[],[],1000,Fs);
psdypm = pwelch(ypm,[],[],1000,Fs);
subplot(4,1,1)
plot(psdx);
title('调制波功率谱');xlim([0,40])
subplot(4,1,2)
plot(psdzb);
title('载波功率谱');xlim([0,40])
subplot(4,1,3)
plot(psdyfm);
title('FM 波功率谱');xlim([0,40])
subplot(4,1,4)
plot(psdypm);
title('PM 波功率谱');xlim([0,40])
```

在 MATLAB 命令行窗口中运行程序 exam_10_11.m,运行结果如图 10-10 所示。

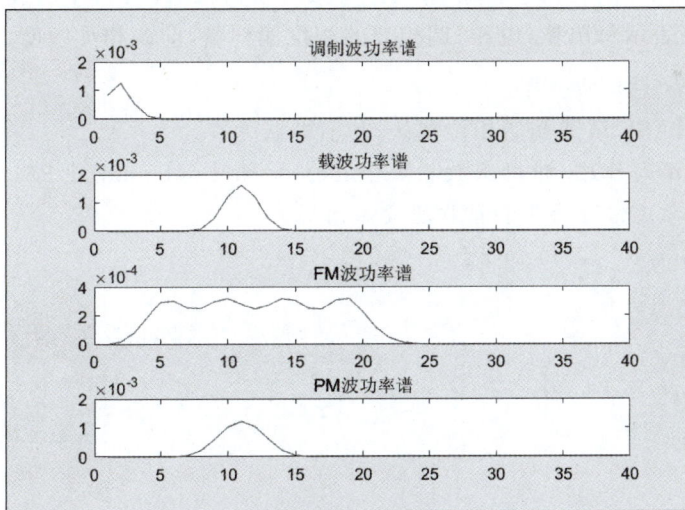

图 10-10 FM 与 PM 调制波功率谱图

图 10-10 横轴显示为单边数字频率,最高可显示 Fs/2=50000Hz,对应图中横轴刻度为 500。图 10-10 很直观地给出了 FM 波形和 PM 波形的频谱资源的占用情况,调频波形占据频谱资源最大,约从 0 到 2000Hz 以上,为载频 1000Hz 的 2 倍。调相波形占据频谱资源相对窄些,约为 500~1500Hz,这说明了这种 PM 信号在信道中传输可占据较少的带宽。

2. 角度解调

因为 FM 调频信号的瞬时频率正比于调制信号的幅值,所以调频信号的解调必须做到解调器的输出电压正比于输入频率。理想鉴频器可看成微分器与包络检波器的级联,设调频波表达式为

$$y_{FM}(t) = A\cos\left[\omega_c t + K_F\int_{-\infty}^{t} x(\tau)d\tau\right] \tag{10-16}$$

调频信号 $y_{FM}(t)$ 微分后得以下表达式:

$$y'_{FM}(t) = -A(\omega_c + K_F x(t))\sin\left[\omega_c t + K_F\int_{-\infty}^{t} x(\tau)d\tau\right] \tag{10-17}$$

再加以包络检波并滤去直流量,则得解调器的输出电压:

$$u(t) = k x(t) \tag{10-18}$$

式中,k 为综合参数,受调频灵敏度和鉴频灵敏度影响。

在 MATLAB 通信工具箱中提供了 FM 和 PM 已调波信号的解调函数指令,它们的使用格式如下。

```
Z = fmdemod(Y,Fc,Fs,FREQDEV,INI_PHASE)
```

将载波为 Fc 的 FM 信号 Y 进行解调,Fs 为采样频率,INI_PHASE 为载波初始相位,FREQDEV 参数表示每单位(电压)调频波的频率偏移量,即调频灵敏度。

```
Z = fmdemod(Y,Fc,Fs,FREQDEV)
```

功能同上,INI_PHASE 载波初始相位默认,其值默认为 0。

```
Z = pmdemod(Y,Fc,Fs,PHASEDEV,INI_PHASE)
```

将载波为 Fc 的 PM 信号 Y 进行解调,Fs 为采样频率,INI_PHASE 为载波初始相位,PHASEDEV 参数表示每单位(电压)调相波的相位偏移量,即调相灵敏度。

```
Z = pmdemod(Y,Fc,Fs,PHASEDEV)
```

功能同上,INI_PHASE 载波初始相位默认,其值默认为 0。

【例 10-12】 编写程序,利用函数指令 fmdemod 和 pmdemod 对 FM 信号和 PM 信号进行解调,这里不考虑信道噪声和接收滤波等问题。

编写程序 exam_10_12.m 如下:

```
clc
yjd                                %调用 FM 及 PM 信号
ufm = fmdemod(yfm,Fc,Fs,freqdev);
upm = pmdemod(ypm,Fc,Fs,10);
figure(2);
subplot(4,1,1)
plot(t,yfm);
title('FM 波形')
subplot(4,1,2)
plot(t,ufm);
title('FM 解调波形')
subplot(4,1,3)
plot(t,ypm);
title('PM 波形')
subplot(4,1,4)
plot(t,upm);
title('PM 解调波形')
```

微课视频

在 MATLAB 命令行窗口中运行程序 exam_12_12.m,运行结果如图 10-11 所示。

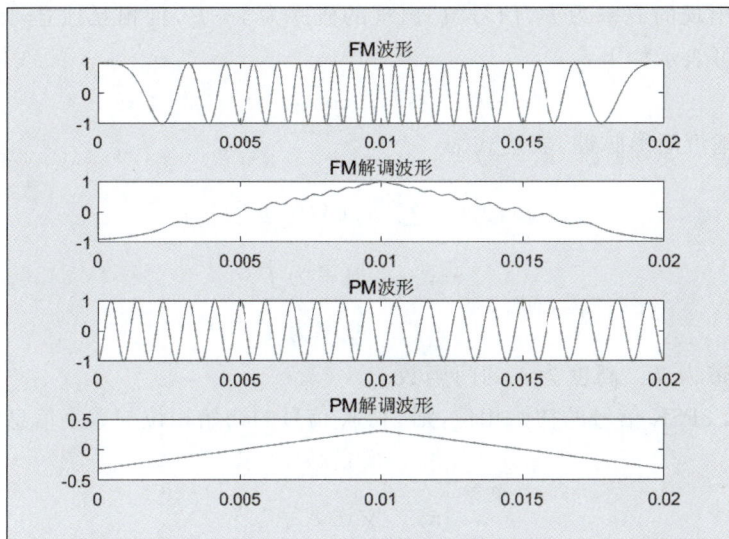

图 10-11　FM 与 PM 解调波形图

观察图 10-11 中的 FM 解调波形,其变化规律与图 10-9 中的调制波形是相同的,但波形上叠加了细小的波纹,这非噪声所致,而是由鉴频器的特性造成的。图 10-11 中的 PM 解调波形就非常漂亮了,除了其幅度值与原调制波形相差了一个乘数(比例因子),这可以通过调节鉴频器的参数来修正。FM 与 PM 通信系统的抗噪声性能如何呢? 这可以通过叠加信道中的噪声,然后再运用 MATLAB 进行仿真计算加以估计。在得到仿真计算的结果之前,我们就已经知道了角度调制系统比振幅调制系统抗噪声能力更好。

10.5　数字调制与解调

在数字通信系统中,数字调制与解调技术通常是使用在数字频带传输系统之中。与频带传输系统相对应,我们把没有调制器与解调器的数字通信系统称为数字基带传输通信系统。数字调制是用基带数字信号控制高频载波的某个参量,从而将信号频谱由基带(低频)迁移到高频带通的过程,而高频带通信号还原成基带数字信号的反变换过程就是数字解调。

10.5.1　数字调制

数字调制是现代通信的最重要的方法。数字调制具有更好的抗干扰性能,更强的抗信道损耗,以及更好的安全性。数字传输系统中可以使用差错控制技术、信源编码、加密技术以及信道均衡等复杂的信号处理技术。

数字调制方式包括比较传统的幅移键控(ASK)、频移键控(FSK)和相移键控(PSK),也包括近期发展起来的网格编码调制(TCM)、残留边带调制(VSB)和正交频分复用调制(OFDM)等方法。

1. 相移键控(PSK)
二进制数字相移键控(2PSK)利用双极性基带矩形脉冲(代表数字信号)去控制一个连

续高频载波的相位。输出载波相位为 π 时代表发送"1",输出载波相位为 0 时代表发送"0"。设数字信号"0"出现的概率为 P,信号"1"出现的概率为 $1-P$,且相互独立,则二进制相移键控(2PSK)信号可表示如下:

$$y(t)=s(t)\cos(\omega_c t) \tag{10-19}$$

式中,$s(t)$代表基带矩形脉冲,表达式为

$$s(t)=\sum_{n=-\infty}^{+\infty}a_n g(t-nT_s) \tag{10-20}$$

$$a_n=\begin{cases}1, & 概率为 P \\ -1, & 概率为 1-P\end{cases} \tag{10-21}$$

式中,$g(t)$是宽带为 T_s、高度为 1 的门函数。

若用 φ 表示 2PSK 信号的初始相位,则 2PSK 信号的初始相位与数字信息之间满足下式:

$$\varphi=\begin{cases}0, & 发送数字"0" \\ \pi, & 发送数字"1"\end{cases} \tag{10-22}$$

多进制数字相移键控(MPSK)是二进制数字相移键控(2PSK)的推广,其调制原理总的思路仍然是用多个相位状态的高频正弦波去代表不同的数字信息。以 4PSK 为例,其调制波形可表示如下:

$$y(t)=\left[\sum_{n=-\infty}^{+\infty}a_n g(t-nT_s)\right]\cos(\omega_c t)-\left[\sum_{n=-\infty}^{+\infty}b_n g(t-nT_s)\right]\sin(\omega_c t) \tag{10-23}$$

式中,基带矩形脉冲通过串并变换分成了两个支路分别去控制两个连续高频载波的相位,而这两个载波分别是 $\cos(\omega_c t)$ 和 $\sin(\omega_c t)$,它们的相位相差 $\pi/2$。设某一个码元时间内,当取 $a_n=b_n=1$ 时,则 $y(t)=\sqrt{2}\cos(\omega_c t+\pi/4)$,即输入数字信号为"11"时,对应 4PSK 信号的初始相位是 $\pi/4$。同样可以推理得 4PSK 信号的初始相位 φ 与数字信息之间关系式如下:

$$\varphi=\begin{cases}\pi/4, & 发送数字"11" \\ 3\pi/4, & 发送数字"01" \\ 5\pi/4, & 发送数字"00" \\ 7\pi/4, & 发送数字"10"\end{cases} \tag{10-24}$$

定义 $\pi/4$ 体制的 4PSK 解析信号如下:

$$\widehat{y(t)}=\sqrt{2}[\cos(\omega_c t+\varphi)+j\sin(\omega_c t+\varphi)] \tag{10-25}$$

改写为指数函数形式为

$$\widehat{y(t)}=\sqrt{2}\,e^{j(\omega_c t+\varphi)}=\sqrt{2}\,e^{j\varphi}e^{j\omega_c t} \tag{10-26}$$

即可从上式取出调相信号的复包络:

$$\sqrt{2}\,e^{j\varphi}=\sqrt{2}[\cos(\varphi)+j\sin(\varphi)]=\sqrt{2}\,e^{j\varphi} \tag{10-27}$$

将调相信号的复包络与调相信号的解析信号相对比,可以发现两者仅差一个复载波项 $e^{j\omega_c t}$。可以这样说,复包络与调相信号的解析信号存在一一对应的关系,得到 MPSK 信号的复包络也就相当于得到了 MPSK 解析信号,再取解析信号实部便得到了 MPSK 信号。

在 MATLAB 通信工具箱中提供了数字相移键控 PSK 信号的函数指令,它们的使用格式如下:

```
Y = pskmod(X,M,INI_PHASE)
```

对输入数字信号 X 进行 MPSK 的相移键控,将已调波的复包络通过 Y 输出(相当于得到了
MPSK 解析信号,再取实部便得到了 MPSK 信号),INI_PHASE 参数可以设定输出 MPSK
信号的初始相位,默认则默认为 0。

下面以 4PSK 信号为例说明 pskmod 函数指令的使用,直接在 MATLAB 命令行窗口
中输入以下程序行:

```
>> clear;
>> s = randi([0,3],1,12)
s =
    3   1   0   1   0   0   3   3   2   0   0   1
```

从而得到信号序列 s,接着再输入以下程序行:

```
>> ypsk = pskmod(s,4)
ypsk =
  %1~7 列
  -1.0000 + 0.0000i  -1.0000 + 0.0000i  0.0000 + 1.0000i  -0.0000 - 1.0000i
-1.0000 + 0.0000i  -1.0000 + 0.0000i  -0.0000 - 1.0000i
  %8~12 列
  1.0000 + 0.0000i  -0.0000 - 1.0000i  1.0000 + 0.0000i  0.0000 + 1.0000i
-0.0000 - 1.0000i
>> abs(ypsk)
ans =
    1   1   1   1   1   1   1   1   1   1   1   1
>> angle(ypsk)
ans =
3.1416  3.1416  1.5708  -1.5708  3.1416  3.1416  -1.5708  0  -1.5708  0  1.5708
-1.5708
```

从以上复包络 ypsk 数据可以解读出下列调相关系:

$$\varphi = \begin{cases} 0, & \text{发送数字“0”} \\ \pi/2, & \text{发送数字“1”} \\ \pi, & \text{发送数字“2”} \\ 3\pi/2, & \text{发送数字“3”} \end{cases} \tag{10-28}$$

可以通过复包络 ypsk 数据解读振幅值均为“1”,可见 4PSK 信号的振幅值没有被调制
信号影响,属于恒值包络,但 $\pi/2$ 体制的 4PSK 解析信号 $A=1$。由复包络 ypsk 数据还可以
绘制出 4PSK 信号的星座图(复平面上空间信号向量端点分布图),从中可以直观地了解到
4PSK 信号的振幅和相位和各星座点之间的距离。

继续在 MATLAB 命令行窗口中输入以下程序行:

```
>> scatterplot(ypsk,[],[],'b*');
>> grid;
```

运行后,4PSK 信号星座图形如图 10-12 所示。

由图 10-12 可以看到,各星点的幅值均为 1,相位分别为 0、$\pi/2$、π、$3\pi/2$,相邻星点相
差 $\pi/2$,但详细的调相关系不能由星座图直接推导出。pskmod 函数指令的 INI_PHASE
参数可设定 MPSK 信号的初始相位为其他值,例如 $\pi/4$,从而得到不同于图 10-12 的星
座图。

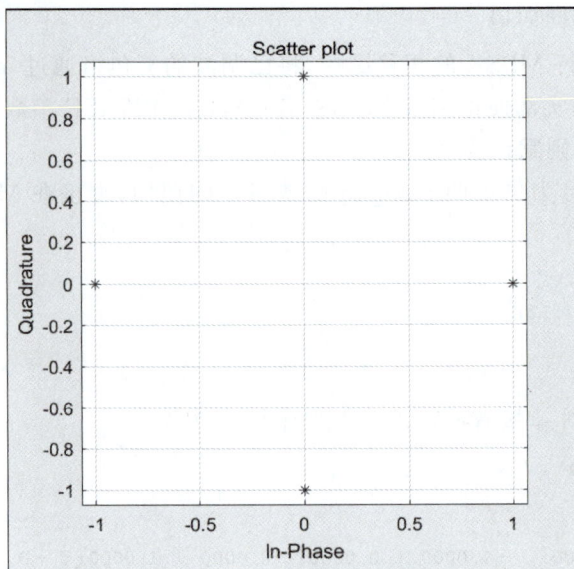

图 10-12　4PSK 信号星座图

2. 正交振幅调制(QAM)

QAM 是 Quadrature Amplitude Modulation 的缩写,意为"正交振幅调制"。其幅度和相位同时变化,属于非恒包络二维调制。QAM 是正交载波调制技术与多电平振幅键控的结合。QAM 是用两路独立的基带信号对两个相互正交的同频载波进行抑制载波双边带调幅,利用这种已调信号的频谱在同一带宽内的正交性,实现两路并行的数字信息的传输。该调制方式通常有二进制 QAM(4QAM)、四进制 QAM(16QAM)、八进制 QAM(64QAM)……,对应的星座图,分别有 4、16、64……个向量端点。QAM 的调制波形可表示如下:

$$y(t) = \left[\sum_{n=-\infty}^{+\infty} a_n g(t - nT_s) \right] \cos(\omega_c t) + \left[\sum_{n=-\infty}^{+\infty} b_n g(t - nT_s) \right] \sin(\omega_c t) \tag{10-29}$$

式中,a_n、b_n 是多电平的双极性信号,以四进制 QAM(16QAM)为例,a_n、b_n 均是 4 电平。下面给出 QAM 信号的解析信号:

$$\widehat{y(t)} = A(t) e^{j(\omega_c t + \varphi(t))} = A(t) e^{j\varphi(t)} e^{j\omega_c t} \tag{10-30}$$

可从上式取出 QAM 信号的复包络:

$$A(t) e^{j\varphi(t)}$$

从复包络表达式可以看出,其振幅 $A(t)$ 与相位 $\varphi(t)$ 均受调制信号的影响。在 MATLAB 通信工具箱中提供了数字调制 QAM 信号的函数指令,它们的使用格式如下:

```
Y = qammod(X,M,SYMBOL_ORDER,Name,Value)
```

对输入数字信号 X 进行 MQAM 信号的正交振幅调制,将已调波的复包络通过 Y 输出(相当于得到了 MQAM 解析信号,再取实部便得到了 MQAM 信号);SYMBOL_ORDER 参数可指定输入码流的编码类型,可以是格雷码,也可以是二进制 8421 码。

Name 和 Value 是配对使用的参数,当 Name 取 'InputType' 时(意义是输入类型),Value 可取 'integer' 或 'bit';取 'integer' 时,输入是 1～M−1 的整型数字;取 'bit' 时,输入是 1 或 0 的二进制数字;默认则默认为 'integer'。

此外，Name 还可以取'UnitAveragePower'、'OutputDataType'和'PlotConstellation'等，分别对单位平均功率、输出数据类型和绘制星座图等项目进行指定，一般取默认设定就可以。

下面以 16QAM 信号为例说明 qammod 函数指令的使用，直接在 MATLAB 命令行窗口中输入以下程序行：

```
>> clear;
>> s = randi([0,15],5,8)
s =
    10    5    8    2   13    4    9   12
     2    9   11    2    3    9    8    6
     1    3   14    4   14    7   14    9
     7   12   15   13    5    5    4    1
    15    4    8    4    3   13   12    0
```

以上得到信号矩阵，可以变换成信号序列 s，接着再输入以下程序行：

```
>> yqam = qammod(s,16);
>> yqam = yqam(:); % 变换成信号序列 s
>> scatterplot(yqam,[],[],'b * ');
>> grid;
```

运行后，16QAM 信号星座图形如图 10-13 所示。

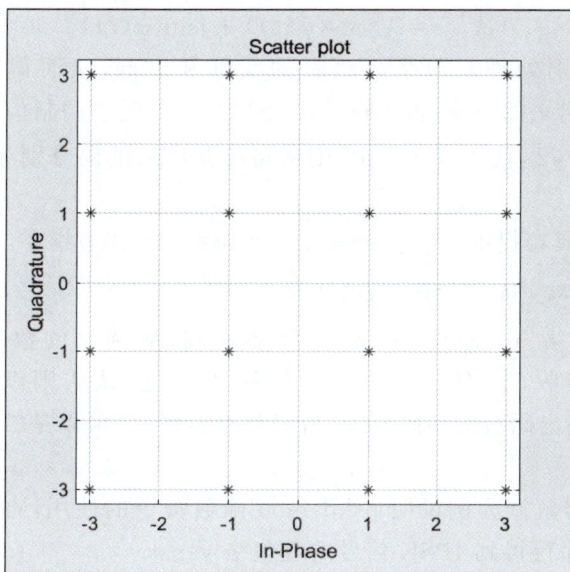

图 10-13　16QAM 信号星座图

由图 10-13 可以看到，按照 qammod 函数默认参数设定，16 个星点的幅值与相位均不相同，可以计算出最小幅度值为 $\sqrt{2}$，最大为 $3\sqrt{2}$，16 个星点的相位分布也不均匀，相邻星点的最小距离为"2"。整个星座图是方形的，这种形状的星座图性能不是最优，优点是它的生成是最方便的。此外，详细的调相关系不能由星座图直接推导出。

除了上面介绍的 PSK 和 QAM 信号，数字调制信号还有很多，MATLAB 通信工程工具箱提供了以下的一些函数，仅列举如下：函数指令 dpskmod 的功能是差分移相键控调制器；函数指令 fskmod 的功能是频移键控调制器；函数指令 fenqammod 的功能是普通正交幅度调制器；函数指令 mskmod 的功能是 MSK 调制器；函数指令 oqpskmod 的功能是 OQPSK 调制器。

10.5.2 数字解调

1. PSK 信号解调

以 4PSK 信号解调为例，其常用的解调方法有两种：相干正交解调和相位比较法。相干正交解调的性能较为优异，4PSK 信号是两个正交的 2PSK 信号合成的，所以解调时也可以借鉴 2PSK 信号的相干解调方式，即将接收后的 4PSK 信号带通滤波之后，一分为二后分别送到两个正交的本地载波进行相干解调，然后再把两路解调出来的码元进行并串合并后形成一路输出信号。假设暂不考虑信道传输噪声，只是考虑 4PSK 信号的解调原理，那么从复数的角度更容易理解，书写起来更简洁。首先本地载波 $\cos(\omega_c t)$ 的解析信号设计如下：

$$\cos(\omega_c t) - j\sin(\omega_c t) \tag{10-31}$$

将其与接收到的 4PSK 解析信号进行相干解调（含低通滤波和抽样判决环节）：

$$A e^{j\varphi(t)} e^{j\omega_c t}\left[\cos(\omega_c t) - j\sin(\omega_c t)\right] = A e^{j\varphi(t)} \tag{10-32}$$

得到 4PSK 信号的复包络 $A e^{j\varphi(t)}$，改写如下：

$$A e^{j\varphi(t)} = A\left[\cos(\varphi(t)) + j\sin(\varphi(t))\right] \tag{10-33}$$

然后采用两路电路分别处理复包络 $A e^{j\varphi(t)}$ 的实部和虚部，从而得到了 $A\cos(\varphi(t))$ 和 $A\sin(\varphi(t))$ 两路解调出来的码流，再进行并串合并后便得到了调制信号。对于 π/4 体制的 4PSK，$\varphi(t) = \pi/4, A = \sqrt{2}$，代入表达式中，则两路解调出来的码分别为"1"和"1"，合并以后就是"11"。

MATLAB 通信工具箱提供了数字 PSK 信号相位解调的函数指令，它们的使用格式如下：

```
Z = pskdemod(Y,M,INI_PHASE,SYMBOL_ORDER)
```

对输入已调波的复包络 Y 进行 MPSK 的数字解调，解调出的数字序列通过 Z 输出，INI_PHASE 参数是接收的 MPSK 信号 Y 的初始相位，默认则默认为 0。SYMBOL_ORDER 参数可指定输出码流的编码类型，可以是格雷码，也可以是二进制 8421 码，默认为 8421 码。

下面以 4PSK 信号解调为例说明 pskdemod 函数指令的使用，直接在 MATLAB 命令行窗口中输入以下程序行得到 4PSK 信号的复包络 y4psk。

```
>> clear
>> s = randi([0,3],1,12)
s =
     3    3    0    3    2    0    1    2    3    3    0    3
>> y4psk = pskmod(s,4,pi/4)
y4psk =
  %1~7 列
   0.7071 - 0.7071i   0.7071 - 0.7071i   0.7071 + 0.7071i   0.7071 - 0.7071i
 -0.7071 - 0.7071i   0.7071 + 0.7071i  -0.7071 + 0.7071i
  %8~12 列
  -0.7071 - 0.7071i   0.7071 - 0.7071i   0.7071 - 0.7071i   0.7071 + 0.7071i
0.7071 - 0.7071i
```

继续在 MATLAB 命令行窗口中输入以下程序行,得到解调出来的符号:

```
>>  z = pskdemod(y4psk,4,pi/4)
z =
     3   3   0   3   2   0   1   2   3   3   0   3
```

比较解调输出序列 z 与调制输入序列 x,完全相同,这说明 4psk 信号的解调函数 pskdemod 的调用是成功的。

2. QAM 信号解调

QAM 信号的解调采用正交相干解调的方法。以 16QAM 信号的解调为例,将接收后的 16QAM 信号带通滤波之后,一分为二后分别送到两个正交的本地载波发生器进行相干解调,每一路均经低通滤波保留基带信号分量,再由抽样判决器输出此一路码元,最后两路码元进行并串合并后形成一路输出信号。假设暂不考虑信道传输噪声,只是考虑 16QAM 信号的解调原理,借用复数工具进行解调分析。本地载波 $\cos(\omega_c t)$ 的解析信号设计如下:

$$\cos(\omega_c t) - \mathrm{jsin}(\omega_c t)$$

$\cos(\omega_c t)$ 的解析信号可以理解成是一对相互正交的载波,实际 16QAM 信号调解方框图中显示的也的确如此,$\cos(\omega_c t)$ 和 $\sin(\omega_c t)$ 作为本地载波分别对一分为二之后的两路 16QAM 信号进行相干解调,可以表示如下:

$$A(t)\mathrm{e}^{\mathrm{j}\varphi(t)}\mathrm{e}^{\mathrm{j}\omega_c t}\left[\cos(\omega_c t) - \mathrm{jsin}(\omega_c t)\right] = A(t)\mathrm{e}^{\mathrm{j}\varphi(t)} \tag{10-34}$$

这样,得到 16QAM 信号的复包络 $A(t)\mathrm{e}^{\mathrm{j}\varphi(t)}$,改写如下:

$$A(t)\mathrm{e}^{\mathrm{j}\varphi(t)} = A(t)\left[\cos(\varphi(t)) + \mathrm{jsin}(\varphi(t))\right] \tag{10-35}$$

与 10.5.1 节 4PSK 复包络 $A\mathrm{e}^{\mathrm{j}\varphi(t)}$ 不同的是,这里的幅值不是恒定的 A 而是四电平的$A(t)$,再采用两路电路分别处理复包络 $A(t)\mathrm{e}^{\mathrm{j}\varphi(t)}$ 的实部和虚部,从而得到了 $A(t)\cos(\varphi(t))$ 和 $A(t)\sin(\varphi(t))$ 两路解调出来的码流。从调制的角度看,16QAM 调制可以看作两路正交的 4ASK 信号合成的,所以解调时也可以借鉴 4ASK 信号的相干解调方式。

在 MATLAB 通信工具箱中提供了数字 QAM 信号相位解调的函数指令,它们的使用格式如下:

```
Z = qamdemod(Y,M,SYMBOL_ORDER,name,Value)
```

对输入已调波的复包络 Y 进行 MPSK 的数字解调,解调出的数字序列通过 Z 输出;SYMBOL_ORDER 参数可指定输出码流的编码类型,可以是格雷码,也可以是二进制 8421 码,默认则默认是格雷码。

Name 和 Value 是配对使用的参数,Name 可以取 'UnitAveragePower'、'OutputDataType '、'NoiseVariance' 和 'PlotConstellation'等,分别对单位平均功率、输出数据类型、噪声方差和绘制星座图等项目进行指定,一般取默认设定就可以。

下面以 16QAM 信号解调为例说明 qamdemod 函数指令的使用,直接在 MATLAB 命令行窗口中输入以下程序行得到 16QAM 信号的复包络 y16qam:

```
>> s = randi([0,15],5,8)
s =
    15   14   13    6    4    5   12   10
     7   12   14   10    0   15   12   11
    12   15   10    2    1    0    2   12
```

```
2   10   12   11   13    7    7    4
6    0   11    0   11    6    7   10
>> y16qam = qammod(s,16);
```

继续在 MATLAB 命令行窗口中输入以下程序行,得到解调出来的符号 z 并与发送符号 s 进行比较:

```
>> z = qamdemod(y16qam,16);
>> d = isequal(s, double(z))
d =
    1
```

命令运行后,d 值是逻辑值"1",说明解调出来的符号 z 与发送符号 s 是相等的,也说明 16QAM 信号的解调函数 qamdemod 的调用是成功的。

10.6　数字通信系统性能仿真

衡量通信系统性能最主要的指标是系统的有效性和可靠性。

有效性是指通信的效率高低,可定义为在给定的信道资源条件下传输信息量的能力。某信道资源被使用主要是占用其带宽和占用其时间,即在传输一定量的信息要求下,占用信道带宽越窄和占用时间越少的通信系统效率越高,越有效。具体的有效性指标有频带利用率和码元传输速率等。

通信系统的可靠性是指传输信息的准确程度。对于数字通信系统而言,可靠性可以用误码率(误比特率)指标加以衡量。误码率是指接收处理后的错误码元占发送码元总数的比例。在二进制编码的情况下,一个码元的信息量就是一个比特,误比特率的数值正好等于误码率。

此外,数字信号的发射还涉及信号的功率估算,信号在信道内传输要考虑信道衰落和噪声干扰,为了降低信号的误码率可以进行信道差错控制编码,同步电路的设计也会影响数字通信系统的误码性能,更不用说接收滤波器对性能的巨大影响了。可以说,系统的每个环节都会影响到它的性能。

10.6.1　数字信号的比特能量与 AWGN 信道

1. 数字信号的能量计算

信噪比(SNR)是通信系统研究和应用中一个重要的性能指标。只有在具备足够大的 SNR 数值的条件下,通信系统才能正常的工作。在传统的模拟通信系统中,已调波和噪声都被认为是连续波形,均属能量信号,因此采用信号的功率与噪声的功率的比率 SNR 作为主要的指标来衡量系统的性能。在数字通信系统中,数字信号被认为是离散的信号,因而一个数字信号的计算功率是无穷大的,所以除了 SNR 之外还可用其他的指标。

为了描述数字信号中有用成分(信号)与无用成分(噪声)各自的占比情况,数字通信系统中最常用的指标是 E_b/n_0。E_b 是信号每比特能量的平均值,n_0 是噪声单边带功率谱的密度(针对叠加于信号上的),E_b 的大小是由信号的发射功率决定的,n_0 的大小是由信道的噪声决定的。两者的比值 E_b/n_0 物理意义明确,只是不再表示信号功率与噪声功率之比了,但这个定义已经足以表达出信号在传输过程中受噪声影响的情况。

下面以 QPSK(4PSK)信号为例，具体说明如何计算数字信号的比特能量。首先在
MATLAB 命令行窗口中输入以下程序行，产生一列符号均匀分布的 QPSK(4PSK)复包络
信号，并绘出其星座图。

```
>> clear;
>> s = randi([0,3],1,128);
>> yqpsk = pskmod(s,4,pi/4);
>> scatterplot(yqpsk,[],[],'b*');
>> Es = sum(abs(yqpsk).^2)/length(yqpsk) % 求每符号能量的平均值
Es =
     1
```

运行后，QPSK 信号每符号能量的平均值 E_c 为"1"，无须再对 E_s 再做归一化，其值恰
好是 0，信号星座图形如图 10-14 所示。

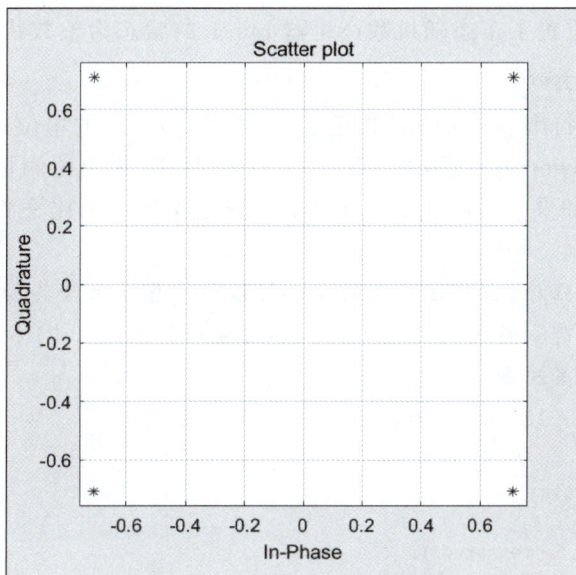

图 10-14　QPSK 信号星座图

图 10-14 是 $\pi/4$ 体制的 QPSK 星座图，图上每一个星座点代表一个发射信号，每一个发
射信号在时域中是通过下式计算其能量的：

$$E_s = \int_0^{T_b} (A\cos(\omega_c t + \varphi))^2 \, dt \tag{10-36}$$

上式为 $\pi/4$ 体制的 4PSK，A 取 $\sqrt{2}$，其计算结果与下列公式（通过复包络计算其能量）的计算
结果是一样的，均为"1"：

$$E_s = |\,\mathrm{Re}(A e^{j\varphi} e^{j\omega_c t})\,|^2 \tag{10-37}$$

因为 QPSK 体制采用了四进制编码，非二进制编码，因此计算结果为每符号的平均能量 E_s
相比 E_b 要大一些，计算公式如下：

$$E_s = \mathrm{lb}M \cdot E_b = 2 \cdot E_b \tag{10-38}$$

由以上的计算结果可以知道，QPSK 的每比特的平均能量 $E_b = 0.5$，就是 $-3\mathrm{dBW}$。

2. 信道加性高斯白噪声

QPSK 信号输入信道后必然要受到噪声影响，这里只讨论 AWGN 信道的情形。在 MATLAB 通信工程工具箱里提供了将高斯噪声叠加到信号上的信道函数指令 awgn，其使用格式如下。

```
y = awgn(x,snr,sigpower)
```

将白高斯噪声添加到向量信号 x 中，标量参数 snr 指定了每一个采样点信号平均能量与噪声功率谱密度的比值，单位为 dB；如果 x 是复数，awgn 将会添加复数噪声。这个语法假设 x 的能量是 0dBW；参数 sigpower 也给出了 x 的能量，单位为 dBW。

```
y = awgn(x,snr,'measured')
```

功能同上，但不是给出了 x 的能量，而是在添加噪声之前测量了 x 的能量。

```
y = awgn(x,snr,'measured',state)
```

功能同上，参数 state 重置了正态随机数产生器 randn 的状态为整数状态。

```
y = awgn(…,powertype)
```

功能同上，但格式中字符串 powertype 指定了 snr 和 sigpower 的单位；powertype 的选择有 'db' 和 'linear'，如果 powertype 是 'db'，那么 snr 是按照 dB 为单位测量的，sigpower 是按照 dBW 为单位测量的；如果 powertype 是线性的，snr 是按照一个比率测量的，sigpower 是以 W 为单位测量的。

【例 10-13】 编写程序，在前述产生的 yqpsk 信号的基础上给其加上信道内的加性高斯白噪声，在添加噪声之前测量 x 的能量，指定 SNR 分别为 6dB、9dB 和 12dB，试计算所添加噪声的方差值，并画出星座图。

编写程序 exam_10_13.m 如下：

```
clear
x = randi([0,3],1,1024);
yqpsk = pskmod(x,4,pi/4);
zqpsk6 = awgn(yqpsk,6,'measured');
Nvar6 = sum((abs(zqpsk6(1,:)) - 1).^2)/length(x)
zqpsk9 = awgn(yqpsk,9,'measured');
Nvar9 = sum((abs(zqpsk9(1,:)) - 1).^2)/length(x)
zqpsk12 = awgn(yqpsk,12,'measured');
Nvar12 = sum((abs(zqpsk12(1,:)) - 1).^2)/length(x)
scatterplot(zqpsk6,[],[],'b.');
title('SNR = 6dB')
figure(1);
scatterplot(zqpsk12,[],[],'b.');
title('SNR = 12dB')
```

程序运行之后，得到了 SNR 分别设定为 6dB、9dB 和 12dB 时信道噪声的方差如下，QPSK 信号在叠加了噪声情况下的星座图形如图 10-15 所示。

```
Nvar6 = 0.1242
Nvar9 = 0.0623
Nvar12 = 0.0323
```

从运算结果来看，对同一个 QPSK 信号添加噪声，设定的 SNR 值越低噪声方差值（代表噪声的能量）就高。并且 SNR 值每设置低 3dB，实际计算所得噪声方差值就高了一倍。

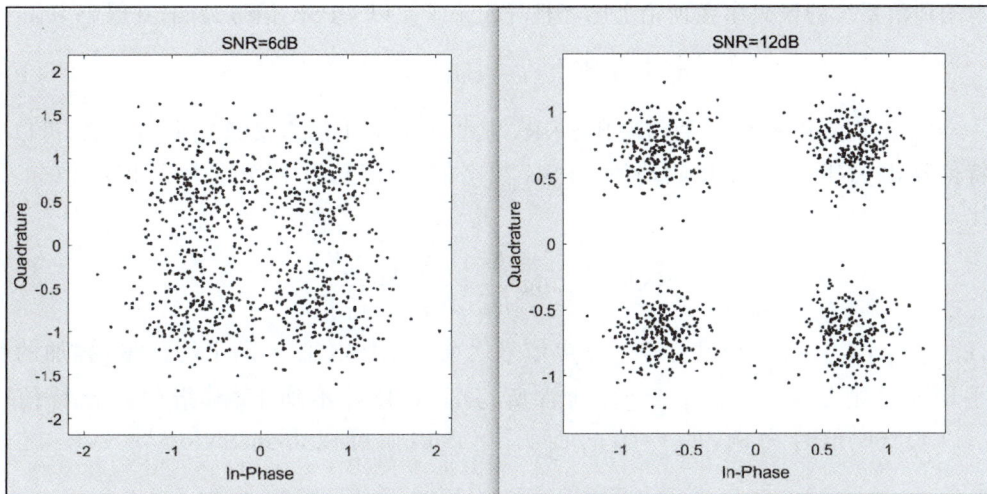

图 10-15　QPSK 含噪声信号星座图

QPSK 信号的信噪比 SNR 与 E_b/n_0 存在一定的换算关系,计算如下:

$$\text{SNR} = 10\lg\frac{E_b}{\text{Nvar}} \Rightarrow E_b = \text{Nvar} \cdot 10^{\text{SNR}/10} \quad\quad (10\text{-}39)$$

代入数值,可得 $E_b = 0.1242 \cdot 10^{6/10} = 0.4944$,又可得 $E_b = 0.0623 \cdot 10^{12/10} = 0.4949$,与理论值 $E_b = 0.5$ 相当吻合。如果知道 QPSK 信号带宽 W,那么下列关系式成立:

$$\frac{E_b}{n_0} = \frac{E_s/b}{\text{Nvar}/W} \quad\quad (10\text{-}40)$$

式中,$b = \text{lb}M$,利用上面的关系式可以在给定 SNR 的条件下对 n_0 进行计算,这个计算过程请读者自行推导,这里不再赘述。

依据前述的计算结果,Nvar6 = 0.1242 和 Nvar12 = 0.0323,显见 SNR = 6dB 时叠加的噪声能量比较大,反映在星座图上就是 SNR = 6dB 的图上信号星点比较散。SNR = 12dB 的星座图上信号星点就较为集中,因为此时的叠加的噪声能量仅为 SNR = 6dB 情况的 25%。可以推导出,信噪比越高,信号星点就越集中,系统的误码率就越低。

10.6.2　数字通信系统的误码率仿真

通信系统的误码率(Bit Error Rate,BER)是衡量系统性能优劣的非常重要的指标,反映数字码元在传输过程中受影响而错判的概率,通常用所接收到的码元中出现差错的码元数占传输总码元数的比例来表示。误信率是指错误接收的信息量在传送信息总量中所占的比例,即码元的信息量在传输系统中受影响而产生错漏的概率。二进制系统中误码率与误信率相等,但在多进制系统中,误码率与误信率一般不相等,通常误码率大于误信率。

1. 非编码 AWGN 信道的误码率

数字通信系统误码率仿真应该考虑系统产生误码的各种影响因素。从通信的角度出发,信道的影响无疑是最大的,信道内的噪声和干扰以及无线信道多路径传播造成的信号衰落,信道差错控制编码等都是要考虑的。为了简化系统 BER 问题的分析,这里仅考虑 AWGN 信道内噪声对信号码元的影响,接收采用相干解调,抽样判决电平设置在最佳,那么一

些基本的通信系统的误码率在理论上已经推导出来了。以 QPSK 信号为例,其误码率如下:

$$P_b^{QPSK} = \frac{1}{2}\mathrm{erfc}(\sqrt{r}) \tag{10-41}$$

式中,$r = r_b$ 是指 QPSK 信号的信噪比 SNR,与式(10-39)中的定义是完全一样的,可以定义为比特信噪比 SNR_b。对于接收端的 QPSK 数字信号,容易由下列的式子计算出它的符号信噪比 SNR_s:

$$SNR_s = 10\lg\frac{E[\,|\,y_{QPSK}\,|^2\,]}{E[\,|\,N_{QPSK}\,|^2\,]} \tag{10-42}$$

式中,$E[\,|\,y_{QPSK}\,|^2\,] = E_s$ 是没有叠加噪声信号之前的 QPSK 信号的平均能量,叠加的噪声信号平均能量则是 $E[\,|\,N_{QPSK}\,|^2\,]$。通常所写的 SNR 并不加下标,指的是比特信噪比 SNR_b,以 QPSK 信号为例,$E_b = 0.5$,而 $E_s = 1$,因而可以得到 SNR_b 与 SNR_s 之间的关系:

$$SNR_s = 3 + SNR_b \tag{10-43}$$

下面由 SNR_b 定义,推导出 E_b/n_0 的表达式:

$$SNR_b = 10\lg\frac{E_b}{n_0 \cdot W} = 10\lg\frac{E_b}{n_0} - 10\lg W \tag{10-44}$$

从式(10-44)可以看出,以 dB 表示的 E_b/n_0 与比特信噪比 SNR_b 完全可以换算,两者的分贝值仅差一个常数项 $10\lg W$,假如取信号带宽 $W = 1000$,则会相差 30dB。仿真时,若使用 SNR_b,就严格考虑到了信号带宽 W,若使用 $10\mathrm{lb}\dfrac{E_b}{n_0}$,就无须考虑信号带宽 W,只专注于信道内高斯白噪声的单边功率谱密度 n_0。具体使用哪一个,在没有指明的情况下,还需要进行计算比较才能得到准确的结论。

MATLAB 通信工具箱提供了 berawgn 函数指令,可以对一些常见通信系统的误码率进行仿真计算,其使用格式如下。

```
BER = berawgn(EbN0, 'psk', M, DATAENC)
```

分析计算 Mpsk 信号经过没有编码的 AWGN 信道的误码率(采用相干解调),参数 EbN0 给定了信道内信号能量与噪声功率谱密度的比值,单位是 dB;参数 DATAENC 设置为'diff'是使用差分编码,设置为'nondiff'是不使用差分编码。

```
BER = berawgn(EbN0, 'oqpsk', DATAENC)
```

分析计算 oqpsk 信号经过没有编码的 AWGN 信道的误码率(采用相干解调);参数 DATAENC 设置为'diff'是使用差分编码,设置为'nondiff'是不使用差分编码。

除了对 PSK 信号进行误码率分析计算,berawgn 函数指令还可以对 MSK、FSK、QAM 和 PAM 等信号进行误码率分析计算,这里不再一一列出。在 MATLAB 命令行窗口中直接输入以下程序行并运行:

```
>> EbN0 = (0:10);
>> M = 4;
>> berqpsk = berawgn(EbN0,'psk',M,'nondiff')
berqpsk =
     0.0786    0.0563    0.0375    0.0229    0.0125    0.0060    0.0024    0.0008
  0.0002    0.0000    0.0000
```

从计算结果来看,当 EbN0＝0 时,QPSK 通信系统的 BER 为 0.0786,到 EbN0＝9dB 时,显示数字为 0,实际上是一个比万分之一更小的数,因受双字节浮点数的精度所限而无法显示出来,可以使用图形直观地看出。继续在 MATLAB 命令行窗口中输入以下程序行并运行:

```
>> semilogy(EbN0,berqpsk);
>> xlabel('Eb/N0 (dB)');
>> ylabel('BER');
>> title('QPSK');
>> grid;
```

图形显示结果如图 10-16 所示。

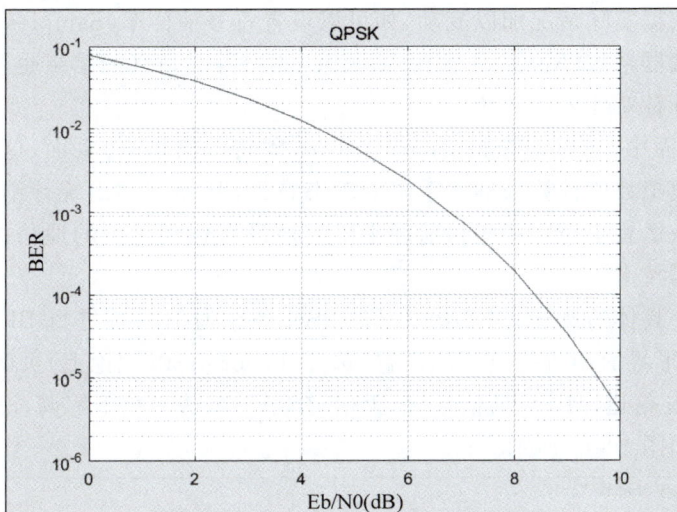

图 10-16　QPSK 信号误码曲线图

从图 10-16 中可以看出,当 EbN0＝9dB 时,QPSK 通信系统的 BER 已经少于万分之一了。依据式(10-41)也可以计算出 QPSK 通信系统的 BER,且结果是一样的,在 MATLAB 命令行窗口中直接输入以下程序行并运行:

```
>> snr = [0:10];
>> r = 10.^(snr/10);
>> pe = 0.5 * erfc(sqrt(r))
pe =
    0.0786    0.0563    0.0375    0.0229    0.0125    0.0060    0.0024    0.0008
 0.0002    0.0000    0.0000
```

将计算结果 pe 与计算结果 berqpsk 进行比较,发现结果是完全一样的。这说明仿真是依据理论公式进行的,同时也指明这里仿真所调用函数 berawgn 中使用的参数 EbN0 的真实含义就是比特信噪比,可使用符号 SNR_b 代替。

2. 误码率 BER 仿真工具

除了上面的 berawgn 函数指令可以对非编码的 AWGN 进行 BER 分析计算之外,MATLAB 通信工具箱中还提供了以下的函数可以进行 BER 分析计算:函数指令 bercoding 可以对编码的 AWGN 信道的进行 BER 分析计算;函数指令 berconfint 可以在蒙特卡罗仿真条件下进行 BER 分析计算;函数指令 berfading 可以在 Rayleigh 和 Rician 衰减信道的情况下进行 BER 分析计算；函数指令 bersync 可以在有失误的同步导致的情形下进行 BER 分析计算等。

MATLAB 中提供了对各种通信系统的误码率进行分析计算的图形界面工具 bertool。在 MATLAB 命令行窗口输入命令 bertool，就可以打开这个工具的界面。在 bertool 的界面里，已经集成了各种通信系统在各种条件下进行 BER 分析计算的功能，通过图形的界面就能让使用人员直观简便地完成 BER 的分析计算。方便之余，需要指出的是，bertool 工具分析计算的依据还是来自于对系统误码率的理论研究，相关知识和相应的计算公式均可在网页上进行查询，当然也可在其他地方查阅到。

在 bertool 图形界面中，可以选择 Semianalytic(半解析)页面，在这个页面上通信系统的部分设置可以依据实际情况加以变动，如可以设置符号抽样率(Samples per symbols)、设计具体的接收滤波器系数(Receiver filter coefficients)等。仿真的结果也不再是纯理论的，对具体系统的设计针对性更强一些。

在 bertool 界面中，还可以选择 Monte Carlo(蒙特卡洛仿真)页面，这种仿真方法是通过大量的计算机模拟数值计算来推算系统的动态特性，从而归纳出统计结果的一种随机分析方法。这种方法适宜于仿真那些目前理论研究还没有达到完善的通信技术或体制，例如一种新的信道编码技术。

这里通过一个具体的例子，对 QPSK 和 8PSK 两个通信系统进行 BER 的对比分析计算。在 bertool 图形界面中进行以下的设置，选择 Theoretical(理论上)页面，设 E_b/N_0 范围为 0:18dB，AWGN 信道，4PSK 通信系统，无信道编码，默认为相干解调，没有同步失误。已经设置好的界面如图 10-17 所示。

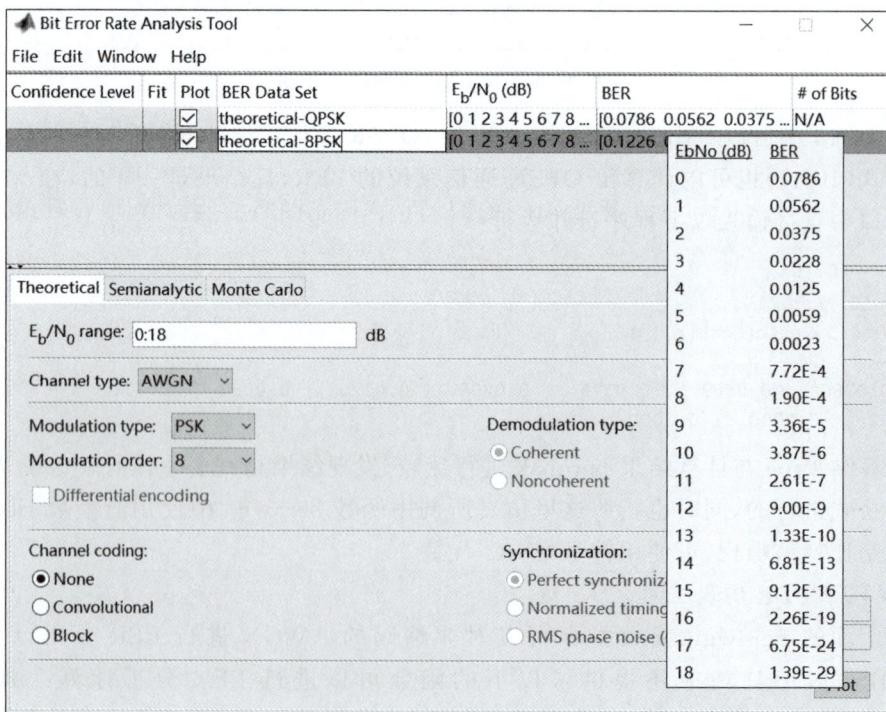

图 10-17　bertool 界面设置截图

在图 10-17 顶部菜单的下方,可以看到已经设置好的两个仿真任务:Theoretical-QPSK
和 Theoretical-8PSK。运行后两个系统的 BER 均已经计算出来,用鼠标可以将 QPSK 系统
的 BER 显示在淡黄色区域中。$E_b/N_0 = 0$ 时,BER $= 0.0786$,和调用函数 berawgn 的计算
结果 berqpsk 完全一样。单击界面上的 plot 按钮,PSK 系统误码率对比结果如图 10-18
所示。

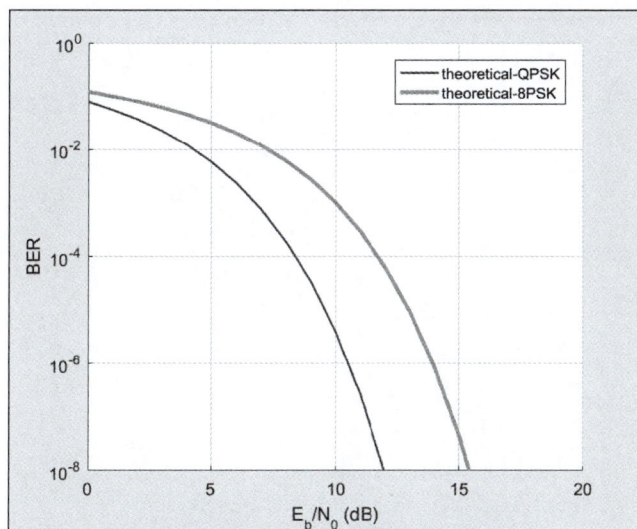

图 10-18　PSK 系统误码率对比图

从图 10-18 可以看出,8PSK 系统的误码率比 QPSK 要高,8PSK 系统的误码率具体数
据可以用鼠标指向任务列表的相应 BER 区域将其用淡黄色区块显示出来。

在图 10-17 的 bertool 图形界面中,选择 Theoretical(理论上)页面,除了可以对 PSK 通
信系统的 AWGN 信道进行 BER 分析计算之外,通过 Modulation type 下拉式菜单还可以
选择 DPSK、OQPSK、PAM、QAM、FSK、MSK 和 CPFSK 等通信系统就 Rayleigh 信道、
Rician 信道等进行 BER 分析计算。这里受篇幅所限,不再深入展开。

第三部分
PART Ⅲ

MATLAB/Simulink
实验篇

MATLAB/Simulink 实验篇主要介绍 MATLAB 基础部分的 10 个实验。为了读者更好地学习 MATLAB 软件，掌握 MATLAB 的基础知识和编程方法，本书精心设计了 MATLAB 的实验内容。读者可以利用 MATLAB/Simulink 实验篇，完成实验学习和上机练习。

MATLAB/Simulink 实验篇包含如下实验：

实验一　MATLAB 运算基础
实验二　向量和矩阵的运算
实验三　字符串及矩阵分析
实验四　M 脚本文件和函数文件
实验五　程序结构设计
实验六　多项式运算及多项式插值和拟合
实验七　数据统计和数值计算
实验八　符号计算
实验九　MATLAB 绘图
实验十　Simulink 仿真

第 11 章

MATLAB/Simulink 实验

实验一　MATLAB 运算基础

一、实验目的

(1) 了解 MATLAB 的工作环境与安装步骤。

(2) 认识 MATLAB 的各窗口界面。

(3) 掌握 MATLAB 的基本操作。

(4) 掌握 MATLAB 表达式的书写规则以及常用函数的使用。

二、实验内容与步骤

(1) 认识 MATLAB 基本用户窗口。

熟悉 MATLAB 操作环境,认识命令行窗口、工作区窗口、历史命令行窗口以及当前目录浏览窗。

(2) 学习使用常见的 MATLAB 函数。

在命令行窗口调用常用的 MATLAB 函数:exist('A')、clear、who、whos、help 和 lookfor 等函数。

(3) 熟悉 MATLAB 常用数学函数,独立完成以下基本数学运算。

练习 1:设 $A=1.2,B=-4.6,C=8.0,D=3.5,E=-4.0$,计算

$$T=\arctan\left(\frac{2\pi A+E/(2\pi BC)}{D}\right)$$

步骤:

练习 2:设 $a=5.67,b=7.811$,计算

$$\frac{e^{a+b}}{\lg(a+b)}$$

步骤:

练习 3:已知圆的半径为 15,求其直径、周长及面积。

步骤:

练习 4：已知三角形三边 $a=8.5, b=14.6, c=18.4$，求三角形面积。

提示：$s=\sqrt{p(p-a)(p-b)(p-c)}$。其中，$p=(a+b+c)/2$。

步骤：

练习 5：已知 $a=2, b=1, C=[1,2；2\ 0], D=[1\ 3；2\ 1]$，求：

(1) 关系运算：$a==b, a\sim=b, a==C$ 和 $C<D$。

(2) 逻辑运算：$a\&b, C\&D, a|b, C|D$。

步骤：

三、实验分析总结

实验二　向量和矩阵的运算

一、实验目的

(1) 熟练掌握向量和矩阵的创建方法。

(2) 掌握特殊矩阵的创建方法。

(3) 掌握向量和矩阵的基本运算。

二、实验内容与步骤

(1) 复习第 2 章内容，在计算机上学习巩固向量和矩阵的创建方法、特殊矩阵的创建方法，以及向量和矩阵的基本运算。

(2) 复习第 2 章内容，在计算机上学习操作书本上的向量和矩阵的基本运算例题。

(3) 利用学过的知识，在 MATLAB 命令行窗口完成以下练习题。

练习 1：分别用冒号法和 linspace 函数，生成矩阵 $A=[1\ 2\ 3\ 4\ 5\ 6\ 7\ 8\ 9]$ 和矩阵 $B=[12\ 10\ 8\ 6\ 4\ 2\ 0]$。

步骤：

练习 2：利用特殊矩阵生成函数，生成下面的单位矩阵 A、0 矩阵 B、1 矩阵 C，对角矩阵 D，三角矩阵 E、F 和魔方矩阵 G。

$$A=\begin{bmatrix} 1 & 0 & 0 \\ 0 & 1 & 0 \\ 0 & 0 & 1 \end{bmatrix}, \quad B=\begin{bmatrix} 0 & 0 & 0 \\ 0 & 0 & 0 \\ 0 & 0 & 0 \end{bmatrix}, \quad C=\begin{bmatrix} 1 & 1 & 1 \\ 1 & 1 & 1 \\ 1 & 1 & 1 \end{bmatrix}$$

$$D=\begin{bmatrix} 1 & 0 & 0 \\ 0 & 2 & 0 \\ 0 & 0 & 3 \end{bmatrix}, \quad E=\begin{bmatrix} 0 & 0 & 0 \\ 1 & 0 & 0 \\ 1 & 1 & 0 \end{bmatrix}, \quad F=\begin{bmatrix} 1 & 1 & 1 \\ 0 & 1 & 1 \\ 0 & 0 & 1 \end{bmatrix}$$

$$G = \begin{bmatrix} 8 & 1 & 6 \\ 3 & 5 & 7 \\ 4 & 9 & 2 \end{bmatrix}$$

步骤：

练习 3：试用 MATLAB 的 rand 函数生成[5,10]区间的均匀分布 3 阶随机矩阵，用 randn 函数生成均值为 1、方差为 0.3 的正态分布的 5 阶随机矩阵。

步骤：

练习 4：将矩阵 $A = \begin{bmatrix} 1 & 2 & 3 \\ 7 & 8 & 9 \\ 4 & 3 & 2 \end{bmatrix}$ 中的第一行元素替换为$[1 \quad 0 \quad 1]$，最后一列元素替换

为 $\begin{bmatrix} 1 \\ 2 \\ 0 \end{bmatrix}$，删除矩阵 A 的第二列元素。

步骤：

练习 5：已知矩阵 $A = \begin{bmatrix} 4 & 6 & 8 \\ 5 & 7 & 9 \\ 3 & 2 & 1 \end{bmatrix}$，对矩阵 A 实现上下翻转，左右翻转，逆时针旋转90°，

顺时针旋转90°，平铺矩阵 A 为 $2\times3=6$ 块操作。

步骤：

练习 6：已知矩阵 $A = \begin{bmatrix} 1 & 2 & 3 \\ 6 & 5 & 4 \\ 2 & 8 & 9 \end{bmatrix}$，$B = \begin{bmatrix} 0 & 1 & 1 \\ 1 & 0 & 1 \\ 1 & 1 & 1 \end{bmatrix}$，试用 MATLAB 分别实现 A 和 B 两

个矩阵加、减、乘、点乘、左除和右除操作。

步骤：

三、实验分析总结

实验三　字符串及矩阵分析

一、实验目的

（1）掌握字符串的创建方法。
（2）熟悉字符串操作。

（3）掌握矩阵分析方法。

二、实验内容与步骤

（1）复习第 2 章内容，在计算机上学习巩固字符串的创建方法，以及字符串的操作。

（2）复习第 2 章内容，在计算机上学习操作书本上的矩阵分析例题。

（3）利用学过的知识，在 MATLAB 命令行窗口完成以下练习题。

练习 1：定义两个字符串 str1＝'Welcome to Guangdong R2024'和 str2＝'Welcome to Guangdong r2024'，试用字符串比较函数 strcmp、strncmp、strcmpi 和 strncmpi 比较 str1 和 str2 两个字符串。

步骤：

练习 2：已知矩阵 $A = \begin{bmatrix} 1 & 2 & 1 \\ 2 & 1 & 3 \\ 1 & 4 & 9 \end{bmatrix}$，试用 MATLAB 分别求矩阵 A 的行列式、转置、秩、逆、特征值和特征向量。

步骤：

练习 3：已知 3 阶对称正定矩阵 $A = \begin{bmatrix} 1 & 1 & 1 \\ 1 & 2 & 3 \\ 1 & 3 & 6 \end{bmatrix}$，试用 MATLAB 分别对矩阵 A 进行 Cholesky 分解、LU 分解和 QR 分解。

步骤：

练习 4：分别用 MATLAB 的左除和逆矩阵方法，求解下列方程组的解。

$$\begin{cases} x_1 + x_2 + x_3 = 4 \\ x_1 - x_3 = 2 \\ 2x_1 - x_2 + x_3 = 1 \end{cases}$$

步骤：

练习 5：分别用 MATLAB 的左除和伪逆矩阵方法求解下列方程组的一组解。

$$\begin{cases} x_1 + x_2 - x_3 = 2 \\ x_1 - x_2 + x_3 = 4 \end{cases}$$

步骤：

三、实验分析总结

实验四　M 脚本文件和函数文件

一、实验目的

(1) 掌握 M 脚本文件和 M 函数文件的编写规则。
(2) 学会编写 M 文件，并用来解决简单的数学问题。
(3) 掌握主函数和子函数的编写和调用。

二、实验内容与步骤

(1) 复习第 3 章内容，在计算机上学习 M 脚本文件和 M 函数文件的编写规则。
(2) 复习第 3 章内容，在计算机上学习操作书本上的 M 脚本文件和 M 函数文件例题。
(3) 利用学过的知识，在 MATLAB 文件编译器窗口完成以下练习题。

练习 1：编写 M 脚本文件，当 x,y 分别等于 $x=1,2,3,4$，$y=0.1,0.2,0.3,0.4$。求解表达式 $z=\dfrac{\sqrt{4x^2+1}+0.5457e^{-0.75x^2-3.75y^2-1.5x}}{2\sin3y-1}$ 的值。

步骤：

练习 2：编写 M 函数文件，给定两个实数 a、b 和一个正整数 n，求 $k=1,2,\cdots,n$ 时所有的 $m=a^k-b^k$。在命令行窗口编写 M 脚本文件，调用函数文件，求当 $a=2$ 和 $b=3$ 时 m 的值，设 $n=8$。

步骤：

练习 3：编写 M 函数文件，已知圆柱体的半径 r 和高 h，求一个圆柱体的表面积 S 和体积 V。并在命令行窗口调用函数文件，求当 $r=2,h=3$ 时，圆柱体的表面积 S 和体积 V。

步骤：

练习 4：编写 M 函数文件，实现直角坐标 (x,y) 与极坐标 (ρ,θ) 之间的转换。
已知转换公式为

$$\begin{cases}\rho=\sqrt{x^2+y^2}\\\theta=\arctan(y/x)\end{cases}$$

步骤：

练习 5：编写 M 函数文件，通过主函数调用 3 个子函数形式，计算下列式子，并输出计算之后的结果。

$$f(x,y)=\begin{cases}1-2e^{-0.5x}\sin(3y),& x+y\leqslant-1\\1-e^{-x}(1+y),& -1<x+y<1\\1-2(e^{-0.5x}-e^{-0.3y}),& x+y\geqslant1\end{cases}$$

步骤：

三、实验分析总结

实验五　　程序结构设计

一、实验目的

(1) 掌握 if 选择结构编程。
(2) 掌握 switch 选择结构的编程。
(3) 掌握 for 循环结构的编程。
(4) 掌握 while 循环结构的编程。

二、实验内容与步骤

(1) 复习第 3 章内容,在计算机上学习选择结构和循环结构的编程规则。
(2) 复习第 3 章内容,在计算机上学习操作书本上的选择结构和循环结构例题。
(3) 利用学过的知识,在 MATLAB 文件编译器窗口完成以下练习题。

练习 1：旅客乘车旅行,可免费携带 25kg 行李,超过 25kg 不超过 50kg 部分需要支付 10 元/kg,超过 50kg 部分则需要支付 20 元/kg 托运费,利用 if 语句,从键盘输入旅客行李重量,计算其应付的行李托运费。

步骤：

练习 2：从键盘输入一个学生百分制成绩,分别用 if 结构和 switch 结构完成判断该成绩的绩点,并显示成绩绩点信息任务。已知：90～100 分成绩绩点为 4.0；80～89 分成绩绩点为 3.0；70～79 分成绩绩点为 2.0；60～69 分成绩绩点为 1.0；60 分以下成绩绩点为 0。

步骤：

练习 3：利用 for 循环语句,验证当 n 等于 10 和 100 时下面式子的值。

$$y = \frac{1}{4} + \frac{1}{16} + \frac{1}{64} + \cdots + \frac{1}{4^n}$$

步骤：

练习 4：分别使用 for 和 while 循环语句,编程计算 $y = 1 - \frac{1}{3} + \frac{1}{5} - \frac{1}{7} + \cdots + (-1)^n \frac{1}{2n+1}$,当 $\left| y - \frac{\pi}{4} \right| \leqslant 10^{-6}$ 时,终止程序,并输出 n 和 y 的值。

步骤：

三、实验分析总结

实验六　多项式运算及多项式插值和拟合

一、实验目的

(1) 掌握多项式的运算。

(2) 掌握多项式的插值。

(3) 掌握多项式的拟合。

二、实验内容与步骤

(1) 复习第 4 章内容,在计算机上学习多项式的运算、多项式插值和多项式拟合的内容。

(2) 复习第 4 章内容,在计算机上学习操作书本上的多项式的运算、多项式插值和多项式拟合的例题。

(3) 利用学过的知识,在 MATLAB 中编程完成以下练习题。

练习 1:已知多项式 $f(x) = x^6 + 6x^5 - 4x^4 + 2x^2 + 8x + 8$,求多项式的根和多项式的微分,并显示微分后的多项式。

步骤:

练习 2:已知两个多项式 $f(x) = x^4 - 7x^3 + 8x + 1$ 和 $g(x) = x^3 + 5x + 2$,求:

(1) $f(x) + g(x)$;

(2) $f(x) - g(x)$;

(3) $f(x) * g(x)$;

(4) $f(x)/g(x)$。

步骤:

练习 3:已知分式表达式为 $f(s) = \dfrac{B(s)}{A(s)} = \dfrac{2s^2 + 1}{s^3 - 5s + 6}$。

(1) 求 $f(s)$ 的部分分式展开式。

(2) 将部分分式展开式转换为分式表达式。

步骤:

练习 4:电路实验。测试某个元件两端的电压和流过的电流,实测数据如表 11-1 所示,用不同插值方法(最接近点法、线性法、三次样条法和三次多项式法)计算 $I = 0:0.5:10$ A 处的电压 U。

表 11-1   电路元件的电压和电流测量值

流过的电路 I/A	0	2	4	6	8	10
两端的电压 U/V	0	2	4.5	7.5	10	13

步骤：

练习 5：假设测量的数据来自函数 $f(x)=5e^{-0.5x}$，$x=0:0.2:2\pi$，试根据生成的数据，使用 polyfit 函数实现 5 阶多项式拟合，并用拟合的多项式计算 $x=0:0.1:2\pi$ 处对应的 $f(x)$ 的值。

步骤：

三、实验分析总结

实验七   数据统计和数值计算

一、实验目的

(1) 了解和掌握数据统计的常函数。
(2) 掌握函数极值、函数零点、数值积分和数值微分。

二、实验内容与步骤

(1) 复习第 4 章内容，在计算机上学习数据统计和数值计算相关内容。
(2) 复习第 4 章内容，在计算机上学习操作书本上的数据统计和数值计算的例题。
(3) 利用学过的知识，在 MATLAB 中编程完成以下练习题。

练习 1：已知 $A=[1\ 3\ 7;8\ 1\ 5;6\ 9\ 1]$，分别计算：

(1) 用 max 和 min 函数，求每行和每列的最大和最小元素，并求矩阵 A 的最大和最小元素。
(2) 求矩阵 A 的每行和每列的平均值和中值。
(3) 对矩阵 A 进行各种排序。
(4) 对矩阵 A 的各列和各行求和与求乘积。
(5) 求矩阵 A 的行和列的标准方差。
(6) 求矩阵 A 列元素的相关系数。

步骤：

练习 2：使用 fminbnd 函数，求 $f(x)=\dfrac{\sin x}{x}$ 在区间 $[1,2]$ 中的极值。

步骤：

练习 3：使用 fzero 函数求 $f(x)=x^2-7x+10$ 分别在初始值 $x_0=0$，$x_0=6$ 附近的过零点，并求出过零点函数的值。

步骤：

练习 4：分别使用 quad 函数和 quadl 函数求 $q_1=\int_0^{2\pi}\dfrac{\sin(x)}{x}\mathrm{d}x$ 和 $q_2=\int_0^{2\pi}\int_0^{2\pi}x\cos(y)-y\sin(x)\mathrm{d}x$ 的数值积分。

步骤：

练习 5：已知二阶微分方程 $\dfrac{\mathrm{d}^2y}{\mathrm{d}t^2}-y'+4y=2$，$y(0)=2$，$\dfrac{\mathrm{d}y(0)}{\mathrm{d}t}=0$，$t\in[0,1]$，试用 ode45 函数解微分方程，作出 $y\text{-}t$ 的关系曲线图。

步骤：

三、实验分析总结

实验八　符 号 计 算

一、实验目的

(1) 了解符号运算的概念，掌握它的一些基本使用方法。
(2) 能够使用符号运算解决一般的微积分、极限和微分方程的求解问题。

二、实验内容与步骤

(1) 复习第 5 章内容，在计算机上学习符号计算相关内容。
(2) 复习第 5 章内容，在计算机上学习操作书本上的符号计算的例题。
(3) 利用学过的知识，在 MATLAB 中编程完成以下练习题。

练习 1：用符号方法求极限 $\lim\limits_{x\to0^+}(\cos\sqrt{x})^{\pi/x}$。

步骤：

练习 2：已知 $y=\dfrac{1-\sin(2x)}{x}$，用符号方法求 y' 和 y''。

步骤：

练习 3：用符号方法求积分 $\int_0^\pi\sin x-\sin^2 x\,\mathrm{d}x$。

步骤：

练习 4：求微分方程 $y''+4y'+4y=\mathrm{e}^{-2x}$ 的通解。

步骤：

练习 5：求 $\dfrac{\mathrm{d}y}{\mathrm{d}t}=ay+1,y|_{t=0}=0$ 时的特解，a 为系数。

步骤：

三、实验分析总结

实验九　MATLAB 绘图

一、实验目的

(1) 应用 M 语言绘制各种二维、三维图形。
(2) 按要求对图形进行修饰及控制。
(3) 学会特殊图形的绘制。

二、实验内容与步骤

(1) 复习第 6 章内容，在计算机上学习数据可视化相关内容。
(2) 复习第 6 章内容，在计算机上学习操作书本上的数据可视化例题。
(3) 利用学过的知识，在 MATLAB 中编程完成以下练习题。

练习 1：按照 $\Delta x=0.1$ 的步长间隔绘制函数 $y=x\mathrm{e}^{-x}$ 在 $0\leqslant x\leqslant1$ 时的曲线。

步骤：

练习 2：利用 plot 函数，绘制函数曲线 $y=x\mathrm{e}^{\sin(x)}$，$x\in[0,2\pi]$，y 线型选为点线，颜色为红色，数据点设置为钻石型，x 轴标签设为 t，y 轴标签设置为 y，标题设置为 $x\exp(\sin(x))$。

步骤：

练习 3：将图形窗口分割成 4 个区域，并分别绘制 $\sin x$、$\cos x$、$\tan x$ 和 $\cot x$ 在区间 $[0,2\pi]$ 内的图形，并加上适当的图形修饰。

步骤：

练习 4：已知甲、乙两个同学三次考试成绩为 $\begin{bmatrix}72&98\\82&90\\90&99\end{bmatrix}$，请用垂直柱状图、水平柱状图、三维垂直柱状图和三维水平柱状图分别显示成绩。

步骤：

练习 5：一个车间四个季度的加工件数为 $x = [600\ 760\ 770\ 920]$，分别用二维和三维饼图显示四个季度加工件数的百分比，标注"第一季度""第二季度""第三季度""第四季度"。
步骤：

练习 6：已知极坐标方程 $\rho_1 = 3\sin(2\theta) + 1, \rho_2 = 2/\cos(3\theta), -\pi \leqslant \theta \leqslant \pi$，在同一图形窗口两个不同子图中，使用 polar 函数绘制两个极坐标图。
步骤：

练习 7：绘制一个三维图形（$x = \sin 2t$，$y = \cos 2t$，$t \in [0, 10\pi]$），并加上适当的三维图形修饰。
步骤：

三、实验分析总结

实验十　Simulink 仿真

一、实验目的

（1）熟悉 Simulink 仿真工具箱中的各系统模型库。
（2）掌握仿真模型的建立、调试、运行以及仿真结果分析。

二、实验内容与步骤

1. 启动 Simulink 模型库浏览窗口，熟悉各系统模型库，新建一模型窗口，进行以下操作：

（1）分别从以下模型库 Sources、Connection、Math 和 Sink 中找出阶跃信号（step）、比例增益（gain）、积分（integrator）、微分（derivative）、传递函数（transfer Fcn）和示波器（scope）元件；
（2）将找到的各元件放置于新建的模型窗口中；
（3）对各元件进行复制、粘贴、翻转、扩展、压缩、搬移和删除操作；
（4）对各元件进行中文文本标注；
（5）对传递函数（Transfer Fcn）赋参数值；
（6）调整示波器参数；
（7）将各元件用连线连接，构成一仿真模型。
2. 复习第 7 章内容，在计算机上学习操作书本上的 Simulink 例题。
3. 利用学过的知识，在 Simulink 中编程完成以下练习题。

练习1：在 Simulink 环境下，对图 11-1 所示的控制系统进行建模、调试和仿真。

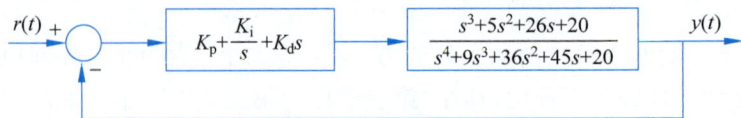

图 11-1　典型 PID 控制系统结构图

步骤：

（1）启动 Simulink，浏览各子模型库；

（2）新建一个模型窗口；

（3）从各系统模型库中找出需要的元件，按系统结构图连接各元件，构造图 11-1 控制系统仿真模型，系统输入为阶跃信号；

（4）仿真模型建立完毕，以"系统仿真模型"文件名存盘；

（5）设置各元件的参数，包括示波器参数设置；

（6）设置 P、I、D 控制参数；

（7）单击菜单 Simulink→Parameters，进行以下仿真参数设置：仿真时间范围、仿真步长模式、仿真精度定义、输出选项和仿真判断设置；

（8）运行仿真，观察示波器的输出曲线，并将输入曲线与输出曲线进行比较；

（9）记录仿真结果。

练习 2：设 $f(x)$ 是周期函数，它在 $(0, 2\pi)$ 上的表达式为

$$f(x) = \begin{cases} 1, & 0 < x < \pi \\ -1, & \pi < x < 2\pi \end{cases}$$

将 $f(x)$ 展开成傅里叶级数。利用 Simulink 仿真傅里叶级数。

提示：利用高等数学知识，可以计算出 $f(x)$ 的傅里叶级数展开式为

$$f(x) = 4/\pi(\sin(x) + 1/3 \times \sin(3x) + \cdots + 1/(2k-1) \times \sin(2k-1)x)$$

为了仿真方便，在误差允许的范围内，可以取前 4 项做仿真。

步骤：

三、实验分析总结

附 录

APPENDIX

习 题 答 案

第 1 章　MATLAB 语言概述

1. 略
2. 略
3. 略
4. 略
5. 略
6. A = 1.6, B = −12, C = 3.0, D = 5
   a = atan((2 * pi * A − abs(B)/(2 * pi * C))/sqrt(D))
7. x = 1.57, y = 3.93
   z = exp(x + y)/log10(x + y)

第 2 章　MATLAB 矩阵及其运算

1. A = 1:0.5:6
   B = 10: −2:0
2. A = linspace(1,8,8)
   B = linspace(10,0,6)
3. 略
4. A = eye(3)
   B = zeros(3)
   C = ones(3)
   v = [1 2 3]
   D = diag(v)
   A = ones(3)
   E = tril(A, −1)
   F = triu(A,0)
5. A = magic(5)
   B = sum(A)   % 计算每列的和
   C = sum(A')   % 计算每行的和
6. A = 10 + (16 − 10) * rand(5)
7. A = 1 + sqrt(0.2) * randn(4)
8. A = [1 2 3;4 5 6;7 8 9];
   A(1,:) = [1 1 1]

```
A = [1 2 3;4 5 6;7 8 9];
A(:,3) = [1 2 3]'
A = [1 2 3;4 5 6;7 8 9];
A(2,:) = []
```

9.
```
A = [1 2 3 4;3 4 6 8;5 5 7 9;4 3 2 1]
B = flipud(A)
C = fliplr(A)
D = rot90(A)
E = rot90(A, - 1)
F = repmat(A,2,3)
```

10.
```
A = [1 2 3;4 5 6;6 8 9]
B = [1 1 1;0 1 1;1 0 1]
C = A + B
D = A - B
E = A * B
F = A. * B
G = A\B
H = B/A
```

11.
```
A = [1 1 1;1 2 3;1 4 9]
D = det(A)
B = A'
C = inv(A)
[v,D] = eig(A)
```

12.
```
A = [1 1 1;1 2 3;1 3 6]
[R,p] = chol(A)
[L,U] = lu(A)
[Q,R] = qr(A)
```

13.
```
str1 = 'MATLAB R2024a'
str2 = 'MATLAB R2024A'
strcmp(str1,str2)
strcmpi(str1,str2)
strncmp(str1,str2,13)
strncmpi(str1,str2,13)
```

14. (1)
```
A = [1 1 1;1 - 1 1;1 - 1 2]
b = [6;4;8]
x = A\b
x = inv(A) * b
```

(2)
```
A = [1 1 1;1 0 1;2 - 1 0]
b = [6;2;4]
x = A\b
x = inv(A) * b
```

15. (1)
```
A = [1 1 1;1 - 1 1]
b = [4;2]
x = A\b
x = pinv(A) * b
```

(2)
```
A = [1 1 1 1;1 0 1 2;2 - 1 1 0]
b = [6;4;2]
x = A\b
```

```
x = pinv(A) * b
```

16.
```
A(:,:,1) = zeros(3)
A(:,:,2) = ones(3)
A(:,:,3) = eye(3)
```

17.
```
dz1161 = struct('Name','Like','Sex','Male', 'Province', 'Guangdong', 'Tel','13800000000')
```

第 3 章　MATLAB 程序结构和 M 文件

1.（1）下面是 if 结构代码存为 exer_3_1.m 脚本文件：

```
S = input('请输入学生成绩 S:');
if S >= 90
    disp(['S = ',num2str(S),'为优秀']);
elseif (S >= 80&S < 90)
    disp(['S = ',num2str(S),'为良好']);
elseif (S >= 70&S < 80)
    disp(['S = ',num2str(S),'为中等']);
elseif (S >= 60&S < 70)
    disp(['S = ',num2str(S),'为及格']);
else
    disp(['S = ',num2str(S),'不及格']);
end
```

（2）下面是 switch 结构代码存为 exer_3_1_1.m 脚本文件：

```
S = input('请输入学生成绩 S:');
s1 = fix(S/10);
switch s1
    case {10,9}
        disp(['S = ',num2str(S),'为优秀']);
    case 8
        disp(['S = ',num2str(S),'为良好']);
    case 7
        disp(['S = ',num2str(S),'为中等']);
    case 6
        disp(['S = ',num2str(S),'为及格']);
    otherwise
        disp(['S = ',num2str(S),'不及格']);
end
```

2. 下面代码存为 exer_3_2.m 脚本文件：

```
clear
a = 0;
b = 5 * pi;
n = 2000;
d = (b - a)/n;
s = 0;
y0 = exp( - a) * cos(a + pi/6)
for i = 1:n
    y1 = exp( - (a + i * d)) * cos(a + i * d + pi/6);
    s = s + (d/2) * (y0 + y1);
    y0 = y1;
end
s
```

3. （1）
```
function s = exer_3_3(n)
s = 0;
for i = 1:n
    s = s + 1/i/i;
end
end
```

（2）
```
function s = exer_3_3_1(n)
s = 0;
for i = 0:n
    s = s + ( - 1)^i/(2 * i + 1);
end
end
```

4. （1）for 循环结构：
```
sum = 0;
for i = 1:30
    sum = sum + i * i + i;
    if sum > 2000
        break
    end
end
i
sum
```

（2）while 循环结构：
```
sum = 0;
i = 1;
while sum < 2000
    sum = sum + i * i + i;
    i = i + 1;
end
i - 1
sum
```

5.
```
function C = exer_3_5(A, B)
% EXER_3_5 乘积和点积
try
    C = A * B;
catch
    C = A. * B;
end
lasterr
>> A = [1 2 3];
>> B = [2 3 4];
>> C = exer_3_5(A, B)
ans =
错误使用 *
内部矩阵维度必须一致。
C =
    2    6    12
```

6.
```
function z = exer_3_6(x,y)          % 主函数
   % EXER_3_6 主函数和子函数
   p = x + y;
   if(p > = 1)
        z = z1(x,y);
   elseif (p > - 1&p < 1)
        z = z2(x,y);
   else
        z = z3(x,y);
   end
   function y = z1(x,y)
   % x + y > = 1
           y = 1 - 2 * sin(0.5 * x + 3 * y);
   end
   function y = z2(x,y)
   % - 1 < x + y < 1
           y = 1 - exp( - x) * (1 + y);
   end
   function y = z3(x,y)
   % x + y < = - 1
           y = 1 - 3 * (exp( - 2 * x) - exp( - 0.7 * y));
   end
end
```

7.
```
function [y1,y2] = exer_3_7(x1,x2)
   % EXER_3_7 输入输出参数的判断
   if nargin == 0
        y1 = 0;
   elseif nargin == 1
        y1 = x1;
   else
        y1 = x1;
        y2 = x2;
   end
```

第 4 章　MATLAB 数值计算

1. 下面代码存为 exer_4_1.m 脚本文件：

```
p1 = [1 - 3 0 5 1];
p2 = [0 1 2 0 - 6];
p3 = [1 2 0 - 6]
p = p1 + p2                          % p1(x) + p2(x)
poly2sym(p)
p = p1 - p2                          % p1(x) - p2(x)
poly2sym(p)
p = conv(p1,p2)                      % p1(x) * p2(x)
poly2sym(p)
[q,r] = deconv(p1,p3)  % p1(x)/p2(x)
```

2. 下面代码存为 exer_4_2.m 脚本文件：

```
x1 = 3;
x = [0:2:8];
```

```
p = [1 0 -2 4 -6];
y1 = polyval(p,x1)
y = polyval(p,x)
```

3. 下面代码存为 exer_4_3.m 脚本文件：

```
p = [1 0 -2 4 -6]
r = roots(p)
p = poly(r)
```

4. 下面代码存为 exer_4_4.m 脚本文件：

```
p1 = [1 -3 0 1 2];
p2 = [1 -2 0 4];
p = polyder(p1)
poly2sym(p)
p = polyder(p1,p2)
poly2sym(p)
[p,q] = polyder(p2,p1)
```

5. 下面代码存为 exer_4_5.m 脚本文件：

```
a = [1 -7 12];
b = [1 1];
[r,p,k] = residue(b,a)
[b1,a1] = residue(r,p,k)
```

6. 下面代码存为 exer_4_6.m 脚本文件：

```
I = 0:2:12;
U = [0 2 5 8.2 12 16 21];
I1 = 9;
U1 = interp1(I,U,I1,'nearest')
U2 = interp1(I,U,I1,'linear')
U3 = interp1(I,U,I1,'cubic')
U4 = interp1(I,U,I1,'spline')
```

7. 下面代码存为 exer_4_7.m 脚本文件：

```
clear
i = [0:5:25];
j = [0:5:15]';
I = [130 132 134 133 132 131;
133 137 141 138 135 133;
135 138 144 143 137 134;
132 134 136 135 133 132];
i1 = 13;j1 = 12;
I1 = interp2(i,j,I,i1,j1,'nearest')
I2 = interp2(i,j,I,i1,j1,'linear')
I3 = interp2(i,j,I,i1,j1,'spline')
ii = [0:1:25];
ji = [0:1:15]';
Ii = interp2(i,j,I,ii,ji,'cubic');
subplot(1,2,1)
mesh(i,j,I)
xlabel('图像宽度(PPI)');ylabel('图像深度(PPI)');zlabel('灰度')
title('插值前图像灰度分布图')
subplot(1,2,2)
mesh(ii,ji,Ii)
xlabel('图像宽度(PPI)');ylabel('图像深度(PPI)');zlabel('灰度')
title('插值后图像灰度分布图')
```

8. 下面代码存为 exer_4_8.m 脚本文件：

```
clear
x = linspace(0,3 * pi,30);
y = exp( - 0.5 * x) + sin(x);
[p1,s1] = polyfit(x,y,5)
g1 = poly2str(p1,'x')
[p2,s2] = polyfit(x,y,7)
g2 = poly2str(p2,'x')
y1 = polyval(p1,x);
y2 = polyval(p2,x);
plot(x,y,' - * ',x,y1,':O',x,y2,': + ')
legend('f(x)','5 阶多项式','7 阶多项式')
```

9. 下面代码存为 exer_4_9.m 脚本文件：

```
clear
% 最大值和最小值
A = [10 4 7;9 6 2;3 9 4];
Y1 = max(A,[],2)
[Y2,K] = min(A,[],2)
Y3 = max(A)
[Y4,K1] = min(A)
ymax = max(max(A))
ymin = min(min(A))
% 均值和中值
Y1 = mean(A)
Y2 = mean(A,2)
Y3 = median(A)
Y4 = median(A,2)
% 排序
Y1 = sort(A)
Y2 = sort(A,1,'descend')
Y3 = sort(A,2,'ascend')
[Y4,I] = sort(A,2,'descend')
% 求和与求乘积
Y1 = sum(A)
Y2 = sum(A,2)
Y3 = prod(A)
Y4 = prod(A,2)
% 标准方差和相关系数
D1 = std(A,0,1)
D2 = std(A,0,2)
R = corrcoef(A)
```

10. 下面代码存为 exer_4_10.m 脚本文件：

```
clear
x1 = 0;x2 = pi;
fun = @(x)(exp( - 0.5 * x) * sin(2 * x));
[x,y1] = fminbnd(fun,x1,x2)
x = 0:0.1:pi;
y = exp( - 0.5 * x). * sin(2 * x);
plot(x,y)
grid on
```

11. 下面代码存为 exer_4_11.m 脚本文件：

```
clear
fun = @(x)(x^2 - 8 * x + 12);
x0 = 0
```

```
[x,y1] = fzero(fun,x0)
x0 = 7
[x,y1] = fzero(fun,x0)
```

12. 下面代码存为 exer_4_12.m 脚本文件：

```
clear
A = [10 4 7;9 6 2;3 9 4]
D = diff(A,1,1)
D = diff(A,1,2)
D = diff(A,2,1)
D = diff(A,2,2)
```

13. 下面代码存为 exer_4_13.m 脚本文件：

```
clear
fun = @(x)(sin(x)./(x + cos(x). * cos(x)));
a = 0;b = 2 * pi;
q1 = quad(fun,a,b)
q2 = quadl(fun,a,b)
```

14. q = dblquad('x * cos(y) + y * sin(x)',0,2 * pi,0,2 * pi)

15. 下面代码存为 exer_4_15.m 脚本文件：

```
clear
t0 = [0,2];
y0 = [1;0];
[t,y] = ode45(@fexer04_15,t0,y0);
plot(t,y(:,1))
xlabel('t'),ylabel('y')
title('y(t) - t')
grid on
```

16. 下面代码存为 exer_4_16.m 脚本文件：

```
clear
t0 = [0,30];
x0 = [0;0;10e - 10];
[t,x] = ode45(@fexer04_16,t0,x0);
subplot(1,2,1)
plot(t,x(:,1))
xlabel('t'),ylabel('x')
title('x(t) - t')
grid on
subplot(1,2,2)
plot(x(:,1),x(:,2))
xlabel('x(t)'),ylabel('x''(t)')
title('x''(t) - x(t)')
grid on
% 定义 fexer04_16 函数文件
function x = fexer04_16(t,x)
% FEXER04_16 定义 Lorenz 微分方程的函数句柄
a = 10;
ro = 28;
b = 8/3
x = [ - b * x(1) + x(2) * x(3); - a * x(2) + a * x(3); - x(2) * x(1) + ro * x(2) - x(3)];
end
```

第 5 章　MATLAB 符号计算

1. 首先定义符号矩阵如下：

```
>> syms a d h k
>> A = [a,h;d,k]
A =
 [a, h]
[d, k]
```

其次求符号矩阵的逆：

```
>> B = inv(A)
B =
 [ k/(a * k − d * h), −h/(a * k − d * h)]
[ −d/(a * k − d * h), a/(a * k − d * h)]
```

最后验证逆矩阵的正确性：

```
>> A * B
ans =
[ (a * k)/(a * k − d * h) − (d * h)/(a * k − d * h),                              0]
[                             0, (a * k)/(a * k − d * h) − (d * h)/(a * k − d * h)]
>> simplify(A * B)
ans =
 [1, 0]
[0, 1]
```

A * B 是单位矩阵。

```
>> simplify(B * A)
ans =
 [1, 0]
[0, 1]
```

B * A 也是单位矩阵。

2. 首先定义表达式 y 如下：

```
>> syms t
>> y = sqrt(2) * 220 * cos(100 * pi * t + pi/6)
y =
220 * 2^(1/2) * cos(pi/6 + 100 * pi * t)
```

求表达式 y 的导数：

```
>> dydt = diff(y)
dydt =
− 22000 * 2^(1/2) * pi * sin(pi/6 + 100 * pi * t)
```

求 y 在 t＝1 时的值 y1：

```
>> y1 = subs(y,t,1)
y1 =
110 * 2^(1/2) * 3^(1/2)
```

将 y1 值简化为一个有理数：

```
>> eval(y1)
ans =
  269.4439
```

求 y 的导数 dydt 在 t＝1 时的值 dydt1：

```
>> dydt1 = eval(subs(dydt,t,1))
dydt1 =
  - 4.8872e + 04
```

3. 首先输入多项式 p1、p2：

```
>> p1 = [1 5 3 1]
p1 =
      1     5     3     1
>> p2 = [4 2 6]
p2 =
      4     2     6
```

求两个多项式乘积再求导数多项式 p：

```
>> p = polyder(p1,p2)
p =
20    88    84    80    20
```

求导数多项式 p 在 t＝5 时的值：

```
>> p5 = polyval(p,5)
p5 =
       26020
```

求 p1 除以 p2，再求该结果的导数多项式：

```
[Q,D] = polyder(p1,p2)

Q =
      4     4    16    52    16
D =
16    16    52    24    36
```

答案为 Q/D。

4. 首先定义 f 函数：

```
>> syms t x
>> f = sin(pi * t)
f =
sin(pi * t)
```

将函数 f 在点 1.2 处展开成 5 阶的泰勒级数 h：

```
>> h = taylor(f, 'ExpansionPoint',1.2, 'order',5)
h =
 (pi^3 * (5^(1/2)/4 + 1/4) * (t - 6/5)^3)/6 - (2^(1/2) * (5 - 5^(1/2))^(1/2))/4 - pi *
(5^(1/2)/4 + 1/4) * (t - 6/5) + (2^(1/2) * pi^2 * (5 - 5^(1/2))^(1/2) * (t - 6/5)^2)/8 -
(2^(1/2) * pi^4 * (5 - 5^(1/2))^(1/2) * (t - 6/5)^4)/96
```

验证泰勒级数 h 的正确性，先求函数 f 在点 1.2 处的值 f12：

```
>> f12 = sin(pi * 1.2)
f12 =
   - 0.5878
```

再求泰勒级数 h 在点 1.2 处的值：

```
>> subs(h,t,1.2)
```

```
ans =
 - (2^(1/2) * (5 - 5^(1/2))^(1/2))/4
```

简化：

```
>> eval(ans)
ans =
   - 0.5878
```

eval(ans)= f12=−0.5878,证明泰勒级数 h 是正确的。

5. 先输入隐函数 F：

```
>> syms t y
>> F = log(t + y) + y
F =
y + log(t + y)
```

求 F 的导数：

```
>> dt = - diff(F,t)/diff(F,y)
dt =
 -1/((1/(t + y) + 1) * (t + y))
```

当 t＝3 时,需要知道 y 对应的值,而后代入上式即可求出 F 的导数值。

当 t＝3 时,求 y 对应的值：

```
>> y = fsolve('nonfun',1,optimset('Display','off'))
y =
1.5052
```

所构造的 nonfun.m 函数代码如下：

```
function [n] = nonfun(m)
y = m;
n = exp(y) - y - 3;
end
```

将 t＝3,y＝1.5052 代入 F 的导数,得

```
>> -1/((1/( 1.5052 + 3) + 1) * ( 1.5052 + 3))
ans =
   - 0.1816
```

6. 将积分的核函数输入：

```
syms x t
>> f = 5 * t^2 + 3
f =
5 * t^2 + 3
```

再求积分上限函数的导数：

```
>> diff(int(f,0,x/2),x)
ans =
(5 * x^2)/8 + 3/2
```

结果与核函数是不同的。

7. 将积分的核函数输入：

```
>> syms t
>> f = 2/sqrt(pi) * exp( - t^2/2)
```

```
f =
(5081767996463981 * exp( - t^2/2))/4503599627370496
```

求定积分：

```
>> s = int(f, - inf,5)
s =
(5081767996463981 * 2^(1/2) * pi^(1/2) * (erf((5 * 2^(1/2))/2) + 1))/9007199254740992
```

对结果简化：

```
>> eval(s)
ans =
    2.8284
```

8. 将分段函数 f 输入：

```
>> syms t
>> f = sin(pi * t) * heaviside(t) + sin(pi * (t - 1)) * heaviside(t - 1)
f =
heaviside(t - 1) * sin(pi * (t - 1)) + sin(pi * t) * heaviside(t)
```

求 f 的 laplace 变换：

```
>> Fs = laplace(f)
Fs =
pi/(s^2 + pi^2) + (pi * exp( - s))/(s^2 + pi^2)
```

求 Fs 的 laplace 逆变换：

```
>> ft = ilaplace(Fs)
ft =
sin(pi * t) + heaviside(t - 1) * sin(pi * (t - 1))
```

对函数 f 和函数 ft 进行比较,两者是一样的。

9. 建立方程组如下：

```
>> syms x y a b c d
>> eqn1 = a * x + b * y == 3
eqn1 =
a * x + b * y == 3
>> eqn2 = c * x + d * y == 4
eqn2 =
c * x + d * y == 4
```

求方程组的解：

```
>> [Sx, Sy] = solve(eqn1, eqn2, x, y)
Sx =
 - (4 * b - 3 * d)/(a * d - b * c)
Sy =
 (4 * a - 3 * c)/(a * d - b * c)
```

10. 定义 Dy：

```
>> syms t y(t) a b
>> Dy = diff(y)
```

求常微分方程符号解：

```
>> yt = dsolve(Dy == - b * t * y/a, y(0) == 1)
yt =
exp( - (b * t^2)/(2 * a))
```

第 6 章　　**MATLAB 数据可视化**

1. 下面代码存为 exer_6_1.m 脚本文件：

```
clear;
x = 0:0.1:2 * pi;
y = 2 * sin(x);
plot(x, y)
```

2. 下面代码存为 exer_6_2.m 脚本文件：

```
clear
t = [0:0.1:2 * pi];
y = sin(t) + cos(t);
plot(t, y, 'r - .d')
xlabel('t')
ylabel('y')
title('sin(t) + cos(t)')
```

3. 下面代码存为 exer_6_3.m 脚本文件：

```
clear
t = [0:0.1:2 * pi];
y1 = t. * sin(2 * pi * t);
y2 = 5 * exp( - t). * cos(2 * pi * t);
plot(t, y1, 'r - .p', t, y2, 'b - O')
xlabel('t')
ylabel('y1&y2')
legend('t * sin(2 * pi * t)', '5 * exp(t) * cos(2 * pi * t)')
grid on
title('sin(t) + cos(t)')
```

4. 下面代码存为 exer_6_4.m 脚本文件：

```
clear
t = (0:0.1:3 * pi);
y1 = sin(t); y2 = sin(2 * t);
y3 = cos(t); y4 = cos(2 * t);
subplot(2, 2, 1); plot(t, y1)
title('sin(t)')
grid on
subplot(2, 2, 2); plot(t, y2)
title('sin(2 * t)')
grid on
subplot(2, 2, 3); plot(t, y3)
title('cos(t)')
grid on
subplot(2, 2, 4); plot(t, y4)
title('cos(2 * t)')
grid on
```

5. 下面代码存为 exer_6_5.m 脚本文件：

```
clear
x1 = [72 80 65];
x2 = [98 92 88];
x3 = [86 85 82];
x4 = [76 90 56];
x = [x1; x2; x3; x4];
```

```
subplot(2,2,1);bar(x)                       % 在第一个子图绘制垂直分组式柱状图
title('垂直柱状图')
xlabel('同学');ylabel('分数')
subplot(2,2,2);barh(x,'stacked')            % 在第二个子图绘制水平堆栈式柱状图
title('水平柱状图')
xlabel('分数');ylabel('同学')
subplot(2,2,3);bar3(x)                       % 在第三个子图绘制三维垂直柱状图
title('三维垂直柱状图')
xlabel('第几次是考试');ylabel('学生');zlabel('分数')
subplot(2,2,4);bar3h(x,'detached')          % 在第四个子图绘制三维水平分离式柱状图
title('三维水平柱状图')
xlabel('第几次是考试');ylabel('分数');zlabel('学生')
```

6. 下面代码存为 exer_6_6.m 脚本文件:

```
x = [61 98 78 65 54 96 93 87 83 72 99 81 77 72 62 74 65 40 82 71];
y = [55 65 75 85 95];
subplot(2,2,1)
hist(x,y)
N = hist(x,y)
subplot(2,2,2)
pie(N,{'不及格','及格','中等','良好','优秀'})
supplot(2,2,3)
pie3(N,{'不及格','及格','中等','良好','优秀'})
```

7. 下面代码存为 exer_6_7.m 脚本文件:

```
clear
t = 0:0.1:2 * pi;
y = cos(2 * t);
subplot(2,1,1);
stairs(t,y,'r-')                            % 绘制正弦曲线的阶梯图
xlabel('t');ylabel('cos(2t)')
title('正弦曲线的阶梯图')
subplot(2,1,2);
stem(t,y,'fill')                            % 绘制正弦曲线的火柴杆图
xlabel('t');ylabel('cos(2t)')
title('正弦曲线的火柴杆图')
```

8. 下面代码存为 exer_6_8.m 脚本文件:

```
clear
A1 = 2 + 2i;
A2 = 3 - 2i;
A3 = - 1 + 2i;                              % 输入三个复数向量
subplot(1,2,1);
compass([A1,A2,A3],'b')                     % 绘制罗盘图
title('罗盘图')
subplot(1,2,2);
feather([A1,A2,A3],'r')                     % 绘制羽毛图
title('羽毛图')
figure
quiver([0,1,2],0,[real(A1),real(A2),real(A3)],…,   % 绘制向量场图
[imag(A1),imag(A2),imag(A3)],'b')
title('向量场图')
```

9. 下面代码存为 exer_6_9.m 脚本文件:

```
clear;                                      % 清除命令行窗口变量
theta = - pi:0.01:pi;
```

```
rho1 = sin(2 * theta);                    % 计算 4 个半径
rho2 = 2 * cos(2 * theta);
rho3 = 2 * sin(5 * theta).^2;
rho4 = cos(6 * theta).^2;
subplot(2,2,1);
polar(theta,rho1)                         % 绘制第一条极坐标曲线
title('sin(2θ)')
subplot(2,2,2);
polar(theta,rho2,'r')                     % 绘制第二条极坐标曲线
title('2 * cos(2θ) ')
subplot(2,2,3);
polar(theta,rho3,'g')                     % 绘制第三条极坐标曲线
title('2 * sin2(5θ) ')
subplot(2,2,4);
polar(theta,rho4,'c')                     % 绘制第四条极坐标曲线
title('cos3(6θ) ')
```

10. 下面代码存为 exer_6_10.m 脚本文件：

```
clear;                                    % 清除变量空间
x = 0:0.1:5;y = 5 * exp(x);               % 计算作图数据
subplot(2,2,1);
plot(x,y)                                 % 绘制线性坐标图
title('线性坐标图')
subplot(2,2,2);
semilogx(x,y,'r - .')                     % 绘制半对数坐标图 x
title('半对数坐标图 x')
subplot(2,2,3);
semilogy(x,y,'g - ')                      % 绘制半对数坐标图 y
title('半对数坐标图 y')
subplot(2,2,4);
loglog(x,y,'c -- ')                       % 绘制双对数坐标图
title('双对数坐标图')
```

11. 下面代码存为 exer_6_11.m 脚本文件：

```
clear;
f1 = 'x. * sin(2 * x)';
ezplot(f1,[0,2 * pi])
title('f = x * sin(2 * x)')
grid on
```

12. 下面代码存为 exer_6_12.m 脚本文件：

```
clear;
x = [0:0.1:6 * pi]';
y = cos(x);z = 2 * sin(x);                % 创建三维数据
plot3(x,y,z)
title('矩阵的三维曲线绘制')
```

13. 下面代码存为 exer_6_13.m 脚本文件：

```
clear;
x = - 3:0.2:3;
[X,Y] = meshgrid(x);                      % 生成矩形网格数据
Z = 2 * X.^2 + Y.^2;
subplot(2,2,1);
plot3(X,Y,Z)                              % 绘制三维曲线
title('plot3')
subplot(2,2,2);
```

```
mesh(X,Y,Z)                                  %绘制三维网格图
title('mesh')
subplot(2,2,3);
meshc(X,Y,Z)                                 %绘制带等高线的三维网格图
title('meshc')
subplot(2,2,4);
meshz(X,Y,Z)                                 %绘制带基准平面的三维网格图
title('meshz')
```

14. 下面代码存为 exer_6_14.m 脚本文件:

```
clear;
x = -3:0.2:3;
[X,Y] = meshgrid(x);                         %生成矩阵网格数据
Z = cos(sqrt(X.^2.*Y.^2))./sqrt(X.^2.*Y.^2);
subplot(2,2,1);mesh(X,Y,Z)                   %绘制三维网格图
title('mesh')
subplot(2,2,2);surf(X,Y,Z)                   %绘制三维表面图
title('surf')
subplot(2,2,3);surfc(X,Y,Z)                  %绘制带有等高线的表面图
title('surfc')
subplot(2,2,4);surfl(X,Y,Z)                  %绘制带有光照效果的表面图
title('surfl')
```

第 7 章   Simulink 仿真基础

1.

步骤 1:创建一个空白的 Simulink 模型窗口;

步骤 2:将 Transfer Fcn 模块添加至空白窗口;

步骤 3:设置相关参数如习题答案图 7-1 所示;

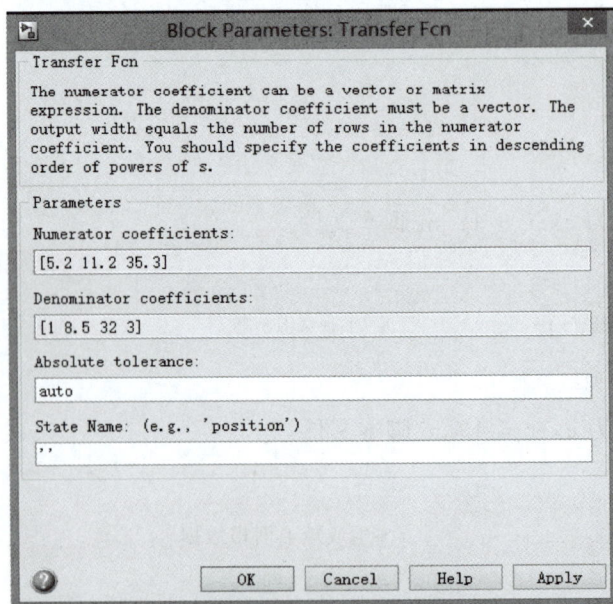

习题答案图 7-1　参数设置

步骤 4：得到如习题答案图 7-2 所示模型。

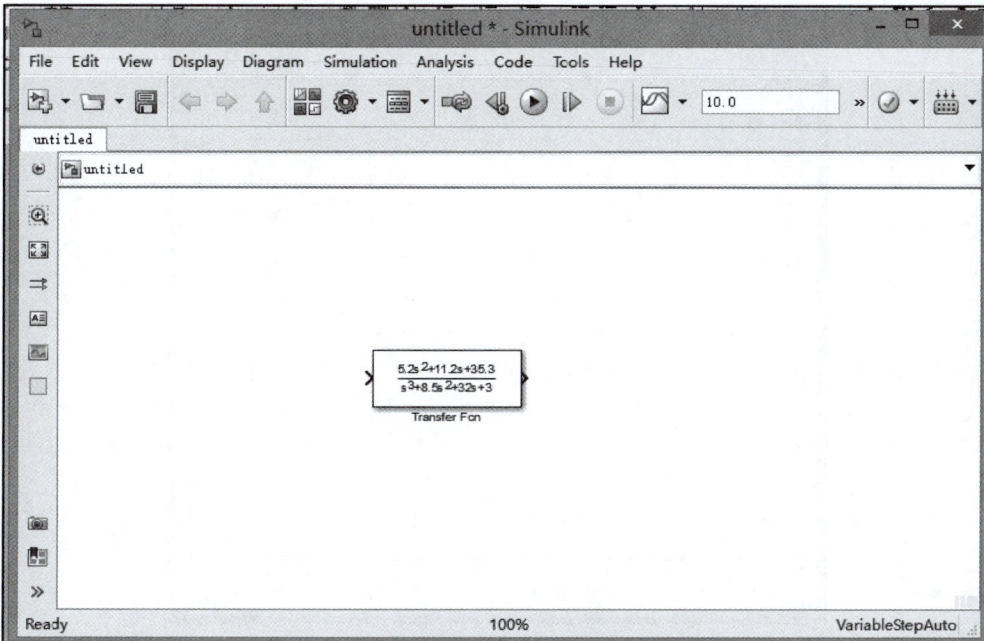

习题答案图 7-2　模型结构

2.

步骤 1：创建一个空白的 Simulink 模型窗口，将所需模块添加至空白窗口并连接相关模块，构成所需的系统模型，如习题答案图 7-3 所示；

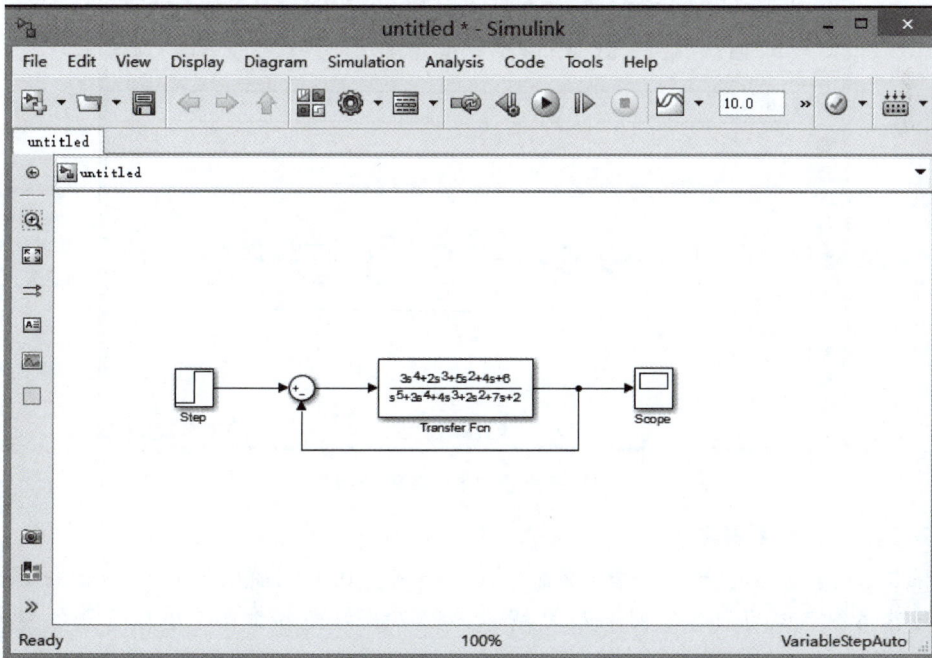

习题答案图 7-3　系统模型

步骤 2：设置相关参数；

步骤 3：运行仿真，打开示波器，如习题答案图 7-4 所示。

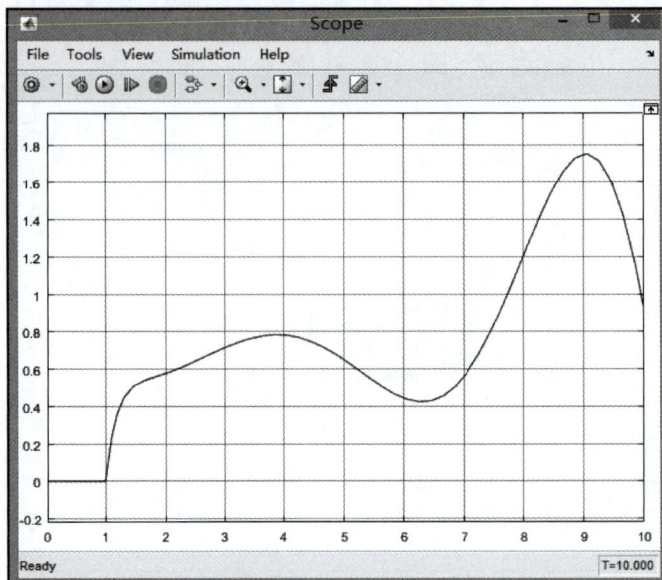

习题答案图 7-4　输出波形

3.

步骤 1：创建一个空白的 Simulink 模型窗口，将所需模块添加至空白窗口并连接相关模块，构成所需的系统模型，如习题答案图 7-5 所示；

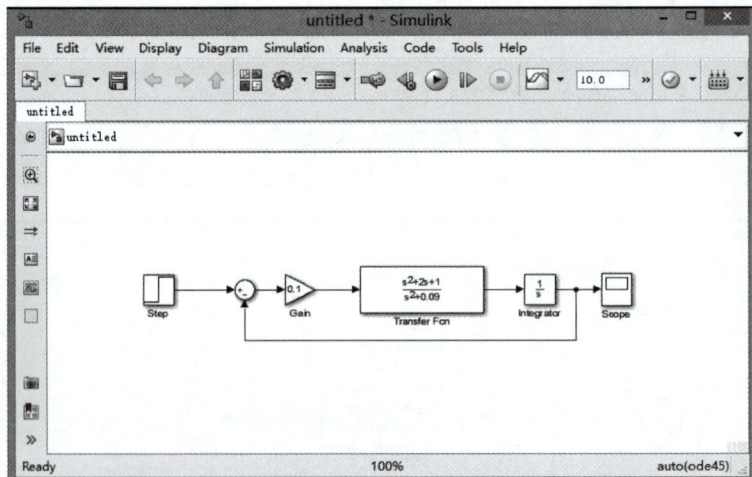

习题答案图 7-5　系统模型

步骤 2：设置相关参数；

步骤 3：运行仿真，打开示波器，设置参数 k 分别为 0.1、0.2、0.5、1、10 时的仿真波形分别如习题答案图 7-6、习题答案图 7-7、习题答案图 7-8、习题答案图 7-9 和习题答案图 7-10 所示。

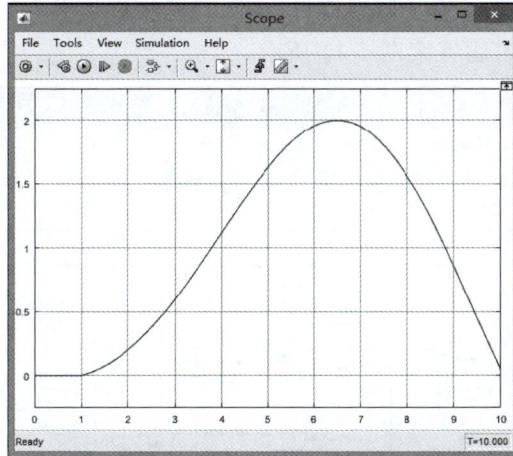

习题答案图 7-6 $k=0.1$ 时的仿真波形

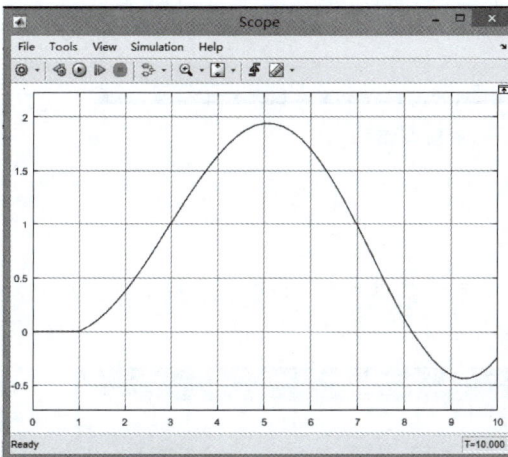

习题答案图 7-7 $k=0.2$ 时的仿真波形

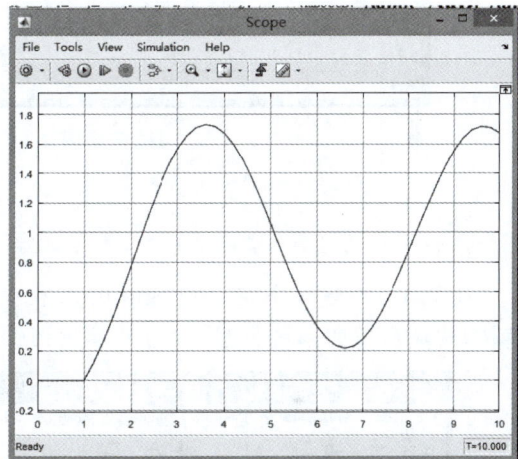

习题答案图 7-8 $k=0.5$ 时的仿真波形

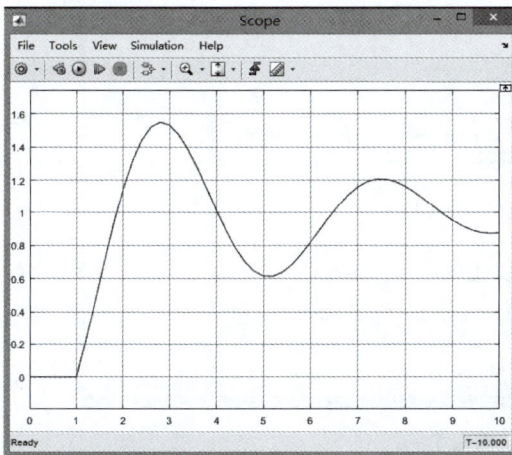

习题答案图 7-9 $k=1$ 时的仿真波形

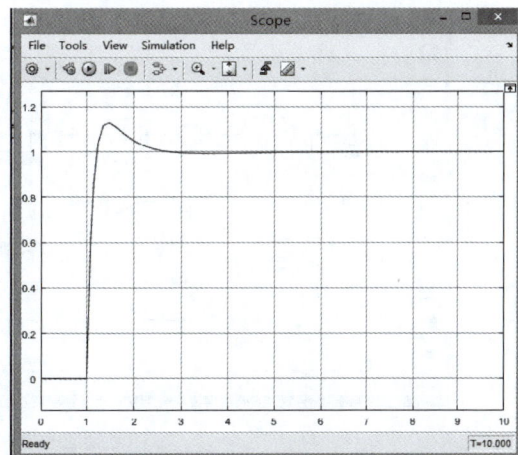

习题答案图 7-10 $k=10$ 时的仿真波形

4. 创建一个空白的 Simulink 模型窗口,将所需模块添加至空白窗口并连接相关模块,构成所需的系统模型,如习题答案图 7-11 所示。

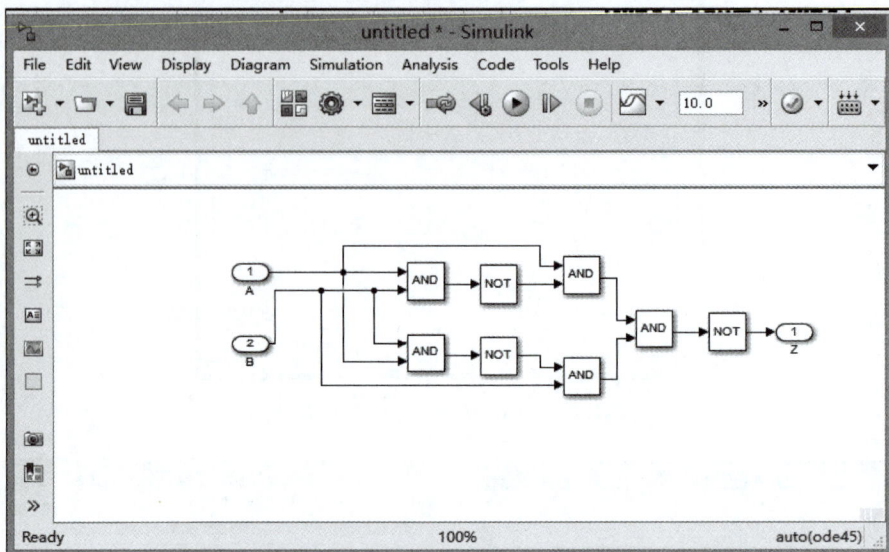

习题答案图 7-11　逻辑关系模型结构

5.

（1）

步骤 1：创建一个空白的 Simulink 模型窗口,将所需模块添加至空白窗口并连接相关模块,构成所需的系统模型,如习题答案图 7-12 所示；

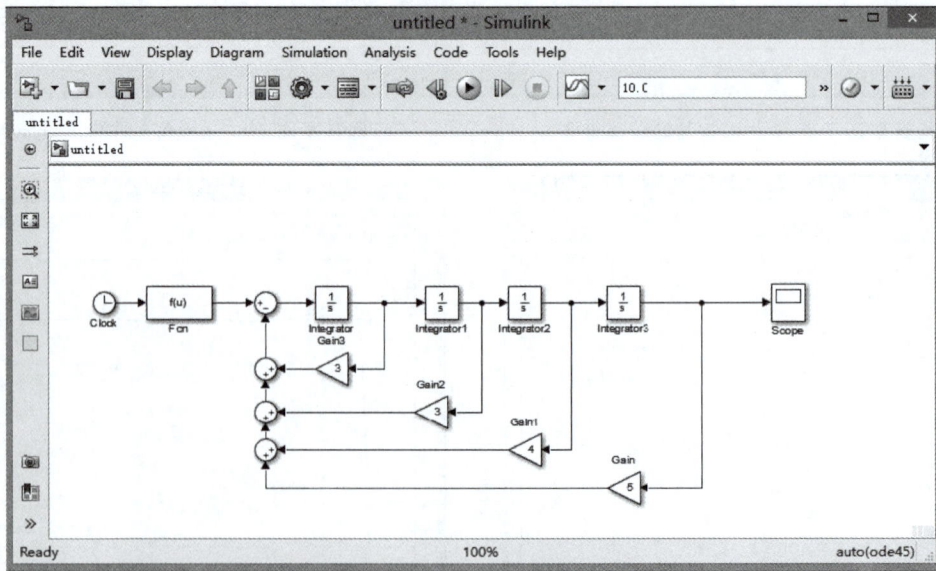

习题答案图 7-12　模型结构

步骤 2：设置相关参数,其中 Fcn 模块参数设置如习题答案图 7-13 所示；

步骤 3：运行仿真,打开示波器,仿真波形如习题答案图 7-14 所示。

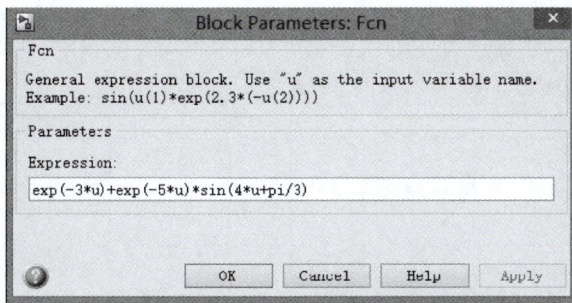

习题答案图 7-13　Fcn 参数设置

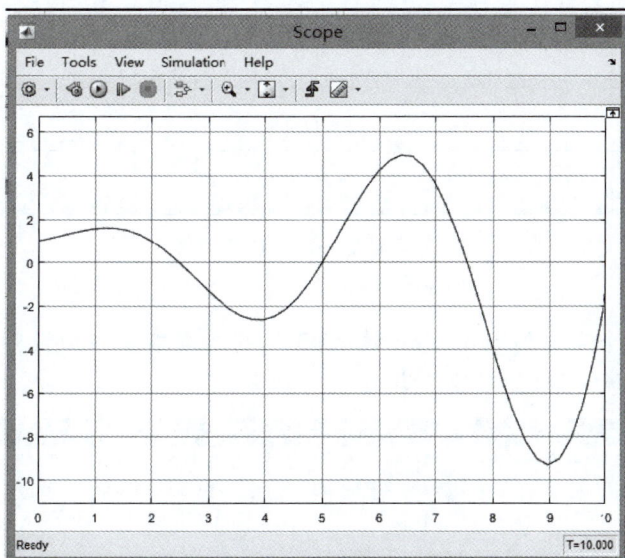

习题答案图 7-14　仿真波形

（2）

在上述系统模型窗口中添加相关模块并连线，构成如习题答案图 7-15 所示系统；运行仿真，打开示波器，仿真波形如习题答案图 7-16 所示。

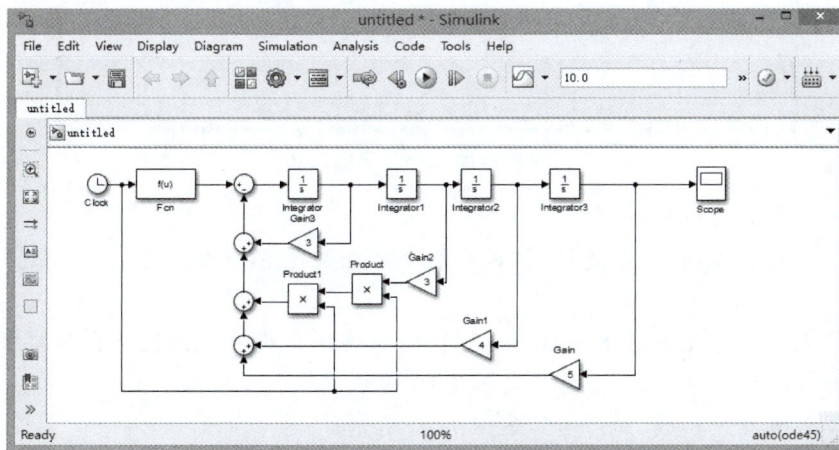

习题答案图 7-15　模型结构

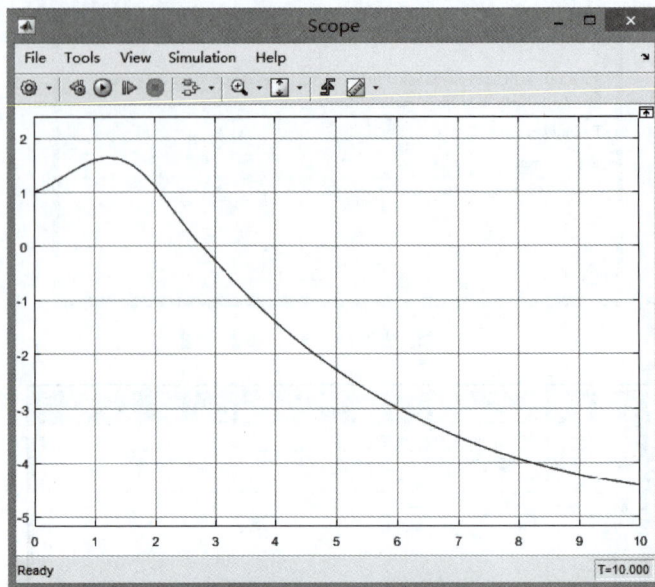

习题答案图 7-16　仿真波形

6.

步骤 1：创建一个空白的 Simulink 模型窗口，将所需模块添加至空白窗口并连接相关模块，构成所需的系统模型，如习题答案图 7-17 所示；

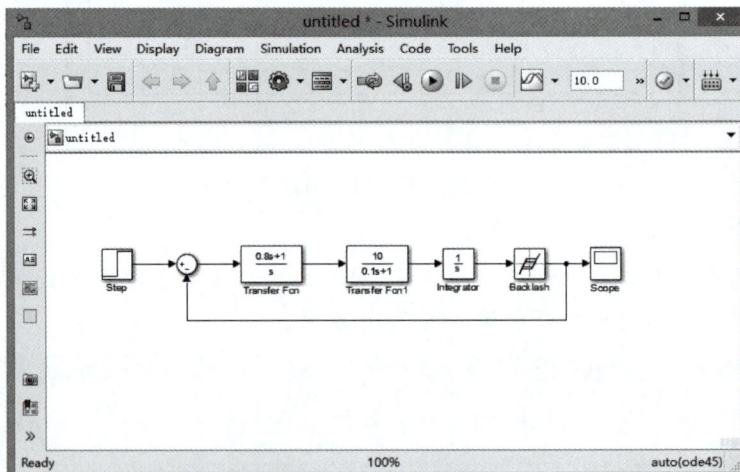

习题答案图 7-17　模型结构

步骤 2：设置相关参数；

步骤 3：运行仿真，打开示波器，仿真波形如习题答案图 7-18 所示。

7.

步骤 1：创建一个空白的 Simulink 模型窗口，将所需模块添加至空白窗口并连接相关模块，构成所需的系统模型，如习题答案图 7-19 所示；

步骤 2：设置相关参数，如习题答案图 7-20 所示；

步骤 3：运行仿真，打开示波器，仿真波形如习题答案图 7-21 所示。

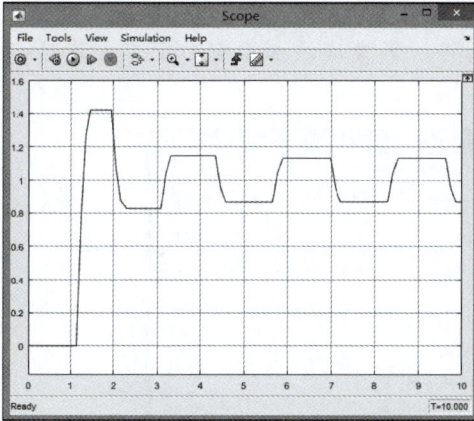

习题答案图 7-18 仿真波形

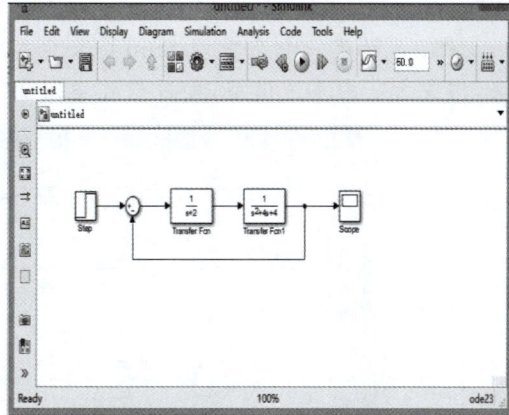

习题答案图 7-19 模型结构

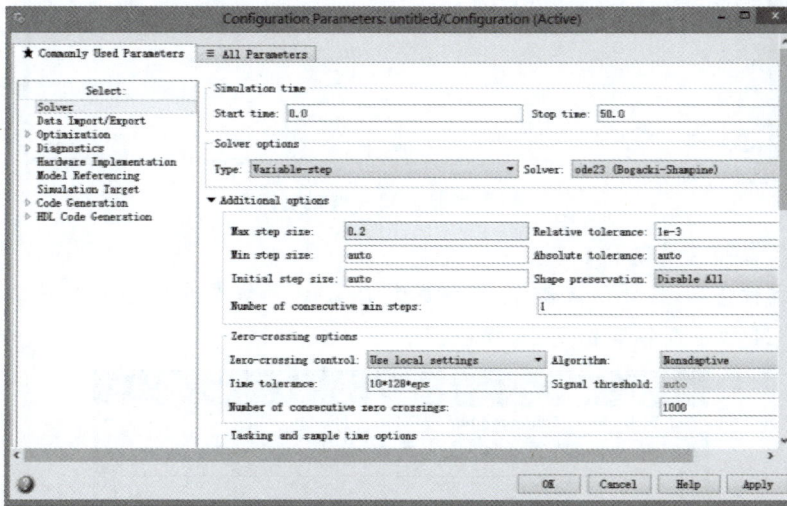

习题答案图 7-20 参数设置

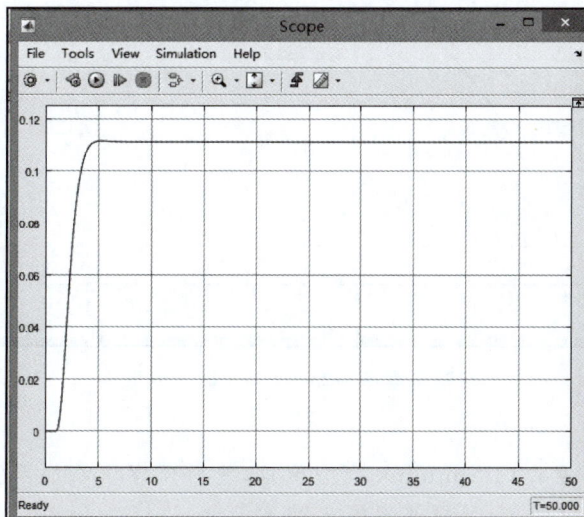

习题答案图 7-21 仿真波形

8.

步骤 1：创建一个空白的 Simulink 模型窗口，将所需模块添加至空白窗口并连接相关模块，构成所需的系统模型，如习题答案图 7-22 所示；

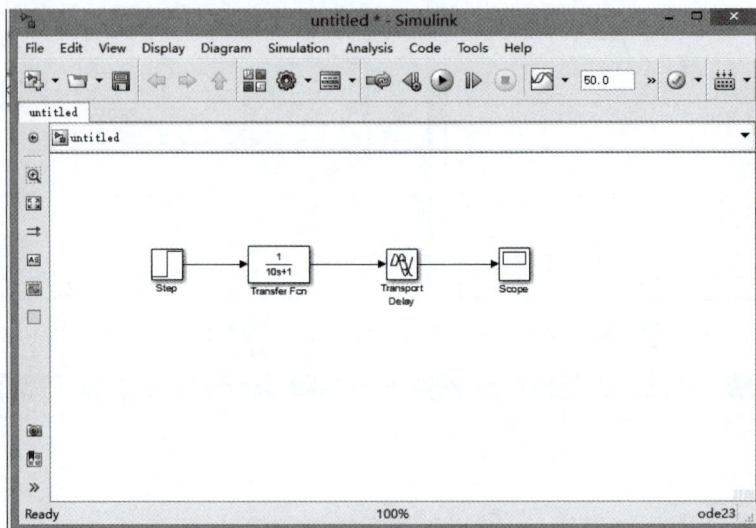

习题答案图 7-22　模型结构

步骤 2：设置相关参数；

步骤 3：运行仿真，打开示波器，当 τ 分别为 1、5、10 时仿真波形分别如习题答案图 7-23、习题答案图 7-24 和习题答案图 7-25 所示。

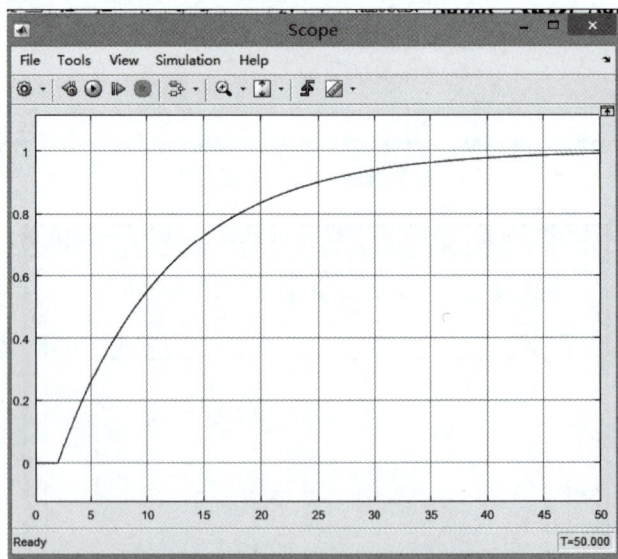

习题答案图 7-23　τ 为 1 时的波形

9.

步骤 1：创建一个空白的 Simulink 模型窗口，将所需模块添加至空白窗口并连接相关模块，构成所需的系统模型，如习题答案图 7-26 所示；

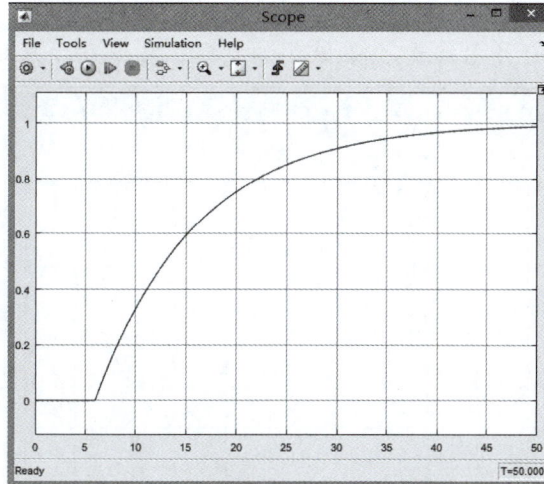

习题答案图 7-24　τ 为 5 时的波形

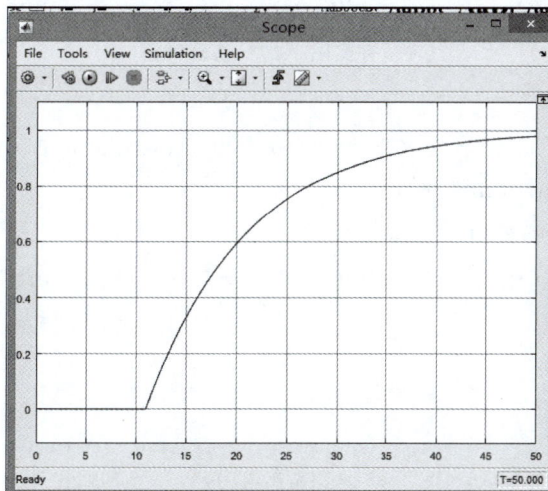

习题答案图 7-25　τ 为 10 时的波形

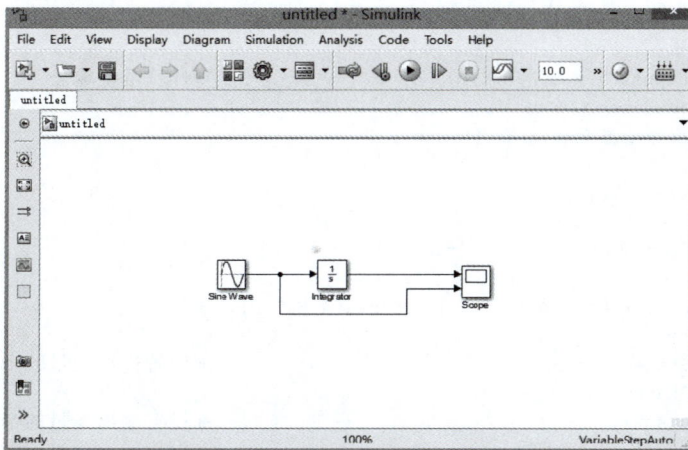

习题答案图 7-26　模型结构

步骤 2：设置相关参数；

步骤 3：运行仿真，打开示波器，仿真波形如习题答案图 7-27 所示。

习题答案图 7-27 仿真波形

10.

步骤 1：生成并保存用户自定义 S 函数(命名为 my-sfunction)；

步骤 2：创建 S-Function 模块。

下面生成自定义 S 函数(my_sfunction)：

```
function[sys,x0,str,ts] = my_sfunction(t,x,u,flag)      % 定义 S 函数
A = [0 1 0;0 0 1; -1 -1 -3];
B = [0;0;1];
C = [1 1 0];
D = 0;
switch flag,
  case 0,
    [sys,x0,str,ts] = mdlInitializeSizes(A,B,C,D);      % 初始化
case 1,
    sys = mdlDerivatives(t,x,u,A,B,C,D);                % 计算连续系统状态向量
case 2,
    sys = mdlUpdate(t,x,u);
case 3,
    sys = mdlOutputs(t,x,u,A,B,C,D);                    % 计算系统输出
case 4,
    sys = mdlGetTimeOfNextVarHit(t,x,u);
case 9,
    sys = mdlTerminate(t,x,u);
otherwise
error(['Unhandled flag = ',num2str(flag)]);
    end
function[sys,x0,str,ts] = mdlInitializeSizes(A,B,C,D);   % 初始化
sizes = simsizes;
sizes.NumContStates = 2;                                 % 设置连续变量的个数
sizes.NumDiscStates = 0;
sizes.NumOutputs = 1;                                    % 设置输出变量的个数
sizes.NumInputs = 1;                                     % 设置输入变量的个数
sizes.DirFeedthrough = 1;
```

```
sizes.NumSampleTimes = 1;
sys = simsizes(sizes);
x0 = [0;0];                                            % 设置为零初始状态
str = [];
ts = [0 0];
function sys = mdlDerivatives(t,x,u,A,B,C,D);          % 计算连续系统状态向量
sys = A * x + B * u;
function sys = mdlUpdate(t,x,u);
sys = [];
function sys = mdlOutputs(t,x,u,A,B,C,D);              % 计算系统输出
sys = C * x + D * u;
function sys = mdlGetTimeOfNextVarHit(t,x,u);
sampleTime = 1;
sys = t + sampleTime;
function sys = mdlTerminate(t,x,u);
sys = [];
```

参 考 文 献

[1]　温正,丁伟.MATLAB 应用教程[M].北京:清华大学出版社,2016.

[2]　曹戈.MATLAB 教材及实训[M].4 版.北京:机械工业出版社,2024.

[3]　张德丰.MATLAB/Simulink 通信系统建模与仿真[M].北京:清华大学出版社,2022.

[4]　刘卫国.MATLAB 程序设计与应用[M].3 版.北京:高等教育出版社,2017.

[5]　张志涌,杨祖樱.MATLAB 教程(R2018a)[M].北京:北京航空航天大学出版社,2019.

[6]　徐金明,张孟喜,丁涛.MATLAB 实用教程[M].北京:清华大学出版社,2005.

[7]　史峰,邓森,陈冰,等.MATLAB 函数速查手册[M].北京:中国铁道出版社,2011.

[8]　林家薇,杜思深,等.通信系统原理考点分析及效果测试[M].哈尔滨:哈尔滨工程大学出版社,2003.

[9]　樊昌信,曹丽娜.通信原理[M].7 版.北京:国防工业出版社,2013.

[10]　郭运瑞.高等数学[M].成都:西南交通大学出版社,2014.

[11]　同济大学数学科学学院.线性代数及其应用[M].3 版.北京:高等教育出版社,2020.

[12]　韩晓军.数字图像处理技术与应用[M].2 版.北京:电子工业出版社,2017.

[13]　王正林,刘明,陈连贵.精通 MATLAB[M].3 版.北京:电子工业出版社,2013.

[14]　陈怀琛,吴大正,高西全.MATLAB 及在电子信息课程中的应用[M].4 版.北京:电子工业出版社,2013.

[15]　唐向宏,岳恒立,郑雪峰.计算机仿真技术——基于 MATLAB 的电子信息类课程[M].4 版.北京:电子工业出版社,2019.

[16]　尹霄丽,张健明.MATLAB 在信号与系统中的应用[M].厦门:厦门大学出版社,2016.

[17]　郑君里,应启珩,杨为理.信号与系统(上册)[M].4 版.北京:高等教育出版社,2024.

[18]　郑君里,应启珩,杨为理.信号与系统(下册)[M].4 版.北京:高等教育出版社,2024.

[19]　燕庆明,顾斌杰.信号与系统教程[M].4 版.北京:高等教育出版社,2019.

[20]　陈金西.信号与系统——MATLAB 分析与实现[M].北京:电子工业出版社,2013.

[21]　魏晗,陈刚.MATLAB 数字信号与图像处理范例实战速查宝典[M].北京:清华大学出版社,2013.

[22]　MATLAB 技术联盟,史洁玉.MATLAB 信号处理超级学习手册[M].北京:人民邮电出版社,2014.

[23]　徐明远,刘增力.MATLAB 仿真在信号处理中的应用[M].西安:西安电子科技大学出版社,2007.

[24]　RAFAEL C G,RICHARD E W.数字图像处理[M].阮秋琦,阮宇智,等译.4 版.北京:电子工业出版社,2020.

[25]　高飞.MATLAB 图像处理 375 例[M].北京:人民邮电出版社,2015.

[26]　杨帆.数字图像处理与分析[M].4 版.北京:北京航空航天大学出版社,2019.

[27]　赵小川,何灏,缪远诚.MATLAB 数字图像处理实战[M].北京:机械工业出版社,2013.

[28]　余胜威,丁建明,吴婷,等.MATLAB 图像滤波去噪分析及其应用[M].北京:北京航空航天大学出版社,2015.

[29]　刘浩,韩晶.MATLAB R2024a 完全自学一本通[M].北京:电子工业出版社,2024.

[30]　黄永安,李文成,高小科.MATLAB 7.0/Simulink 6.0 应用实例仿真与高效算法开发[M].北京:清华大学出版社,2008.

[31]　王正林,郭阳宽.MATLAB/Simulink 与控制系统仿真[M].4 版.北京:电子工业出版社,2017.